U0376828

贺高红　大连理工大学，教授
李小年　浙江工业大学，教授
李鑫钢　天津大学，教授
刘昌俊　天津大学，教授
刘洪来　华东理工大学，教授
刘有智　中北大学，教授
卢春喜　中国石油大学（北京），教授
路　勇　华东师范大学，教授
吕效平　南京工业大学，教授
吕永康　太原理工大学，教授
骆广生　清华大学，教授
马新宾　天津大学，教授
马学虎　大连理工大学，教授
彭金辉　昆明理工大学，中国工程院院士
任其龙　浙江大学，中国工程院院士
舒兴田　中国石油化工股份有限公司石油化工科学研究院，中国工程院院士
孙宏伟　国家自然科学基金委员会，研究员
孙丽丽　中国石化工程建设有限公司，中国工程院院士
汪华林　华东理工大学，教授
吴　青　中国海洋石油集团有限公司科技发展部，教授级高工
谢在库　中国石油化工集团公司科技开发部，中国科学院院士
邢华斌　浙江大学，教授
邢卫红　南京工业大学，教授
杨　超　中国科学院过程工程研究所，研究员
杨元一　中国化工学会，教授级高工
张金利　天津大学，教授
张锁江　中国科学院过程工程研究所，中国科学院院士
张正国　华南理工大学，教授
张志炳　南京大学，教授
周伟斌　化学工业出版社，编审

《化工过程强化关键技术丛书》编委会

编委会主任：

费维扬　清华大学，中国科学院院士

舒兴田　中国石油化工股份有限公司石油化工科学研究院，中国工程院院士

编委会副主任：

陈建峰　北京化工大学，中国工程院院士

张锁江　中国科学院过程工程研究所，中国科学院院士

刘有智　中北大学，教授

杨元一　中国化工学会，教授级高工

周伟斌　化学工业出版社，编审

编委会执行副主任：

刘有智　中北大学，教授

编委会委员（以姓氏拼音为序）：

陈光文　中国科学院大连化学物理研究所，研究员

陈建峰　北京化工大学，中国工程院院士

陈文梅　四川大学，教授

程　易　清华大学，教授

初广文　北京化工大学，教授

褚良银　四川大学，教授

费维扬　清华大学，中国科学院院士

冯连芳　浙江大学，教授

巩金龙　天津大学，教授

"十三五"国家重点出版物
出版规划项目

化工过程强化关键技术丛书

中国化工学会 组织编写

气固分离耦合强化新技术

Advanced Technologies for Coupled Enhancement of Gas-solid Separation

卢春喜 陈建义 等著

化学工业出版社

·北京·

《气固分离耦合强化新技术》是《化工过程强化关键技术丛书》的一个分册。本书系统地归纳总结了气固旋风分离过程耦合强化所涉及的基础理论和工业应用等方面的研究成果。本书首先从气固分离过程的发展机遇和历程、分类和未来发展趋势三个层面，以历史的、发展的角度总括了气固分离强化技术已取得的进展和发展方向（第一章）；其次简单介绍气固分离的基本理论与方法（第二章～第四章）；最后根据性能特点将气固分离分为两大类进行系统阐述，即气固快分耦合强化新技术（第五章～第十章）和气固旋风分离耦合强化新技术（第十一章～第十三章）。每一部分都对气固分离过程的设计原理、结构特点及原理、流场分布、性能优化及其在工业过程中的应用等方面已取得的进展进行了系统阐述。本书论述具有覆盖面较全、论述较系统、承上启下的特点，书中内容既有基础理论分析，又联系工程实际，内容丰富翔实，较好地反映了该领域目前的动向和富有特色的工作。

《气固分离耦合强化新技术》可供石油化工、煤化工等科技人员、工程技术人员、生产管理人员阅读，也可供高等院校化学工程与工艺、过程装备与控制工程、环境工程等相关专业本科生、研究生学习参考。

图书在版编目（CIP）数据

气固分离耦合强化新技术/中国化工学会组织编写；卢春喜等著．—北京：化学工业出版社，2019.11（2025.1重印）
（化工过程强化关键技术丛书）
国家出版基金项目 “十三五”国家重点出版物出版规划项目
ISBN 978-7-122-35041-1

Ⅰ．①气… Ⅱ．①中… ②卢… Ⅲ．①气固分离 Ⅳ．①TQ028

中国版本图书馆CIP数据核字（2019）第168159号

责任编辑：杜进祥 丁建华 徐雅妮　　装帧设计：关 飞
责任校对：王鹏飞

出版发行：化学工业出版社（北京市东城区青年湖南街13号 邮政编码100011）
印　　装：北京建宏印刷有限公司
710mm×1000mm 1/16 印张$24\frac{1}{2}$ 字数499千字 2025年1月北京第1版第2次印刷

购书咨询：010-64518888　　售后服务：010-64518899
网　　址：http://www.cip.com.cn
凡购买本书，如有缺损质量问题，本社销售中心负责调换。

定　　价：298.00元
版权所有 违者必究

作者简介

卢春喜，男，1963年2月生，博士，中国石油大学（北京）二级教授，博士生导师，"973"项目首席科学家，全国优秀科技工作者，北京市教学名师，北京市优秀教学团队负责人，享受国务院政府特殊津贴。兼任中国颗粒学会副理事长、中国化工学会化工过程强化专业委员会副主任委员、中国颗粒学会流态化专业委员会副主任委员。1983～1996年在中国石化洛阳石化工程公司从事催化裂化流态化工程研究工作；1996年至今在中国石油大学（北京）从事教学和催化裂化工程领域的应用基础研究和工程化应用，创建了重油催化裂化后反应系统的关键装备平台技术，解决了后反应系统结焦这一制约装置长周期运行的世界性技术难题，所开发的FSC、CSC、VQS和SVQS四种新型快分技术达到国际领先水平，已在国内59套工业装置成功应用，加工量占比达国内总加工量的40%以上，为企业创效60多亿元。近年来，将气液环流理论移植到气固体系，为环流反应器在气固流化床强化领域的应用开辟了一条良好的途径，形成了催化裂化反应再生系统关键装备耦合强化新技术，取得了很好的工业应用效果。获国家科技进步二等奖2项（排名第1和第3），省部级科技成果奖20项（其中特等奖1项，一等奖8项）。先后在AIChE Journal、C.E.S. 等国内外学术刊物发表论文320余篇，其中SCI、EI检索210篇。出版《催化裂化流态化技术》和《催化裂化反应系统关键装备技术》专著2部、《炼油过程及设备》教材1部，获中国发明专利授权78项。

陈建义，男，1965 年 9 月生，博士，教授，博士生导师，北京市教学名师，教育部新世纪优秀人才，享受国务院政府特殊津贴。主要面向炼油、石油化工、煤的清洁高效利用、海洋油气开采等领域开展多相流分离技术及装备开发等方面的研究。系统研究了气固旋风分离器的分离理论，开发的新型高效旋风分离器在石油化工、煤化工等领域获得推广应用，特别是首创的丙烯腈反应器新型两级旋风分离器，其综合性能处于国际领先水平，国内市场占有率 90% 以上。主持或参加承担的国家自然科学基金、973、863 等项目 5 项；获国家科技进步二等奖 1 项、教育部自然科学一等奖 1 项、省部级科技进步一等奖 2 项；获中国发明专利授权 5 项；在国内外发表论文 70 余篇（其中 SCI、EI 收录 20 余篇），出版专著 1 部。

丛书序言

化学工业是国民经济的支柱产业，与我们的生产和生活密切相关。改革开放 40 年来，我国化学工业得到了长足的发展，但质量和效益有待提高，资源和环境备受关注。为了实现从化学工业大国向化学工业强国转变的目标，创新驱动推进产业转型升级至关重要。

“工程科学是推动人类进步的发动机，是产业革命、经济发展、社会进步的有力杠杆”。化学工程是一门重要的工程科学，化工过程强化又是其中的一个优先发展的领域，它灵活应用化学工程的理论和技术，创新工艺、设备，提高效率，节能减排、提质增效，推进化工的绿色、低碳、可持续发展。近年来，我国已在此领域取得一系列理论和工程化成果，对节能减排、降低能耗、提升本质安全等产生了巨大的影响，社会效益和经济效益显著，为践行“绿水青山就是金山银山”的理念和推进化工高质量发展做出了重要的贡献。

为推动化学工业和化学工程学科的发展，中国化工学会组织编写了这套《化工过程强化关键技术丛书》。各分册的主编来自清华大学、北京化工大学、中北大学等高校和中国科学院、中国石油化工集团公司等科研院所、企业，都是化工过程强化各领域的领军人才。丛书的编写以党的十九大精神为指引，以创新驱动推进我国化学工业可持续发展为目标，紧密围绕过程安全和环境友好等迫切需求，对化工过程强化的前沿技术以及关键技术进行了阐述，符合“中国制造 2025”方针，符合“创新、协调、绿色、开放、共享”五大发展理念。丛书系统阐述了超重力反应、超重力分离、精馏强化、微化工、传热强化、萃取过程强化、膜过程强化、催化过程强化、聚合过程强化、反应器（装备）强化以及等离子体化工、微波化工、超声化工等一系列创新性强、关注度高、应用广泛的科技成果，多项关键技术已达到国际领先水平。丛书各分册从化工过程强化思路出发介绍原理、方法，突出应用，强调工程化，展现过程强化前后的对比效果，系统性强，资料新颖，图文并茂，反映了当前过程强化的最新科研成果和生产技术水平，有助于读者了解最新的过程强化理论和技术，对学术研究和工程化实施均有指导意义。

本套丛书的出版将为化工界提供一套综合性很强的参考书，希望能推进化工过程强化技术的推广和应用，为建设我国高效、绿色和安全的化学工业体系增砖添瓦。

中国科学院院士：费维扬

中国工程院院士：舒兴田

序言

大学是以追求和传播真理为目的，并对社会文明进步和人类素质提高产生重要影响力和推动力的教育机构和学术组织。1953 年，为适应国民经济和石油工业的发展需求，北京石油学院在清华大学石油系吸收北京大学、天津大学等院校力量的基础上创立，成为新中国第一所石油高等院校。1960 年被确定为全国重点大学。历经 1969 年迁校山东改称华东石油学院；1981 年又在北京办学，数次搬迁，几易其名。在半个多世纪的历史征程中，几代石大人秉承追求真理、实事求是的科学精神，在曲折中奋进，在奋进中实现了一次次跨越。目前，学校已成为石油特色鲜明，以工为主，多学科协调发展的“211 工程”建设的全国重点大学。2006 年 12 月，学校进入“国家优势学科创新平台”高校行列。

学校在发展历程中，有着深厚的学术记忆。学术记忆是一种历史的责任，也是人类科学技术发展的坐标。许多专家学者把智慧的涓涓细流，汇聚到人类学术发展的历史长河之中。据学校的史料记载：1953 年建校之初，在专业课中有 90% 的课程采用苏联等国的教材和学术研究成果。广大教师不断消化吸收国外先进技术，并深入石油厂矿进行学术探索，到 1956 年，编辑整理出学术研究成果和教学用书 65 种。1956 年 4 月，北京石油学院第一次科学报告会成功召开，活跃了全院的学术气氛。1957 ~ 1966 年，由于受到全国形势的影响，学校的学术研究在曲折中前进。然而许多教师继续深入石油生产第一线，进行技术革新和科学研究。到 1964 年，学院的科研物质条件逐渐改善，学术研究成果及译著得到出版。党的十一届三中全会之后，科学研究被提到应有的中心位置，学术交流活动也日趋活跃，同时社会科学研究成果也在逐年增多。1986 年起，学校设立科研基金，学术探索的氛围更加浓厚。学校始终以国家战略需求为使命，进入“十一五”之后，学校科学研究继续走“产学研相结合”的道路，尤其重视理论基础和应用基础研究。“十五”以来，学校的科研实力和学术水平明显提高，成为石油与石化工业应用基础理论研究和超前储备技术研究，以及科技信息和学术交流的主要基地。

在追溯学校学术记忆的过程中，我们感受到了石大学者的学术风采。石大学者不但传道授业解惑，而且以人类进步和民族复兴为己任，做经世济时、关乎国家发展的大学问，写心存天下、裨益民生的大文章。在半个多世纪的发展历程中，石大学者历经磨难、不言放弃，发扬了石油人“实事求是、艰苦奋斗”的优良作风，创造了不凡的学术成就。

学术事业的发展犹如长江大河，前浪后浪，滔滔不绝，又如薪火传承，代代相继，火焰愈盛。后人做学问，总要了解前人已经做过的工作，继承前人的成就和经验，并在此基础上继续前进。为了更好地反映学校科研与学术水平，凸显石油科技特色，弘扬科学精神，积淀学术财富，学校从 2007 年开始，建立“中国石油大学（北京）学术专著出版基金”，专款资助教师以科学研究成果为基础的优秀学术专著的出版，形成了“中国石油大学（北京）学术专著系列”。受学校资助出版的每一部专著，均经过初审评议、校外同行评议、校学术委员会评审等程序，确保所出版专著的学术水平和学术价值。学术专著的出版覆盖学校所有的研究领域。可以说，学术专著的出版为科学研究的先行者提供了积淀、总结科学发现的平台，也为科学研究的后来者提供了传承科学成果和学术思想的重要文字载体。

石大一代代优秀的专家学者，在人类学术事业发展尤其是石油与石化科学技术的发展中确立了一个个坐标，并且在不断产生着引领学术前沿的新军，他们形成了一道道亮丽的风景线。“莫道桑榆晚，为霞尚满天”。我们期待着更多优秀的学术著作，在园丁灯下伏案或电脑键盘的敲击声中诞生，而展现在我们眼前的一定是石大寥廓邃远、星光灿烂的学术天地。

卢春喜教授长期从事催化裂化工程领域的应用基础研究和工程化应用，创建了重油催化裂化后反应系统的关键装备平台技术，解决了后反应系统结焦这一制约装置长周期运行的世界性技术难题，所开发的 FSC、CSC、VQS 和 SVQS 四种新型快分技术达到国际领先水平。陈建义教授长期系统研究气固旋风分离器的分离理论，开发的新型高效旋风分离器在石油化工、煤化工等领域获得推广应用，特别是首创的丙烯腈反应器新型两级旋风分离器，其综合性能处于国际领先水平。

《气固分离耦合强化新技术》由卢春喜教授、陈建义教授等著，该书系统地归纳了气固旋风分离过程耦合强化所涉及的基础理论和工业应用等方面的研究成果。书中内容既有基础理论分析，又有理论联系工程实际，内容丰富翔实，较好地反映了该领域目前的动向和富有特色的工作。体现了石大“厚积薄发，开物成务”的校训，相信出版后会受到广大读者的欢迎！

中国石油大学（北京）校长

张来斌

2020 年 3 月 31 日

前言

气固离心分离是基于气－固两相的密度差，利用旋流离心力实现两相分离的，属于气固非均相体系的物理场分离技术，最常用的方式是气固旋风分离。它具有处理量大、结构紧凑、操作简便等优点，应用非常广泛，尤其是在高温、高浓度条件下，已成为工程上首选的分离方法之一。例如在炼油催化裂化装置中，沉降器操作温度达 500℃以上，再生器中更高达 700℃，旋风分离器是稳定流化床操作、控制催化剂损耗的唯一可用的分离设备。由于应用领域的特殊性及气固分离要求的苛刻性，加上多相流理论上的困难，关于高温旋风分离器的研究无论在分离理论还是设计技术上都未取得大的进展，其分离效果也难以适应众多先进过程的要求，甚至成为某些工艺过程的技术瓶颈。对这样一种重要的过程装备，借助过程强化技术，迅速提升它的开发、设计和应用水平，使其不仅能适应超常的操作条件和要求，而且能满足高效节能和减排的需求，无疑具有重要的现实意义和长远价值。

化工过程强化作为国际化学工程领域的重要学科与优先发展方向之一，由于其在节能、降耗、环保、集约化等方面的优势而被众多研究者和工程师所关注。本书正是在《化工过程强化关键技术丛书》编委会的建议下，针对高温气固分离领域中近年来出现的过程强化新技术、新方法以及新理念进行整理与编撰，以期为从事气固分离领域学习与研究的学者和工程师读者提供一个全面系统的介绍。气固分离过程强化涉及以下三个方面的耦合强化问题：其一是对旋风分离器内部流场存在的不对称、旋进涡核扭摆、出口短路流等降低分离效率的流场调控强化问题；其二是对反应系统使用的旋风分离器不仅需要保持高的分离效率同时还必须能够精确调控反应时间并最大限度抑制反应后油气返混导致反应器结焦损失目的产品的耦合强化问题；其三是对采用多级旋风分离器串联或多组旋风分离器并联的大型工业装置旋风分离器组的最佳组合匹配方式的耦合强化问题。这三个方面的强化问题相互制约、高度关联、缺一不可，因此耦合协同强化难度极大。正是基于此，本书特邀从事该领域研究与工程化实践的专家、学者致力于本书的编撰工作。编撰团队基于对反应系统快分结构形式和参数的优化和改进，并结合相似理论，建立了基于相似参数关联的耦合强化快分性能的计算方法及优化设计方法；依据单级旋风分离器的性能计算方法并结合优化匹配理论，建立了多参数的优化设计模型，形成了指导大型工业装置气固高效组合分离的优化设计方法和技术。

本书系统地归纳总结了气固旋风分离过程耦合强化所涉及的基础理论和工业应用等方面的研究成果。全书每一部分都对气固分离过程的设计原理、结构特点及原理、流场分布、性能优化及其在工业过程中的应用等方面已取得的进展进行了系统阐述。本书论述具有覆盖面较全、论述较系统、承上启下的特点，既有基础理论分析，又有理论联系工程实际，内容丰富翔实，较好地反映了该领域目前的动向和富有特色的工作。

本书有幸入选化学工业出版社组织出版的《化工过程强化关键技术丛书》，在此要特别感谢中国化工学会和化学工业出版社对本书出版所给予的支持和帮助。本书部分内容和应用案例得益于国家科技进步二等奖——“催化裂化后反应系统关键装备技术的开发与应用”之国际领先技术（高效气固旋流分离、高效催化剂预汽提和高油气包容率 3 项创新技术），以及科技部“973”项目（绿色低碳导向的高效炼油过程基础研究）、国家自然科学基金重大项目（双气固流态化反应过程直接耦合的多尺度分析及放大规律重点课题）、中石油重大专项（300 万吨 / 年催化裂化装置成套技术开发与工业应用重点课题）、中石化科技攻关项目（紧凑沉降器快分系统的研究）等，感谢项目组和课题组提供的研究与应用成果、经验总结。

本书由中国石油大学（北京）卢春喜教授和陈建义教授共同编写完成。本书内容汇聚了研究团队 20 多年气固分离强化方面的研究成果，也凝聚了研究团队曹占友、许克家、孙凤霞、刘显成、胡艳华等一大批研究生的辛勤付出。闫子涵博士为书稿的整理排版做了大量工作，罗晓兰、韩巧珍也为本书的校对付出大量心血。感谢已故时铭显院士生前给予的悉心指导！

限于编者水平，书中可能存在不妥和疏漏之处，恳请广大读者批评指正。

编者

2020 年 5 月

目录

第三章　气固分离特性参数的测量方法　/ 48

第四章　气固分离过程的研究方法　/ 69

中篇　气固快分耦合强化新技术　/ 101

第五章　气固旋流分离强化技术　/ 103

第八章 带有挡板预汽提的旋流快分技术 / 164

第九章　带有隔流筒的旋流快分技术　/ 219

第十章　超短快分技术　/ 258

下篇 气固旋风分离耦合强化新技术 / 275

第十一章 PV型旋风分离器及其性能强化方法 / 277

第十二章 旋风分离器并联与串联的性能强化及应用 / 311

第十三章　多管旋风分离器性能强化及应用　/ 342

索引　/ 363

第一章

绪　论

第一节　引言

气固分离是一种重要的化工单元操作。在一切存在气固两相的生产过程中，均伴随气固两相的分离。根据应用目的不同，气固分离可分为三大类。一是回收有用粉料。例如在气固流化床反应器中将催化剂回收并返回床层；又如有色金属冶炼过程中回收贵重金属粉末等；再如在化肥、农药、聚合物等的气流干燥过程中收集粉料产品等。二是获得干净气体。例如炼油催化裂化再生烟气能量回收系统，需将高温烟气中大于10μm的颗粒基本除净，以延长烟气透平的寿命；合成氨装置的原料气在进入大型离心压缩机前，也需除净所含的细尘，以保证压缩机的长期安全运行。三是净化废气保护环境。各国对于燃煤锅炉、炼钢炉、矿烧结机、水泥窑以及炭黑生产、石灰煅烧和复合磷肥等生产中排放的尾气中的含尘量都有明确的规定。例如《石油化学工业污染物排放标准》（GB 31571—2015）[1]规定颗粒物最高排放浓度不得超过20mg/m^3。

当然，上述三类目的也并非完全相互独立，对于大多数工业应用，更可能是两者甚至三者兼而有之。由于气固分离目的、条件和要求不同，所采用的分离方法也不相同。化工生产中常用的气固分离方式有四大类，即机械力分离、静电分离、过滤分离以及洗涤分离。近年来，气固分离技术广受化工、能源等行业的关注。特别是气固旋流分离设备，因为它能在高温、高压和高浓度等苛刻条件下工作，且造价不高、维护简单，所以应用最为广泛。例如，炼油催化裂化（FCC）反应-再生装置就包括两套气固分离系统：反应沉降器的气固分离系统和再生器的气固分离系统。前者主要由提升管反应器出口快分和顶旋构成，后者由再生器内的两级串联旋风分离器和器外的第三级旋风分离器组成。作为一种独特的分离器，提升管反应器出口快分不仅要实现反应油气与催化剂的高效分离（一般效率要求大于 98%），而且要保证油气在沉降器内的停留时间不超过 5s，这两者是相互矛盾的，实现难度很大。对于再生器的多级旋风分离器，虽然操作温度高达 700℃、入口催化剂浓度也高达十几千克 / 米 ^{3}，但工艺仍要求其能够除净 7μm 以上的颗粒，要求也极其苛刻。上述问题的解决还有赖于对气固分离过程的耦合强化，包括气固快速分离和气固旋风分离耦合强化两个方面。目标是形成高效的气固快速分离耦合强化和气固旋风分离耦合强化新技术。

对于气固快速分离过程的耦合强化，其主要任务是在高效回收催化剂颗粒的同时能够精确控制反应时间，以获得理想的产品分布和保证装置的长周期运行。难点和关键是需要在同一分离设备上同时实现“三快”和“两高”的功能。“三快”是指“油剂的快速脱离”“分离催化剂的快速预汽提”和“油气的快速引出”，“两高”是指“催化剂的高效分离”和“高油气包容率”。以上“三快”和“两高”的要求相互制约、高度关联、缺一不可，因此开发难度极大。针对该系统“快”和“高”两个层面的苛刻要求，通过对其内部存在的稀相气固离心分离和浓相气固接触传质这两种大差异、高度非线性的气固两相流动体系特性和调控规律的深入认识，采取了有效的耦合措施，克服了两者之间的不利影响，实现了两种体系的高效协同。在系统研究基础上，成功开发出了高效气固旋流分离、高效预汽提、提高油气包容率 3 项创新技术，通过集成创新形成了 5 种新型快分系统，可适用于目前所有构型的装置，最终创建了气固快速分离耦合强化的设计理论和方法。自 1996 年以来，中国石油大学（北京）相继开发的挡板预汽提式粗旋快分（FSC）、旋流快分（VQS）以及带有密相环流预汽提式粗旋快分（CSC）三种国产快分系统已在国内 50 余套装置上成功应用，创造经济效益 60 多亿元，并获 2010 年度国家科技进步二等奖。2006 年又开发成功最新的带有隔流筒的旋流快分（SVQS）系统，并成功应用于 7 套工业装置，其中规模最大的为 360 万吨 / 年重油催化装置。该装置的封闭罩直径 5.7m，分离效率高达 99% 以上，可使轻油收率提高 1.0 个百分点，而且可保证装置不因结焦而影响正常操作，操作弹性更好。

对于气固分离过程的强化，通常人们将分离强化的重点放在单个分离器单一性能的提升上，例如抑制顶灰环、削弱短路流、降低压降等。但实际上许多场合旋风分离器采用多级串联或多组并联操作，有的还要附加其他的功能，比如承受高压力、抗结焦等，这些附加功能的实现往往与分离性能的提升是相互矛盾的。为此，中国石油大学（北京）通过大量的实验和理论研究，对旋风分离器内流场形成了系统、全面的认识，归纳总结出了影响气固分离的关键因素，不仅针对单个分离器提出了性能强化措施（如削弱二次流、控制短路流、改善旋流场的对称性等），并与附加功能的实现相耦合，成功开发了 PV-E 型旋风分离器、抗结焦顶旋等性能优异的新结构。同时，针对处理气量很大（$10^5m^3/h$ 以上）、分离要求又很高的大型工业装置采用的多级旋风分离器串联或多组旋风分离器并联方式的耦合强化问题，依据单级旋风分离器的性能计算方法并结合优化理论，建立了多参数的优化设计模型，可实现各级结构形式和压降的最佳匹配；对于并联旋风分离器，分析了性能强化的原理，特别是针对非“独立并联”的情况，发现了并联旋风分离器总效率不降反升的新现象，揭示了并联分离器的“旋流自稳定性”机制，提出了强化并联旋风分离器性能的新方法。基于这些实验和理论结果，形成了指导大型工业装置气固高效组合分离的优化设计方法和技术，设计的多种高效旋风分离器也在石化行业获得广泛的应用，综合性能优异。

以下重点对气固快分技术在炼油催化裂化中的应用和国内外研究进展、气固旋风分离及其性能强化技术做简要介绍和说明。

第二节 气固快分技术

一、气固快分技术在催化裂化工艺的应用

催化裂化（FCC）工艺是重要的重质油轻质化转化过程之一。2016 年全世界原油加工 4579.4Mt/a，FCC 的加工能力是 751.4Mt/a。其中，美国原油加工 922.9Mt/a，FCC 的加工能力为 286.5Mt/a；我国原油加工 550.8Mt/a，FCC 的加工能力为 264.9Mt/a，原油和 FCC 的加工能力仅次于美国，但占一次加工能力的比例却为世界首位[2]。在我国商品汽油构成中，FCC 汽油占 70% 左右，柴油占 30% 左右，而且 30% 以上的丙烯也来自 FCC 过程。在重质油轻质化过程中，FCC 工艺在今后相当一段长的时间内仍将发挥骨干作用，FCC 过程在炼油厂的经济效益方面具有重要地位[3,4]。

FCC 工艺主要由反应再生系统、分馏系统和稳定吸收系统组成，其核心是反应-再生-分馏系统，如图 1-1 所示。提升管反应器部分完成强吸热的催化裂化反应，再生器部分完成强放热烧焦再生反应，恢复催化剂活性，通过催化剂的循环实现反应器和再生器之间的热平衡[5,6]。尽管不同公司所开发的 FCC 技术的反应再生系统的具体结构不同，但工艺流程没有本质区别。图 1-1 为高低并列式的反应再生系统，反应部分由提升管反应器（包括预提升段、进料段、油气分离设备）和沉降器组成。从再生器来的高温（670～710℃）再生催化剂，在预提升气的推动下向上运动，在进料段与经过喷嘴喷入的雾化原料接触汽化，沿提升管以 13～20m/s 的高速向上运动过程中于 480～540℃下进行反应，反应过程主要是大分子转化为较小分子的裂化反应，同时由于缩合反应生成少量焦炭沉积在催化剂

上使其活性迅速降低，经过很短的反应时间（2～4s）后，油气与催化剂进入提升管末端的快速分离器进行分离，大部分催化剂被分离下来进入沉降器下部，油气携带少量的催化剂进入沉降器内顶部的旋风分离器（顶旋）被进一步分离后离开反应系统去分馏塔，而结焦的催化剂进入沉降器的汽提段进行汽提，经过充分汽提的结焦催化剂由待生斜管进入再生器进行再生，在高温条件（670～710℃）下由空气烧去催化剂上的焦炭，恢复其活性，再生催化剂经再生斜管返回到反应器部分，完成催化剂的循环。

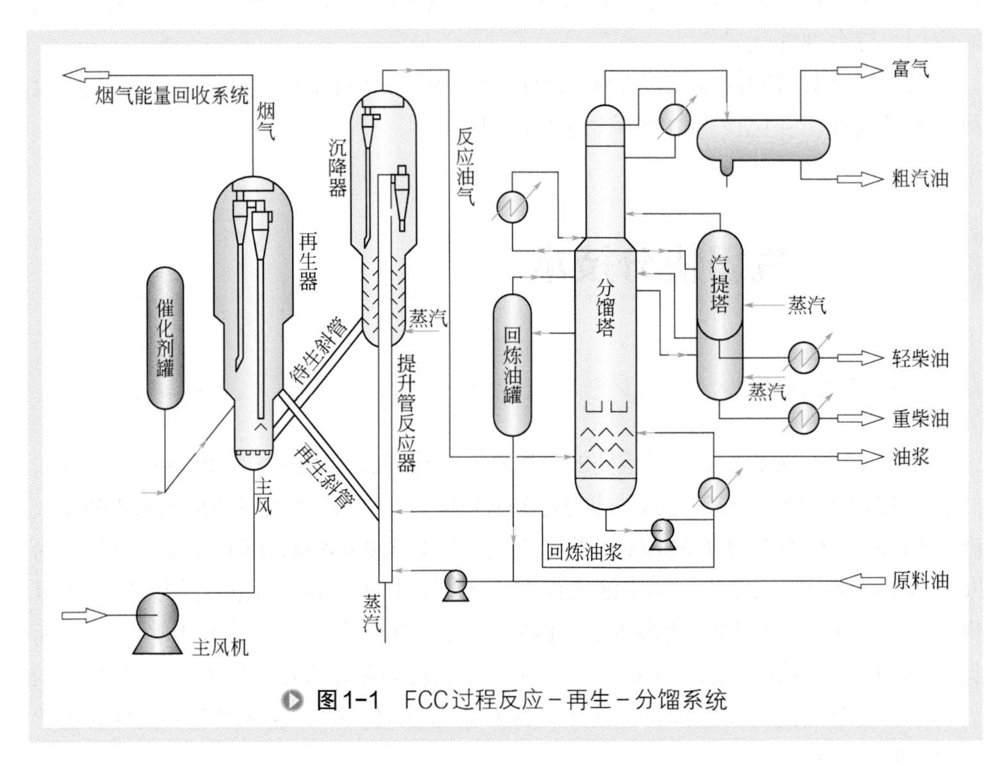

图1-1　FCC过程反应－再生－分馏系统

FCC 的目的产物汽油、柴油和液化气是反应的中间产物，在适宜的时间及时终止反应以尽量减少这些目的产物的进一步裂化是提高气液收率的必要手段。如图 1-2 所示，反应温度和催化剂与油气的接触时间是影响 FCC 产物分布的两个关键因素，反应温度高，则接触时间不宜过长，否则气体和焦炭产率就会增加；反应温度低，则接触时间不宜太短，否则转化率将受到影响[7]。以往 FCC 的操作温度在 500℃左右，接触时间在 2～4s，目前 FCC 的接触时间有缩短的趋势。

在 FCC 工艺流程中，提升管反应器是原料油气发生催化裂化的主要场所，催化剂与原料油气的混合物通过提升管反应器的时间为 2～4s。但油气与催化剂的接触和反应并非仅仅局限于提升管反应器内，离开反应器时如果不及时进行油气与催化剂的分离或采取其他措施终止反应，油气在催化剂的作用下依然会继续转化。这样，汽油和柴油将不可避免地进一步转化成非目的产物。因此要求催化剂与反应后的原料油气能够快速分离，否则在高温催化剂的作用下就会使产物油气发生过裂化反应，并造成反应系统的结焦。在一些重油催化裂化（RFCC）装置中，反应-分馏系统的结焦问题已成为影响装置长周期安全运行的主要因素之一[8]。此外，与催化剂分离后的反应产物在高温环境中的停留时间过长，产物容易发生无选择性热裂化，同样导致目标产物的损失。

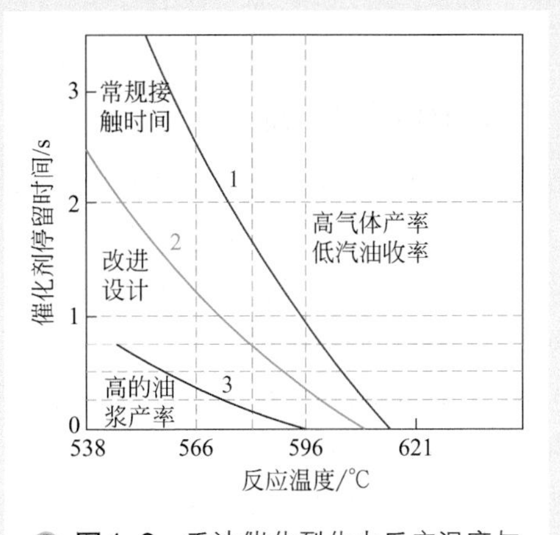

图1-2　重油催化裂化中反应温度与催化剂停留时间对产物分布的影响

为解决这些问题需要采用反应终止技术。反应终止技术有两种：一种是在提升管末端注入终止剂技术，另一种是在提升管末端增设快分系统，即快分技术。前者是通过骤然降低体系的温度来实现终止反应，而后者则是及时将油气与催化剂分离来终止反应。

终止剂技术是在提升管末端增设一组终止剂注入口，通过加入冷态的难裂解组分，迅速降低系统的温度，从而大幅度降低反应速率。注入的终止剂通常有直馏汽油、FCC 粗汽油、重柴油、酸性水等。终止剂技术实现起来较为简单，也不会明显增加生产成本。根据从大庆石油化工总厂 RFCC 装置使用粗汽油作为终止剂的应用结果，加入终止剂后，汽油收率下降了 0.64 个百分点，轻柴油收率提高了 0.22 个百分点，说明终止剂降低了反应深度。但加入终止剂后，液化气收率提高了 0.35 个百分点，干气产率提高了 0.06 个百分点，这说明一部分终止剂发生了裂化反应，生成了干气和液化气。使用终止剂后，反应器和分馏塔的负荷增加；终止剂降低二次反应的同时也终止了稠环芳烃等难裂化组分的反应，使生焦量增加，这些都会对装置内的流化有一定的影响[9]。

快分技术的机理在于通过将油气与催化剂快速分离，降低油气与催化剂的接触时间，减少油气在高温条件下发生非选择性反应，从而提高轻油收率，降低干气和焦炭产率。同时，快分技术还可以减少催化剂被油气的带出量，降低催化剂的单耗[10-12]。随着催化裂化高性能分子筛催化剂的开发运用，快分技术已成为催化裂化工艺的核心技术。现代 RFCC 工艺要求快分技术满足“三快”要求[13,14]：油气与催化剂快速分离、分离油气快速引出、分离催化剂快速预汽提。目前工业上采用的快分技术根据其分离机理，主要分为两大类：惯性快分技术和离心快分技术。下面就国内外快分技术的研究进展与工业应用加以综述。

二、国外快分技术的研究进展与工业应用

1. 惯性快分系统

惯性快分系统主要用于 20 世纪 80 年代以前的蜡油催化裂化时期，典型的形式有图 1-3 所示的伞帽形、T 形、侧槽形等。惯性快分系统主要依靠气固混合物流出提升管后急速转向 180°所产生的两相惯性差异实现分离[15]。由于转向路径很短，气固两相间分离很不充分，油气上升所夹带的催化剂颗粒较多，分离效率通常只有 70%～80%，后续的旋风器必须两级串联才能保证油浆中不会有偏高的固体含量。更严重的问题还在于，反应后的油气在沉降器大空间内缓慢上行进入旋风分离器组，在两级旋风分离器间需要 3～4s 的时间才能进入分馏系统。这样在高温条件下，反应后的油气停留时间至少在 15s 左右，致使油气发生过度裂化，增加干气和焦炭的产率，使目的产品收率下降。

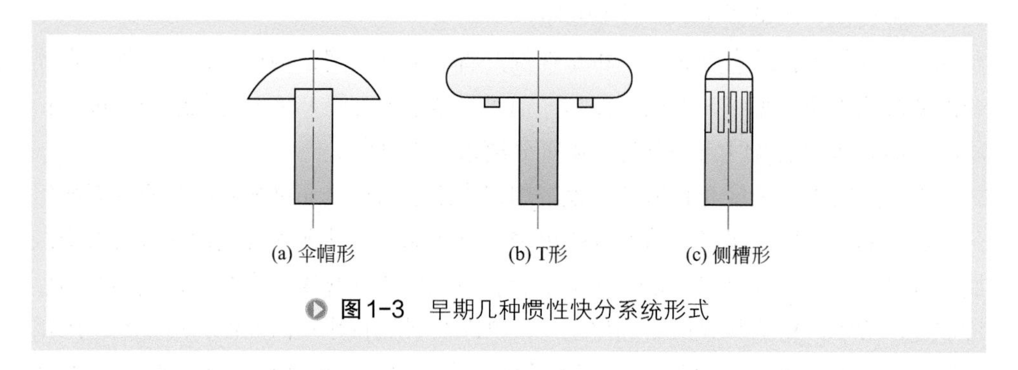

图1-3 早期几种惯性快分系统形式

随着快分技术的进一步发展，三叶式快分得到了广泛的工业应用。三叶式快分（图 1-4）在工业应用中可有效提高系统的分离效率，但在渣油掺炼过程中容易产生二级旋风分离器料腿内的结焦问题。这样不但使操作工况发生变化，影响分离器的正常运行，而且在结焦达到一定厚度脱落时将堵塞旋风分离器的排料口，使得二级旋风分离器失效[16]。

为解决上述惯性快分系统油气在沉降器内停留时间过长的问题，美国 UOP 公司于 1978 年开发了弹射式快分[17]。如图 1-5 所示，油剂混合物从提升管反应器出口末端向上喷出后，催化剂颗粒由于惯性作用沿抛物线喷射到离环室较远处落入床层，而油气急转进入环室并从其侧面的多组水平导气管引出，再经垂直和水平管段进入旋风分离器。弹射式快分减少了油气的返混，油气停留时间较一般惯性快分短，而且提高了气固惯性差异，分离效率也有所提高，一般可达到 80%～90%，最高可达到 95%。但这种快分的压降较大，对旋风分离系统的压力平衡，特别是对料腿的密封有不利影响，因而必须解决好系统的压力平衡问题。由于催化剂与油气需要有足够大的惯性差异实现高效分离，所以开工或停工时都要求油剂混合物在提升

管出口处达到一定的线速度，这样就降低了其操作弹性。

为了进一步改善惯性快分系统的操作性能，提高其分离效率，缩短油气在沉降器内的停留时间，美国专利 USP 4364965[18]（图 1-6）和 USP 4721603[19]（图 1-7）提出了带封闭罩的改进方案。

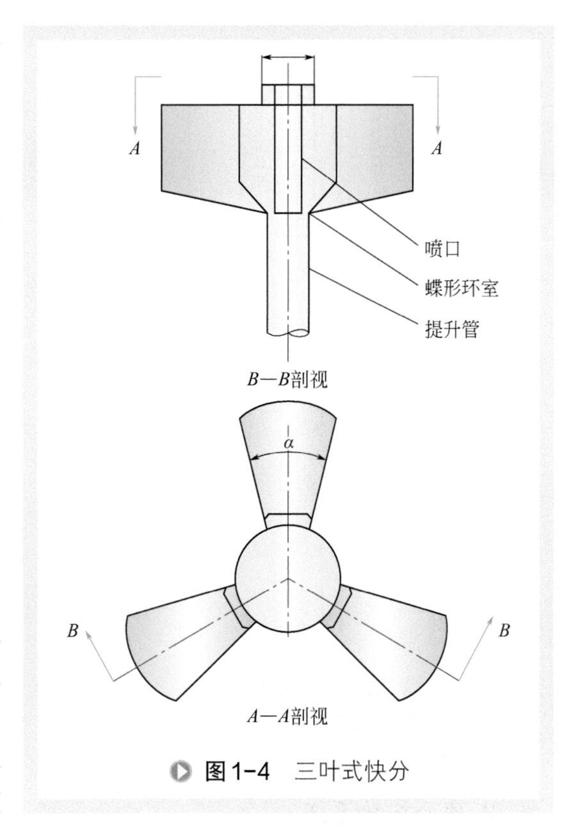

图1-4　三叶式快分

美国专利 USP 4364965 主要由提升管、逆向导流筒（即封闭罩）、汽提段和旋风分离器组成。提升管出口处套有封闭罩，封闭罩固定在沉降器的顶部，由此构成了开口向下的逆向导流装置。封闭罩的四周布置数组旋风分离器，其中一级旋风分离器的入口与封闭罩的环形通道相连，二级旋风分离器的出口与油气出口总管相连，油气由此进入分馏塔。这种结构气固分离效率较高，油气可快速引出，缩短了油气在沉降器内的停留时间。但催化剂由封闭罩流出后需经过较长的沉降器空间才能进入汽提段，因而形成了缓慢沉降段，使夹带的油气易发生过裂化及热裂化反应。

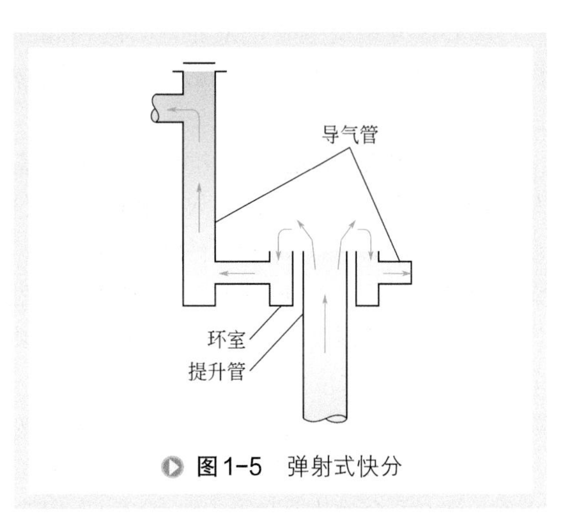

图1-5　弹射式快分

美国专利 USP 4721603 的主要目的是：①通过独特的挡板布置使催化剂在系统中的停留时间达到最短；②减小催化剂的缓慢沉降区，实现蒸汽与催化剂的及时接触。这一结构的改进之处在于封闭罩的环形出口与汽提段之间增设了导流板，其优点在于加速催化剂的沉降，使催化剂能快速进入汽提段，有利于提高汽提效率。但不足之处在于油气的引出方式。油气从环形出口排出与催化剂分离后要穿过较长的沉降空间进入一级旋风分离器的入口，这就增加了油气在沉降区内的停留时间。

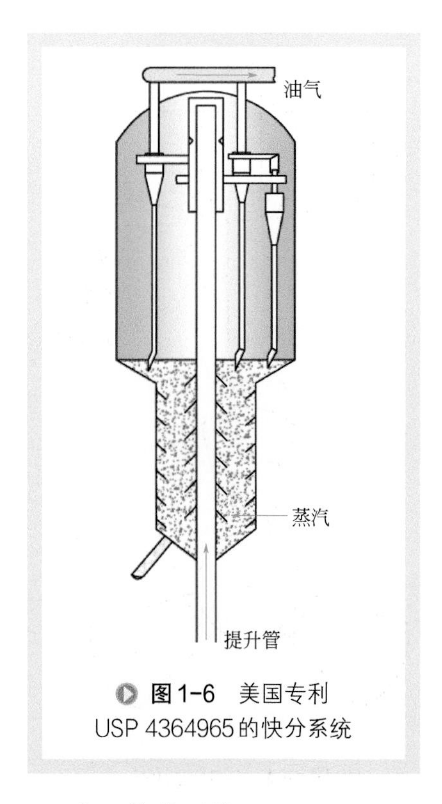

图1-6 美国专利 USP 4364965的快分系统

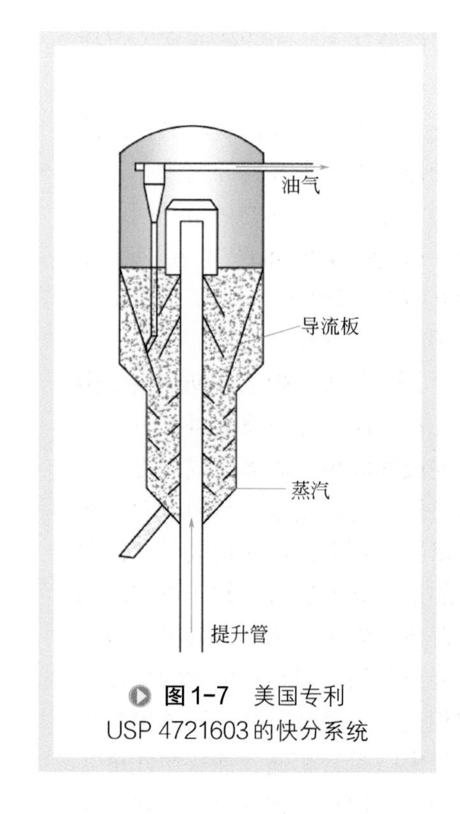

图1-7 美国专利 USP 4721603的快分系统

2. 离心快分系统

离心快分系统主要是依靠气固两相混合物旋转形成的强离心力来实现气固两相的快速分离，主要分为粗旋快分系统、密闭旋风分离系统和旋流快分系统这三类。

（1）粗旋快分系统 典型的粗旋快分系统如图 1-8（a）所示，它将第一级旋风分离器（一般称为“粗旋”）入口和提升管反应器末端直连，粗旋的升气管和料腿都悬空于沉降器内。油剂混合物经过粗旋后，油气从粗旋升气管排入沉降器空间，缓慢上升进入沉降器顶部的旋风分离器（一般称为“顶旋”）入口，进一步分离油气夹带的催化剂颗粒；经粗旋分离的催化剂颗粒则由料腿排入汽提器。粗旋快分的分离效率高，但反应后的油气从粗旋排出后，要经过较大的沉降器空间才能进入顶旋，气体的停留时间较长，易发生过裂化和热裂化反应。

1985 年 Haddad 等[20] 在粗旋快分系统的基础上，提出了闭式直连系统［图 1-8（b）］。油剂混合物从提升管出口直接进入粗旋，分离后的油气经直连导管直接进入一级旋风分离器。一级旋风分离器出口与二级旋风分离器入口相连，分离下来的催化剂在料腿中积存一定高度后卸入床层汽提段进行汽提。粗旋的油气出口与一级旋风分离器入口采用套管式连接，由床层上升的汽提气体通过套管环形空间进入一级旋风分离器。该方案可以缩短油气在沉降器内的停留时间，从而降低油气的过裂化

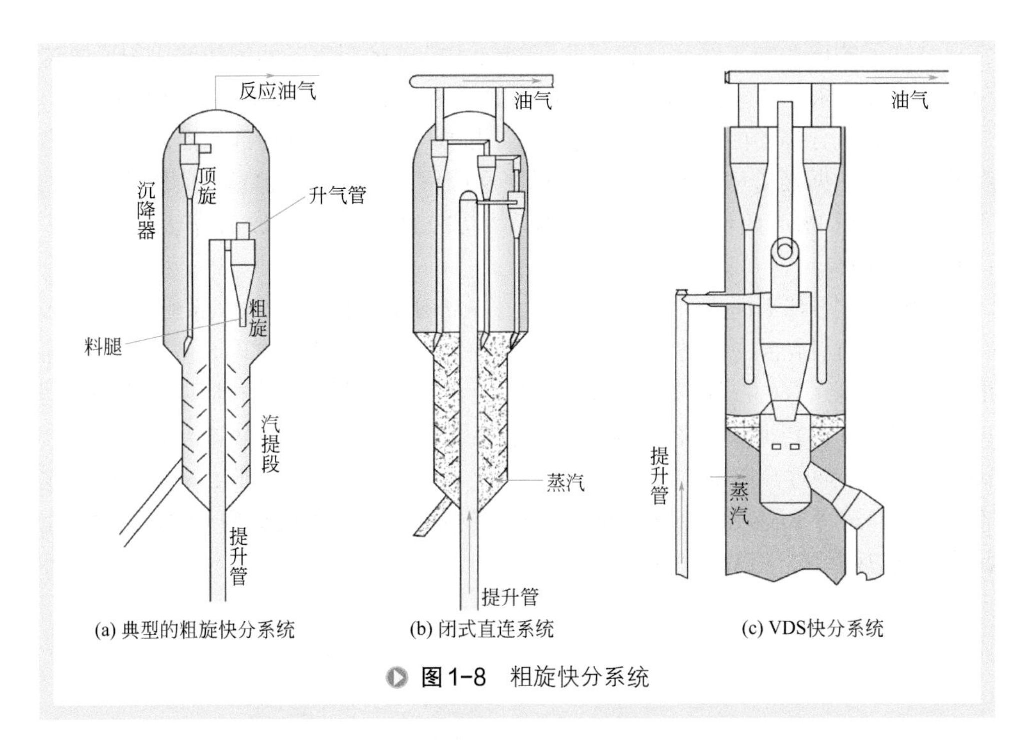

图1-8 粗旋快分系统

和热裂化反应。据资料[21]介绍，20世纪80年代已有8套Mobil催化裂化装置安装了闭式直连系统，运行结果表明：轻油收率平均提高2.5%（体积分数），干气产率降低1%（质量分数），操作方便灵活。但闭式直连系统的不足之处在于催化剂的汽提仍采用一级床层汽提，汽提效果差，催化剂夹带的油气在沉降器中停留时间仍然较长。

1992年美国UOP公司[22]将旋分汽提与闭式直连系统相结合，推出了VDS快分系统［图1-8（c）］。提升管反应器出口末端与粗旋入口直连，粗旋的锥体下部与汽提段相连。为了减小汽提气对粗旋分离效率的不利影响，粗旋锥体内设有涡旋稳定杆以使油剂混合物在锥体内仍能保持较高的旋转速度；汽提段筒体内侧设有消涡板以防止催化剂受到离心力作用紧贴边壁下落而影响汽提效果。粗旋的升气管出口与顶旋入口管直连（升气管中间设有环形开口，以使二级汽提气进入）；由粗旋分离下来的催化剂下落到一级汽提段汽提后，进一步进入二级汽提段进行汽提。由粗旋分离后的油气与底部上升的汽提气一起进入顶旋，顶旋分离出的催化剂由顶旋料腿导出。VDS快分系统将高效快分、高效汽提和油气快速引出有机结合，采用了多级分段汽提，且结构简单、易于安装，符合重油催化裂化工业的工艺要求。

（2）密闭旋风分离系统 目前重油催化裂化装置上应用的旋风分离系统主要有密闭旋风分离系统[23]和Ramshorn轴向旋风分离系统[24]。

1985年Mobil和Kellogg公司联合开发了普通密闭旋风分离系统［图1-9（a）］。该分离系统中，提升管反应器出口末端直接与一级密闭旋风分离器相连，一级密闭旋风分离器的出口与二级密闭旋风分离器的入口直接相连，油气和催化剂可快速分离，大大缩短了油气在沉降器的平均停留时间，油气返混现象也明显改善。一、二级密闭旋风分离器的入口导管均有未封闭的环形入口，可使沉降器内汽提蒸汽和油气进入。据报道[25]，该分离系统可将反应后油气的平均停留时间降到10s以下，干气减少1%（质量分数），轻油收率增加2.5%（质量分数），汽油辛烷值提高0.6%～0.8%。

1992年，石伟工程公司（S & W）开发了Ramshorn轴向旋风分离系统。如图1-9（b）所示，油剂混合物从提升管反应器向上流动，到达其出口末端时被安装在上部的隔板及凹面分为左右两部分，流动方向发生改变。油剂混合物在器壁形成的空间以水平线为轴旋转180°左右，旋转过程中利用离心力差异实现快速高效分离。分离后的油气，通过开口槽孔进入水平导气管，再从出气管进入顶旋；分离后的催化剂则沿切向进入料腿。该分离系统的气固分离效率较高，可达95%～98%，油气在沉降器内总停留时间也比较短。

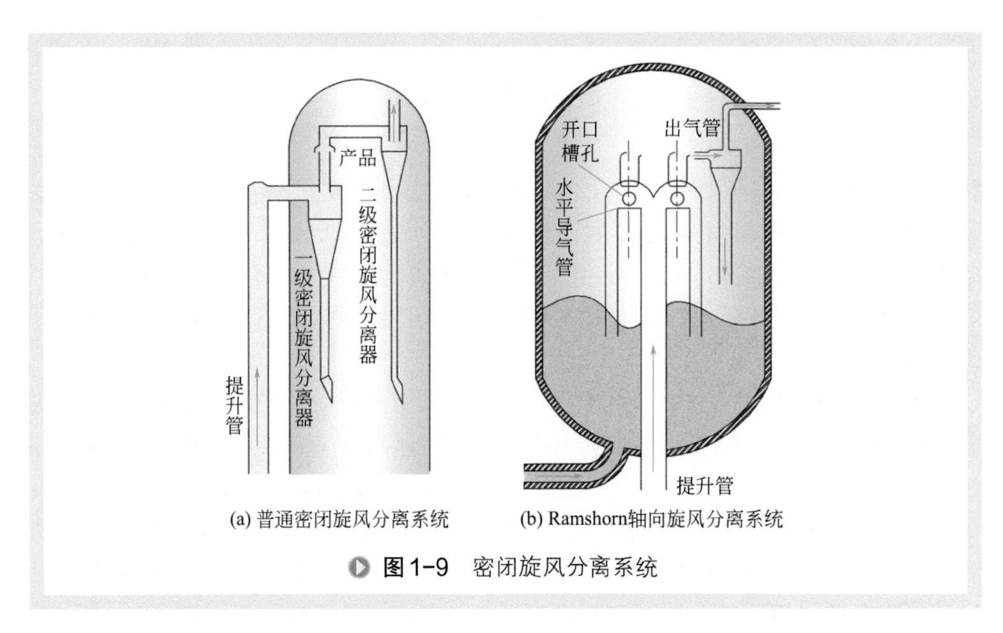

图1-9 密闭旋风分离系统

（3）旋流快分系统 旋流快分系统可使油剂混合物在离开提升管反应器出口后直接形成旋转流场，从而达到分离目的。

1994年，美国UOP公司开发了用于内提升管反应器的旋流快分（VSS）系统[26]。如图1-10（a）所示，在提升管反应器的出口末端有一切向出口的旋流头，旋流头由几个弯成一定角度的水平弯臂构成。旋流头外面的封闭罩中，封闭罩的上部是油剂混合物的离心分离空间，下部是催化剂的汽提段。油剂混合物从旋流头的弯臂喷出后在封闭罩内高速旋转，形成强旋流离心力场，油气与催化剂快速分离。分离后的油气由上部升气管直接进入顶旋，实现了油气的快速引出；分离后的催化剂落入下部汽提段中进行汽提，可实现高效汽提。在封闭罩下部（汽提段）设置了几层环形挡板，催化剂在挡板上流动的过程中得到汽提。封闭罩上部的旋转气流能将汽提气夹带的催化剂再次分离下来，故 VSS 快分系统中汽提气对分离效率的影响不大。

另一种形式的 VSS 快分系统如图 1-10（b）所示，油剂混合物自提升管反应器进入，从旋流头的弯臂中喷出后在沉降器内高速旋转，形成强旋流离心力场，油气与催化剂快速分离。分离后的油气由上部升气管直接进入顶旋，分离出来的催化剂落入下部汽提段进行汽提。顶旋的料腿出口与旋流头下部的汽提段直连，汽提气可直接进入顶旋，这有利于进一步提高汽提效率。旋流头外罩的封闭罩与汽提段同径，结构更为紧凑，为旋流快分系统的发展提供了参考依据。

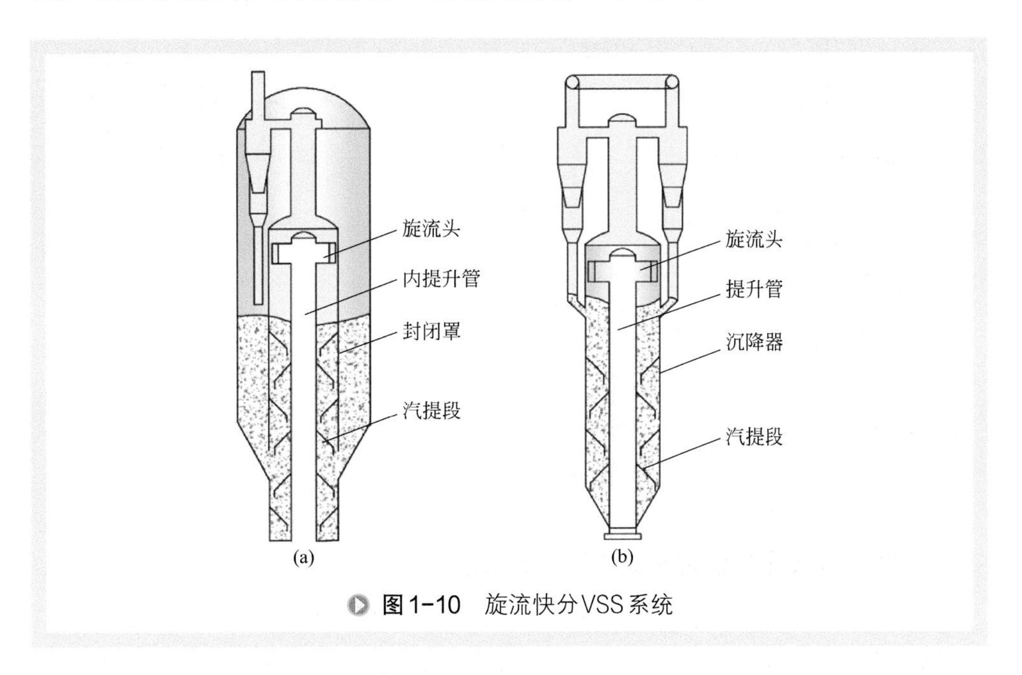

图 1-10　旋流快分 VSS 系统

三、国内快分技术的研究进展与工业应用

随着我国 FCC 加工原料的重质化，FCC 工艺对快分技术的“三快”要求显得尤为突出。为此，国内中国石油大学（北京）经过近 20 年的研究，先后开发出了挡板预汽提式粗旋快分（FSC）系统、带有密相环流预汽提式粗旋快分（CSC）系统、带有挡板预汽提的旋流快分（VQS）系统、紧凑式旋流快分（CVQS）系统、带有隔流筒的旋流快分（SVQS）系统和超短快分（SRTS）系统。各种快分系统如图 1-11 所示。上述快分系统可以满足“三快”的要求，已在多套工业装置上应用成功，获得了巨大的经济效益。

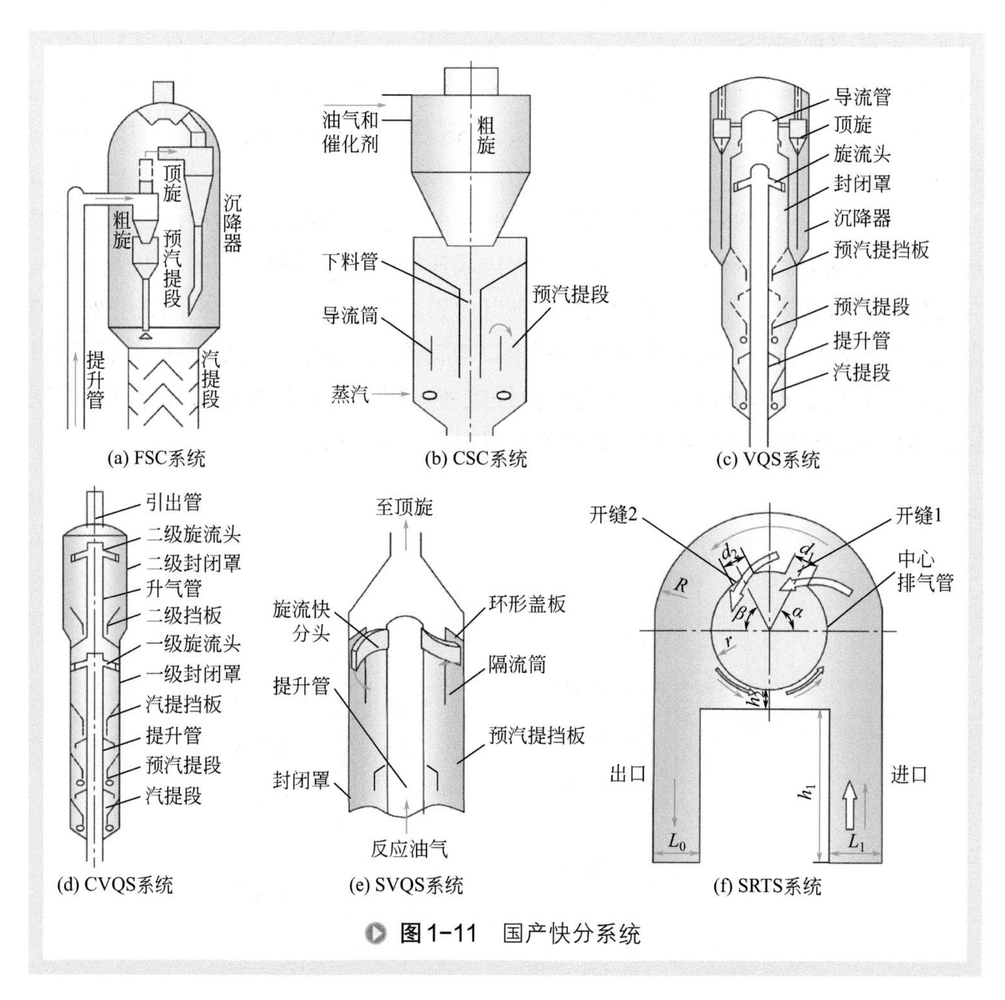

图1-11 国产快分系统

1. 挡板预汽提式粗旋快分（FSC）系统

图 1-11（a）所示的 FSC 系统[27]中，粗旋下部连有预汽提段，预汽提段内设有挡板，底部还设有汽提蒸汽分布管。汽提气由汽提蒸汽分布管引入向上流动，由粗旋分离下来的催化剂沿挡板向下流动，汽提气与催化剂在挡板上进行十字交叉流动，达到最佳的汽提效果。为了减少汽提气对粗旋分离效率的影响，粗旋的下部和预汽提段的上部分别增设了稳涡和消涡设施，以达到最佳的分离效率和汽提效率。与常规粗旋相比，这种设计可以将料腿中的正压差排料变成微负压差排料，所有油气（包括催化剂夹带的油气）都可以从粗旋内部快速上升，这样可以将油气在沉降器内的平均停留时间缩短到 5s 以下。FSC 快分系统已在国内 15 套工业装置成功应用。

2. 带有密相环流预汽提式粗旋快分（CSC）系统

图 1-11（b）所示的 CSC 系统[28]中，将 FSC 系统中的挡板预汽提式粗旋用带

有密相环流预汽提式粗旋替代。油剂混合物经过粗旋后，油气与催化剂快速分离；预汽提段采用气固密相环流技术，这样既可实现密相汽提，又通过环流使催化剂和汽提气多次接触，实现了高效预汽提；油气从粗旋直接上升，经过承插式导气管直接进入顶旋，降低了油气在沉降器内的平均停留时间。CSC 快分系统在国内已应用 13 套。

3. 带有挡板预汽提的旋流快分（VQS）系统

图 1-11（c）所示的 VQS 系统[29]主要由导流管、封闭罩、旋流头、预汽提挡板等部分组成，提升管反应器出口末端采用多个（3～5）旋臂构成的旋流头，旋流头外设封闭罩。封闭罩上部采用承插式导流管与顶旋直连，封闭罩下部增设 3～5 层预汽提挡板构成预汽提段。油剂混合物从旋流头喷出后，在封闭罩内形成强旋流，实现了气固快速分离（旋流头的分离效率高达 98.5%），封闭罩下部的预汽提段可对分离后的催化剂及时高效汽提，封闭罩上部的承插式导流管可实现分离后油气的快速引出。工业应用表明，该系统具有气固分离效率高、剂油接触时间短、操作弹性大、防焦措施完善等特点，可实现装置的长周期安全运行；在提高掺渣率的条件下，产品分布得到了明显改善，经济效益显著。VQS 系统在国内已应用 23 套。

4. 紧凑式旋流快分（CVQS）系统

目前，VQS 系统内沉降器结构仍比较庞大，内部有很多的油气滞留空间，难以保证油气的快速引出，导致油气在沉降器内的停留时间仍然较长。高温条件下，油气在沉降器内停留时间过长会发生非选择性反应，降低轻油收率，增加干气和焦炭产率。针对这一问题，中国石油大学（北京）在 VQS 系统的研究基础上提出了紧凑式旋流快分（CVQS）系统[30]。

如图 1-11（d）所示，与 VQS 系统相比，CVQS 系统由两级旋流头串联组成，二级旋流头取代顶旋，沉降器的空间大大减小，结构更为紧凑，尺寸更小（基本与汽提段同径），使油气的停留时间大大降低，达到快速引出油气的目的，有助于解决油气的滞留、返混和装置结焦问题。目前 CVQS 系统已完成实验研究和概念设计，尚未进行工业应用。

5. 带有隔流筒的旋流快分（SVQS）系统

SVQS 系统[31]是基于 VQS 系统的改进结构，如图 1-11（e）所示。主要通过增设隔流筒来消除旋流头喷出口附近直接上行的“短路流”，从而使隔流筒与封闭罩之间、旋流快分头底边至隔流筒底部的区域内，轴向速度全部变为下行流，消除了 VQS 系统的上行流区，同时强化这一区域的离心力场，可以更进一步提高颗粒的分离效率。SVQS 快分系统在国内已应用 7 套。

6. 超短快分（SRTS）系统

SRTS 系统[32]是一种基于惯性分离与离心分离协同作用机理的超短快分系统，如图 1-11（f）所示。该分离器主要由一个拱门形分离空间和一根开有多条窄缝的中心排气管组成。装置运行过程中，气固混合物沿竖直向上方向从拱门形分离空间一侧进入分离器，由于固相的惯性远大于气相，所以固体颗粒沿拱门形分离空间经过 180°的圆周运动，从拱门形分离空间的另一侧排出；而气体在流经窄缝时发生方向偏转，从中心排气管排出，实现气固分离。超短快分系统具有停留时间短、效率高、结构简单紧凑、压降小、操作性能稳定等诸多优点。

第三节 气固旋风分离技术

一、旋风分离器概述

旋风分离器是一种利用离心力实现气固分离的设备。含尘气体在旋风分离器内作高速旋转运动，固体颗粒则在离心力作用下迁移至器壁而与气体分离。旋风分离器对 10μm 以上的固体颗粒分离效率较高，其主要特点是结构简单，无运动部件，维护方便，可耐高温、高压，并适用于含尘浓度很高的场合，所以在石油化工、燃煤发电、冶金、采矿、轻工等行业的应用十分广泛，尤其是在流化床反应器、煤气化等高温、高浓度下的气固分离场合，旋风分离器至今仍是唯一可资工业应用的分离设备。

旋风分离器的结构形式很多，分类也各有不同。通常按气流进入分离器的方向，将分离器分为两类：一类是切流式旋风分离器，另一类是轴流式旋风分离器。

1. 切流式旋风分离器

切流式旋风分离器结构见图 1-12（a）。它由切向入口、圆筒及圆锥体构成的分离空间、净化气体排出及捕集颗粒排出等几部分组成。它的结构形式有很多，常用的有螺旋顶型、旁室型、异形入口型、扩散型和通用型等，这类旋风分离器应用最为广泛。

2. 轴流式旋风分离器

轴流式主要结构与切流式相同，只是气体是沿轴向进入分离器，气体的旋转运动依靠导向叶片的引导产生，如图 1-12（b）所示。通常轴流式分离器处理的流量较大，但分离效率低于切流式。

旋风分离器的历史可以追溯到 1886 年，当年美国人 Morse 申请了第一个旋风

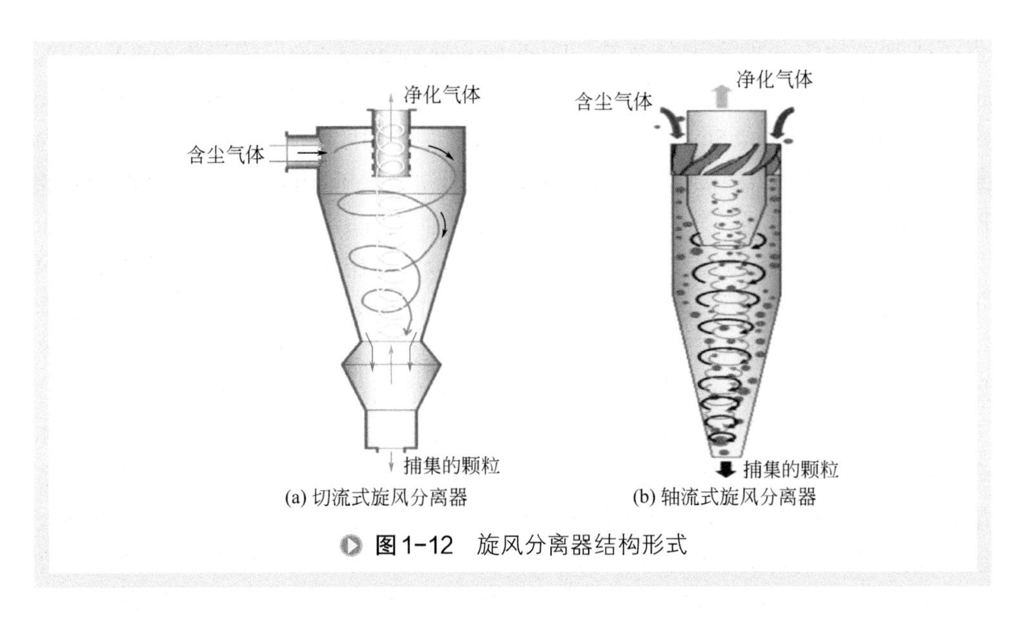

图1-12 旋风分离器结构形式

分离器的专利，至今已有130余年的历史。期间，无论是旋风分离器的结构尺寸、性能水平还是应用领域都经历了深刻的变化。与1900年代相比，旋风分离器高径比由0.5增大到3.0以上，切割粒径由40μm减小到0.5μm，单位处理量的能耗也从4×10^2W增至目前的10^4W。以上参数变化的简要情况如表1-1所示。

表1-1 旋风分离器参数变化一览表

项目	1900年代	1930年代	1960年代	1970年至今
高径比	0.5	1.0～1.2	1.5～2.5	约4.0
切割粒径 /μm	40	25	5	0.5
单位处理量能耗 /W	4×10^2	（4～5）$\times10^2$	（8～10）$\times10^2$	10^4

据此，可以把旋风分离器的发展以及研究过程大致分成三个阶段：

第一阶段是1880～1930年代。这是早期阶段，人们粗略认为它的机理只是简单地利用了离心力，未深入研究气流运动规律，分离的临界粒径d_{c100}一直停留在40～60μm的水平。

第二阶段是1930～1960年代。人们广泛地对旋风分离器进行了理论概括和科学试验。1928年Prockat[33]首次测定了旋风分离器流场。1949年Ter Linden[34]完成了三维流场的测量并分析了流型。还有大量的研究直接针对分离效率和压降与结构尺寸、入口气速、气体温度、颗粒密度、浓度及粒度等的定量关系，有的则致力于建立分离理论模型（如转圈理论[35]和平衡轨道理论[36]）。这些研究使得分离性能有了巨大的提升，设计也更加科学、合理。

第三阶段可从1970年代算起直到现在。这一阶段的突出特点是朝着捕集微细颗粒（小于5μm）的方向发展。在结构开发上，代表性的有1963年由德国Siemens

公司研制成功的一种旋流分离器（Drehströmungsentstauber，简记为 D.S.E.）[37]。这种旋流分离器的特点是把分离空间移到旋-源叠加的流场内，分离能力大为提高，切割粒径可达到 0.5μm。1970 年代以后，各种利用强制涡和源流叠加的流场为分离空间的旋风分离器被陆续研制出来，如英国的 Collection、日本的 Jelclone 及 Rotclone 等。在这一阶段，分离理论也不断地丰富和完善。1972 年 Leith 和 Licht 共同提出了“边界层分离理论”[38]；1981 年 Dietz 提出了三区分离模型 [39]；1984 年 Mothes 和 Löffler 又提出了四区分离模型 [40]。陈建义 [41] 还将上述思想进一步推广，提出过八区模型。近年来又出现了一些新的模型，如 Kim 和 Lee[42] 基于边界层效应的分离模型，Avci[43] 提出的包括器壁粗糙度和浓度影响的简化模型。

自 1980 年代以来，以 Boysan 等 [44] 为代表，一方面采用先进的热线风速仪和激光测速技术，测定了旋风分离器三维湍流速度场，另一方面又通过修正的湍流模型，对器内三维速度场及气固分离过程进行了数值模拟方面的探索，力图从细观尺度上摸清气固分离的内在规律。与此同时，另有一批学者（如时铭显等 [45]）则将相似理论运用到旋风分离器的研究中，提出了基于相似参数关联的性能计算方法，为旋风分离器的研究开辟了一条新路。

二、影响分离性能的主要因素

旋风分离器内气固两相作极为复杂的三维强旋湍流运动，影响分离性能的因素众多，其分离性能与结构因素、操作因素以及颗粒相参数之间存在复杂的关系。

1. 结构因素

影响分离性能的结构因素有入口结构、排气管结构、排尘结构以及筒体直径和高度等，其中以前两者最为重要。

（1）入口结构 切流式分离器常采用的结构形式有：直切式进口、螺旋面进口、蜗壳进口。如图 1-13 所示，直切式进口结构简单，易于制造，分离器外形紧凑，较为常用。螺旋面进口可有效减轻“顶灰环”的影响，避免相邻内外旋流中气流的相互干扰，但结构较为复杂，制造较为困难。蜗壳进口宽度逐渐变窄，使得颗粒迁移到壁面的距离变短，而且外旋流与排气管距离增大，这样颗粒不易沿径向走短路，故可提高分离效率。与螺旋面进口相比，蜗壳形进口制造较为简单，且处理量大、压降较低，是目前广泛采用的进口形式。

除结构形式外，入口尺寸对分离性能也有很大影响 [46]。评价入口尺寸影响的综合参数为入口截面比 K_A，它是筒体截面积与入口截面积之比，即：

$$K_A = \frac{\pi D^2}{4ab} \tag{1-1}$$

式中 D——分离器筒体直径，m；

a，b——分离器入口高度、宽度，m。

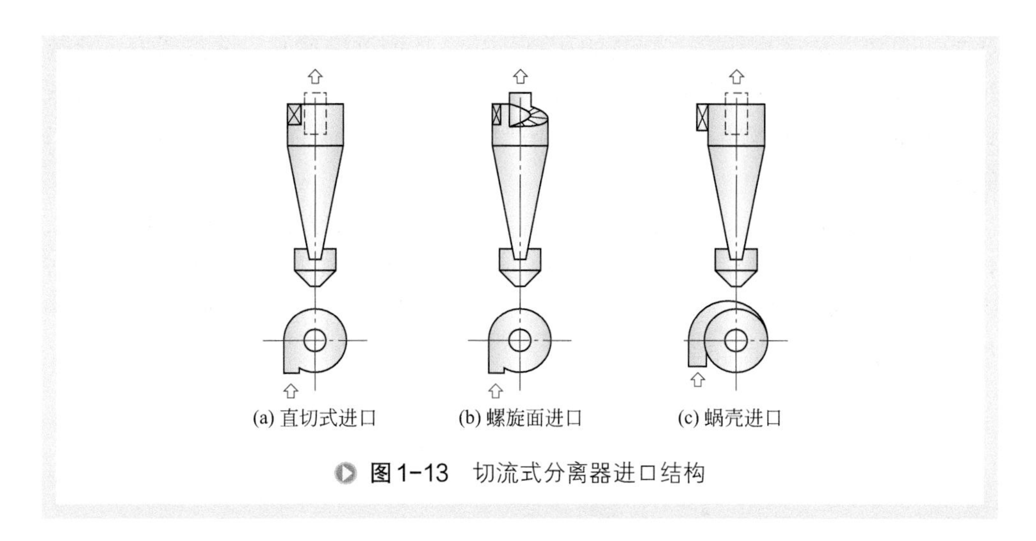

图1-13 切流式分离器进口结构

当气量和入口气速一定时，增大 K_A 就意味着分离器直径增大，气体在分离器内的停留时间延长，效率可以提高，且阻力系数变小。当 $K_A \geqslant 13$ 后，效率提高不再明显，而制造分离器所用材料和成本却大大提高。所以，一般对高效分离器取 $K_A=6\sim13$；对大气量分离器常取 $K_A \leqslant 3$，而一般分离器可取 $K_A=4\sim6$。

（2）排气管下口直径和插入深度 排气管下口直径是最重要的影响因素，它决定了分离器内、外旋流的分界点位置和最大切向速度的大小[47]，并且会影响流场对称性[48]。设计中常用排气管下口直径与分离器筒体直径的比值 $\tilde{d}_r$ 来反映这一影响。定义：

$$\tilde{d}_r = \frac{d_r}{D} \tag{1-2}$$

式中 d_r——分离器排气管下口直径，m。

$\tilde{d}_r$ 越小，外旋流区域越大，最大切向速度值也越大，分离效率越高，同时压降也随之增大。综合考虑，一般分离器取 $\tilde{d}_r = 0.3\sim0.5$ 为宜。

排气管插入深度 h 对分离性能也有影响[49]。若插入深度 h 太小，进入分离器的气流易走径向短路流；反之，若插入深度 h 太深，则使分离器内的有效分离空间变短，降低分离效率，而压降却有所增加。一般取 $h=(0.8\sim1.2)a$ 为宜，a 为矩形入口的高度。

2. 操作因素

影响分离性能的主要操作参数是入口气速 V_{in} 和操作温度 T。入口气速增大，离心力场增强，故可有效提高分离效率 E。但当入口气速超过一定值后，分离效率反而会出现下降，即分离效率和入口气速曲线呈“驼峰形”，其峰值点对应的为最佳入口气速，见图 1-14。另外，因压降与入口气速平方成正比，入口气速增大，压降迅速增大，所以必须综合考虑效率和压降来确定适宜的入口气速。

此外，若含尘浓度也较高，则高的入口气速会加剧器壁磨损，分离器寿命会缩短。所以，入口气速并不是越高越好，而是有一个最佳值范围。入口气速一般取12～26m/s，入口浓度较高时或压降控制严格时，入口气速选择小些，反之，入口气速可取大一些。

气体温度主要影响气体黏度。温度升高，气体黏度增大，颗粒绕流曳力增大，效率下降，如图1-14所示；同时，温度升高，气体密度减小，压降也降低[50]。所以对高温旋风分离器，可选用较大的入口气速和较小的筒体截面气速，即取较大的筒体直径和较小的入口面积。

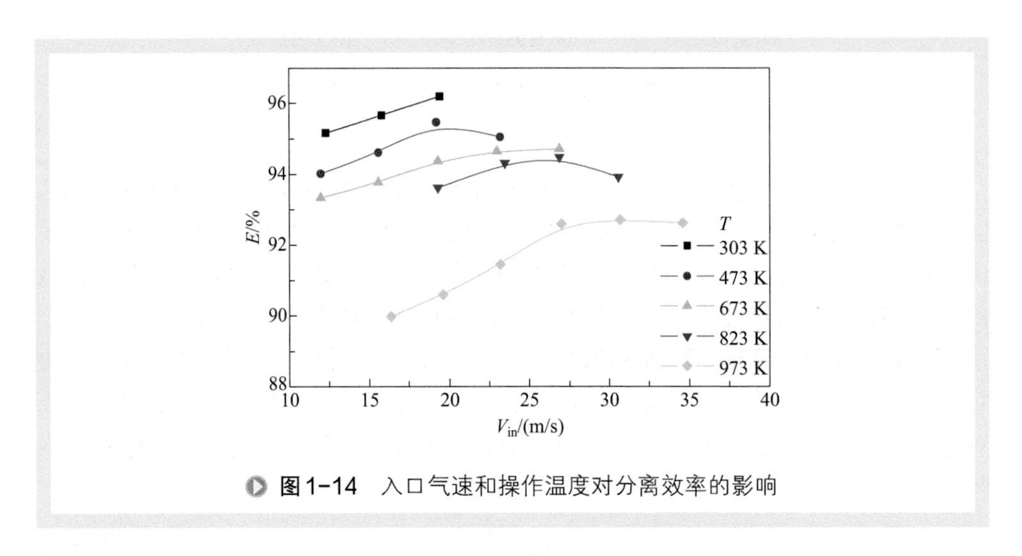

图1-14　入口气速和操作温度对分离效率的影响

至于操作压力，通常只影响气体的密度，从而间接影响压降。压力越高，气体密度越大，压降也越高，但对分离效率几乎没有影响。

3. 颗粒相参数

颗粒的一些物理性质如颗粒密度 ρ_p 和粒径 δ 会影响分离性能。颗粒密度和粒径越大，颗粒受到的离心力越大，效率就越高，且粒径比颗粒密度的影响更大，但它们对压降几乎没有影响。一般说来，对小于5～10μm的颗粒，粒级效率较低；特别是对粒径小的非球形颗粒，分离能力更低。对于粗颗粒（如大于20μm），粒级效率可达90%以上。也因此旋风分离器常用作分离粗颗粒的预分离器。

颗粒密度越大，就越易获得分离；颗粒越细，密度的影响越显著。但当密度超过一定值之后，效率增加不再显著。分离效率与颗粒密度的关系可表示为：

$$\frac{100-E_a}{100-E_b}=\left(\frac{\rho_{pb}-\rho_g}{\rho_{pa}-\rho_g}\right)^{0.5} \qquad (1\text{-}3)$$

式中　ρ_{pa}，ρ_{pb}——颗粒a、b密度，kg/m^3；

ρ_g——气体密度，kg/m³；

E_a，E_b——颗粒密度为 ρ_{pa}、ρ_{pb} 时的分离效率，%。

此外，入口含尘浓度 C_{in} 对效率和压降都有很大影响。大量研究表明，浓度越大，分离效率也越高。Muschelknautz[51] 指出：旋转气流对粉尘有一个“临界携带量 C_{cr}”。一旦入口浓度超过此临界携带量，则超出的那部分粉尘将 100% 地获得分离，而其余的粉尘则以一定的分离效率获得分离。Muschelknautz 提出的分离效率计算公式为：

$$E=1-\frac{C_{cr}}{C_{in}}+\frac{C_{cr}}{C_{in}}E_{cr} \tag{1-4}$$

式中 C_{in}——入口含尘浓度，kg/m³；

C_{cr}——临界携带量，kg/m³；

E_{cr}——入口浓度低于临界携带量时的分离效率，%。

罗晓兰等[52] 还研究了入口浓度与粒级效率的关系，发现：入口浓度对细小颗粒的分离有显著影响，而对粗大颗粒的分离影响不大，典型情况如图 1-15 所示。

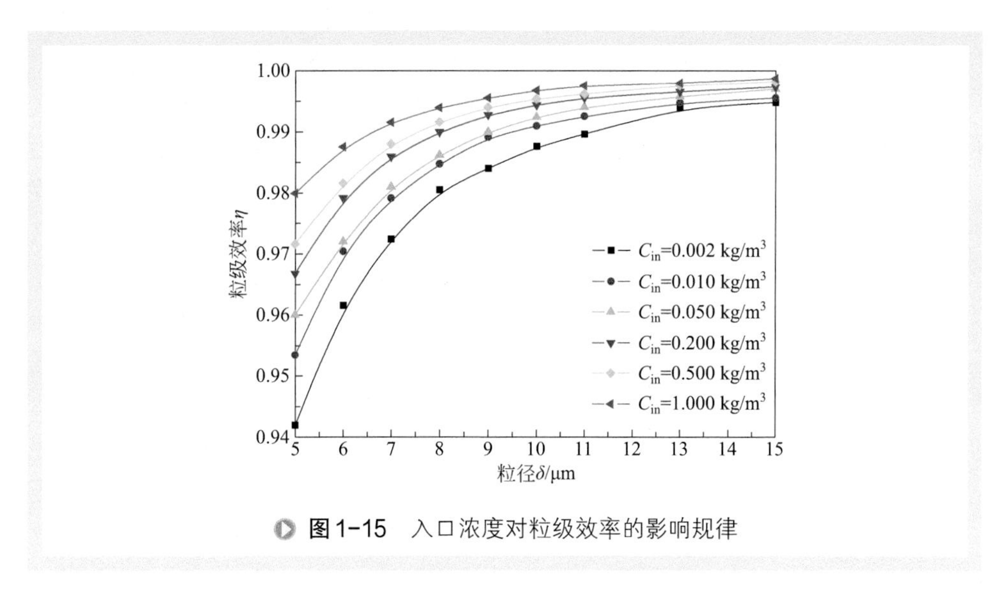

图 1-15 入口浓度对粒级效率的影响规律

除了上述因素外，在工程实际中还需考虑制造安装质量对分离性能带来的影响。例如分离器筒体、锥体的不圆度，排气管与分离器主体的同轴度，一般工业分离器的不圆度不超过 1%D，同轴度则应控制在（0.3%～0.5%）D 以内。另外分离器内壁必须力求光滑。如果壁面有凹凸不平，就容易产生气流旋涡，将停留在器壁上已分离下的颗粒重新卷扬起来，降低效率。对带衬里的分离器，尤其应注意这个问题，一旦衬里脱落或表面出现凹凸不平，分离效率将迅速降低，影响正常操作。

三、旋风分离器性能强化新技术

对单个旋风分离器，制约其性能的主要因素是局部二次流（如顶灰环）、短路流、流场的非对称性以及颗粒返混，因此单个旋风分离器性能的强化主要是从流场调控、短路流以及颗粒返混抑制等方面来实现。

1. 单项性能强化新技术

（1）对称型入口 分离性能与流场对称性密切相关，而流场对称性又主要与入口结构有关。通常，旋风分离器采用单个矩形入口，形式有蜗壳式或直切式，且优选蜗壳式入口，因为它可减少气流间的相互干扰，还可适当降低压降，提高处理气量。蜗壳轮廓常用渐开线，包角可以是 45°、90°、135°、180°和 270°。有实验表明，蜗壳包角以 180°时效率最高，继续增大包角对分离效率影响不大。但是，单入口旋风分离器的内部流场是不对称的，这对气固分离非常不利。

如果采用多个（通常用两个）对称布置的入口，对分离更为有利[53,54]。若保持入口面积和入口高度相同，则入口宽度可以减小，颗粒迁移到器壁的距离缩短，分离更容易。更重要的是，对称入口还可显著改善流场的对称性和稳定性，抑制排尘口处的“旋流摆尾”和“颗粒返混”，所以除了提高效率外，还可降低压降。

（2）分流型排气管 排气管的结构和形状对分离性能有重要影响[55]。排气管内的气流仍处于高速旋转状态，其中蕴含有超出气体正常流动所需的能量，为此人们提出了多种方案以回收排气管中的能量。如采用渐扩式的锥形排气管，可减低 5%～10% 的压降；或者在排气管内加导向叶片，也可以回收能量。若叶片设计良好，可使压降降低 15%～20%，且不会影响分离效率。还有一种方式是在排气管出口增设渐开蜗壳，将一部分气流动能转化为静压能，可以降阻 5%～10%，且对分离效率影响很小。

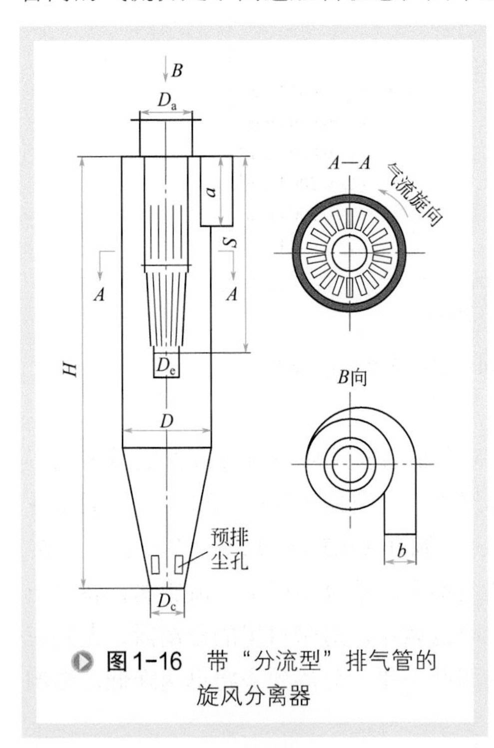

图1-16 带“分流型”排气管的旋风分离器

中国石油大学（北京）提出了一种“分流型”排气管[56]，结构如图 1-16 所示。该排气管由圆柱段和圆锥段组合而成，插入深度要远大于普通排气管。其主要特征是在圆柱和圆锥的周向开设了若干条纵向狭缝。这些狭缝一方面增加了气流出口面积，从而有效地降低了压降，另一方面，由于缝隙开口方向和周向成一定角度，气流须经急剧拐弯后才能通过开口缝隙进入排气管，而颗粒因为惯性不易随气流拐弯进入缝隙，所以分离效率不会降低。另外，由于锥形排气管下口远离矩形入口，“短路流”现象进一步得到遏制，使得效率反而升高。实测表明，采用“分流型”排气管后，压降可降低15%～20%，粉尘带出率减少10%～15%。

(3)返混抑制技术 排尘结构对分离性能的影响不可忽视[57]。对于高效分离器，通常要在排尘口下再设置一个灰斗，这样旋流可延伸到灰斗内，促进气固进一步分离。为抑制粉尘“返混夹带”，中国石油大学还提出了在排尘口附近增设预排尘孔的方法，如图1-16所示。这些预排尘孔可以引导部分含尘气流侧向进入灰斗，从而减少从灰斗返回气流对边壁的扰动，提高分离效率。

进一步地，若从排尘口之下向外抽出一部分气流，则还可提高效率。Stairmand[58]研究表明，当抽气率达10%时，带出率可减少20%～28%。但抽出的这部分含尘气体还需另行净化，并可根据净化程度，或者直接送至主旋风分离器的排气管路，或者返回到主旋风分离器的入口进行循环分离。这时，主旋风分离器起预浓集的作用，使颗粒浓集在约10%的抽出气流中，便于二次小旋风分离器的净化。但这种装置较复杂，需要增设小风机和小旋风分离器。

除了上述三类措施外，对单个旋风分离器，还可通过增加分离空间高度、优化各部分尺寸匹配组合等来提高分离效率。

2. 多性能耦合强化新技术

在许多应用场合，旋风分离器除了要满足分离性能的要求外，有的还要满足一些附加的功能要求。这些附加功能的实现往往是与分离性能的提升相矛盾的，这时就需要开发兼顾不同功能的耦合强化技术。

例如，对于炼油催化裂化沉降器顶部旋风分离器（简称顶旋），由于催化裂化原料的重质化和劣质化，沉降器顶旋内部结焦问题越来越严重，国内发生了多起因顶旋内部所结的焦块脱落并堵塞料腿的事故。这些结焦物通常附着在顶旋排气管外壁，但粘接并不牢固。当装置操作发生波动或开停车时，焦块易从排气管外壁脱落。脱落的焦块会堵塞料腿或卡住翼阀，轻则使分离效率下降，重则可使分离器完全失效。为了杜绝此类事故的发生，必须开发具有抗结焦性能的顶旋。中国石油大学（北京）基于对顶旋结焦过程的分离机理，提出了破坏排气管外壁低速滞留层、分割结焦区域以防止大焦块形成的抗结焦措施，开发出了新型抗结焦顶旋。其主要特征是，在常规顶旋的排气管外壁设置水平或倾斜的“导流叶片”[59]。这种导流叶片不仅可以起到减弱结焦、分割和固定焦块的作用，而且可以提高排气管表面的切向速度，保持固有的分离效率。工业应用表明，导流叶片对比较大的焦块进行了有效分割处理，同时还对焦块起到了一定的支撑和加固作用。采用抗结焦顶旋后，再也没有发生排气管外壁焦块脱落或堵塞顶旋料腿的事故。同时，新型抗结焦顶旋分离性能优异，催化剂的损耗和油浆固含量也处于正常范围内。

再如，在气相法聚丙烯（PP）工艺中，从聚合釜流出的高压丙烯中夹带有不少的聚丙烯颗粒，需采用旋风分离器实现颗粒与丙烯的分离。该工艺对分离性能的要求较为苛刻，更主要的是该旋风分离器需承受 3.0MPa 以上的压力。虽然为解决承压问题，可以采用径向入口旋风分离器 [60]，但分离效率欠佳。高效旋风分离器一般采用平顶、矩形入口，这种结构在高压下易产生很高的局部应力和变形，所以，高压力和高效率就成为一对必须解决的矛盾。主要措施是用椭圆形封头替代平顶板来承受高压力，并在圆筒体内与入口顶板同高处增设一块平顶板，同时为了避免顶板受力，在平顶板上开设若干压力平衡孔。这种结构形式具有优异的分离性能，对 0～50μm 颗粒的分离效率达到 99.95% 以上。尽管气体密度高达 48kg/m^3，但旋风分离器的压降不超过 36kPa，能完全满足气相法聚丙烯工艺要求。

3. 并联、串联优化匹配新技术

在石油化工、煤化工等行业，需要处理的气量往往高达 10^{5}m^3/h 以上，且分离效率要求很高，采用单台旋风分离器难以满足分离要求。这时，常采用多个分离器并联使用。除考虑强化分离效率外，将分离器并联还可灵活适应操作气量的变化。例如，当气量减小时，可以阻断若干分离器，以保证适宜的入口气速，从而保证分离效率不致降低；当气量增大时，可以增加分离器数量，保证分离效率和压降不变。

旋风分离器的并联通常有两种方式：一种是把若干个分离器并联在一起，但各个分离器工作相互独立，相互之间没有影响，可称为“独立并联”；另一种是所谓的“多管旋风分离器”，它由许多小旋风管组成，有一个共同的进气口，分离下来的粉尘进入同一个灰斗并从同一个排尘口排出。在石油化工大型流化床反应器中，大多采用“独立并联”的方式，其性能强化较为简单，关键是选择高效的结构形式、优化确定并联的个数以及分离器的直径。对于非独立并联的情形，中国石油大学以“大旋分式”三旋为对象，通过实验研究发现了并联旋风分离器总效率不降反升的新现象，并基于流场的计算流体力学（CFD）模拟，揭示了轴对称布置的并联分离器之间气量分配均匀、公共灰斗内无窜流返混以及各分离器内旋流稳定性增强的规律；另外，还结合有限空间的多涡系动力学，从理论上得到了并联分离器旋流稳定性增强的流动机制 [61-63]，并据此提出了强化并联旋风分离器性能的新技术。

当通过简单的并联仍无法满足分离要求时，还可采用多组串联旋风分离器。例如在炼油催化裂化再生器内就采用两级旋风分离器来回收催化剂；石油化工流化床反应器内，也普遍采用两级或三级的旋风分离器。如氯碱工业的氧氯化流化床反应器、苯胺流化床反应器、芳腈流化床反应器等就采用三级旋风分离器，一般要求分离效率达到 99.99% 以上。增压流化床-燃气循环（PFBC-CC）工作温度超过 800℃、压力超过 0.7MPa，其气固分离也是采用多级串联旋风分离器，以保证净化后燃气中基本不含大于 10μm 的颗粒。对串联旋风分离器，由于前序级的性能变化会对后序级的入口条件产生直接影响，所以考虑性能强化时，不能单纯地提高某一级的效率或降低某一级的压降，而必须从追求总效率最优的角度去实现各级结构尺寸和性能的优化匹配，其中的关键是建立正确的多级优化设计模型。

工程上还有一种有效的方法是“多级混联”，它是指将多个旋风分离器同时采用串联和并联的方式进行组合来强化分离。以两级旋风分离器为例，“混联”的组合方式可以是：第一级采用一个大直径的旋风分离器，第二级采用若干个小直径的旋风分离器并联；也可以反过来，即第一级采用若干个小直径的旋风分离器并联，而第二级采用一个大直径的旋风分离器。可见这种方法兼具串、并联的优点，设计时可结合并联和串联的优化方法得到优化方案。

对于多级串联或多级混联旋风分离器，中国石油大学提出了系统的性能强化原理和方法，建立了普适的多级旋风分离器优化设计模型。利用这一模型，可依据分离条件和性能要求，实现级间形式、压降和性能的最优匹配，所设计的丙烯腈新型两级旋风分离器[64]、氧氯化三级旋风分离器[65]、油页岩两级混联旋风分离器[66]都在工业生产中成功应用。

参考文献

[1] 石油化学工业污染物排放标准 . GB 31571—2015.

[2] 萧芦 . 2016 年世界主要国家和地区原油加工能力统计 [J]. 国际石油经济，2017, 25 (05): 104-106.

[3] 陈新国，徐春明 . 催化裂化提升管反应器预提升段流动特征 [J]. 石化技术，2001 (04): 207-210.

[4] 雷平 . 围绕催化裂化装置提高全厂经济效益的策略 [J]. 石油炼制与化工，2011, 42 (09): 33-36.

[5] 华东石油学院炼制系炼油专业 . 催化裂化的工艺核算（Ⅰ）反应器和再生器的物料平衡和热平衡 [J]. 石油炼制与化工，1977 (01): 55-65.

[6] 卢春喜，陈英，李会鹏，雷俊勇，张卫义 . 炼油过程及设备 [M]. 北京：中国石化出版社，2014.

[7] 山红红，李春义，钮根林，杨朝合，张建芳 . 流化催化裂化技术研究进展 [J]. 石油大学学报（自然科学版），2005 (06): 135-150.

[8] 曹占友，卢春喜，时铭显 . 催化裂化提升管出口旋流式快速分离系统 [J]. 炼油设计，1999, 29 (3): 14-18.

[9] 李洪，冯罗明，仲伟萍，叶立波 . 终止剂技术在大庆重油催化裂化装置上的应用 [J]. 石油炼制与化工，2000 (11): 55-56.

[10] 许可为 . 催化裂化装置采用 CSC 快分技术的改造 [J]. 炼油技术与工程，2005 (05): 11-13.

[11] 钮根林，王新元 . 渣油催化裂化工艺反应技术新进展：Ⅰ . 围绕提升管反应器的技术开发 [J]. 石化技术与应用，2001 (03): 169-173.
[12] 蒋浩 . 催化裂化提升管末端快分技术的进展 [J]. 当代石油石化，1993 (08): 14-17.
[13] 卢春喜，时铭显 . 国产新型催化裂化提升管出口快分系统 [J]. 石化技术与应用，2007 (02): 142-146.
[14] 卢春喜，徐桂明，卢水根，时铭显 . 用于催化裂化的预汽提式提升管末端快分系统的研究及工业应用 [J]. 石油炼制与化工，2002 (01): 33-37.
[15] 郭涛，宋健斐，陈建义，魏耀东 . FCC 提升管快分器结构形式对油气在沉降器内停留时间的影响 [J]. 炼油技术与工程，2009, 39 (07): 40-44.
[16] 崔新立，蒋大洲，金涌，布志捷，刘富贵 . 催化裂化提升管三叶型气固快速分离装置的模型和工业试验 [J]. 石油炼制与化工，1991 (02): 32-37.
[17] 赵伟凡 . 弹射式气固快速分离器在催化裂化装置上的应用 [J]. 石油炼制与化工，1986 (02): 1-5.
[18] Fahrig Robert J, Hinrichs Lansing M. Fluid catalytic cracking apparatus having riser reactor and improved means associated with the riser reactor for separating cracked product and entrained particulate catalyst [P]. USP 4364905. 1982.
[19] Krug Russell R, Schmidt Peter C. Separation of reacted hydrocarbons and catalyst in fluidized catalytic cracking [P]. C10G 11/00, USP 4721603. 1988.
[20] Haddad James H, Owen Hartley, Schatz Klaus W. Closed cyclone FCC catalyst separation method and apparatus [P]. C10G 11/00, USP 4502947. 1985.
[21] Krambeck Frederick J, Schatz Klaus W. Closed reactor FCC system with provisions for surge capacity [P]. C10G 11/00, USP 4579716. 1986.
[22] Cetinkaya I B. Disengager stripper[P]. USP 5158669. 1992.
[23] 张金诚 . 重油催化裂化技术发展概况 [J]. 石油化工，2000 (02): 134-139+165.
[24] Roggero, Sergio. A process and apparatus for separating fluidized cracking catalysts from hydrocarbon vapor [P]. C10G 11/18, EP 0532071A1. 1992.
[25] 冯钰，高金森，徐春明 . 剂油短时接触催化裂化工艺技术最新进展与探讨 [J]. 当代石油石化，2003 (07): 32-34.
[26] Cetinkaya I B. External integrated disengager stripper and its use in fluidized catalytic cracking process[P].USP 5314611. 1994.
[27] 曹占友，时铭显，孙国刚 . 提升管催化裂化反应系统气固快速分离和气体快速引出方法及装置 [P]. C10G 11/18, CN 96103419. X. 1997.
[28] 卢春喜，时铭显，许克家 . 一种带有密相环流预汽提器的提升管出口的气固快分方法及设备 [P]. CN 1200945. 1998.
[29] 孙凤侠，卢春喜，时铭显 . 催化裂化沉降器旋流快分系统内气相流场的数值模拟与分析 [J]. 化工学报，2005, 56 (1): 16-23.

[30] 胡艳华 . 催化裂化沉降器紧凑式旋流快分系统（CVQS）的开发研究 [D]. 北京：中国石油大学（北京），2009.

[31] 周双珍，卢春喜，时铭显 . 不同结构气固旋流快分的流场研究 [J]. 炼油技术与工程，2004, 34 (3): 12-17.

[32] 刘显成，卢春喜，时铭显 . 基于离心与惯性作用的新型气固分离装置的结构 [J]. 过程工程学报，2005, 5 (5): 504-508.

[33] Prockat F. Beitrage zur kohlenstaubfrage[J].Glasers Ann, 1930, 107: 43-54.

[34] Ter Linden A J. Investigations into cyclone dust collectors[J]. Proc Inst Mech Eng, 1949, 160 (2): 233-240.

[35] Lapple C E. Gravity and centrifugal separation [J]. American Industrial Hygiene Quarterly, 1950, 11 (1): 40-48.

[36] Muschelknautz E. Auslegung von zyklonabscheidern in der technischen praxis[J]. Staub-Reinhalt Luft, 1970, 30 (5): 187-195.

[37]《化学工程手册》编辑委员会 . 化学工程手册：第 23 分篇 [M]. 第 2 版 . 北京：化学工业出版社，1996, 23-30.

[38] Leith D, Licht W. The collection efficiency of cyclone type particle collectors-a new theoretical approach[J]. Air Pollution and Its Control, AIChE Symp Ser, 1972, 68 (126): 196-206.

[39] Dietz P W. Collection efficiency of cyclone separators[J]. AIChE J, 1981, 27 (6): 888-892.

[40] Mothes H, Löffler F. Prediction of particle removal in cyclone separators[J]. Int Chem Eng, 1988, 28 (2): 231-240.

[41] 陈建义，时铭显 . 旋风分离器分级效率的多区计算模型 [J]. 石油大学学报（自然科学版），1993, 17 (2): 54-58.

[42] Kim C H, Jin W Lee. A new collection efficiency model for small cyclones considering the boundary-layer effect[J]. Aerosol Science, 2001, 32: 251-269.

[43] Avci A, Karagoz I. A mathematical model for the determination of a cyclone performance [J]. Int Comm Heat Mass Transfer, 2000, 27 (2): 263-272.

[44] Boysan F, Ayers W H, Swithenbank J. A fundamental mathematical modelling approach to cyclone design[J]. Trans Inst Chem Engrs（London），1982, 60: 222-230.

[45] 金有海，时铭显 . 旋风分离器相似放大试验研究 [J]. 石油大学学报（自然科学版），1990: 14 (5): 46-54.

[46] 李红，熊斌 . 不同入口高宽比旋风分离器内气固流动的数值模拟 [J]. 动力工程学报，2010, 30 (08): 567-572.

[47] 吴彩金，马正飞，韩虹 . 排气管尺寸对旋风分离器流场影响的数值模拟 [J]. 南京工业大学学报（自然科学版），2010, 32 (04): 11-17.

[48] 孟文，王江云，毛羽，张果，王娟 . 排气管直径对旋分器非轴对称旋转流场的影响 [J].

石油学报（石油加工），2015, 31 (06): 1309-1316.
[49] 杨景轩，马强，孙国刚 . 旋风分离器排气管最佳插入深度的实验与分析 [J]. 环境工程学报，2013, 7 (7): 2673-2677.
[50] 陈建义，卢春喜，时铭显 . 旋风分离器高温流场的实验测量 [J]. 化工学报，2010, 61 (9): 2340-2345.
[51] Trefz M, Muschelknautz E. Extended cyclone theory for gas flows with high solids concentrations[J]. Chem Eng Technol, 1993, 16: 153-160.
[52] 罗晓兰，陈建义，金有海，时铭显 . 固粒相浓度对旋风分离器性能影响的试验研究 [J]. 工程热物理学报，1992, 13 (3): 282-285.
[53] 葛坡，袁惠新，付双成 . 对称多入口型旋风分离器的数值模拟 [J]. 化工进展，2012, 31 (2): 296-299.
[54] 梁文龙，戴石良 . 螺旋面双入口旋风分离器流场及分离效率的数值模拟 [J]. 矿山机械，2018, 46 (02): 50-55.
[55] 吴晓明，陈晓波 . 旋风分离器不同排气管形状对性能影响研究 [J]. 机电技术，2017 (2): 7-11+14.
[56] 陈建义，罗晓兰，时铭显 .PV-E 型旋风分离器性能试验研究 [J]. 流体机械，2004, 32 (3): 1-4+43.
[57] 谭慧敏，王建军，马艳杰，金有海 . 排尘锥结构对旋风分离器内气固两相分离性能影响的研究 [J]. 高校化学工程学报，2011, 25 (4): 590-596.
[58] Stairmand C J. High efficiency gas cleaning-problems with hot gases[J]. Filtr Sep, 1980, 17 (12) May/June: 220-224.
[59] 魏耀东，宋健斐，时铭显 . 一种防结焦旋风分离器 [P]. CN 200410097180.6. 2004.
[60] 李昌剑，陈雪莉，于广锁，龚欣 . 基于响应曲面法径向入口旋风分离器的结构优化 [J]. 高校化学工程学报，2013, 27 (1): 24-31.
[61] Liu F, Chen J Y, Zhang A Q, et al. Performance and flow behavior of four identical parallel cyclones[J]. Separation and Purification Technology, 2014, 134: 147 -157.
[62] 刘丰，陈建义，张爱琴，高锐 . 并联旋风分离器的旋流稳定性分析 [J]. 过程工程学报，2015, 15 (6): 923-928.
[63] 陈建义，高锐，刘秀林，李真发 . 差异旋风分离器并联性能测量及流场分析 [J]. 化工学报，2016, 67 (8): 3287-3296.
[64] 陈建义，时铭显 . 丙烯腈反应器新型两级旋风分离器的研究与工业应用 [J]. 化工进展，2000，增刊：44-46, 53.
[65] 杨少杰，陈建义 . 氧氯化流化床反应器内三级旋风分离器大型冷态对比试验研究 [J]. 化工机械，2006, 33 (1): 1-5.
[66] 刘丰，孙国刚，陈建义 . 用于分离油页岩颗粒的两级旋风分离器性能试验及应用 [J]. 中国石油大学学报（自然科学版），2012, 36 (6): 113-117.

上篇

气固分离的基本理论与方法

第二章

气固分离方式及机理

气固两相分离主要用于：回收有用粉料、获得干净的气体以及净化废气、保护环境。化工生产中常用的气固分离方式有四大类，即机械力分离、静电分离、过滤分离以及洗涤分离。本章重点介绍气固分离的基本条件和方法、气固分离设备的性能表征、气固分离的基本物理模型以及气固分离机理。

第一节　气固分离基本条件和方法

一、气固分离基本条件

如图 2-1 所示，要实现气固两相的分离，首先要让含有固体颗粒的气流进入分离力影响区，颗粒在某种或几种力的作用下，产生偏离气流的运动，然后经足够的时间迁移、附着到分离界面上，并在界面上不断被除去，以便为新的颗粒继续附着到界面上创造条件。

可见，将颗粒从气流中分离必须具备四个基本条件：

① 具有让颗粒附着其上的分离界面，如容器器壁、大颗粒物的表面、织物或纤维表面、液滴或液膜表面等。

② 有使颗粒运动轨迹偏离气体流线的作用力，如重力（A）、离心力（A）、惯性力（B）、静电力（A）、扩散力（C）、直接拦截力（D）等。此外，还有热聚力、声波和光压等。

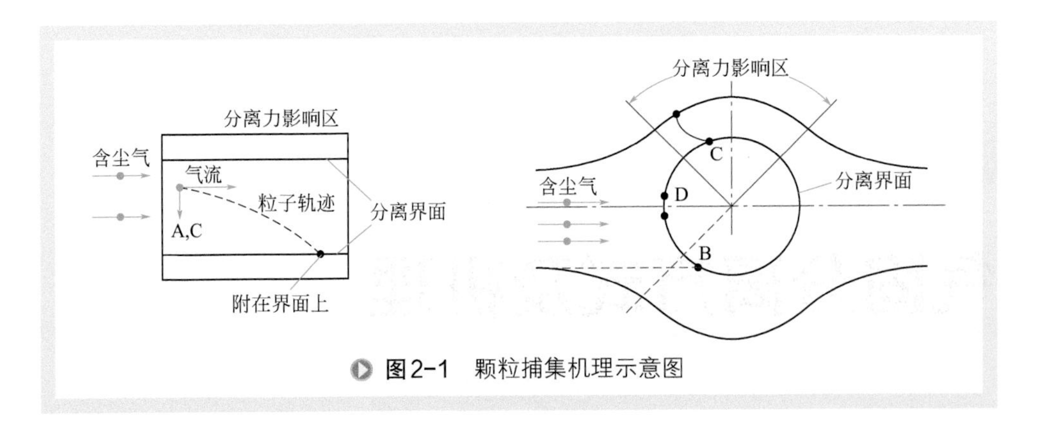

图2-1 颗粒捕集机理示意图

③ 有足够长的使颗粒迁移到分离界面的时间，这就要求控制气体流速和停留时间。

④ 能将附着在分离界面上的颗粒不断地去除，不会因返混而重新进入气流内。这就要求有排料过程，通常有连续式和间歇式两种。

二、气固分离基本方法

化工生产中常用的气固分离方法有机械力分离、静电分离、过滤分离和洗涤分离等四类。

（1）机械力分离设备 它包括重力沉降器、惯性分离器和旋风分离器。重力沉降器依靠颗粒重力实现分离，结构最为简单，造价也低，但其操作气速低，设备庞大，且只能分离100μm以上的粗颗粒。惯性分离器是利用惯性效应使颗粒从气流中分离出来，因此气流速度较高，设备也更紧凑，常用作高含尘浓度气体的预分离。若再使含尘气流作高速旋转，则颗粒可受到10^2～10^3倍于重力的离心力，就可分离5～10μm的细小颗粒，这就是旋风分离器。上述三种分离器都是靠机械力实现分离的，结构都较简单，特别适合在高压、高温和高含尘浓度等苛刻的环境下工作，造价都不高，维护简便，所以应用最为广泛。

（2）静电分离器 它对0.01～1μm的微粒仍有很好的分离效果，但要求颗粒的比电阻值在10^4～$5\times10^{10}\Omega\cdot cm$之间、含尘浓度在$30g/m^3$（标准状态）以下。静电分离设备造价高，操作管理的要求也高，通常大型电站锅炉采用这种分离方法。

（3）过滤分离器 它可有效捕集0.1～1μm的微粒，是各种分离方法中效率最高而又稳定的一种，常用作要求高效分离微细颗粒的末级分离器。不过，因过滤速度不能太高，故过滤分离器体积都比较庞大，且排料清灰困难、滤袋也容易损坏。受过滤元件材质限制，适用的温度不高，但近年来发展的各种颗粒层过滤器及陶瓷、金属粉末烧结和金属纤维制过滤器等，可在较高温度下应用。

（4）洗涤分离设备 它是通过让气固两相流穿过液层或液膜的方法，将所含的颗粒黏附在液体上而实现分离的。常用的形式有：鼓泡塔、喷淋塔、填料塔、文氏管洗涤器等。它们可以分离 1～5μm 的细粒，效率高且运行可靠，只不过气体内容易携带雾滴，而且因为需使用洗涤液，所以只能在较低温度下使用。另外，洗涤分离设备体积比较庞大，还要配备液体回收及循环系统，应用受到很大的限制。

此外，若在气流中施加声波，小于 10μm 的细颗粒会随声波振动，大于 10μm 的粗颗粒则不受影响，于是细粒与细粒、细粒与粗粒之间会因振动而碰撞、团聚，这样就便于用旋风分离器将它们除去。若再同时向含尘气流中喷水汽，效果会更好。在温度梯度场内，颗粒受到热迁移力的作用，会从高温侧移向低温侧，这就是热沉降器的工作原理。

总之，气固分离的方法和设备种类很多，需根据分离要求和操作条件合理选择。

第二节 气固分离设备性能表征

气固分离设备的主要性能指标有：表示分离效果的分离效率 E 及粒级效率 η；表示能耗高低的压降 Δp；表示生产能力的处理量 Q_{in}；表示经济性的单位处理量的设备造价、运行费用以及寿命等。其中前两种性能指标最为重要，其他指标则在选择分离器时综合考虑。

一、分离效率

分离效率 E 指的是分离器捕集的粉尘质量与进入该分离器的粉尘质量之比，即：

$$E=\frac{G_c}{G_{in}} \tag{2-1}$$

式中 G_c——分离器捕集下来的粉尘的质量，kg；

G_{in}——进入分离器的粉尘的质量，kg。

按上述定义，分离效率也可表示为：

$$E=1-\frac{C_o}{C_{in}} \tag{2-2}$$

式中 C_o——分离器出口气体内所含粉尘的浓度，kg/m³；

C_{in}——分离器入口气体内所含粉尘的浓度，kg/m³。

分离器结构、形式不同，分离效率也不同。一般认为，效率为 50%～80% 的属低效分离器，80%～95% 的属中效分离器，超过 95% 的为高效分离器。有时因效率很高，不便比较，且主要目的是控制出口浓度 C_o，这时可用另外的指标（例如带出率或净化指数）来表示分离效果。

带出率 P 也称透过率，其定义式为：

$$P=\frac{C_o}{C_{in}}=1-E \tag{2-3}$$

净化指数 D_{index} 则是带出率的倒数的对数，即：

$$D_{index}=\lg\frac{1}{P} \tag{2-4}$$

对于多台分离器串联运行且处理气量相同的系统，其总分离效率 E_T 可表示为：

$$E_T=1-(1-E_1)(1-E_2)(1-E_3)\cdots=1-P_1P_2P_3\cdots \tag{2-5}$$

式中 E_1，E_2，E_3，…——第一级、第二级、第三级……分离器的分离效率，%；

P_1，P_2，P_3，…——第一级、第二级、第三级……分离器的带出率，%。

二、粒级效率

粒级效率 η 指的是分离器对某一粒径为 δ 颗粒的捕集效率，可表示为：

$$\eta(\delta)=1-\frac{C_o f_o(\delta)}{C_{in} f_{in}(\delta)}=\left(1-\frac{C_o}{C_{in}}\right)\frac{f_c(\delta)}{f_{in}(\delta)} \tag{2-6}$$

式中 $f_{in}(\delta)$，$f_o(\delta)$，$f_c(\delta)$——进口、出口和捕集颗粒的质量分布密度，m^{-1}。

由于分离效率是对整个粒群而言的，所以对相同的粒群，不同的分离器效率是不同的；同样对不同的粒群，相同的分离器效率也不相同。因此，分离效率不能准确衡量分离器本身性能的高低，除非所分离的粉料完全一样。相比较而言，粒级效率是对某一粒径的颗粒而言，只取决于分离器本身，一般与进口粉料粗细或粒度分布无关，所以用它衡量分离性能更加合适。两种效率的关系可表示为：

$$\eta(\delta)=1-(1-E)\frac{f_o(\delta)}{f_{in}(\delta)}=E\frac{f_c(\delta)}{f_{in}(\delta)} \tag{2-7}$$

$$E=\int_0^{\infty}\eta(\delta)f_{in}(\delta)\mathrm{d}\delta \tag{2-8}$$

若要标定在用分离器的性能，可对进、出口气流中颗粒取样分析，获得 C_{in}、C_o、$f_{in}(\delta)$、$f_o(\delta)$ 等数值，再由式（2-6）就可计算粒级效率。

在设计新分离器时，则需选用某种粒级效率的计算方法，再根据测定的进口粉料的粒径分布，然后用式（2-8）确定分离效率。此时，若不能直接用积分式计算，也可将粒径分成许多小区段，分别对每个区段累加求得。

三、净化气内颗粒的粒径分布

对于要获得洁净气体的场合，常将分离器出口净化气体内颗粒的粒度分布作为重要的性能指标。除可通过实测法获得外，也可计算求得。若已知分离器的分离效率 E、粒级效率 $\eta(\delta)$ 及进口粉料的颗粒质量分布密度 $f_{in}(\delta)$，则出口净化气内颗粒

的粒度分布 $f_o(\delta)$ 可由下式求得：

$$f_o(\delta)=\frac{1-\eta(\delta)}{1-E}f_{in}(\delta) \tag{2-9}$$

四、分离器压降

分离器压降表示气流通过分离器时的压力损失。压降越大，消耗的能量就越多，所以它是衡量分离设备的能耗和操作费用的一个指标。压降 Δp 可以用分离器进口与出口气流的全压之差来表示，其大小不仅取决于分离器的结构形式，而且与处理的气量、含尘浓度以及气固物性等密切相关。工程上常把分离器的压降表示为：

$$\Delta p=\xi\frac{\rho_g V_{in}^2}{2} \tag{2-10}$$

式中 ρ_g——气体密度，kg/m³；

V_{in}——入口气流的速度，m/s；

ξ——阻力系数（与分离器结构形式、尺寸、表面粗糙度以及雷诺数等有关），无量纲。

根据压降的高低，可将分离器分为低阻分离器（Δp<500Pa）、中阻分离器（Δp=500～2000Pa）和高阻分离器（Δp=2000～20000Pa）。

五、分离器的经济性

经济性也是分离器的重要指标，它主要包括设备费和运行维护费。设备费主要指材料的消耗（如耗钢量）以及加工费、运输安装费和各种辅助设备的费用。设备费在整个分离系统的初投资中所占比例最大，以旋风分离器为例，设备费约占初投资的 24%～45%。在各种分离器中，电除尘器的设备费最高，旋风分离器的设备费最低。

运行维护费主要指能量消耗，分离器压降越大，消耗的能量越高。因分离器压降所需的能耗 N_E 可由下式计算：

$$N_E=\frac{Q_{in}\Delta p}{1000} \tag{2-11}$$

式中，Q_{in} 为处理气量，m³/s（按进口状态计）。

各类分离器能耗差别很大，一般单位处理量的能耗在 0.4～20kW/（m³·s）。此外，有些分离器还需考虑附加的能耗，如电除尘器产生静电场的能耗、洗涤器的液体泵的动力能耗、过滤器的反吹风的能耗等。但相比分离器压降的能耗，这些能耗并不大。当然，运行维护费还应该包括运行维修费，可按初投资的 2%～10% 计算。

第三节 气固分离的基本物理模型

气固分离方法和设备有很多种，但从分离机理上看，气固分离的基本物理模型有三种，即塞流模型、横混模型和全返混模型[1,2]。

一、塞流模型

该模型假设颗粒与气流完全不存在返混。如图 2-2 所示，设气体流动速度为 v，分离捕集力推动粒径为 δ 的颗粒向分离界面移动的速度为 u_i，则颗粒向分离界面移动的轨迹可表示为：

$$\frac{dh}{dl}=\frac{u_i}{v} \tag{2-12}$$

假设有一颗粒的初始位置在 h_i 处，沿气流方向移动了 l_i 距离后可到达分离界面。若 $l_i \leqslant L$，则其分离效率为 100%。于是存在一个临界的初始位置 h_{ci}，该处颗粒沿气流方向恰好移动了 L 的距离后到达分离界面，即

$$\int_0^{h_{ci}} dh = h_{ci} = \int_0^L \frac{u_i}{v} dl \tag{2-13}$$

又设该颗粒在入口处沿高度 H 是均匀分布的，则该颗粒的粒级效率可表示为：

$$\eta(\delta)=\frac{h_{ci}}{H}=\frac{1}{H}\int_0^L \frac{u_i}{v} dl \tag{2-14}$$

二、横混模型

该模型假设：由于湍流扩散，颗粒在分离空间的横截面上是均匀返混的，但沿气体流动方向则近似塞流。如图 2-3 所示，在 dt 时间内，气流携带颗粒走过 dl 的距离，同时捕集力使颗粒向分离界面移动了 $u_i dt$ 的距离。若任意时刻该横截面处的颗粒浓度为 n_i，则该浓度的变化规律满足：

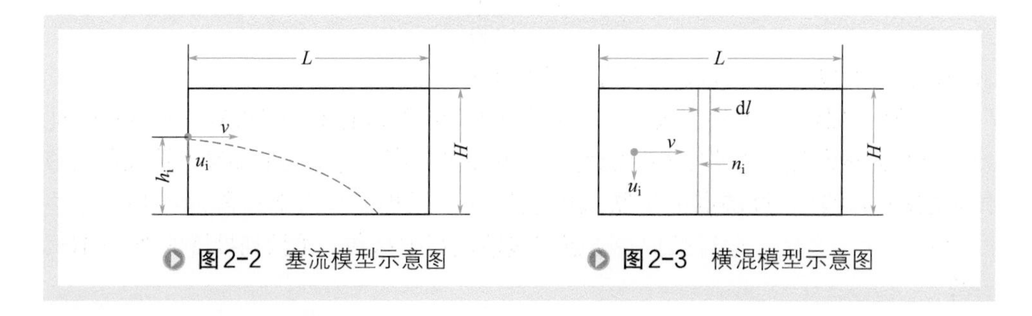

图2-2 塞流模型示意图

图2-3 横混模型示意图

$$-\frac{\mathrm{d}n_i}{n_i}=\frac{u_i\mathrm{d}t}{H}=\frac{u_i}{Hv}\mathrm{d}l \tag{2-15}$$

设含尘气流中该颗粒进入和离开分离空间的浓度分别为 n_0 和 n_L，则其粒级效率为：

$$\eta(\delta)=1-\frac{n_L}{n_0}=1-\exp\left(-\int_0^L\frac{u_i}{Hv}\mathrm{d}l\right) \tag{2-16}$$

若设 u_i、v 均与 L 无关，且 u_i 正比于 δ^m，则上式又可表示成：

$$\eta(\delta)=1-\exp\left(-A\delta^m\right) \tag{2-17}$$

式中，δ 为颗粒直径，m；A 和 m 为与气流和分离器有关的系数。

三、全返混模型

该模型假设：由于湍流扩散，颗粒在整个分离空间内都是均匀返混的，即同一时刻空间各点颗粒浓度相同。经过一定时间后，由于颗粒不断向分离界面迁移，颗粒浓度就会减小。

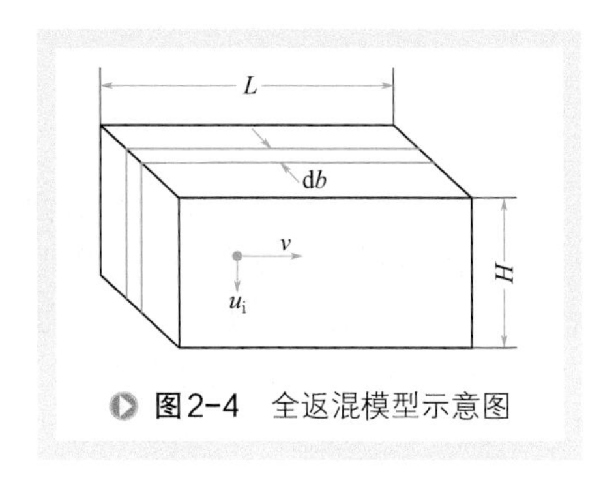

图2-4　全返混模型示意图

图 2-4 所示是从分离空间切出的宽度为 db 的微元体积。在单位时间内，微元体积内向分离界面迁移的颗粒量应为 $Lu_in_i\,\mathrm{d}b$，被气流带出微元分离空间的颗粒量为 $Hvn_i\,\mathrm{d}b$，故该颗粒的粒级效率为：

$$\eta(\delta)=\frac{Lu_in_i\mathrm{d}b}{Lu_in_i\mathrm{d}b+Hvn_i\mathrm{d}b}=\frac{u_iL/vH}{1+u_iL/vH} \tag{2-18}$$

若也假设 u_i 正比于 δ^m，则上式又可表示成：

$$\eta(\delta)=\frac{A\delta^m}{1+A\delta^m} \tag{2-19}$$

式中，δ 为颗粒直径，m；A 和 m 为与气流和分离器有关的系数。

需要指出，在实际分离器中，由于各种二次涡、返混以及颗粒碰撞弹跳等现象的存在，颗粒的分离机理远比基本物理模型描述的复杂。

第四节　气固重力分离机理

气固重力分离是一种最基本的机械力分离，它依靠重力作用，使颗粒产生沉降并从气流中分离出来，主要形式为重力沉降器，其典型结构见图 2-5。

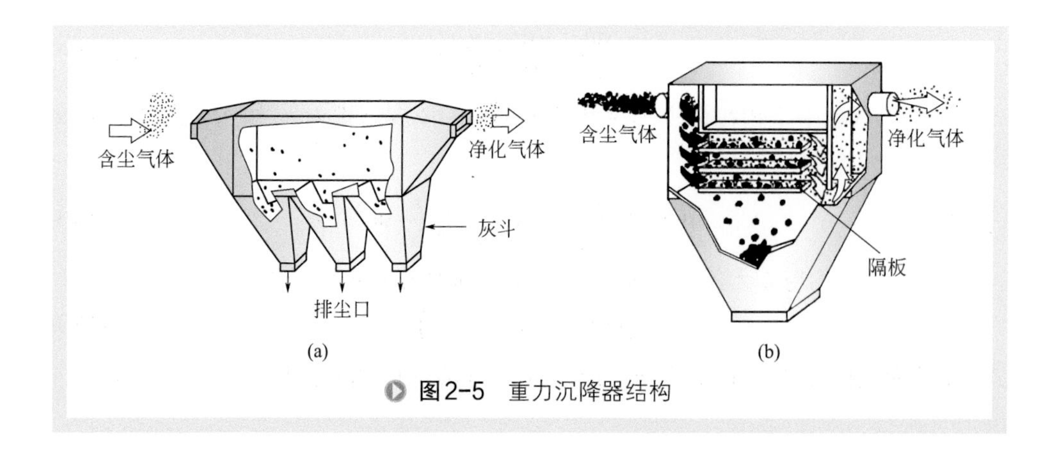

图2-5　重力沉降器结构

一、重力沉降器的分离效率

设入口含尘气流内颗粒沿横截面均匀分布，进入重力沉降器后气流速度变慢，一般属于层流范围，颗粒在重力作用下逐渐沉降并积聚到底部而被除去。在层流条件下，可假设颗粒在横截面上没有返混，故可应用塞流模型[1]。

设粒径 δ、密度 ρ_p 的球形颗粒，在垂直方向除受自身重力外，还受浮力和气流的曳力作用，故垂直方向颗粒的运动方程为：

$$\frac{\pi}{6}\rho_p\delta^3\frac{du_p}{dt}=\frac{\pi}{6}\delta^3(\rho_p-\rho_g)g-C_D\frac{\pi\delta^2}{4}\times\frac{\rho_g u_p^2}{2} \tag{2-20}$$

若颗粒处于平衡状态，则 $\frac{du_p}{dt}=0$，即颗粒以终端沉降速度 u_s 沉降，且有：

$$u_s=\sqrt{\frac{4\delta(\rho_p-\rho_g)g}{3\rho_g C_D}} \tag{2-21}$$

式中　u_s——颗粒的终端沉降速度，m/s；

ρ_p，ρ_g——颗粒的密度及气体的密度，kg/m³；

g——重力加速度，m/s²；

C_D——颗粒绕流阻力系数，与颗粒绕流雷诺数有关。

对长、宽、高为 L、B、H 的重力沉降器，在层流条件下，颗粒的终端沉降速度与路径无关，且气速 v 沿长度也不变，于是由式（2-14）可得该颗粒的粒级效率：

$$\eta(\delta)=\frac{u_s L}{Hv} \tag{2-22}$$

代入颗粒终端沉降速度 u_s 的计算式（2-21），可得：

$$\eta(\delta)=\frac{L}{Hv}\sqrt{\frac{4(\rho_p-\rho_g)g\delta}{3\rho_g C_D}} \tag{2-23}$$

式中　L——沉降器沿气流方向的长度，m；

H——沉降器的高度，m；

v——沉降器横截面上气流平均速度，m/s。

若可判定颗粒绕流属于 Stokes 区，则有 $C_D=24/Re_p$，再考虑到实际情况的复杂性，可将式（2-23）改写成：

$$\eta(\delta)=k\frac{\rho_p gBL}{18\mu Q_{in}}\delta^2 \tag{2-24}$$

式中　B——沉降器的宽度，m；

Q_{in}——进入沉降器的气量，m^3/s；

μ——气体动力黏度，Pa·s；

k——修正系数，一般可在 0.5～0.6 间取值。

由式（2-23）可知，要提高粒级效率，应降低气速 v 和沉降器高度 H，即要增大沉降器宽度 B 和长度 L，但这样设备就会过于庞大，并不经济。为此，可在沉降室内加水平隔板，做成如图 2-5（b）所示的多层沉降器。于是对每一层而言，有效沉降高度就降低为 $H/(N+1)$，这样粒级效率可提高（N+1）倍，此处 N 为水平隔板数量。但隔板上的粉尘不易清除，气速稍大，就会再次扬起形成返混。为防止扬起，一般将气速控制在 0.3～3m/s，对密度小的颗粒尽量选用低的气速。

二、重力沉降器的压降

重力沉降器的压降主要由进、出口的局部阻力损失和沿程阻力损失组成[3]，可表示为：

$$\Delta p=\left(\lambda\frac{L}{R_h}+\xi_i+\xi_o\right)\frac{\rho_g v^2}{2} \tag{2-25}$$

式中　λ——沉降器内气流与器壁的摩擦系数，一般 $\lambda\leqslant 0.01$；

R_h——沉降器的水力半径，$R_h=\dfrac{BH}{2(B+H)}$，m；

ξ_i——进口局部阻力系数，$\xi_i=\left(\dfrac{BH}{F_i}-1\right)^2$；

ξ_o——出口局部阻力系数，$\xi_o=0.45\left(1-\dfrac{F_o}{BH}\right)^2$；

F_i，F_o——进口前及出口后的流道截面积，m^2。

一般重力沉降器的压降很低，仅几十帕，而且主要发生在进口处，所以还可将进口设计成喇叭形或设置气流分布板以减少局部涡流损失。

第五节 气固惯性及旋风分离机理

当气固两相作绕流固体或旋转运动时，由于颗粒比气体惯性更大，气流中的颗粒将脱离流线，从而实现分离。工业上应用这种惯性分离机理的装置有两大类：一类利用的是气固两相作绕流固体运动时的惯性，称为惯性分离方式，如惯性分离器；另一类是利用气相旋转运动时产生的惯性，称为离心分离方式，如旋风分离器。

一、惯性分离基本原理

惯性分离器主要是使气流急速转向，或冲击在挡板上再急速转向，使颗粒运动轨迹与气流轨迹不同，实现两者的分离。气流速度越快，惯性效应就越大，分离效率也越高，且分离器的体积和占地面积都可减小。一般惯性分离器可捕集30～40μm的颗粒[3]。

要使含尘气流产生急速转向，可有多种方法，最常用的有两类：一种是无分流式惯性分离器，如图2-6(a)所示。入口气流作为一个整体，通过较为急剧的转折，使颗粒在惯性效应下获得分离。这种类型结构简单，但分离效率不高。另一种是分流式惯性分离器，典型结构即百叶窗式惯性分离器，见图2-6（b）。

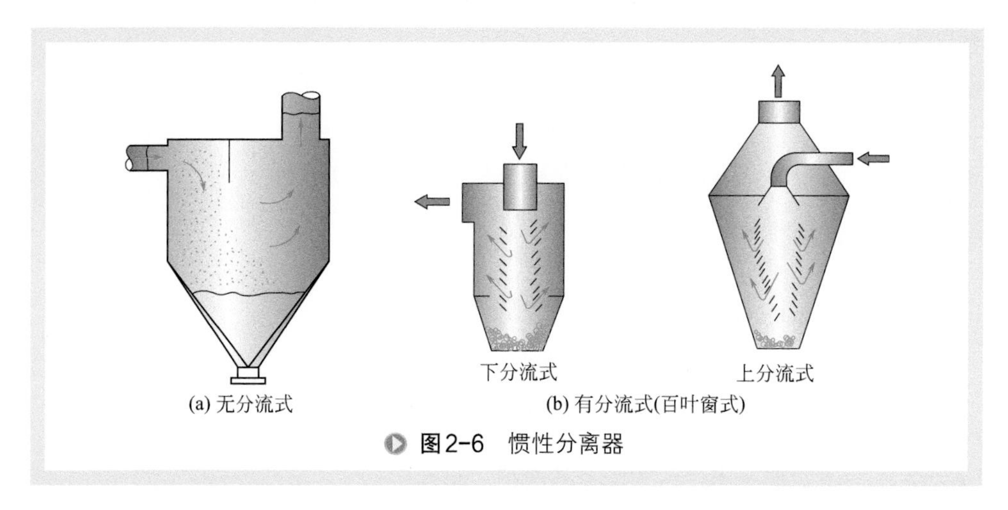

图2-6 惯性分离器

气流从分离器中心进入，被沿轴向设置的百叶窗式挡板分成多股气流，任意一股气流都有较小的回转半径和较大的回转角，惯性效应比无分流式的更强。增大各股气流在急剧转折前的气速，可有效提高分离效率，但过高的气速也容易引起颗粒返混，并不有利，故合理的气速应控制在 12～15m/s。此外，百叶窗挡板的尺寸对效率也有影响，一般挡板长度取 20mm 左右，挡板间距 5～6mm，挡板与铅垂线夹角取 30°左右，使气流具有约 150°的回转角。

二、惯性分离器的分离效率

惯性分离器内气流速度较高，流动也可能属于湍流，故除采用塞流模型外，也可采用横混模型计算分离效率。

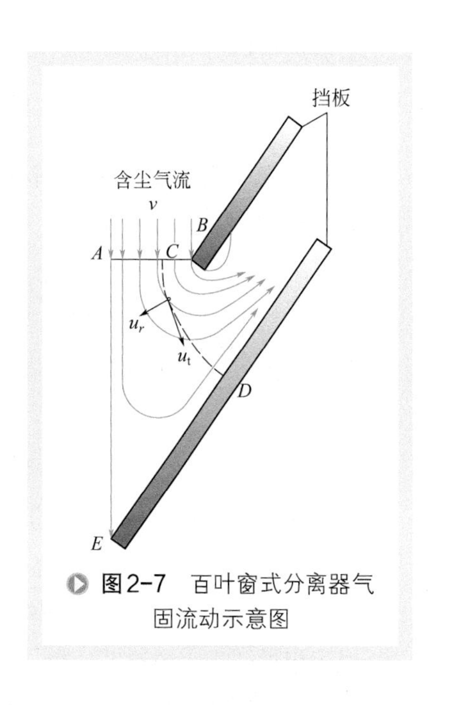

图2-7　百叶窗式分离器气固流动示意图

1. 基于塞流模型的分离效率

对某些百叶窗式分离器，若能判定流动为层流，则气流和颗粒的运动可简化成如图 2-7 所示的模型。图上实线为气体的流线，虚线为颗粒的轨迹。在入口截面 C 上必然存在某个位置，在此位置上粒径 δ 的颗粒的轨迹恰好与下一块挡板正交于 D 点，可定义此轨迹为与粒径 δ 的颗粒对应的界限线。在此界限线右侧粒径 δ 的颗粒均被气流带走，而位于界限线左侧的颗粒则可获得分离[4]。若再假设在入口截面上颗粒浓度均布，则该颗粒的粒级效率为：

$$\eta(\delta)=\frac{AC\text{范围内的面积}}{AB\text{范围内的面积}} \tag{2-26}$$

可见，只要入口速度分布确定，就可根据颗粒运动方程求出其运动轨迹，从而可得粒级效率。以下结合图 2-8 举例说明。

如图 2-8 所示，设有一回转 180° 的惯性分离器，横截面为矩形，宽度为 b。设入口含尘气流速度为 v，且入口处颗粒均匀分布。进入分离器后，由于惯性效应，颗粒逐渐向外壁浓集，不考虑颗粒的返混。

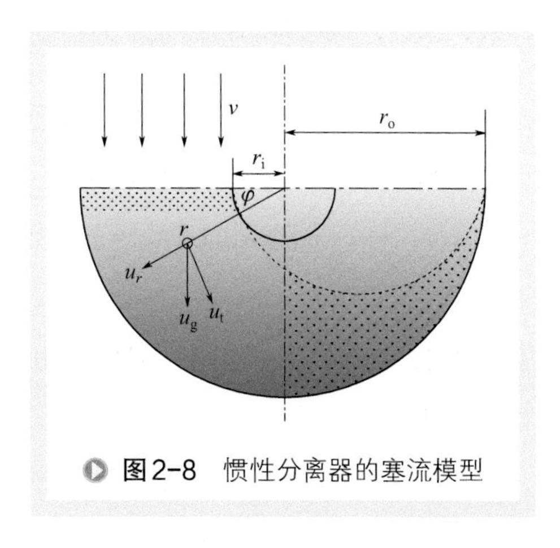

图2-8　惯性分离器的塞流模型

对任意（r，φ）处粒径 δ、密度 ρ_p 的颗粒，具有三个速度分量：跟随气流运动的切线速度 u_t、重力沉降速度 u_g 以及因惯性向外浮游的径向速度 u_r，由此可得颗粒轨迹方程：

$$\begin{cases}\dfrac{\mathrm{d}r}{\mathrm{d}t}=u_r+u_{\mathrm{g}}\sin\varphi \\ r\dfrac{\mathrm{d}\varphi}{\mathrm{d}t}=u_{\mathrm{t}}+u_{\mathrm{g}}\cos\varphi\end{cases} \tag{2-27}$$

合并后可得：

$$\frac{\mathrm{d}r}{\mathrm{d}\varphi}=r\frac{u_r+u_{\mathrm{g}}\sin\varphi}{u_{\mathrm{t}}+u_{\mathrm{g}}\cos\varphi} \tag{2-28}$$

若再假设气流无径向速度，颗粒的切向速度远大于颗粒的径向速度，即 $u_{\mathrm{t}}\gg u_r$，则颗粒沿径向的运动方程为：

$$\left(\frac{\pi}{6}\rho_{\mathrm{p}}\delta^3\right)\frac{u_{\mathrm{t}}^2}{r}=C_{\mathrm{D}}\left(\frac{\pi}{4}\delta^2\right)\frac{\rho_{\mathrm{g}}u_r^2}{2} \tag{2-29}$$

若取 $C_{\mathrm{D}}=\dfrac{24f}{Re_{\mathrm{p}}}$，其中 Re_{p} 是颗粒的绕流雷诺数，且 $Re_{\mathrm{p}}=\dfrac{\rho_{\mathrm{g}}\delta u_r}{\mu}$，则得：

$$u_r=\frac{f\rho_{\mathrm{p}}\delta^2}{18\mu}\times\frac{u_{\mathrm{t}}^2}{r} \tag{2-30}$$

因为在惯性效应下 $u_{\mathrm{g}}\ll u_{\mathrm{t}}$，即重力影响可忽略，于是式（2-28）可简化为：

$$\frac{\mathrm{d}r}{\mathrm{d}\varphi}=\frac{ru_r}{u_{\mathrm{t}}}=\left(\frac{f\rho_{\mathrm{p}}\delta^2}{18\mu}\right)u_{\mathrm{t}} \tag{2-31}$$

以下根据两类气流速度分布，分别讨论。

① 设气速沿截面不变即各处均为 v，又认为颗粒可很快随气流运动，即 $u_{\mathrm{t}}=v$，得初始位置在 r_{i} 处颗粒经过回转角 φ 后的位置为：

$$r_\varphi=r_{\mathrm{i}}+\frac{f\rho_{\mathrm{p}}\delta^2 v\varphi}{18\mu} \tag{2-32}$$

这是一条阿基米德螺线，如图 2-8 虚线所示。它也是净化气与含尘气之间的分界线，因此，该颗粒的粒级效率为：

$$\eta(\delta)=\frac{r_\varphi-r_{\mathrm{i}}}{r_{\mathrm{o}}-r_{\mathrm{i}}}=\frac{f\rho_{\mathrm{p}}\delta^2 v\varphi}{18\mu(r_{\mathrm{o}}-r_{\mathrm{i}})} \tag{2-33}$$

式中　r_{i}，r_{o}——分离器内外径，m；

f——圆球阻力系数修正系数，$f=1+\dfrac{1}{6}Re_{\mathrm{p}}^{2/3}$。

其余符号同前。

② 设气流在分离器中近似按自由涡分布，即 $u_{\mathrm{t}}=v=c/r$，常数 c 可由入口流量 Q_{in} 求得：

$$Q_{\mathrm{in}}=b\int_{r_{\mathrm{i}}}^{r_{\mathrm{o}}}v\mathrm{d}r=cb\int_{r_{\mathrm{i}}}^{r_{\mathrm{o}}}\frac{\mathrm{d}r}{r}=cb\ln\frac{r_{\mathrm{o}}}{r_{\mathrm{i}}} \tag{2-34}$$

所以：
$$c=\frac{Q_{\rm in}}{b\ln(r_{\rm o}/r_{\rm i})} \tag{2-35}$$

同理可推得颗粒的粒级效率为：
$$\eta(\delta)=\frac{r_\varphi-r_{\rm i}}{r_{\rm o}-r_{\rm i}}=\frac{\sqrt{1+\dfrac{f\rho_{\rm p}\delta^2Q_{\rm in}\varphi}{9\mu br_{\rm i}^2\ln(r_{\rm o}/r_{\rm i})}}-1}{r_{\rm o}/r_{\rm i}-1} \tag{2-36}$$

2. 基于横混模型的分离效率

横混模型认为任意横截面上的颗粒浓度是均匀的，处于厚度为 dr 的边界层内颗粒可被捕集，见图 2-9。设任意横截面内颗粒浓度为 $C_{\rm i}$，故 OA 断面颗粒总量 G 为：

$$G=b(r_{\rm o}-r)C_{\rm i} \tag{2-37}$$

进入边界层 dr 内的颗粒总量为：

$$dG=bdrC_{\rm i} \tag{2-38}$$

在 dφ 角的空间内，颗粒减少率为：

$$-\frac{dG}{G}=\frac{-dr}{r_{\rm o}-r_{\rm i}} \tag{2-39}$$

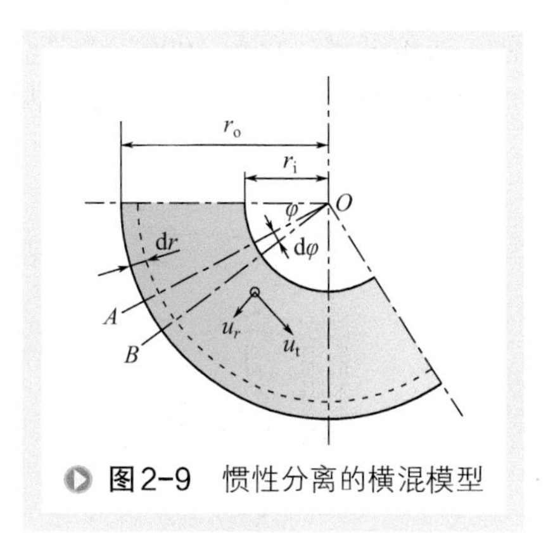

图2-9 惯性分离的横混模型

同样将式（2-31）代入，有：
$$-\frac{dG}{G}=\frac{-dr}{r_{\rm o}-r_{\rm i}}=-\frac{f\rho_{\rm p}\delta^2}{18\mu}\times\frac{u_{\rm t}}{r_{\rm o}-r_{\rm i}}d\varphi \tag{2-40}$$

转过 φ 角后，颗粒的总量由初始量 G_0 变为 G_φ，且：
$$G_\varphi=G_0\exp\left(-\frac{f\rho_{\rm p}\delta^2}{18\mu}\times\frac{u_{\rm t}\varphi}{r_{\rm o}-r_{\rm i}}\right) \tag{2-41}$$

同样也可按两类气流速度分布，得到不同的粒级效率。

① 设气速沿截面不变且各处均为 v，颗粒跟随气流运动即 $u_{\rm t}=v$，则颗粒的粒级效率为：
$$\eta(\delta)=1-\exp\left[-\frac{f\rho_{\rm p}\delta^2v\varphi}{18\mu(r_{\rm o}-r_{\rm i})}\right] \tag{2-42}$$

② 若气流速度近似按自由涡分布，即 $u_{\rm t}=v=c/r$，常数 c 仍由式（2-35）给出，则该颗粒的粒级效率可表示为：
$$\eta(\delta)=1-\exp\left[-\frac{f\rho_{\rm p}\delta^2Q_{\rm in}\varphi}{18\mu br_{\rm o}(r_{\rm o}-r_{\rm i})\ln(r_{\rm o}/r_{\rm i})}\right] \tag{2-43}$$

可见，与重力沉降器不同，为了提高效率，惯性分离器要求气速 v 较高，一般可取 18～20m/s，基本处于湍流状态，分离机理更接近横混模型，这在设计时应予注意。

三、旋风分离基本原理

含尘气体作高速旋转时，颗粒所受到的离心力要比重力大几百倍到几千倍，这样就可大大提高分离效率，能分离小至 5μm 的微细颗粒。让气体产生高速旋转的设备有两大类：一类通过某种高速旋转机械迫使进入其中的气体也随之旋转，这一类统称为离心机，它不仅有回转部件，且结构复杂，应用受到很大限制。另一类是使气体在某种入口结构引导下产生旋转，统称为旋风分离器。它结构简单，维护方便，造价低廉，可耐 1000℃的高温、50MPa 的高压，应用最为广泛。尤其在高温高含尘浓度的场合，旋风分离器是唯一可用的分离设备。

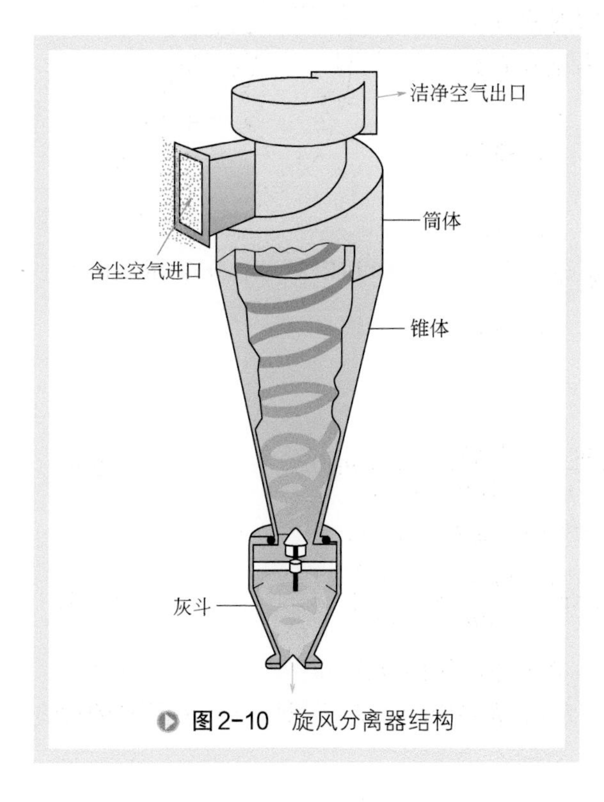

图2-10　旋风分离器结构

旋风分离器的结构形式很多，最典型的结构如图 2-10 所示。它由切向入口、筒体和锥体构成的分离空间、净化气体排出管及捕集颗粒排料管等组成。含尘气体以较高的速度沿切向进入分离器，在圆筒体和排气管之间的环形空间内作高速旋转运动（形成外旋涡），并向下延伸到锥体底部后再折返向上成为中心上旋气流（内旋涡）。气流中的颗粒在离心作用下被甩向器壁，并依靠气流的动量和重力作用沿壁面下落，进入排尘口后排出，净化后的气体则沿中心向上运动并经排气管排出。

旋风分离器各部分的结构形式有很多，所以旋风分离器的形式也多种多样，但它们的工作原理都相同，只是性能和用途有所差异。

1. 基本流型

旋风分离器内气流运动非常复杂，属三维强旋湍流运动。就时均流场而言，总体上可将其看作是涡旋场、汇流场和上、下行流的叠加。其中切向速度在内、外旋流区分别呈准强制涡和准自由涡分布；轴向速度可按零轴速而划分成上、下行流，内外旋流分界面和零轴速面一般并不重合；径向运动可用汇流运动来描述[4]。另外，在局部空间叠加有各种二次涡流。流场分布表明：气流的切向速度和径向速度对分离起主导作用。切向速度产生离心加速度，使颗粒沿径向由内向外做离心沉降运动，颗粒若能迁移至器壁就可获得分离；径向速度方向沿径向向内，故会夹带颗粒进入中心涡核并随上升气流从排气管排出，所以旋风分离器的分离效果取决于这两种机制的竞争结果。

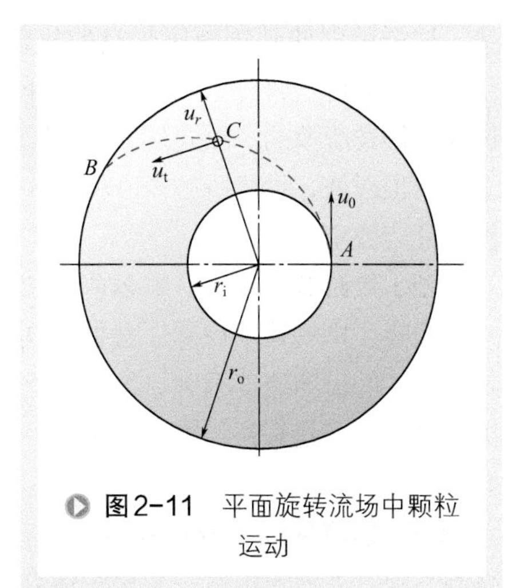

图2-11 平面旋转流场中颗粒运动

2. 分离原理

假设可将旋风分离器内气体流动简化成一平面旋转流场（图 2-11），现有一粒径 δ、密度 ρ_p、初速度为 u_0 的颗粒在此流场内随气流运动，绕流阻力服从 Stokes 定律，且不考虑重力及静电等其他外力，则在柱坐标系内颗粒沿径向、切向的运动方程可写为：

径向：
$$\frac{du_r}{dt}-\frac{u_t^2}{r}=-\frac{1}{\tau}(u_r+v_r) \tag{2-44}$$

切向：
$$\frac{du_t}{dt}+\frac{u_r u_t}{r}=-\frac{1}{\tau}(u_t-v_t) \tag{2-45}$$

式中 u_t，u_r——颗粒的切向、径向速度，m/s；

v_t，v_r——气流的切向、径向速度，m/s。

这是个二阶非线性常微分方程组，尚不能获得解析解，但可以通过一定简化假设后，求得数值解。图 2-12 所示为部分数值结果，表明：粒径越大，轨迹越平坦；颗粒越细，其轨迹就越近似圆弧，即越不易分离。

实际上，旋风分离器内气固分离过程可近似看作是颗粒的离心沉降过程。若与重力沉降相比较，则因颗粒的终端沉降速度与气流切向运动产生的离心加速度成正比，而该离心加速度是重力场的几百到数千倍，因此旋风分离器对颗粒的分离效率远大于重力分离器和惯性分离器。

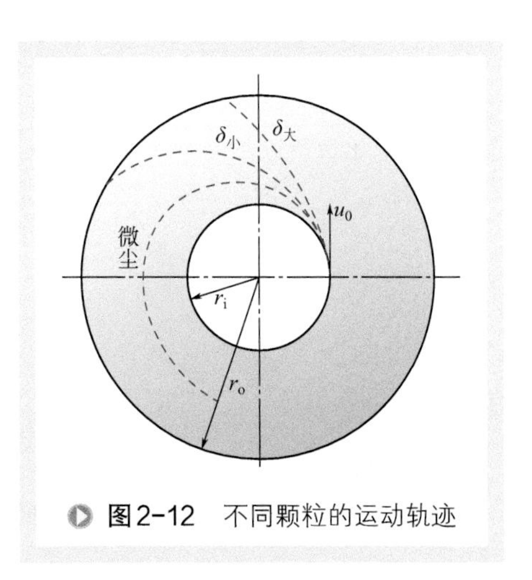

图2-12 不同颗粒的运动轨迹

3. 影响分离的流动因素

（1）环形空间的纵向环流 在旋风分离器顶板下面存在一个流动缓慢的边界层，其静压沿径向变化比强旋流中的变化更平缓，这样就促使外侧静压较高的气体向上流入该边界层内，并沿边界层向内侧流动，待遇到排气管外壁后再折转向下，沿排气管外壁向下流动，直至从排气管下口进入，形成所谓的“纵向环流”[5,6]。这一纵向环流会把一部分已到达器壁的颗粒向上带到顶板处，形成一层“顶灰环”[6,7]，并不时会有颗粒通过纵向环流进入排气管，影响分离效率。

（2）短路流 旋风分离器的入口和排气管下口相距很近，从静压分布看，入口静压最高、排气管下口静压最低，两者之间的静压梯度很大。这就导致排气管下口附近向心的径向速度很大，即有相当一部分含尘气体未经充分的旋转、分离就进入排气管，这就是短路流[5,8,9]。显然，短路流也会将颗粒带入排气管，大大影响分离效率。

（3）偏流返混 流场观测表明，旋风分离器圆锥体下口附近，气体旋转速度减慢，同时下行流中有一部分气体会先进入灰斗，之后再从中心的内旋流区折返向上，再次进入分离器锥体。可见，圆锥体下口附近存在强烈的动量搅混和湍流耗散，造成该处旋流很不稳定。加上排气管与圆锥体的轴线不可能绝对重合，导致气流旋转中心偏离分离器几何中心，从而出现旋流的“摆尾”现象[10]，这一现象也称“旋进涡核”[11-13]。涡核的旋进运动会使内旋流周期性地扫过器壁，把已浓集在器壁的颗粒重新扬起并卷入内旋流，极大地影响分离效率。

此外，筒体和锥体的不圆度、器壁表面的凹凸不平等也会引起一些局部小旋涡，将器壁处的颗粒重新扬起，也不利于分离。这些都应在旋风分离器设计和制造中引起注意。

第六节 拦截分离机理

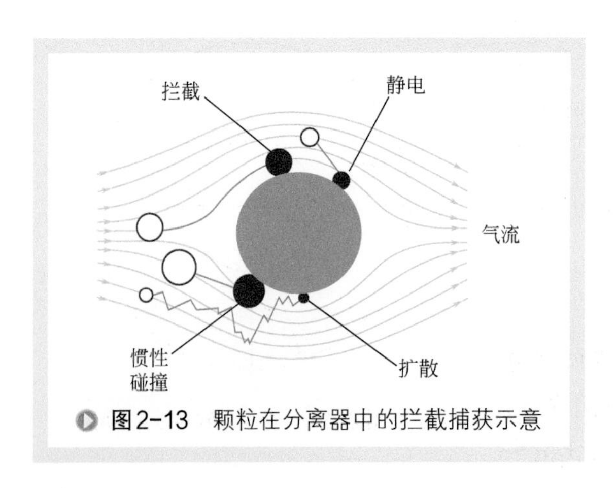

图2-13 颗粒在分离器中的拦截捕获示意

拦截分离指的是在不考虑颗粒惯性、仅考虑颗粒沿流线流经分离构件时，由于颗粒尺寸而被分离构件捕集的分离过程。如图 2-13 所示，当只考虑拦截时，对沿流线运动的颗粒，只要其半径大于等于流线与分离构件表面的距离，就会被分离构件拦截并从气流中分离出来。利用这种机理进行分离的典型设备就是过滤式除尘器，如布袋除尘器和颗粒床除尘器。

拦截分离效率与拦截参数 R 有关。拦截参数 R 的定义是颗粒粒径 δ 与分离构件（被绕流物体）的直径 d_c 之比，即：$R=\delta/d_c$。

对于圆柱状分离构件，在黏性绕流条件下，因拦截分离的粒级效率为[1]：

$$\eta(\delta)=\frac{1}{2.002+\ln Re_c}\left[(1+R)\ln(1+R)-\frac{R(2+R)}{2(1+R)}\right] \tag{2-46}$$

当 $R<0.07$ 且 $Re_c<0.5$ 时，有：

$$\eta(\delta)=\frac{R^2}{2.002+\ln Re_c} \tag{2-47}$$

式中，Re_c 为绕流雷诺数，且 $Re_c=\dfrac{\rho_g d_c u_g}{\mu}$。

对于黏性流体绕流球形分离构件的情形，其粒级效率可用下式计算[1]：

$$\eta(\delta)=(1+R)^2-\frac{3(1+R)}{2}+\frac{1}{2(1+R)} \tag{2-48}$$

当 $R<0.1$ 时：

$$\eta(\delta)\approx\frac{3R^2}{2} \tag{2-49}$$

式中 Re_c——以被绕分离构件的特性尺寸 d_c 所表示的雷诺数；

d_c——分离构件的直径，m；

δ——粉尘中固体颗粒的直径，m；

u_g——气流速度，m/s；

ρ_g——气体密度，kg/m³；

μ——气体黏度系数，Pa·s。

可见，拦截分离效率随粉尘粒径的增大而增加，也随分离构件的直径减小而增大，另外，拦截分离效率还与流体流动的状态有关。

第七节 扩散、湍流分离机理

对于微细颗粒（一般指克努森数大于 10 的颗粒），重力影响已非常小，它与气流的分离主要靠布朗运动引起的扩散作用。主要机理是：气体中一个作布朗运动的颗粒具有的动能大致和一个气体分子的平均动能相当，由于颗粒质量远大于气体分子质量，所以经气体分子碰撞后，其速度大小或方向只稍受影响。只有经大量的碰撞后颗粒才能改变方向并发生可观测的宏观移动，即产生颗粒的扩散。显然，在扩散力作用下，如果能使颗粒向某一固体表面运动，并在其到达固体表面后靠吸附力附着在固体表面，同时又能通过外界作用将附着在固体表面的颗粒除去，这样就实现了细微颗粒的扩散分离。颗粒的扩散除受速度梯度和内能影响外，还受浓度、压力、温度等差或梯度影响，特别是浓度、温度的影响较大。

在湍流流动中，流速的脉动会产生相当强烈的湍流扩散，并对微细颗粒的运动产生显著影响。例如在充分发展的湍流中，湍流均方根速度一般可达时均速度的0.03～0.1倍，故对10m/s的时均速度，脉动速度可能超过0.5m/s，远远大于5μm颗粒在重力作用下的终端沉降速度（约0.75mm/s），所以通常认为微细颗粒在湍流中是均匀混合的，只是在边界层附近才有扩散沉降。

湍流扩散与分子扩散有较大的不同。根据统计理论，湍流是由尺度不同的涡旋组成的，大尺度涡旋在动量传递中起主要作用，而小尺度涡旋主要与能量耗散有关[1]。在大尺度涡旋中，最大尺度与流场的横向尺度大致具有相同的量级，且可用普朗特混合长度 l_p 为代表；在小尺度涡旋中，典型的是科莫格罗夫尺度 η_k。

当 $\delta<\eta_k$ 时，颗粒将随流体微团一起运动，颗粒湍流扩散系数 D_{tp} 与气体湍流扩散系数 D_{tg} 大致相等。

当 $\delta>l_p$ 时，颗粒几乎不受湍流脉动影响，无扩散现象。

当 $\eta_k<\delta<l_p$ 时，颗粒一般不会随它初始遇到的流体微团运动，即要受湍流脉动的影响，一般有 $D_{tp}<D_{tg}$，但具体如何计算，目前尚无成熟方法。

参考文献

[1]《化学工程手册》编辑委员会 . 化学工程手册：第21篇　气态非均一系分离 [M]. 北京：化学工业出版社，1989.

[2] Licht W. Air pollution control engineering: Basic calculation for particle collection[M]. 2nd ed. New York: Marcell Dekker Inc, 1988.

[3] 谭天佑，梁凤珍 . 工业通风除尘技术 [M]. 北京 : 中国建筑工业出版社，1984.

[4]《化学工程手册》编辑委员会 . 化学工程手册：第23篇　气固分离 [M]. 第2版 . 北京：化学工业出版社，1996.

[5] 吴小林，申屠进华，姬忠礼 .PV型旋风分离器三维流场数值模拟 [J]. 石油学报（石油加工），2003, 19 (5): 74-79.

[6] 薛晓虎，魏耀东，孙国刚，时铭显 . 旋风分离器上部空间各种二次涡的数值模拟 [J]. 工程热物理学报，2005, 26 (2): 243-245.

[7] 何兴建，礼晓宇，宋健斐，魏耀东 . 旋风分离器顶灰环灰量的实验测量 [J]. 当代化工，2015, 44 (5): 1143-1146.

[8] 吴小林，姬忠礼，田彦辉，时铭显 .PV型旋风分离器内流场的试验研究 [J]. 石油学报（石油加工），1997, 13 (3): 93-99.

[9] 付烜，孙国刚，刘佳，时铭显 . 旋风分离器短路流的估算问题及其数值计算方法的讨论 [J]. 化工学报，2011, 62 (9): 2535-2540.

[10] 宋健斐，魏耀东，时铭显 . 蜗壳式旋风分离器气相流场的非轴对称特性的模拟 [J]. 化工学报，2005, 56 (8): 1397-1402.
[11] Derksen J J, Van Den Akker H E A. Simulation of vortex precession in a reverse-flow cyclone[J]. AIChE J, 2000, 46 (7): 1317-1331.
[12] 吴小林，熊至宜，姬忠礼，时铭显 . 旋风分离器旋进涡核的数值模拟 [J]. 化工学报，2007, 58 (2): 383-389.
[13] 龙薪羽，刘根凡，毛锐，王平平 . 旋风分离器旋进涡核的大涡数值模拟 [J]. 石油学报（石油加工），2016, 32 (4): 734-740.

第三章

气固分离特性参数的测量方法

气固分离特性基本参数主要指的是气固两相流中的颗粒尺寸、颗粒的速度以及颗粒浓度等，它们对分离装置的性能有很大影响。为了获取气固两相流中分离特性参数，需要采用标准的测量方法。

第一节　颗粒形状的测量方法

颗粒形状简称粒形，指的是颗粒的轮廓边界或颗粒表面上各点的图像及表面的细微结构。颗粒形状会影响粉体的流动性、研磨性、松装密度、气体透过性、压制性和烧结体强度等。

衡量颗粒形状的指标有投影形状、均整度（即长、宽、厚之间的比例关系）、棱边状态（如圆棱、钝角棱及锯齿状棱等）、断面状况、外形轮廓（如曲面、平面等）、形状分布等[1,2]。目前颗粒粒形的表征大多是对其投影面的外形轮廓线进行测量和研究，包括轮廓线外形及其粗糙度等，所用的测量方法有以下两种。

一、显微镜法

显微镜法是通过拍摄显微粉末试样图像，再通过专用软件进行颗粒形状分析的测量方法，主要有静态法、动态法和扫描法。如图 3-1 所示。

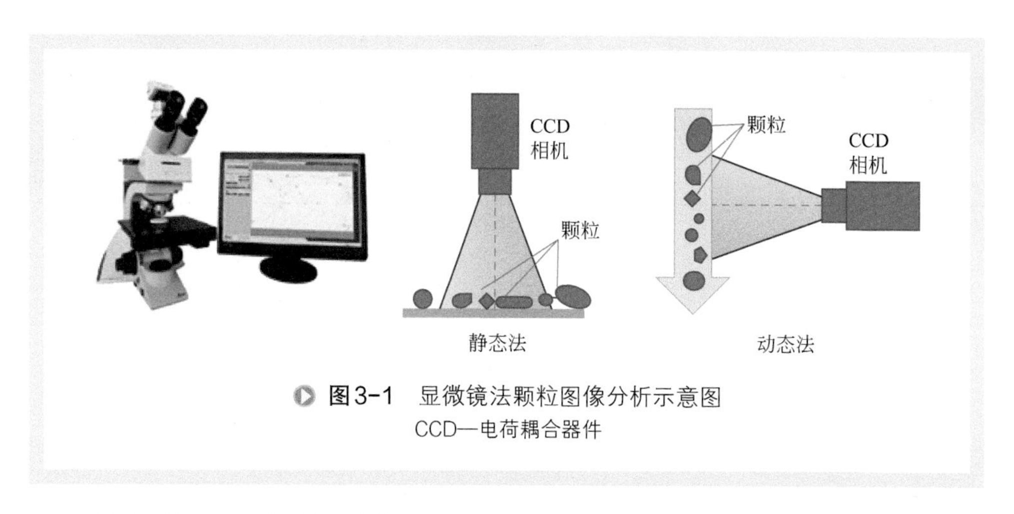

图3-1 显微镜法颗粒图像分析示意图
CCD—电荷耦合器件

专用软件进行颗粒形状分析的主要原理是：采用常见的一些特殊形状的颗粒尺寸表征所测颗粒形状，如粒状颗粒的形状用圆形度；长条状颗粒的形状用长径比；片状颗粒的形状用径厚比等。所谓长径比就是颗粒外接矩形的长度与平均宽度之比；径厚比指颗粒的等面积圆直径与厚度之比；圆形度定义为与颗粒面积相等的圆的周长除以颗粒的实际周长。

用显微镜法测量颗粒形状时需要先制备颗粒样品，方法有干法和湿法两种。干法是将颗粒粉末分散在载玻片上，加上少量分散剂，这里的分散剂必须对粉末有较好的湿润性，且不与粉末反应，具有易挥发的性能；湿法是制成低浓度的粉末悬浮液，通过超声分散的方法防止颗粒团聚。

二、机械沉降测量法

机械沉降测量法是将颗粒样品与液体混合制成一定浓度的悬浮液，利用液体中颗粒在重力或离心力的作用下沉降。颗粒的沉降速度与颗粒的大小有关，大颗粒的沉降速度快，小颗粒的沉降速度慢，根据颗粒的沉降速度不同，测量颗粒的尺寸。

颗粒沉降法测量的颗粒形状一般采用相同介质或空气下具有同样密度和相同沉降速度的圆球体积表示。

一般来讲，催化剂接近圆球形，而大多数工业粉尘属于匀长形。对于匀长形颗粒，其形状尺寸与测定用方法密切相关，所以选用的测定方法应尽可能反映所关注的参数。如主要希望确定颗粒的投影面积，则应选用显微镜观测法；气力输送工艺主要了解颗粒的自由沉降性能，就可用机械沉降测量法。单个颗粒尺寸的表达法如表 3-1 所示[3]。

表3-1　单个颗粒尺寸的表达法[3]

符号	名称	定义	备注
δ_p	投影面直径	在显微镜观察的平面上，与颗粒有同样大小投影面积的当量圆直径	颗粒位置不同有不同的测量值
δ_c	周长直径	与颗粒的投影外形有相等周长的当量圆直径	颗粒位置不同有不同的测量值
δ_M	Martin 直径	颗粒投影外形的平均弦长	颗粒位置不同有不同的测量值
δ_F	Feret 直径	与颗粒投影外形相切的一对平行线之间的距离的平均值	颗粒位置不同有不同的测量值
δ_A	筛分直径	颗粒可以通过的最小方筛孔的宽度	
δ_f	自由沉降直径	在某介质中，与颗粒有同样密度和相同沉降速度的圆球体直径	
δ_{ac}	空气动力直径	在空气中与颗粒有相同沉降速度、且密度为 1000kg/m³ 的圆球体直径	
δ_{Stk}	Stokes 直径	当 $Re_p<1$（层流区）时的自由沉降直径	
δ_v	体积直径	与颗粒有相同体积的圆球体直径	$\delta_v=\sqrt[3]{6V/\pi}$
δ_s	面积直径	与颗粒有相同外表面积的圆球体直径	$\delta_s=\sqrt{4S/\pi}$
δ_{sv}	面积体积直径	与颗粒有相同外表面积和体积的圆球体直径	$\delta_{sv}=\delta_v^3/\delta_s^2$

第二节　颗粒粒径的测量方法

颗粒群粒径的测定方法很多，由于所用原理不同，测出的粒径含义也不同。由于多数颗粒呈不规则形状，因而各种测量方法之间难以比较，所以，迄今为止尚无统一的标准，这就给粒径的分析带来很大的困难。目前，国内外常用的测量方法主要有筛分法、显微镜法、光电沉降法、流体分级法等[1,2]。下面将常用的几种方法进行扼要介绍。

一、筛分法

筛分法是利用筛网开孔大小测量颗粒尺寸的方法，应用最广。通常用“目”表示筛网筛孔的大小。“目”指的是每英寸长度内具有编织丝的数量。筛网开孔大小有各种标准，目前各种标准逐步修改到符合ISO（国际标准化组织）系列。根据ISO的意见，日本工业标准（JIS）、美国材料与试验协会（ASTM）、德国标准化学会（DIN）等标准筛有互换性。各种标准筛制的比较可参见文献[4]。

筛孔大小是颗粒可以通过的最小方孔。筛分所得的颗粒分级尺寸仅仅是颗粒的最大宽度与最大厚度，而一般颗粒长度是不会影响颗粒通过的。筛孔大小都有公差范围，所以筛分法所得颗粒分级是较粗糙的。

筛分时，影响测量结果的因素很多，较重要的有：颗粒的物理性质、筛面上颗粒的数量、颗粒的几何形状、操作方法、操作持续时间和取样方法等，所以筛分法测量操作规则为：

① 筛面上试样尽可能少，粗粒称样100～150g，细粒称样40～60g。

② 筛分时间一般不超过10min。例如英国标准（BS）推荐：在任何5min操作时间内，通过筛子的颗粒只是试样原重的0.2%时，筛分终止；美国ASTM则推荐在10min内通过筛子的颗粒达到只有试样原重的0.5%时即为筛分终点。

③ 要采用标准规定的操作方法，如手筛时，应将筛子稍稍倾斜一些，用手拍打，每分钟150次，每拍打25次后将筛子转1/8圈。

④ 用干法过筛，物料应烘干，有时加入1%分散剂以减小颗粒团聚。对于易团聚的物料，可用湿法筛分，大致取1g试样将它分散在1L液体内，而后过筛，也要拍打。筛余物则用液体冲刷下来，干燥后进行称重。

二、显微镜法

显微镜法是唯一可以观察和测量单个颗粒形状和粒径的方法，但显微镜能观察的试样很少，这样对试样的代表性就有严格的要求，因此，试样的采样和制备必须十分谨慎。

光学显微镜观测范围为0.8～150μm，小于0.8μm者须用电子显微镜。显微镜测量的颗粒粒径为Feret粒径、Martin粒径、周边粒径和面积粒径。Feret粒径是指与颗粒投影面两边相切的两平行线之间的距离；Martin粒径表示将颗粒投影面分成两相等面积的弦长。这两种粒径都会随测量方向变化而变化，所以测量中应保持测量方向不变。周边粒径是指与颗粒投影面有相同周长的圆的直径；面积粒径则表示与颗粒投影面有相同面积的圆的直径。

用光学显微镜观测时，最主要的技术是制备一个均匀分散着代表性颗粒试样的载玻片。方法是：将少量被测颗粒试样放入一烧杯中，加入2～3mL含2%左右胶棉的醋酸丁酯溶液，激烈搅拌后将一滴悬浮液放到一个大烧杯内的蒸馏水的静止表面上，蒸发后形成一层膜，将膜移到干净的载玻片上并充分干燥，即得载玻试样。显微镜测试方法有：

（1）人工观察测试 这是最简单的一种方法，常采用带有目镜测微尺的显微镜，但只能测定出颗粒的 Martin 粒径或 Feret 粒径，需将所测粒径转化成球形和圆形量板来计量。这种方法十分费时，误差也大。为提高观测精度和效率，目前发展了对投影图像分析及显微镜照片进行计数的半自动化装置，如 Zeiss-Endex 粒径分析仪等。

（2）电子显微镜法 电子显微镜法有两种，一是投射式，二是扫描式。投射式可测定 0.001～5μm 的颗粒，放大 4000～10000 倍。扫描式比投射式测量速度快很多，可以得到更多的三维空间的信息，但价格较贵。这两种测试方法所需样本通常沉积在厚度为 10～20nm 的薄膜上。薄膜常用塑料或碳支撑，塑料薄膜可用 2% 火棉胶醋酸戊酯溶液或 1%～2% 聚醋酸甲基乙烯酯的二氯化乙烯或氯仿溶液；碳膜是在真空内用两根硬石墨棒的尖端放电制成。电子显微镜法统一的操作规程是：为了获得统计上正确的计数，应测定约 600 个颗粒，并且在任何一个视域内测定的颗粒数量最好在 6 个左右，所以至少观察 100 个左右的视域。

（3）图像分析系统 该仪器由摄像机、图像扫描器、显微镜、图像卡、微型计算机、光笔等组成。摄像机将图像的点转变为电信号，通过帧储存器进入微型计算机。微型计算机通过程序做数据处理和统计，不仅快速而且重复性好。图像扫描器将图像快速输入计算机内进行相关处理。光笔可为输入图像加入操作者的意图，提高分析精度。目前图像分析仪正向小型实时方向发展。

三、光电沉降法

颗粒在静止溶液中以重力或离心力沉降称为沉降法。沉降法测量的粒度为 Stokes 粒径。根据 Stokes 假设，颗粒靠重力沉降时，其粒度 δ 与沉降速度 u_t 之间关系可用式（3-1）表示。

$$\delta=\sqrt{\frac{18\mu_f u_t}{\rho_p-\rho_f}} \tag{3-1}$$

式中 u_t——颗粒沉降速度，m/s；

μ_f——悬浮液的黏度，Pa·s；

ρ_p，ρ_f——颗粒及悬浮液的密度，kg/m^3。

沉降法测量的关键是制备合格的悬浮液，必须使颗粒在液体中分散均匀而不团聚，选用的液体要满足：①不与颗粒发生化学作用；②不会使颗粒团聚或溶解；③能很快浸润颗粒表面；④液体的黏性与密度应使颗粒在 Stokes 区内沉降。

光电沉降法测量颗粒粒径是结合了颗粒沉降和光吸收原理。根据 Stokes 沉降理论，悬浮液中颗粒粒径越大，沉降速度越快，颗粒的沉降速度可以通过测透射光强度的变化值获得。图 3-2 为三种粒径颗粒的沉降过程示意图。

悬浮液中含有三种颗粒粒径（$\delta_1>\delta_2>\delta_3$），经时间 t 后，颗粒的沉降距离分别为：

$$h_i=\frac{(\rho_p-\rho_f)\delta_i^2 t}{18\mu_f}\ (i=1,2,3) \tag{3-2}$$

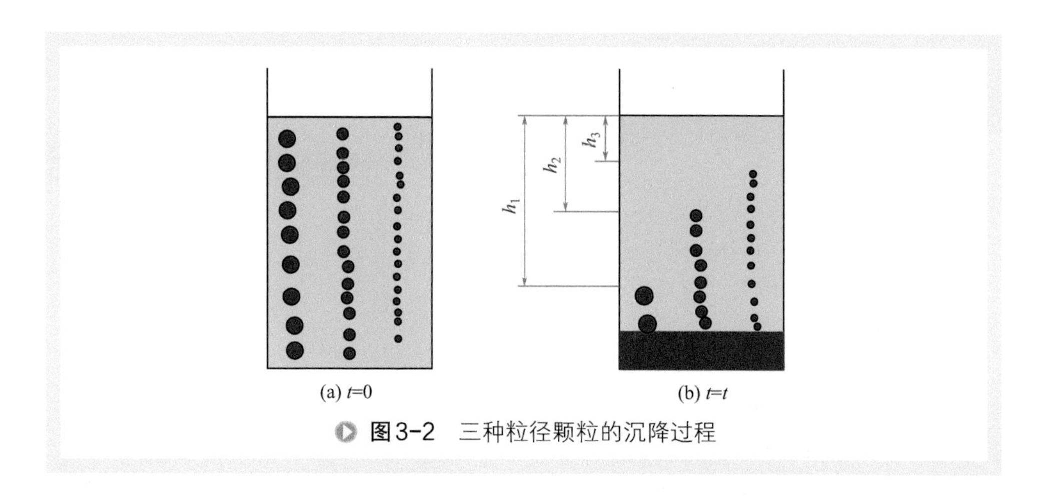

图3-2　三种粒径颗粒的沉降过程

因为粒径 $\delta_1>\delta_2>\delta_3$，故沉降距离 $h_1>h_2>h_3$。经时间 t 后，在深度小于 h_3 的范围内不再含有大于 δ_3 的颗粒，同样在小于 h_2、h_1 的范围内不再含有大于 δ_2、δ_1 的颗粒。在深度大于 h_3 的任意薄层中，既有一定量的 δ_3 颗粒离开，又有同样量的 δ_3 颗粒进入，故在大于 h_3 的范围内，粒径 δ_3 的颗粒浓度与起始悬浮液中 δ_3 颗粒浓度相等。这样在 h_1、h_2、h_3 处分别安装光电发射和接收器，就可通过测量不同时刻投射光强度值，求得被测颗粒的大小及其分布。这种测量方法可以测量颗粒的粒径范围为 1～100μm，测量时应保持颗粒沉降速度适中。

四、流体分级法

利用流体（如水或空气）吹动颗粒，依靠惯性或离心力等，按不同粒径将颗粒分开的方法称为流体分级法[1]。常用的仪器有：

（1）串联式冲击仪　含尘气流以一定速度通过喷嘴，直接冲向设在前方的一块板上，冲量较大的颗粒偏离气流撞到板上并由黏附力黏附在板上；冲量较小的颗粒则随气流进入下一级，以更高的速度冲向下一级的板上并被黏附住。这样逐级提高气流喷射速度，逐级黏附在板上颗粒粒径由大变小，以测得颗粒粒径分布。可以现场使用，较方便。典型的串联式冲击仪有美国的 Andersen Ⅲ型，可测粒径范围为 0.43～11μm，结构如图 3-3 所示。

（2）Bahco 离心分级器　图 3-4 所示为法国生产的 Bahco 离心分级器。其测量原理为：粉尘加在电动机带动的旋转盘上，在离心力作用下经环缝落在分级室中。分级室高度很小，粉尘在此既受到离心力作用，又受到周边向中心吹来的气流的曳力，凡离心力大于曳力的颗粒落入收尘室成为筛上颗粒，而曳力大于离心力的颗粒由仪器带出成为筛下颗粒。调节进风口处截流片大小，就可以逐步改变进风量，从而逐级将细小的颗粒吹出。这种仪器可测粒径范围 5～100μm，每次称粉样 10g，

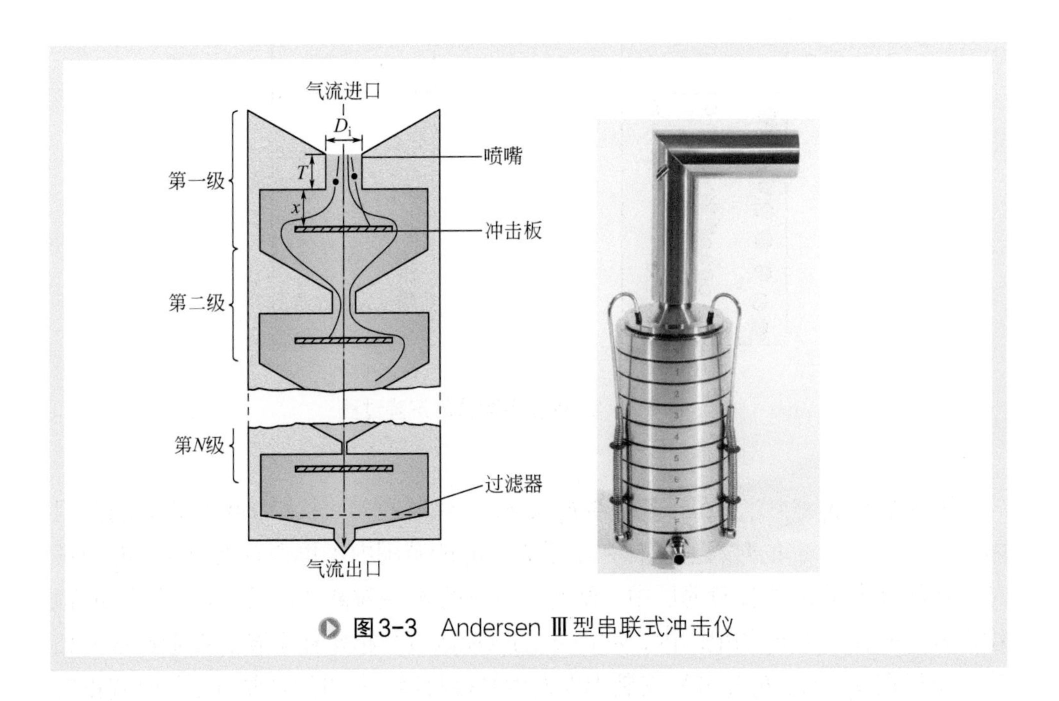

图3-3　Andersen Ⅲ型串联式冲击仪

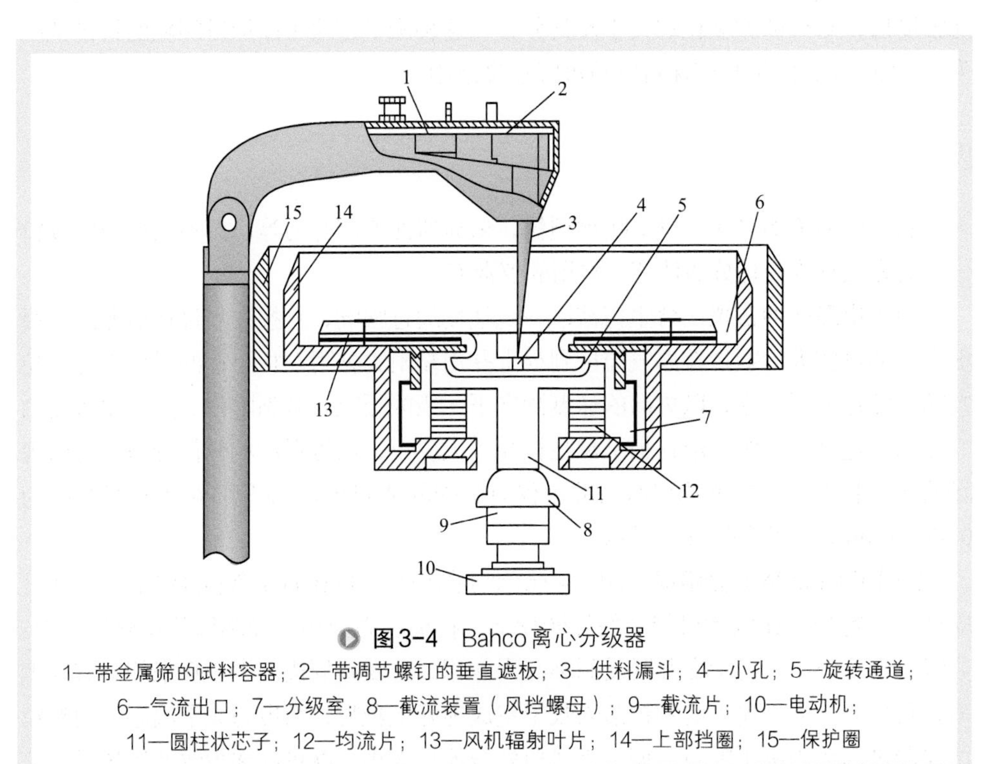

图3-4　Bahco离心分级器

1—带金属筛的试料容器；2—带调节螺钉的垂直遮板；3—供料漏斗；4—小孔；5—旋转通道；6—气流出口；7—分级室；8—截流装置（风挡螺母）；9—截流片；10—电动机；11—圆柱状芯子；12—均流片；13—风机辐射叶片；14—上部挡圈；15—保护圈

分析一次需 2h。美国 ASME 的粉尘性能测定规范推荐采用它作为粒度测定标准。

（3）串联旋风子分级器 旋风子大小与切割粒径 d_{c50} 有密切关系，于是串联大小不同的旋风子，就可以达到使粉料分级的目的。典型的五级串联旋风子分级器如图 3-5 所示。采样口直径 10cm，在采样量 28.3L/min 时，各级 d_{c50} 分别为 0.32μm、0.6μm、1.3μm、2.6μm 及 7.5μm。

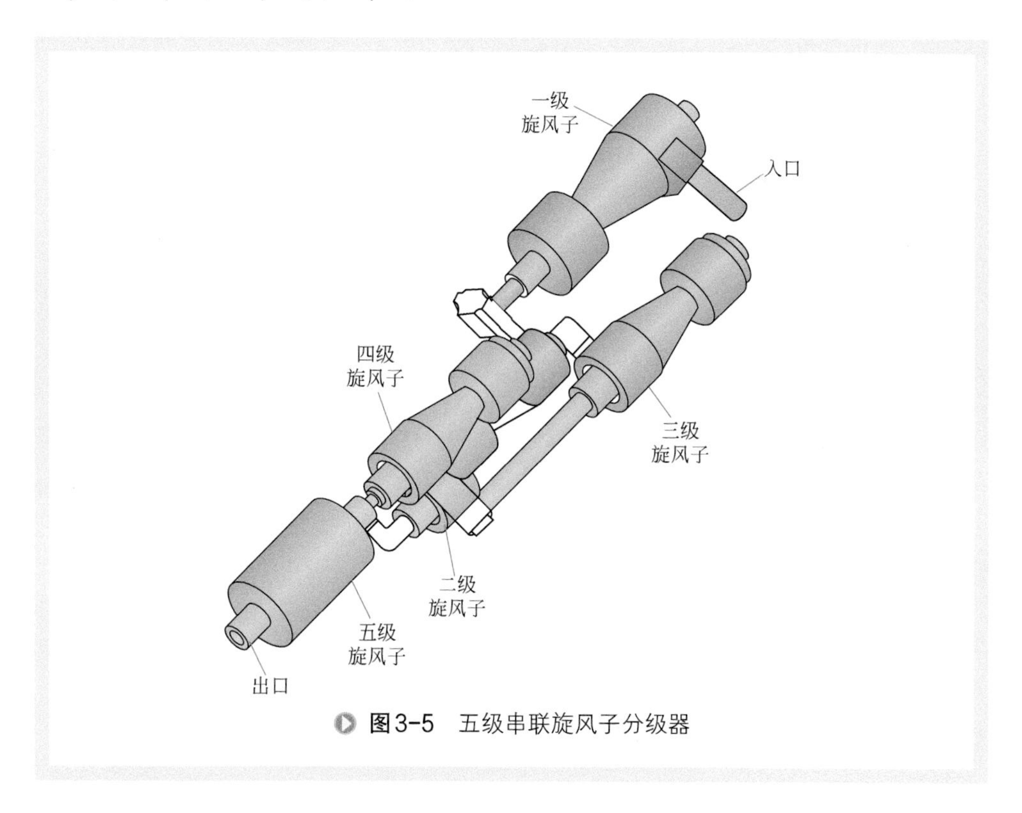

图3-5 五级串联旋风子分级器

五、电感应法

电感应法的典型代表是 Coulter 计数仪。如图 3-6 所示，它的工作原理是：使悬浮在电解质中的颗粒通过一个小孔，在小孔的两边各设有一电极，颗粒通过小孔时，电阻发生变化而产生电压脉冲，其电压脉冲振幅与颗粒体积成正比，这样就可以测出颗粒大小和数量。目前这种计数仪已广泛应用于工业和实验室中，具有快速的优点和良好的重复性，可测颗粒大小范围为 0.2～1600μm。

测试的关键是制备不含颗粒的空白电解液。电解液的选择视粉尘性质而定，最常用的是 1%～2% 氯化钠水溶液，为防止颗粒团聚，再加入 0.1% 的分散剂。空白电解液检验合格后，就可以加入合适浓度的粉尘，既不能使悬浮液浓度过高，以防出现重合效应，测出颗粒变粗，也不能过低，以防颗粒粒径测不准。

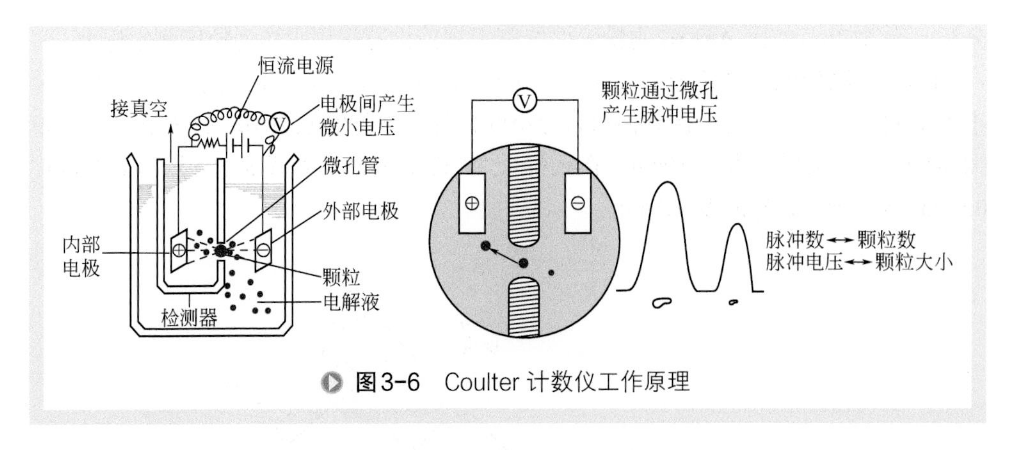

图3-6 Coulter 计数仪工作原理

这种仪器的感应主要与颗粒的体积有关，单颗粒的形状、粗糙度等也会有一些影响。如球粒结果较准，非球粒结果重复性就会差些，多孔性颗粒的测定结果也不够好。

六、激光测速法

激光测速法测量颗粒大小的原理是：用空气将颗粒从一个喷嘴中高速喷出，不同大小的颗粒在喷嘴内获得的速度不同，较小粒径的颗粒加速快，较大粒径的颗粒加速慢，于是用激光测速技术分别测出颗粒的喷出速度，就可以算出粒径分布。它可以直接从管道中抽取含尘气体，经稀释后就可以测试，应用比较方便。

这种测量方法最典型的就是美国 TSI 公司研制的 APS33 颗粒分析仪。如图 3-7 所示，它采用上下两束激光，将其沿垂直于粒子飞行路径的轴线照射到飞行的气溶胶粒子上。当粒子通过焦点时，产生散射光并分别被收集至两个光电倍增管，由它产生的电脉冲信号经过放大和整形后再输入时标电路。根据该时标电路即可测出气溶胶粒

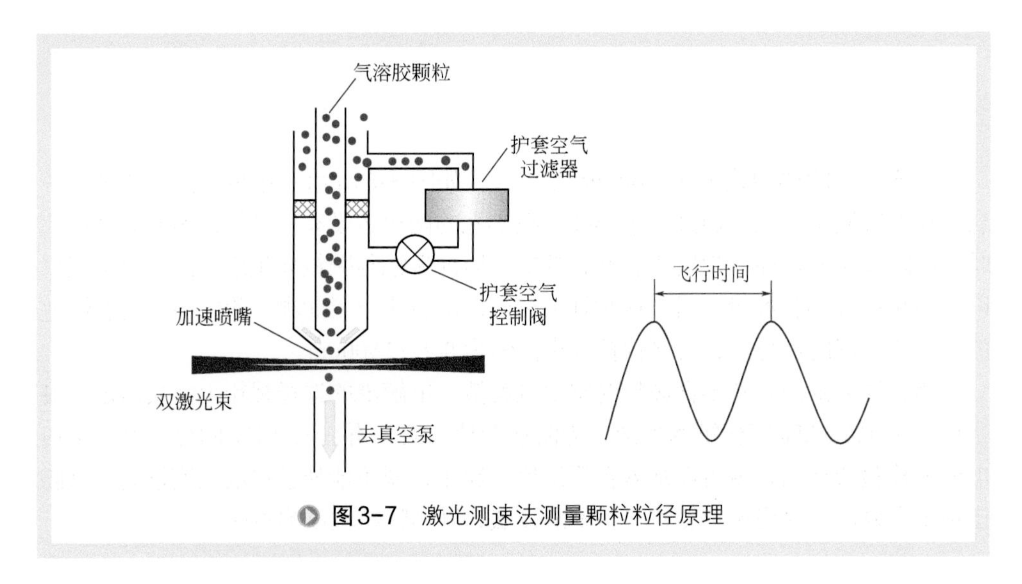

图3-7 激光测速法测量颗粒粒径原理

子在这两束激光间飞行时所用的时间，由此可计算出粒子的飞行速度。由于粒子惯性不同，将获得一个速度分布，较小的粒子获得较大的速度，而较大的粒子则获得较小的速度。利用这个性质，先用粒径已知的标准粒子得到粒子飞行速度与粒径大小的关系曲线，再利用标定曲线，测出气溶胶粒子的飞行速度即可得到该粒子粒径大小。目前可以测出 0.5～15μm 的颗粒空气动力直径，并正在扩展到 40μm 左右。

七、激光衍射法

激光衍射法测量粒径的原理是：颗粒粒径不同，激光衍射角 φ 不同，并产生直径不同的衍射光环，通过微型计算机信息简缩变换技术，可以直接输出粒径分布。即使颗粒做高速移动，采用傅里叶变换透镜，也可以将不同位置上的同一粒径的衍射光环汇合在一起，从而测出运动中的颗粒粒径分布。其测试原理如图 3-8 所示。

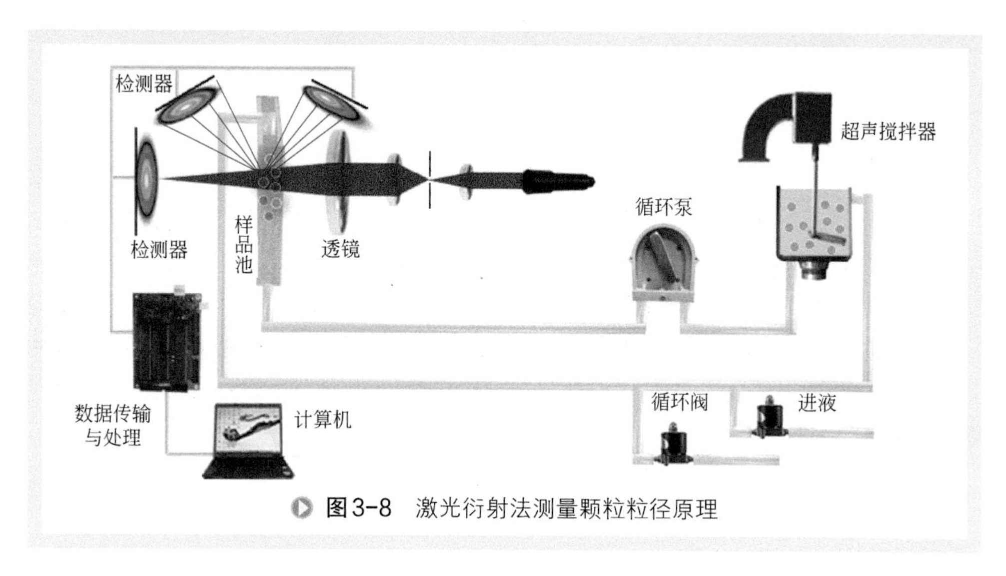

图3-8 激光衍射法测量颗粒粒径原理

激光衍射法可测粒径范围 0.5～560μm，扩展后可测 1800μm。典型的激光衍射分析仪为英国 Sheffield 大学与 Malvern 仪器公司合作研制的 Malvern 激光颗粒分析仪。

第三节 气固多相流颗粒速度测量方法

在气固两相流动系统中，两相之间存在复杂的相互作用。为了更好地对气固两相流动进行系统的研究，需要对气相和固相流动进行精确测量。一般地，对气相流场的测量都是在无颗粒相的情况下进行的，可以采用如热线风速仪、激光测速仪等多种手段。但对气固两相系统中固相流动参数的测量则相对困难，目前主要有两类方法，即接触式和非接触式测量。

接触式测量最常用的是等速取样法，它原理简单、费用低，但会干扰流场，误差较大；另外固体颗粒速度的光导纤维测量技术也较常用。

非接触式测量技术主要是激光法。目前广泛应用的是基于多普勒原理的激光多普勒测速仪（LDV）。在两相流速度、颗粒尺寸和颗粒浓度同时测量方面，基于相位多普勒原理的PDA（相位多普勒测速仪）系统已进入实用阶段，其优点是：①可实现对流体和颗粒两相特性的瞬时和基于时间平均的测量，并具有很高的分辨率；②通过颗粒尺寸和速度的相关性能够在颗粒相存在时，实现对气体速度的测量；③采用光纤技术还能进行远距离测量。

以下简要介绍固体颗粒速度的光导纤维测量技术和激光多普勒测量法的工作原理。

一、固体颗粒速度的光导纤维测量技术

图3-9示出了固体颗粒速度的光导纤维测量技术工作原理。光纤探头内平行并列了三根光纤，形成两组独立的信号采集系统。中间的一根光纤把光源发出的光线照射到被测量的颗粒上，另外两根光纤把接收到的颗粒的反射光传输给光电倍增管。通过对两个光电倍增管输出的两组电信号进行相关分析，就可得到对应于最大相关值的两个信号的时间差（见图3-10），即被测固体颗粒通过两组光纤表面的时间间隔。若已知光纤的有效分隔距离，用此距离除以所测的时间差就得到颗粒的运动速度[5]。

为了得到两个信号之间的时间差，可以使用相关分析法或峰值判别法对光电倍

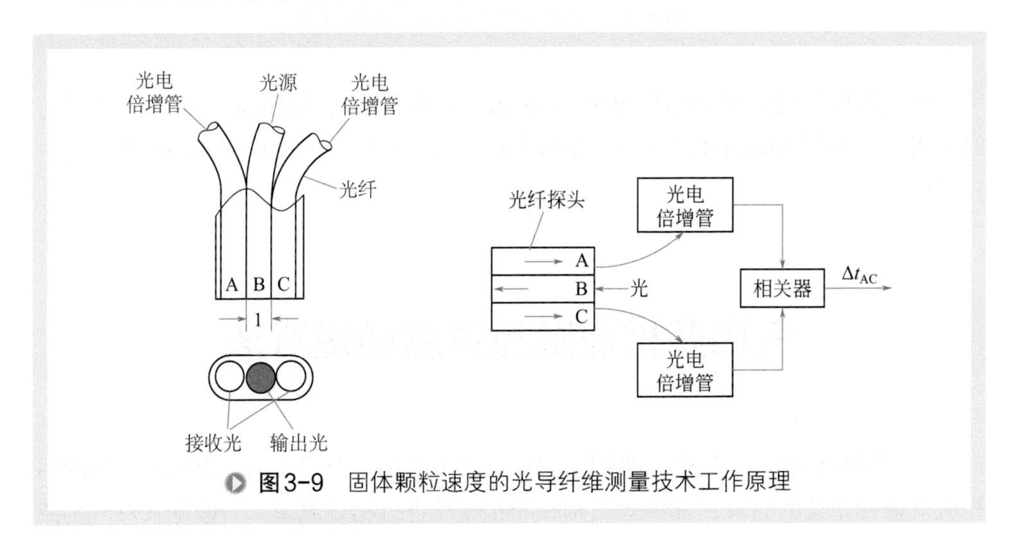

图3-9 固体颗粒速度的光导纤维测量技术工作原理

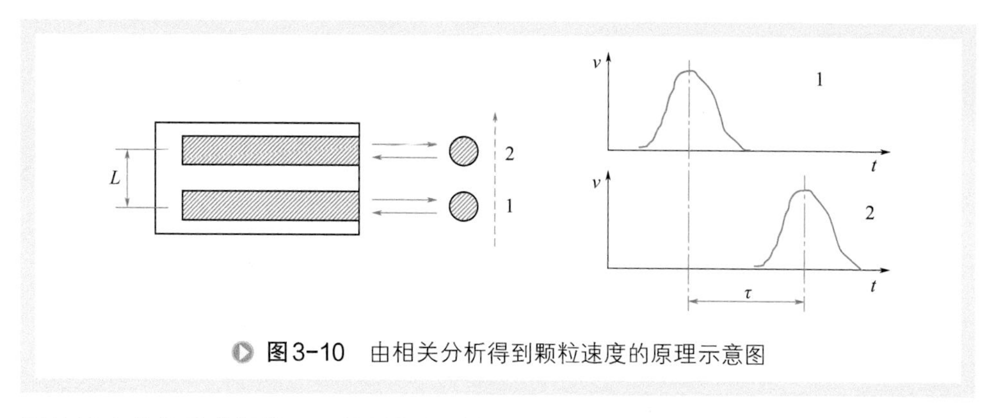

图3-10　由相关分析得到颗粒速度的原理示意图

增管输出的信号进行处理。使用相关分析法时，所用光纤的直径一般大于固体颗粒的直径。这种方法适用于测量颗粒群的速度[6]，其优点是简单、干扰少，缺点是计算工作量大。为了保证高的测量精度，采样频率要很高，从而导致大量的计算。而采样频率一定时，对高速运动的颗粒，样本数就较少，精度较低。对于低速颗粒，常常得不到有效的最大相关系数[7,8]。另外，光纤两端之间的距离要仔细选定。若距离较小，则需选用高的采样频率，而且测量精度会降低。但若距离过大，最大相关系数会很小。

使用峰值判别法时，光纤的直径一般应接近或略小于颗粒直径，以保证主信号是由经过探头表面的单个颗粒造成的。但是，为了保证采集到足够强的光信号，光纤直径又不能太小。若信号很弱，系统噪声会大大降低测量精度。由于峰值判别可以通过硬件电路完成，无需通过软件转换计算，处理速度很快，所以特别适用于高速运动颗粒的测量。其缺点是干扰多、系统调制复杂；另外，它只能用于单个颗粒的测量。当需研究颗粒群的速度，特别是颗粒聚团行为时，就需采用相关分析法。

二、固体颗粒速度的激光多普勒测量法

激光多普勒测速仪被广泛用于多相流中固体颗粒运动速度的测量。其工作原理是：当激光束照射到固体颗粒时，激光被运动着的固体颗粒所散射，散射光与入射光之间会发生频率偏移，这种现象被称为多普勒效应。这种频率的偏移与固体颗粒的运动速度成正比[9,10]。因此，只要测得散射光的多普勒频移就可得到颗粒的运动速度。

激光多普勒测速仪的激光入射法有两种，一种是参考光束法，另一种是双光束法[11,12]。参考光束法的系统如图 3-11（a）所示。经过一分光镜，入射激光被分为两束。一束通过反射透镜和试验段直射到光电检测器上，这束光被称为参考光束。另一束光则从另一角度聚焦于测点上。当固体颗粒经过测点时，颗粒被后一束激光照射，产生另一频率的散射光，被同一光电检测器接收。测出参考光束与散射光束之间的频移，便可得到固体颗粒的运动速度。

双光束法的系统如图 3-11（b）所示。在该系统中，激光器射出的光束经一分

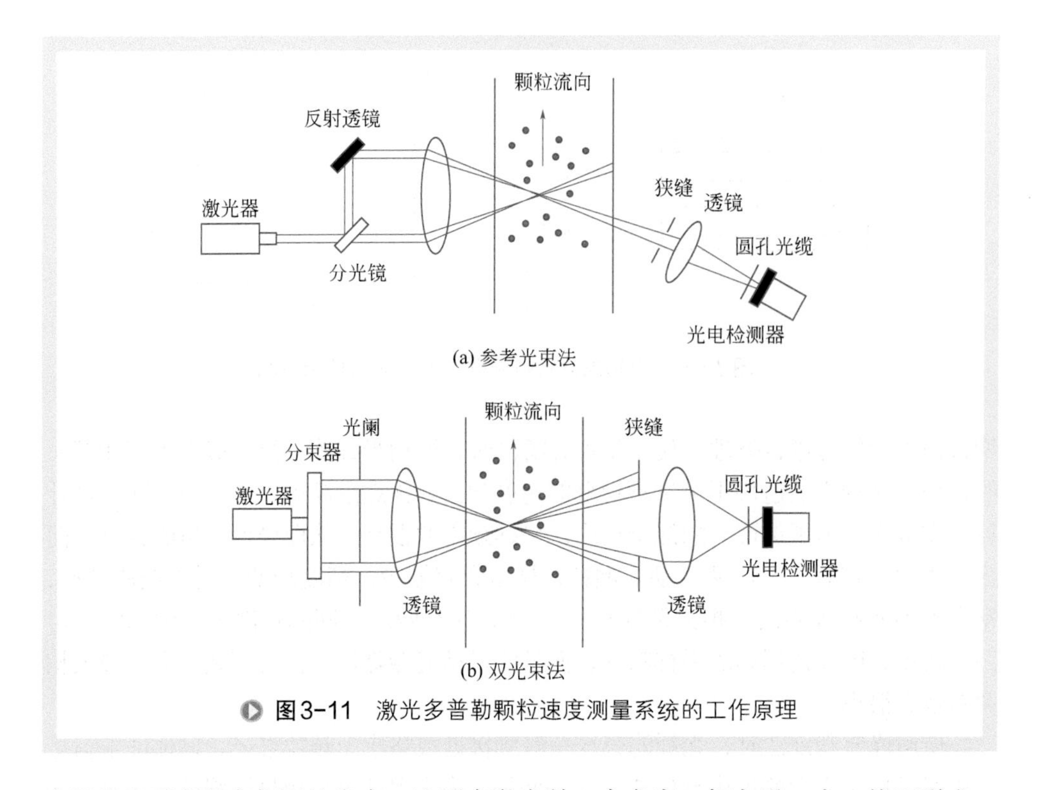

图3-11 激光多普勒颗粒速度测量系统的工作原理

束器分为两束强度相同的光束。这两束激光以一个角度 θ 相交于一点，从而形成一个椭球状的测量体。当固体颗粒经过测量体时，散射光在光电检测器上形成干涉条纹。因激光的波长 λ 已知，故测量出条纹间距便可获得多普勒频率 f_D，从而可用下式求出固体颗粒的运动速度 u_p。

$$u_p = \frac{f_D \lambda}{2\sin(\theta/2)} \tag{3-3}$$

激光多普勒测速系统的优点是精度高，可测得局部颗粒运动的瞬时值[13]。它对流场没有干扰，光的强度对测量也没有影响。但该设备系统复杂，价格昂贵，使用时技术要求高，并且只能用于颗粒浓度不高的区域中。一旦颗粒浓度稍高，光束就会被挡住而使测量失败。此时可改用后向散射法，并通过光纤把激光束引入流场内，同时引入和导出入射与散射光，就可以克服以上困难，测得较高浓度下的颗粒速度。

第四节 气固多相流颗粒浓度测量方法

气固多相流中颗粒浓度的测量方法很多，目前最常用的颗粒浓度测量方法主要有等速采样法、光导纤维测量法，以及电容测量法等。

一、等速采样法

1. 等速采样原理

为了正确测得气固两相流的浓度，首先要使抽取的颗粒样品具有代表性，这就要求气固两相流的直接取样必须在等速的条件下进行。

所谓等速采样，是指进入取样器的采样嘴的抽气速度与被测点的来流气速相等。典型的气固两相等速采样系统如图 3-12 所示。由图可知，通过真空泵使采样嘴吸入两相气流，利用采样瓶内的纯净液体（又称空白液）捕集采样嘴吸入的固体颗粒。为了有效地捕集固体颗粒，装入采样瓶的纯净液体约占采样瓶容积的 1/3。同时，对采样瓶内喷嘴的大小、含尘气流通过喷嘴的速度及喷嘴到冲击瓶底部距离均有一定的要求。为保证等速采样，必须利用流量计计量抽吸气体的容积，并经过一系列换算，获得采样系统中流量计所对应的读数。

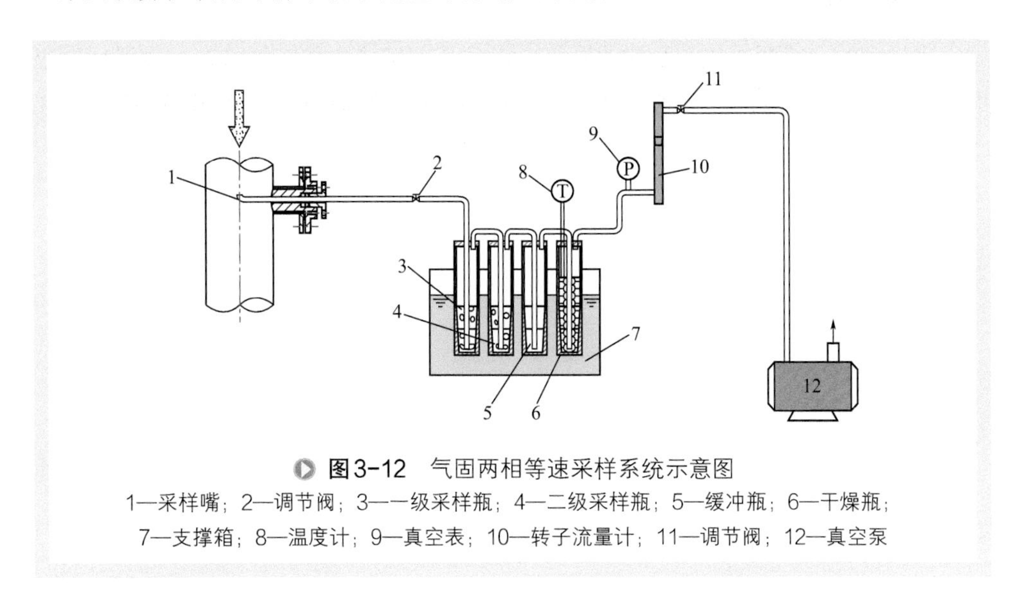

图3-12　气固两相等速采样系统示意图

1—采样嘴；2—调节阀；3—一级采样瓶；4—二级采样瓶；5—缓冲瓶；6—干燥瓶；7—支撑箱；8—温度计；9—真空表；10—转子流量计；11—调节阀；12—真空泵

2. 采样口位置

考虑到颗粒在水平管道内会沉积在管子的下部，所以采样口位置应优先选择在垂直管道上。按照美国 ASME 管道内粉尘的采样规范，采样口应设在远离干扰点（如弯头、阀门）的直管段上，通常采样口应选在距上游管件 8～10 倍管径、距下游管件 3～5 倍管径处。

3. 管道截面上采样点布置

按照采样规范，应同时在两条直径线上采样，一条直径线应在上游弯头所在平面内，另一条直径线则应与其垂直。由于颗粒在管道截面上分布不均匀，一般应采取多点采样后取平均值，方法是：将采样口所在的圆形截面，划分成若干个等面积的同心圆环，然后以该截面两条互相垂直的直径上各圆环的中点作为采样点，如图 3-13 所示。

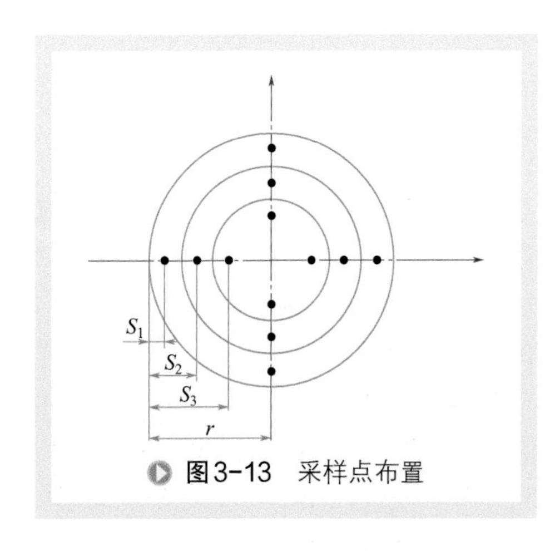

图3-13 采样点布置

若采样位置符合要求，则对于 0.3～0.6m 的管径，应划分成 2 环 8 点，对于大于 0.6m 的管径，应划分成 3 环 12 点。我国对烟囱管道的取样规定，小于 0.5m 管径取 1 环 4 点；0.5～1m 管径取 2 环 8 点；1～2m 管径取 3 环 12 点。

4. 采样嘴

采样嘴的形状要做成渐缩锐边圆形，以免头部钝边会使它的前方形成堤坝效应而使颗粒偏离。最简单采样嘴结构如图 3-14 所示。图 3-15 为英国 BS3405 对采样嘴头部的要求。

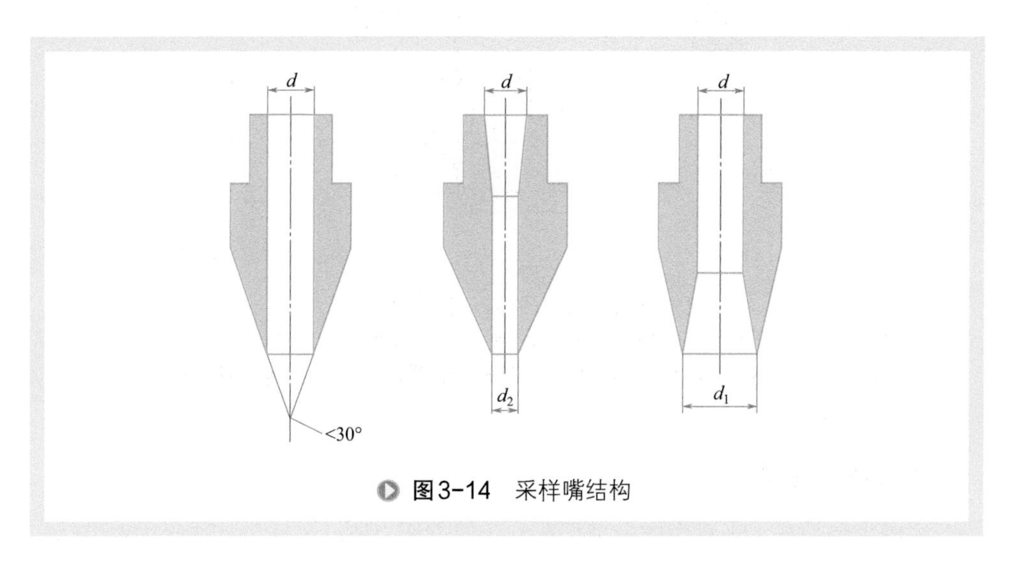

图3-14 采样嘴结构

采样嘴口径不宜过小，以免粗粒进不去；但也不宜过大，以免抽气动力过大而不方便。国内常用的口径是 6mm、8mm、10mm、12mm 等几种。

安装时应使采样嘴的中心轴线与管内气体流线一致。若嘴轴与气体流线偏斜 θ 角，则粗粒的进入会受影响。在角 θ 很小时，认为其影响可用式（3-4）表示。

$$\frac{C}{C_0}=1-\frac{4}{\pi}St\sin\theta \tag{3-4}$$

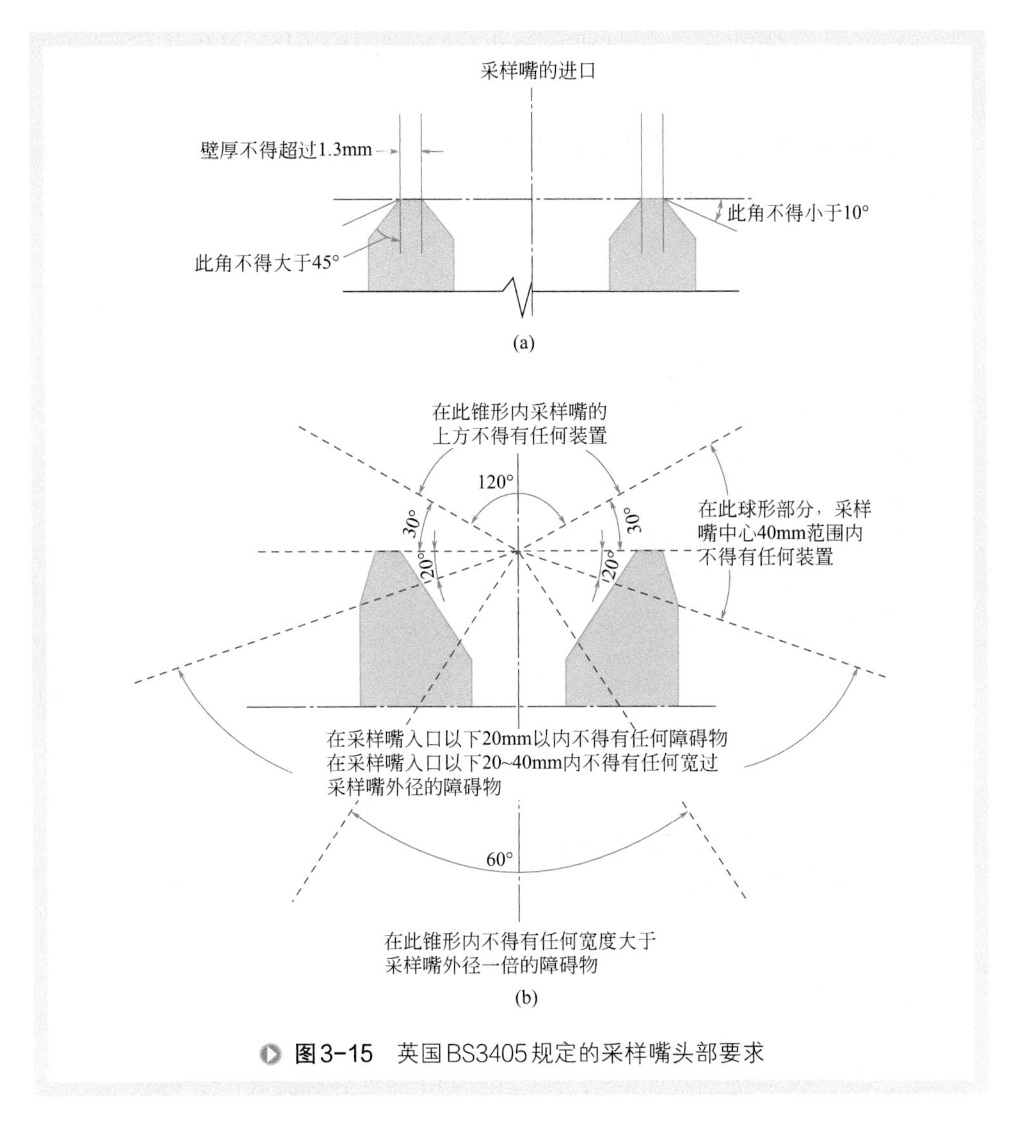

图3-15　英国BS3405规定的采样嘴头部要求

5. 颗粒样品收集器

有干法和湿法两种。干法主要用过滤筒和滤膜，可将 0.1～0.01μm 以上的颗粒基本捕集下来，滤速在 0.05～0.5m/s 左右，滤材用玻璃纤维、聚酯纤维等。在温度很高的情况下，也可用陶瓷及微孔金属滤筒等。采样气在滤筒前应保持高温，不能有冷凝水析出。过滤以后应该冷却到常温，并除去冷凝水，干燥后流经流量计以控制采样气量，达到等速采样目的。

湿法采样用采样瓶洗涤法，将采样气通入洗涤液内，可将大于 1μm 颗粒全部捕集下来。若粉尘浓度较大，也可先用小型旋风分离器除去大部分粗颗粒，再用过滤或洗涤捕集细颗粒。对于大直径管道，还可将滤筒直接装在采样嘴的后面，一起放在管道内，这样可提高测量精度，减小颗粒经细长的采样管产生沉降所带来的误差。

6. 采样点气速及流量计读数的确定

（1）采样点气速的测定 一般可用毕托管测量采样点的气速。根据流体力学原理，气体流速与气体动压成正比，其关系式为：

$$V = C_p \sqrt{\frac{2\rho g \Delta h}{\rho_g}} \tag{3-5}$$

式中 V——气体流速，m/s；

ρ——U 形压差计液体密度，kg/m^3；

ρ_g——气体密度，kg/m^3；

g——重力加速度，m/s^2；

Δh——气体动压头（H_2O），mm；

C_p——毕托管标定系数。

若将气体看作理想气体，则密度也可由状态方程计算得出，即：

$$V = C_p \sqrt{2\rho g \Delta h \frac{RT_g}{p_g}} \tag{3-6}$$

式中 p_g——测点处气体绝对压力，Pa；

T_g——气体温度，K；

R——气体热力学常数，J/（kg·K）。

（2）流量计读数的计算 根据等速采样原理，进入采样嘴的气量 Q 为：

$$Q = \frac{\pi}{4} d^2 V \times 3600 \tag{3-7}$$

式中 Q——进入采样嘴的气量，m^3/h；

d——采样嘴直径，m。

当气体从采样嘴处的状态（p_g，T_g）经过冲击瓶后到达流量计处（p_m，T_m）时的气量为：

$$Q_m = \frac{\pi}{4} d^2 V \frac{p_g T_m}{p_m T_g} \times 3600 \tag{3-8}$$

式中 Q_m——流量计处的气量，m^3/h；

p_m——流量计处气体绝对压力，Pa；

T_m——流量计处气体热力学温度，K。

为保证采样的准确性，实验中应注意流量计的读数变化，并随时调节。

二、光导纤维测量法

在气固两相流中，与固体颗粒的速度测量类似，其浓度也可以采用光纤（光导纤维）传感器来进行测量。光纤传感器可分为两大类[14]：①固有特性传感器，光纤的信号传输直接受到感应对象物理特性的影响；②位移传感器，被测量对象的物理特性的变化引起传感器空间的位置发生变化。光纤传感器中接收信号的前端部分称为探头。

在光纤测量法中，稳定、持久的光源对于测量精度是至关重要的。可选用的光源较多，既可用钨丝灯作测量光源，还可用激光[15,16]、水银灯[17]、白炽灯和卤化灯[18]作为光源。

如图 3-16 所示，颗粒浓度的光纤测量系统一般由光源、两束光纤束、光电倍增管、A/D（模 / 数）转换器和计算机组成。光源发出的光经过一束光纤照射到颗粒群，反射光则通过另一束光纤传到光电倍增管而被转换成电信号。光电倍增管产生的电信号强度正比于输入光信号的强度，放大后的电信号可直接输入计算机做进一步的信号处理[19, 20]。经过标定，此光纤测量系统就可用来测量气固两相流中的颗粒浓度。

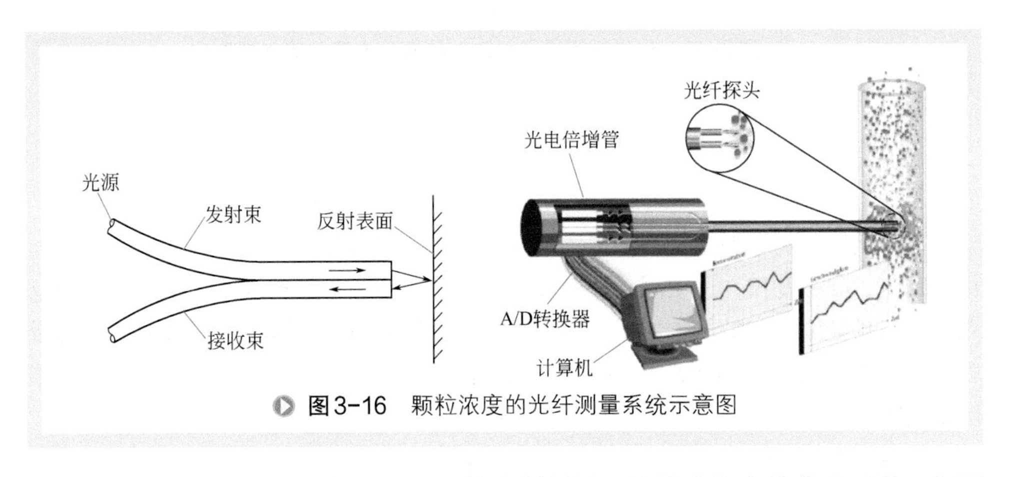

图3-16　颗粒浓度的光纤测量系统示意图

根据信号处理方法的不同，还可将光纤测量颗粒浓度的方法分为两种，如图 3-17 所示。

方法一：当被测量颗粒的直径大于光纤直径时，反射光主要是单个颗粒产生的。此时，经光电倍增管转换成的信号再被转换成脉冲信号，脉冲信号的个数就取决于通过探头表面的颗粒个数，见图 3-17（a）。在这种情况下，要得到颗粒的浓度，必须知道颗粒的速度。这种测量方法的优点是精度高，不需要经过标定；缺点是测量时间长，必须知道颗粒速度。

方法二：当被测量颗粒的直径小于光纤直径时，反射光主要是由颗粒群产生的，见图 3-17（b）。在这种情况下，经过标定可以得到颗粒浓度和电信号强度的关系。这种方法的优点是简单，可得到颗粒浓度的瞬时值，不需要知道颗粒的速度。目前这种方式被广泛应用于测量气固流化床中的颗粒浓度，其缺点是对光源的稳定性要求高。

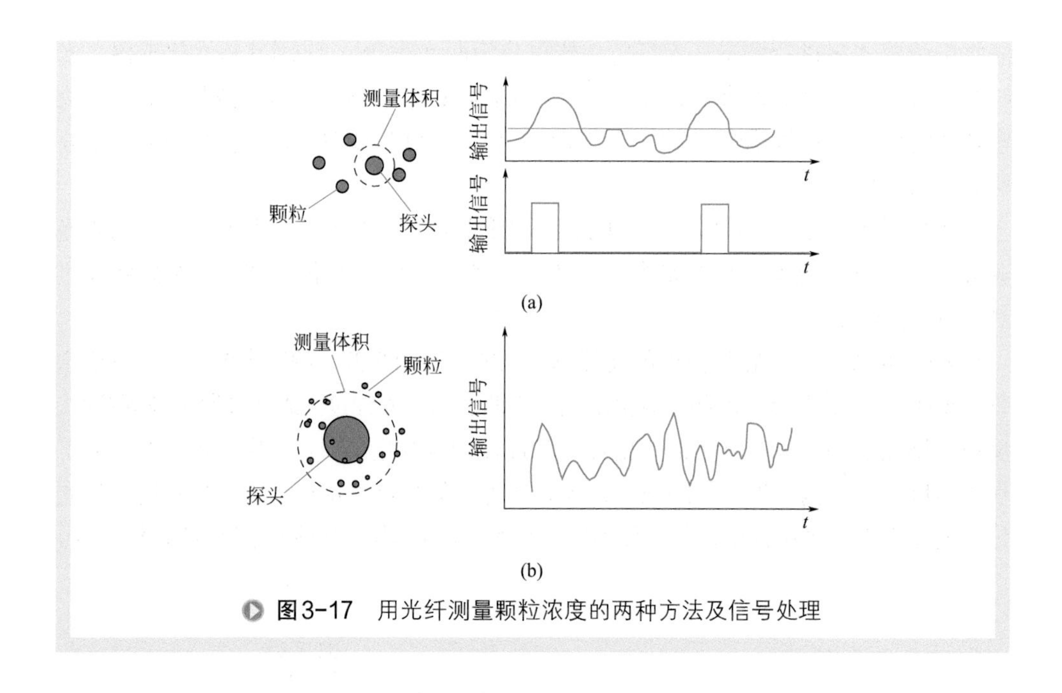

图3-17　用光纤测量颗粒浓度的两种方法及信号处理

三、电容测量法

电容测量法的原理为：当把组成电容器的两个极板放入流场时，其电介质即为板间的气、固两相流，由于固体颗粒和气体的介电系数差别很大，故电容器的介电系数就与颗粒浓度有关。颗粒浓度越高，介电系数就越大。因此，只要测出电容量就可得到颗粒浓度。Morse 和 Ballou[21] 最早提出可用一个电容探头来测量气固两相流中的颗粒浓度。

电容器固体颗粒浓度测量探头通常由 3 部分组成：

（1）测量探头　电容器测量探头由电容器正、负两个极板组成。由于平板电容器会对板间流动产生较大的影响，常常采用针形电容探头（电容探针），即圆筒型电容器。这种电容探头一般由 4 层很薄的同心材料制成，芯部导电体为电容的一极，外包一层绝缘体，其外的导电体为电容的另一极，最外层又是绝缘体。4 层内长外短，使电容的两极都有一部分裸露在外。这种探头直径一般在 4～5mm 以下，轴向裸露部分为 4～10mm（图 3-18）。其结构优点是坚固，对流场干扰小，可有效测量局部颗粒浓度。通过标定，就可由电容值得到探头尖部局部颗粒浓度的变化 [22,23]。

（2）自振荡电路　电容探针本身也是组成自振荡电路的一部分。该振荡电路的振荡频率取决于探头的电容值。这样，通过一自振荡电路就可把探头的电容值转换为电路的振荡频率。

（3）解调电路　解调电路可用于把频谱信号转换成电压或电流信号以便于测量。在测量颗粒浓度时，电路的振荡频率会随颗粒浓度的变化从基本频谱产生漂

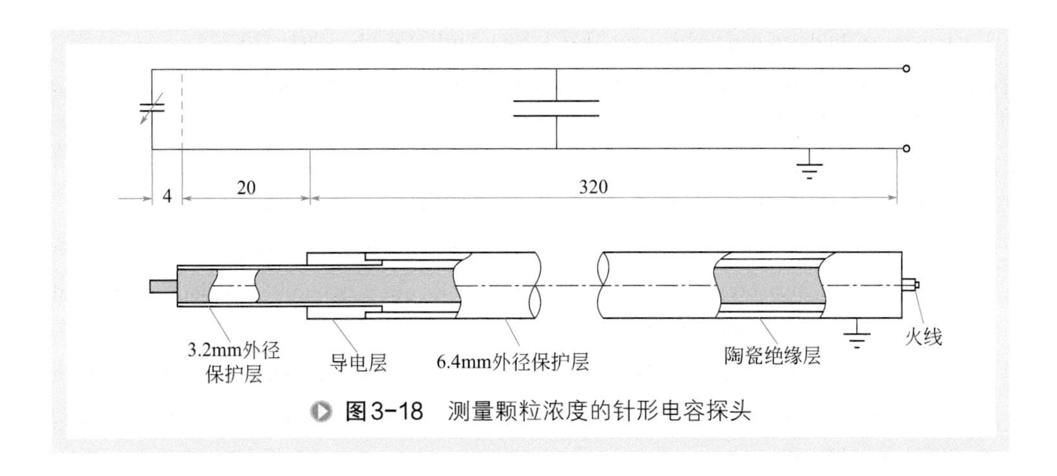

图3-18　测量颗粒浓度的针形电容探头

移，其差别的大小就决定了所得的电压或电流值。这样就把流场中局部固体颗粒的浓度转换成了电流或电容信号。

电容探针测量系统灵敏度高，且易于制造，可用于测量局部固体颗粒浓度的瞬时值，且适用于高温高压的场合。但该系统的标定较困难，基本频率本身也会发生漂移，易受环境电磁场的干扰。此系统的另一缺点是温度会影响探头的介电系数，从而改变探头的电容值。

参考文献

[1]《化学工程手册》编辑委员会 . 化学工程手册：第 21 篇　气态非均一系分离 [M]. 北京：化学工业出版社 , 1989.

[2] 郭慕孙，李洪钟 . 流态化手册 [M]. 北京：化学工业出版社，2008.

[3] Allen T. Particle size measurement[M]. 3rd ed. London: Chapman and Hall, 1981.

[4] Cheremisinoff N P. Encyclopedia of fluid mechanics: vol4: Solids and gas-solids flows[M]. Houston: Gulf Publishing Company, 1986.

[5] He Y L, Qin S Z, Lim C J, Grace J R. Particle velocity profiles and solid flow patterns in spouted beds[J]. Can J Chem Eng, 1994, 72: 561-568.

[6] Lischer D J, Louge M Y. Optical fiber measurements of particle concentration in dense suspensions：Calibration and simulation[J]. Appl Opt, 1992, 31: 5106-5113.

[7] Hartge E U, Rensner D, Werther J. Solids concentration and velocity patterns in circulating fluidized beds//Basu P, Large J F. Circulating fluidized bed technology Ⅱ [M]. Oxford：Pergamon Press, 1988: 165-180.

[8] Black D L, McQuay M Q. Laser-based particle measurements of spherical and nonspherical particles[J]. Int J Multiphase Flow, 2001, 27: 1333-1362.

[9] Qian G, Li J. Particle velocity measurement in CFB with an integrated probe// Avidan A A.

Circulating fluidized bed technology Ⅵ [C]. New York: AIChE, 1994: 320-325.
[10] Tsuji Y, Morikawa Y, Shiomi H. LDV measurements of an air-solid two-phase flow in a vertical pipe[J]. J Flui Mech, 1984, 139: 417-434.
[11] Bachalo W D, Houser M J. Phase/Doppler spray analyzer for simultaneous measurements of drop size and velocity distributions[J]. Optical Eng, 1984, 23: 583-590.
[12] Werther J, Hage B, Rudnick C A. Comparison of laser doppler and single-fibre reflection probes for the measurements of the velocity of solids in a gas-solid circulating fluidized bed[J]. Chem Eng Process, 1996, 35: 381-391.
[13] Ibsen C H, Solberg T, Hjertager B H, Johnsson F. Laser Doppler anemometry measurements in a circulating fluidized bed of metal particles[J]. Experimental Thermal and Fluid Science, 2002, 26: 851-859.
[14] Cheremisinoff N P, Cheremisinoff P N. Hydrodynamics of gas-solids fluidization[M]. Texas: Gulf Publishing Company, 1984.
[15] Krohn D A. Intensity modulated fiber optic sensors overview[C]. Proceedings of SPIE, Fiber Optic and Laser Sensors Ⅳ, Cambridge, 1987, 718: 2-11.
[16] Patronse B, Caram H S. Optical fibre probe tranist anemometer for particle velocity measurements in fluidized beds[J]. AIChE J, 1982, 28: 604-609.
[17] Nakajima M, Harada M, Asai M, Yamazaki R, Jimbo G. Bubble fraction and voidage in an emulsion phase in the transition to a turbulent fluidized bed//Basu P, Horio M, Hasatani M. Circulating fluidized bed technolgy Ⅲ [M]. Oxford：Pergamon Press, 1991: 79-84.
[18] Kojima T, Ishihara K I, Gulin Y, Furusawa T. Measurement of solids behavior in fast fluidized bed[J]. J Chem Eng Japan, 1989, 22: 311-346.
[19] Matsuno Y, Yamaguchi H, Oka T, Kage H, Higashitani K. The use of optic probes for the measurement of dilute particle concentration: Calibration and application to gas-fluidized bed carryover[J]. Powder Technol, 1983, 36: 215-221.
[20] Rensner D, Werther J. Modeling and application of a fiber optical measuring system for higher concentrated multiphase flows//Dybbs A, Ghorashi B. Proc 4th Int Conf on Laser Anemometrie[C]. Ohio：Cleveland, 1991: 753-761.
[21] Morse R D, Ballou C O. The uniformity of fluidization-its measurement and use[J]. Chem Eng Progress, 1951, 47: 199-203.
[22] Johnsson H, Johnsson F. Measurements of local solids volume-fraction in fluidized bed boilers[J]. Powder Technology, 2001, 115: 13-26.
[23] Wiesendorf V, Werther J. Capacitance probes for solids volume concentration and velocity measurements in industrial fluidized bed reactors[J]. Powder Technology, 2000, 110: 143-157.

第四章

气固分离过程的研究方法

气固分离过程涉及复杂的气固两相流动，旋风分离还包含强旋流动，对这类流动和分离过程，目前虽能建立起两相的控制方程，但理论求解尚无可能，绝大多数的研究都是采用实验观测的方法。近几十年来，随着计算流体力学的发展，越来越多的研究人员也通过数值模拟来分析流动与分离的规律和特征，揭示气固分离的机理，并为高效分离设备的开发提供依据。但对于像石油化工、燃煤发电等领域的高温、高浓度应用场合，数值计算的能力还受很大制约，模拟的结果还有待商榷，加上开展实物条件下的实验极端困难，所以研究者们又转而采用相似模化的方法，来获得可靠的、更普适的结果。当然，这也不排除人们通过半理论半经验的方法来研究气固分离问题，典型的就是各种分离模型的研究。本章主要以气固旋风分离为例，介绍两相流动测量、气固两相流场的数值模拟方法和相似模化研究方法。

第一节　气相流场测量和经验归纳

一、旋风分离器内气相三维时均速度分布

三维时均速度指切向速度 V_θ、径向速度 V_r 和轴向速度 V_z。可选用入口速度将各分速度无量纲化。并规定：径向速度向外为正，轴向速度向上为正。无量纲速度定义如下：

$$\tilde{V}_\theta=\frac{V_\theta}{V_{\rm in}},\ \tilde{V}_r=\frac{V_r}{V_{\rm in}},\ \tilde{V}_z=\frac{V_z}{V_{\rm in}},\ \tilde{r}=\frac{r}{R} \tag{4-1}$$

式中，$V_{\rm in}$ 为分离器入口速度，m/s；r 为径向位置，m；R 为分离器筒体半径，m。

Ter Linden[1] 最早用五孔球探针测得了三维时均速度场。Alexander[2] 也测得了器内流场，并提出了“自然旋风长”的概念以及旋涡指数的经验计算式。随后又有许多学者如姬忠礼 [3]、Peng 和 Hoffmann[4]、胡砾元 [5] 和陈建义 [6] 等用五孔探针、热线风速仪、激光多普勒测速仪等进行了测定和研究，所得的速度分布曲线基本相似。图 4-1 为姬忠礼 [3] 采用热线风速仪测量的 PV 型旋风分离器的流场，图中自左至右依次为切向、径向和轴向速度。

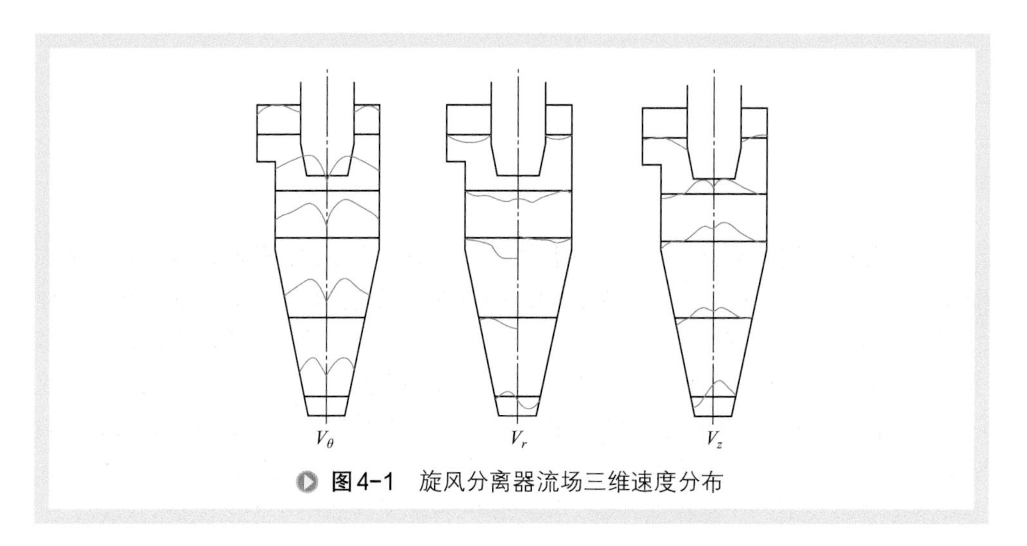

图4-1　旋风分离器流场三维速度分布

1. 切向速度

Ter Linden[1] 指出，切向速度 V_θ 的分布可用内、外两层旋流加以描述，其中外旋流为准自由涡，内旋流为准强制涡，且可将无量纲切向速度 $\tilde{V}_\theta$ 表示成：

外旋流：
$$\tilde{V}_\theta=V_\theta / V_{\rm in}=c_1\tilde{r}^{-n} \tag{4-2}$$

内旋流：
$$\tilde{V}_\theta=V_\theta / V_{\rm in}=c_2\tilde{r}^{m} \tag{4-3}$$

式中，c_1、c_2 为实验常数；m、n 为内、外旋流的旋涡指数，通常 n 值在 0.5～0.8 之间变动，但具体数值也须由实验确定。Alexander[2] 曾归纳出一个计算 n 的经验公式，即：

$$n=1-(1-0.67D^{0.14})\left(\frac{T}{283}\right)^{0.3} \tag{4-4}$$

2. 径向速度

从测量结果看，$V_r \ll V_\theta$，但分布十分复杂，且不易测准，因而对 V_r 的描述较为困难。有的学者认为，V_r 分布是非轴对称的，尤其在排气口附近存在较强的“短路流”，导致该处 V_r 偏大，有的竟高达 10m/s[3]。短路流会把颗粒快速地带入排气管中，对分离不利。

描述 V_r 分布的常用方法是假设气流沿径向作汇流运动，且 V_r 沿轴向均布，因而有：$V_r=Q_{in}/(2\pi rH_r)$，此处 H_r 指半径为 r 的圆柱高度（向下延伸到锥体壁面为止）。

3. 轴向速度

V_z 的分布也很复杂，它沿轴向、径向均无明显的规律性。一般地，在分离空间内，可按 $V_z=0$ 将气流分为外侧下行流区（$V_z<0$）与内侧上行流区（$V_z>0$）。$V_z=0$ 的位置与旋风分离器结构密切相关。在筒体部分，此分界面大致为圆柱面；在锥体部分，此分界面大致为圆锥面。虽然外侧下行流量沿轴向向下是逐渐减小的（所减小的部分通过汇流运动进入内侧上行流），但总有 15%～40% 的气体进入灰斗[7]，具体比例需视旋风分离器结构和排尘口大小而定。

若假设下行流在环形截面上平均分布，则可给出 V_z 的简化计算式：

$$V_z=\frac{4Q_{in}(H_s-z)}{\pi D^2(1-\tilde{d}_r^2)H_s} \tag{4-5}$$

姬忠礼等[3]曾给出下行流量 Q_z 沿轴向变化的经验公式：

$$\frac{Q_z}{Q_{in}}=26.6\left(\frac{d_c}{D}\right)^{2.7}\exp\left[-2\left(\frac{d_c}{D}\right)-1.5\left(1-\frac{z}{H_s}\right)\right] \tag{4-6}$$

式（4-5）和式（4-6）中，H_s 是分离空间高度，m；d_c 是排尘口直径，m。由于 $z=H_s$ 时，由式（4-5）给出的 $V_z=0$，而由式（4-6）给出的 $V_z\neq0$，故式（4-6）更符合实际。

综上所述，旋风分离器分离空间内的流场大致可分成下旋流区、上旋流区和内旋流区等三个区域，如图 4-2 所示。

① 下旋流区，指近壁面的环形区域，在此区域气流一边旋转一边向下运动；

② 上旋流区，即近中心的环形强旋流区，在此区域气流一边旋转一边向上运动；

③ 内旋流区，也称涡核区，在此区域气流以向上的轴向运动为主，旋转运动较弱。

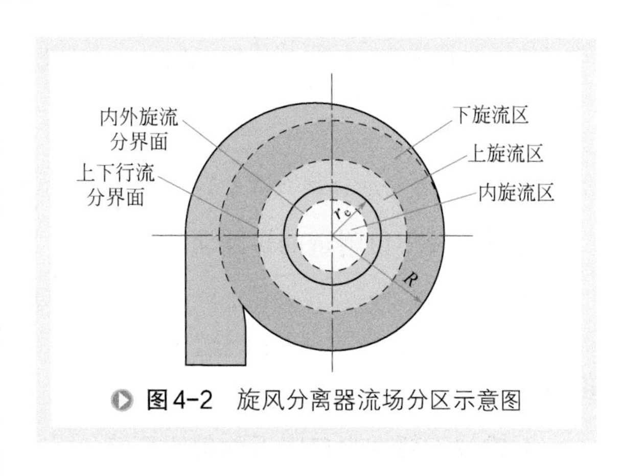

图 4-2　旋风分离器流场分区示意图

其中，上、下旋流区的分界面就是上下行流分界面或零轴速面，而上旋流区与涡核区的分界面就是内外旋流的分界面。

二、旋风分离器内局部二次流

除三维主速度外，旋风分离器内还存在对分离不利的局部二次流，如图 4-3 所示。

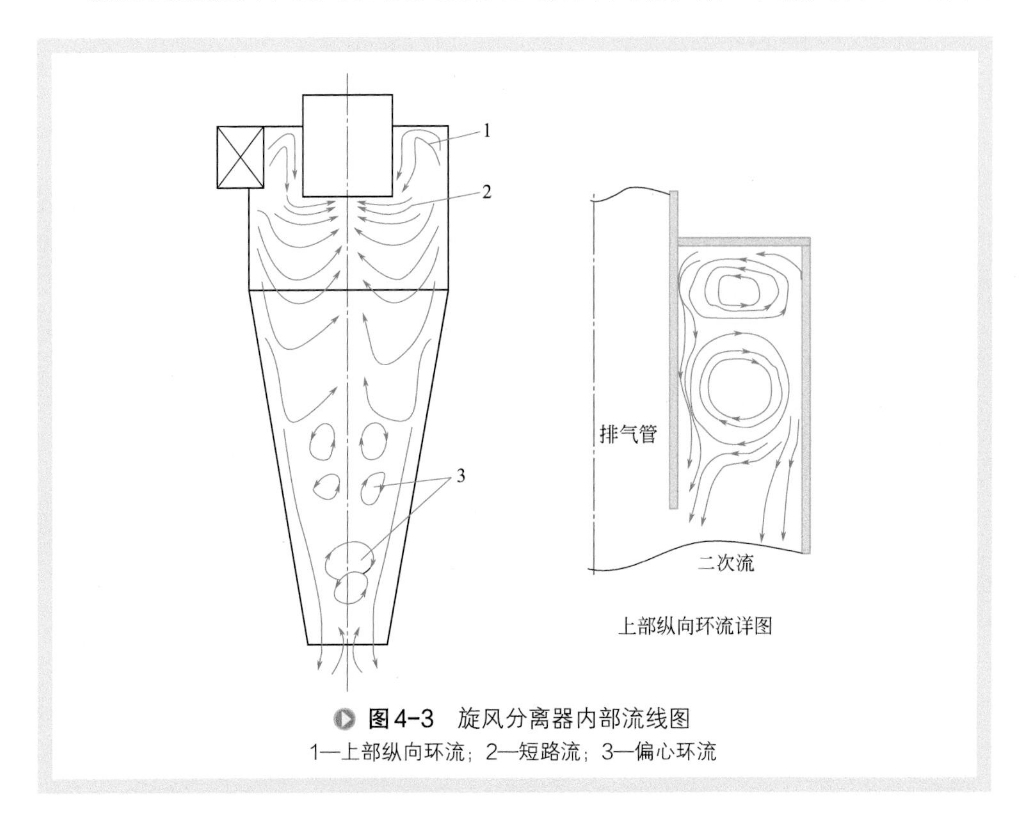

图 4-3　旋风分离器内部流线图

1—上部纵向环流；2—短路流；3—偏心环流

1. 环形空间的纵向环流

在分离器顶板下面存在着一个流动缓慢的边界层，它的静压随半径变化缓慢，这就迫使靠近筒体外壁的高静压气流向上流入顶板的边界层里，并沿边界层向内侧流动，待遇到排气管外壁后再转折向下流动，最后从排气管下口排出，形成所谓的上部纵向环流或称“上灰环”，如图 4-3 中 1 所示。这与弯管内产生的纵向环流是相似的。“上灰环”会将迁移到器壁上的粉尘再卷扬起来，并带入排气管，降低分离效率。

2. 排气管下口附近的短路流

排气管下口附近存在着较大的向心径向速度，含尘气流极易在这个较大向心径向速度的作用下，直接进入排气管下口而溢出，形成排气管下口附近的短路流，如图 4-3 中 2 所示。

3. 锥体下部排尘口附近的偏心环流

如图 4-3 中 3 所示，在分离器锥体下部区域，部分气流会在下行流的作用下进入灰斗。由于灰斗容积突然变大和摩擦的作用，进入灰斗的气流旋转减弱；然后，这部分气流又将反折向上进入锥体下端，并与该处高速旋转的气流混合，产生剧烈的动量交换，使此处的内旋流旋转不稳定，并形成旋进涡核（processing vortex core，PVC）[8,9]，内旋流旋转时的“偏心”也称“龙摆尾”现象。“龙摆尾”会将已分离的浓集在器壁的粉尘重新卷扬而进入上行的内旋流，大大影响分离效率。

第二节 旋风分离器流场的半理论解

旋风分离器内气相流动十分复杂，目前还不能求得 Navier-Stokes 方程的理论解。但对于最重要的切向速度，前人提出过若干求解切向速度的旋涡模型，并给出了半理论解。

一、Rankine旋涡模型

这是最简单的旋涡模型，它由自由涡和强制涡组成，即：

自由涡： $$\tilde{V}_\theta=c_1/\tilde{r} \qquad r\geqslant r_t \tag{4-7}$$

强制涡： $$\tilde{V}_\theta=c_2\tilde{r} \qquad 0\geqslant r\geqslant r_t \tag{4-8}$$

式中，r_t 就是内、外旋流分界半径。该模型是基于理想流体提出的，但由于实际气体具有黏性，旋风分离器内的流动为式（4-2）和式（4-3）所示的准自由涡和准强制涡的组合，故 Rankine 旋涡模型显得较为粗糙。

二、Burgers旋涡模型

Burgers 考虑到旋转湍流中雷诺应力远大于黏性应力，他用涡动黏度代替分子黏度，并从 Navier-Stokes 方程推导出了模型方程：

切向运动方程： $$\frac{1}{r}V_r\frac{\partial}{\partial r}(rV_\theta)=\frac{\partial}{\partial r}\left[\frac{v_\mathrm{T}}{r}\frac{\partial}{\partial r}(rV_\theta)\right] \tag{4-9}$$

连续方程： $$\frac{\partial V_z}{\partial z}=-\frac{1}{r}\frac{\partial}{\partial r}(rV_r) \tag{4-10}$$

若设 $V_r=V_{r\mathrm{w}}r/R$，则解式（4-9）和式（4-10）可得：

$$V_\theta=\frac{RV_{\theta\mathrm{w}}}{r}\frac{1-\exp\left[-r^2V_{r\mathrm{w}}/(2Rv_\mathrm{T})\right]}{1-\exp\left[-RV_{r\mathrm{w}}/(2v_\mathrm{T})\right]} \tag{4-11}$$

$$V_z=-2V_{r\mathrm{w}}z/R \tag{4-12}$$

式中，v_T 是气体的涡动黏度，$\mathrm{m^2/s}$；$V_{r\mathrm{w}}$、$V_{\theta\mathrm{w}}$ 是器壁处（$r=R$）的径向和切向气速，m/s。

三、Ogawa旋涡模型

Ogawa[10] 也认为分离器内速度分布满足准自由涡与准强制涡的规律，但其表达式不同。他从能量方程入手，经过简化假设，导出了旋风分离器内切向速度分布。

在旋风分离器内可忽略热量传递，且气流温度也无变化，则能量方程简化为：

$$-\rho_g V_r \frac{V_\theta^2}{r}=\mu\left(\frac{\partial V_\theta}{\partial r}-\frac{V_\theta}{r}\right)^2 \tag{4-13}$$

若用涡动黏度 ν_T 代替分子黏度 μ，则得：

$$-V_r \frac{V_\theta^2}{r}=\nu_T\left(\frac{dV_\theta}{dr}-\frac{V_\theta}{r}\right)^2 \tag{4-14}$$

对外旋流（$r_t \leqslant r \leqslant R$），设 $V_r=-\frac{Q_{in}}{2\pi H_s r}=-\frac{m_e}{r}$，代入式（4-14）可得：

$$V_\theta=c_1/r^n \tag{4-15}$$

其中旋涡指数 $n=\sqrt{m_e/\nu_T}-1$，而 c_1 是一常数。

对内旋流（$0 \leqslant r \leqslant r_t$），设 $V_r=-\frac{Q_{in}}{2\pi H_s r_t^2}r=-m_i r$，并引入 $K=\sqrt{m_i/\nu_T}$，可得：

$$V_\theta=4V_{\theta t}Kr\exp(-Kr) \tag{4-16}$$

另外，根据 $r=r_t$ 处切向速度连续的条件还可得：

$$Kr_t=\frac{1+n}{2+n} \tag{4-17}$$

式中　n——外旋流旋涡指数，可由式（4-4）确定；

$V_{\theta t}$——$r=r_t$ 时的气体切向速度，m/s。

第三节　气相流场的数值模拟

要想更全面细致地揭示旋风分离器内复杂的三维湍流强旋流场，还可借助数值模拟方法。由于湍流是一种高度非线性的复杂流动，目前对它的数值模拟可分为直接数值模拟（direct numerical simulation，DNS）和非直接数值模拟。DNS方法依据N-S方程直接求解瞬时湍流控制方程，因方程本身封闭，无需引入任何模型假设，因此要求解湍流中各种时间和空间尺度的信息，对内存空间及计算速度要求很高，不具普适性。非直接数值模拟方法主要有大涡模拟法（large eddy simulation，LES）和雷诺平均法（RANS）。LES的核心在于放弃对全尺度涡的瞬时运动进行模拟，仅对比网格尺度大的湍流运动通过瞬时N-S方程直接求解，而小尺度涡对大尺度涡运动的影响则通过一定的模型再针对大尺度涡建立的瞬时N-S

方程中体现出来；RANS 法将瞬态脉动量通过某种模型在时均化的方程中体现出来，引入雷诺应力的封闭模型求解时均化雷诺方程。目前，这两种方法在旋风分离器的模拟中应用较为广泛。

以 Reynolds 时均方程组的推导为例，假设旋风分离器内气流运动为绝热、黏性、不可压流动，且可用连续性方程和运动方程来描述。在直角坐标系下其基本表达式为：

连续性方程：

$$\frac{\partial \rho}{\partial t}+\frac{\partial}{\partial x_{\mathrm{j}}}(\rho u_{j})=0 \tag{4-18}$$

动量方程：

$$\frac{\partial}{\partial t}(\rho u_{i})+\frac{\partial}{\partial x_{j}}(\rho u_{j} u_{i})=-\frac{\partial p}{\partial x_{i}}+\frac{\partial}{\partial x_{j}}\left[\mu\left(\frac{\partial u_{i}}{\partial x_{j}}+\frac{\partial u_{j}}{\partial x_{i}}\right)\right]-\frac{2}{3} \frac{\partial}{\partial x_{i}}\left(\mu \frac{\partial u_{i}}{\partial x_{j}}\right)+\rho g_{i} \tag{4-19}$$

式（4-19）为各物理量的瞬时控制方程组。对旋风分离器内高雷诺数湍流流动的模拟，可采用雷诺平均法对时均量建立控制方程。以通用变量 φ 表示湍流流场中各变量瞬时值，如压力 p，速度分量 u_i 等参数的瞬时值。任一变量 φ 的时间平均值定义为：

$$\bar{\varphi}=\lim \frac{1}{T} \int_{0}^{T} \varphi \mathrm{d} t \tag{4-20}$$

其中，T 大大超过脉动周期，同时又小于流体的宏观变化周期。脉动值定义为：

$$\varphi'=\varphi-\bar{\varphi} \tag{4-21}$$

考虑到 $\varphi=\bar{\varphi}+\varphi'$，$\bar{\varphi}'=0$，$\bar{\bar{\varphi}}'=0$，$\overline{\bar{\varphi}\varphi'}=0$，$\overline{\varphi'\varphi'}=0$，$\overline{\bar{\varphi}\psi'}=0$，$\overline{\varphi\psi}=\bar{\varphi}\bar{\psi}+\overline{\varphi'\psi'}$，则在忽略密度脉动项（$\rho'=0$）的情况下，将式（4-18）和式（4-19）中各物理量的瞬时值分解为时均值及脉动值（Reynolds 展开），并再取时间平均，可得如下的 Reynolds 时均方程组：

$$\frac{\partial \rho}{\partial t}+\frac{\partial}{\partial x_{j}}(\rho \bar{u}_{j})=0 \tag{4-22}$$

$$\frac{\partial}{\partial t}(\rho \bar{u}_{i})+\frac{\partial(\rho \bar{u}_{i} \bar{u}_{j})}{\partial x_{j}}=-\frac{\partial \bar{p}}{\partial x_{i}}+\frac{\partial}{\partial x_{j}}\left[\mu\left(\frac{\partial \bar{u}_{i}}{\partial x_{j}}+\frac{\partial \bar{u}_{j}}{\partial x_{i}}-\frac{2}{3} \delta_{ij} \frac{\partial \bar{u}_{k}}{\partial x_{k}}\right)\right]-\frac{\partial}{\partial x_{j}}(\rho \overline{u_{i}' u_{j}'})+\rho g_{i} \tag{4-23}$$

式（4-22）和式（4-23）即是旋风分离器内气体运动的基本守恒方程组。其中表征湍流脉动引起动量输运的二阶关联项 $\rho\overline{u_i'u_j'}$ 未知，因此，Reynolds 方程组并不封闭。湍流模型的任务就是由物理概念或某些假设出发，把这些湍流脉动值附加项通过一些特定关系式或输运方程与时均值联系起来，使方程组封闭，封闭方式的不同产生不同的数学模型。

旋风分离器内的强旋流场具有很强的各向异性特点，同时伴随二次涡的流动，该特点决定了数值模拟的困难性。在选择湍流模型时，需同时考虑以下问题：①平均流线的高曲率；②高旋转强度和径向剪切；③逆压力梯度和回流。目前，文献报道的模拟旋风分离器内流场的湍流模型可分为三类：一是早期以标准 $k\text{-}\varepsilon$ 双方程模型及其改进的模型为代表的涡黏模型[11-13]，这些模型由于采用了湍流局部各向同性涡黏性假设，难以模拟强旋流的各向异性，不能准确预测典型的 Rankine 组合涡结构特征，因此不适于模拟分离器内气相流场；二是以雷诺应力模型（Reynolds stress model，RSM）为代表的二阶矩封闭模型[14,15]，RSM 模型完全抛弃了涡黏性假设，直接求解雷诺应力的微分输运方程，可以对分离器内强旋流动作出较为精确的预测；三是大涡模拟（large eddy simulation，LES）[16-20]，随着计算机技术的发展该方法越来越盛行。据文献［15,19-20］报道，LES 和 RSM 两种方法预测的时均速度均与实验值非常接近（见图 4-4），但对脉动速度的预测，LES 方法更胜一筹，如图 4-5 所示。

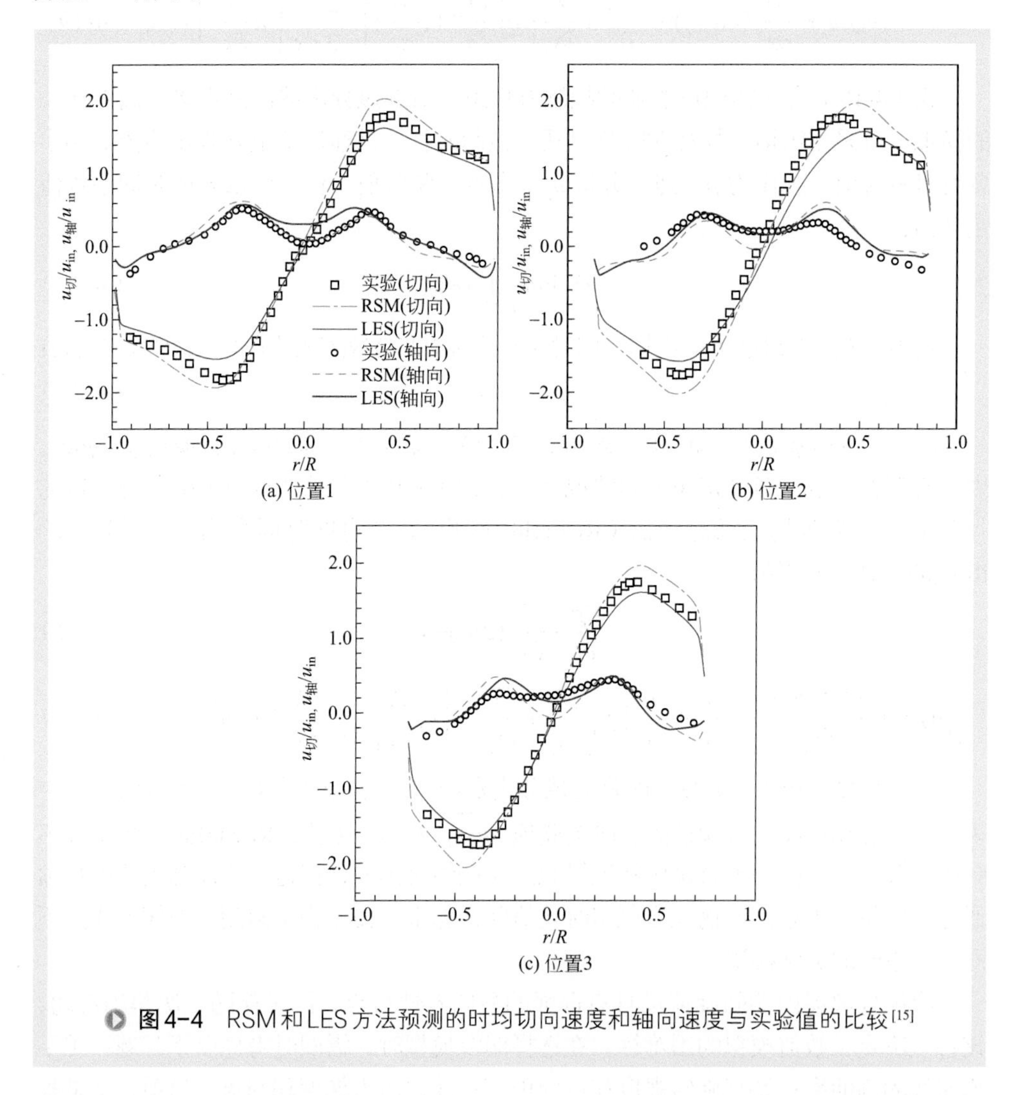

图 4-4　RSM 和 LES 方法预测的时均切向速度和轴向速度与实验值的比较[15]

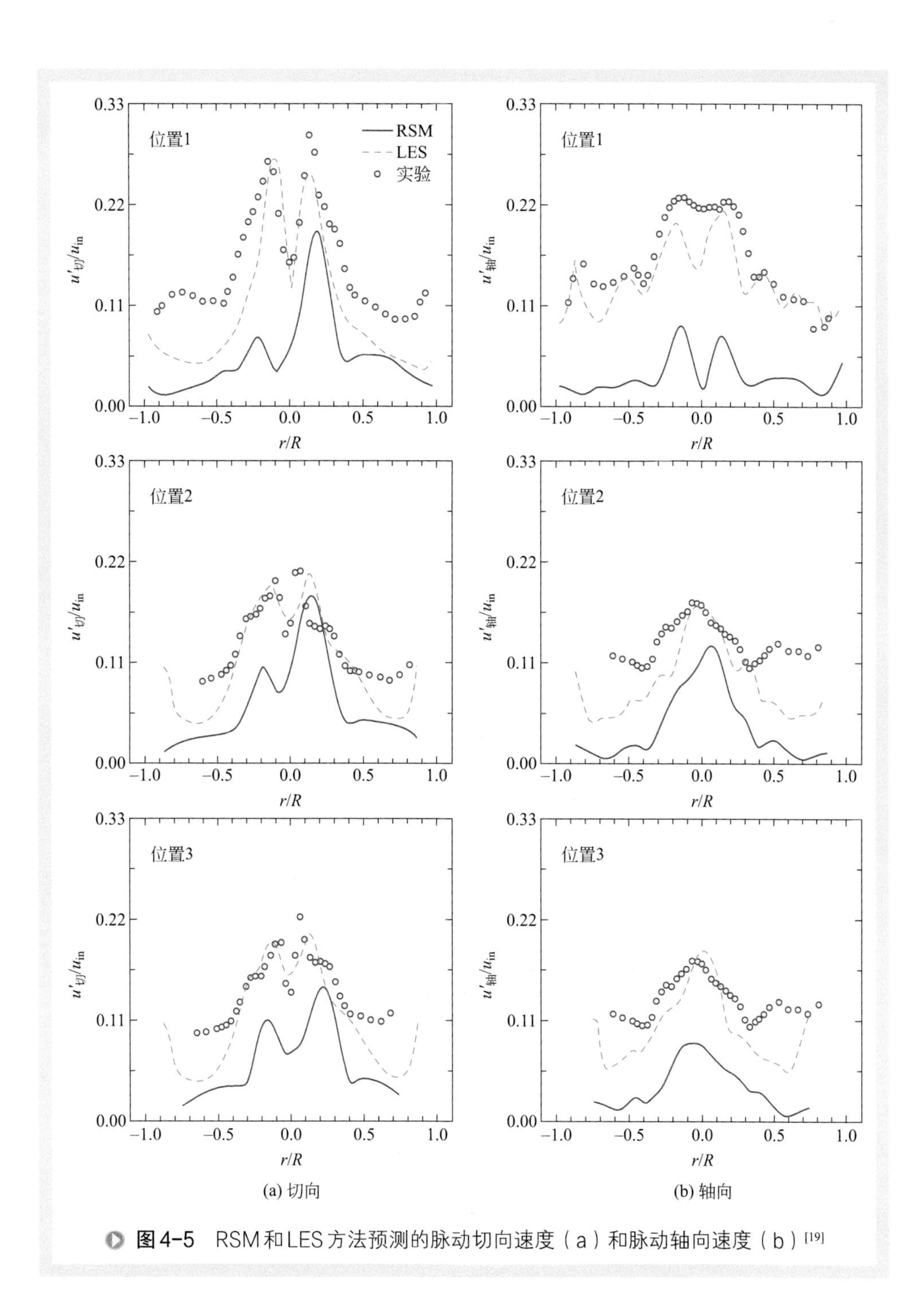

图 4-5 RSM 和 LES 方法预测的脉动切向速度（a）和脉动轴向速度（b）[19]

第四节 气固两相流场数值模拟方法

至于考虑引入颗粒相后两相流的模拟，与单相流模拟的区别在于连续相孔隙率 α_f（表示控制体中气体所占的体积份额）的引入，此时气固两相流的基本守恒方程也需相应修改。

连续性方程：

$$\frac{\partial}{\partial t}(\alpha_f \rho_g)+\frac{\partial}{\partial x_i}(\alpha_f \rho_g u_j)=0 \quad (4-24)$$

动量方程：

$$\frac{\partial}{\partial t}(\alpha_f \rho_g u_i)+\frac{\partial}{\partial x_j}(\alpha_f \rho_g u_i u_j)=-\alpha_f \frac{\partial p}{\partial x_i}+\frac{\partial}{\partial x_j}(\alpha_f \tau_{ij})+F_{sf}+\alpha_f \rho_g g_i \quad (4-25)$$

式中，τ_{ij} 为切应力，Pa；F_{sf} 为离散颗粒相对流体的作用力，N/m^3。

一、稀密相流动的划分

由于气固两相流中存在一定浓度的固体颗粒，且两相之间存在耦合作用，故其运动更加复杂。气固相互作用包括质量、动量、能量和湍流间的相互交换与传递。按颗粒浓度的不同，气固两相流可分为稀疏两相流和稠密两相流。稀疏两相流中离散相颗粒在发生碰撞时已完全响应湍流脉动，它们的瞬时速度可由湍流作用得出，位置可由湍流对颗粒的作用力积分获得。由于颗粒间的相互碰撞作用时间极短，大部分时间颗粒还是响应湍流作用后跟随湍流运动，所以在许多工程实际计算中可忽略颗粒间的碰撞。而稠密两相流中离散相颗粒连续两次碰撞的间隔小于离散相本身完全跟随气流所需的时间，颗粒不能完全响应湍流脉动，且在未完全跟随湍流时便已发生碰撞。此时颗粒间碰撞占据主导地位，它们的瞬时速度和位置由碰撞得到，所以需考虑颗粒间的相互碰撞。对稀疏两相流来说，颗粒的存在对气相影响很小，可不予考虑，这种情况被称为单向耦合（one-way coupling），即只认为气相运动特性单方面影响颗粒的运动情况。而对于浓度较高的气固两相流动，不仅气相影响颗粒的运动，而且颗粒对气相运动也有明显影响，不应被忽略。这种同时考虑颗粒和流体间相互作用的情况被称为双向耦合（two-way coupling）。如果再进一步考虑颗粒间的相互碰撞，则被称为四向耦合（four-way coupling）。这种气固两相之间以及颗粒间复杂的相互作用和交换机理，是气固两相流动研究的关键所在。

因此，为了选择适合旋风分离器气固两相流动的计算模型，需要对稀密相流动进行划分，主要方法有两种。其一是按颗粒体积浓度来分，当颗粒的体积浓度较大，以至于对流体相流场有较显著的影响时，就认为该两相流动为密相流动，反之即为稀相流动。Rizk[21] 认为颗粒体积分率 ε_p>0.4% 时的两相流动即为密相流动，Crowe[22] 则认为颗粒之间的距离 $L/d_p\approx10$ 为稀密相的分界，$L/d_p=[\pi/(6\varepsilon_p)]^{1/3}$，也就是颗粒体积分率 $\varepsilon_p\approx0.054\%$。其二是按控制粒子运动的机制来分，稀相流动中粒子体积浓度较低，粒子之间碰撞较少，因此，颗粒的运动主要由当地流场所控制；而密相流动中颗粒体积浓度较高，颗粒之间及颗粒与壁面之间碰撞较频繁，因而颗粒的运动主要由颗粒间的碰撞及颗粒与壁面的碰撞来决定。通常采用颗粒松弛时间 τ_p 和碰撞时间间隔 τ_L 之比作为定量描述密相的标准。当 $\tau_p/\tau_L<1$ 时，颗粒在下次碰撞之前有充分时间响应当地流场，从而使颗粒之间的填充流体能起到一个屏障作用来阻止颗粒相互的直接接触碰撞，因而颗粒运动就由当地流场控制，颗粒和颗粒则是通过它们之间填充的流体而相互作用，就称这种两相流动为稀相流动，颗粒相被称为稀相；反之，当 $\tau_p/\tau_L>1$ 时，颗粒在下次碰撞前没有足够时间响应流体动力，从而能够穿过颗粒之间的流体膜而直接碰撞，发生相互作用，因而颗粒运动就由碰撞决定，此种两相流动被称为密相流动，此时颗粒相就是密相。

二、气固两相流动数学模型

目前，气固两相湍流模型对颗粒相的模拟可分为两大类。一类是 E-E（Eulerian-Eulerian）方法，即把流体与颗粒看作共同存在且相互渗透的连续介质，把颗粒群看作拟流体，在欧拉坐标系下描述颗粒群的运动，此模型常称为双（多）流体模型，该方法已被广泛用于稠密颗粒相气固体系；另一类是 E-L（Eulerian-Lagrangian）方法，即把流体当作连续介质，而将颗粒作为离散相处理，在拉格朗日坐标系下描述颗粒的运动，以随机轨道模型为代表。

随机轨道模型方法物理概念清晰，可以获得不同尺寸的离散相颗粒轨迹等具体信息，但该方法也有较大的缺点，即由于为了实现对单个颗粒的跟踪模拟，所建立的固体颗粒相方程与颗粒数目相等，所以需要耗费巨量的计算时间（对于模拟真实的气固两相流问题，计算时间可能趋于无穷大）。就目前的计算技术而言，多用于颗粒数较少的体系，或稀疏的气固两相流动体系，无法应用于真实的高浓度气固两相流动，比如对于颗粒数目巨大的旋风分离器就很难采用。并且，如何建立颗粒碰撞的准确模型等问题还有待解决。双流体模型数值模拟法则具有在计算上容易求解和在物理概念上易理解的优点，特别是在计算高浓度气固两相流时所得结果相当精确，它的缺点是不适合于计算具有不同颗粒特征（如不同颗粒尺寸、密度等）和存在相变的气固两相流动。

随机轨道模型方法与双流体模型方法各有优缺点，如何根据实际工况选择相应的方法进行数值计算非常关键。对于旋风分离器来说，其入口颗粒浓度涵盖了0.2～30kg/m^3 的范围，而且其内部颗粒浓度分布极不均匀，中心颗粒浓度低，边壁颗粒浓度高。目前为止，旋风分离器内气固两相流的模拟仍以随机轨道模型为主[15,18,19]，采用该模型可获得不同粒径的颗粒的运动轨迹及其浓度分布，同时获得其总效率和粒级效率。

三、随机轨道模型

1. 颗粒相的运动方程

在拉格朗日坐标系下考察颗粒运动特性时，若颗粒本身质量不发生任何变化，则颗粒的运动方程可以直接由牛顿第二定律导出：

$$m_{\mathrm{p}}\frac{\mathrm{d}\vec{U}_{\mathrm{p}}}{\mathrm{d}t}=\Sigma\vec{F}_{\mathrm{p}} \tag{4-26}$$

式中，m_{p} 为颗粒质量，kg；$\vec{U}_{\mathrm{p}}$ 为颗粒速度矢量，m/s；$\Sigma\vec{F}_{\mathrm{p}}$ 为颗粒所受的合外力，N。

颗粒在旋风分离器环形空间运动时，所受的与气体-颗粒相对运动无关的力主要有重力，离心力和压差力；与气体-颗粒相对运动有关的力主要为曳力；与运动方向垂直的力主要有 Magnus 力和 Saffman 力等，但与曳力相比，这些力的量级很小，可不予考虑。不过在一些特殊区域如排气管外壁的近壁区，由于边界层内存在较大的速度梯度，而垂直运动方向的作用力与颗粒沉积有关，故应考虑这些力的作用。

2. 颗粒的湍流扩散

颗粒群在运动过程中，既有沿轨道的时均速度的滑移运动，又有沿轨道两侧的扩散运动。对于细小的颗粒，扩散的影响更为显著。实验与模拟研究表明，旋风分离器内湍流较强且呈各向异性，气流脉动会引起颗粒脉动，从而使颗粒产生脉动扩散，常采用随机轨道模型和涡生存时间模型计算颗粒的湍流扩散效应[23]。

颗粒在拉格朗日坐标下的运动方程为：

$$\frac{\mathrm{d}u_{\mathrm{p}}}{\mathrm{d}t}=\frac{1}{\tau}(u_{\mathrm{g}}+u_{\mathrm{g}}'-u_{\mathrm{p}})-\frac{w_{\mathrm{p}}u_{\mathrm{p}}}{r} \tag{4-27}$$

$$\frac{\mathrm{d}v_{\mathrm{p}}}{\mathrm{d}t}=\frac{1}{\tau}(v_{\mathrm{g}}+v_{\mathrm{g}}'-v_{\mathrm{p}}) \tag{4-28}$$

$$\frac{\mathrm{d}w_{\mathrm{p}}}{\mathrm{d}t}=\frac{1}{\tau}(w_{\mathrm{g}}+w_{\mathrm{g}}'-w_{\mathrm{p}})+\frac{u_{\mathrm{p}}^2}{r} \tag{4-29}$$

式中，u、v、w 为沿切向、轴向、径向的分速度，m/s；下标 p 表示颗粒相；g 表示气相；u_{g}'、v_{g}'、w_{g}' 分别为气体的随机脉动速度分量，m/s；τ 为颗粒松弛时间，s，且：

$$\tau=\frac{\rho_{\mathrm{p}}d_{\mathrm{p}}^2}{18\mu}\frac{24}{C_{\mathrm{D}}Re_{\mathrm{p}}} \tag{4-30}$$

式中，ρ_{p} 为颗粒密度，kg/m³；d_{p} 为颗粒直径，m；μ 为气体的动力黏度，kg/(m•s)；Re_{p} 为颗粒雷诺数；C_{D} 为曳力系数，且有：

$$C_D = a_1 + \frac{a_2}{Re_p} + \frac{a_3}{Re_p^2} \quad (4\text{-}31)$$

式（4-31）中，a 值由不同的雷诺数范围给出，见表 4-1。

表4-1　不同雷诺数下的 a 值

雷诺数范围	a_1	a_2	a_3
$Re_p \leqslant 0.1$	0	24	0
$0.1 < Re_p \leqslant 1.0$	3.69	22.73	0.093
$1.0 < Re_p \leqslant 10.0$	1.222	29.17	−3.889
$10.0 < Re_p \leqslant 10000$	0.6167	46.5	−116.7
$Re_p > 10000$	0.3644	98.33	−2278.0

对于气体脉动速度分量 u_g'、v_g'、w_g'，若假定气相湍流场是局部均匀和各向同性的，则：

$$\left(\overline{u_g'^2}\right)^{0.5} = \left(\overline{v_g'^2}\right)^{0.5} = \left(\overline{w_g'^2}\right)^{0.5} = \sqrt{\frac{2}{3}k} \quad (4\text{-}32)$$

并且认为速度脉动符合当地高斯分布的概率密度分布。当颗粒穿过其湍流涡团时，对 u_g'、v_g'、w_g'，可做随机取样，即取：

$$u_g' = \xi\left(\overline{u'^2}\right)^{0.5}，\ v_g' = \xi\left(\overline{v'^2}\right)^{0.5}，\ w_g' = \xi\left(\overline{w'^2}\right)^{0.5} \quad (4\text{-}33)$$

式中，ξ 为随机数。

涡团运动的周期取为随机变量，有：

$$\tau_e = -\tau_L \lg\varsigma \quad (4\text{-}34)$$

式中，ς 为服从（0，1）区间内均匀分布的随机数；τ_L 为拉格朗日积分时间，s。

τ_L 的大小和计算气相流场所选的湍流模型有关，对于雷诺应力模型：

$$\tau_L = 0.3\frac{k}{\varepsilon} \quad (4\text{-}35)$$

颗粒穿过流体涡团的时间定义为：

$$t_{cross} = -\tau \ln\left[1 - \left(\frac{L_e}{\tau\left|u_g - u_p\right|}\right)\right] \quad (4\text{-}36)$$

式中，L_e 为涡团长度标尺，m；$|u_g - u_p|$ 为颗粒与气体的速度差，m/s。

颗粒与流体间的相互作用时间取为涡团生存时间和颗粒穿过涡团时间两者的较小值。当时间达到这个较小值时，再通过一个新的 ξ 值重新得到一个瞬时速度。根据求解得到的颗粒速度，对式（4-37）～式（4-39）进行积分，就可求出颗粒的运动轨迹。可采用四阶 Runge-Kutta 积分法求解，也可用其他数值求解方法。

$$\frac{dx_p}{dt} = u_p \quad (4\text{-}37)$$

$$\frac{\mathrm{d}r}{\mathrm{d}t}=v_{\mathrm{p}} \tag{4-38}$$

$$r\frac{\mathrm{d}\theta_{\mathrm{p}}}{\mathrm{d}t}=w_{\mathrm{p}} \tag{4-39}$$

式中，x_{p}、r、θ_{p} 分别为柱坐标下颗粒的位置坐标。

3. 气固两相耦合方法

气相流场中加入颗粒相，必然引起气相质量、动量和能量的变化，因此气固两相的耦合是重要的计算环节。一般分三种情况计算，即：两相独立计算；仅考虑气相对颗粒相的作用；考虑颗粒与气相的双向耦合作用。目前多采用颗粒与气相的双向耦合作用，即跟踪计算颗粒沿轨道的质量和动量的变化，将这些物理量引入随后的气相流场的计算中，既考虑气体对颗粒相的作用，又考虑颗粒对气体的作用，两者交替求解颗粒相与气相的控制方程，直到计算结果都达到收敛标准。

4. 颗粒与壁面的碰撞

由于颗粒与壁面碰撞的复杂性，常以恢复系数来定义颗粒速度的变化，如图 4-6 所示。

法向的恢复系数可表示为：$e_n=v_{2n}/v_{1n}$，同样可定义切向的恢复系数，下标 1 表示碰撞前的速度，下标 2 表示碰撞后的速度。当颗粒运动到达出口边界时，颗粒从出口逃逸，此时颗粒轨迹的计算被中止。计算颗粒轨迹时，应当给定一个足够大的积分时间。当最大积分时间达到时，中止计算。如在积分时间内颗粒没有从出口逸出，则可以视为颗粒被收集。最大积分时间的选取是通过规定最大时间步数和流动区域的长度大小来实现的。假设最大时间步数为 N，流动区域的长度尺度为 L，则最大积分时间可以表示为：

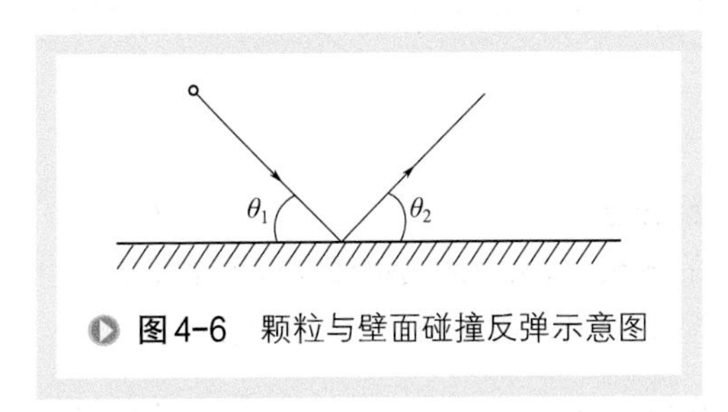

图 4-6　颗粒与壁面碰撞反弹示意图

$$T_{\max}=N\frac{L}{u_{\mathrm{p}}+u_{\mathrm{c}}} \tag{4-40}$$

式中，u_{c} 为连续相速度。

四、典型数值模拟结果

图 4-7 为气相流场分别采用 RSM 和 LES，颗粒相采用离散随机游动（discrete random walk，DRW）模型时，不同颗粒粒径的分布特征。当不考虑湍流扩散时，颗粒停留时间延长，分离可能性增大。

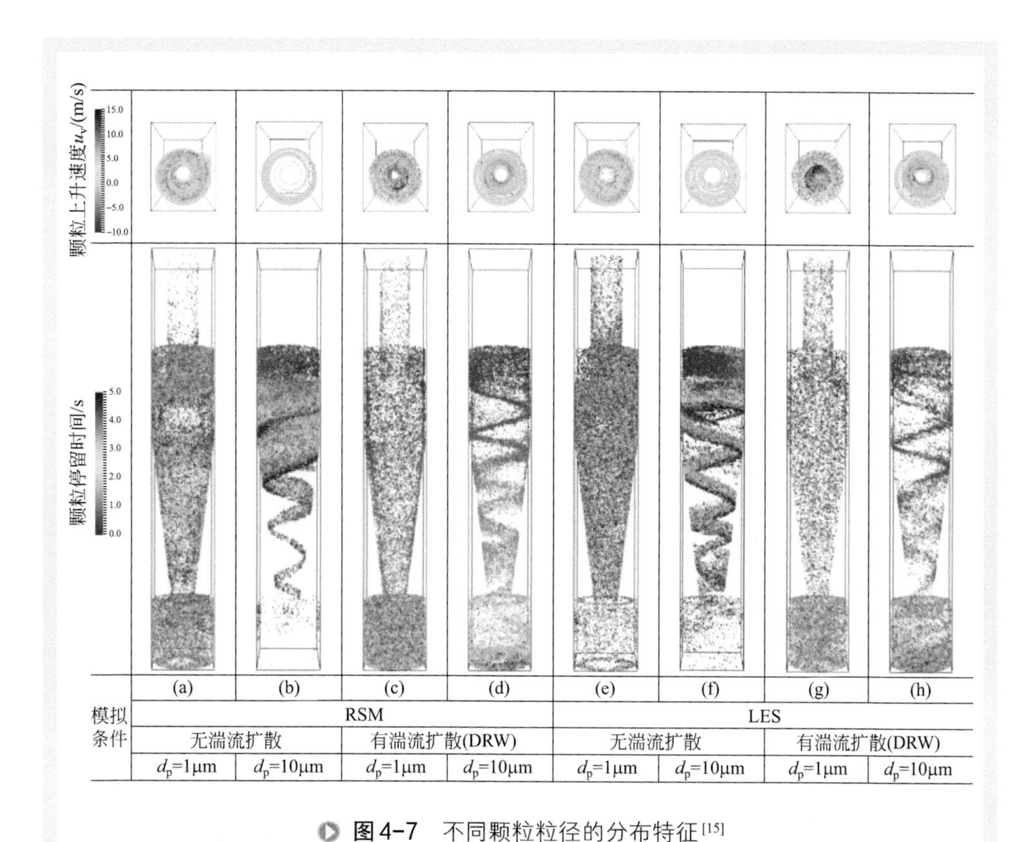

图 4-7　不同颗粒粒径的分布特征[15]

近年来，离散元方法（discrete element method, DEM）也被用于描述旋风分离器内颗粒的运动[24,25]，这是一种处理非连续介质问题的数值模拟方法，早先由 Cundall 于 1971 年提出，其理论基础是结合不同本构关系（应力-应变关系）的牛顿第二定律，通过求解系统中每个颗粒的受力（碰撞力及场力），不断地更新位置和速度信息，从而描述整个颗粒系统。它的优势在于可将颗粒的形状、材料属性、粒径分布等都考虑进来，更准确地描述颗粒的运动情况及其与流场的相互影响，如图 4-8、图 4-9 所示。

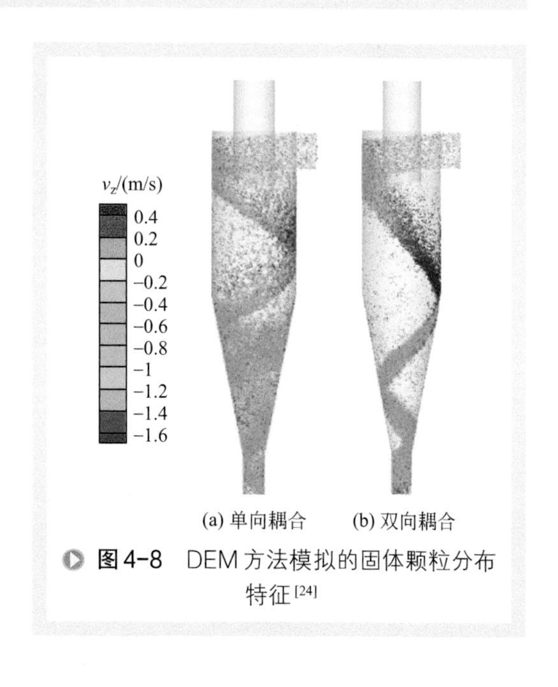

图 4-8　DEM 方法模拟的固体颗粒分布特征[24]

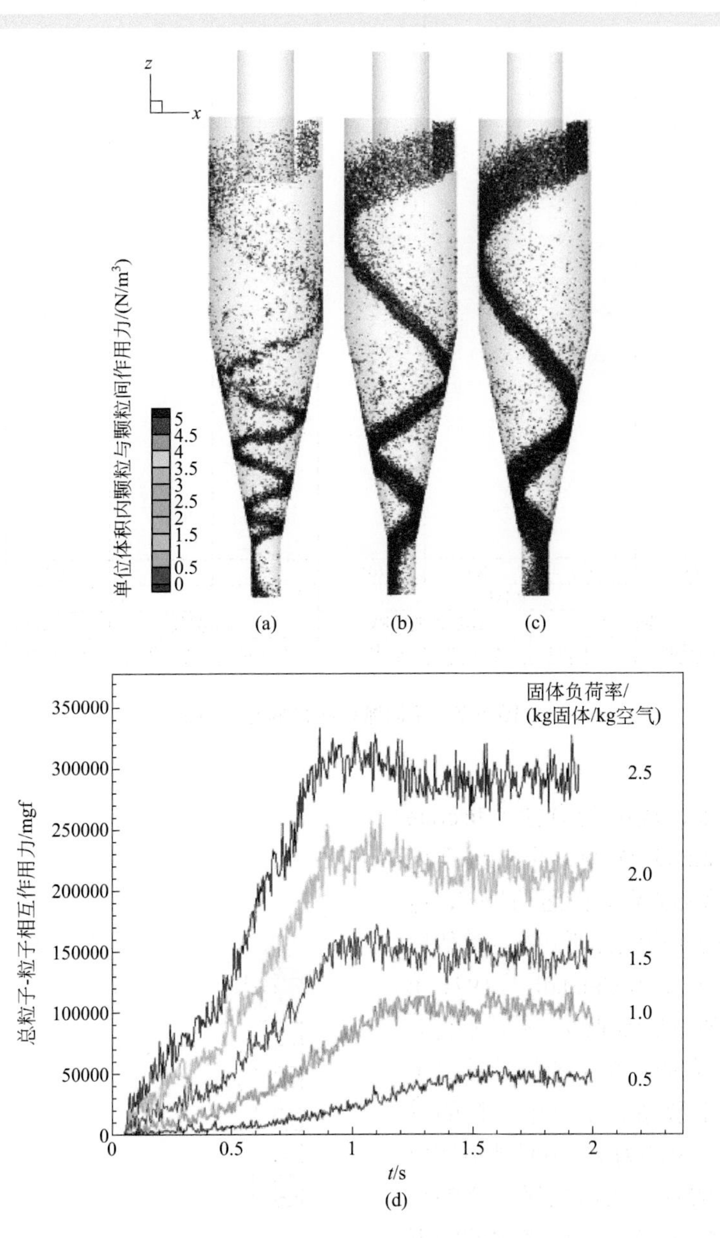

图4-9 不同颗粒浓度对颗粒分布的影响[24]
（1mgf=9.80665×10⁻⁶N）

第五节 气固旋风分离的机理模型

对于旋风分离器内的气固流动和分离过程的研究，最主要的是建立分离性能（如效率、压降）与各影响因素之间的定量关系。除采用实验测量和数值模拟方法外，前人还通过简化方法描述颗粒分离机制，并据以形成机理模型。至今，已先后提出了转圈理论、平衡轨道理论、边界层理论以及分区理论等。

一、转圈理论

转圈理论的基础是牛顿运动定律和颗粒绕流的阻力定律。若假定颗粒是球形的，它的存在不影响气体流场，且不计颗粒间的相互作用，则颗粒在旋风分离器内的运动轨迹是一条曲线。

在柱坐标系内，设任意时刻 t 且位置（r, θ, z）处，粒径为 δ 的颗粒的运动速度为 $\vec{u}=(u_\theta, u_r, u_z)=\left(\frac{\mathrm{d}r}{\mathrm{d}t}, r\frac{\mathrm{d}\theta}{\mathrm{d}t}, \frac{\mathrm{d}z}{\mathrm{d}t}\right)$，该处气流速度 $\vec{V}=(V_\theta, V_r, V_z)$；另设颗粒绕流阻力服从 Stokes 定律，则得描述颗粒运动的微分方程组如下：

$$\frac{\mathrm{d}}{\mathrm{d}t}(r^2\frac{\mathrm{d}\theta}{\mathrm{d}t})=-\frac{r}{\tau}\left(r\frac{\mathrm{d}\theta}{\mathrm{d}t}-V_\theta\right) \quad (4\text{-}41)$$

$$\frac{\mathrm{d}^2r}{\mathrm{d}t^2}-r\left(\frac{\mathrm{d}\theta}{\mathrm{d}t}\right)^2=-\frac{1}{\tau}\left(\frac{\mathrm{d}r}{\mathrm{d}t}+V_r\right) \quad (4\text{-}42)$$

$$\frac{\mathrm{d}^2z}{\mathrm{d}t^2}=-g-\frac{1}{\tau}\left(\frac{\mathrm{d}z}{\mathrm{d}t}-V_z\right) \quad (4\text{-}43)$$

式中，τ 是颗粒的松弛时间，且 $\tau=\rho_p\delta^2/(18\mu)$。

转圈理论假设含尘气流在器内作向下的螺旋运动而无径向运动，如图 4-10 所示。颗粒在离心力作用下向外迁移，当到达器壁时则被捕集。设含尘气流在分离器内旋转 N 圈，所需时间为 t_N，并规定：若在时间 t_N 内，某一位于排气管外壁 r_e 处的颗粒恰好能迁移到器壁，称其粒径为临界粒径 d_{c100}。显然，凡粒径大于或等于 d_{c100} 的颗粒均能分离，反之则随气流逸出；并且 d_{c100} 越小，则分离器的分离性能越好。

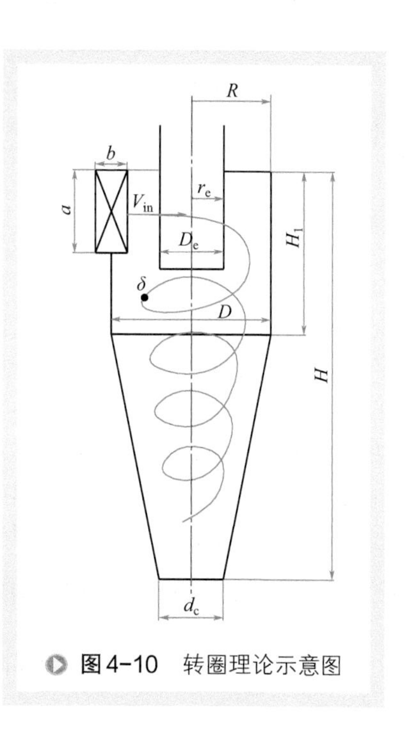

图 4-10 转圈理论示意图

为求 d_{c100}，可假定：①颗粒切向和轴向完全跟随气流运动，即 $u_\theta=V_\theta$，$u_z=V_z$；②气流径向速度 $V_r=0$。简化求解式（4-42）可得颗粒的径向迁移速度 u_r 和迁移到器壁所需的时间 t_r：

$$u_r=\frac{\mathrm{d}r}{\mathrm{d}t}=\frac{\rho_p\delta^2V_\theta^2}{18\mu r} \tag{4-44}$$

积分得：

$$t_r=\frac{18\mu}{\rho_p\delta^2}\int_{r_e}^{R}\frac{r}{V_\theta^2}\mathrm{d}r \tag{4-45}$$

若设 $t_r=t_N$，则得：

$$d_{c100}=\left(\frac{18\mu}{\rho_p t_N}\int_{r_e}^{R}\frac{r}{V_\theta^2}\mathrm{d}r\right)^{\frac{1}{2}} \tag{4-46}$$

这样只需确定式（4-46）中 t_N 和 V_θ，即可得临界粒径 d_{c100}。为此，不同学者提出了不同的 t_N 和 V_θ 的计算方法，并形成了一系列 d_{c100} 计算公式，较有代表性的见表 4-2。

表4-2　临界粒径d_{c100}计算公式

研究者	主要假设	计算公式
Davies[26]	$V_\theta=\frac{V_{in}R}{r},\ t_N=\frac{2\pi RN}{V_{in}}$	$d_{c100}=\sqrt{\frac{9\mu R}{4\pi\rho_p NV_{in}}\left[1-\left(\frac{r_e}{R}\right)^4\right]}$
Lapple[27]	$V_\theta=V_{in}\sqrt{\frac{R}{r}},\ t_N=\frac{2\pi RN}{V_{in}}$	$d_{c50}=\sqrt{\frac{9\mu(R-r_e)}{2\pi\rho_p NV_{in}}}$

不过，转圈理论只见涡不见汇，忽略了气流径向速度，认识不够全面，准确度不高。

二、平衡轨道理论

平衡轨道理论将器内流场看作是涡旋场和汇流场的叠加。它指出：颗粒在旋风分离器内同时受到方向相反的推移作用，涡旋场使颗粒受到离心方向的推移作用；而汇流场又使其受到向心方向的漂移作用。颗粒能否得到分离就取决于上述作用的相对强弱。若粒径为 δ 的颗粒在空间某处所受的这一对作用力达到平衡，则该颗粒在径向上无位移，它将在半径为 r_B 的圆形轨道上回转，称 r_B 为该颗粒的平衡轨道半径。若 r_B 位于外侧下行气流中，该颗粒即可 100% 地被分离出来；反之，若 r_B 位于上行气流中，就可能被带入排气管而逸出。

由假设知，对处于平衡的颗粒有：$u_r=\frac{\mathrm{d}r}{\mathrm{d}t}=0$，$u_\theta=r_B\left(\frac{\mathrm{d}\theta}{\mathrm{d}t}\right)=V_{\theta B}$，$u_z=V_z$

故式（4-41）～式（4-43）可简化为：

$$r_{\mathrm{B}}=\frac{\tau V_{\theta\mathrm{B}}^{2}}{V_{r}} \tag{4-47}$$

一般假定平衡轨道半径与内外旋流分界面半径相同，即 $r_{\mathrm{B}}=r_{\mathrm{t}}$。由于处于平衡的颗粒的分离效率为50%，故该颗粒的直径就是所谓的切割粒径 d_{c50}，且由上式可得：

$$d_{\mathrm{c50}}=\sqrt{\frac{18\mu r_{\mathrm{t}}V_{r\mathrm{t}}}{\rho_{\mathrm{p}}V_{\theta\mathrm{t}}^{\ 2}}} \tag{4-48}$$

式中，$V_{r\mathrm{t}}$，$V_{\theta\mathrm{t}}$ 为 r_{t} 处气体径向与切向速度。对这三个参数，不少学者提出了不同假设，从而形成了不同的 d_{c50} 求法，较有代表性的是Barth提出的公式。

Barth[28] 和 Muschelknautz[29] 等假设：

$$r_{\mathrm{t}}=r_{\mathrm{e}},\quad V_{r\mathrm{t}}=\frac{Q_{\mathrm{in}}}{2\pi r_{\mathrm{e}}H_{\mathrm{s}}},\quad V_{\theta}=c_{1}V_{\mathrm{in}}/\tilde{r}^{0.5} \tag{4-49}$$

$V_{\theta\mathrm{t}}$ 按动量矩定理求得，其表达式为：

$$V_{\theta\mathrm{t}}=\left(\frac{fH_{\mathrm{s}}F_{\mathrm{e}}}{r_{\mathrm{e}}F_{\mathrm{in}}}+\frac{\alpha r_{\mathrm{e}}}{R_{\mathrm{in}}}\right)^{-1}V_{\mathrm{in}}=\omega_{\mathrm{B}}V_{\mathrm{in}} \tag{4-50}$$

从而得：

$$d_{\mathrm{c50}}=\frac{3}{2\omega_{\mathrm{B}}}\sqrt{\frac{2\mu R}{K_{\mathrm{A}}\rho_{\mathrm{g}}V_{\mathrm{in}}\tilde{H}_{\mathrm{s}}}} \tag{4-51}$$

式中，α 是入口收缩系数，且推荐 $\alpha=1-\left(0.54-0.153K_{\mathrm{A}}\tilde{d}_{r}^{2}\right)\left(b/R\right)^{1/3}$。

与转圈理论比较可知：前者未考虑径向气速的影响，不符合实际，并且根据 d_{c100} 的计算式，r_{e} 越大 d_{c100} 越小，这也不符合实际。反之，在平衡轨道理论的 d_{c50} 计算式中，r_{e} 越大 d_{c50} 也越大，更接近实际。但平衡轨道理论简单地将 V_r 平均处理，而事实上 V_r 沿轴向是变化的，尤其在排气管进口附近将显著增大，因此，该理论还有待完善。

三、边界层理论

转圈理论和平衡轨道理论都是基于层流流场，未考虑湍流扩散的影响，而这种影响对细颗粒的分离不容忽视。为此，Leith 和 Licht[30] 提出了横向掺混模型。他们认为：在分离器的任一横截面上，颗粒浓度是均匀分布的；只是在近壁边界层内为层流运动。一旦颗粒浮游进入此边界层内，就认为被捕集下来。这就是“边界层分离理论”。Leith 和 Licht 假设：

① 颗粒为球形，绕流阻力服从Stokes定律；

② 颗粒在切向随气流运动，$u_{\theta}=V_{\theta}$，颗粒运动不影响流场，颗粒间无相互干扰；

③ 外旋流为准自由涡，即切向运动满足 $V_{\theta}=c_{1}/r^{n}$。由此式（4-42）变为：

$$\frac{\mathrm{d}^{2}r}{\mathrm{d}t^{2}}-r\left(\frac{\mathrm{d}\theta}{\mathrm{d}t}\right)^{2}=-\frac{1}{\tau}\left(\frac{\mathrm{d}r}{\mathrm{d}t}+V_{r}\right) \tag{4-52}$$

考虑到近壁处，$V_r \approx 0$，且 $\frac{\mathrm{d}^2 r}{\mathrm{d}t^2} = \frac{\mathrm{d}u_r}{\mathrm{d}t} = 0$，从而由式（4-52）得：

$$r\left(\frac{\mathrm{d}\theta}{\mathrm{d}t}\right)^2 = \frac{1}{\tau}\frac{\mathrm{d}r}{\mathrm{d}t} \tag{4-53}$$

将假设②和③代入式（4-52）得：$r^{2n+1}\mathrm{d}r = \tau c_1^2 \mathrm{d}t$，故颗粒向外迁移速度 u_r 为：

$$u_r = \frac{\mathrm{d}r}{\mathrm{d}t} = \frac{1}{2(1+n)}\left[2(1+n)\tau {c_1}^2\right]^{\frac{1}{2(1+n)}} t^{-\frac{2n+1}{2n+2}} \tag{4-54}$$

Leith 和 Licht 认为由于湍流掺混，任一横截面上颗粒浓度是均匀分布的。应用横混分离模型的分析方法，经过一系列数学推导，可得粒级效率的计算式：

$$\eta(\delta) = 1 - \exp\left\{-2\left[(1+n)\frac{\rho_{\mathrm{p}}\delta^2 V_{\mathrm{in}}}{18\mu D}C\right]^{\frac{1}{2n+2}}\right\} \tag{4-55}$$

式中，C 是旋风分离器的几何集总系数，它包括了几乎所有的结构参数在内，且

$$C = \frac{\pi D^2}{ab}\left\{2\left[1-\left(\frac{D_{\mathrm{e}}}{D}\right)^2\left(\frac{S}{D}-\frac{a}{2D}\right)\right]+\frac{1}{3}\left(\frac{S+L_{\mathrm{N}}-H_1}{D}\right)\left[1+\left(\frac{d_{\mathrm{c}}}{D}\right)+\left(\frac{d_{\mathrm{c}}}{D}\right)^2\right] + \left(\frac{H_1-S}{D}\right)-\frac{L_{\mathrm{N}}}{D}\left(\frac{D_{\mathrm{e}}}{D}\right)^2\right\} \tag{4-56}$$

其中，旋风自然长 $L_{\mathrm{N}} = 2.3D_{\mathrm{e}}\left(\frac{D^2}{ab}\right)^{1/3}$。

可见，边界层分离理论考虑了几乎所有的结构参数，气固相物性及操作条件对分离的影响，它的不足在于：①颗粒浓度沿径向均布与实际有偏差；②错误估计了排气管直径的影响；③平均停留时间比实际的短，计算的效率偏低[31]。

四、分区理论

为了更真实地反映分离器内颗粒浓度的分布特点，Dietz[31] 提出了三区模型，其特征是：各区域内颗粒浓度均匀分布，但各区的颗粒浓度并不相同，相邻区域之间存在颗粒的质量传递，且传递速率及方向由流场及气固物性决定。

Dietz 将旋风分离器分成三个区域：Ⅰ区为入口区，即环形空间区；Ⅱ区为下行流区，即排气管进口以下的环形区；Ⅲ区为上行流区，指排气管下方的柱形区。简化的几何模型见图 4-11。

Dietz 假设：圆球绕流阻力服从 Stokes 定律；Ⅱ、Ⅲ区径向和轴向气速均布。对各区写出质量守恒方程：

Ⅰ区：

$$\frac{\mathrm{d}}{\mathrm{d}z}\left[Q_{\mathrm{in}}C_1(z)\right] = -2\pi R\varGamma_{\mathrm{w}} \tag{4-57}$$

Ⅱ区：

$$\frac{\mathrm{d}}{\mathrm{d}z}\left[Q_{\mathrm{v}}C_2(z)\right] = -2\pi R\varGamma_{\mathrm{w}} - 2\pi R_{\mathrm{v}}\varGamma_{\mathrm{v}}(z) \tag{4-58}$$

Ⅲ区：
$$-\frac{\mathrm{d}}{\mathrm{d}z}\left[Q_{\mathrm{v}}C_3\left(z\right)\right]=2\pi R_{\mathrm{v}}\Gamma_{\mathrm{v}}\left(z\right) \tag{4-59}$$

式中，C_1，C_2，C_3 是Ⅰ，Ⅱ，Ⅲ区颗粒质量浓度；$Q_{\mathrm{v}}=Q_{\mathrm{in}}(1-z/L_{\mathrm{N}})$；$L_{\mathrm{N}}$ 为旋风自然长，若 $L_{\mathrm{N}}>H-S$，取 $L_{\mathrm{N}}=H-S$；Γ_{w}，Γ_{v} 分别是器壁处、Ⅱ区和Ⅲ区交界面处颗粒的质量流率，具体计算见文献［34］。通过一系列运算可得粒级效率 η：

$$\eta\left(\delta\right)=1-\frac{C_3\left(z=0\right)}{C_{\mathrm{in}}}=1-\left[K_0-\sqrt{K_1^{\ 2}+\tilde{d}_{\mathrm{r}}^{\ 2}}\right]\exp\left[-\frac{\pi\rho_{\mathrm{p}}\delta^2V_{\theta\mathrm{w}}^2}{9\mu Q_{\mathrm{in}}}\left(S-\frac{a}{2}\right)\right] \tag{4-60}$$

其中，$K_0=\frac{1}{2}\left[1+\tilde{d}_{\mathrm{r}}^{2n}\left(1+\frac{9\mu Q_{\mathrm{in}}}{\pi\rho_{\mathrm{p}}\delta^2V_{\theta\mathrm{w}}^2L_{\mathrm{N}}}\right)\right]$，$K_1=\frac{1}{2}\left[1-\tilde{d}_{\mathrm{r}}^{2n}\left(1+\frac{9\mu Q_{\mathrm{in}}}{\pi\rho_{\mathrm{p}}\delta^2V_{\theta\mathrm{w}}^2L_{\mathrm{N}}}\right)\right]$。

随后 Mothes[32] 进一步考虑了颗粒浓度扩散和排尘口处颗粒返混的影响，提出了四区模型，具体表达式可参见文献［32］。因该模型需考虑颗粒扩散输运，故应用要比三区模型困难。

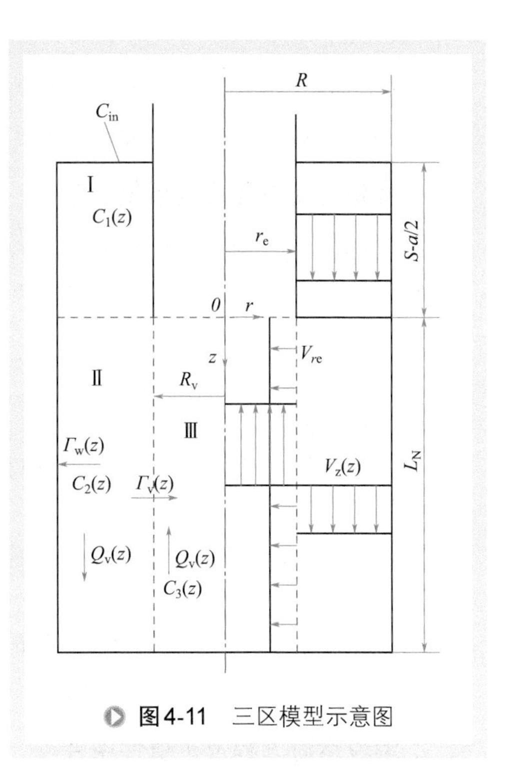

图4-11　三区模型示意图

之后又出现了一些新模型，如 Kim 和 Lee[33] 基于边界层效应的分离模型以及陈建义[34] 提出的基于颗粒碰撞团聚的分离理论和CAMS分离模型。从分离模型的发展过程看，重要的一点是对流场的认识经历了从只见涡不见汇、涡汇结合到三维强旋湍流的转变，对颗粒的分离机制经历了从单颗粒受力机制到考虑湍流扩散以及颗粒碰撞和团聚效应的变化。据此可预计：分区足够细致并能综合考虑多种分离机制效应的模型将不断提高预测的准确性。

第六节　气固旋风分离的相似模化

旋风分离器内气流和固体颗粒作极其复杂的两相、三维、强旋湍流运动，其分离性能和它的结构尺寸、操作条件以及气固相物性之间存在复杂的关系。前已述及，目前还难以用纯数学方法获得定量解，数值方法的精度也达不到要求，所以仍需依靠实验的方法。然而单一、直接的实验难以得到具有普遍意义的结果，最有效的方法是相似模化。通过模化实验，可以建立起相似参数之间的函数关系，给旋风分离器的设计提供重要的依据。

根据相似理论，欲使模型与原型相似，必须满足：①模型与原型中进行的过程性质相同；②模型与原型的单值性条件相似；③模型与原型的定性相似参数应相等。虽然条件①的满足是显然的，但在实践上，要设计出一个完全满足其余两个条件的模型是极其困难的，甚至是不可能的。为此，常常用近似模化方法加以处理。

一、旋风分离器内气固两相运动方程

旋风分离器内气固两相运动可分别由 Navier-Stokes 方程和颗粒运动方程描述，并且可采用量纲分析法或方程分析法导出有关的相似参数。

1. 气相运动方程及其单值性条件

假设在旋风分离器内，颗粒的存在不影响气相运动，气体为常物性不可压缩流体，质量力只有重力作用，则矢量形式的 Navier-Stokes 方程为：

$$\frac{\partial \vec{V}}{\partial t}+\vec{V}\cdot\nabla\vec{V}=\vec{g}-\frac{1}{\rho_{\mathrm{g}}}\nabla p+\nu\Delta\vec{V} \tag{4-61}$$

单值性条件包括：

① 几何条件，指旋风分离器的结构和几何尺寸等，主要包括直径、进出口尺寸和高度等。

② 物理条件，指气相的物性参数和状态参数，如气体密度、黏度、温度和压力等。

③ 边界条件，一般给定进口速度分布，此外还有壁面黏附条件。

④ 初始条件，由于一般只研究稳定工况下的分离性能，所以不必考虑初始条件。

2. 颗粒运动方程及单值性条件

假设颗粒是球形的，大小用直径δ表征，运动速度为$\vec{u}$，则颗粒运动方程可写为：

$$\frac{\pi}{6}\delta^{3}\rho_{\mathrm{p}}\frac{\mathrm{d}\vec{u}}{\mathrm{d}t}=\vec{F}_{\mathrm{D}}+\vec{F}_{\mathrm{p}}+\vec{F}_{\mathrm{am}}+\vec{F}_{\mathrm{B}}+\vec{F}_{\mathrm{L}}+\vec{F}_{\mathrm{T}}+\vec{F}_{\mathrm{ex}} \tag{4-62}$$

式中，$\vec{F}_{\mathrm{p}}$为流场内压力梯度对颗粒的作用力，N；$\vec{F}_{\mathrm{am}}$为视质量力，N；$\vec{F}_{\mathrm{B}}$为 Basset 力，N；$\vec{F}_{\mathrm{L}}$为绕流引起的升力，N；$\vec{F}_{\mathrm{T}}$为热泳力，N；$\vec{F}_{\mathrm{D}}$为流体对颗粒的曳力，它是作用在颗粒上的主要外力，N，且：

$$F_{\mathrm{D}}=C_{\mathrm{D}}\frac{\pi}{4}\delta^{2}\frac{\rho_{\mathrm{g}}(\vec{V}-\vec{u})|\vec{V}-\vec{u}|}{2} \tag{4-63}$$

除采用场增强技术外，颗粒所受外场力只有重力，一般可忽略。对其他作用力 ΣF_{ex}，经量级分析，其数量级也远小于曳力，故颗粒运动方程就可简化为：

$$\frac{\pi}{6}\delta^3\rho_p\frac{d\vec{u}}{dt}=C_D\frac{\pi}{4}\delta^2\frac{\rho_g(\vec{V}-\vec{u})|\vec{V}-\vec{u}|}{2} \quad (4\text{-}64)$$

颗粒绕流的曳力系数 C_D 是雷诺数的函数，有多种函数关系可采用，如：

$$C_D=\frac{24}{C_u Re_p}\left(1+\frac{1}{6}Re_p^{2/3}\right) \quad (4\text{-}65)$$

式中，C_u 为 Cunningham 滑移系数；$Re_p=\rho_g\delta|\vec{V}-\vec{u}|/\mu$，为表征颗粒在气流中运动的雷诺数。所以，颗粒的运动方程可进一步简化为：

$$\frac{d\vec{u}}{dt}=\frac{(1+Re_p^{2/3})}{C_u\tau}(\vec{V}-\vec{u}) \quad (4\text{-}66)$$

式中，τ 为颗粒的弛豫时间，$\tau=\rho_p\delta^2/(18\mu)$，s。

颗粒运动方程式（4-66）的单值性条件包括：

① 物理条件，指颗粒物性如密度 ρ_p 和颗粒直径 δ。需要指出，为了保证颗粒不干涉气相运动，一般要求颗粒的体积浓度不超过 1%，所以颗粒浓度是一个隐含条件。另外，对多分散颗粒体系，还需考虑粒度分布。对于常见的工业粉尘，可以用中位粒径 δ_m 来刻画。

② 初始条件，指初始时刻颗粒的位置和速度。一般只需给出颗粒在旋风分离器进口处（也即起始时刻）的速度值，且可认为在进口处颗粒是完全跟随气流运动的，即 $\vec{u}=\vec{V}$。

③ 边界条件：由于颗粒不能穿入器壁，所以沿壁面法向有 $u_{rw}=0$。

二、旋风分离器内气固运动的相似参数

1. 气相运动方程的量纲分析

由方程中包含的物理量可知，相似参数可表示为 $\pi=p^{c_1}\mu^{c_2}g^{c_3}V^{c_4}l^{c_5}\rho_g^{c_6}$，且方程中只有质量 [M]、长度 [L] 和时间 [T] 的量纲，所以量纲关系式为：

$$[\pi]=[ML^{-1}T^{-2}]^{c_1}[ML^{-1}T^{-1}]^{c_2}[LT^{-2}]^{c_3}[LT^{-1}]^{c_4}[L]^{c_5}[MT^{-3}]^{c_6} \quad (4\text{-}67)$$

经量纲分析可得欧拉数 Eu、雷诺数 Re 和弗劳德数 Fr 这三个参数，且：

$$\pi_1=\frac{p}{\rho_g V^2}=Eu,\quad \pi_2=\frac{\rho_g Vl}{\mu}=Re,\quad \pi_3=\frac{gl}{V^2}=Fr \quad (4\text{-}68)$$

2. 颗粒运动方程的量纲分析

类似地，对式（4-66）作量纲分析可得：

$$\pi_4=\frac{\tau}{t},\quad \pi_5=C_u\frac{u}{V}\left(1+\frac{1}{6}Re_p^{2/3}\right)^{-1}$$

可将 π_4、π_5 合并，得到一个新的相似参数 π_6：

$$\pi_6=\pi_4\pi_5=\frac{C_u\rho_p\delta^2u}{18\mu l}\left(1+\frac{1}{6}Re_p^{2/3}\right)^{-1} \tag{4-69}$$

π_6 也称 Stokes 数（St），它表示惯性力和绕流阻力之比。若用入口气速 V_{in} 和直径 D 作为定性速度和定性尺寸，则有：

$$St=\frac{C_u\rho_p\delta^2V_{in}}{18\mu D}\left(1+\frac{1}{6}Re_p^{2/3}\right)^{-1} \tag{4-70}$$

所以，严格地讲，固相相似参数中除 St 外，还应包含 Cunningham 滑移系数 C_u 和颗粒雷诺数 Re_p，因为它们共同决定了颗粒所受的曳力应遵循的规律。

3. 单值性条件的量纲分析

几何条件：模化用的旋风分离器与原型结构相同、尺寸成比例，因此几何相似自然满足，并且一般都将分离器直径 D 作为基准尺寸，而其他尺寸都表示成 D 的倍数形式。

物理条件：综合气固相的物理条件，可以导出气固相密度比 ρ_p/ρ_g、无量纲浓度或固气比 C_{in}/ρ_g。对多分散颗粒体系，还包括无量纲粒径 δ/δ_m 和均方差 σ_ς。

边界条件：从气固相运动方程的边界条件导不出独立的相似参数。

初始条件：只有固相运动方程含初始条件，并可导出 u/V 这一参数，但也不独立。

综上可得 St，Re，Fr，Eu，Re_p，ρ_p/ρ_g，C_{in}/ρ_g，δ/δ_m，σ_ς，u/V 等十个参数。

三、旋风分离器的近似模化

对旋风分离器内的气固分离过程，要保证完全相似是不可能的，而近似模化的关键是确定主要的相似条件。以下结合气固分离的一般规律，分析、讨论近似模化的条件以及定性参数的选择等问题。

1. 相似参数及其定性参数分析

旋风分离器重要的结构参数除直径 D 外，还有进出口尺寸；而流动参数主要是气体速度，如入口气速 V_{in}，排气管气速 V_e 和截面气速 V_0 等。V_{in} 直接影响切向速度，V_0 可反映气流在器内的平均停留时间，而 V_e 可表征内旋流向上运动的快慢，即可以衡量颗粒二次分离的特性。显然，在相似参数中应包含这些结构参数和流动参数。

Stokes 数 St 中包含了最重要的气固相参数，可表征分离的难易程度。对单分散的颗粒，可根据 St 确定实验颗粒的密度和粒径。实际颗粒体系往往是多分散性的，这样就要选择某个代表性粒径（通常是中位粒径 δ_m）来计算 St 数。此外还须附加一个条件：颗粒的无量纲粒度分布相同。许多粉尘具有相同的粒度分布，满足这一条件并不困难。可见，即使对多分散的颗粒，只需用 δ_m 代替式（4-70）中的 δ，就可求得用中位粒径表示的 St 数，即 St_m。

需要指出，St 包含了 C_u 和 Re_p，而 Re_p 需经试算才能确定，应用不方便。研究表明，假设颗粒绕流阻力服从简单的 Stokes 定律并不会带来大的误差，故可将 St 简化为：

$$St=\frac{\rho_p\delta^2V_{in}}{18\mu D} \quad (4\text{-}71)$$

Reynolds 数 Re，它是气相参数，反映气体在旋风分离器内的流态。流态不同，气固分离过程以及压降等也不相同。虽然对于工业旋风分离器，Re 都在 10^5 以上，流动早已进入自模区，流态基本不随 Re 而变，但研究表明[35-37]，在参数关联式中包含 Re，将给出更满意的结果。原因在于：Re 不仅可以表征湍流扩散对颗粒分离的影响，而且可以表征边界层内的气固运动对分离的影响。另有研究表明[38]：对直径相同的旋风分离器，若排气管直径 D_e 不同，其湍流强度差别较大。综上，Re 中的定性尺寸和定性速度宜选择排气管直径 D_e 和排气管内平均气速 V_e，即 $Re=\rho_g V_e D_e/\mu$，由此得：

$$Re=\frac{\rho_g V_{in} D}{\mu K_A \tilde{d}_r} \quad (4\text{-}72)$$

Froude 数 Fr，它也是气相参数，其意义是离心力与重力的比值。Bürkholz[39] 认为，可不考虑 Fr 的影响，理由是旋风分离器内离心力比重力高出 2～3 个数量级，重力可忽略不计。但金有海等[40] 认为应该保留 Fr。考虑到气固分离效果还取决于它们在灰斗内的分离情况，此时重力的重要性会显著上升，所以模化时宜保留 Fr 数。

又由于气体的停留时间与分离空间高度 H_s 和截面气速 V_0 密切相关，可将 Fr 中的定性速度和定性尺寸取成 V_0 和 H_s，故 $Fr=gH_s/V_0^2$，也即：

$$Fr=\frac{gDK_A\tilde{H}_s}{V_{in}^2} \quad (4\text{-}73)$$

Euler 数 Eu，它也是气相参数，指压力与惯性力的比值。Eu 还可表示成压降与惯性力之比，此时 Eu 的物理意义是阻力系数的一半。Karpov[41] 曾将 Eu 与基于切割粒径的 St 关联，用以反映压降对分离效率的影响。但是，对旋风分离器内气体运动而言，压力或压降都是被决定量，Eu 是非定性参数，理论上没有必要将 Eu 引入分离效率的关联式中。

固气密度比 $\tilde{\rho}(=\rho_p/\rho_g)$，表示颗粒所受重力与浮力之比。要满足 $\tilde{\rho}$ 相等，其难易程度不一。例如对炼油催化裂化（FCC）装置再生器，催化剂颗粒密度 ρ_p=1300～1600kg/m^3，烟气密度 ρ_g≈0.9kg/m^3，即 $\tilde{\rho}$=1430～1760。模化实验中空气密度 ρ_g≈1.2kg/m^3，所以只需保证颗粒密度 ρ_p=1700～2100kg/m^3，这是容易做到的。但对循环流化床锅炉（CFB），一般 ρ_p=2000kg/m^3，烟气密度 ρ_g=0.3～0.4kg/m^3，若仍用空气实验，则要求颗粒密度 ρ_p=6000～8000kg/m^3，这种高密度实验粉料就较难

得到。从实用经验看，保留 $\tilde{\rho}$ 参数可以提高参数关联式的准确度。

固气比 $C_I(=C_{in}/\rho_g)$，指固相质量浓度和气体密度之比，是反映气固相互作用的一个指标。一般认为，当固相体积浓度 C_V 小于 1%（相当于 $C_{in}<0.01\rho_p$）时，可以忽略固相对气相的影响。在炼油、石化流化床反应器内，第一级旋风分离器 C_{in} 最高，但也不超过十几千克/米^3，似乎可忽略参数 C_I。但实际并非如此，因为该参数还反映了颗粒之间、颗粒边界层与器壁的相互作用。实验中观察到，在低浓度时，分离下来的颗粒沿器壁作螺旋运动，并形成一条稳定的螺旋灰带；而当浓度增高到一定程度时，分离出来的颗粒会布满整个器壁。另外，C_I 变化时，效率和压降都会随之改变。为此，将参数 C_I 保留是稳妥的。

无量纲粒径 $\tilde{\delta}$ $(=\delta/\delta_m)$ 及无量纲中位粒径 $\tilde{\delta}_m$ $(=\delta_m/D)$。参数 St 只体现单个颗粒所受离心力与曳力之比，不反映颗粒间的相互作用。在旋风分离器内，不同粒径的颗粒会因轨迹不同而发生碰撞及团聚，这种现象与颗粒群的粒度分布及浓度等有关。金有海[42]、陈建义[43]的研究也表明，粒级效率与 δ/δ_m 有关，而与均方差 σ_ς 基本无关。事实上，对某一粒径 δ 的颗粒，当它处于不同颗粒群中时，其余颗粒对它的影响作用是不一样的。比如，若某颗粒 δ 较小但颗粒群很粗，则其余颗粒对它的“夹带”作用就较强，它获得分离的可能性就较大。实验还表明[43]：同一颗粒群在直径不同的相似旋风分离器内对某一特定颗粒的影响也不相同。可见，除参数 $\tilde{\delta}$ 外，还应引入参数 $\tilde{\delta}_m=\delta_m/D$ 来表征这种差异，该参数就称为无量纲中位粒径。

2. 近似模化原则

综合可得旋风分离器近似相似的若干原则：

① 保证几何相似。模型与原型的尺寸比例 C_l 可按经济、可行的原则选取，一般取 1～1/5。C_l 取得过小，会导致尺寸效应过大，不利于实验结果的整理和推广。

② 保证 Fr 数近似相等。由于 $Fr=gH_s/V_0^2$，所以可按几何相似和该参数近似相等确定模化时的气体速度和流量等参数。

③ 保证 St 数相等，并可由之确定模化实验用颗粒的粒度和密度。

④ 保证 C_{in}/ρ_g 数相等，并可由之确定模化实验的入口浓度。

⑤ 保证粒度分布相似，即保证颗粒的无量纲粒度分布函数 $f_{in}(\delta/\delta_m)$ 相同。

四、旋风分离器近似模化设计举例

采用上述近似模化方法就可设计实验模型。下面以某炼油 FCC 再生器内第二级旋风分离器为例，给出若干模化设计的结果，见表 4-3。表中共给出了 4 个几何相似模型的关键尺寸、气固物性、操作参数及相似参数。可见，要想满足所有参数相等是不现实的，但对大小不同的相似模型，根据原型的操作条件和气固物性，总可以选择合适的实验介质（气体和粉料）、入口气速和入口浓度等参数，使得重要

的参数如 St 相等，并使次要参数近似相等，从而满足近似模化要求。反之，若实验介质不易改变，则还可通过改变模型大小、选择适宜的入口气速，使模型与原型近似相似。可见，旋风分离器的近似模化是便于实现的，而且，如果模化实验是在这样设计出的模型上进行的，那么，模化结果应当是可以推广到原型中去的。

表4-3 炼油FCC再生器第二级旋风分离器模化设计结果

参数	原型	模型 1	模型 2	模型 3	模型 4
直径 D/mm	1400	300	400	600	800
入口高 × 宽 $(a\times b)$/mm	805 × 348	174 × 75	230 × 99	345 × 148	460 × 198
排气管直径 D_e/mm	448	96	128	192	256
分离空间高度 H_s/mm	4235	906	1210	1815	2420
入口截面比 K_A	5.50	5.50	5.50	5.50	5.50
排气管直径比 $\tilde{d}_r$	0.32	0.32	0.32	0.32	0.32
分离空间高径比 H_s/D	3.02	3.02	3.02	3.02	3.02
温度 T/K	973	293	293	293	293
气体密度 ρ_g/(kg/m³)	0.8	1.2	1.2	1.2	1.2
气体黏度 μ/Pa • s	4.0×10^{-5}	1.8×10^{-5}	1.8×10^{-5}	1.8×10^{-5}	1.8×10^{-5}
入口气速 V_{in}/(m/s)	20	24.9	17.8	15.5	12.0
入口浓度 C_{in}/(kg/m³)	0.02	0.03	0.03	0.03	0.03
颗粒密度 ρ_p/(kg/m³)	1600	2750	2750	2750	2750
中位粒径 δ_m/μm	40	8.5	11.5	15.3	20.0
颗粒直径 δ/μm	50	10.6	14.5	19.0	25.0
δ/δ_m	1.25	1.25	1.26	1.24	1.25
δ_m/D	2.86×10^{-5}	2.83×10^{-5}	2.87×10^{-5}	2.55×10^{-5}	2.50×10^{-5}
St	0.0793	0.0792	0.0794	0.0792	0.0795
Re	3.23×10^{5}	2.87×10^{5}	2.74×10^{5}	3.58×10^{5}	3.69×10^{5}
Fr	0.58	0.10	0.21	0.42	0.93
ρ_p/ρ_g	2000	2291	2291	2291	2291
C_{in}/ρ_g	0.025	0.025	0.025	0.025	0.025

五、基于相似参数关联的分离效率计算方法

从 1980 年起，国内外一些学者相继通过近似模化实验，得到分离效率与相似参数的经验关系式。其中李之光[44]、Bürkholz[39]、Overcamp[35] 和中国石油大学等

成果具有代表性。

1. 李之光的研究结果

李之光[44]曾建立了大、中、小三个扩散式旋风分离器模型，经模化研究后认为：旋风分离器的粒级效率 η 只与斯托克斯数 St、弗劳德数 Fr 和雷诺数 Re 等相似参数有关，即：

$$\eta(\delta)=f(St, Fr, Re) \tag{4-74}$$

2. Bürkholz的研究结果

Bürkholz[39]通过对 14 种不同尺寸旋风分离器的性能测定，得出了以下关系式：

$$\eta(\delta)=f(\Phi) \tag{4-75}$$

其中，$\Phi=\dfrac{3}{2}StRe_{\mathrm{b}}^{1/3}\xi^{2/3}$，$St=\dfrac{\rho_{\mathrm{p}}\delta^2V_{\mathrm{in}}}{9\mu r_{\mathrm{e}}}$，$Re_{\mathrm{b}}=\dfrac{\rho_{\mathrm{g}}V_{\mathrm{in}}r_{\mathrm{e}}}{\mu}$。

至于 $f(\Phi)$，Bürkholz 给出了两种函数形式：$f(\Phi)=\lg\Phi$ 或 $f(\Phi)=\dfrac{\Phi^2}{\Phi^2+6}$。

3. Overcamp的研究结果

Overcamp[35]在研究气溶胶采样用旋风分离器时，经过相似分析后指出，基于切割粒径 d_{c50} 的颗粒斯托克斯数 St_{50} 是一系列相似参数的函数，且：

$$St_{50}=\frac{C_{\mathrm{u}}\rho_{\mathrm{p}}d_{\mathrm{c50}}^2V_{\mathrm{in}}}{18\mu D}=F\left(Re,\ \frac{H_1}{D},\ \frac{H_2}{D},\ \frac{D_{\mathrm{e}}}{D},\ \frac{a}{D},\ \frac{b}{D},\ \frac{d_{\mathrm{c}}}{D}\right) \tag{4-76}$$

式中，C_{u} 为 Cunningham 滑移系数。他认为由于 Fr 数对 d_{c50} 影响不显著，故可不列入。另外，对于尺寸比例固定的同类旋风分离器，式（4-76）可简化为 St_{50} 与 Re 的简单关系。

4. 中国石油大学的研究结果

中国石油大学的模化研究工作最具代表性。在研究 PV 型旋风分离器的模化规律时，金有海和时铭显[40]还着重对单值性条件进行了相似分析，指出气固相的密度比可构成一个参数；另外，颗粒的粒度分布（主要是中位粒径）对粒级效率也有影响。在此基础上，陈建义[34,43]针对几何参数 K_{A} 与 $\tilde{d}_{\mathrm{r}}$ 不同的旋风分离器，提出应将 $\tilde{d}_{\mathrm{r}}$ 作为一单独参数引入关联式中；另还指出：粒径、密度不同的颗粒在旋风分离器内的分离机制以及经历分离过程并不相同，并据此提出了“分段计算粒级效率”的设想。分段的判据是无量纲数群 ψ，它综合反映了旋风分离器的结构尺寸、气固物性以及操作条件的影响。将 $\psi>1.1$ 的颗粒称为“粗”颗粒，它的分离主要受离心力和绕流阻力控制；将 $\psi<0.7$ 的颗粒称为“细”颗粒，分离器内的二次流、湍流扩散和颗粒的团聚夹带等因素对“细”颗粒的分离起主要作用，而离心力及绕流阻力退居次要地位；若颗粒的 ψ 值介于 0.7～1.1 之间，则称其为“中”颗粒，其分离机

制介于“粗”“细”颗粒之间。

在此基础上，通过对 7 种规格、25 个相似 PV 型旋风分离器实验结果的回归分析，得到了基于相似参数关联的粒级效率计算式，即：

$$\eta(\delta)=\begin{cases}1-\exp(-4.241\,\Psi^{1.32}C_{\mathrm{I}}^{b_0}) & \Psi\geqslant 1.10\\ 1-\exp(-4.306\,\Psi^{1.16}C_{\mathrm{I}}^{b_0}) & 0.07<\Psi<1.10\\ 1-\exp(-4.111\,\Psi^{1.03}C_{\mathrm{I}}^{b_0}) & \Psi\leqslant 0.70\end{cases} \tag{4-77}$$

$$\Psi=St^{0.481}Re^{0.120}Fr^{0.168}\tilde{d}_{\mathrm{r}}^{-0.402}\tilde{\delta}^{-0.242}\tilde{\delta}_{\mathrm{m}}^{0.052}\tilde{\rho}^{0.058} \tag{4-78}$$

可见，模化研究的主要区别在于：①相似参数的选取。随着研究的深入，考虑因素增多，关联式中包含的相似参数也越来越多。②特征参数的选取。特征参数会在很大程度上影响相似参数关联式的准确性和适用性。③相似参数关联式的表现形式和实验系数。现多倾向于以指数或对数形式关联，而实验系数不同主要是由旋风分离器的结构、尺寸以及所用粉料的差异所引起的。

总之，相似模化方法避开了直接求解气固运动方程的困难，通过众多研究者的努力取得了较大的进展，但仍存在诸多不足，最主要的是：相似参数关联式中的实验系数强烈地依赖于分离器的结构及试验条件，不易推广应用。它的发展方向应当是以包含气固、固固耦合作用在内的两相强旋湍流方程组为基础，通过相似分析导出更多的相似参数，再进而设计新的相似试验，得出更加准确、适用的相似参数关联式。

参考文献

[1] Ter Linden A J. Investigations into cyclone dust collectors[J].Proc Inst Mech Eng, 1949, 160 (2): 233-240.

[2] McK Alexander R. Fundamentals of cyclone design and operation[J]. Proceedings of the Australian Institute of Mining Metals, 1949, Nos 152-153:203-228.

[3] 姬忠礼，时铭显 . 蜗壳式旋风分离器内流场的特点 [J]. 石油大学学报（自然科学版），1992, 16 (1): 47-53.

[4] Peng W, Hoffmann A C, Boot P J A J, et al. Flow pattern in reverse-flow centrifugal separators[J]. Powder Technology, 2002, 127:212-222.

[5] 胡砾元，时铭显 . 蜗壳式旋风分离器全空间三维时均流场的结构 [J]. 化工学报，2003, 54 (4): 549-556.

[6] 陈建义，卢春喜，时铭显 . 旋风分离器高温流场的实验测量 [J]. 化工学报，2010, 61 (9): 2340-2345.

[7] 田彦辉，时铭显 .PV 型旋风分离器的排气管尺寸及其对流场的影响 [J]. 石油化工设备技术，1992, 13 (6): 7-11.

[8] Griffiths A J, Yazdabadi P A, Syred N. Characterization of the PVC phenomena in the exhaust of cyclone dust separator[J]. Experiments in Fluids, 1994, 17:84-85.

[9] 元少昀，吴小林，时铭显 . 旋风分离器内旋进涡核的实验研究 [J]. 化工机械，1999, 26 (5): 249-252.

[10] Ogawa A. Mechanical separation process and flow patterns of cyclone dust collectors[J]. Appl Mechm Rev, 1997, 50 (3): 97-130.

[11] Zhou L X, Soo S L. Gas-solid flow and collection of solids in a cyclone separator[J]. Powder Technology, 1990, 63 (1): 45-53.

[12] Hoekstra A J, Derksen J J, Van Den Akker H E A. An experimental and numerical study of turbulent swirling flow in gas cyclones[J]. Chemical Engineering Science, 1999, 54: 2055-2065.

[13] Gimbun J, Chuah T G, Fakhrul-Razi A, et al. The influence of temperature and inlet velocity on cyclone pressure drop: a CFD study[J]. Chemical Engineering and Processing, 2005, 44: 7-12.

[14] Hu L Y, Zhou L X, Zhang J, Shi M X. Studies on strongly swirling flows in the full space of a volute cycloneseparator[J]. AIChE Journal, 2005, 51 (3): 740-749.

[15] Jang K, Lee G G, Huh K Y. Evaluation of the turbulence models for gas flow and particle transport in URANS and LES of a cyclone separator[J]. Computers and Fluids, 2018, 172: 274-283.

[16] Derksen J J. Simulation of vortex core precession in a reverse-flow cyclone[J]. AIChE J, 2000, 46 (7): 1317-1331.

[17] Derksen J J, van den Akkar H E A, Sundaresan S. Two-way coupled large-eddy simulation of gas-solid flow in cyclone separators[J]. AIChE J, 2008, 54 (4): 872-885.

[18] de Souza F J, de Vasconcelos Salvo R, de Moro Martins D A. Large eddy simulation of the gas-particle flow in cyclone separators[J]. Separation and Purification Technology, 2012, 94: 61-70.

[19] Shukla S K, Shukla P, Ghosh P. The effect of modeling of velocity fluctuations on prediction of collection efficiency of cyclone separators[J]. Applied Mathematical Modelling, 2013, 37: 5774-5789.

[20] Gronald G, Derksen J J. Simulating turbulent swirling flow in a gas cyclone：A comparison of various modeling approaches[J]. Powder Technology, 2011, 205: 160-171.

[21] Rizk M A, Elghobashi S E. A two-equation turbulence model for dispersed dilute confined two-phase flows[J].Int J Multiphase Flow, 1989, 15 (1): 119-133.

[22] Crowe C T, Sommerfeld M, Tsuji Y. Multiphase flows with droplets and particles[M]. Florida: CRC Press, 1998: 20-22.

[23] 岑可法，樊建人 . 工程气固多相流动的理论及计算 [M]. 杭州：浙江大学出版社，1990.

[24] Chu K W, Wang B, Xu D L, Chen Y X, Yu A B. CFD–DEM simulation of the gas-solid flow in a cyclone separator[J]. Chemical Engineering Science, 2011, 66 (5): 834-847.

[25] Chu K W, Yu A B. Numerical simulation of complex particle-fluid flows[J]. Powder Technology, 2008, 179: 104-114.

[26] Davies C N. The separation of airborne dust and particles[J]. Proc Inst Mech Eng, 1952，B.1: 185-198.

[27] Lapple C E. Gravity and centrifugal separation[J]. American Industrial Hygiene Quarterly, 1950, 11 (1): 40-48.

[28] Barth W, Leineweber L. Beurteilung und auslegung von zyklonabscheidern[J]. Staub, 1964, 24 (2): 41-55.

[29] Muschelknautz E. Auslegung von zyklonabscheidern in der technischen praxis[J]. Staub-Reinhalt. Luft, 1970, 30 (5): 187-195.

[30] Leith D, Licht W. The collection efficiency of cyclone type particle collectors-a new theoretical approach[J]. Air Pollution and Its Control, AIChE Symp Ser, 1972, 68 (126): 196-206.

[31] Dietz P W. Collection efficiency of cyclone separators[J]. AIChEJ, 1981, 27 (6): 888-892.

[32] Mothes H, Loffler F. A model for particle separation in cyclone[J]. Chem Eng Process, 1984, 18: 323-333.

[33] Kim W S, Lee J W. Collection efficiency model based on boundary-layer characteristics for cyclones[J]. AIChEJ, 1997, 43 (10): 2446-2455.

[34] 陈建义 . 切流返转式旋风分离器分离理论和优化设计方法的研究 [D]. 北京：中国石油大学（北京），2007.

[35] Overcamp T J, Scarlett S E. Effect of Reynolds number on the Stokes number of cyclones[J]. Aerosol Sci Technol, 1993, 19 (3): 362-370.

[36] Ontko J S. Cyclone separator scaling revisited[J]. Powder Technology, 1996, 87 (2): 93-104.

[37] Büttner H. Dimensionless representation of particle separation characteristic of cyclones[J]. J Aerosol Sci, 1999, 30 (10): 1291-1302.

[38] Meier H F, Mori M. Anisotropic behavior of the Reynolds stress in gas and gas-solid flows in cyclones[J]. Powder Technology, 1999, 101: 108-119.

[39] Bürkholz A. Approximation formulae for particle separation in cyclones[J]. Ger Chem Eng, 1985, 8: 351-358.

[40] 金有海，时铭显 . 相似理论在旋风分离器中的应用 [J]. 石油大学学报（自然科学版），1990, 14 (2): 33-39.

[41] Karpov S V, Saburov E N. Optimization of geometric parameters for cyclone separators[J]. Theoretical Foundations of Chemical Engineering, 1998, 32: 7-12.

[42] 金有海，陈建义，时铭显 . PV 型旋风分离器捕集效率计算方法的研究 [J]. 石油学报（石

油加工），1995, 11 (2): 93-99.

[43] 陈建义，罗晓兰，金有海，时铭显. 大浓度范围内PV型旋风分离器粒级效率的计算方法 [J]. 化工机械，1997, 24 (5): 249-253.

[44] 李之光. 相似与模化（理论与应用）[M]. 北京：国防工业出版社，1982.

中篇

气固快分耦合强化新技术

第五章

气固旋流分离强化技术

第一节 旋流分离强化技术现状

旋流分离是基于两相（气-固、液-固、气-液、液-液）之间的密度差，利用旋流离心力将两相分开的场分离方法，属于非均相系统的物理分离技术[1]，在两相密度差大于 0.05g/cm³、连续相黏度低于 3mPa・s 情况下，能够有效去除大于 3μm 的分散相颗粒[2]，且具有处理能力大、结构紧凑、操作简便等一系列优点，故应用非常广泛，尤其是在高温条件下，气-固旋风分离往往成为首选的分离方法。例如在炼油催化裂化（FCC）装置中，沉降器内温度在 500℃以上，再生器中烟气温度达到 700℃，旋风分离器是稳定流化操作、控制催化剂损耗的唯一可选设备。但因应用领域的特殊性及其对气-固分离的苛刻要求，加上多相流理论上的困难，致使高温旋风分离器的研究无论在分离理论还是设计技术上都未取得大的进展，其分离效果越来越不适应众多先进过程的要求，甚至成为某些工艺过程的技术瓶颈。作为一种重要的过程装备，迅速提升它的开发、设计和应用水平，不仅使其适应超常、苛刻的操作条件和要求，而且能满足高效节能和减排的需求，无疑将具有重要的现实和长远价值[3,4]。

提升管反应器出口的分离设备习惯上也称作快速分离器（简称快分），它的作用是使反应油气与催化剂迅速分离，达到快速终止汽油等产物进一步裂化生成气体和焦炭等不利的二次反应以提高反应的选择性。工业中的快分结构多采用基于离心分离机理的旋风分离器和基于离心分离强化机理的新型快分结构。如 Mobil 公司密闭直连旋分系统[5,6]、UOP 公司的 VDS 和 VSS 快分系统[7-9]及国产 FSC、CSC 及

VQS 快分系统[10-12]。三种国产快分系统已在国内 50 余套装置成功应用，创造经济效益 60 多亿元，并获 2010 年度国家科技进步二等奖。2006 年中国石油大学（北京）又开发成功最新的 SVQS 快分系统，并成功应用于 7 套工业装置，其中规模最大的为360万吨/年重油催化装置。该装置的封闭罩直径5.7m，分离效率99%以上，可使轻油收率提高 1.0 个百分点，而且可保证装置不因结焦而影响正常操作，操作弹性更好。

第二节　气固旋流分离存在问题分析

旋风分离器内流场的实验测量、理论分析和数值模拟表明，旋风分离器内流场是一个非轴对称的三维强旋湍流场，其时均速度可看成是涡旋场、汇流场和上、下行流的叠加。切向速度在内外旋流区分别呈准强制涡和准自由涡分布；轴向速度可按零轴速而划分成上、下行流，并且内外旋流分界面和零轴速面并不重合；径向运动则基本上可用汇流运动来描述。在上述运动之上还叠加有多种二次流动。如柳绮年和贾复[13]测得排气管所在的环形空间存在纵向环流；谭天佑等[14]介绍了不同学者测得的旋风分离器内存在双旋涡流动，另外排尘口附近还存在偏心纵向环流。薛晓虎等[15]通过数值模拟方法也发现了上部空间存在各种二次涡流。这些二次流动基本上都会对分离产生不利影响。例如，环形空间的纵向环流将使浓集在器壁上的细颗粒向上运动至顶盖处并形成“上灰环”，灰环内的细颗粒又会继续在环流作用下沿排气管外壁向下运动，并从排气管逸出，从而降低分离效率。因此，设法削弱二次流动也就成为旋流分离强化的一条重要途径。

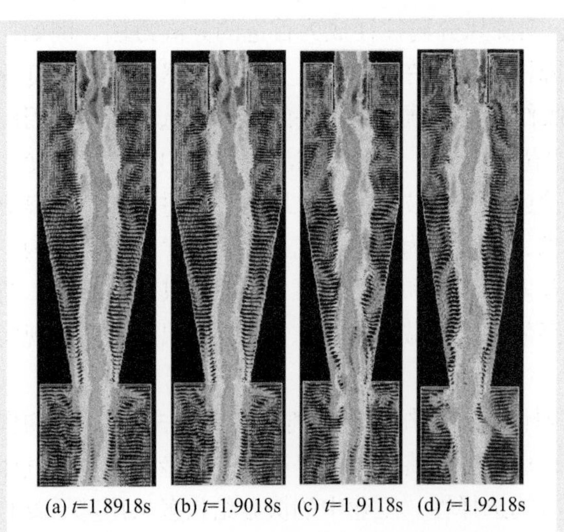
(a) t=1.8918s (b) t=1.9018s (c) t=1.9118s (d) t=1.9218s

图5-1　旋风分离器中存在的涡核摆动[16]

切向进气的蜗壳式旋风分离器，由于几何中心和涡旋中心不重合，内旋流会在灰斗入口处产生非稳态、周期性的扭摆现象，这种“摆尾”现象称为旋进涡核（processing vortex core，PVC）。图 5-1 是由计算流体力学（CFD）模拟出的旋风分离器在四个时刻的涡核摆动状况，可以看出旋进涡核一直延伸到灰斗里。旋进涡核的扭摆会卷起一部分灰斗里和锥体下部边壁上的颗粒进入上行的内旋流中，形成“二次尘源”。大量研究表明，锥体排尘口附近的二次流是制约旋风分离器分离效率提高的关键因素之一。

第三节 气固旋流分离强化原理及方法

为了改善流场的轴向非对称性，芬兰 Fortum Oil & Gas OY 公司设计了多进口式旋风分离器（Multi-entry Cyclone），其特点是在圆周环形截面处设有多个气体进口通道，经过特制导流叶片使气体产生较大的切向速度，有足够的离心力在小空间内实现气固高效分离。Majander[17] 根据计算流体力学（CFD）分析，认为入口处流场均匀，分离器总体磨蚀小，对催化剂的磨损也小于常规旋风分离器。

基于长期对 PVC 现象的基础研究和旋风分离器结构优化的经验，根据提升管反应器的结构特点，提出以提升管作为稳涡杆，以削弱下部汽提蒸汽对分离效率的不利影响，同时可消除旋进涡核扭摆对分离器操作的不利影响。采用多个喷出口和封闭罩结构调控外旋流的轴对称性并有效消除上部空间的二次涡流。初期的旋流强化结构如图 5-2 所示，它由旋流头、汽提挡板、封闭罩、逆向导流头等组成，其核心——旋流头系采用多旋片式结构。实验测得的气相流场分布如图 5-3 所示，可以看出流场分布的轴对称性得到了很好的改善，同时也有效地消除了上部空间的二次涡流。

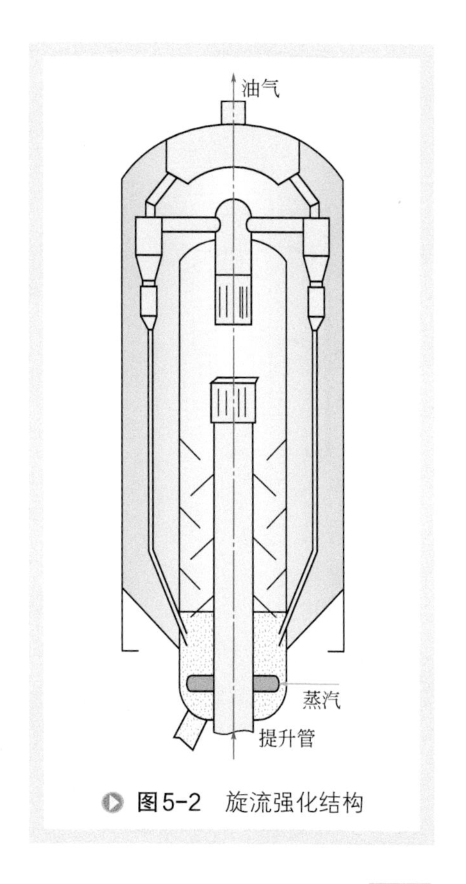

图 5-2　旋流强化结构

研究初期提出的旋流头方案如图 5-4 所示，称为弧板式旋流头。它通过在提升管顶部周向设置多个切向气体出口，使气流在封闭罩内形成涡旋流动。通过流场分析和性能（分离效率和压降）实验，发现影响弧板式旋流头分离性能的两个最主要结构参数是气体出口下旋角 α 和面积比 R_A（即气体出口面积 $H\times W$ 和提升管截面积的比），实验室小型冷模性能优化实验表明[10]，α 和 R_A 分别以 20° 和 0.75～0.85 为宜，从而同时具备压降

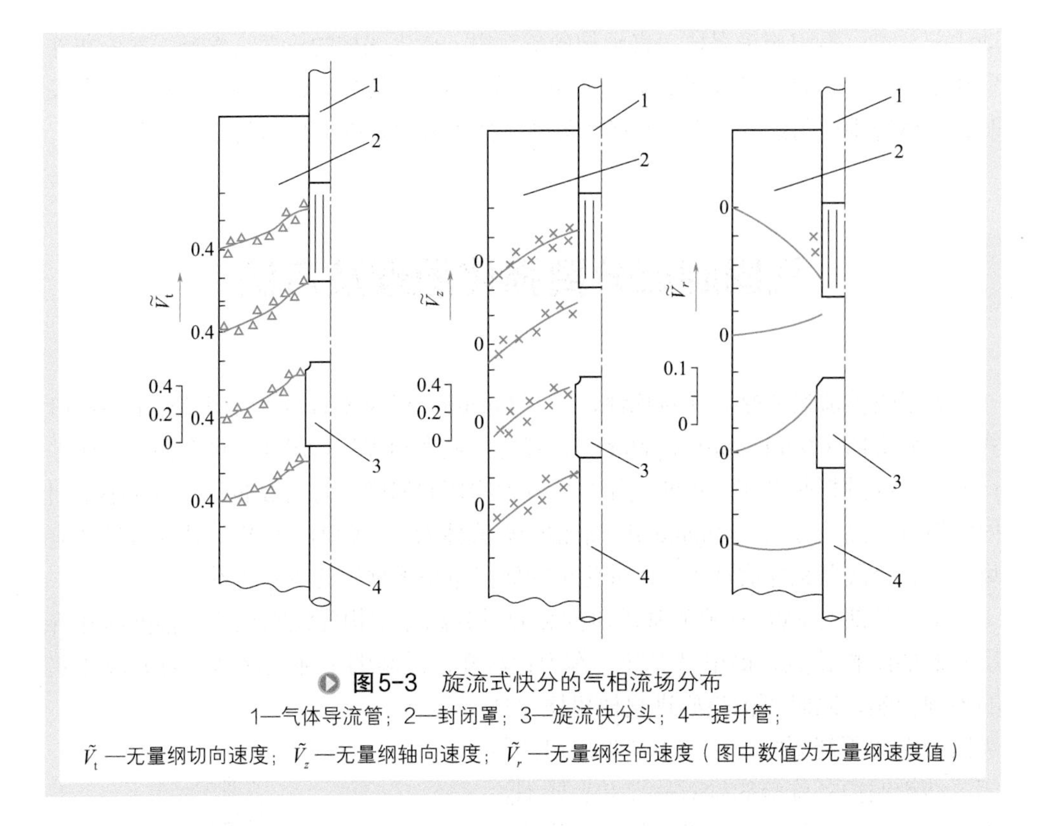

图5-3　旋流式快分的气相流场分布

1—气体导流管；2—封闭罩；3—旋流快分头；4—提升管；

$\tilde{V}_t$—无量纲切向速度；$\tilde{V}_z$—无量纲轴向速度；$\tilde{V}_r$—无量纲径向速度（图中数值为无量纲速度值）

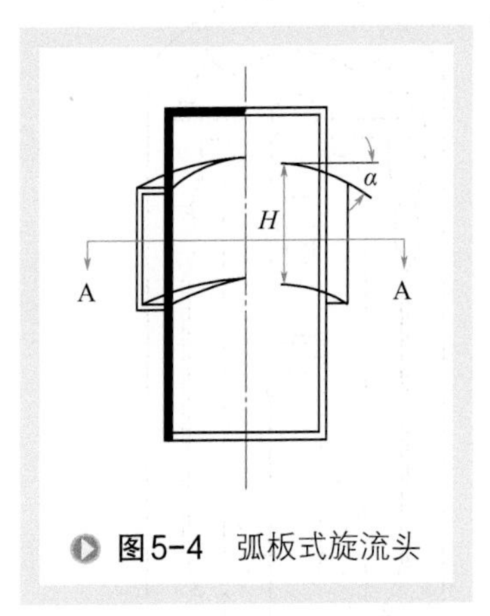

图5-4　弧板式旋流头

小、分离效率高、操作弹性大等优点。

在弧板式旋流头［图 5-5（a）］研究的基础上，为强化气固分离效果，又将旋流头依次改进为图 5-5（b）和图 5-5（c）所示的旋臂式结构[18]。采用旋臂式旋流头可进一步强化气固分离效果，这是因为颗粒从旋臂式旋流头喷出时与封闭罩内壁的平均距离更短，另外圆弧形的旋臂自身也具有一定的预分离功能，使颗粒在通过旋臂时向外侧浓集。而采用弧板式旋流头时，颗粒喷出后尚需要经过很长的路径才能到达封闭罩边壁，在颗粒向封闭罩边壁运动过程中，很容易被上升的气流夹带逃逸出分离空间。采用图 5-5（c）所示的Ⅱ型旋臂代替图 5-5（b）所示的Ⅰ型旋臂是因为其具有更强的预分离效果。图 5-5（b）所示的Ⅰ型旋臂是沿径向和提升管连接的，而图 5-5（c）所示的Ⅱ型旋臂则是沿切向和提升管连接的。一方面Ⅱ型旋臂弧度更大，气固预分离的路径更长，另一方面，由于气固沿切向引出提升管，使提升管顶部出口附近也形成了旋转流场，也具备了一定的预分离功能。其结果使

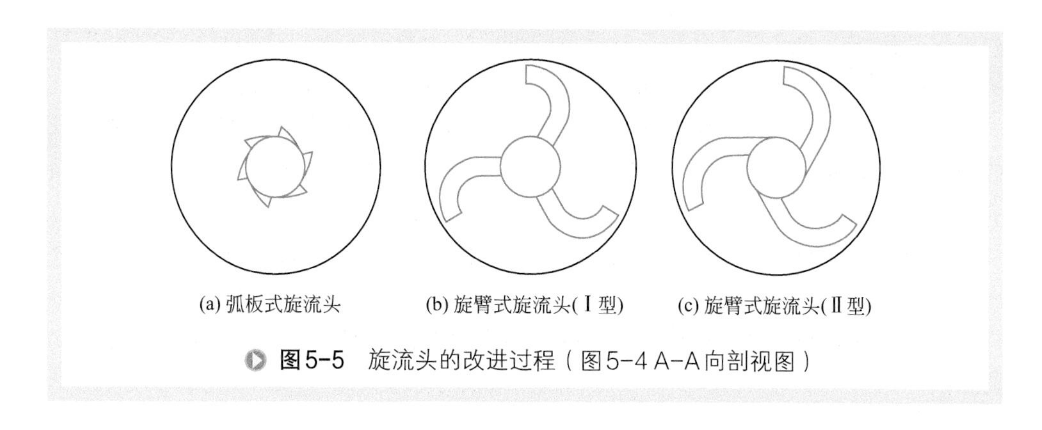

图5-5　旋流头的改进过程（图5-4 A-A向剖视图）

Ⅱ型旋臂喷出口处颗粒进一步向旋臂外壁附近浓集，使颗粒喷出时距离封闭罩边壁的平均距离更短，更有利于颗粒分离。

图5-6所示是冷态实验装置中两种旋流头的分离性能对比，可以看出Ⅱ型旋流头的分离效率比Ⅰ型旋流头平均高3%左右，与此同时，含尘气体由Ⅱ型旋流头喷出后，具有更大的切向速度，因而压降略微增加了350～400Pa，对系统整体能耗影响不大。

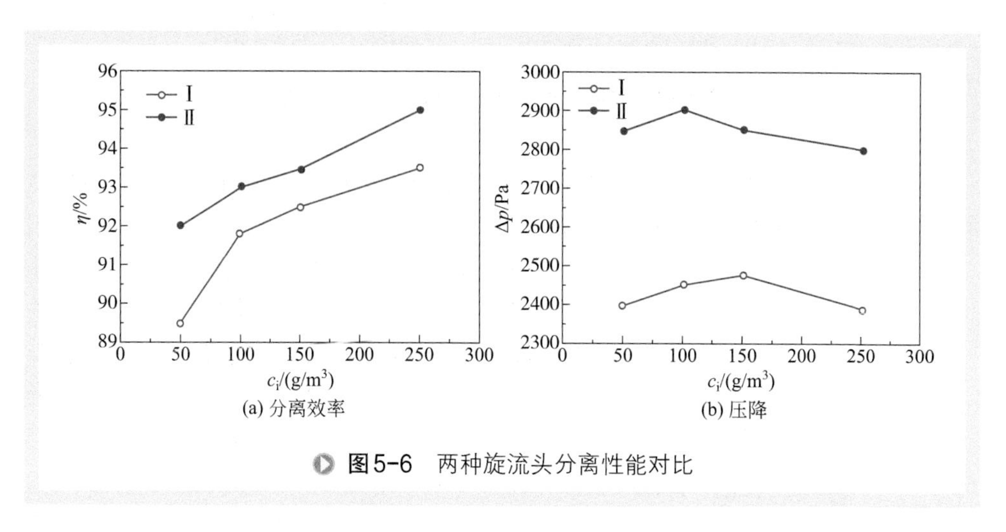

图5-6　两种旋流头分离性能对比

通过对主要结构形式和参数的优化和改进，确定了最优的结构形式和尺寸匹配方法。借助相似理论，建立了基于相似参数关联的性能计算方法。由相似分析可知影响这类分离器的三类相似参数，分别为和气固流动相关的参数如St、Re、Fr、Eu等，和旋流分离器结构相关的无量纲数α和R_A，颗粒入口浓度C_i和中位粒径d_m，将这三类参数关联，得到了旋流分离器粒级效率、总效率以及压降的计算模型，以此建立了这类分离器的优化设计方法。

近年来，借助飞速发展的计算流体力学（computational fluid dynamics，CFD）

数值模拟技术，通过对已有旋流分离器内部流动的系统分析，找出制约其性能提高的关键制约因素，提出改进措施，进而又开发了另一种更高效的旋流分离器。

在对采用图 5-5（c）所示旋流头的已有旋流分离器的 CFD 模拟中，发现其气体喷出口附近仍存在着显著的“短路流”，这是导致其分离效率不能进一步提高的最大障碍。图 5-7（a）给出这种分离器在旋流头喷出口附近的气体速度矢量图，可以看出，由旋流头出口喷出的气体，一部分沿封闭罩内壁直接上行，还有一部分在沿径向向内运动的同时转为上行流，并且其上行速度较大，从而使得由旋流头出口喷出的一部分催化剂颗粒在尚未得到分离之前就直接被带入上行流中，逃逸出分离空间。

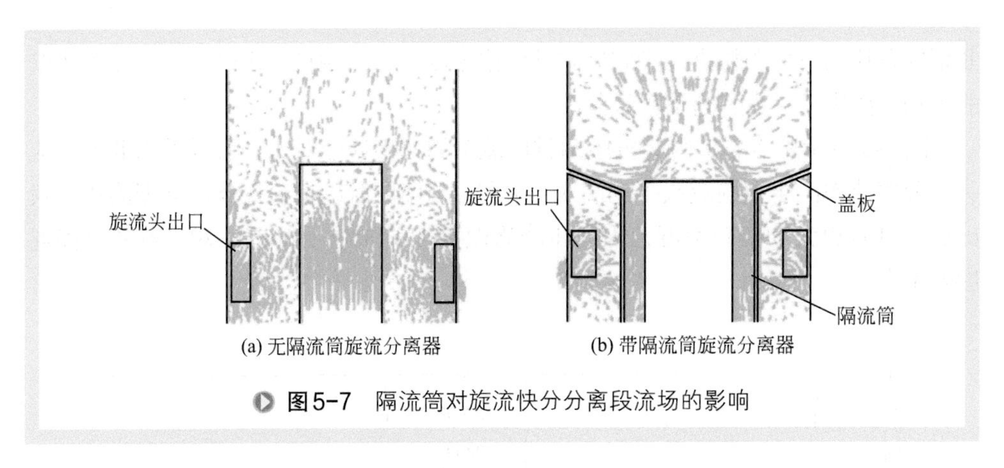

图 5-7　隔流筒对旋流快分分离段流场的影响

在流场数值模拟研究的基础上，提出了如图 5-8 所示的气固旋流分离强化技术[19]，即在旋流头旋臂喷出口附近设置隔流筒，隔流筒跨过旋臂，隔流筒上部用一块环形盖板和封闭罩壁相连，以阻止气体直接从隔流筒和封闭罩之间的环隙上升逃逸。图 5-7（b）给出了增设隔流筒后的旋流分离器的气体速度矢量图，可以看出，增设隔流筒后，消除了在旋流头喷出口附近直接上行的“短路流”，另外在隔流筒外部、旋流头底边至隔流筒底部的区域内，带隔流筒旋流快分的轴向速度全部变为下行流，消除了无隔流筒旋流分离器在该段区域内的上行流区，同时也强化了这一区域的离心力场，延长了在下行流的有利条件下气固分离的时间，有利于提高颗粒的分离效率。

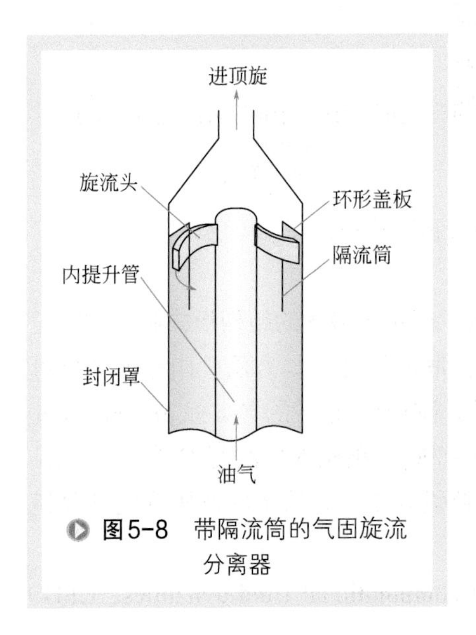

图 5-8　带隔流筒的气固旋流分离器

采用 800 目的滑石粉颗粒（颗粒密度 2700kg/m^3，中位粒径 11.1μm），在封闭罩直径 280mm、提升管直径 100mm 的小型冷模实验装置上的性能实验表明[20]，增设隔流筒后，旋流快分的分离效率可提高约 20～30 个百分点。这是国内外首次采用这种旋流分离强化技术，使其性能获得了一个质的提升，这进一步证明了系统基础研究的重要性。

随后，经过实验室对隔流筒的高度、直径、位置以及封闭罩的形式的进一步优化实验，确定了最佳的隔流筒结构设计方法。最后，在已有旋流分离器相似参数关联设计方法的基础上，又引入了和导流结构相关的无量纲参数 *De* 和 *He*，将所有参数进行关联，确定了这种改进型旋流分离器的性能计算模型和设计方法。

第四节 高效气固旋流强化技术在某140万吨/年重油催化裂化装置的应用

催化裂化沉降器大量结焦并造成装置非计划停工是我国目前重油催化裂化装置面临的主要问题。由于油气长时间停留在沉降器内，当油气接触到较低温度的器壁时，油气中未汽化的雾状油滴和反应产物中重组分达到其露点，凝析出来的高组分很容易黏附在器壁表面形成焦核，随着油气中芳构化、缩合、氢转移反应的进行，一部分油气缩合成为焦炭，焦核逐渐长大，导致结焦严重。沉降器的穹顶、内外集气室外壁及盲区、旋风分离器升气管外壁及料腿均是易结焦的场所。

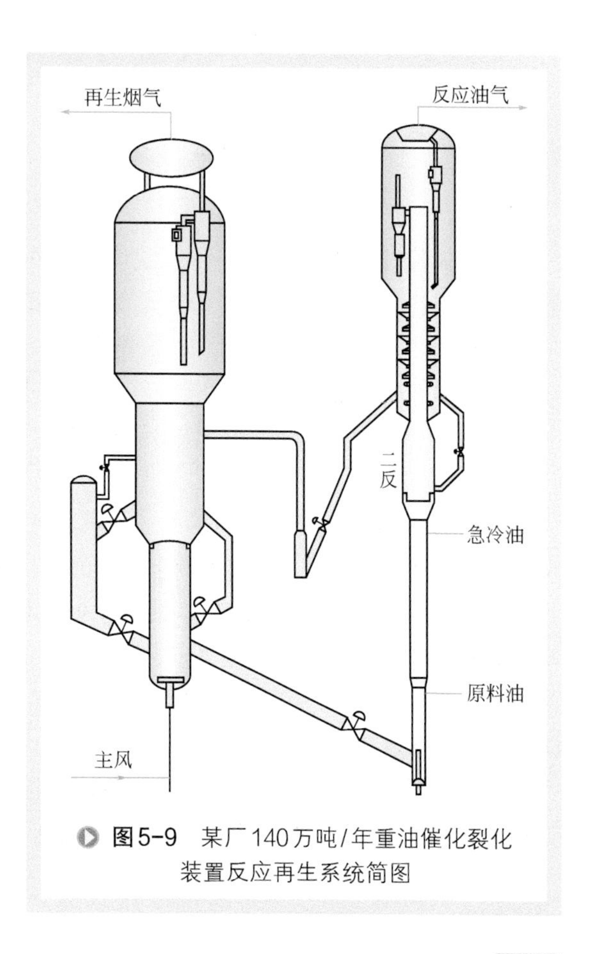

图5-9 某厂140万吨/年重油催化裂化装置反应再生系统简图

某厂 140 万吨 / 年重油催化裂化装置设计采用提升管 + 沉降器反应系统和重叠式两段贫氧再生工艺，掺渣比 60%。图 5-9 给出了装置反应再生系统简图。该装置改造前提升管出口采用直接连接的 4 个切向进气口粗旋风分离器快分，粗旋的升气管为开放式布置，油气直接进入沉降器，然后进入顶旋。自投产以来，始终受到沉降器结焦的困扰，严重时甚至造成非计划停工。如：2005 年停工后，发现粗旋筒体至灰斗外壁挂有大量死焦，汽提段底部发现大量浮动焦块，2005 年开工仅 179 天后，装置就因沉降器结焦导致催化剂大量跑损而被迫停工。2014 年 6 月 29 日下午，操作人员发现油浆外送量出现下滑，油浆固含率始终处在 180g/L 左右，6 月 30 日装置被迫停工检修，打开人孔后发现沉降器内严重结焦，如图 5-10 所示。

(a) 粗旋外壁上的焦块　　(b) 粗旋升气管上的结焦

图5-10　某厂沉降器内结焦状况

尽管装置技术人员采用各种方法调整操作，但由于沉降器快分系统的原生缺陷无法克服，只能维持装置操作，无法根本解决结焦导致气固分离效率较低的问题。2015 年 7 月采用高效气固旋流强化技术对该装置的沉降器内提升管出口快分进行技术改造。把原提升管出口 4 个切向进气口粗旋风分离器快分更换成具多个喷出口的带有隔流筒的旋流快分（SVQS）系统，改造后的装置结构如图 5-11 所示。

2015 年 8 月装置开工运行，开工过程中表现出了超高的气固分离性能和优良的操作稳定性，装置的操作弹性保持在 60%～120% 范围。2015 年 11 月 24 日对装置进行了系统标定，气固分离效率达 99.99% 以上（油浆固含率低于 3g/L）。与此同时由于 SVQS 快分系统结构紧凑，有效消除了高温反应油气在沉降器内的长时间滞留，大幅度减少了不利的二次裂化反应，汽、柴油收率较改造前提高 1.5 个百分点，年创经济效益 4970 万元。

图 5-12 给出了装置连续运行 3 年后停工检修时沉降器内快分系统的照片，发现沉降器内快分设备表面非常干净，彻底消除了沉降器结焦问题。

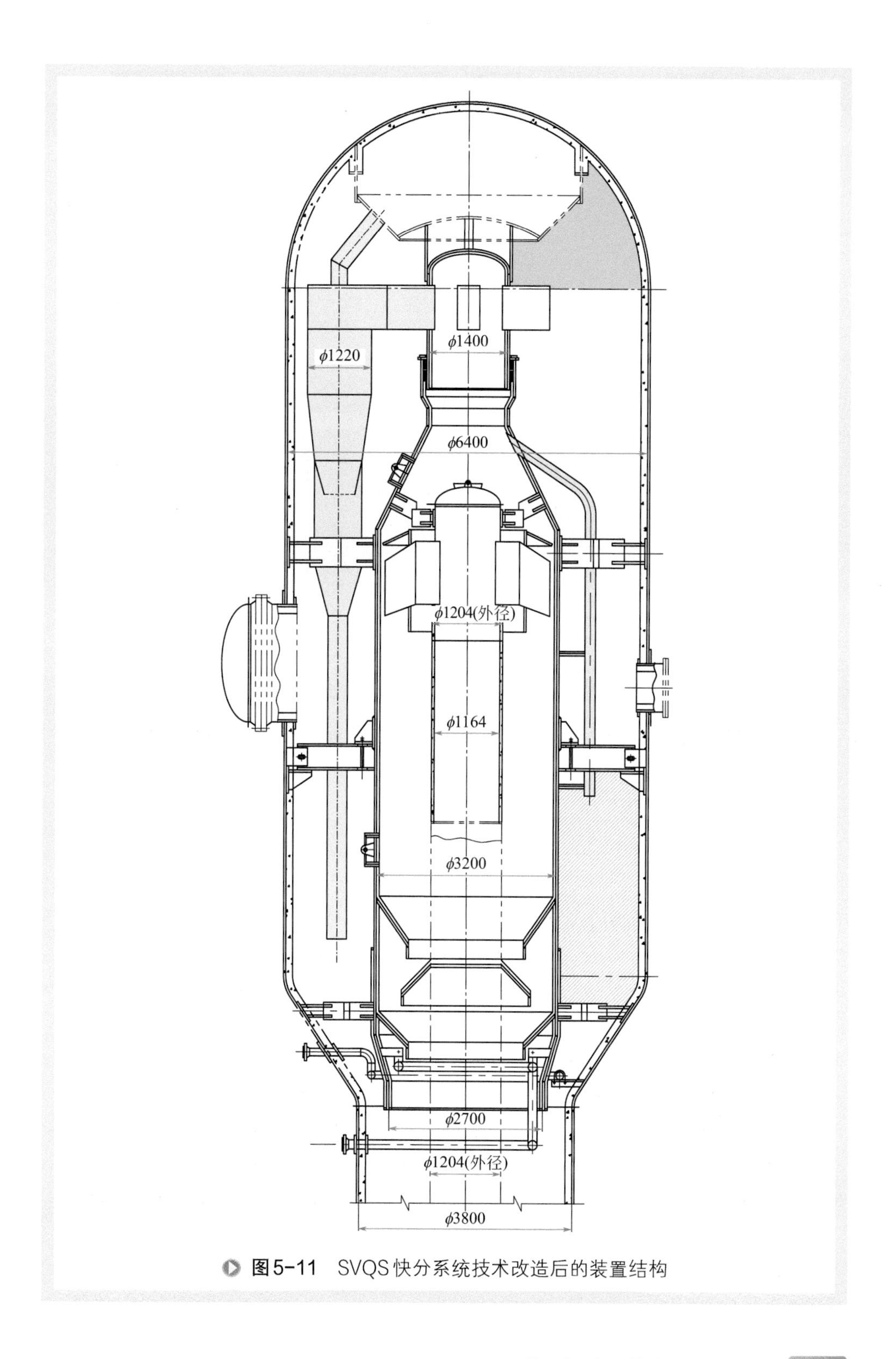

图5-11　SVQS快分系统技术改造后的装置结构

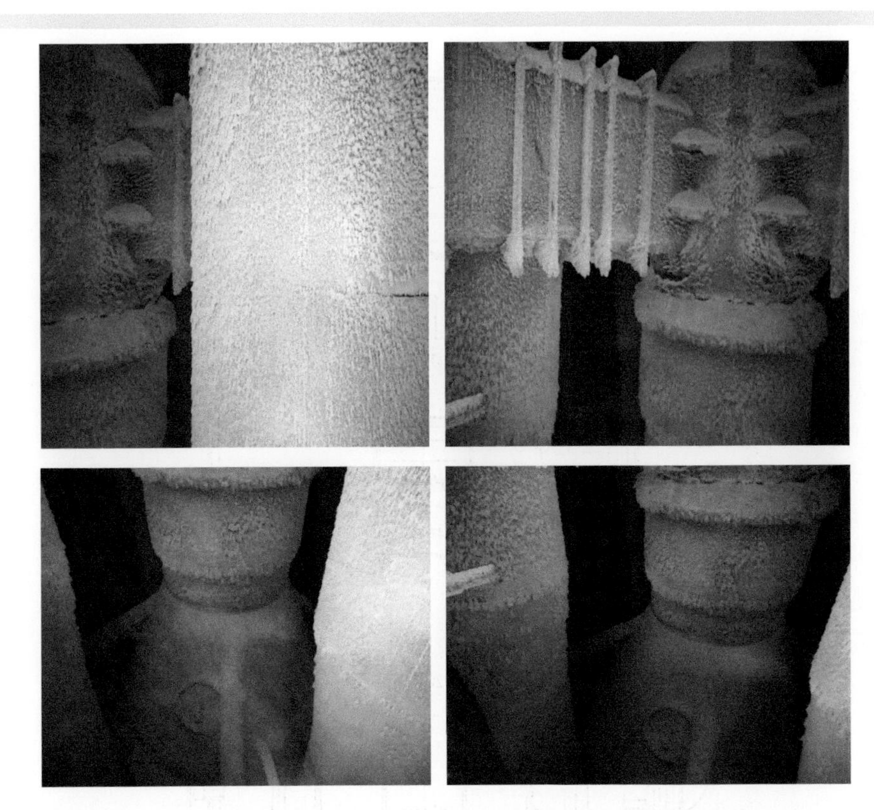

图5-12 使用SVQS快分系统连续运行3年后沉降器内部设备表面照片

参考文献

[1] Bretney E. Water purifier[P]. USP 543105. 1891.

[2]（日）大矢晴彦．分离的科学与技术 [M]. 张瑾译．北京：中国轻工业出版社，1999.

[3] 中国化工学会．2008—2009 化学工程科学发展报告 [M]. 北京：中国科学技术出版社，2009: 11-15, 28-34, 95-104.

[4] 国家自然科学基金委员会工程与材料科学部．科学发展战略研究报告（2006—2010 年）：工程热物理与能源利用 [M]. 北京：科学出版社，2006.

[5] Quinn G P, Silverman M A. FCC reactor product-catalyst ten years of commercial experience with closed cyclones[R].NPRA Meeting, 1995, AM-95-37.

[6] Krambeck F J, Schatz K W. Closed reactor FCC system with provision for surge capacity[P]. USP 4579716. 1987.

[7] Cetinkaya I B. Disengager stripper[P]. USP 5158669. 1992.

[8] 塞亭卡亚 I B. 流化催化裂化原料的流化催化裂化方法及其装置 [P]. CN 92112441.4. 1994.

[9] Cetinkaya I B. External integrated disengager stripper and its use in fluidized catalytic cracking process[P]. USP 5314611. 1994.
[10] 曹占友，卢春喜，时铭显 . 催化裂化提升管出口旋流式快速分离系统 [J]. 炼油设计，1999, 29 (3): 14-19.
[11] 孙凤侠，周双珍，卢春喜，时铭显 . 催化裂化沉降器多臂式旋流快分系统封闭罩内流场 [J]. 石油炼制与化工，2003, 34 (9): 59-65.
[12] 卢春喜，时铭显 . 新型催化裂化提升管出口快分系统 [J]. 炼油，2003, 7 (4): 30-33.
[13] 柳绮年，贾复 . 旋风分离器三维流场测定 [J]. 力学学报，1978, 3: 182-191.
[14] 谭天佑，梁凤珍 . 工业通风除尘技术 [M]. 北京：中国建筑工业出版社，1984: 141.
[15] 薛晓虎，魏耀东，孙国刚，时铭显 . 旋风分离器上部空间各种二次涡的数值模拟 [J]. 工程热物理学报，2005, 26 (2): 243-245.
[16] 吴小林 . 旋风分离器内旋进涡核的非稳态扭摆特性 [D]. 北京：中国石油大学（北京），2007.
[17] Majander J, Roppanen J, Eilos I. CFD simulation of a two-stage multi-entry cyclone at high load rates[C]//Kwauk M, Fluidization X. Engineering Foundation. Beijing, 2001.
[18] 孙凤侠，卢春喜，时铭显 . 催化裂化沉降器 VQS 系统内三维气体速度分布的改进 [J]. 石油炼制与化工，2004, 35 (2): 51-55.
[19] 孙凤侠，卢春喜，时铭显 . 催化裂化沉降器新型高效旋流快分器内气固两相流动 [J]. 化工学报，2005, 56 (12): 2280-2287.
[20] 胡艳华，卢春喜，时铭显 . 催化裂化沉降器旋流快分系统内两种旋流头性能对比 [J]. 化工学报，2008, 59 (10): 2478-2484.

第六章

挡板预汽提式粗旋快分技术

目前常用的提升管出口粗旋分离器的气固分离效率已经很高，一般均可在98%以上；通过将粗旋升气管向上延伸到顶部单级高效旋风分离器的入口附近，可以大大缩短油气的停留时间。将二者相结合，在实现油剂的快速高效分离方面取得了显著效果。但其中仍存在一个较大问题，即粗旋料腿是正压差排料，与通常的流化床内旋分有所不同。

根据实验推算，粗旋料腿顶端压力要比沉降器内压力高出约（0.4～0.5）Δp_c，此处Δp_c是粗旋压降。所以粗旋料腿排料时，除较密的催化剂流（密度约为200～300kg/m^3）带有油气向下排放外，还有一股油气在此正压差下向下喷出。根据实验测定来推算，从粗旋料腿中向下流出的油气量约占进入粗旋总气量的10%～15%。随后这部分油气就和床层汽提气一起以不到0.1m/s线速向上经过10多米距离才能进入顶部旋风分离器，在沉降空间的停留时间可能高达100s，很容易导致结焦，这就把粗旋升气管向上延伸所带来的好处抵消了一大部分。为解决这一问题，中国石油大学（北京）经过多年研究开发了一种挡板预汽提式粗旋快分（fender-stripping cyclone，FSC）系统[1]。

第一节 FSC系统设计原理

FSC系统的技术核心就在于把粗旋料腿改为一个独特的预汽提器，它在使催化剂获得及时高效预汽提的同时还要将正压差排料变为负压差排料，让全部油气（包括催化剂夹带的油气）都从粗旋中快速上升流动，但又不能因此而降低粗旋的气固分离效率。要解决这个看来似乎是互相矛盾的技术难题，出路在于要在预汽提器内开发一套结构独特的挡板系统，它由一块带有稳涡杆的消涡挡板和3～4块带孔汽提挡板所构成。另外，要将粗旋升气管出口的油气快速引入顶旋，尽量减少或消除油气在沉降器顶部的弥散和停留，但又要克服闭式直连方式存在操作弹性小的弊病，需要开发新型油气导流结构。

第二节 FSC系统结构及特点

图6-1所示为FSC系统结构示意图，其主要由以下三部分构成：

① 带有独特挡板结构的预汽提器。

它的特点是采用带有裙边及开孔的人字挡板，在一定的尺寸匹配条件下，可以确保挡板上形成催化剂的薄层流动，且与汽提气形成十字交叉流，从而提高汽提效率。

② 粗旋排料口与预汽提器的连接处，采用中心稳涡杆与消涡挡板相结合的新结构。

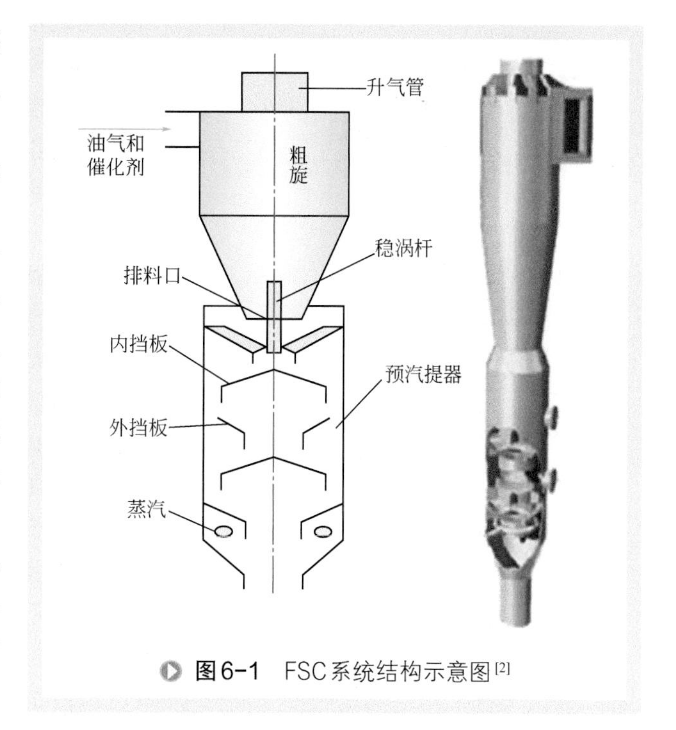

图6-1 FSC系统结构示意图[2]

该结构一方面将浓集在器壁处的旋转催化剂流转变为挡板上的薄层流，为高效汽提创造条件；另一方面在防止旋风分离器内强烈的内旋涡一直延伸到料腿顶端的同时，又防止上升的汽提气干扰旋风分离器的内流场，从而保证在把正压差排料变为微负压差排料的同时，防止旋风分离器的效率受到不利影响，仍然保持原有的高效率。

③ 在粗旋升气管及顶旋入口间实现灵活多样的开式直连方式。

根据装置的具体情况，可选用紧接式或承插式结构。这样既可保证全部油气以少于4s的时间快速引入顶旋，又克服了直连方式操作弹性小的弊病。

第三节 挡板内的气固流动特征

在如图 6-2 所示的有机玻璃扁床实验架内，研究了汽提挡板的结构与操作参数的影响规律。装置尺寸为 400mm × 50mm × 2800mm，其中设置有三层挡板，倾角为 45°，挡板上开有直径为 5mm 的孔以调节与改变其开孔率和裙边尺寸，汽提线速在 0～0.32m/s 间变化。通过间歇定量加入 FCC 平衡催化剂，测定各处的压力分布，并观察催化剂在各层挡板的流动情况，可以得到气固两相经过挡板的流动规律。

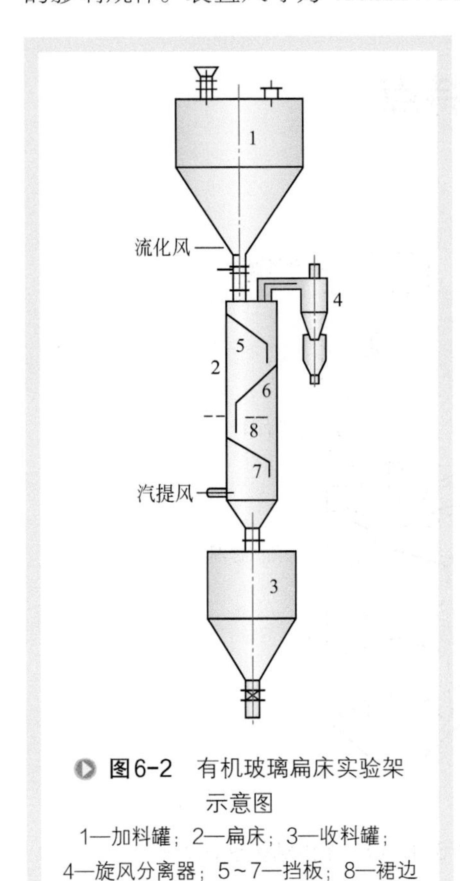

图6-2 有机玻璃扁床实验架示意图

1—加料罐；2—扁床；3—收料罐；4—旋风分离器；5～7—挡板；8—裙边

汽提挡板设计与操作中的两个主要参数为挡板过孔气速 V_h(m/s) 和裙边环隙内的催化剂质量流率 G [kg/(m²·s)]。根据实验结果可以得到如下规律：

(1) 挡板过孔气速 挡板过孔气速 V_h 不宜太小。在 V_h<1.38m/s 时，即使催化剂质量流率 G 很小的情况下，小孔中漏流催化剂的现象也很明显。当 V_h=2.08m/s 时，只要 G≤200kg/(m²·s)，则小孔漏料很少。当 V_h=3.2m/s 时，在 G≥200kg/(m²·s) 的情况下才会严重漏料。

(2) 挡板上催化剂流的密度 在小孔基本上不漏料的情况下，挡板上薄层催化剂发生流态化流动，其平均密度随催化剂质量流率 G 的增大而增大，大体上在 50～200kg/m³ 间变化。催化剂层与穿孔的汽提气之间基本上可呈十字交叉流动。

(3) 裙边环隙内催化剂流的密度 当催化剂质量流率 G>200kg/(m²·s) 时，绝大部分汽提气是经过板上小孔吹出的，在裙边环隙内很少有大气泡出现，这种情况对于提高气剂间有效接触面积和提高汽提效率是有利的。此时裙边环隙内的催化剂流密度约为 30～60kg/m³，呈稀相流落。

根据上述分析可以得出，在操作时一般应尽可能使催化剂质量流率 G≥200kg/(m²·s)，挡板过孔气速 V_h≥2m/s，此时的每层挡板压降大约在 80～120Pa 间。

第四节 预汽提段对粗旋内流场和分离效率的影响

采用如图 6-3 所示的实验装置，研究增加预汽提段并引入预汽提气后，粗旋的分离效率与压降的变化规律。其中，粗旋与预汽提段直径分别为 ϕ250mm 和 ϕ200mm，均用有机玻璃制作。粗旋入口气速为 10～20m/s，预汽提段汽提气线速为 0～0.33m/s。用 FCC 平衡催化剂作为实验颗粒物料，粗旋入口气中的催化剂浓度在 5～15kg/m^3 间变化。催化剂的平均粒径为 65μm，颗粒密度为 1300kg/m^3。汽提器内第一层挡板为带稳涡杆和消涡板结构，下面三层为带孔的汽提挡板。

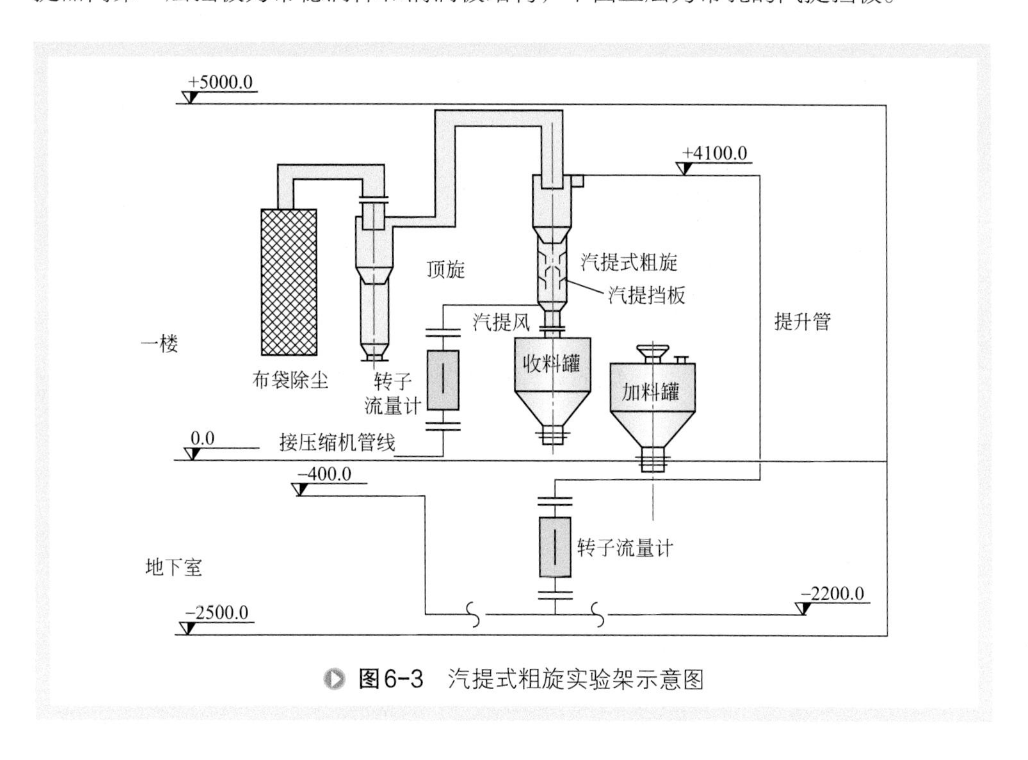

图6-3 汽提式粗旋实验架示意图

一、预汽提气对粗旋内流场的影响

在粗旋下部引入预汽提气后，对流场的影响主要是在粗旋锥体的下部，对粗旋筒体部位则影响甚微。现以粗旋锥体中部截面为例来说明预汽提气的引入对流场的影响。

1. 切向速度 V_t

引入汽提气后，对粗旋内切向速度 V_t 分布的影响如图 6-4（a）所示。在汽提气引

入量 Q_s 与粗旋入口总气量 Q_i 的比值 $q_s=Q_s/Q_i$ 不超过 10% 的情况下，外旋流基本不变，但最大切向速度值 V_{tm} 将随 Q_s 的增大而稍有减小。挡板加入与否，结果均一致。

2. 轴向速度 V_z

引入汽提气后，对粗旋内轴向速度 V_z 分布的影响见图 6-4（b）。引入汽提气可使上行流速加大而下行流速减小，这就是说将使粗旋下行气量减小，对减少油气向下返混是有利的。挡板加入后，这种趋势更为明显，如图 6-5 所示。

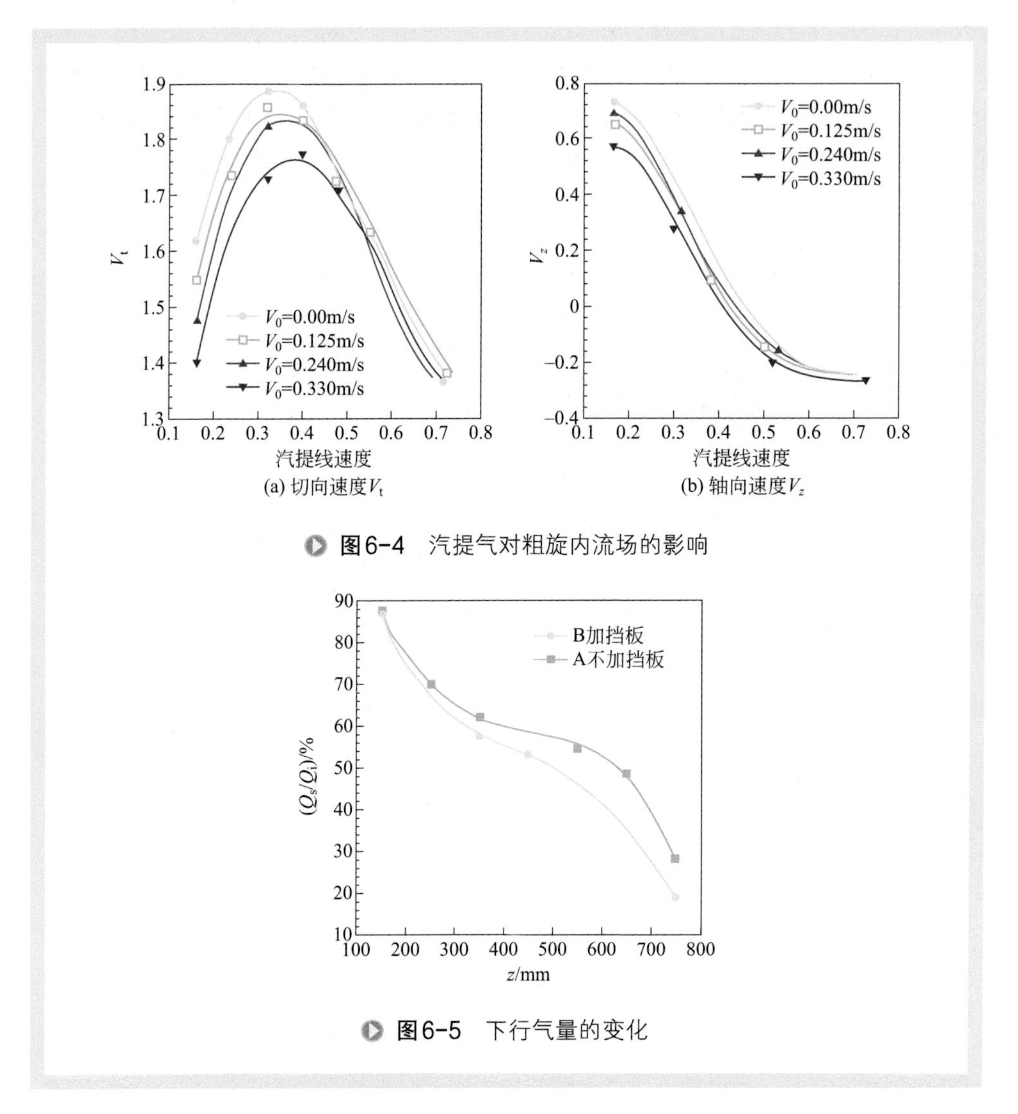

图6-4 汽提气对粗旋内流场的影响

图6-5 下行气量的变化

因此，第一层挡板以采用带稳涡杆的消涡板为佳，它可明显减少粗旋的下行气量，且不影响粗旋升气管下面开口附近的短路流，有利于稳定粗旋的效率，不致因汽提气的引入而降低。

二、预汽提段对粗旋分离性能的影响

图 6-6（a）～（c）所示是不同形式挡板的条件下，粗旋的分离效率变化情况。从图中可以看出，不论是否加挡板，加何种挡板，粗旋分离效率都随汽提段线速 U 的增大而降低。尤其是当汽提气量占粗旋总气量的比值 Q_s 大于 10% 后，粗旋效率会明显下降。在满足 $Q_s<8\%$，汽提段线速 $U\leqslant 0.2$m/s 的条件下，粗旋分离效率仍可保持在 99.4% 以上，所受影响不大。

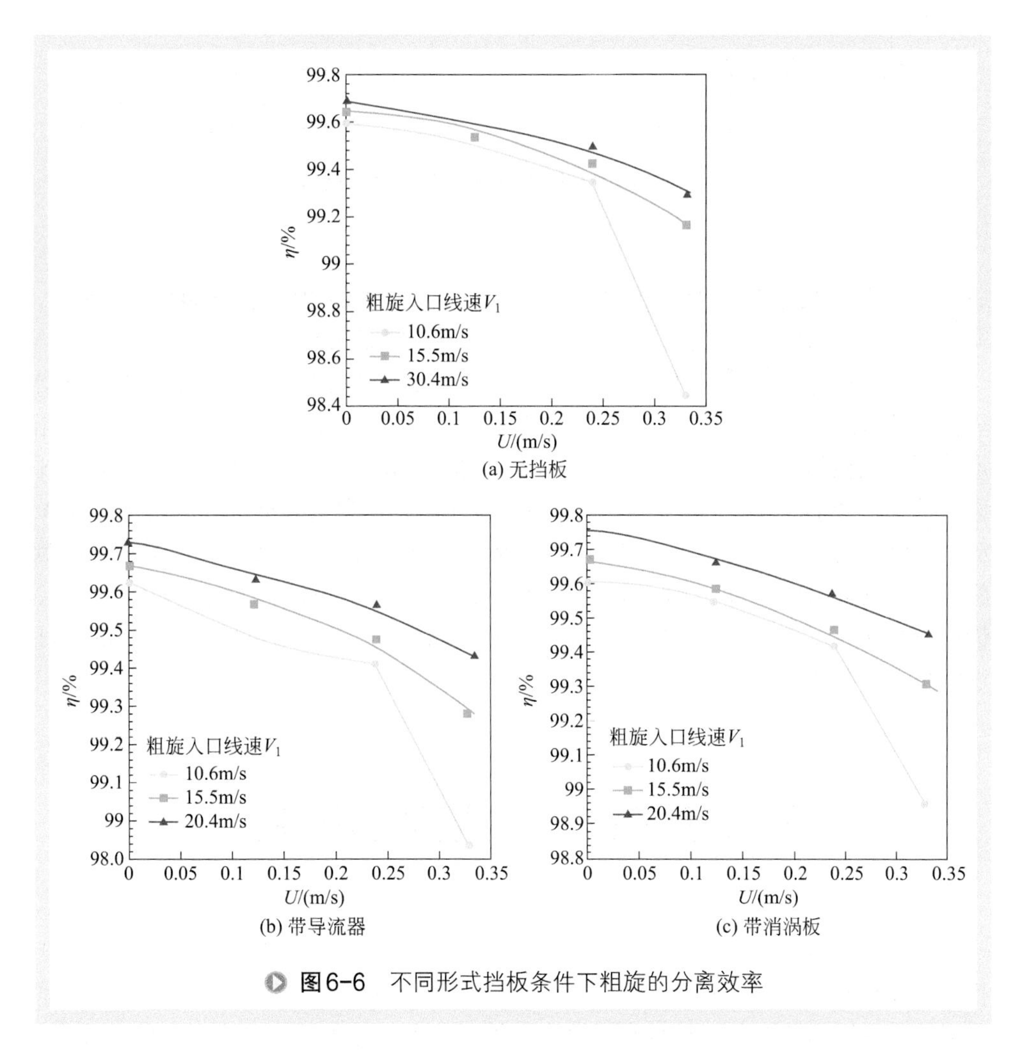

图6-6 不同形式挡板条件下粗旋的分离效率

图 6-7（a）、（b）所示是不同汽提线速条件下，粗旋的分离效率变化情况。从图中可以看出，加入挡板后，粗旋的分离效率会随之提高。当汽提线速提高时，消涡板结构比导流器结构的优势更为明显。不吹汽提气也没有挡板时，粗旋入口线速在 17～21m/s 时的冷态分离效率约为 99.6%～99.68%，加入消涡板形式的挡板结构

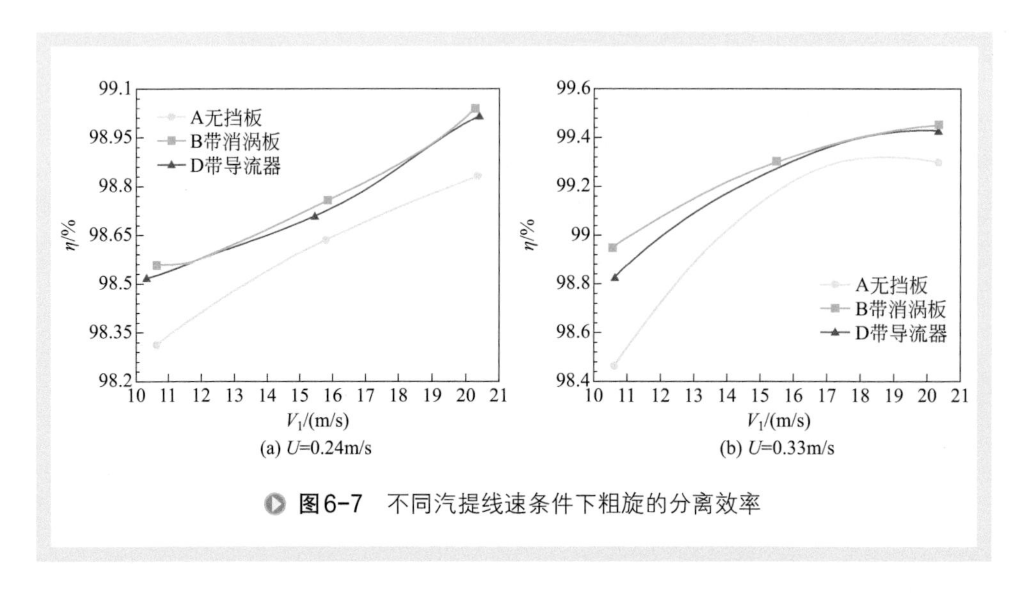

图6-7　不同汽提线速条件下粗旋的分离效率

后，在汽提段线速 U=0.2m/s 条件下，粗旋分离效率仍可保持在 99.4%～99.58%，即只降低了约 0.1～0.2 个百分点，对整个快分系统的影响不大。

结合挡板内的气固流动特征以及粗旋内流场和分离效率的研究结果，可以得到较优的预汽提段结构形式，该结构应为带有稳涡杆的消涡板以及带孔且有裙边的环形挡板。挡板的设计应力求使汽提气过孔气速在 2m/s 以上，使裙边环隙内催化剂质量流率在 200kg/（m^2 • s）以上，以便尽可能形成汽提气和催化剂间的十字交叉流动，以提高汽提效率。对于这种优化结构的预汽提段，在汽提气吹入量不超过粗旋总入口气量的 8%时，可保证粗旋的分离效率不会因下部有汽提气的吹入而降低，仍保持在 99.4% 以上。但却可以大大减少粗旋内的下行气量，这对减少油气的下行返混是十分有利的。

第五节　FSC系统大型冷模实验研究

经过初期的实验室研究，获得了挡板预汽提式粗旋快分（FSC）系统的基本结构及其设计原则。在此基础上，仍需进一步掌握它在提升管-沉降器系统内的整体性能，包括压力分布、汽提效果、分离特性、汽提气停留时间分布、开停工性能、操作弹性等，这必须依靠大型冷态试验装置来解决。

在如图 6-8 所示的提升管-沉降-再生器 FSC 系统大型冷模实验装置中，对 FSC 系统的性能进行进一步研究。提升管-沉降-再生器系统的结构参数与操作参数见表 6-1。试验物料为 FCC 平衡剂，中位粒径 58.2μm，小于 20μm 的占 7.8%，

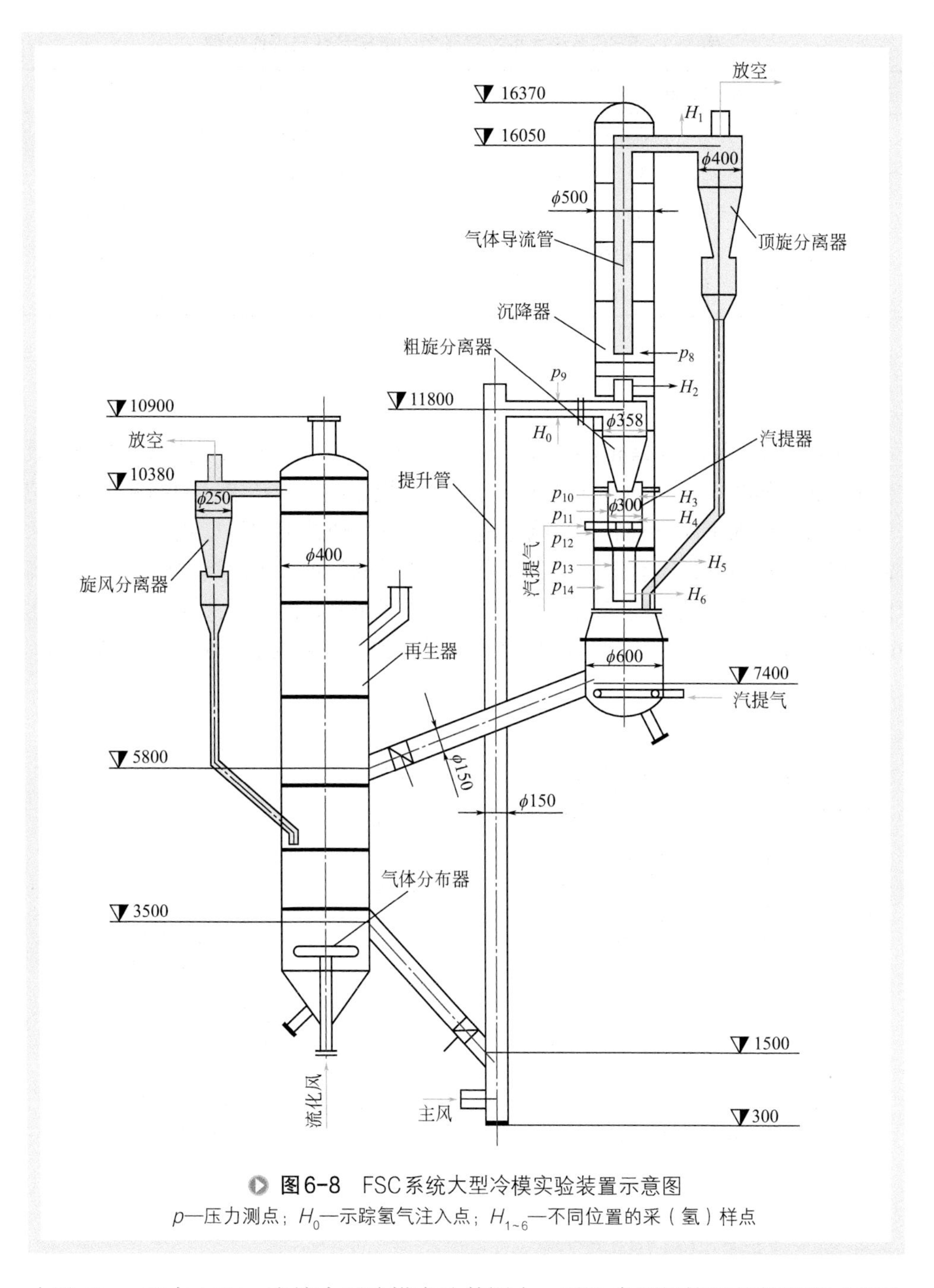

图6-8　FSC系统大型冷模实验装置示意图

p—压力测点；H_0—示踪氢气注入点；$H_{1\sim6}$—不同位置的采（氢）样点

小于 40μm 的占 24%。在该大型冷模实验装置中，对比常规粗旋和挡板汽提式粗旋在各种不同的操作条件下的性能，并考察挡板预汽提式粗旋快分系统的运行稳定性和开停工性能，为工业试验提供依据。图 6-9 为常规粗旋下部和挡板预汽提式粗旋的结构示意图。

表6-1 FSC系统大型冷模装置的结构参数与操作参数

结构参数 /mm		操作参数	
再生器（流化器）	ϕ800×800	提升管出口线速 /（m/s）	5～18
提升管	ϕ150×11800	粗旋入口线速 /（m/s）	5～18
沉降器	ϕ500/600×10000	粗旋入口催化剂浓度 /（kg/m^3）	3.5～26
粗旋分离	ϕ350	预汽提器表观线速（m/s）	0～0.3
预汽提器	ϕ300	试验物料	FCC 平衡剂

一、分离效率

以粗旋入口线速为 14m/s 的工况为例，常规粗旋与挡板预汽提式粗旋的分离效率对比曲线如图 6-10 所示。由图可知，由于汽提器内有独特设计的挡板结构，使得汽提气的引入不仅没有显著影响分离效率，反而使挡板预汽提式粗旋的分率效率稍高于常规粗旋，完全证实了实验室实验所得的结论。当汽提器内表观线速高于 0.2m/s 时，分离效率随汽提线速的提高会有所下降，故汽提线速一般宜控制在 0.2m/s 以内。在该条件下，挡板预汽提式粗旋的冷态分离效率可保持在 99% 左右。

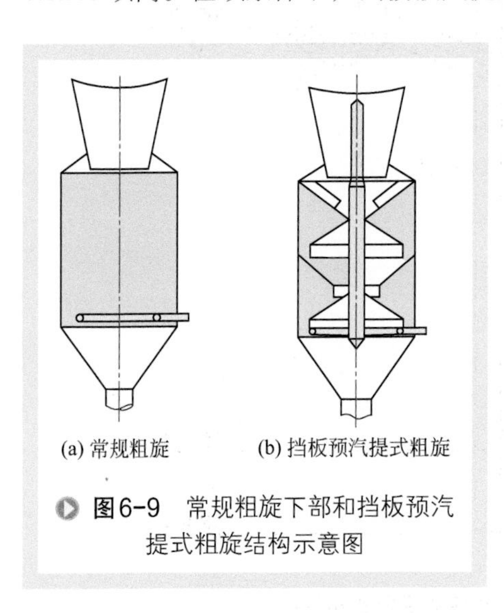

图6-9 常规粗旋下部和挡板预汽提式粗旋结构示意图

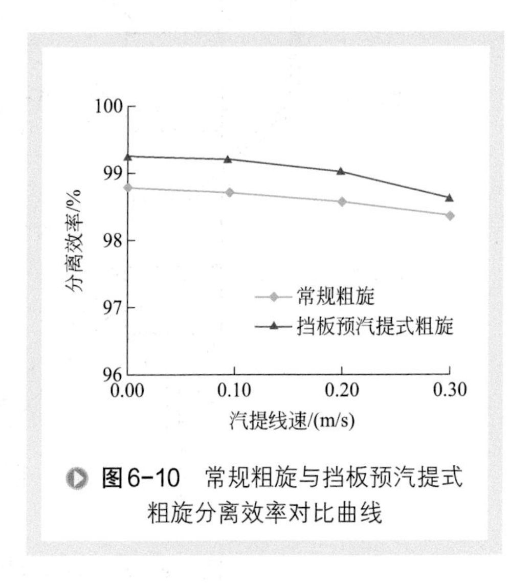

图6-10 常规粗旋与挡板预汽提式粗旋分离效率对比曲线

二、系统内压力分布的特点

图 6-11 与图 6-12 分别为常规粗旋（OCY）与挡板预汽提式粗旋（CCY）系统内的压力分布曲线。线上代号中 OCY（CCY）-1A、OCY（CCY）-2A、OCY（CCY）-3A、OCY（CCY）-4A、OCY（CCY）-5A 分别代表粗旋入口气速为 5.2m/s、6.9m/s、9.3m/s、14.2m/s、18.4m/s 时的工况。针对粗旋入口气速大于 6.9m/s 工况，根

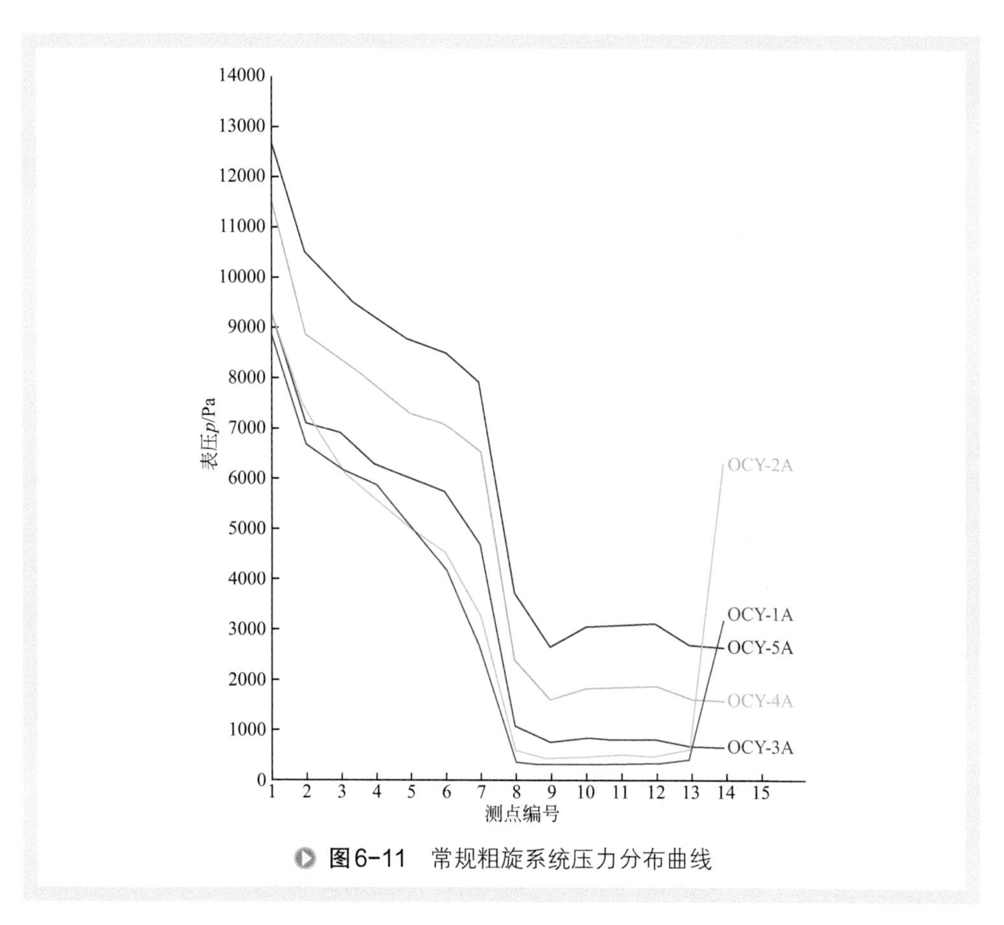

图6-11　常规粗旋系统压力分布曲线

据实验结果可以得出几个重要结论：

① 测点9以前的线段，两者十分相似；而且两者的压降 p_8-p_9 也十分接近，再次证实了实验室实验的结论，认为在粗旋下部引入少量汽提气，对粗旋压降的影响不明显。

② 测点10～14的线段，即粗旋灰斗（料腿）或预汽提器内的压力分布，两者却有明显的不同；常规粗旋灰斗（料腿）内的压力变化较平缓，而FSC系统的预汽提器内压力却是从上而下不断降低；尤其是 p_{13}～p_{14}，常规粗旋是 $p_{13}>p_{14}$，FSC却变为 $p_{13}<p_{14}$。这说明常规粗旋料腿是正压差排料，而FSC就变为负压差排料，再一次证实了开发FSC系统时的分析是正确的。

③ 从 p_9 与 p_{10} 来看，说明不论哪种粗旋，它的灰斗（料腿或汽提器顶部）内压力要高于升气管内压力，这就是常规粗旋料腿是正压差排料的原因。

④ 从 p_7 与 p_8 看，p_7-p_8 的差值很大，说明提升管出口采用目前的弯头形式是不利的，它的压降几乎是粗旋压降的4倍，一方面增加了无用的能耗，另一方面呈现出口强约束特征而使提升管内气固相分布更不易均匀，值得改进。

粗旋压降与入口线速的关系可见图6-13，它的经验回归式可写为：

图6-12 挡板预汽提式粗旋系统压力分布曲线

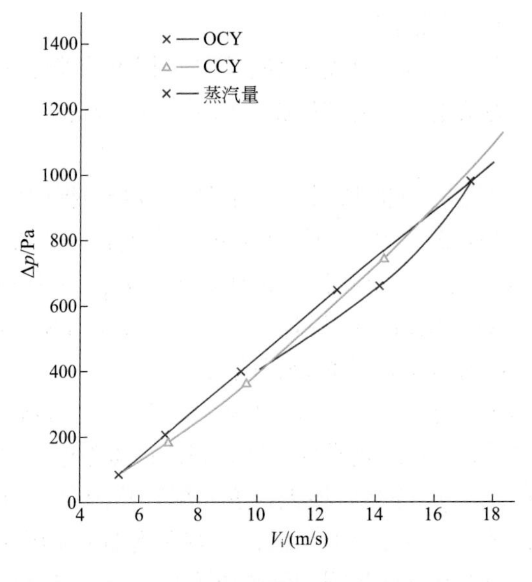

图6-13 粗旋压降与入口线速的关系

$$\Delta p=\xi_i \rho_g \frac{V_i^2}{2}$$

式中　V_i——粗旋入口气速，m/s；

ρ_g——粗旋入口气体的密度，kg/m³；

ξ_i——阻力系数，已包含入口催化剂浓度的影响，实验中回归得到 ξ_i 约为 7.8。

三、FSC系统内气体停留时间分布

向粗旋入口以脉冲的方式注入一定量的氢气，而后在不同部位处抽出气体样本，用热导池检测氢气浓度，氢气示踪测试结果如图 6-14 及图 6-15 所示。图 6-14 为不吹汽提气的情况；图 6-15 为吹入汽提气的情况，汽提器内的汽提线速为 0.318m/s；两者的粗旋入口气速均为 14m/s，入口含催化剂浓度均为 7.2kg/m³。

从 H_0 处注入氢气到 H_1 处采出氢气浓度（曲线上出现峰值）的时间间隔可以认为是主气流在沉降器系统内的停留时间，它与汽提气的引入与否关系不大。当粗旋与顶旋入口之间采用导流管连接时，可以把油气的停留时间降低到原来的 35% 左右。

根据图 6-8 上 H_3、H_4 两点检测到氢浓度的时间间隔，便可推算出粗旋下行气量所占粗旋入口总气量的比例。在常规粗旋内，这个比例大约在 20% 左右；即便在粗旋下部灰斗内吹入汽提气，也只是降低到 15% 左右，效果并不明显。在 FSC 系统内，由于灰斗改为预汽提器，内装独特设计的挡板结构，所以下行气量可大幅地减小到 8%～10%。这就为引入汽提气把催化剂颗粒间夹带的气体全部置换出来创造了良好条件。对比图 6-14 与图 6-15 可以看出，H_3 处检测到氢浓度峰值很高，而到 H_6 处，此峰值已几乎看不到了，尤其是引入汽提气后。这表明预汽提器的汽提效果是相当明显的，完全证实了 FSC 系统的特有优点，即可防止粗旋内部分油气随催化剂的排出而从料腿内流向沉降器底部。

四、FSC系统操作的稳定性及灵活性

大型冷模实验结果表明，汽提式粗旋具有参数可调范围广、操作及调节灵活、稳定可靠的优点。可从以下两个方面加以说明：

① 实验采用的粗旋入口线速范围是 5～18m/s，入口催化剂浓度范围是 3.5～26kg/m³。结果表明，在以上参数范围内操作时，汽提式粗旋的分离效率、压降等参数变化，没有大的起伏波动。开停工操作灵活简便、稳定可靠性。

② 操作中沉降器底部床层料面的变化范围为：在粗旋料腿下口的上下 1m 范围内（变化幅度为 2m）。结果表明，料面变化时粗旋性能稳定，没有较大波动。粗旋料腿下口不论是埋在床层料面以下，还是在床层料面以上，操作都很稳定，对性能无影响。

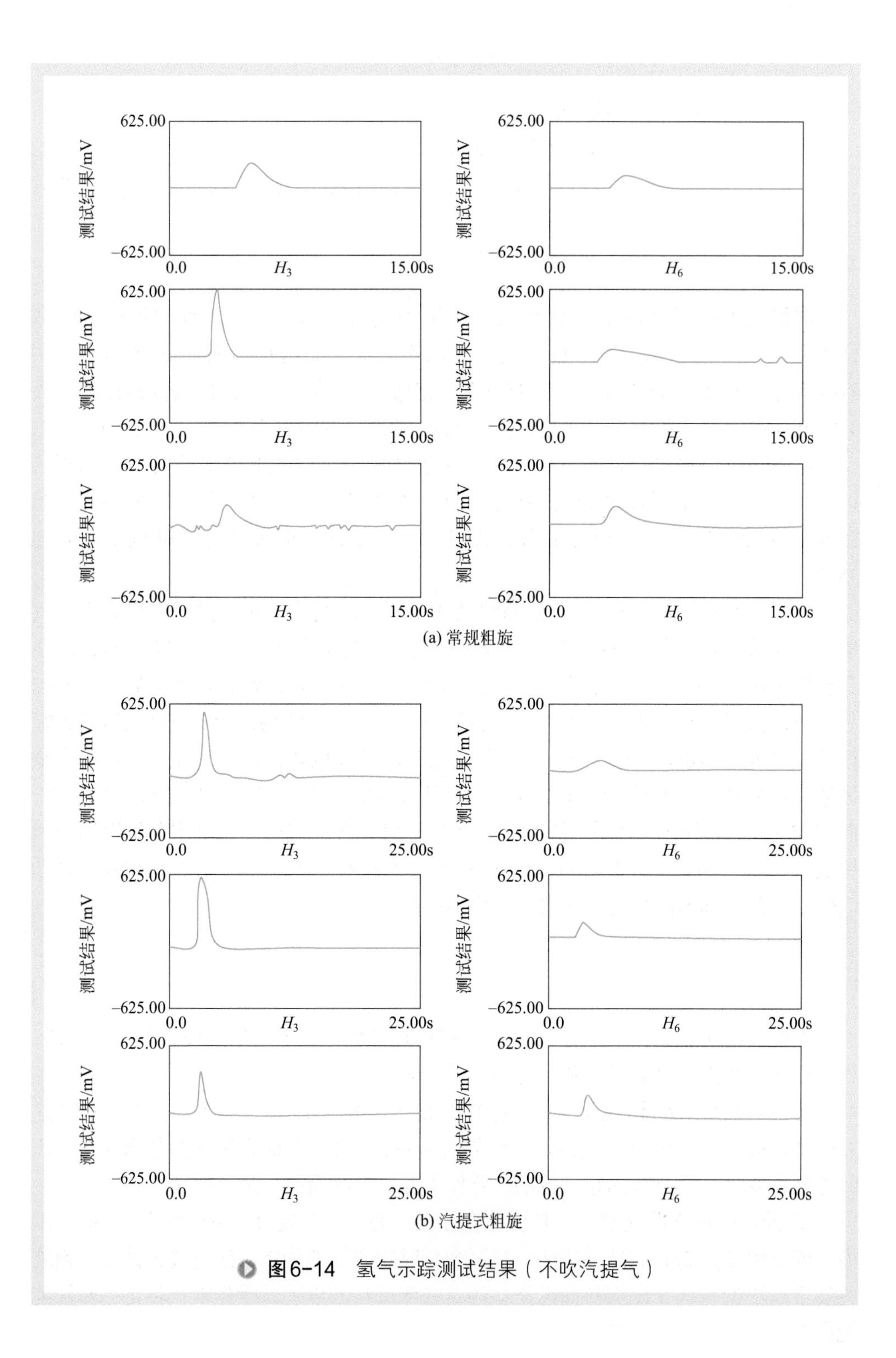

图6-14　氢气示踪测试结果（不吹汽提气）

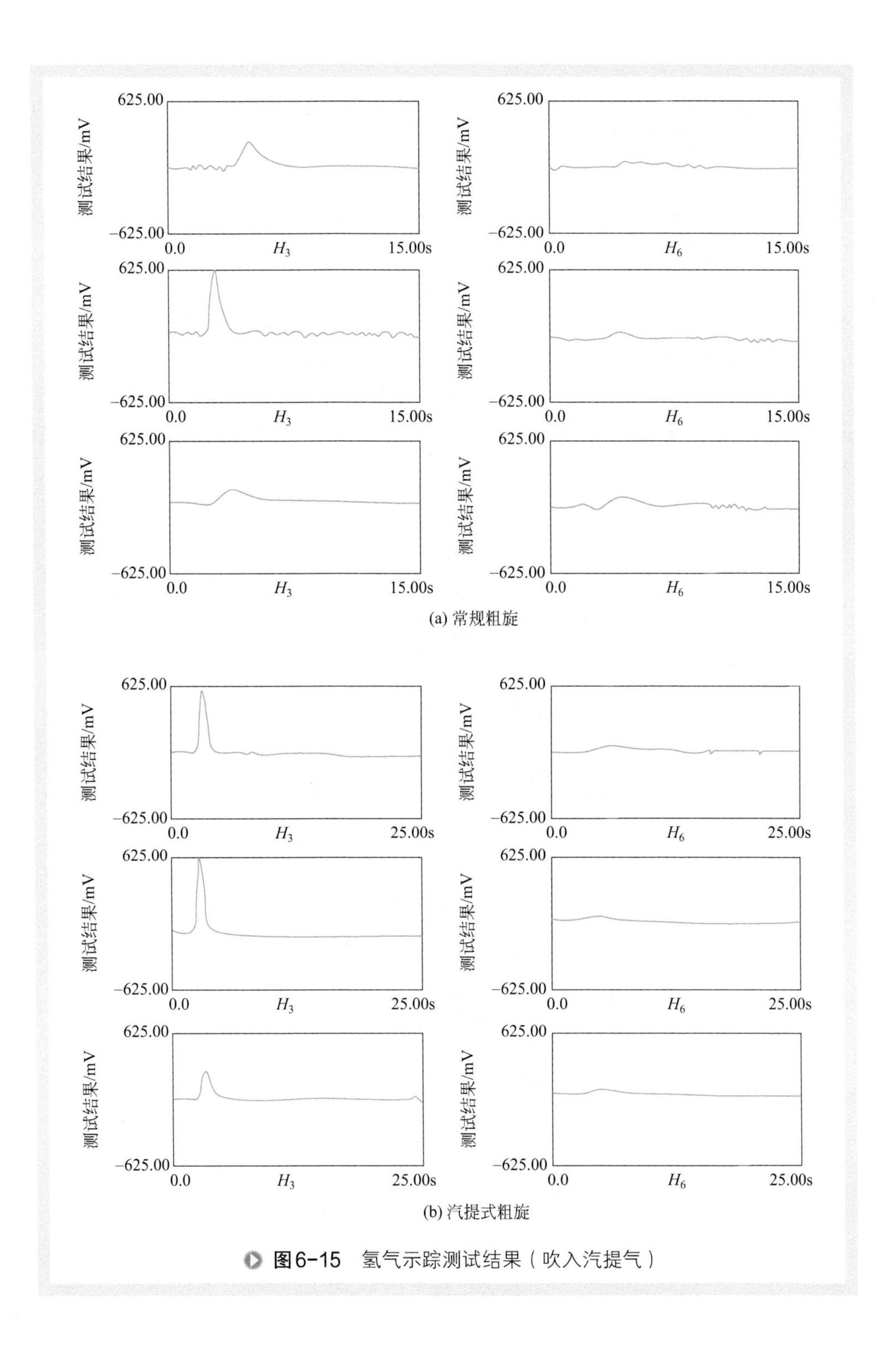

图6-15 氢气示踪测试结果（吹入汽提气）

五、大型冷模实验主要结论

大型冷模实验不仅进一步验证了实验室的结果，而且为工业试验提供了可靠的依据，主要得到以下结论：

① 汽提式粗旋不仅在分离效率上比常规粗旋略有提高，更重要的是可大大减少反应后油气的向下返混率，有效缩短了油气在沉降器内的平均停留时间，有助于减少结焦及提高轻油收率。

② 在提升管内气体线速和催化剂循环量有大幅度变化的情况下，汽提式粗旋系统仍能稳定地运行，性能变化不大，说明该系统具有良好的操作灵活性及稳定性。

③ 汽提式粗旋预汽提段内的汽提线速应控制在 0.2m/s 以内。

④ 对目前工业中常用的粗旋，只要将其下部料腿改为汽提段即可实施，改造简易，如图 6-16 所示。其中，导流管的连接有 A、B 两个方案，应用效果都很好。

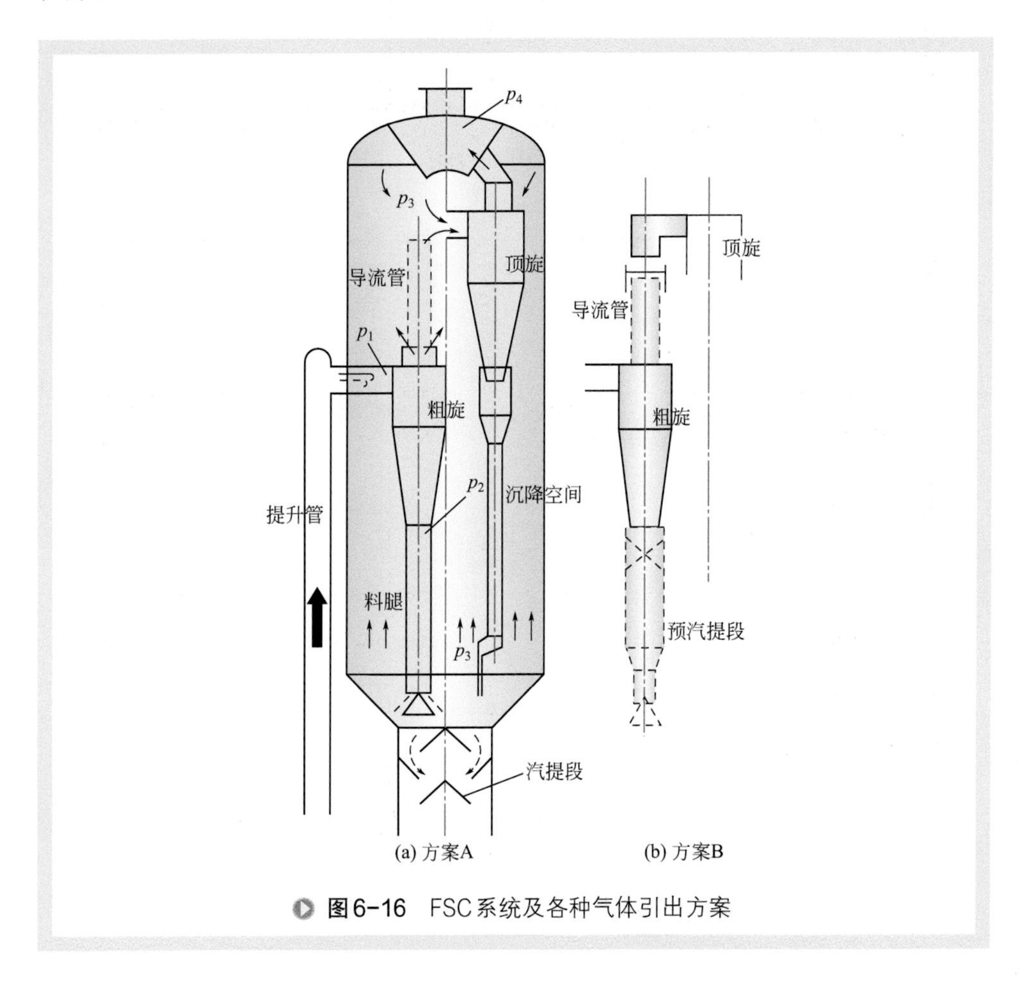

图6-16 FSC系统及各种气体引出方案

第六节 小型工业试验

一、改造方案及应用效果

大型冷模实验后，在某炼油厂的催化裂化装置对新型FSC快分系统进行了工业试验。该厂催化裂化装置是两段再生、高低并列式，加工全部常压渣油，设计加工能力15万吨/年，长期以来反应系统结焦一直困扰着装置的安全运行，装置的轻质油收率也偏低。改造时，将原来的粗旋快分更换为新型FSC快分，原来的一组两级布埃尔型顶旋改为两组单级PV型顶旋，并增加了顶旋入口气体导流管，如图6-16中方案B所示。装置改造后，于1996年7月一次开车成功，并没有任何困难与问题。处理量增加到（19～20）万吨/年后也一切正常。运行一段时间后，于1997年4月对该装置进行了详细的标定，结果如下。

将反应-再生系统的计算结果进行汇总列于表6-2。

表6-2 反应-再生系统计算结果

序号	项目	参数值	
		改造前（18.75t/h）	改造后（23.6t/h）
1	总主风量/（m^3/h）	17640	20225
2	二密风量/（m^3/h）	2238	3400
3	外取热器用风量/（m^3/h）	1197	1060
4	烧焦罐用风量/（m^3/h）	14205	15765
5	焦炭产量/（kg/h）	1540.6	1766
6	焦炭产率（质量分数）/%	8.15	7.48
7	耗风指标/（m^3/kg）	12.03	11.45
8	烟风比	1.034	1.035
9	总转化率/%	76.89	70.95
10	回炼比	0.298	0.284
11	气转比	0.230	0.198
12	焦转比	0.104	0.105
13	H_2/CH_4	0.72	0.36
14	轻油收率/%	72.6	75.48
15	催化剂循环量/（t/h）	150	165
16	剂油比	6.12	5.43
17	二密藏量/t	8	8.5

续表

序号	项目	参数值	
		改造前（18.75t/h）	改造后（23.6t/h）
18	烧焦罐藏量 /t	9	9
19	外取热器藏量 /t	2	1
20	沉降器藏量 /t	6	6
21	沉降器汽提段密度 /（kg/m^3）		430
22	二密密度 /（kg/m^3）		570
23	烧焦罐密度 /（kg/m^3）	107	160
24	外取热器密度 /（kg/m^3）	120	65
25	再生器二密线速 /（m/s）	0.09	0.163
26	再生器稀相线速 /（m/s）	0.56	0.643
27	再生一旋入口浓度 /（kg/m^3）	6.0	5.0
28	再生一旋入口线速 /（m/s）	16.97	19.46
29	再生二旋入口线速 /（m/s）	17.90	20.53
30	再生粗旋入口线速 /（m/s）	10.59	11.70
31	稀相管平均密度 /（kg/m^3）	40.9	48.7
32	烧焦罐线速 /（m/s）	0.71	0.786
33	烧焦罐烧焦强度 /［kg/（t·h）］	139	167
34	总烧焦强度 /［kg/（t·h）］	86.3	101
35	循环斜管循环剂量 /（t/h）	340	253
36	取热斜管循环剂量 /（t/h）	42	144
37	外取热器产汽量 /（t/h）	1.0	4.0
38	再生剂碳含量（质量分数）/%	0.25	0.17
39	反应进料混合温度 /℃	520	540
40	提升管入口线速 /（m/s）	7.42	8.465
41	提升管出口线速 /（m/s）	7.96	8.25
42	提升管平均线速 /（m/s）	7.69	8.33
43	反应停留时间 /s	2.8	2.59
44	沉降器顶旋入口线速 /（m/s）	15.9	20.54
45	沉降器汽提段线速 /（m/s）	0.66	0.633
46	沉降器密相线速 /（m/s）	0.10	0.094
47	沉降器快分入口线速 /（m/s）	14.52	15.46
48	提升管预提升线速 /（m/s）		2.38
49	沉降器油气停留时间 /s		
50	待生剂碳含量 /%	1.12	1.28

改造前再生/待生催化剂循环系统的压力平衡数据列于表6-3；改造后再生/待生催化剂循环系统压力平衡数据列于表6-4。改造前后系统的压力分布情况分别如图6-17和图6-18所示。

表6-3　改造前再生/待生催化剂循环系统压力平衡数据

系统	作用力	项目	数值/kPa	作用力	项目	数值/kPa
再生	推动力	再生器顶压（表）	125.0	阻力	沉降器顶压（表）	130
		二再稀相静压	0.6		提升管压降	19.6
		二再密相静压	7.3		沉降器稀相静压	0.5
		再生斜管静压	68.8		粗旋压降	4.6
					再生滑阀压降	47.0
		合计	201.7		合计	201.7
待生	推动力	沉降器顶压（表）	130	阻力	再生器顶压（表）	125
		沉降器稀相静压	0.9		二再稀相静压	0.5
		沉降器密相静压	1.8		二再粗旋压降	5.1
		汽提段静压	26.2		稀相管静压	5.17
		待生斜管静压	19.1		烧焦罐静压	11.5
					待生滑阀压降	30.8
		合计	178		合计	178

表6-4　改造后再生/待生催化剂循环系统压力平衡数据

系统	作用力	项目	数值/kPa	作用力	项目	数值/kPa
再生	推动力	再生器顶压（表）	100.92	阻力	沉降器顶压（表）	98.22
		二再稀相上部静压	0.87		顶部旋风分离器压降	10.12
		二再稀相下部静压	0.94		气体导流管压降	0.55
		二再密相静压	14.01		粗旋压降	3.55
		再生斜管静压	81.81		提升管总压降	6.26
					预提升段静压	40.28
					再生滑阀压降	39.57
		合计	198.55		合计	198.55
待生	推动力	沉降器顶压（表）	108.89	阻力	再生器顶压（表）	100.92
		沉降器稀相静压	2.0		二再稀相上部静压	0.87
		汽提段上部静压	29.03		二再粗旋压降	3.5
		汽提段下部静压	11.90		稀相管静压	6.07
		待生斜管静压	9.21		烧焦罐静压	18.41
					待生滑阀压降	31.26
		合计	161.03		合计	161.03

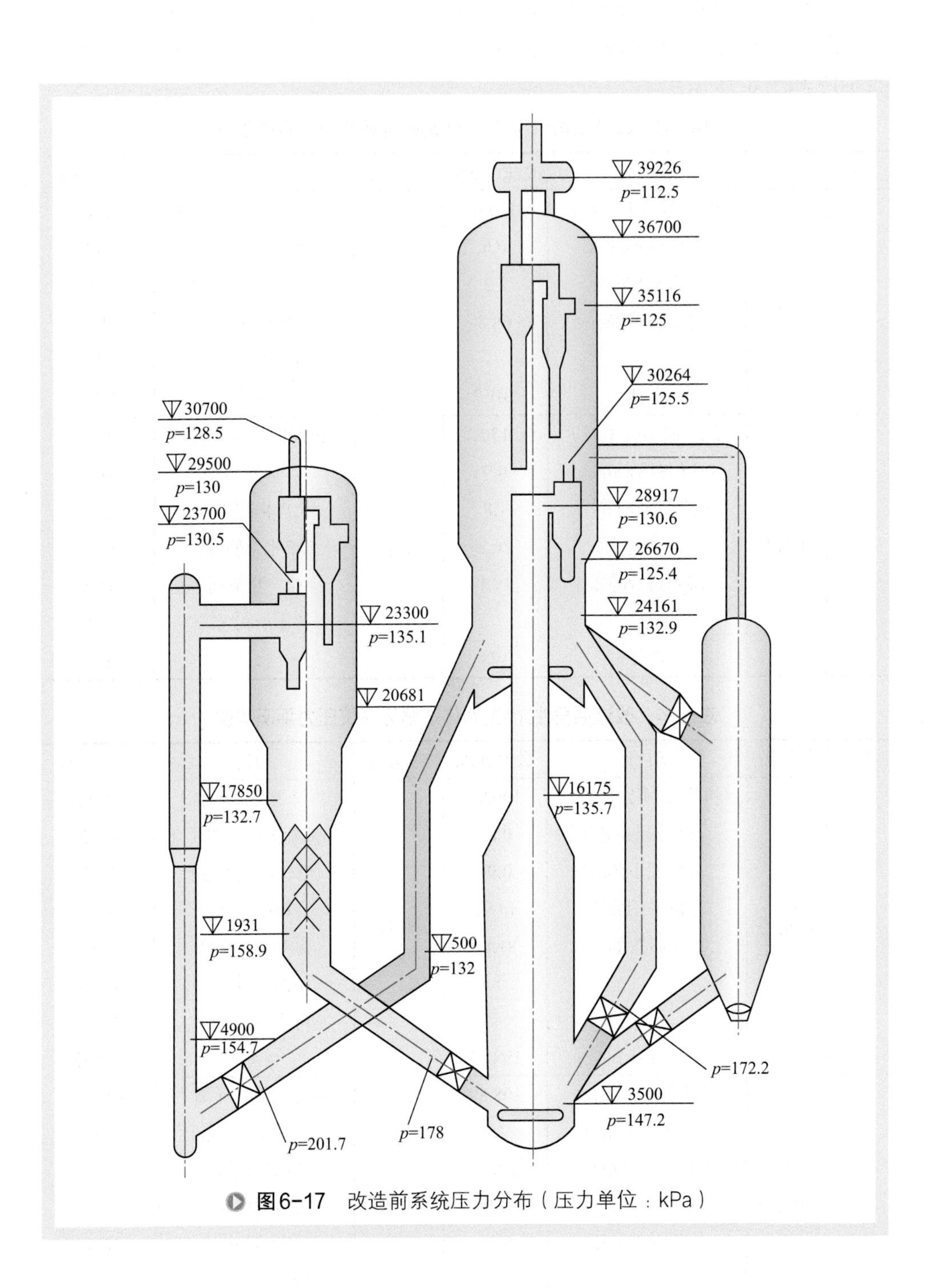

图6-17 改造前系统压力分布（压力单位：kPa）

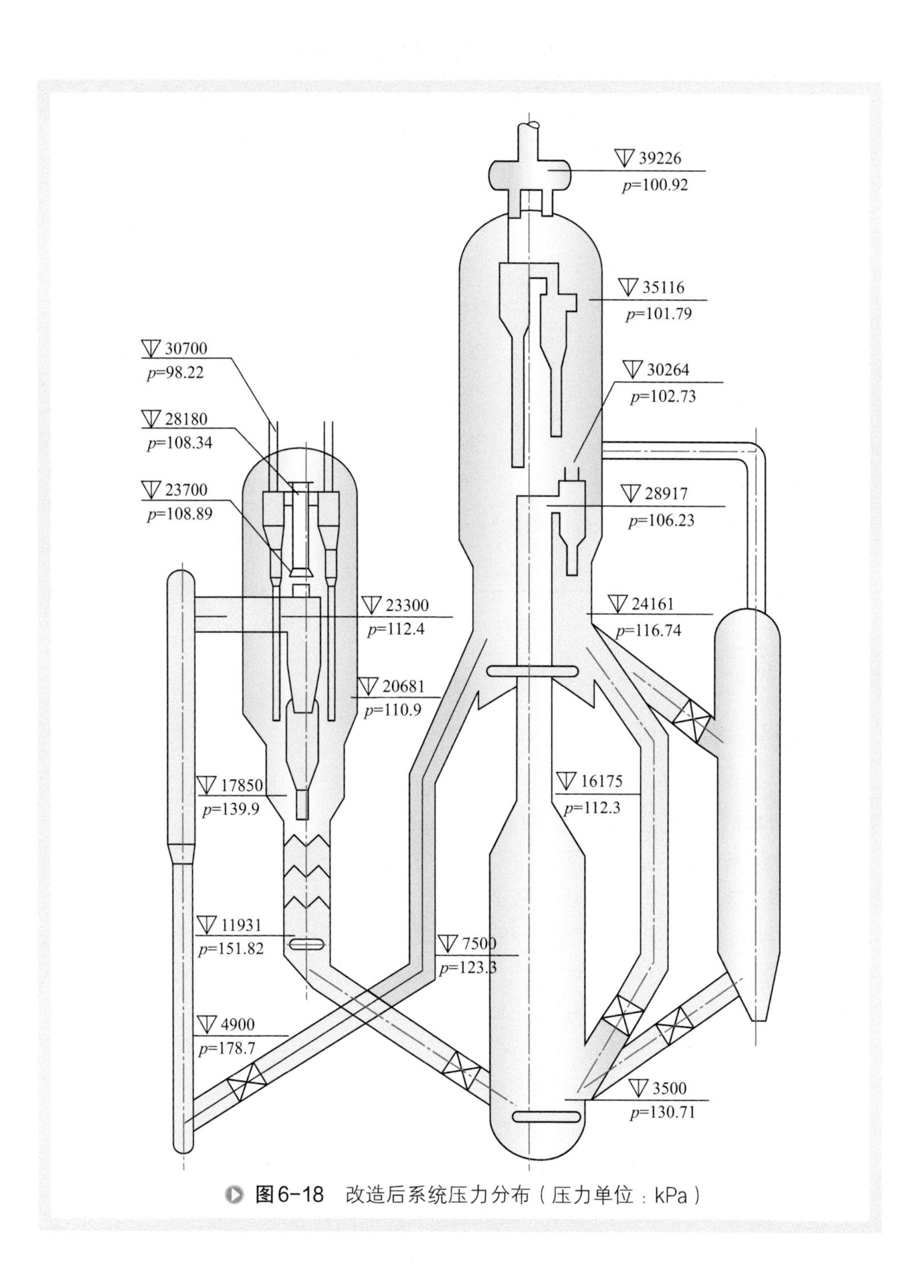

图6-18　改造后系统压力分布（压力单位：kPa）

改造前后装置的产品分布情况如表6-5所示。

表6-5 改造前后装置的产品分布情况

序号	项目名称	改造前		改造后	
		流量/(kg/h)	收率(质量分数)/%	流量/(kg/h)	收率(质量分数)/%
1	常渣	18902	100	23605	100
2	干气	1350	7.15	1218	5.43
3	液化气	1722	9.11	2032	8.61
4	汽油	9629	50.94	11668	49.43
5	柴油	4094	21.66	6149	26.05
6	焦炭	1540	8.15	1766	7.48
7	C_3(占LPG)		20.74	11.458	23.49
8	$\sum C_3$(占LPG)		40.13	18.142	37.21
9	催化剂	CRC-1：RHz-200=1：2		RHz-200	
10	反应温度	500℃		510℃	

二、技术分析

1. 原料与产品分析

该装置生产汽柴油，原料为大庆常压渣油，原油密度853.4kg/m³。常压原油加工量为33.04t/h，催化常压渣油处理量为23.6t/h。

从标定结果看，改造后装置轻油收率为75.48%，比改造前提高2.88个百分点；液化气收率为8.61%，比改造前降低0.5个百分点；干气产率为5.43%，比改造前降低1.72个百分点；焦炭产率为7.48%，比改造前降低0.67个百分点。此外，液化气中$C_3^=$的含量有所增加，形成了比较理想的产品分布。分析其原因，主要是新型挡板预汽提式粗旋快分（FSC）的使用有效缩短了油气在沉降器内的停留时间，改善了催化剂的汽提效果，减少了不必要的二次裂化反应，使生焦率降低，轻油收率提高。另一方面，提升管出口温度由500℃提高到510℃，且油气在提升管内停留时间有所缩短，这些都对产品分布起到了一定的有利影响。

2. 反应-再生系统操作状况分析

在该装置的一个生产周期内，反应-再生系统操作正常。再生器一级、二级旋风分离器的入口气体线速分别为19.46m/s和20.53m/s，再生器粗旋入口线速为11.70m/s，均比前一周期有所提高。入口线速提高后，旋风分离器的分离效率随之提高，催化剂单耗明显下降。

沉降器粗旋入口线速为 15.64m/s，顶旋入口线速为 20.54m/s，气体导流管内的气体线速为 12.38m/s。整个旋风分离系统的分率效率较高，油浆中的固体含量一直保持在 1.6g/L 以下。

提升管入口线速为 8.41m/s，出口线速为 8.25m/s，油气在提升管内停留时间为 2.59s。由于装置处理量的增加，油气在提升管内的停留时间比以往缩短 0.2s。

分析表明，再生催化剂碳含量为 0.17%，比改造前降低 0.08 个百分点。

从装置停工后的检修情况看，反应系统的结焦比上一周期有所减少，而且焦质松软，易于清扫，即使在运行当中脱落，也不会造成卡死或堵塞，这对装置的安全生产是有利的。

装置改造后，由于增加了一级汽提段，汽提蒸汽的耗量略有增加，但增加的量很少，只占装置处理量的 0.89%。改造后，沉降器下部床层汽提用汽量可以适当减少，以此可使总的汽提蒸汽量保持不变，装置的运行费用不会增加。

从压力测量结果看，两器（反应器、再生器）系统各部的压力分布和密度分布均处于正常范围，两器系统流化正常。沉降器采用新的旋分系统后，没有给系统的操作带来任何不便。改造后标定过程中，装置的处理量为正常设计值的 126%，表明新的系统具有较好的操作弹性。

三、小型工业试验主要结论

通过小型工业试验，发现采用新型 FSC 快分系统后，装置的性能有所提高，具体体现为以下几个方面。

（1）产品分布大有改善 改造后装置的轻油（汽油与柴油）收率达到 75.48%，比改造前提高 2.88 个百分点；液化气收率为 8.61%，比改造前降低了 0.5 个百分点；干气产率为 5.43%，比改造前降低了 1.72 个百分点；焦炭产率为 7.48%，比改造前降低了 0.67 个百分点。

（2）装置操作弹性良好 装置处理量从原设计的 15 万吨 / 年（即 18.75t/h）提高到 19～20 万吨 / 年（即 23.6t/h），操作十分平稳，油浆固含量一直维持在 1.6g/L 以下，情况良好。再生部分烧焦完全，再生剂的定碳为 0.17%，比改造前降低了 0.08 个百分点。汽提用蒸汽的耗量略有增加，但增量所占比例很小，装置的运行费用基本没有增加。装置开停工顺利，无特殊要求。

（3）沉降器内结焦大为减少 运行一个周期后进行检查，器内顶部虽仍有结焦，但结焦量大幅降低，且基本只有疏松浮灰状的焦，易于清扫，不会给装置的正常运行带来威胁。

（4）装置改造简便 工作量小，费用低，改造后获得的经济效益十分可观。

第七节 工业应用实例——某石化公司100万吨/年掺渣催化裂化装置

某石化公司催化裂化装置是1987年投产的，以高含蜡沈北原油和大庆原油的减压馏分油为原料，再生方式为烧焦罐快速床带二密相完全再生的同高并列式装置。为增加掺渣率、提高汽油辛烷值、增产柴油、回收低温热、节能降耗和增加效益，于1997年9月对装置进行改造[4]。将提升管出口气固快分由常规粗旋改为新型挡板预汽提式粗旋快分（FSC）是本次改造的主要内容之一，与此同时，反再部分主要改动项目还包括：更换LPC喷嘴为KH型；原料油喷嘴位置上移，留有5m预提升段；更换外取热器；采用汽提段改进挡板并分段汽提。装置改造后于1997年10月25日顺利投产。

一、改造后装置标定结果

标定共分为三个主要阶段。第一阶段：1997年7月、8月工况Ⅰ、Ⅱ与1998年2月27日～28日标定工况Ⅲ为改造前后、更换催化剂前的对比。第二阶段：1998年3月12日工况Ⅳ为油浆喷嘴改回到下层与原料、回炼油同进，焦炭产率有所降低。第三阶段：1998年3月23日工况Ⅴ为加入SDOP催化剂的情况，至6月4日～5日SDOP催化剂含量达60%。6月10日装置计算机出现死机现象，7月8日发现沉降器操作参数异常，判断为沉降器顶部旋风分离器升气管外壁的焦块脱落堵塞料腿。于7月9日停工抢修，同时更换了KH型扁喷嘴为KH型双头圆喷嘴。于8月20～21日SDOP催化剂达90%再次标定工况Ⅵ。

纵观改造前后效果，对比工况Ⅰ、Ⅱ与工况Ⅵ。对比常规粗旋与挡板预汽提式粗旋快分（FSC）的不同可以从工况Ⅰ、Ⅱ与工况Ⅳ、Ⅴ、Ⅵ的比较和调节FSC汽提蒸汽的试验中得到验证。

1. 物料平衡

标定（统计）各工况物料平衡见表6-6。

2. 反应部分计算结果

反应部分主要参数计算结果见表6-7，FSC及沉降器汽提段计算结果见表6-8，改变FSC汽提蒸汽量装置操作参数变化及计算结果见表6-9。

表6-6 标定（统计）各工况物料平衡

项目	工况											
	Ⅰ		Ⅱ		Ⅲ		Ⅳ		Ⅴ		Ⅵ	
组成	产量/（t/h）	产率（质量分数）/%	产量/（t/h）	产率（质量分数）/%	产量/（t/h）	产率（质量分数）/%	产量/（t/h）	产率（质量分数）/%	产量/（t/h）	产率（质量分数）/%	产量/（t/h）	产率（质量分数）/%
原料油												
新鲜原料	90.56	74.81	102.16	77.96	83.94	66.98	81.79	68.91	79.58	64.16	71.88	64.1
减压渣油	30.5	25.19	28.88	22.04	41.39	33.02	36.91	31.09	44.46	35.84	40.25	35.9
合计	121.06	100	131.04	100	125.33	100	118.7	100	124.04	100	112.13	100
产品												
干气	4.2	3.47	3.98	3.04	4.27	3.41	4.12	3.47	3.94	3.18	3.76	3.35
液化气	16.34	13.5	17.23	13.15	17.43	13.91	17.72	14.93	17.38	14.01	15.17	13.53
汽油	56.77	46.89	61.25	46.74	60.88	48.58	58.11	48.95	59.58	48.03	49.33	44
轻柴油	35.07	28.97	39.05	29.8	31.51	25.14	28.75	24.22	31.79	25.63	34.53	30.8
焦炭	8.23	6.79	8.53	6.51	9.88	7.88	8.89	7.49	9.13	7.36	7.95	7.1
损失	0.46	0.38	1	0.76	1.35	1.08	1.11	0.94	2.22	1.79	1.38	1.22
合计	121.06	100	131.04	100	125.33	100	118.7	100	124.04	100	112.13	100
转化率（质量分数）/%		71.03		70.2		74.86		75.78		74.37		69.2
气体收率（质量分数）/%		16.97		16.19		17.32		18.4		17.19		16.88
轻质油收率（质量分数）/%		75.86		76.54		73.72		73.17		73.66		74.8
液化气汽油柴油（质量分数）/%		89.36		89.69		87.63		88.1		87.67		88.3
柴汽比		0.62		0.64		0.52		0.49		0.53		0.7
气转比		0.24		0.23		0.23		0.24		0.23		0.24
焦转比		0.1		0.09		0.11		0.1		0.1		0.1
汽油辛烷值												
研究法辛烷值（RON）		88.3		88.7		90		89.7		89.2		90.3
马达法辛烷值（MON）		77.3				78.2				78.4		79

表6-7 反应部分主要参数计算结果

工况	Ⅰ	Ⅱ	Ⅲ	Ⅳ	Ⅴ	Ⅵ
沉降器顶压力 /kPa	201.0	205.2	228.8	216.0	219.2	214.9
提升管出口温度 /℃	500	501	501	498	508	508
提升管中部温度①/℃	508	510	513	513	515	531
提升管下部温度①/℃	533	550			532	560
新鲜原料油量 /（t/h）	121.058	131.043	125.326	118.699	124.040	112.125
回炼油量 /（t/h）	45.806	58.935	44.734	37.000	49.778	38.030
回炼油浆量 /（t/h）	10.310	13.097	8.053	13.000	12.916	11.970
回炼比	0.46	0.55	0.42	0.42	0.51	0.45
进料雾化蒸汽量 /（t/h）	6.095	6.580	5.539	4.942	4.556	6.290
进料雾化蒸汽率（对总进料）/%	3.44	3.24	3.11	2.93	2.44	3.88
提升管预提升段线速 /（m/s）	2.48	2.03	2.99	2.75	2.86	2.94
提升管入口线速 /（m/s）	7.46	7.99	6.28	7.01	8.16	8.46
提升管出口线速 /（m/s）	16.55	17.64	15.79	17.78	17.47	16.40
提升管平均线速 /（m/s）	11.41	12.17	10.32	11.56	12.22	12.00
提升管反应时间 /s	2.50	2.34	2.57	2.30	2.17	2.21
提升管平均密度 /（kg/m^3）	111.7	120.4			164.1	141.7
提升管空速 /h^{-1}	78.05	82.99	55.99	56.29	55.99	
提升管压降 /kPa	30.04	32.39			44.14	38.12
提升管体积处理量 /[t/（m^3•h）]						
对新鲜原料	5.53	5.98	6.17	5.61	6.10	5.52
对总进料	8.09	7.95	8.76	8.07	9.19	7.98
催化剂循环量 /（t/h）	891	899	807	791	932	904
剂油比	4.97	4.43	4.53	4.82	5.01	5.58
单程转化率（质量分数）/%	48.00	45.29	52.72	52.63	49.59	47.72
总转化率（质量分数）/%	71.03	70.20	74.86	75.78	74.37	69.20
每公斤新鲜原料反应热 /（J/kg）	226.47	119.29	249.04	242.39	389.80	175.85
沉降器稀相线速 /（m/s）	0.63	0.64	0.63	0.68	0.66	0.62
沉降器顶旋入口线速 /（m/s）	22.54	22.80	22.44	23.83	23.43	22.17
沉降器顶旋压降 /kPa		7.46	6.42		7.14	7.09
待生斜管催化剂密度 /（kg/m^3）	670		468	539	549	
待生滑阀压降 /kPa	37.0	29.9		21.0	28.3	26.1

① 提升管下部温度、中部温度分别在原料喷嘴上 2.47m 和 7.19m 处。

表6-8　挡板预汽提式粗旋快分（FSC）及沉降器汽提段计算结果

项目	工况					
	Ⅰ	Ⅱ	Ⅲ	Ⅳ	Ⅴ	Ⅵ
FSC 入口线速 /（m/s）			16.47	18.55	18.23	17.11
FSC 汽提蒸汽量 /（t/h）			1.2	1.2	1.2	1.2
FSC 汽提段气体表观线速 /（m/s）			0.12	0.13	0.13	0.13
FSC 汽提段催化剂质量流率 /［t/（m^2・h）］			282.04	276.45	325. 72	315.94
沉降器汽提段汽提蒸汽量 /（t/h）	4.500	2.800	3.774	4.462	4.410	4.424
沉降器汽提段催化剂停留时间 /min	1.04	1.07	1.19	1. 14	1. 03	1.06
沉降器汽提段密度 /（kg/m^3）	461	471	454	443	443	474
沉降器汽提段藏量 /t	15.5	16	16	15	16	16
沉降器汽提段催化剂质量流率 /［t/（m^2•h）］	126.11	127.25	111.23	111.96	131.92	127.95
单位循环催化剂耗总汽提蒸汽量 /（t/h）	5.05	3.11	4.68	5.64	4.73	4.89

二、应用效果

1. FSC预汽提效果显著[3]

标定期间，在工况Ⅵ标定后又进行了近乎关闭 FSC 的汽提蒸汽阀的试验。装置参数未做任何调节，但装置各部分自动平衡。观察停供该蒸汽对装置的影响。虽然时间很短，仅 1h（每 5min 记录一次），阀也没有全关闭（避免停汽时间长该蒸汽管喷孔被催化剂倒灌堵塞），但已看出影响不小。

随着不断关阀，开始时装置参数很少变化，说明该汽提蒸汽量有较大调节幅度，但随后预汽提效果突然恶化，各参数变化加剧。最直观的是再生烟气随着阀的逐渐关闭而不断变化，过剩 O_2 含量逐渐变少，CO_2 逐渐增多；外取热器产蒸汽量不断增加，从 19t/h 增加到 24t/h。经计算，装置烧焦量从 8620kg/h 上升到 8713kg/h，增加1.08%，烧焦放热增加4820MJ/h，自动平衡给循环催化剂的热量减少9250MJ/h，共从外取热器多取出热量 14×10^3MJ/h，多产蒸汽量 5t/h。少供约 1t/h 预汽提蒸汽，焦炭氢碳比增加 0.21 个百分点，相当于多烧掉烃类 93kg/h。

2. 可汽提焦明显减少

装置改造后焦炭产率明显减少，其中一大部分是来自可汽提焦的减少，虽是多种新技术、新催化剂共同作用的结果，但 FSC 的使用和沉降器汽提段改进的作用功不可没，其作用是显而易见的。

表6-9 改变FSC汽提蒸汽量装置操作参数的变化及计算结果

项目	操作参数		全开	几乎全关闭	增减 /%
再生器热平衡部分计算数据	FSC 汽提蒸汽量①/(kg/h)		1200	基本关闭	
	再生器烧焦量②/(kg/h)		8620	8713	+1.08
	烧氢量②/(kg/h)		281	301	+7.12
	烧炭量②/(kg/h)		8339	8412	+0.88
	H/C②		3.37	3.58	+6.23
	烧焦放热量③	/($\times 10^3$MJ/h)	317.54	322.36	+1.52
		/($\times 10^4$kcal/h)	7583.86	7699.09	
	再生器压力 /kPa		215.4	215.9	
	主风量（标准状态）/(m^3/h)		92650	92540	
	二密相风量（标准状态）/(m^3/h)		5109	5034	
反应/再生部分主要操作数据	烧焦罐上部温度 /℃		688	687	
	二密相温度 /℃		709	707	
	二密相料位 /%		22	24	
	烧焦罐密度 /(kg/m^3)		171	169	

项目	操作参数		全开	几乎全关闭	增减 /%
再生器热平衡部分计算数据	每公斤焦炭放热量③	/(MJ/kg)	36.84	37.00	+0.43
		/(kcal/kg)	8798	8836	
	外取热器产蒸汽量 /(t/h)		19	24	+26.30
	给循环催化剂净热	/($\times 10^3$MJ/h)	175.35	166.10	−5.18
		/($\times 10^4$kcal/h)	4183.98	3967.14	
	催化剂循环量 /(t/h)		798	757	−5.14
	雾化蒸汽量 /(t/h)		5.44	5.44	
	汽提蒸汽量 /(t/h)		4.1	4.4	
	FSC 汽提蒸汽量 /(t/h)		全开 1.2	基本关闭	
反应/再生部分主要操作数据	提升管出口温度 /℃		509	508	
	提升管中部温度 /℃		535	532	
	提升管下部温度 /℃		610	610	
	提升管底部温度 /℃		705	698	

续表

项目	操作参数		全开	几乎全关闭	增减 /%
反应 / 再生部分主要操作数据	二密相密度 /（kg/m^3）		537	582	
	外取热器产汽量 /（t/h）		19	24	
	再生烟气分析（体积分数）	CO_2/%	17.7	17.9	
		CO/%	0	0	
		O_2/%	1.9	1.6	
	新鲜原料量 /（t/h）		73.09	72.90	
	减压渣油量 /（t/h）		43.95	43.98	
	回炼油量 /（t/h）		42.90	42.59	
	回炼油浆量 /（t/h）		15.41	14.97	
	总进料量 /（t/h）		151	150.92	
	预提升干气量 /（kg/h）		1459	1472	

项目	操作参数			全开	几乎全关闭	增减 /%
反应 / 再生部分主要操作数据	原料预热温度 /℃			230	229	
	集合管原料混合温度 /℃			253	253	
	沉降器压力 /kPa			211.7	213	
	FSC 汽提蒸汽量 /（t/h）		全开 1.2	基本关闭		
	提升管温度 /℃	出口	509	508		
		中部	535	532		
		下部	610	610		
		底部	705	698		
	原料预热温度 /℃			230	229	
	集合管原料混合温度 /℃			253	253	
	沉降器压力 /kPa			211.7	213	

① 操作参数摘录自现场计算机显示器。调节 FSC 预汽提蒸汽量时装置未做任何调整，各参数自动变化。

② FSC 汽提蒸汽量测量只有 2 个 ϕ15mm 限流孔板，无流量表。限流孔板前、切断阀后无压力表，关切断阀后无法算出蒸汽量。

③ *DN*50 切断阀关剩 3 扣（含虚扣）。为避免全关闭后催化剂倒流堵塞蒸汽管，只能短时间调节试验。

3. 气固分离效率高，负压排料效果好

FSC 较三叶型等分离器的效率高，可达 98% 以上。与常规的旋风分离器效率相同。其催化剂排料方式却由常规粗旋分离器的正压排料变成负压排料从而减少了烃类被携带下来的质量，减少了烃类过裂化损失。

4. 反应产物在沉降器中停留时间缩短

从提升管出口到沉降器旋风分离器入口改为“紧连”形式，使反应产物的停留时间从 10～20s 缩短到 5s 以下，减少了热裂化等二次反应，改善了产品分布。

5. 开停工容易

开停工无需特别措施，未出现跑催化剂等事故。FSC 升气管与沉降器顶旋入口采用“紧连”开放结构和 FSC 汽提蒸汽采用限流孔板来限制蒸汽流量，不必担心预汽提线速超高时 FSC 效率下降而跑催化剂。

6. 沉降器顶及沉降器汽提段上部等处无异常结焦[5]

在装置抢修过程中检查沉降器发现，除在顶部旋风分离器、FSC 顶板、支架等处沉积有少量催化剂外，无其他异常结焦。

三、经济效益分析

该装置反应-再生系统改造总投资 480 万元，其中 FSC 改造设备费 92.33 万元。因无法单独算出 FSC 改造获得的效益，只能将装置改造前后对比，计算改造后增加掺渣率和汽油辛烷值的提高量。

① 多掺炼减压渣油。改造前后掺渣率从 22%～25% 增加到 35.9%，约增加 11 个百分点。按装置处理量 100 万吨 / 年计，每年多掺炼减压渣油 11 万吨。据统计，该厂焦化装置加工单位原料油利润 127.50 元 / 吨，催化裂化装置加工（按 40% 掺渣率计算）单位原料油利润 279.20 元 / 吨，利润差为 151.70 元 / 吨，则催化裂化每年多掺炼减压渣油增效 1668.70 万元。

② 汽油辛烷值提高。改造前后催化裂化汽油研究法辛烷值从 89.1 提高到 90.3，抗爆指数从 83.35 提高到 84.65。当年汽油出厂价为 93 号无铅 2067.52 元 / 吨，90 号无铅 1840.17 元 / 吨，70 号（马达法）无铅 1668.70 元 / 吨。100 万吨 / 年装置年汽油产量 46.82 万吨，每年因辛烷值提高而获利 $46.82 \times (90.3-89.1) \times 60=3371.04$ 万元（按当时汽油辛烷值每提高一个单位增值 60 元估算）。

上述两项每年共增加经济效益 5039.74 万元。

参考文献

[1] 卢春喜，时铭显 . 国产新型催化裂化提升管出口快分系统 [J]. 石化技术与应用，2007, 25 (2): 142-146.

[2] 刘梦溪，卢春喜，时铭显 . 我国催化裂化后反应系统快分的研究进展 [J]. 化工学报，2016, 67 (8): 3133-3145.

[3] 刘为民，边兴福，魏树伟 . 挡板汽提式粗旋风分离器的工业应用 [J]. 炼油设计，2000, 30 (3): 45-47.

[4] 曹占友，卢春喜，时铭显 . 新型汽提式粗旋风分离系统的研究 [J]. 石油炼制与化工，1997 (03): 47-51.

[5] 赵岚 . 辽河石化催化沉降器旋分系统结焦事故分析与处理 [D]. 青岛：中国石油大学（华东），2012.

第七章

带有密相环流预汽提式粗旋快分技术

第一节 CSC系统设计原理

FSC 系统是将预汽提挡板与粗旋快分相耦合，通过对催化剂进行预汽提来减少油气在沉降器内的返混。工业应用结果表明，这种快分不仅运行安全可靠、分离效率高，而且可以提高装置的轻质油品收率。这说明在快分系统中对催化剂进行预汽提，不仅是可行的，而且是十分有意义的。

但 FSC 系统也存在着一定的不足，其下部预汽提器采用的是多层环形挡板结构，催化剂在预汽提器内以薄层稀相洒落的方式流动，汽提效率有待进一步提高。此外，环形挡板预汽提器的结构较为复杂，不便于检查和检修。

为了克服上述不足，中国石油大学（北京）经过多年研究，在 FSC 系统的基础上开发出带有密相环流预汽提式粗旋快分（circulating stripping cyclone，CSC）系统[1,2]。其主要设计原理是将粗旋下部的挡板式预汽提器改为一个密相环流式预汽提器，通过改变内外环的汽提蒸汽量来调整内外环的密度差，使催化剂在内外环之间形成密相环流流动，以实现降低蒸汽用量、提高汽提效率的目的，同时使预汽提器的结构大大简化。

第二节 CSC系统结构及特点

CSC 系统结构如图 7-1 所示，主要由三部分组成：①优化结构尺寸的粗旋风分离器；②带中心下料管的密相环流预汽提器；③承插式（或开式直连）导流管气体快速引出装置。因此，CSC 系统具有以下主要特点：

（1）气固分离效率高 在适宜的预汽提气量下该系统的分离效率可达到 99.5% 以上。由于增设了密相环流预汽提器，改变了原常规粗旋系统的压力分布，使其料腿由原来的正压差排料变为负压差排料，基本消除了提升管出口部分油气的向下返混。

（2）可有效降低外取热器的取热负荷[3] 由于预汽提器改用了密相环流新技术，可使催化剂在环流流动过程中多次与新鲜的预汽提蒸汽相接触，实现了在较小的预汽提蒸汽用量下获得很高汽提效率的目的，使带入再生器的可汽提焦大大降低。

（3）提高了目的产品的收率[4] 采用合理的油气快速引出结构，油气停留时间由常规的 15～20s 缩短到 5s 以下，减少了油气在沉降器内的扩散、滞留和结焦。同时，具有较好的操作弹性和操作稳定性，当提升管线速和催化剂循环量发生较大幅度变化时，该系统仍能稳定运行，油浆固体含量维持在较低水平。

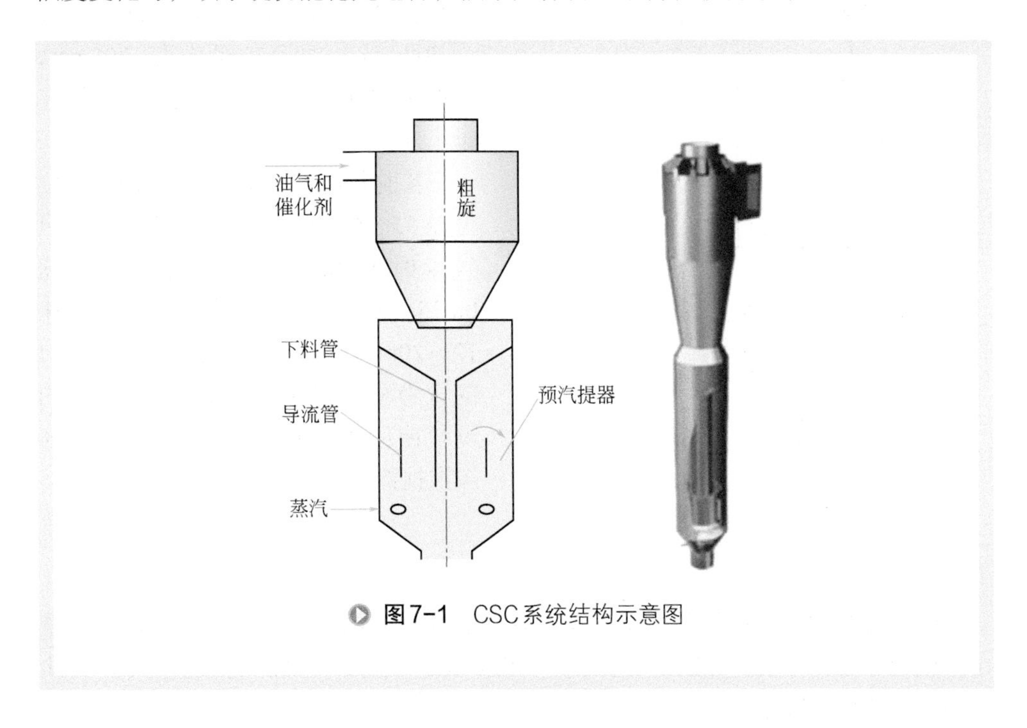

图7-1 CSC系统结构示意图

第三节 密相环流预汽提器的性能与结构优选

为了系统考察 CSC 系统的性能，首先需要对该系统中最关键的新技术——“密相环流预汽提器”的性能进行详细研究，并进行结构的优选。

一、实验装置及方法

在如图 7-2 所示的冷模实验装置中，进行密相环流预汽提器的结构优选与性能实验。装置主要由密相环流预汽提器、旋流快分头、提升管、加料罐等构成。为了便于观察实验现象，预汽提器部分用有机玻璃制成。选用的提升管内径为 ϕ100mm，封闭罩的直径为 ϕ400mm。

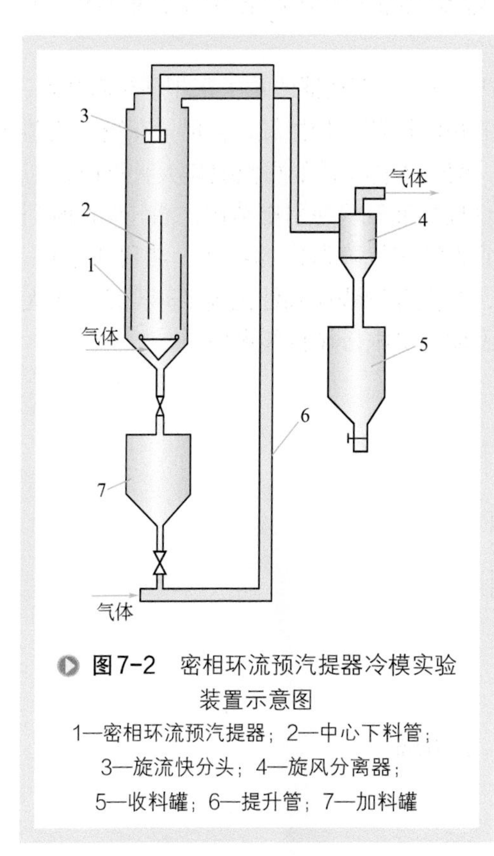

图7-2 密相环流预汽提器冷模实验装置示意图

1—密相环流预汽提器；2—中心下料管；3—旋流快分头；4—旋风分离器；5—收料罐；6—提升管；7—加料罐

共试验了 7 种预汽提器结构。这些结构的内、外筒体尺寸都是一样的。它们的外筒直径均为 ϕ400mm，高度为 700mm；内筒直径均为 ϕ300mm，高度为 620mm。这几种结构的差别在于下部锥体构造的不同。

实验用物料为 FCC 平衡剂，中位粒径 55～60μm。实验中，内环汽提风线速 0.15～0.35m/s，外环汽提风线速 0.025～0.075m/s，提升管内气体线速 12～20m/s。通过测定内、外环沿轴向的压力和密度分布以及内、外环间的颗粒循环速度来分析不同结构密相环流汽提器的流动性能。

二、实验结果及分析

通过对 7 种结构的环流性能实验，以内、外环底部压差为考核指标，此压差小，说明环流能力强。如图 7-3 所示，结构 6 和 7 中内、外环底部压差较小，因此结构 6 和 7 是优选方案。

图 7-4 给出了在使用优选结构 7 时，内、外环床层的平均密度随内、外环表观汽提线速的变化情况。由该图可以看出，在这种结构中，三种外环气速下，外环床层的平均密度都在 660kg/m³ 左右。内环平均密度则随内环气速的加大而变小，一般在 610～560kg/m³ 间变化，随外环速度的变化较小。所以外环气速一般只需保证稳定流化即可，而用调节内环气速的方法来调节内、外环的密度差，依靠密度差的变化来调节内、外环间的环流强度，操作是较为简便灵活的。

6 和 7 两种结构的内、外环底部压差只有 100～200Pa。若以内环气速 0.2m/s 为准，此时内、外环平均密度之差为 40～60kg/m³，外环的床层高只需 0.5～0.33m，可见这种密相环流汽提器的结构简单、尺寸不大，调节方便，是适合于工业应用的。

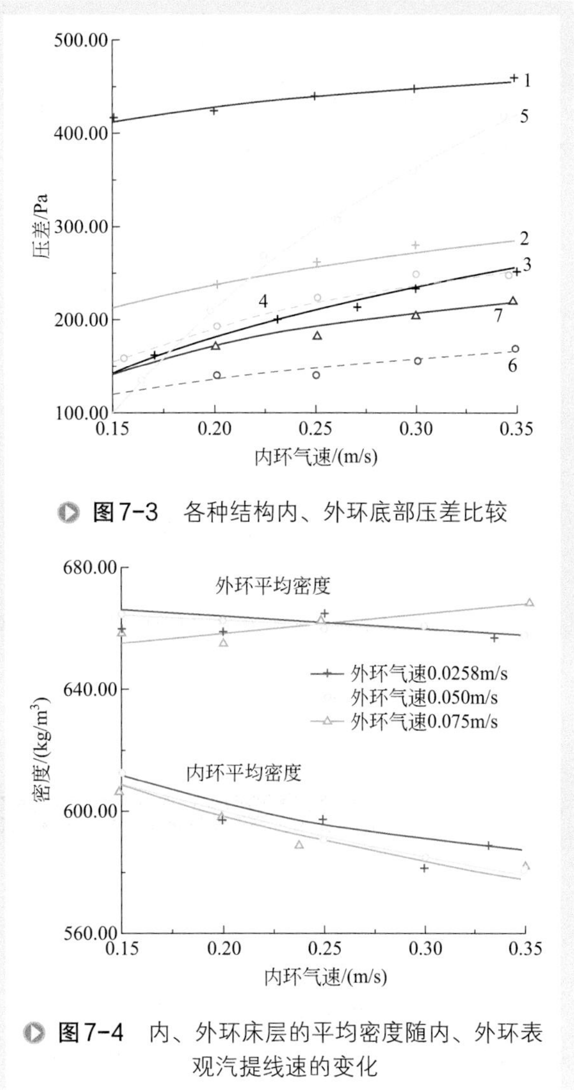

图 7-3　各种结构内、外环底部压差比较

图 7-4　内、外环床层的平均密度随内、外环表观汽提线速的变化

在结构 7 中，用颗粒示踪及录像技术，测出外环颗粒的平均下行速度，从而算得环流强度。结果表明，当内环气速低于 0.2m/s 时，外环需有一定气体通入（例如保持外环气速在 0.025～0.03m/s），才可保证稳定的环流。若内环气速高于 0.2m/s，外环气速即使为零，环流也可稳定。实测的外环催化剂颗粒平均下行速度见图 7-5，它主要随内环气速的增加而增大，大致在 0.2～0.34m/s 之间。但当内环气速大于 0.3m/s 后，此速度变化很小，可稳定在 0.32m/s 左右，此时相应的外环催化剂质量流率为 180kg/(m²·s)。提升管催化剂浓度及外环气速对环流强度的影响不大，一般环流比（环流量与系统催化剂循环量之比）可在 2～4 间灵活调节。

将图 7-5 的实验数据回归可得外环内颗粒平均下行速度的关联式：

$$\frac{U_{pd}}{U_t}=0.0144\left(\frac{V_s}{U_{mf}}\right)^{1.05} \tag{7-1}$$

式中，U_{pd} 为外环内颗粒平均下行速度，m/s；V_s 为内环表观气速，m/s；U_{mf} 为起始（或最小）流态化速度，m/s。

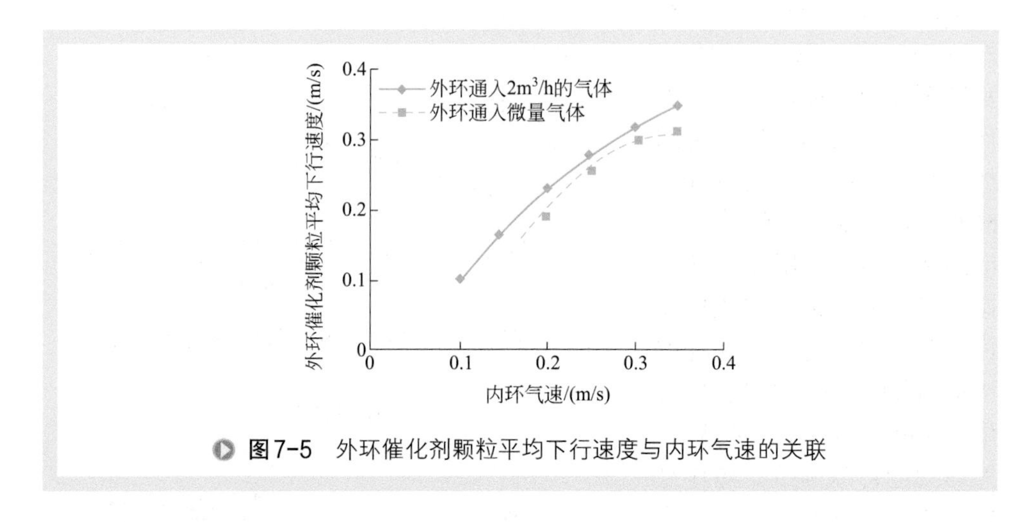

图7-5 外环催化剂颗粒平均下行速度与内环气速的关联

第四节 CSC系统大型冷模实验研究

一、实验装置及方法

为了进一步研究 CSC 系统的性能及效果，在与工业反应-再生系统循环类似的大型冷模实验装置中进行了系统研究。根据典型工业装置的提升管-沉降器-再生器循环系统建造了图 7-6 所示的三器联合循环流动实验装置。为使该预汽提器能适用于不同结构尺寸的沉降器，实验中采用了两种预汽提器料腿结构。其中一种为常用的直料腿，另外一种为 J 型料腿。

实验的工艺过程为：在流化床再生器 1 内加入一定量的催化剂，开启罗茨风机向提升管 3 通入主风，打开再生斜管 2 上的蝶阀 A，催化剂由流化床再生器 1 沿再生斜管 2 流入提升管 3。提升管 3 的顶部出口装有粗旋 4，气固混合物沿提升管上升通过粗旋后快速分离。分离下来的催化剂向下经中心下料管进入密相环流预汽提器 5，经环流预汽提的催化剂通过料腿进入沉降器 6 底部。当落入沉降器底部的催化剂达到一定料位后，打开待生斜管 7 上的蝶阀 B，催化剂由待生斜管进入流化床再生器，由此实现催化剂在三器内的循环流动。

实验主要考察粗旋快分的分离效率、气体在系统中的停留时间分布以及系统各部的压力分布等参数，用以分析 CSC 粗旋快分系统的性能和效果。

根据工业装置提升管线速为 10～16m/s 的操作状况，实验的提升管线速变化范围为 9～21m/s，以保证实验结果能覆盖工业装置的实际情况。催化剂的循环量采用计重法测定，实验中提升管出口处催化剂浓度在 7～16kg/m³ 范围内。实验介质为 FCC 平衡催化剂，平均粒径为 58.2μm，充气密度为 958kg/m³。密相环流预汽提器内环汽提线速变化范围为 0.1～0.4m/s，密相环流预汽提器外环汽提线速变化范围为 0～0.07m/s，沉降器表观气速为 0.15m/s。

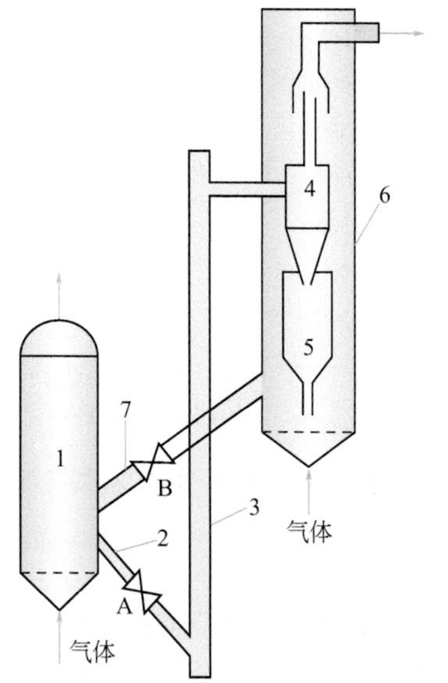

图 7-6 CSC 系统大型冷模实验[2]装置示意图
1—流化床再生器；2—再生斜管；3—提升管；4—粗旋；5—密相环流预汽提器；6—沉降器；7—待生斜管

二、CSC 系统分离效率

图 7-7 是实验测得的不同提升管线速及内环气速下粗旋快分的分离效率。粗旋快分的分离效率在实验的操作范围内随提升管线速的增加而增大，随内环气速的增加而略有降低，但降低的幅度不大，一直到预汽提线速增加到 0.4m/s 时，快分效率仍能保持在 99% 以上。说明这种快分结构具有较大的操作弹性和操作稳定性。

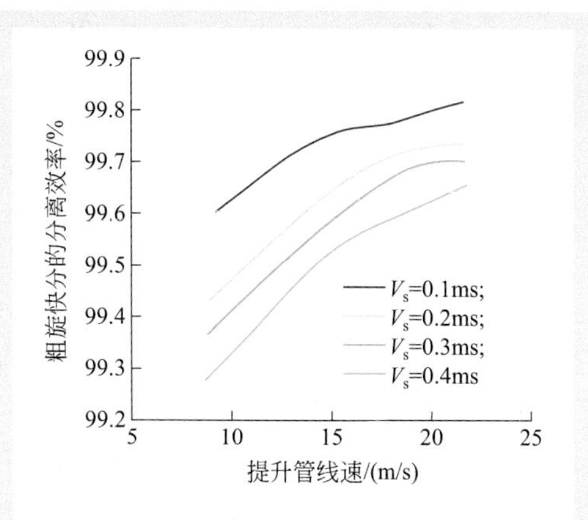

图 7-7 粗旋快分的分离效率随提升管线速及内环气速变化曲线

三、系统压力分布特征

通过对不同提升管气速、不同内环气速条件下系统内各处的密度和压力分布的测定，得到各关键部位的压力分布如图 7-8 所示。图中的 p_2−p_3 为提升管上部（包括直角弯）的压降，p_3−p_7 为粗旋压降，p_7−p_5 为导流管压降，p_8−p_7 代表粗旋的灰斗与料腿出口的压差。

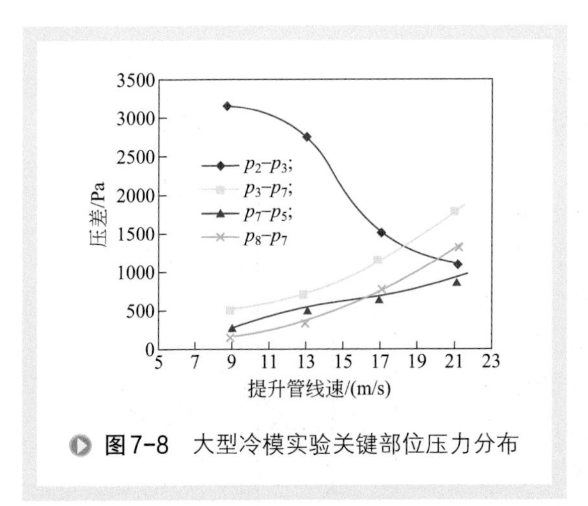

图7-8　大型冷模实验关键部位压力分布

由图 7-8 可以看出，提升管上部压降随提升管线速的增加而减小，变化范围在 3200～1000Pa 之间。这主要是由提升管线速增加，其密度随之减小而引起的；粗旋和导流管的压降均随着提升管线速的增加而增大，粗旋压降的变化范围在 450～1800Pa 之间，导流管的压降在 260～900Pa 之间。在本实验操作范围内，粗旋灰斗的压力始终低于料腿出口压力，且两者压差随提升管线速的增加而增大，变化范围在 150～1300Pa 之间，这表明该形式的提升管末端粗旋系统实现了粗旋料腿内的负压差排料，将会大大降低催化剂向下夹带的油气量。提升管上部压降与粗旋压降相比，在提升管线速低于 17m/s 时提升管上部的压降占的比例较大，当提升管线速超过 17m/s 后粗旋的压降占主导地位。从压力分布的实验测试结果可以看出，各关键部位的压力分布合理，整个系统操作稳定。

根据实验结果，可以得到粗旋压降的关联模型。

旋风分离器的压降可由下式计算：

$$\Delta p=\xi \frac{\rho_{混} V_c^2}{2} \tag{7-2}$$

其中：

$$\rho_{混} \approx \frac{G_s}{u_p}=\frac{kG_s}{u_g} \tag{7-3}$$

由式（7-2）及式（7-3）可得：

$$\Delta p=\xi \frac{kG_s}{2u_g} V_c^2 \tag{7-4}$$

根据实验结果可得：

$$\xi k=4.17(G_s/u_g)^{-0.665} \tag{7-5}$$

由式（7-4）及式（7-5）可得粗旋压降关联模型为：

$$\Delta p=4.17(G_s/u_g)^{0.335} \frac{V_c^2}{2} \tag{7-6}$$

式中，Δp 为粗旋压降，Pa；G_s 为催化剂相对提升管截面的质量流率，kg/(m²·s)；k 为提升管颗粒平均滑落系数；ξ 为粗旋阻力系数；u_g 为提升管表观气速，m/s；V_c 为粗旋入口气速，m/s。

四、密相环流预汽提器密度分布特征

实验测得的密相环流预汽提器内的密度分布结果为：中心下料管内的密度在 500～900kg/m³ 之间变化，其质量流率为 550～670kg/（m²·s）。密相环流预汽提器下部料腿的密度基本稳定在 680～780kg/m³ 的范围，相应的质量流率为 420～520kg/（m²·s）。内外环密度随内环气速的变化情况如图 7-9 所示，由图可以看出，给定外环气速下，内、外环的密度均随内环气速的增加而减小；外环密度始终高于内环的密度。这主要是由于内环的气体速度高于外环的气体速度，致使内环的床层膨胀比大于外环的床层膨胀比。内环的密度在 745～780kg/m³ 之间变化，外环的密度变化范围是 755～785kg/m³。当内环气速大于 0.2m/s 时，外环密度与内环密度之差加大，环流也更加明显。

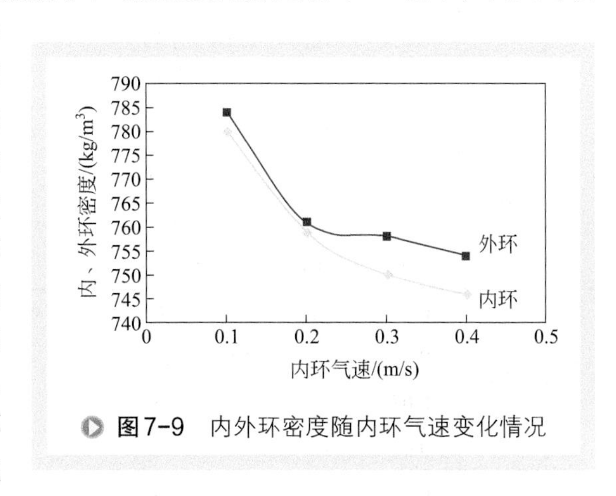

图7-9　内外环密度随内环气速变化情况

五、系统内气体停留时间分布及汽提效果

采用氢气示踪的方法，不仅可测得在系统中 5 个（对应图 6-8 中的 H_1～H_5）不同位置的气体停留时间分布，同时可根据测得的 5 个采样点处接收到的氢气相对浓度来确定其汽提效果。表 7-1 所示是 4 个不同提升管线速和 4 个不同的内环气速工况下氢示踪的测量结果。

由表 7-1 所示的气体示踪实验可以得到以下主要结果：

① 气体从提升管出口喷出后经过粗旋快分到达顶旋入口的时间以及粗旋升气管出口检测到示踪气体的时间均随提升管线速的提高而缩短，这说明随着提升管线速的增加，进入粗旋的气量增加，从而使气体在导流管内的流速增加，停留时间缩短。

② 从各部位停留时间的分布看，气体从粗旋快分的入口到达顶部旋风分离器入口的时间为 2～3s，气体在顶旋内的停留时间为 1～2s，这样气体从提升管出口到达顶旋气体出口的停留时间可保持在 5s 以内。

③ 对检测到的示踪气体的相对浓度进行分析，当内环气速达到 0.1m/s 时，预汽提器料腿的氢气浓度为 0。催化剂由粗旋分离下来后，在中心下料管经自身挤压后可实现脱气。当环流形成时，催化剂与汽提气体在内、外环之间的多次环流接

表7-1 CSC快分大型冷模实验氢气示踪测试结果（高料位，直料腿）

序号	提升管线速/(m/s)	外环气速/(m/s)	内环气速/(m/s)	停留时间分布 t/s					H_2 浓度分布 C/%				
				1	2	3	4	5	1	2	3	4	5
1	9.0	0.07	0.1	2.10	1.75	∞	∞	∞	6.474	7.755	0	0	0
2		0.07	0.2	2.10	1.75				6.599	8.909			
3		0.07	0.3	2.10	1.75				6.328	7.634			
4		0.07	0..4	2.10	1.75				6.511	7.634			
5	13.0	0.07	0.1	2.0	1.70	∞	∞	∞	6.246	6.386	0	0	0
6		0.07	0.2	2.0	1.70				5.235	6.157			
7		0.07	0.3	2.0	1.70				5.236	5.937			
8		0.07	0.4	2.0	1.70				4.822	6.270			
9	17.0	0.07	0.1	1.85	1.65	∞	∞	∞	4.371	4.776	0	0	0
10		0.07	0.2	1.85	1.65				4.816	5.206			
11		0.07	0.3	1.85	1.65				4.468	4.595			
12		0.07	0.4	1.85	1.65				4.239	4.489			
13	21.0	0.07	0.1	1.80	1.60	∞	∞	∞	3.829	4.534	0	0	0
14		0.07	0.2	1.80	1.60				3.743	4.365			
15		0.07	0.3	1.80	1.60				3.899	4.380			
16		0.07	0.4	1.80	1.60				3.985	4.416			

触，使催化剂得到了充分的汽提。

表 7-2 所示是提升管线速为 17.0m/s，外环不给气条件下氢气示踪的测试结果。气体停留时间和浓度分布情况基本上与外环给气时的情况相一致。说明即使外环不通气，密相环流汽提器也能达到较好的汽提效果。

表7-2 CSC快分大型冷模实验氢气示踪测试结果（高料位，直料腿，外环不给气）

序号	提升管线速/(m/s)	外环气速/(m/s)	内环气速/(m/s)	停留时间分布 t/s					H_2 浓度分布 C/%				
				1	2	3	4	5	1	2	3	4	5
1	17.0	0	0.1	1.90	1.65	∞	∞	∞	2.695	3.222	0	0	0
2		0	0.2	1.90	1.65				1.926	2.550			
3		0	0.3	1.90	1.65				1.385	1.754			
4		0	0.4	1.90	1.65				0.929	1.067			

表 7-3 给出了直料腿在沉降器低料位的情况。可以看出，在低料位下汽提器的汽提效果相对变差。需要将内环气速增加到 0.2m/s 以上才能达到较好的汽提效果。

表7-3　CSC快分大型冷模实验氩气示踪测试结果（低料位，直料腿）

序号	提升管线速/(m/s)	外环气速/(m/s)	内环气速/(m/s)	停留时间分布 t/s					H_2 浓度分布 C/%				
				1	2	3	4	5	1	2	3	4	5
1	9.0	0.07	0.1	2.10	1.80	8.1	7.7	8.3	5.197	6.749	0.152	0.211	0.117
2		0.07	0.1	2.10	1.80	7.2	7.7	8.1	5.140	6.362	0.199	0.132	0.104
3		0.07	0.1	2.10	1.80	7.2	7.5	8.1	5.485	7.877	0.144	0.158	0.117
4	9.0	0.07	0.2	2.10	1.80	∞	∞	∞	5.835	6.749	0	0	0
5		0.07	0.2	2.10	1.80				5.718	7.930			

表 7-4、表 7-5 给出了 J 型料腿在高料位和低料位情况下的气体停留时间和示踪气的浓度分布规律。可以看出，对 J 型料腿，无论在高料位还是在低料位，无论外环给气还是不给气，都能保证较高的汽提效果。

表7-4　CSC快分大型冷模实验氩气示踪测试结果（高料位，J型料腿）

序号	提升管线速/(m/s)	外环气速/(m/s)	内环气速/(m/s)	停留时间分布 t/s					H_2 浓度分布 C/%				
				1	2	3	4	5	1	2	3	4	5
1	17.0	0	0.1	1.85	1.65	∞	∞	∞	4.450	5.506	0	0	0
2		0	0.2	1.85	1.65				4.431	5.775			
3		0	0.3	1.85	1.65				4.970	6.173			
4		0	0.4	1.85	1.65				4.562	5.971			
5	17.0	0.07	0.1	1.85	1.65	∞	∞	∞	2.235	2.810	0	0	0
6		0.07	0.2	1.85	1.65				2.745	3.232			
7		0.07	0.3	1.85	1.65				3.059	3.835			
8		0.07	0.4	1.85	1.65				4.542	5.440			

表7-5　CSC快分大型冷模实验氩气示踪测试结果（低料位，J型料腿）

序号	提升管线速/(m/s)	外环气速/(m/s)	内环气速/(m/s)	停留时间分布 t/s					H_2 浓度分布 C/%				
				1	2	3	4	5	1	2	3	4	5
1	17.0	0	0.1	1.85	1.65	∞	∞	∞	4.266	5.931	0	0	0
2		0	0.2	1.85	1.65				4.144	5.635			
3		0	0.3	1.85	1.65				4.134	5.913			
4		0	0.4	1.85	1.65				3.919	5.833			
5	17.0	0.07	0.1	1.85	1.65	∞	∞	∞	3.377	4.140	0	0	0
6		0.07	0.2	1.85	1.65				3.067	5.558			
7		0.07	0.3	1.85	1.65				3.287	5.980			
8		0.07	0.4	1.85	1.65				2.855	5.271			

六、系统的操作弹性及开停工状况的分析

从实验测定的粗旋快分系统压力分布图 7-8 可以看出，提升管线速为 9～21m/s 时，系统的压力分布合理。在实验的提升管线速变化范围内快分压降变化平稳，未出现大的波动，压降变化范围在 450～1800Pa 之间。导流管压降在实验的提升管线速范围内，在 260～900Pa 之间。快分的分离效率随提升管线速和预汽提线速的增加变化平缓，表明系统具有较大的操作弹性。

为了考察该系统在开停工及转剂的情况下的操作稳定性，实验过程中在固定催化剂循环量情况下，将提升管线速先由 4m/s 逐步提高到 21m/s，然后再由 21m/s 逐步降低到 4m/s，从实验现象的观察发现，系统操作稳定，粗旋及顶旋操作正常，未出现催化剂的跑损。在提升管线速由 8m/s 降低到 4m/s 的过程中，随提升管线速的降低可明显看到顶旋料腿的下料量增加，说明粗旋的效率在此操作范围内随提升管线速的降低而下降。因此建议转剂时提升管线速保持在 8～16m/s。

七、大型冷模实验主要结论

① 大型冷模实验结果表明 CSC 快分系统能较好地实现气固快速高效分离（分离效率 99% 以上）、催化剂的高效快速预汽提（料腿向下油气已无返混）和油气的快速引出（平均停留时间小于 5s）。

② 系统各部分的压力分布合理，快分压降随提升管出口线速的增大变化平缓，实现了粗旋料腿的负压差排料。

③ 两种不同的料腿结构均具有较高的汽提效果。当沉降器的料位较低时，采用 J 型料腿结构更为有利。

④ 粗旋和密相环流预汽提器系统具有较大的操作弹性和灵活可靠的稳定性能，冷态下的气固分离效率达 99% 以上，汽提气出提升管后在沉降器内的平均停留时间在 5s 以下。当内环气速在 0.1m/s 时即可达到较好的汽提效果。

第五节 小型工业应用试验

大型冷模实验后，在某炼油厂的催化裂化装置对新型 CSC 快分系统进行了工业试验[1]。

一、改造方案及应用效果

某炼油厂催化裂化装置原沉降器快速分离系统一直采用倒 L 形快分加两级旋风

分离的形式，分离效率不高。在使用中，沉降器的二级旋分系统经常有料腿结焦堵塞现象，引起沉降器催化剂跑损，分馏塔底油浆固含量超高，装置于2000年5月被迫停工检修。大修后催化装置处理量由6万吨 / 年提高到10万吨 / 年，同时沉降器旋分系统由原来的倒L形快分加两级旋风分离的形式改为新型带有密相环流预汽提式粗旋快分（CSC）与单级高效旋风分离器相结合的结构形式。粗旋出口与单级旋分入口的连接采用开式直连方式，以利于汽提段汽提出的油气和汽提蒸汽进入单级旋分入口。

装置大修开工后，密相环流快分系统操作平稳，表现了良好的使用性能。改造后，分馏系统油浆固含量一直维持在正常水平（不大于2g/L），粗旋压降、单级旋分压降、待生剂定碳等操作参数也比较稳定，并处于较优的水准。说明密相环流汽提粗旋具有一定的使用稳定性能。

同时，从日常操作及生产数据中能够比较明显看出，相较倒L形快分，使用密相环流汽提式粗旋后，干气产率明显下降，再生床层温度明显降低，反映出焦炭产率的降低。

二、装置标定结果

应用CSC快分系统以后，装置平稳，调节灵活，为验证汽提式粗旋的工业应用效果，该厂于2000年11月对催化裂化装置进行了标定。标定时，预汽提蒸汽量采用两种不同的方案（参见表7-6、表7-7）。方案一：内、外环流预汽提蒸汽都只采用3mm孔板，防止汽提蒸汽环堵塞，只给少量吹扫蒸汽保证畅通，相当于没有采用预汽提工艺；方案二：外环流预汽提蒸汽都恢复正常量，内环流预汽提蒸汽量为151kg/h，外环流预汽提蒸汽量为48kg/h，在投用环流预汽提蒸汽时相应降低汽提段的汽提蒸汽量，以保持总汽提蒸汽用量不变。比较两次的标定数据，可以分析投用与不投用密相环流预汽提的效果差别。标定时原料油性质、装置操作条件、催化剂活性基本稳定。

表7-6　标定时内外环流蒸汽及预汽提蒸汽量

项目	方案一（未投用CSC）	方案二（投用CSC）
内环流预汽提蒸汽量 /（kg/h）	25	151
外环流预汽提蒸汽量 /（kg/h）	25	48
汽提段汽提蒸汽 /（kg/h）	425	275
总蒸汽量 /（kg/h）	475	474

根据标定结果将CSC汽提式粗旋快分系统的工业应用情况总结如下：

（1）生焦率和干气产率降低　从标定情况看，CSC系统预汽提蒸汽的投用与否对生焦率有明显影响（参见表7-7）。方案一（未投用CSC系统蒸汽）的待生剂定

表7-7 两种标定方案主要参数

项目		方案一（CSC 系统投用前）	方案二（CSC 系统投用后）
待生剂定碳	范围 C/%	0.86～0.92	0.8～0.87
	典型值 C/%	0.90	0.86
	活性（KOH）	29.8	29.9
再生剂	范围 C/%	0.09～0.07	0.08～0.06
	典型值 C/%	0.08	0.07
床层温度 /℃		675	672
外取热产蒸汽量 /（kg/h）		1380～1350	1150～1050

碳数据为 0.90%，方案二（投用 CSC 系统蒸汽）的待生剂定碳数据为 0.86%，装置改造前待生剂定碳一般为 1.0%～1.3%，说明焦炭收率有所降低（参见表 7-8）。

在投用 CSC 系统后干气收率变化明显（参见表 7-8），方案一中数据为 4.87%，而投用汽提蒸汽后，干气收率降低至 3.65%。

表7-8 物料平衡

物料 项目	方案一 （CSC 蒸汽关）	方案二 （CSC 蒸汽开）	改造后生产数据 （CSC 蒸汽开）	改造前生产数据 （无 CSC 系统）
蜡油 /（t/h）	15.3	15.56	14.5	8.56
汽油收率 /%	43.17	43.32	39.32	37.84
轻柴油收率 /%	33.33	35.36	38.79	38.96
液化气收率 /%	8.05	7.51	6.95	7.12
干气收率 /%	4.87	3.65	4.14	5.07
油浆收率 /%	4.48	4.51	5.25	5.05
焦炭收率 /%	6.08	5.65	5.75	5.96
轻油收率 /%	84.55	86.19	85.06	83.92
生产方案	（汽油方案 1）	（汽油方案 2）	（柴油方案）	（柴油方案）

从以上两组数据看出，投用 CSC 系统后，干气及焦炭收率都有所降低。从日常操作及生产数据中可以看到，干气收率一般在 3.80%～4.25% 之间波动，与改造前的 5.07% 相比，数值明显降低。

（2）轻质油收率提高 由于使用了密相环流汽提粗旋快分系统，使得油气在沉降器内的停留时间大大缩短，平均停留时间在 5s 以下，减少了油气二次裂解。装置的轻油收率（总液收率）从没有投用 CSC 系统蒸汽的 84.55% 提高到投用 CSC 系统蒸汽后的 86.19%，提高 1.64 个百分点。其中，柴油收率提高 2.03 个百分点，汽油收率变化不大，液化气收率略有降低，详见表 7-8。

（3）外取热蒸汽产量降低，装置操作平稳 CSC 密相环流汽提式粗旋和单级旋风分离器的使用，使沉降器操作平稳，减少了沉降器的结焦，延长了催化裂化装置操作周期。操作数据详见表 7-9。

表7-9 操作数据

类别	操作参数	方案一（CSC 蒸汽关）	方案二（CSC 蒸汽开）
反应操作数据	沉降器压力 /kPa	125.0	125.1
	再生器压力 /kPa	150.1	149.8
	气压机入口压力 /kPa	33.29	34.11
	提升管压力降 /kPa	40.41	40
	提升管出口温度 /℃	497.0	497.3
	原料预热温度 /℃	271	273
	再生器密相温度 /℃	675	672
	稀相上部温度 /℃	613	612
	油气出口温度 /℃	482	484
	汽提段温度 /℃	496	497
	原料油量 /（t/h）	15.30	15.56
	回炼油浆量 /（t/h）	2.21	2.24
	汽提蒸汽量 /（kg/h）	425	275
	粗旋内环流预汽提蒸汽量 /（kg/h）	25	151
	粗旋外环流预汽提蒸汽量 /（kg/h）	25	48
	进料雾化蒸汽量 /（kg/h）	665	677
	预提升蒸汽量 /（kg/h）	251	247
	套筒流化风量 /（m^3/h）	274	271
	汽提段密度 /（kg/m^3）	509	508
	套筒内密度 /（kg/m^3）	380	384
	汽提段藏量 /t	2.9	3.1
	再生器藏量 /t	15.5	15.4
	主风量 /（m^3/min）	10180	10152
	再生滑阀压降 /kPa	37.2	26.4
	待生塞阀压降 /kPa	21.1	20.6
	再生器旋分压降 /kPa	10.64	11.41
	沉降器粗旋分压降 /kPa	6.0	5.8
	沉降器单级旋分压降 /kPa	7.7	7.3
分馏操作数据	塔顶压力 /MPa	0.054	0.057
	塔底压力 /MPa	0.073	0.076
	塔底温度 /℃	367	372

续表

类别	操作参数	方案一（CSC 蒸汽关）	方案二（CSC 蒸汽开）
分馏操作数据	塔顶温度 /℃	105	107
	顶回流返塔温度 /℃	38.9	38.8
	顶循环返塔温度 /℃	82	84
	柴油上抽出温度 /℃	165	169
	柴油下抽出温度 /℃	179.4	183
	中段抽出层温度 /℃	314.8	312
	中段返塔温度 /℃	248.8	252
	回炼油抽出层温度 /℃	311	305
	循环油浆返塔温度 /℃	257	265
	循环油浆流量 /（t/h）	19.8	20.2
	顶循环流量 /（t/h）	40	40
	中段循环流量 /（t/h）	16.84	16.73
吸收塔操作数据	塔顶压力 /MPa	0.90	0.89
	塔顶温度 /℃	28	29
	粗汽油量 /（t/h）	0.90	0.95
	粗汽温度 /℃	39.7	38.9
	稳定汽油量 /（t/h）	0.91	1.04
	富气流量 /（m^3/h）	1870	1786
解吸塔操作数据	塔顶压力 /MPa	0.87	0.87
	塔顶温度 /℃	43	40
	进料流量 /（t/h）	11.50	11.87
	塔底温控 /℃	119	121
	塔底温度 /℃	110	107
稳定塔操作数据	塔顶压力 /MPa	1.02	1.02
	塔顶温度 /℃	61	61
	塔底温度 /℃	172	172
	塔底温控 /℃	174	171
	进料温度 /℃	133	136
	进料流量 /（t/h）	1.39	1.55
	回流温度 /℃	3.29	3.96

从操作数据中看，方案一再生器床温数据为 675℃，而方案二投用 CSC 系统后，床温维持在 672℃，床层温度下降了 3～5℃。由表 7-7 可以看出，由于生焦率的降低，外取热蒸汽产量由 1350kg/h 降低到 1050kg/h 左右，CSC 密相环流预汽提使催化剂上可汽提焦大幅降低，也证实了待生剂定碳降低的分析是正确的。由于焦

炭产率的降低，使得再生器的烧焦负荷降低，可以进一步提高装置处理能力。

（4）旋风分离器压降降低 密相环流预汽提式粗旋其他操作参数也表现了较高的水准，其旋风分离器压降为6～8kPa，单级旋分压降为7～9kPa，总压降为15～20kPa，压降较低。而采用倒L形快分时，两级旋分压降为30～40kPa，可以看出CSC快分系统的使用为提高气压机入口压力，为减少压力损失提供了很好的条件。

（5）对产品质量的影响 应用CSC快分系统后，汽油、柴油的品质变化不大，液化气的丙烯含量有所增加。表明油气在沉降器的停留时间缩短，减少了油气在沉降器的二次反应。

三、小型工业应用实验主要结论

通过CSC快分系统的工业应用实验，得到以下主要结论。

① 带有密相环流预汽提式粗旋快分（CSC）系统的开发和工业应用是成功的。改造费用低，安装方便，易于实施。开工简单，操作弹性大，它与单级高效旋风分离器组合能满足沉降器内气固两相分离的需要，可保证分馏塔底循环油浆的固体含量在2.0g/L以下。

② 密相环流预汽提式粗旋快分系统在10万吨/年催化装置中的应用结果表明，该系统可以有效抑制油气的二次反应，从而使得焦炭和干气产率明显降低，轻油收率（总液收率）提高1.64个百分点。

③ 提升管反应后的产物（油气混合物）以较高的线速经汽提粗旋升气管引出，进入单级旋风分离器进一步分离，大大地减少了油气在稀相空间和沉降器顶部的停留时间，与沉降器顶适量的防焦蒸汽配合，可以使沉降器的结焦大幅减少，为重油催化裂化装置的长周期稳定运行创造了有利条件。

第六节 工业应用实例——某石化公司80万吨/年重油催化裂化装置

一、改造前装置的主要问题

1. 提升管出口分离系统效率较低

该装置提升管出口分离系统主要由提升管出口快速分离器和反应器顶部旋风分离器两部分组成。原设计快分器采用20世纪80年代的蝶式（三叶）快分器，顶旋则采用 GE 型旋风分离器。

由于三叶形快分的气固分离效率只有 90% 左右，分离效率较低，造成装置油浆固含量高达十几到几十克/升以上。此外，由于三叶快分距离顶旋入口距离较远，使得油气出三叶快分后还需经过一个较大的稀相空间才可引入顶旋，造成油气在稀相停留时间较长，并存在严重返混。由于以上问题的存在，造成装置的干气产率高达 4.0% 以上，轻油收率也较低，沉降器内、顶旋料腿和顶旋内部升气管外壁结焦严重，装置的开工周期较短。

2. 汽提效率低

原反应器汽提段采用的是老式的单段人字挡板式结构，待生催化剂汽提效率低，造成待生催化剂带油严重。这样一方面降低了轻油收率；另一方面，造成待生催化剂上的氢碳质量比高（达 10% 以上），增大了主风消耗量，同时加大了再生器及外取热器负荷，限制了装置处理能力的进一步提高。

二、改造内容

为了解决上述问题，某石化公司炼油厂在 2003 年停工检修期间，对该催化裂化装置反应系统采用带有密相环流预汽提式粗旋快分（CSC）技术进行改造。图 7-10 所示为改造前后反应器结构示意图，改造内容主要包括以下几个方面。

（1）用 CSC 快分替代蝶式（三叶）快分器 将原有提升管出口蝶式（三叶）快分器快分头割掉，提升管加高约 2m，更换成 2 台带有密相环流预汽提器的粗旋快分器，增加 4 根带限流孔板的蒸汽管进入 CSC 粗旋下部环流预汽提器。

（2）顶旋采用新型防结焦 PV 型旋风分离器 将沉降器原有的 GE 型顶旋更换成新型防结焦 PV 型旋风分离器，并根据装置的实际情况，适当缩短顶旋料腿，原翼阀改为全覆盖式翼阀，以解决顶旋内部升气管外壁及顶旋料腿结焦的问题，保证顶旋的操作稳定性。

（3）改进粗旋与顶旋的连接方式 CSC 粗旋快分的升气管延伸到顶旋的入口位置，但并不是直连，只是最大限度地减少两者之间的距

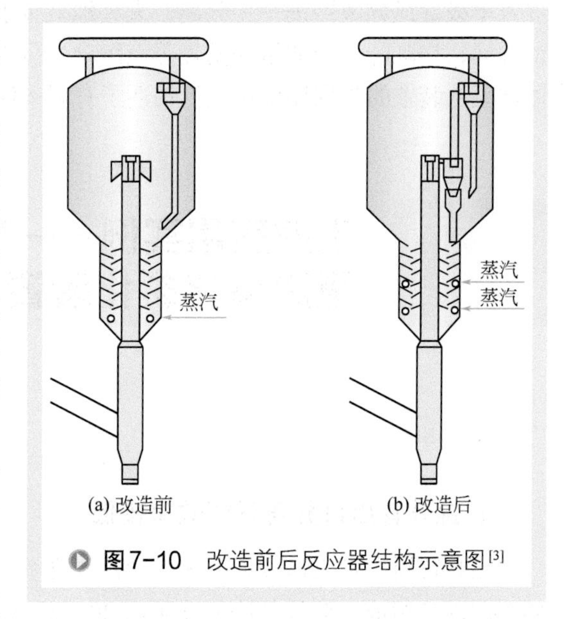

图7-10 改造前后反应器结构示意图[3]

离。该设计与出口直连设计相比，对反应器内部压差控制精度要求较低，操作弹性大，在开停车期间催化剂不会大量跑损，也便于日常操作调整。

（4）汽提段采用两段高效汽提结构 反应器汽提段改为两段高效汽提结构，配备上、下两段汽提蒸汽流量调节阀和配套管线，汽提挡板由老式的单段人字挡板式结构改为新型带孔高效环形挡板，增加催化剂与汽提蒸汽接触的面积，改善汽提效率。

三、应用情况及标定结果分析

装置改造开工后，运行平稳，操作灵活，进料量由110t/h提高到115t/h。2003年11月，该厂对装置采用快分技术的改造效果进行了标定，并将所得数据与改造前标定情况进行对比分析。标定的原料油性质、装置操作条件、催化剂活性基本保持稳定，从改造前后产品分布情况及产品性质对比，得到以下主要结果。

（1）生焦率和干气产率降低 从标定情况看，CSC系统投用后两种工况下焦炭产率分别降低1.73和2.24个百分点。对催化裂化装置来说，再生烧焦部分所占的能耗约为装置总能耗的80%以上，采用CSC系统后装置的生焦率大幅度降低，可使装置的能耗降低15%～20%。对于处理能力受再生能力限制的装置还可以使装置的处理能力提高20%以上。

在投用CSC系统后，由于大大缩短了油气在沉降器内的停留时间，干气产率变化明显，两种工况下干气产率分别降低0.68和0.85个百分点。

（2）轻油收率提高 密相环流汽提粗旋系统的结构特点使得油气在沉降器内的停留时间大幅缩短，减少了油气二次裂解，装置的总液收从改造前的83%提高到84.64%和85.5%，两种工况下液收率分别提高了1.64和2.5个百分点，轻质油收率分别提高了1.0和2.7个百分点。

（3）外取热蒸汽产量下降 带有密相环流预汽提式粗旋快分（CSC）系统和高效多段汽提段的系统中，由于汽提效率的提高，可以在不增加总汽提蒸汽用量的情况下使待生催化剂的可汽提焦大幅度降低，使得装置的高压蒸汽发生量大幅下降。

（4）沉降器内的二次反应减少 从改造前后主要产品的性质来看，汽油、柴油的性质变化不大，液化气的丙烯含量有所增加。表明油气在沉降器的停留时间大幅缩短，减少了油气在沉降器的二次反应。

四、经济效益分析

根据采用CSC快分技术改造前后装置两次标定的物料平衡数据进行计算，改造后装置每天可增效7.76万元，全年创造的效益达2328万元，经济效益显著。

五、应用效果总结

① 带有密相环流预汽提式粗旋快分（CSC）系统在某石化 80 万吨 / 年重油催化装置上运行正常，没有出现催化剂流化异常和催化剂跑损现象。它与单级高效旋风分离器组合能满足催化剂和反应油气的分离需要，可保证分馏塔底循环油浆的灰分在 0.5%（质量分数）以下。

② 带有密相环流预汽提式粗旋快分（CSC）系统可以大幅缩短油气在稀相空间的停留时间，从而减少油气的二次反应，焦炭和干气产率明显降低，总液收率提高了 1.64 个百分点以上。

③ 采用 CSC 系统后装置的生焦率大幅度降低，可使装置的能耗降低 2～5kg 标油 /t 原料。由于生焦率大幅度降低，催化装置加工能力大幅度提高，装置的满负荷加工量由 2400t/d 提高到 2700 t/d。

④ CSC 系统大大地减少了油气在稀相空间和沉降器顶部的停留时间，配之沉降器顶适量的防焦蒸汽，就可在很大程度上减少沉降器结焦量，为重油催化裂化装置长周期稳定运行创造了有利的条件。

第七节 FSC/CSC系统与其他提升管出口快分技术的比较

UOP 公司开发的 VDS 系统是目前世界上公认的最先进的提升管出口快分技术之一，于 1998 年在国内应用过一套，其应用场合与 FSC 和 CSC 系统的应用场合相近。表 7-10 比较了这两类快分系统的性能。

表7-10　FCS/CSC系统和VDS系统比较[5-8]

项目	FCS/CSC 系统	VDS 系统
预汽提形式	挡板式 / 环流式预汽提	鼓泡床
催化剂排放	负压差排料	正压差排料
油气出口与顶旋的连接	承插式或紧接式	密闭式
预汽提气排放	至顶旋入口，对分离效率影响很小	至导流管槽口，影响分离效率
分离效率 /%	≥99	≥95
预汽提效果	良好	较差
油气停留时间 /s	<5	<5

以上比较可以看出，FSC/CSC 系统在分离效率、预汽提效果、操作弹性等多个方面优于 VDS 系统。

参考文献

[1] 卢春喜，徐桂明，卢水根，时铭显．用于催化裂化的预汽提式提升管末端快分系统的研究及工业应用 [J]. 石油炼制与化工，2002, 33 (1): 33-37.

[2] 卢春喜，时铭显，许克家．一种带有密相环流预汽提器的提升管出口的气固快分方法及设备 [P]. CN 1200945. 1998-12-09.

[3] 许可为．催化裂化装置采用 CSC 快分技术的改造 [J]. 炼油技术与工程，2005, 35 (5): 11-13.

[4] 刘梦溪，卢春喜，时铭显．催化裂化后反应系统快分的研究进展 [J]. 化工学报，2016, 67 (08): 3133-3145.

[5] 卢春喜，时铭显．国产新型催化裂化提升管出口快分系统 [J]. 石化技术与应用，2007 (02): 142-146.

[6] 卢春喜，刘为民，高金森，徐春明，毛羽，时铭显．重油催化裂化反应系统集成技术及应用 [J]. 石化技术与应用，2006, 24 (1): 1-4.

[7] 夏树海．CSC 快分系统特点与应用及防焦措施探讨 [J]. 广州化工，2014, 42 (05): 109-111, 130.

[8] 饶珍，赵树勇，潘全旺．催化裂化反应-再生系统优化改造及效果 [J]. 化学工程，2011, 39 (05): 6-9.

第八章

带有挡板预汽提的旋流快分技术

第一节 VQS系统设计原理

我国催化裂化装置中有很大一部分采用内提升管反应器结构，在提升管出口连接多组旋风分离器，不但体积庞大，而且旋分效率受到各旋分压力平衡的影响。根据这类装置的布置特点，中国石油大学（北京）开发了一种带有挡板预汽提的旋流快分（vortex quick separator，VQS）系统[1,2]。

VQS 系统是利用气流旋转产生的离心力场进行气固两相分离的。设计时，在提升管出口采用多个（3～5 个）流线型旋臂构成的旋流快分头，在旋流快分头的外面增设封闭罩，封闭罩下部增设 3～5 层高效预汽提挡板构成预汽提段，封闭罩上部采用承插式导流管与顶旋直连。

含尘气流进入 VQS 系统后，首先在环形空间内完成由直线运动向旋转运动的转变过程，气流中的固体颗粒在旋转运动时受到离心力的作用沿器壁向下移动而被捕集，从而实现气固快速分离（分离效率高达 98.5% 以上）。封闭罩下部预汽提段可实现分离后催化剂的快速预汽提，封闭罩上部的承插式导流管可实现分离后油气的快速引出。

第二节 VQS系统结构及特点

VQS 系统主要由提升管、旋流快分头、封闭罩、预汽提段、导流管五部分组成，结构如图 8-1 所示，其结构有以下主要特点：

① 带有独特挡板结构的预汽提器。它的特点是带有裙边及开孔的人字挡板，在一定的尺寸匹配条件下，可以确保挡板上形成催化剂的薄层流动，且与汽提气形成十字交叉流，尽量避免密相床中的大气泡流动，以提高剂-气两相间的接触效果，从而大大提高汽提效率。

② 预汽提器内独特设计的挡板结构及旋流头和封闭罩尺寸的优化匹配设计，在其下部有汽提气上升的情况下，旋流头仍可达到 98.5% 以上的分离效率。

③ 在封闭罩及顶旋入口间实现灵活多样的开式直连方式。可视装置的具体情况，选用承插式或紧接式结构。这样既可保证全部油气以不到 4s 的时间快速引入顶旋，又克服了直连方式操作弹性小的弊病。

VQS 系统独特设计的近乎流线型的悬臂旋流头较好地实现了油气和催化剂的低阻高效快速分离，经 3～5 层挡板汽提后，催化剂流内夹带的油气可以得到有效汽提。对于采用内提升管的大型流化催化裂化装置而言，VQS 系统比采用 FSC 和 CSC 系统更为紧凑和简单。

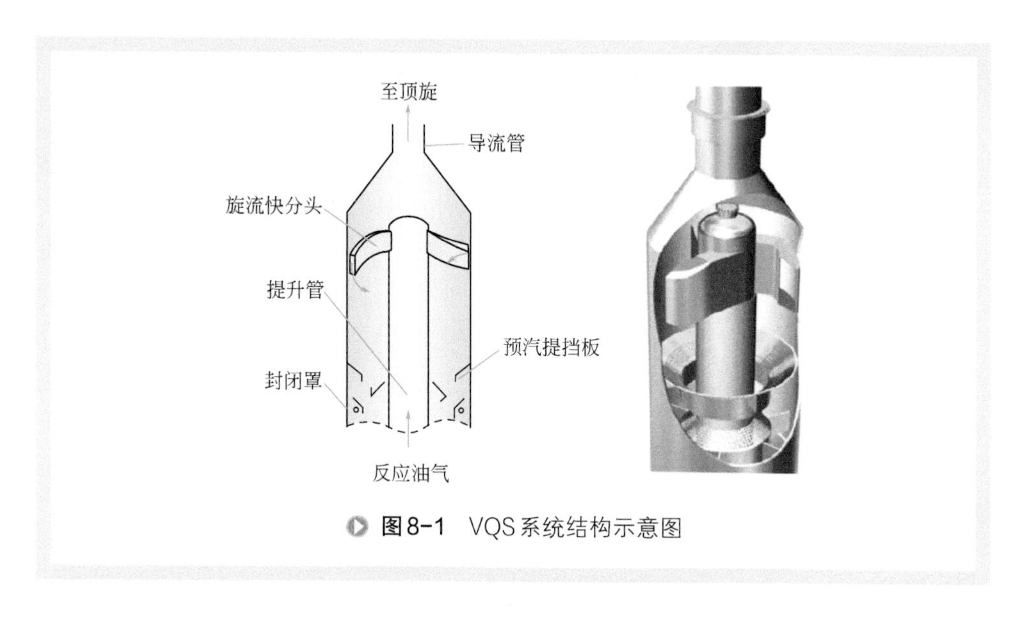

图8-1 VQS系统结构示意图

第三节 旋流头的结构

一、旋流头的结构形式

旋流头（快分头）结构会显著影响旋流快分器的分离性能。最初提出的旋流头为弧板式结构，如图 8-2（a）所示。研究表明，弧板结构的旋流头出口距离封闭罩较远，颗粒在运动到封闭罩之前就可能被油气二次夹带，造成分离效率下降。在弧板式旋流头研究的基础上，为强化气固分离效果，旋流头又依次改进为图 8-2（b）和图 8-2（c）所示的旋臂式结构。可以看出旋臂式旋流头喷出口与封闭罩内壁的平均距离更短，另外圆弧形的旋臂自身也具有一定的预分离功能，使颗粒在通过旋臂时向外侧浓集。

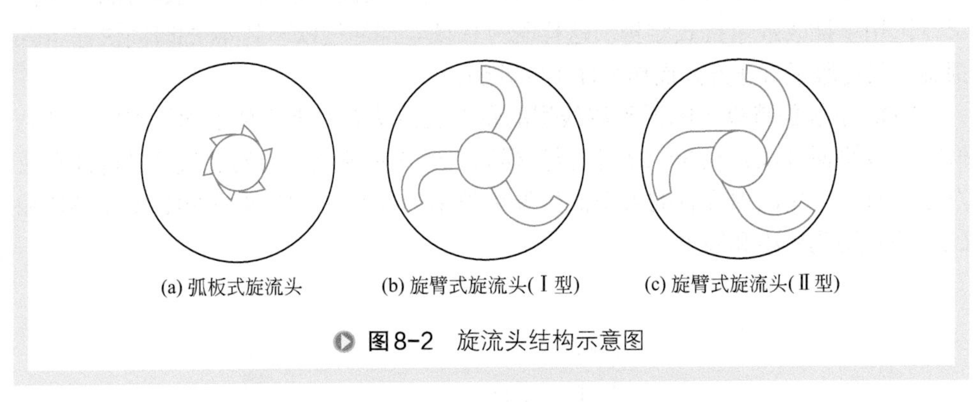

图8-2 旋流头结构示意图

图 8-2（b）所示的Ⅰ型旋臂是沿径向和提升管连接的，而图 8-2（c）所示的Ⅱ型旋臂则是沿切向和提升管连接的。一方面Ⅱ型旋臂弧度更大，气固预分离的路径更长，另一方面，由于气固沿切向引出提升管，使提升管顶部出口附近也形成了旋转流场，也具备了一定的预分离功能。其结果使Ⅱ型旋臂喷出口处颗粒进一步向旋臂外壁附近浓集，使颗粒喷出时距离封闭罩边壁的平均距离更短，更有利于颗粒分离。图 8-3 所示是冷态实验装置中两种旋流头的分离性能对比，可以看出Ⅱ型旋流头的分离效率比Ⅰ型旋流头平均高近 3 个百分点，与此同时，含尘气体由Ⅱ型旋流头喷出后，具有更大的切向速度，因而压降略微增加了 350～400Pa，对系统整体能耗影响不大。

二、旋流头的结构参数

在旋流头的结构参数中，对其性能会产生显著影响的为旋流头的喷出口下旋角

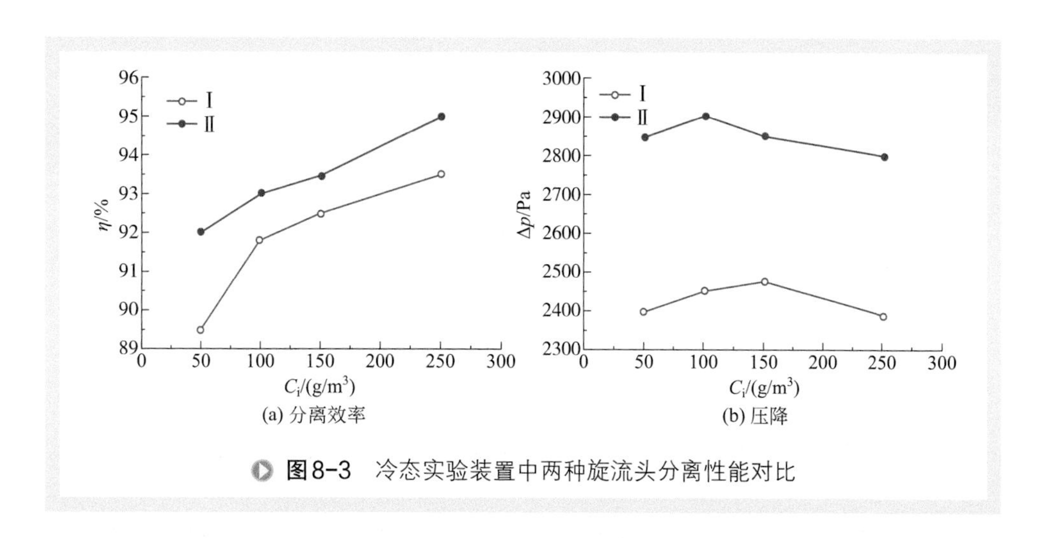

图8-3 冷态实验装置中两种旋流头分离性能对比

α 以及喷出口与提升截面面积之比 $\tilde{A}$。为了研究这些参数对旋流快分器性能的影响，设计了多种不同结构的旋流头。喷出口下旋角 α 选取 0°、10°、20°和 30°四种；喷出口与提升截面面积之比 $\tilde{A}$ 为 0.266、0.75、0.85 和 1.05 四种。通过测定旋流快分器的分离效率 η 和压降 Δp，来考察不同结构参数的影响。

图 8-4 所示是下旋角 α 对旋流快分分离效率和压降的影响。由图可知，当出口下旋角增大时，分离效率提高，同时压降也随之上升。当 α 达到 20°以后，效率的变化不大，而压降仍然上升，故最适宜的下旋角应在 20°左右。这样可以保证喷出的气固混合物存在适宜的轴向分量，既可以减少向上返气对细颗粒的夹带，又不会使气固混合物过量地冲击到汽提挡板上而引起二次飞扬夹带。

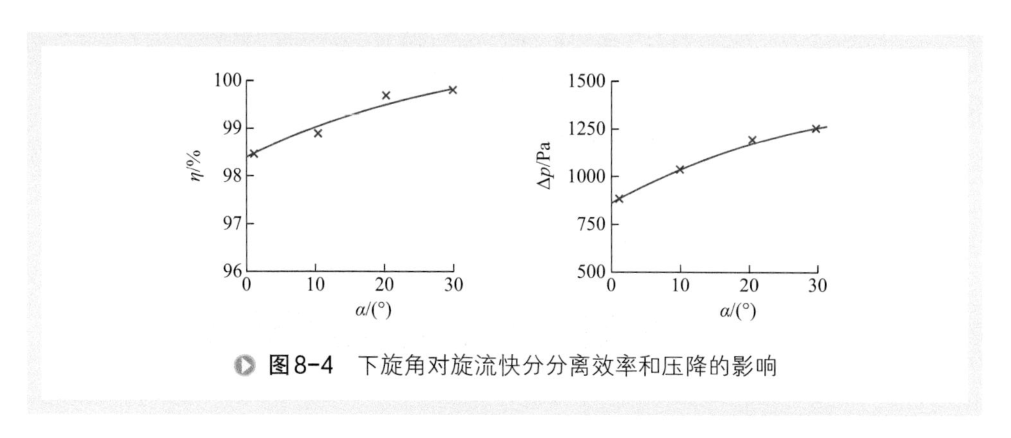

图8-4 下旋角对旋流快分分离效率和压降的影响

图 8-5 所示是喷出口与提升截面面积之比 $\tilde{A}$ 对旋流快分分离效率和压降的影响。由图可知，当面积比 $\tilde{A}$ 增大时，分离效率有所降低，压降也随之下降，且压降的下降速度更快。鉴于 $\tilde{A}$>0.85 后，效率下降较明显，所以适宜的 $\tilde{A}$ 值应在 0.75～0.85 间，这意味着，当提升管线速在 16～18m/s 时，旋流头喷出速度应在 19～24m/s 间为宜。

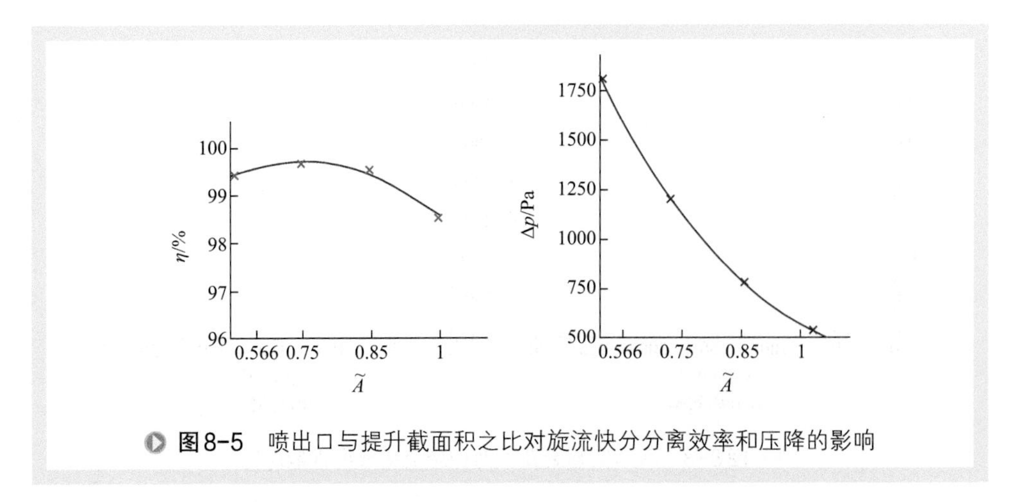

图8-5 喷出口与提升截面积之比对旋流快分分离效率和压降的影响

图 8-6 所示为提升管内催化剂浓度对旋流快分分离效率的影响。结果显示，当提升管内催化剂浓度在 5～20kg/m^3 范围内变化时，催化剂浓度对分离效率的影响并不大。

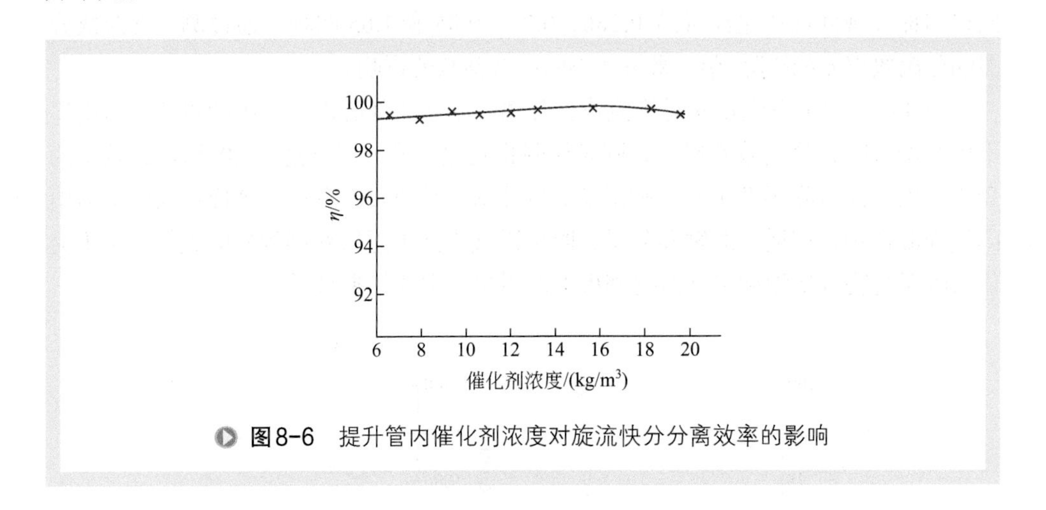

图8-6 提升管内催化剂浓度对旋流快分分离效率的影响

第四节 VQS系统内的气相流场实验分析[1,3]

旋流快分器内的气相流场可以用智能型五孔探针进行测定。测量时，分别在 0°和 45°截面上，由旋流头中心向下每隔 100mm 均匀选取一个截面进行流场测量，截面的径向位置布置如图 8-7 所示，测点轴向位置布置如图 8-8 所示。在每个轴向截面上每隔 5mm 选取一个径向测点。

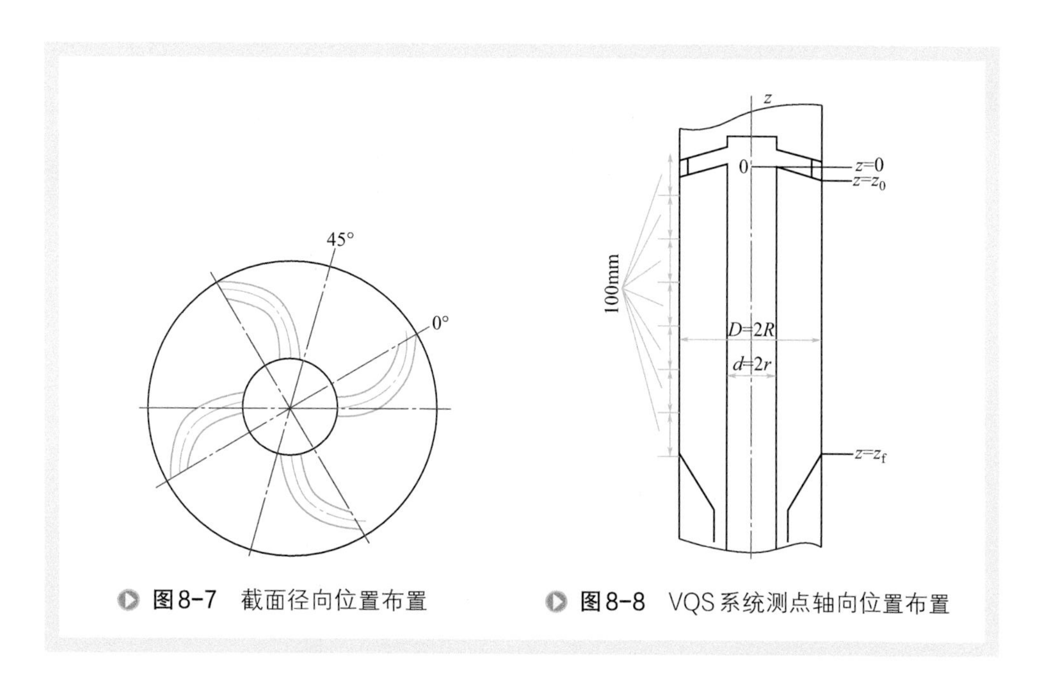

图8-7　截面径向位置布置

图8-8　VQS系统测点轴向位置布置

为便于分析，三维速度和径向尺寸均取无量纲化值。以封闭罩的内半径 R 和器内的表观截面气速 V_o 为特征值，将测点距中心轴线的半径 r 和旋流快分器内的三维时均速度分别表达成无量纲化形式：半径位置 $\tilde{r}=r/R$；时均切向速度 $\tilde{V}_t=V_t/V_o$；时均轴向速度 $\tilde{V}_z=V_z/V_o$；时均径向速度 $\tilde{V}_r=V_r/V_o$。坐标轴的原点取在封闭罩中心轴线和旋流头喷出口中心平面的交点处，z 向上为正，向下为负。轴向速度的正值表示向上，负值表示向下。径向速度的正值表示向外，负值表示向心。用 S 表示封闭罩内环形空间截面积与旋流头喷出口总面积的比值，$V_t(0)$ 表示旋流头喷出口的喷出速度。

测量结果表明旋流快分器内的流场是一个三维湍流场，气流速度可以分解为切向速度、轴向速度和径向速度。在不同喷出口喷出速度条件下，所得流场分布曲线基本重合，说明气体流场的相似性较好。下面对各部分流场的具体特征进行描述。

一、旋流头喷出口中心处的流速分布

图 8-9 和图 8-10 所示是旋流头喷出口中心处的无量纲切向速度和无量纲轴向速度分布情况。从图中可以看出，在旋流头喷出口中心处，由喷出口内侧向里，切向速度急剧减小，轴向速度变为上行流，存在短路流。而在封闭罩的内壁处，由于受边壁效应的影响，切向速度和轴向速度的数值均急剧减小。在旋流头喷出口内侧切向速度急剧降低且轴向速度又变为上行流，因而该区域会对颗粒的分离产生一定不利的影响，有进一步优化的空间。

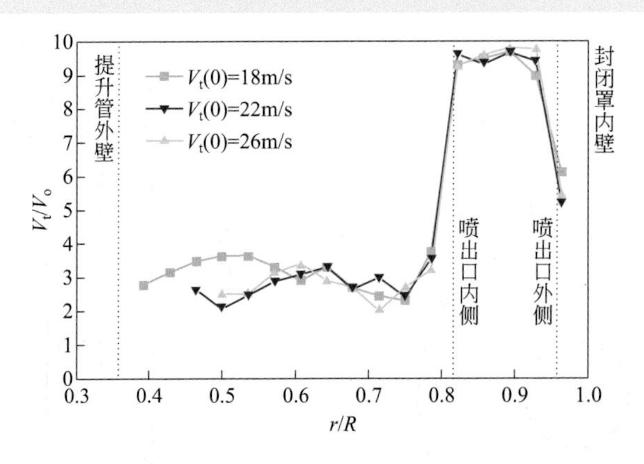

图8-9　旋流头喷出口中心处无量纲切向速度分布情况（S=10）

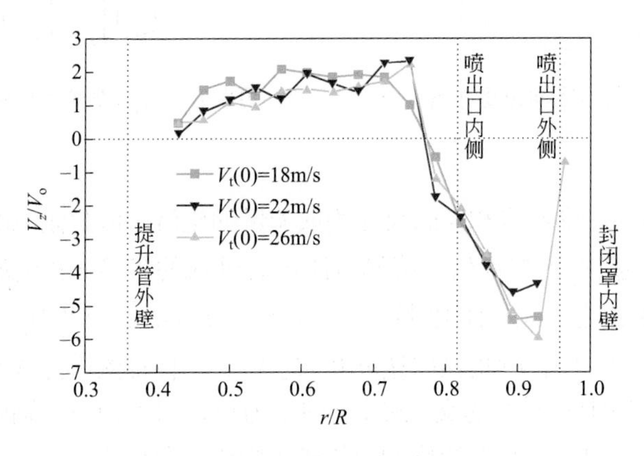

图8-10　旋流头喷出口中心处无量纲轴向速度分布情况（S=10）

二、封闭罩内气流速度分布

1. 切向速度

旋流快分器内切向速度在三个速度分量中数值最大，是颗粒获得离心力的主要动力。含有催化剂颗粒的气体由旋流头喷出口喷出后作旋转运动，催化剂颗粒在离心力的作用下从气流中分离出来向封闭罩边壁运动，同时在轴向速度的作用下进入下旋区。因而切向速度在气固分离过程中起主导作用，增加切向速度可以提高颗粒的离心力，对分离是有益的。

图 8-11 和图 8-12 分别为同一种结构不同旋流头喷出口喷出速度下和同一种旋流头喷出口喷出速度下不同结构（不同 S 值）的无量纲切向速度分布。图 8-13 所示是相同条件下封闭罩内不同轴向位置处无量纲切向速度的分布情况。

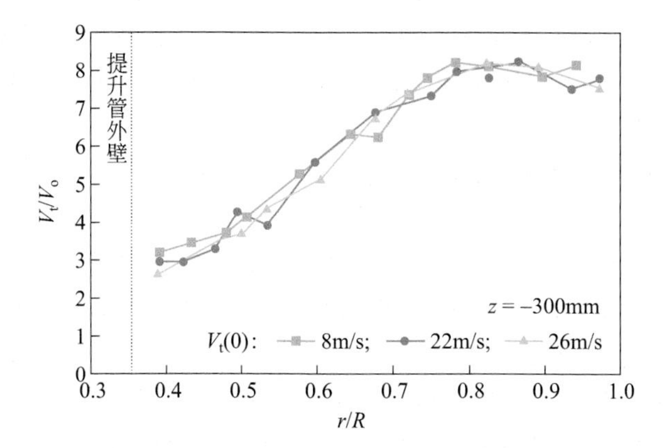

图8-11 封闭罩内无量纲切向速度分布（S=10）

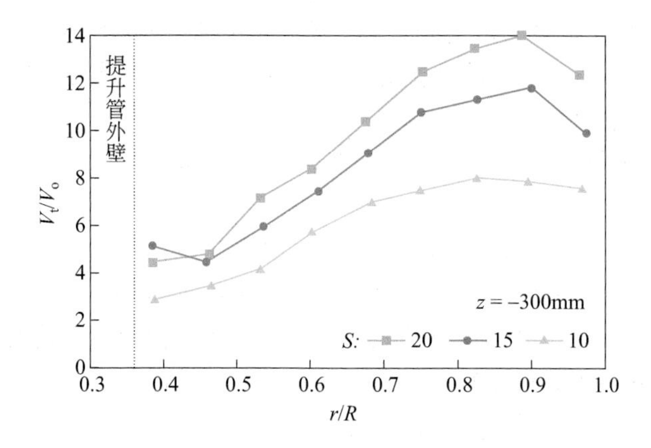

图8-12 封闭罩内无量纲切向速度分布［$V_t(0)$=22m/s］

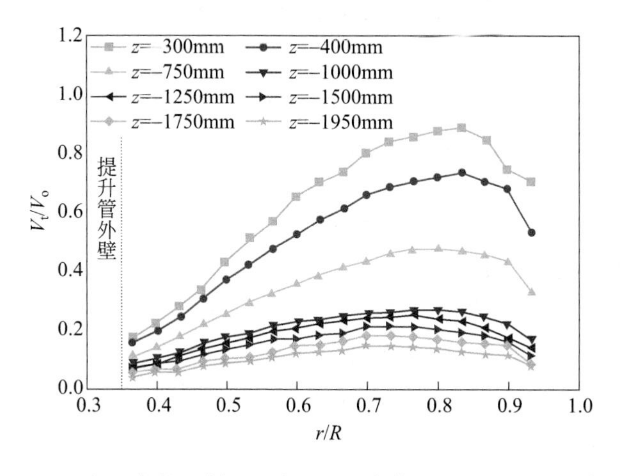

图8-13 相同条件下封闭罩内不同轴向位置处无量纲切向速度分布

由图可以看出，同一尺寸的旋流头结构在不同的旋流头喷出口喷出速度下的无量纲切向速度相重合，同一旋流头喷出口喷出速度下不同尺寸的旋流头结构切向速度分布曲线在不同截面上的相似性都较好，且受截面的圆周方位角 θ 的影响很小，表明切向速度的轴对称性较好。

快分器内切向速度 V_t 由提升管外壁向外由小变大，达到最大值 V_{mt} 后又逐渐减小，但减小程度很小，因此可将切向速度分为内、外旋流两个区段来分析。外旋流为准自由涡，切向速度随径向位置的增大而增大；内旋流为准强制涡，切向速度随径向位置的增大而减小；内、外旋流的分界点 $\tilde{r}_{mt}$ 处存在着最大的切向速度 $\tilde{V}_{mt}$。内外旋流的分界点 $\tilde{r}_{mt}$ 沿轴向向下逐渐向提升管壁面靠近，最大的切向速度 $\tilde{V}_{mt}$ 也沿轴向向下逐渐衰减。随着最大切向速度的不断衰减，气流的旋转速度逐渐减小，气相流动趋于稳定，此时最大的切向速度值及其位置基本与轴向位置无关，双涡分布不太明显，这从 z=−1000mm 截面处的切向速度分布可以看出。由此可见，在 VQS 系统内，一定长度的分离空间有利于完全利用气流从旋流头喷出后所产生的强旋流离心力场，但过长的分离空间会造成系统的能量损耗，使得气流的旋转速度过低，不足以进一步分离颗粒。

对实验结果进行多元回归分析，得到无量纲切向速度分布的数学表达形式为：

$$\tilde{V}_t = C\tilde{r}^n \tag{8-1}$$

式中，C，n 主要与无量纲轴向位置 $\tilde{z}$（测量截面距旋流头喷出口中心的距离与封闭罩直径的比值，$\tilde{z}=z/D$）及封闭罩和提升管之间环形空间的面积与喷出口截面比 S 有关，根据实验结果对不同区域进行多段回归分析，得到如下结果。

（1）当 $z_0/D<\tilde{z}\leqslant \pi\tan\alpha$ 时（z_0 为上、下行流分界位置，α 为旋流壁向下倾角）

内旋流区（无量纲半径 $\tilde{r}_R<\tilde{r}<\tilde{r}_{mt}$）：

$$C_i = 2.8270\,|\,\tilde{z}\,|^{-0.1570}\,S^{0.6092} \tag{8-2}$$

$$n_i = 1.6892\,|\,\tilde{z}\,|^{-0.2715}\,S^{-0.08798} \tag{8-3}$$

外旋流区（$\tilde{r}_{mt}<\tilde{r}<1$）：

$$C_0 = C_i\tilde{r}_{mt}^{(n_i-n_0)} \tag{8-4}$$

$$n_0 = -0.06113\,|\,\tilde{z}\,|^{0.1117}\,S^{0.9458} \tag{8-5}$$

内外旋流分界点半径：

$$\tilde{r}_{mt} = 0.8524\,|\,\tilde{z}\,|^{-0.01765} \tag{8-6}$$

（2）当 $\pi\tan\alpha<\tilde{z}\leqslant \tilde{z}_f$ 时

内旋流区（$\tilde{r}_R<\tilde{r}<\tilde{r}_{mt}$）：

$$C_i = 2.5640\,|\,\tilde{z}\,|^{-0.07518}\,S^{0.6154} \tag{8-7}$$

$$n_i = 2.1874\,|\,\tilde{z}\,|^{-0.3414}\,S^{-0.1814} \tag{8-8}$$

外旋流区（$\tilde{r}_{mt}<\tilde{r}<1$）：

$$C_0 = C_i\tilde{r}_{mt}^{(n_i-n_0)} \tag{8-9}$$

$$n_0 = 0.8273\,|\,\tilde{z}\,|^{-0.3886}\,S^{-0.09896} \tag{8-10}$$

内外旋流分界点半径：

$$\tilde{r}_{mt}=0.9777|\tilde{z}|^{-0.3552} \tag{8-11}$$

2. 轴向速度

图 8-14 和图 8-15 分别为同一种结构不同旋流头喷出口喷出速度下和同一种旋流头喷出口喷出速度下不同结构的无量纲轴向速度分布。图 8-16 所示是相同条件下封闭罩内不同轴向位置处无量纲轴向速度的分布。

结果表明，同一尺寸的旋流头结构在不同的旋流头喷出口喷出速度下无量纲轴向速度相重合，同一旋流头喷出口喷出速度下不同尺寸的旋流头结构轴向速度分布曲线形状相似，并且受截面的圆周方位角 θ 的影响很小，即轴向速度的轴对称性也较好。

轴向速度在整个分离空间内的分布可分为外侧的下行流及内侧的上行流两个区域。上行流与下行流的分界点在整个区间内有所不同，沿轴向向下逐渐向提升管外壁方向移动，下行流区逐渐变宽，同时下行轴向速度也有所衰减。

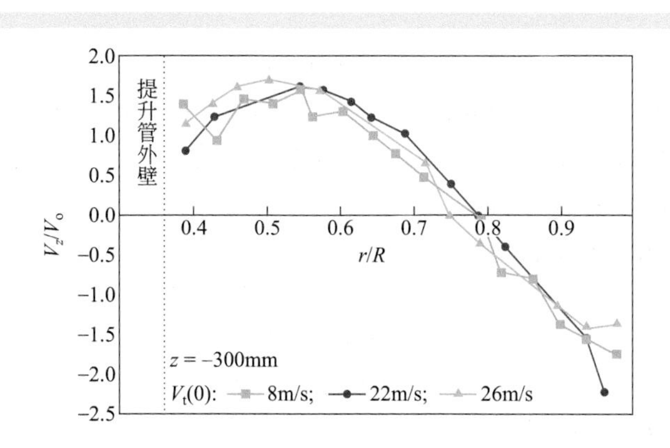

图8-14 封闭罩内无量纲轴向速度分布（S=10）

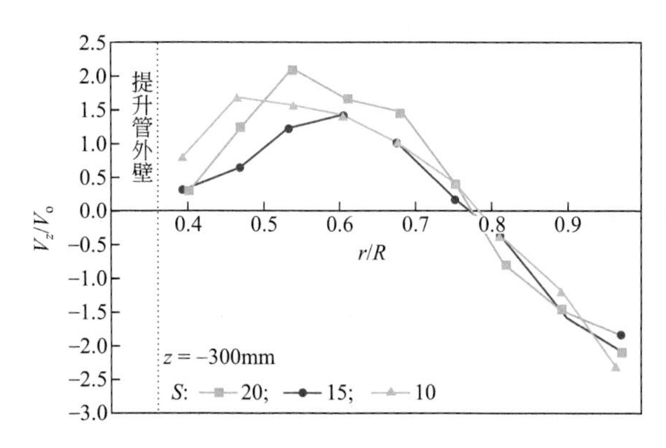

图8-15 封闭罩内无量纲轴向速度分布［$V_t(0)$=22m/s］

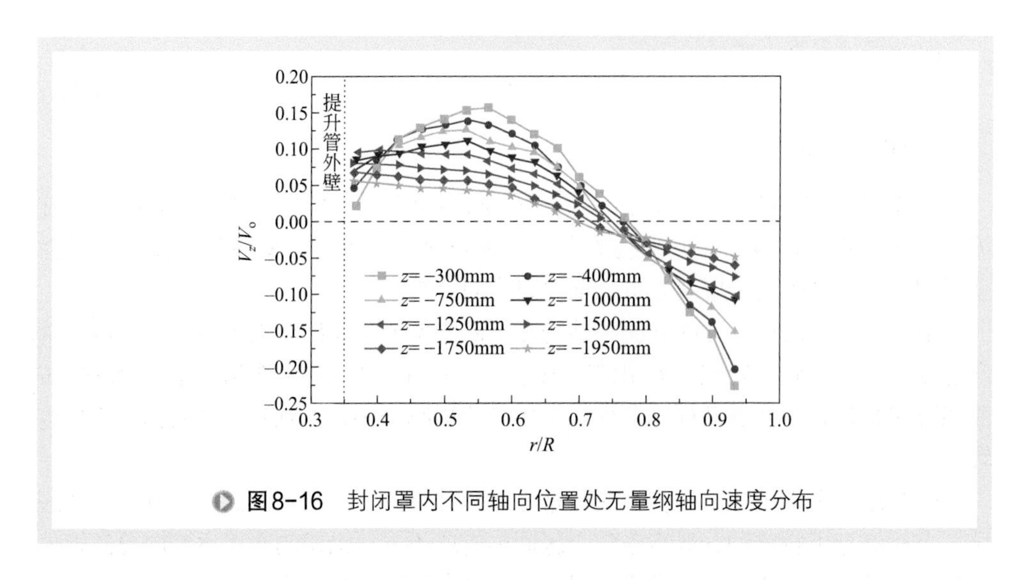

图8-16 封闭罩内不同轴向位置处无量纲轴向速度分布

VQS 系统封闭罩内气流轴向速度沿径向的分布可用分段多项式进行描述，表达形式为：

$$\tilde{V}_z=a\tilde{r}^2+b\tilde{r}+c \tag{8-12}$$

式中，系数 a、b、c 与无量纲轴向位置 $\tilde{z}$ 及封闭罩和提升管之间环形空间的面积与喷出口截面积比 S 有关，经过对大量实验数据的多元回归分析，得到如下结果。

（1）当 $z_0/D<\tilde{z}\leqslant\pi\tan\alpha$ 时

上行流区（$\tilde{r}_R<\tilde{r}<\tilde{r}_{z0}$）：

$$a_u=-12.6723|\tilde{z}|^{-0.6161}S^{0.3728} \tag{8-13}$$

$$b_u=13.9173|\tilde{z}|^{-0.9407}S^{0.3728} \tag{8-14}$$

$$c_u=-2.8058|\tilde{z}|^{-1.5895}S^{0.5402} \tag{8-15}$$

下行流区（$\tilde{r}_{z0}<\tilde{r}<1$）：

$$a_d=4.1500|\tilde{z}|^{-0.3172}S^{0.5215} \tag{8-16}$$

$$b_d=-10.1441|\tilde{z}|^{-0.3084}S^{0.5223} \tag{8-17}$$

$$c_d=5.2397|\tilde{z}|^{-0.3131}S^{0.5031} \tag{8-18}$$

内外旋流分界点半径：

$$\tilde{r}_{z0}=0.7667|\tilde{z}|^{-0.008579} \tag{8-19}$$

（2）当 $\pi\tan\alpha<\tilde{z}\leqslant\tilde{z}_f$ 时

上行流区（$\tilde{r}_R<\tilde{r}<\tilde{r}_{z0}$）：

$$a_u=-16.8277|\tilde{z}|^{-0.2271}S^{0.2643} \tag{8-20}$$

$$b_u=16.6009|\tilde{z}|^{-0.2644}S^{0.3086} \tag{8-21}$$

$$c_u=-2.2508|\tilde{z}|^{-0.3221}S^{0.5052} \tag{8-22}$$

下行流区（$\tilde{r}_{z0}<\tilde{r}<1$）：

$$a_d=1.1477|\tilde{z}|^{0.4099}S^{0.9236} \tag{8-23}$$

$$b_d = -3.6202 |\tilde{z}|^{0.06575} S^{0.8519} \quad (8\text{-}24)$$

$$c_d = 2.1655 |\tilde{z}|^{-0.1568} S^{0.8199} \quad (8\text{-}25)$$

内外旋流分界点半径：

$$\tilde{r}_{z0} = 0.7978 |\tilde{z}|^{-1.099} \quad (8\text{-}26)$$

3. 下行气量和径向速度

径向速度在三个速度中量级最小，因而不易测准。而下行流量沿轴向变化规律反映了气体在器内径向速度的大小，根据回归所得的轴向速度分布结果，可由式（8-27）求得下行气量沿轴向的变化规律（图 8-17），再由式（8-28）求出气体在整个分离空间内各处径向速度的大小。计算径向速度所取控制体示意图如图 8-18 所示，计算结果如图 8-19 所示。

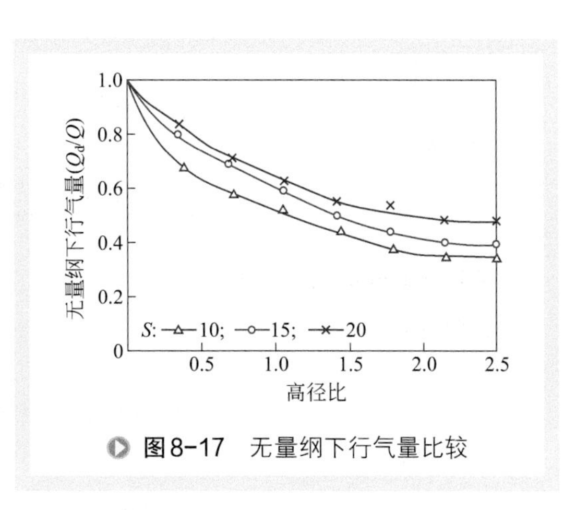

图8-17 无量纲下行气量比较

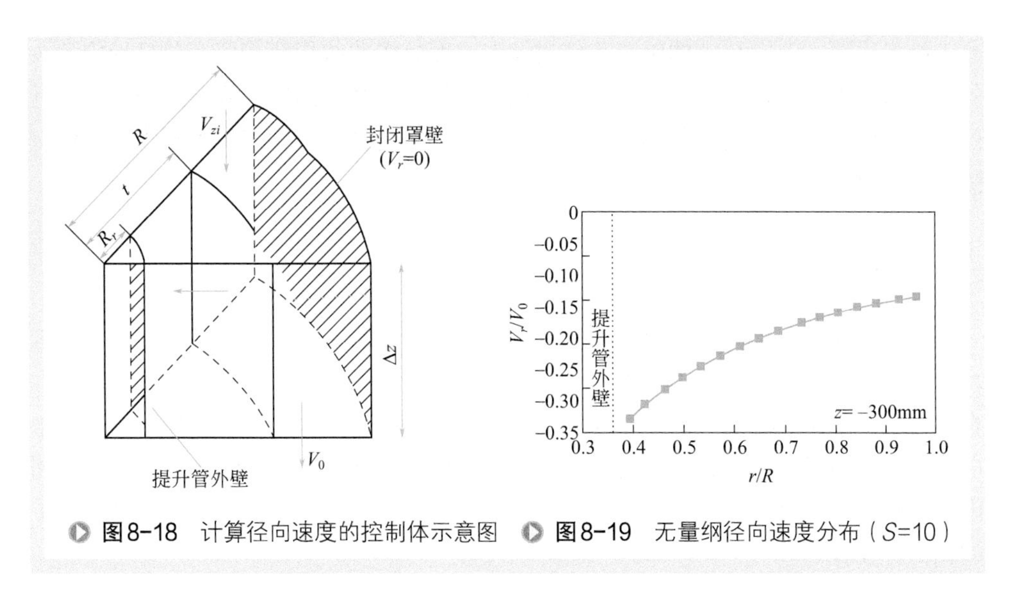

图8-18 计算径向速度的控制体示意图 图8-19 无量纲径向速度分布（S=10）

$$Q_d = \int_{r_{z0}}^{R} 2\pi V_z r \mathrm{d}r \quad (8\text{-}27)$$

$$V_r = \frac{\int_r^R (V_{z1d} - V_{z2d} + V_{z2u} - V_{z1u}) r \mathrm{d}r}{r \Delta z} \quad (8\text{-}28)$$

当 $r \geqslant r_{z0}$ 时，则有：$V_r = \dfrac{\int_r^R (V_{z1d} - V_{z2d}) r\mathrm{d}r}{r\Delta z}$。

根据实验数据进行回归，得到下行气量沿轴向的变化规律及径向速度沿径向的分布规律。

（1）当 $z_0/D < \tilde{z} \leqslant \pi\tan\alpha$ 时

$\tilde{r}_R < \tilde{r} < 1$

下行气量：

$$Q_d = 0.3974|\tilde{z}|^{-0.08255} S^{0.1765} \tag{8-29}$$

径向速度：

$$V_r = \frac{-0.09383|\tilde{z}|^{-1.08225} S^{0.1765}}{\tilde{r}} \tag{8-30}$$

（2）当 $\pi\tan\alpha < \tilde{z} \leqslant \tilde{z}_f$ 时

$\tilde{r}_R < \tilde{r} < 1$

下行气量：

$$Q_d = 0.186|\tilde{z}|^{-0.4356} S^{0.4344} \tag{8-31}$$

径向速度：

$$V_r = \frac{-0.05815|\tilde{z}|^{-1.4356} S^{0.4344}}{\tilde{r}} \tag{8-32}$$

结果表明，不同尺寸的旋流头结构径向速度分布曲线形状相似，并且受旋流头的结构尺寸 S 和截面的径向位置的影响很小。另外，径向速度在旋流头喷出口附近区域数值较大，足以将固体颗粒直接带入上行流，对分离效率产生不利影响，仍有进一步优化的空间。

三、静压分布

同一尺寸结构的旋流快分系统的静压分布见图 8-20，由于采用负压操作，表压均为负压。结果表明，旋流头喷出速度不同时，系统内的静压分布变化不大，并且在整个分离空间内分布均匀。图 8-21 所示是旋流头结构不同时，系统的静压分布曲线。从图中可以看出，不同的旋流头结构条件下，静压分布曲线在整个分离空间内形状相似，而且受旋流头的结构尺寸 S 和截面的径向位置的影响很小，静压分布的轴对称性较好。

四、VQS 系统内旋流的能量传递过程

黏性流体中存在涡旋的扩散，其表现形式为涡旋强的地方向涡旋弱的地方传送涡量，直至涡量达到平衡。流体流动过程中，由于壁面的摩擦损耗，不仅造成壁面

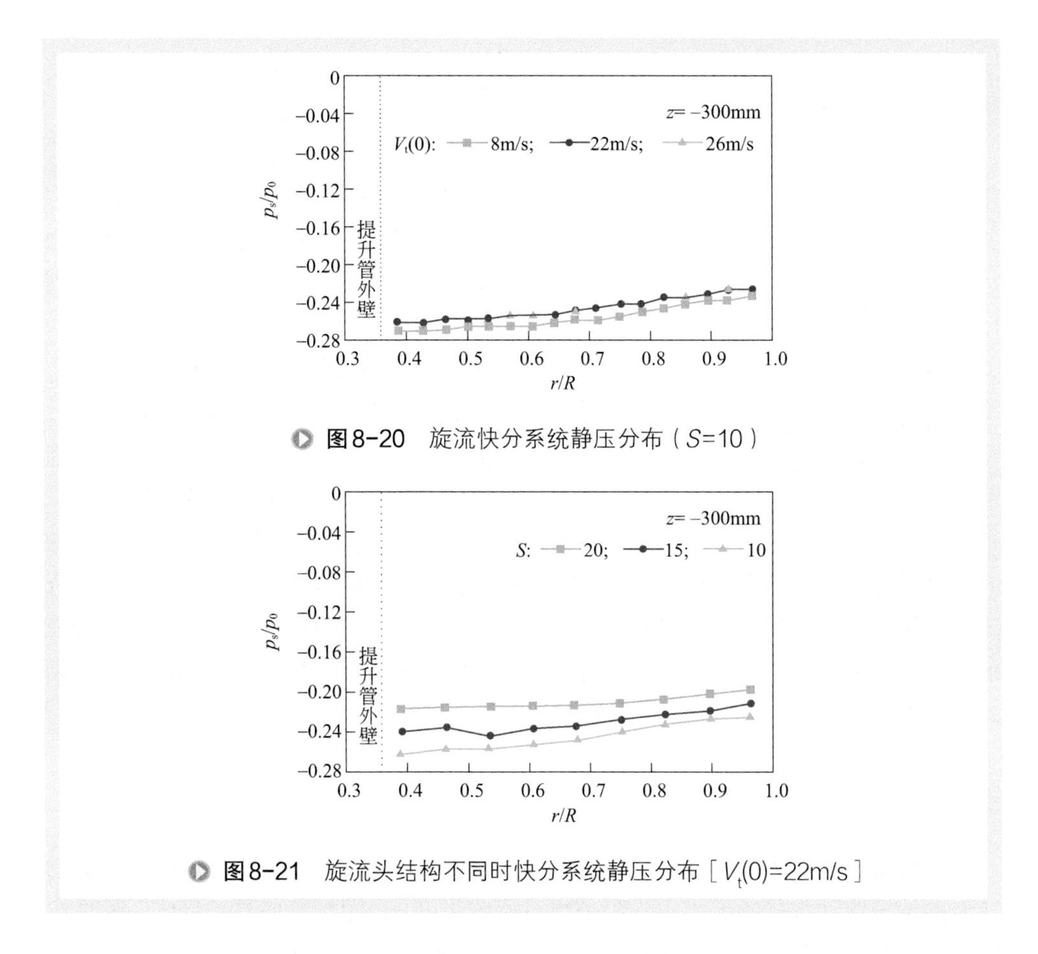

图8-20 旋流快分系统静压分布（S=10）

图8-21 旋流头结构不同时快分系统静压分布［$V_t(0)$=22m/s］

处的流体能量损耗，而且导致湍流能量耗散。湍流能量的耗散必然会导致旋转流的强度减小，故流体的旋转速度在壁面处存在不同程度的衰减。VQS 系统的环形空间（封闭罩）内，内侧提升管壁面和外侧封闭罩壁面处，均存在气流旋转速度的衰减和旋转能量的衰减。由于外侧封闭罩的内壁面积较大，故流体在该处损耗的能量较多，涡量的损耗也较大。因此，流体从内侧准强制涡流向外侧准自由涡，直至两侧涡量平衡。这样，就造成外部的准自由涡区逐渐增大，内部的准强制涡区逐渐缩小。

VQS 系统内环形空间的旋转能量是从径向和轴向两个方向输送的。从径向看，在环形空间的任意横截面上，根据牛顿内摩擦定律，旋转流内的剪切力 τ 与切向速度 V_t 的关系式为：

$$\tau=\mu\frac{\mathrm{d}V_t}{\mathrm{d}r} \tag{8-33}$$

由封闭罩内切向速度的分布特征（图 8-13）可知，内部的准强制涡和外部的准自由涡的剪切力 τ 的方向不同。准强制涡部分切向速度 V_t 随着径向距离 r 的增加而

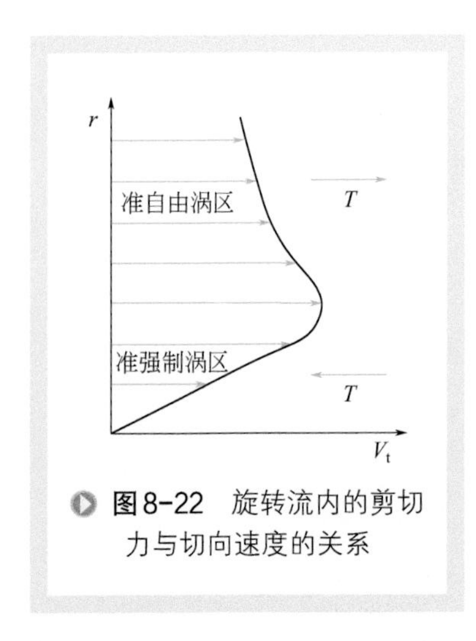

图8-22 旋转流内的剪切力与切向速度的关系

增大，$\frac{dV_t}{dr}>0$，即 $\tau>0$；准自由涡部分切向速度 V_t 随着 r 的增加而减小，$\frac{dV_t}{dr}<0$，即 $\tau<0$。旋转流内的剪切力与切向速度的关系见图 8-22。剪切力的方向表明准强制涡接受能量，而准自由涡向准强制涡输送能量。能量传递过程通过剪切力由外部的准自由涡向内部的准强制涡进行，准自由涡驱动准强制涡旋转。由于涡量传递造成外部准自由涡区增大，内部准强制涡区减小，因此准强制涡区可接受的能量逐渐减小趋于饱和，内外涡区之间的能量传递达到稳定状态。这样从切向看，在环形空间的下部区域里，切向速度沿径向分布趋于平稳，内外涡区的切向速度变化较为平缓；从轴向看，下行流体沿轴向向下不断输送旋转能量。由于存在着流体与双侧壁面之间的摩擦所带来的能量损失和湍流能量损耗，向下游传递的能量逐渐减少，导致了旋转流强度的衰减，表现为最大切向速度的数值沿轴向向下逐渐减小。

五、VQS系统内湍流强度的分布

VQS 系统内气相流动为三维湍流。在湍流研究中，有两种方式表达偏离平均速度的湍流脉动数量的大小，一种是绝对湍流强度 σ，即标准偏差，将任一瞬时在空间点上湍流脉动速度的均方根值作为湍流运动在该点的强度，表达式为：

$$\sigma_i=\sqrt{\sum(u_i-\bar{u}_i)^2/N} \tag{8-34}$$

式中，下标 i 指圆柱坐标系的切向 t、轴向 z 和径向 r。

另外一种是相对湍流强度 T_i，即取绝对湍流强度 σ 对该流体质点平均流动速度的比值，表达式为：

$$T_i=\sigma_i/\bar{u}_i \tag{8-35}$$

湍流强度表征气流的“湍化”程度，数值越大，表明气流的脉动程度越高。这里采用相对湍流强度 T_i 表示 VQS 系统封闭罩内气流的脉动强弱。

VQS 系统封闭罩内不同轴向位置处相对湍流强度的径向分布曲线如图 8-23 所示。

从图 8-23（a）可以看出，切向相对湍流强度沿轴向高度变化较小，沿径向分布较为平坦，但在靠近提升管边壁和封闭罩壁面处数值急剧增大。近壁处气流“湍化”程度较强，主要是由于高速旋转的气流与壁面碰撞和摩擦的结果。这种特点一方面容易使浓集在壁面的颗粒二次扬起，影响分离；另一方面容易将细颗粒湍流扩散至壁面，造成该处结垢结焦。

从图 8-23（b）可见，轴向相对湍流强度沿径向分布较为平坦，沿轴向高度略有变化。沿轴向向下，轴向相对湍流强度数值略微变小。由于系统为直流式结构，不存在上行流，因此其轴向脉动速度较小，轴向相对湍流强度也较小，且沿径向呈水平线性分布。沿轴向向下，气体下行流动越来越平缓，内外旋流的相互转化过程也趋于稳定，轴向脉动速度越来越小，故相对湍流强度也越来越小。

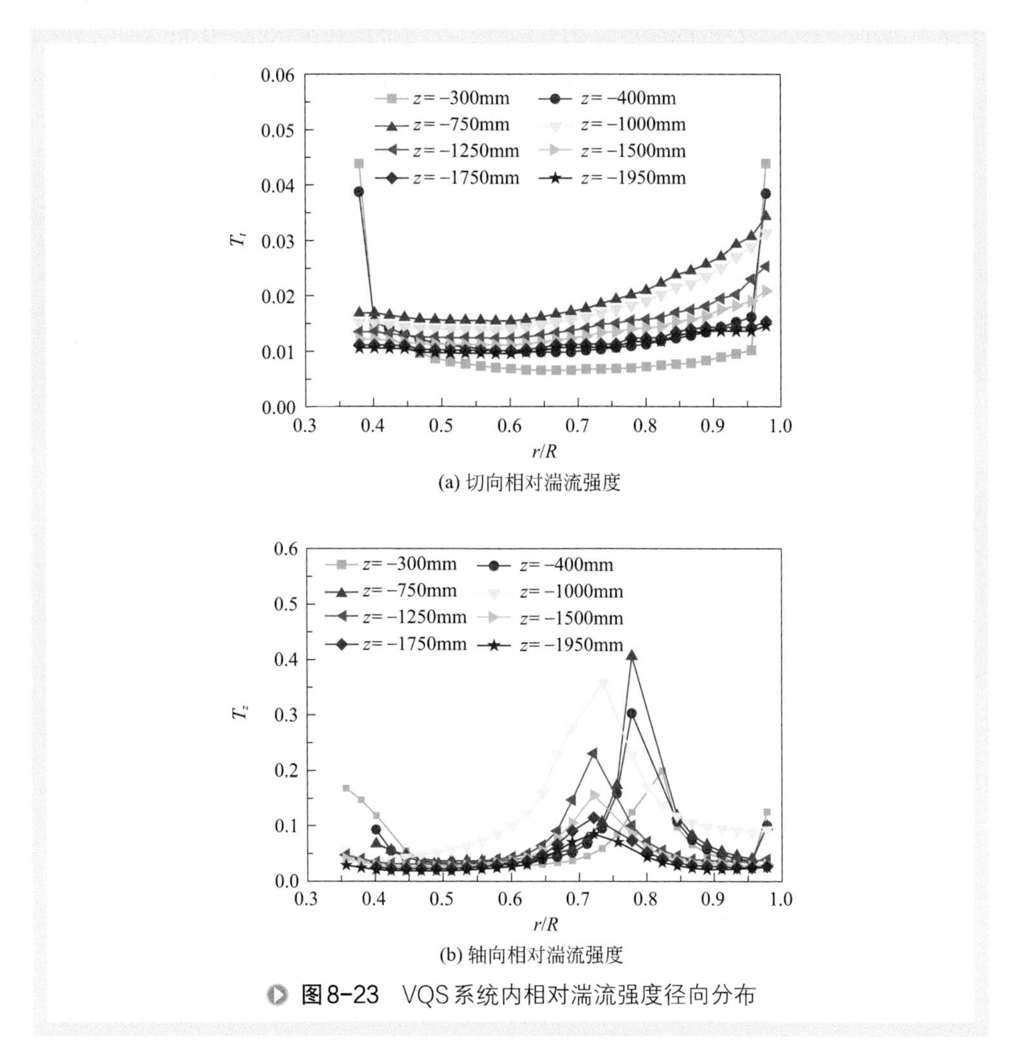

(a) 切向相对湍流强度

(b) 轴向相对湍流强度

图8-23 VQS系统内相对湍流强度径向分布

总体看来，切向、轴向相对湍流强度在 VQS 系统的封闭罩内的分布比较规律，说明气相流场分布稳定，湍流脉动与扩散比较平缓。从切向看，有利于内、外旋流的稳定分布和流场分离；从轴向看，有利于气流稳定下行，避免纵向环流、涡旋死区的发生。

六、汽提气对流场的影响

加入汽提气前后，多臂式旋流快分系统封闭罩内典型截面的流场分布及下行气量比较如图 8-24～图 8-27 所示［以 S=10 和 $V_t(0)$=22m/s 为例］。结果表明，汽提气的引入对旋流快分器内流场影响较小。在整个截面上，外旋流的切向速度基本上不发生变化，内旋流的切向速度受的影响稍大些。内、外旋流的分界点随着汽提气量的加大基本均保持不变。汽提气的吹入使上行流轴向速度稍有增大，下行流轴向速度略有减小。上、下行流的分界点稍有内移。在汽提线速 V_s=0.2～0.4m/s 变化范围内，切向速度值降低了 3.9%～5.8%，上行流区的轴向速度增大了 5.2%～8.1%，静压值略微有所增大。因而，加入汽提气后对旋流快分系统的分离效率影响不大。

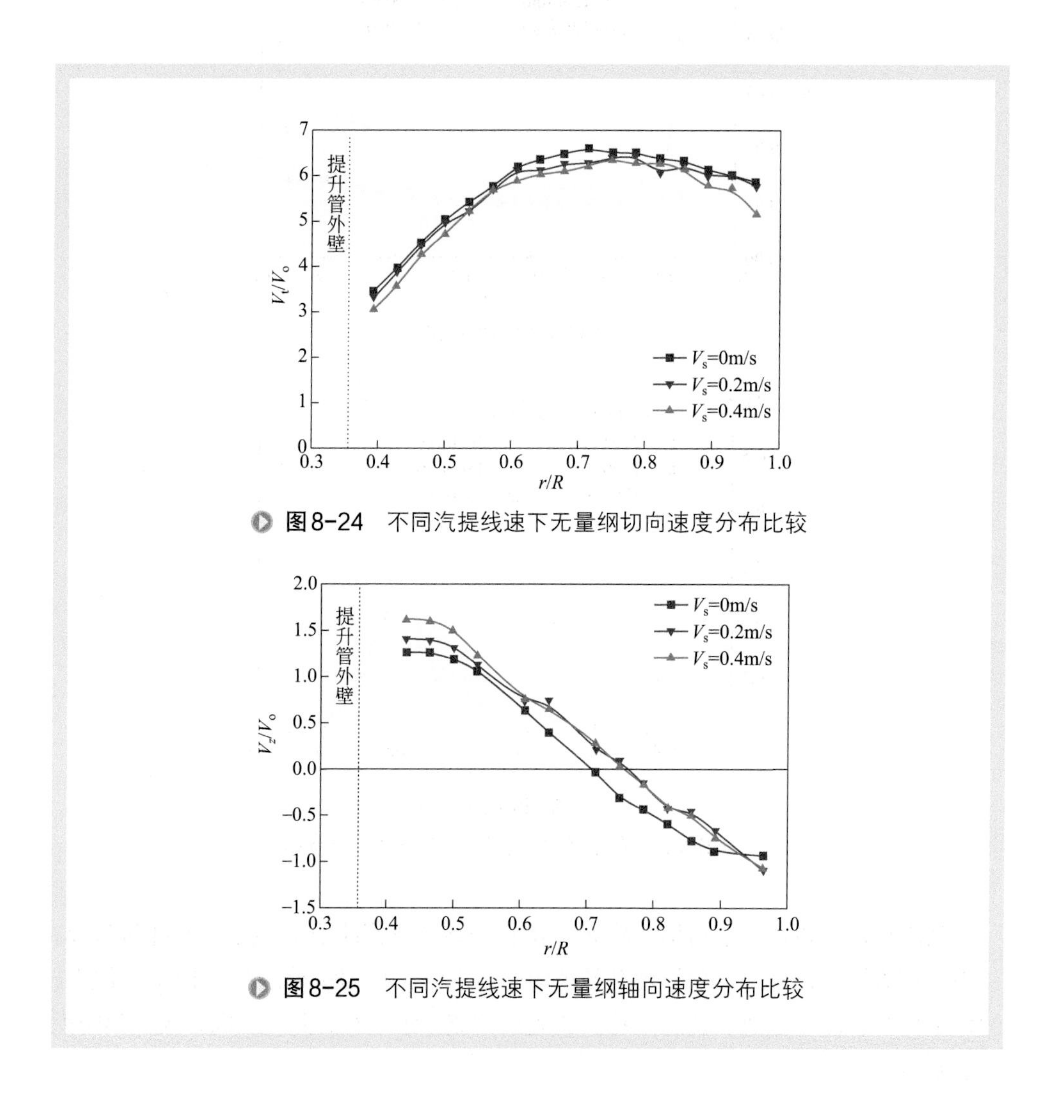

图 8-24　不同汽提线速下无量纲切向速度分布比较

图 8-25　不同汽提线速下无量纲轴向速度分布比较

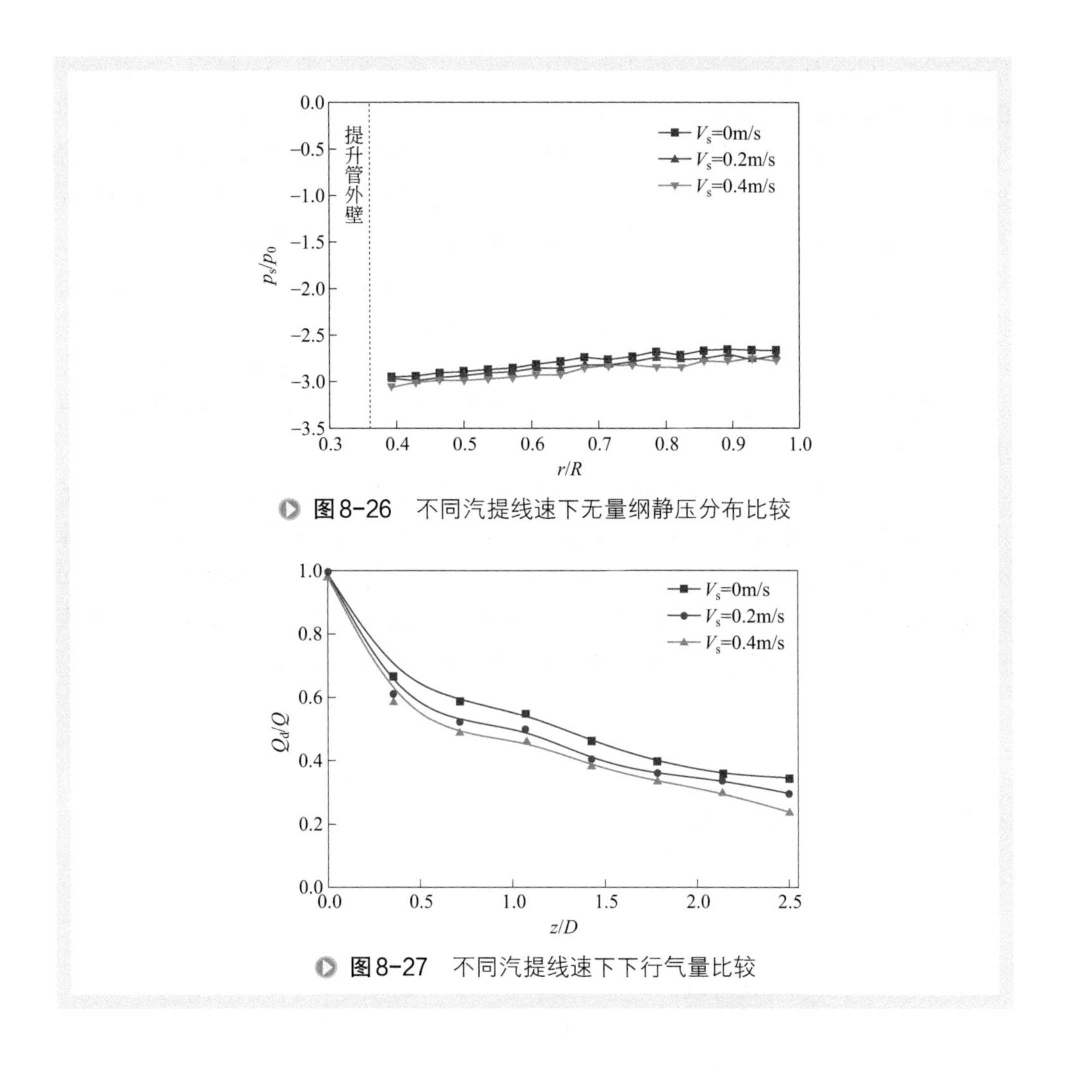

图8-26　不同汽提线速下无量纲静压分布比较

图8-27　不同汽提线速下下行气量比较

第五节　VQS系统内的气相流场数值模拟分析

通过实验的方法，可以对 VQS 快分系统内典型截面的气相流场特性进行测定和分析。但由于测量的截面有限，仅仅依靠实验无法取得更加详细的流场信息。因此，在实验研究的基础上采用数值模拟方法，可以更深入地考察结构参数对旋流快分器内流场的影响规律[2,4]。

一、数值模拟方法

旋流快分系统在气固分离的原理上仍然是旋流离心分离，系统内的流场具有强旋转特性，目前对于旋转湍流模拟所采用的模型主要分为三类：k-ε 模型，包括标准的 k-ε 模型和对标准方程系数诸项的修正；采用能模拟各向异性的应力输运方程模型（DSM）；采用代数雷诺应力模型（ASM）。实践表明：标准的 k-ε 模型不能正确地预报强旋产生的中心回流区大小及强度，也不能预报出切向速度剖面的 Rankine 涡（复合的自由涡与强制涡）结构。而基于 Richardson 数修正的 k-ε 模型对模拟结果有一定程度的改善，但这种改善程度是有限的。与 k-ε 模型相比，代数雷诺应力模型和应力输运方程模型都考虑到了压力-应变关联（应力的再分配）和离心力-湍流相互作用等更为复杂的物理机理，有良好的预报精度，能预报强旋湍流时均流场的分布特性。因此，可以采用应力输运方程模型对旋流快分系统内气相流场进行三维数值模拟。

针对实验中所采用的三种结构尺寸的旋流快分结构进行数值模拟，这是工业所用的旋流快分器的相似缩小模型。模拟计算时对实验装置进行了一定的简化，计算区为图 8-28 中蓝色区域，结构尺寸见表 8-1，截面径向位置如图 8-29 所示。操作参数与实验相同，即旋流头喷出口喷出速度分别为 18m/s，22m/s，26m/s。汽提线速在实验的基础上增加为 V_s=0m/s，0.2m/s，0.4m/s，0.8m/s，1.2m/s。

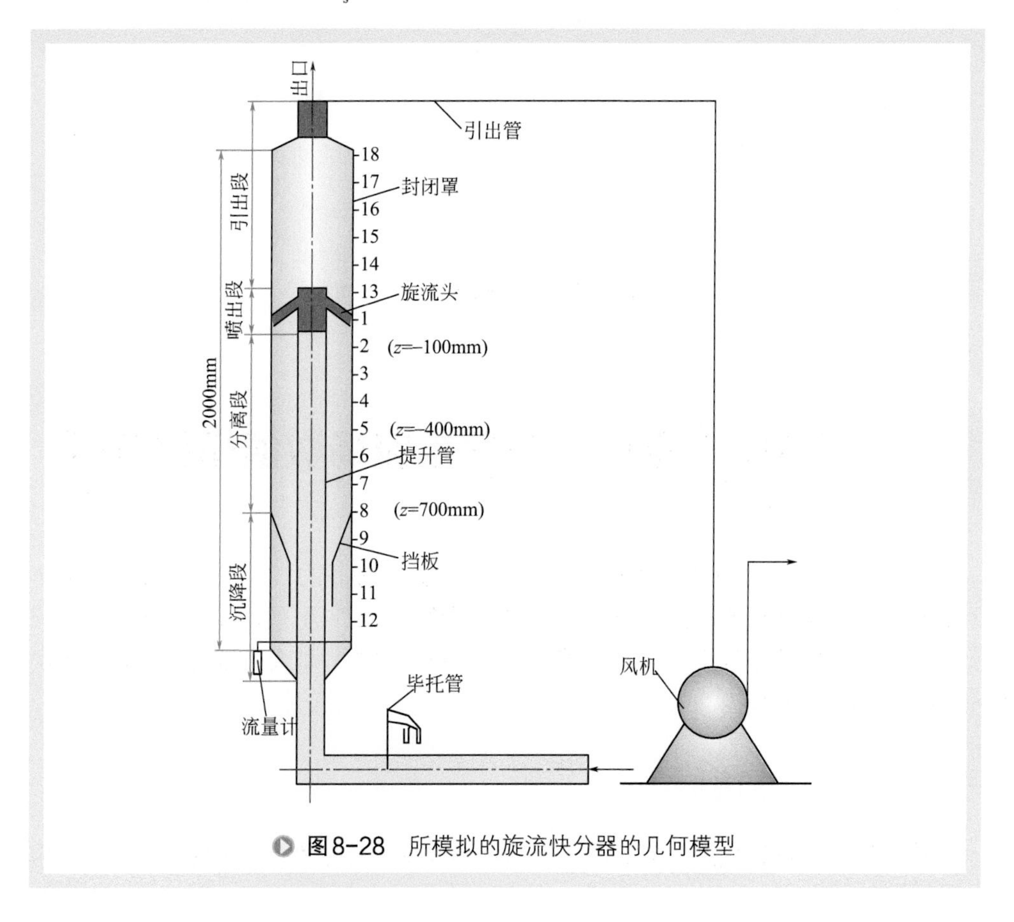

图8-28 所模拟的旋流快分器的几何模型

表8-1　旋流快分器的特征结构尺寸

d_r（提升管外径）/mm	D（封闭罩内径）/mm	喷出口尺寸（$A \times B$）/（mm × mm）	旋臂向下的倾角 α/（°）
ϕ100	ϕ280	45 × 15（S=20） 52 × 17（S=15） 64 × 21（S=10）	20

二、边界条件

1. 入口边界条件

入口气流为常温状态的空气，入口处气流的速度采用提升管内平均速度。入口处的湍能 k 和 ε 则可通过相对湍流强度 T 和水力直径 D_h 间接给出，其经验公式为：

$$k=\frac{3}{2}T^2U^2 \tag{8-36}$$

式中，U 为提升管内平均速度。

$$\varepsilon=\frac{k^{3/2}}{0.3D_h} \tag{8-37}$$

其中，T=0.037，D_h=0.045m

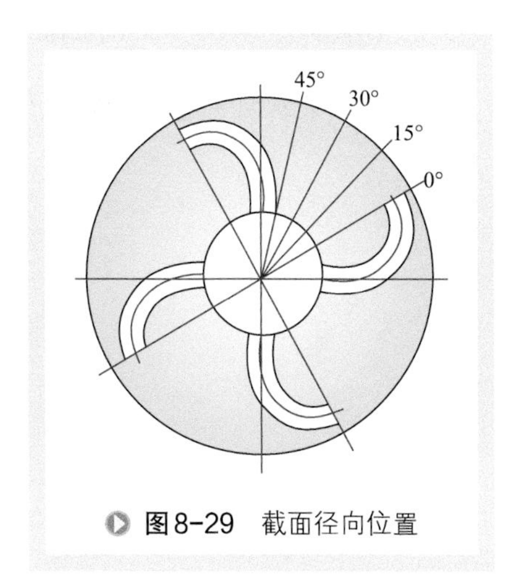

图8-29　截面径向位置

2. 出口边界条件

出口压力为外界大气压。

3. 壁面边界条件

壁面处采用无滑移边界条件；在壁面附近采用壁面函数法处理。

三、VQS系统内流动特征的分析[5]

旋流快分器内典型截面（截面 2、8、11、15）上的速度矢量分布分别如图 8-30 所示。气体流动的迹线如图 8-31 所示，图 8-31（a）中的气体流动尚未到达封闭罩底部。由图可以看出，气体在旋流快分器内作强烈的旋转运动，当气体由旋流头喷出口喷出后，沿封闭罩内壁旋转下行，到达封闭罩底部后，折转向上旋转上行。

为便于分析说明，将整个 VQS 系统内空间分成四个区段（见图 8-28），第一段为提升管顶端以上的空间，称为引出段；第二段包括旋流快分头喷出口在内，称为喷出段；第三段为旋流快分头与挡板之间的环形空间，称为分离段；第四段为

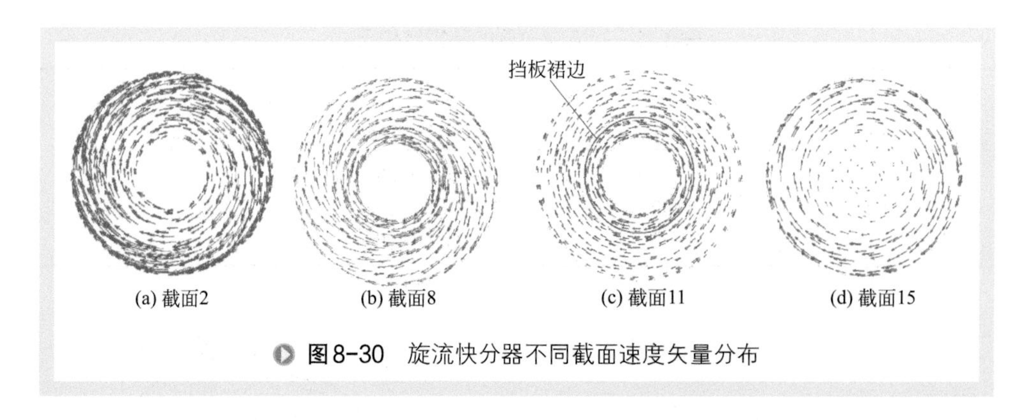

图8-30 旋流快分器不同截面速度矢量分布

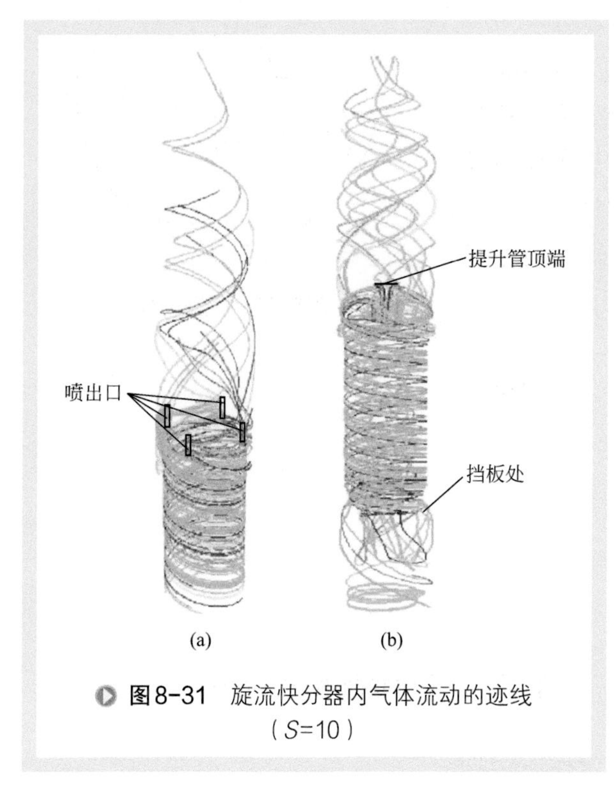

图8-31 旋流快分器内气体流动的迹线（S=10）

挡板以下的空间，称为沉降段。坐标轴的原点取在封闭罩中心轴线和旋流头喷出口中心平面的交点处，沿轴向向上为正，沿径向向外为正。为便于分析讨论，速度和径向尺寸均取无量纲化值（特征速度为封闭罩内表观气速，特征尺寸为封闭罩的内半径）。以下各图均以S=10，旋流头喷出口喷出速度为22m/s为例。

1. 喷出段

图8-32所示是0°～45°方位截面上速度矢量图。由图可以看出，在旋流头喷出口附近区域内，由旋流头喷出口喷出的气体，一部分沿封闭罩内壁直接上行，并且上行速度较大，足以将浓集在封闭罩内壁上的固体颗粒直接带走；一部分沿径向向内运动的同时转为上行流，并且在旋流头喷出口底部内侧和旋流臂内侧形成若干个纵向旋涡，而后沿径向方向旋涡逐渐消失，气体基本上转化为上行流，呈弯道式上行。因而在该区段内，由旋流头喷出口喷出的一部分催化剂颗粒尚未来得及分离就被直接带入上行流中，并且在该段内由于局部旋涡的存在，油剂混合物返混比较严重，不利于油气和催化剂颗粒的快速分离，是导致分离效率不易提高的主要原因，其结构有进一步优化的空间。

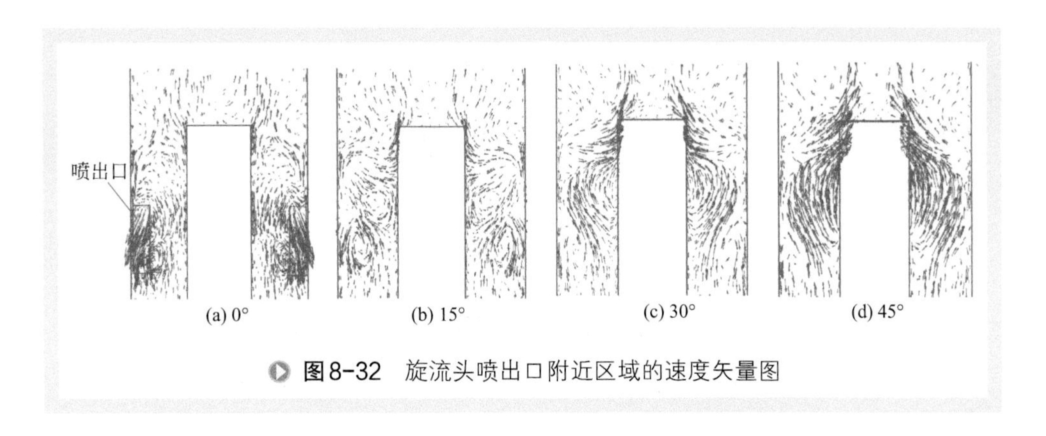

图8-32 旋流头喷出口附近区域的速度矢量图

2. 分离段

图 8-33 为分离段的速度矢量图，图 8-34 所示为分离段内计算所得三个截面上径向速度分布曲线（径向速度沿径向向外的方向取为正）。计算结果表明：在分离段内，径向速度的数值较小，除喷出口下第一个截面［图 8-34（a）］和靠近挡板的截面［图 8-34（c）］外，径向速度基本上均为离心流［类似于图 8-34（b）］，由图 8-33 也可以看出这一点，这与一般旋风分离器是不同的。旋流快分器分离段内径向速度的方向基本上均沿径向向外，更有利于固体颗粒甩向封闭罩内壁而被分离。在挡板处，由于受挡板的影响，气体的向心运动较明显，而后转为上行流。

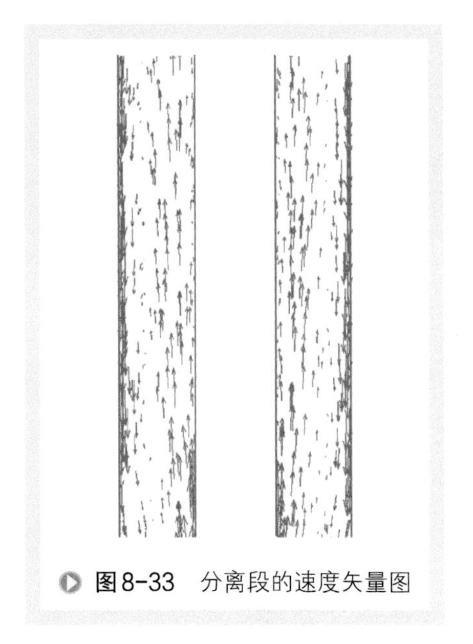
图8-33 分离段的速度矢量图

3. 沉降段

图 8-35 所示是沉降段的速度矢量图，图 8-36 为沉降段内典型截面的速度矢量图。在沉降段，气体的切向速度较小，并且沿轴向变化较小。由于受挡板的影响，一部分气体沿挡板斜下行，而后转为上行流，另一部分气体穿过挡板上的小孔沿挡板斜下行，由于在挡板与裙边的交界处存在较大的离心径向速度，在该区域形成旋涡。穿过挡板的气体运行到裙边的底部，一部分气体直接进入裙边和提升管之间的环形空间上行，一部分气体继续下行到达封闭罩的底部后折转向上运动，与直接进入裙边和提升管之间的环形空间的气体相遇，迫使部分气体向封闭罩运动，从而在裙边底部形成纵向旋涡。旋涡的存在不利于该挡板下面气体的快速引出，所以在实际应用中，应在挡板下引入汽提气以防止油气在此处滞留。

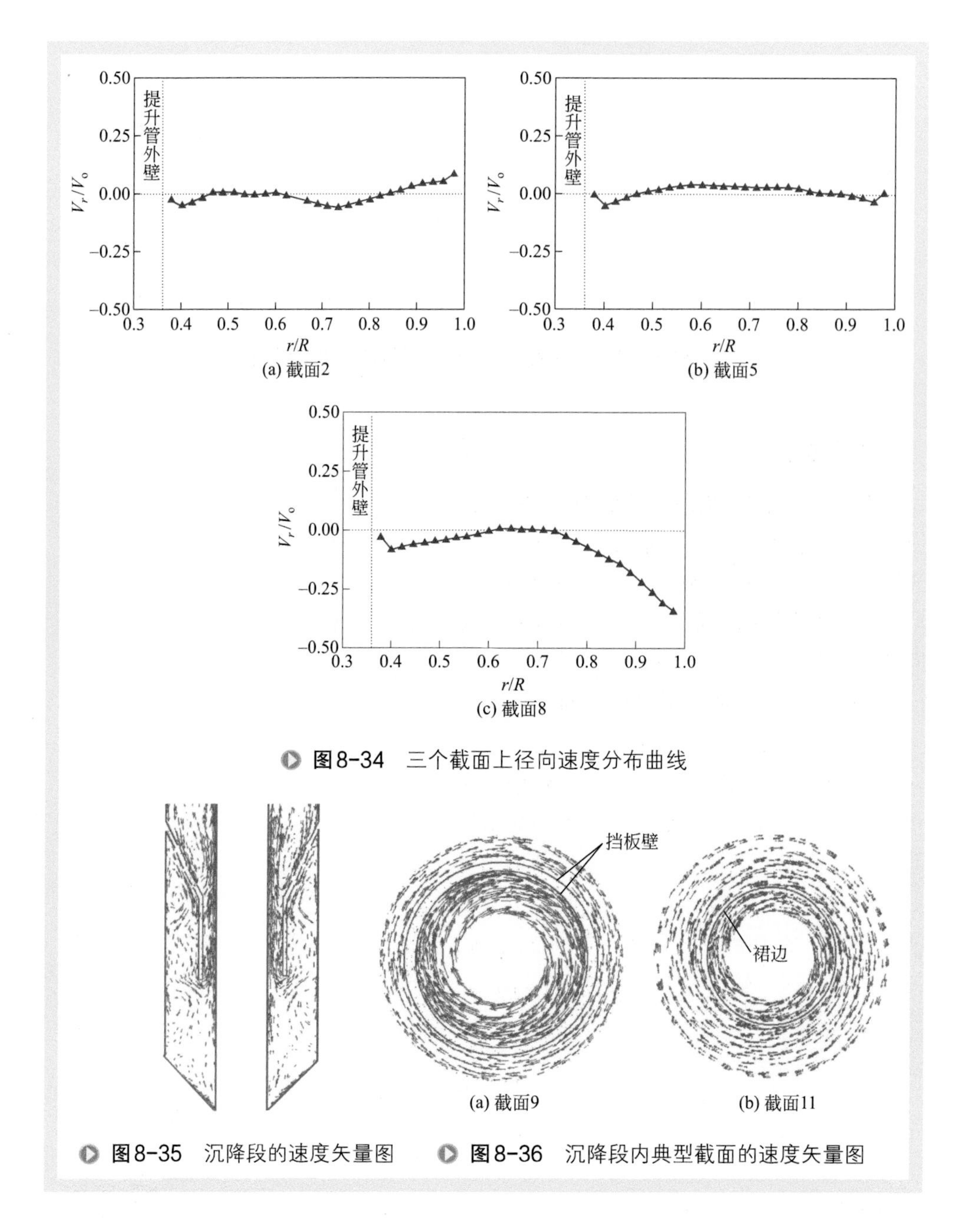

图8-34 三个截面上径向速度分布曲线

图8-35 沉降段的速度矢量图

图8-36 沉降段内典型截面的速度矢量图

4. 引出段

图 8-37 为引出段内几个典型截面上的速度矢量图。由模拟结果可知：引出段三维速度分布具有较好的轴对称性，并且沿轴向变化较小，切向速度已变小，轴向速度全为上行流，径向速度数值很小，基本上为向心方向。气体在向上运动的过程中，在喷出段的上方，由于受旋流臂和中间提升管的分割影响，形成 4 个旋

涡［图 8-37（a）］，而后气体进入上部引出空间，汇合后继续向上运动，形成方向相反的内外两个旋涡。由于内旋涡较弱较小，所以在向上运动的过程中逐渐被较强的外旋涡所融合，中心旋涡区逐渐减小，到距旋流头中心轴向距离约为 1.25 倍的螺距（即：$\tilde{z}=z/D=1.25\pi\tan\alpha$）时，中心旋涡区消失。

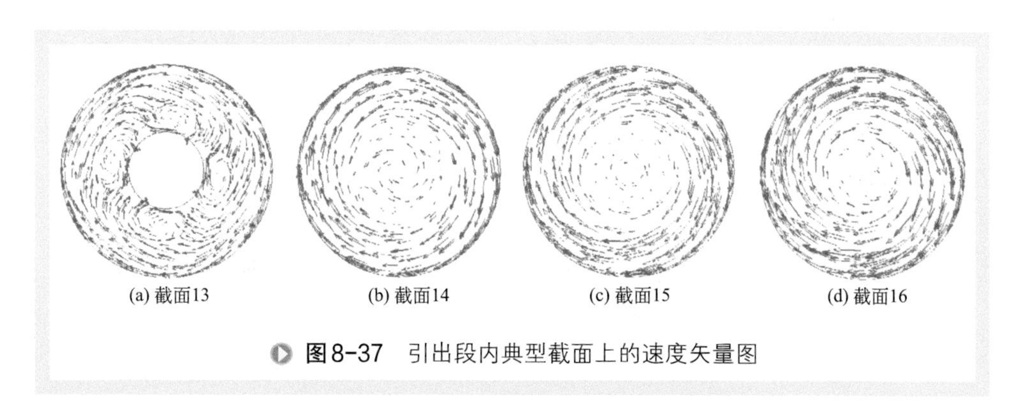

图8-37 引出段内典型截面上的速度矢量图

四、主要结构参数对旋流快分器内流场的影响

1. *S* 值的影响

封闭罩内环形空间截面积与旋流头喷出口总面积的比值 *S* 是设计的一个重要依据。在封闭罩尺寸已定的条件下，*S* 取值大，表示喷出口尺寸小，喷出速度高。但对于整个 VQS 系统内，需综合考虑离心力场的强弱等因素来确定适宜的 *S* 值。

图 8-38 和图 8-39 分别给出了同一喷出速度下不同结构尺寸的旋流快分系统分离段内典型截面上切向速度和轴向速度的分布曲线。结果表明：同一喷出速度下，*S* 值增大，切向速度也增大，轴向速度则基本不受 *S* 值的影响。可见，*S* 取值较大

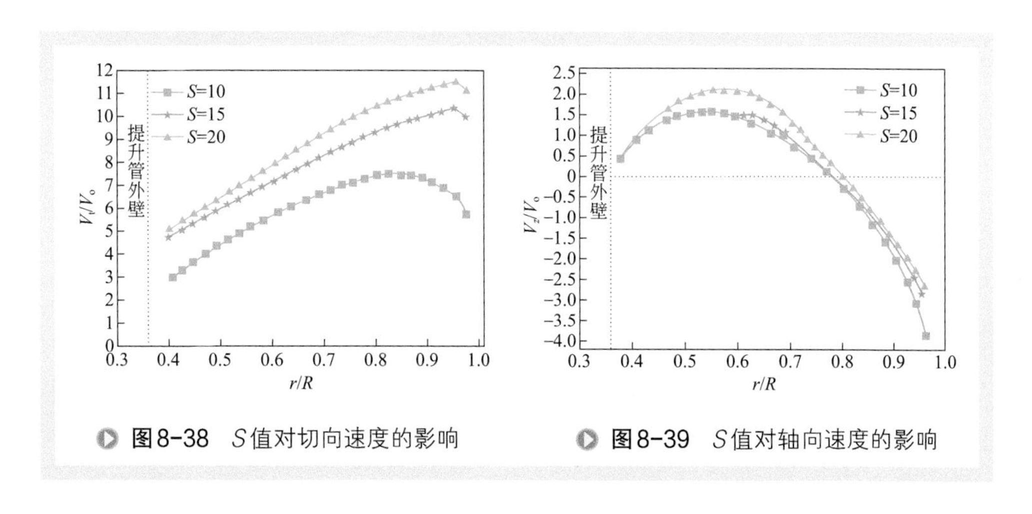

图8-38 *S* 值对切向速度的影响

图8-39 *S* 值对轴向速度的影响

对提高分离效率是有利的。

2. 旋流臂倾角的影响

旋流臂的倾斜角度 α 也会对 VQS 系统内流场的分布特征产生重要影响，是旋流快分设计中的另一个重要参数。

图 8-40～图 8-43 所示是旋流臂倾角 α 分别为 0°、10°、20° 和 30° 时，旋流快分器喷出段 0°～45° 方位截面上的速度矢量图。

在 0° 方位，旋流臂倾角 α 为 0° 时，喷出口处向上的气流十分明显，随着旋流臂倾角 α 的增大，向上气流逐渐变小，向下的速度分量逐渐增大，这对于减小“短路流”是有利的。

在 15° 方位，旋流臂倾角 α 越大，旋流头喷出口底部内侧和旋流臂内侧的两个

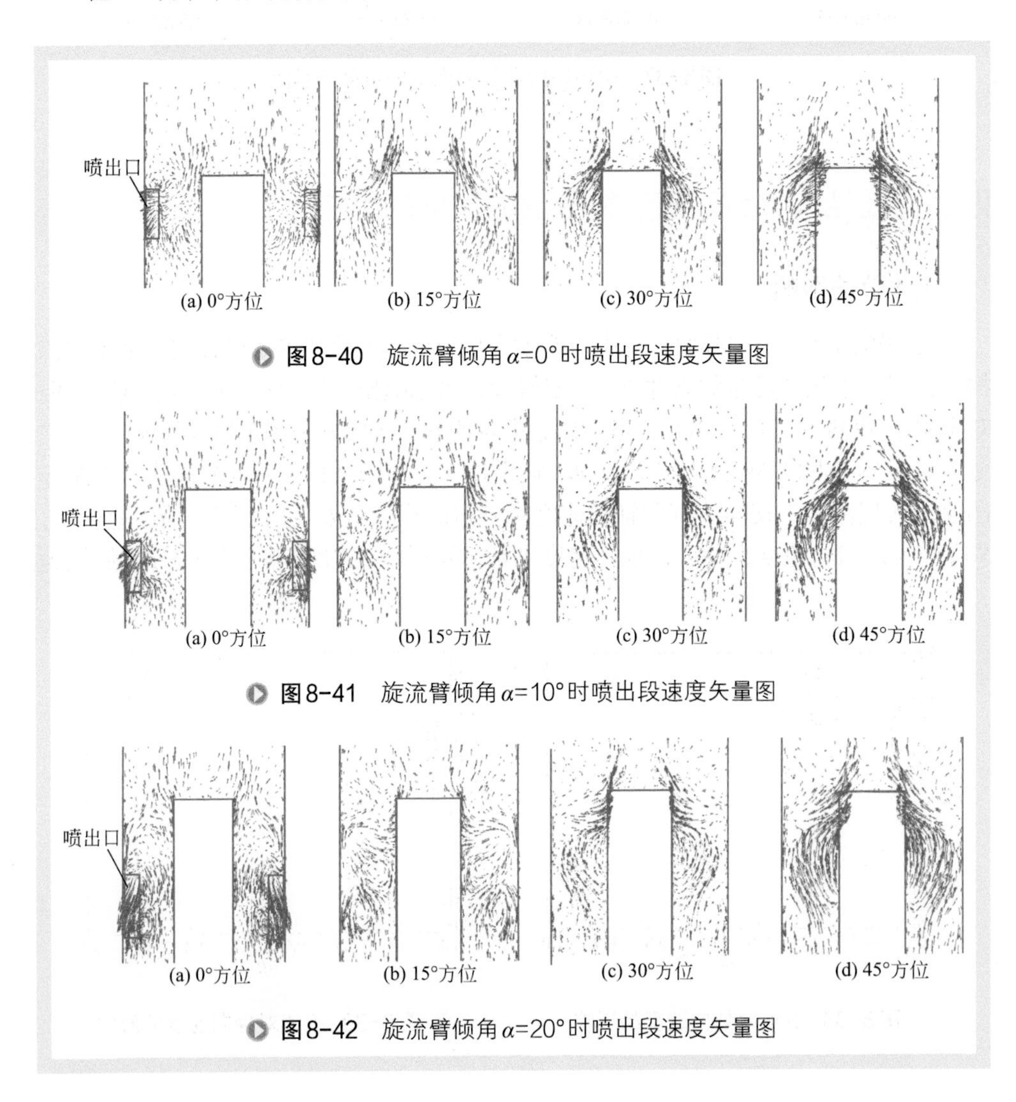

图 8-40　旋流臂倾角 α=0° 时喷出段速度矢量图

图 8-41　旋流臂倾角 α=10° 时喷出段速度矢量图

图 8-42　旋流臂倾角 α=20° 时喷出段速度矢量图

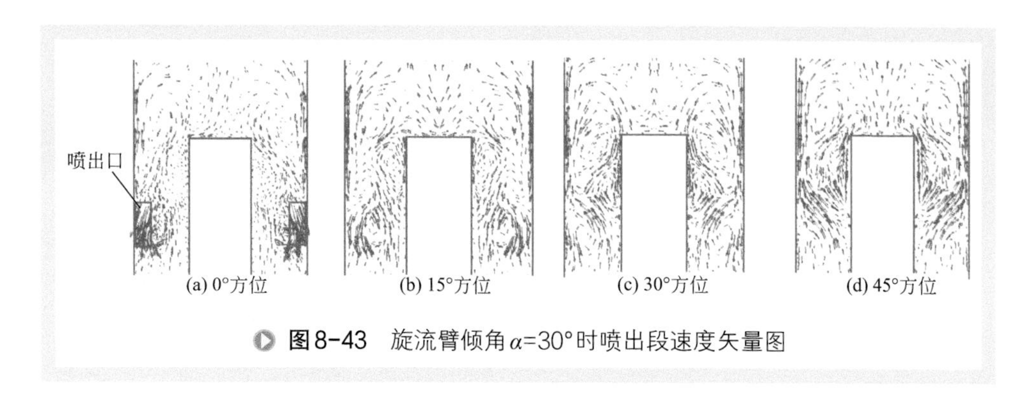

图8-43　旋流臂倾角α=30°时喷出段速度矢量图

旋涡的形态越明显，而旋流臂倾角α为0°时，气流基本上呈“弯道流”形态。

在30°和45°方位，旋流臂倾角α为30°时，旋流头喷出口上方仍有明显的旋涡，当旋流臂倾角α减小时，“弯道流”形态更为明显些。

因而，旋流臂倾角α较大时，旋流头喷出口处的“短路上行”趋势会减小，对分离更为有利。

图8-44～图8-47所示是旋流臂倾角α分别为0°、10°、20°、30°时的旋流快分器引出段的速度矢量图。对比各速度矢量图可以看出，旋流臂倾角分别为0°、10°和20°时，在喷出段的上方由于受旋流臂和中间提升管的分割影响，形成4个旋涡，而后气体进入上部引出空间，汇合后继续向上运动，形成方向相反的内外两

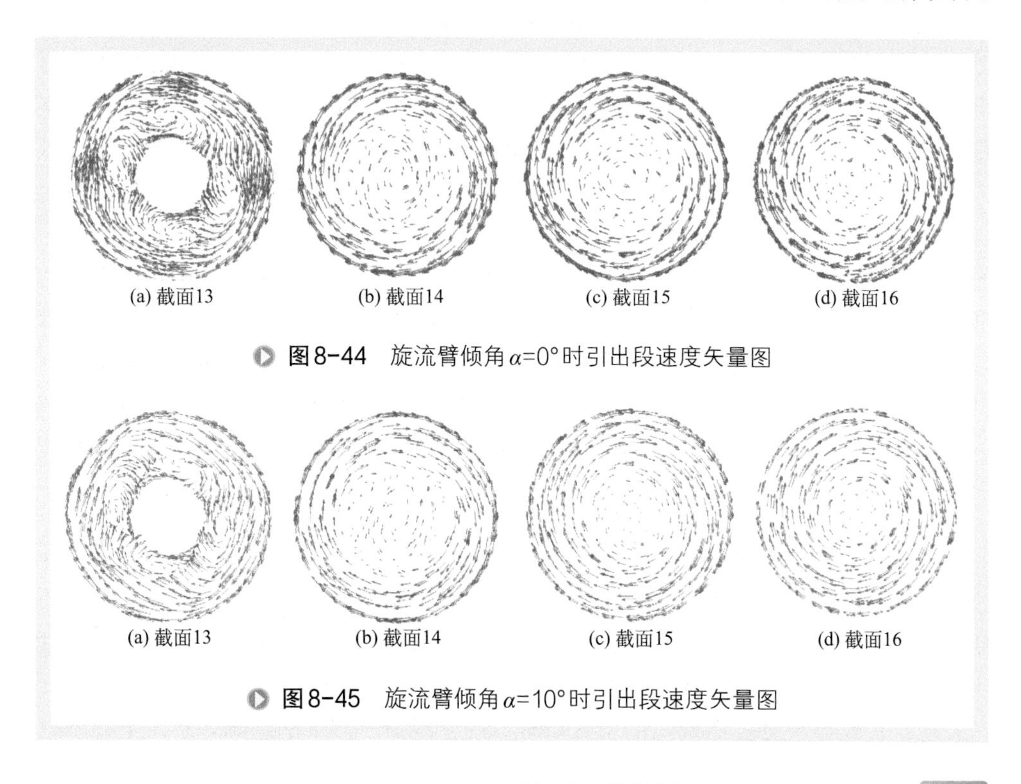

图8-44　旋流臂倾角α=0°时引出段速度矢量图

图8-45　旋流臂倾角α=10°时引出段速度矢量图

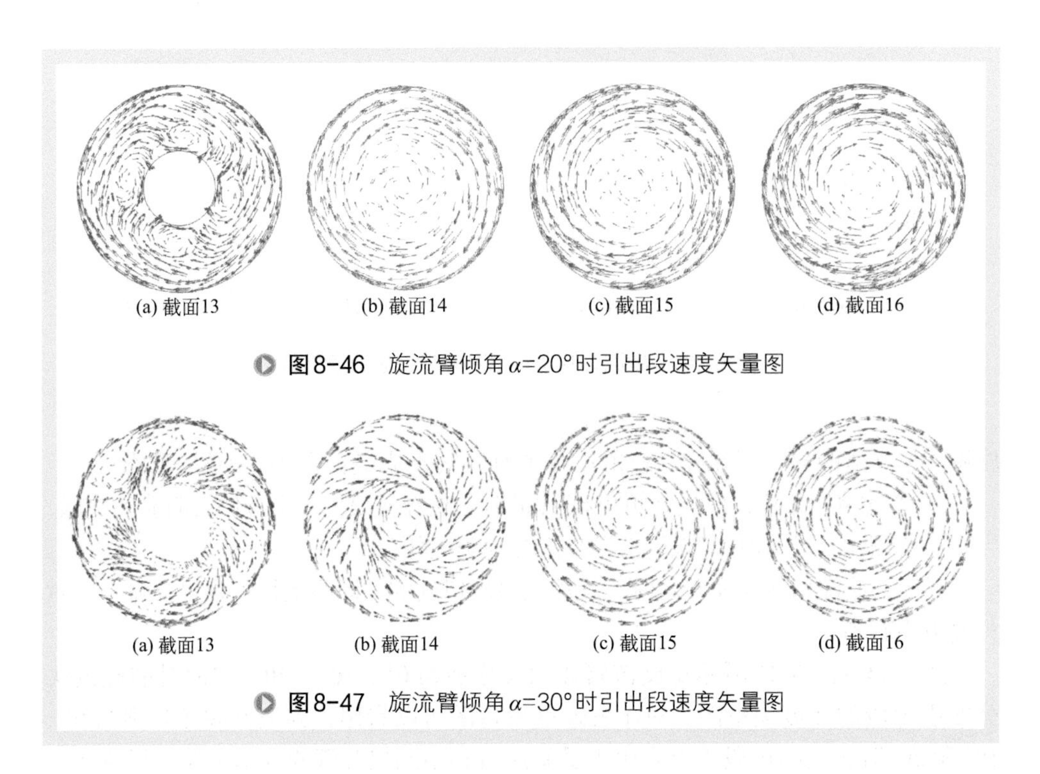

图8-46 旋流臂倾角α=20°时引出段速度矢量图

图8-47 旋流臂倾角α=30°时引出段速度矢量图

个旋涡，随后在向上运动的过程中两旋涡逐渐融合，最后由引出管引出。而旋流臂倾角为30°时，在喷出段上方，4个旋涡现象不明显，如图8-47（a）所示；进入上部引出空间后，其气流流动形态与前三者的气流流动形态完全不同，且速度矢量方向也不相同。旋流臂倾角分别为0°、10°、20°时截面14附近区域的气流流动形态以同心环流形态为主，而旋流臂倾角为30°时截面14附近区域的气流流动形态以向心旋流为主，如图8-47（b）所示，这种旋流存在会增大能耗。

图8-48～图8-50所示为不同旋流臂倾角α下，VQS系统内典型截面切向速度、轴向速度和静压分布曲线比较。由图可以看出，切向速度、轴向速度均随旋流臂倾角α的增大而增大，静压除旋流臂倾角α为0°时也有类似的规律。随着旋流臂倾角α的加大，切向速度的变化平稳，没有突变；而在旋流臂倾角α由20°增大到30°时轴向速度和静压都有突变。这说明随着旋流臂倾角α的加大，切向速度也加大，离心力场增强，但也同时会带来轴向速度及静压的增加。因此，从分离效率和压降等方面综合考虑，旋流臂倾角α为20°较适宜。

3. 汽提气的影响

实验结果表明，在挡板下吹入少量汽提气可以减小下部的旋涡，有利于油气的快速引出，减少返混，有必要在挡板下吹入少量汽提气。通过数值模拟分析，可以进一步分析汽提气量对VQS内流场的影响，从而确定适宜的汽提气量。

由计算结果可知：汽提气的引入对旋流快分器中上部空间影响较小，主要是影

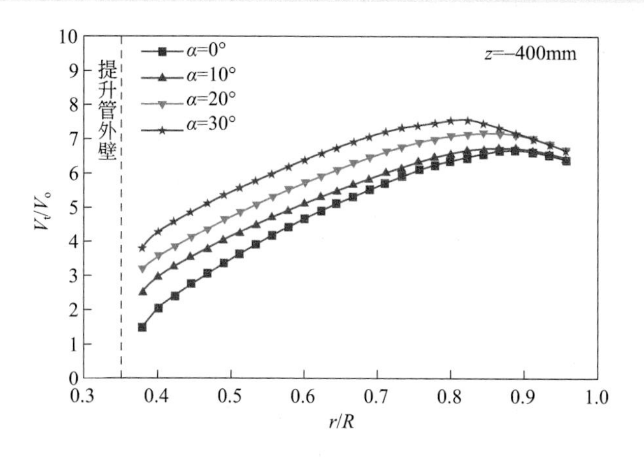

图8-48 旋流臂倾角对切向速度的影响

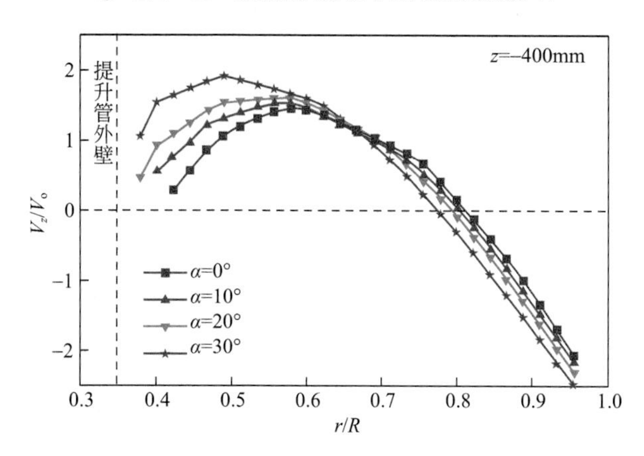

图8-49 旋流臂倾角对轴向速度的影响

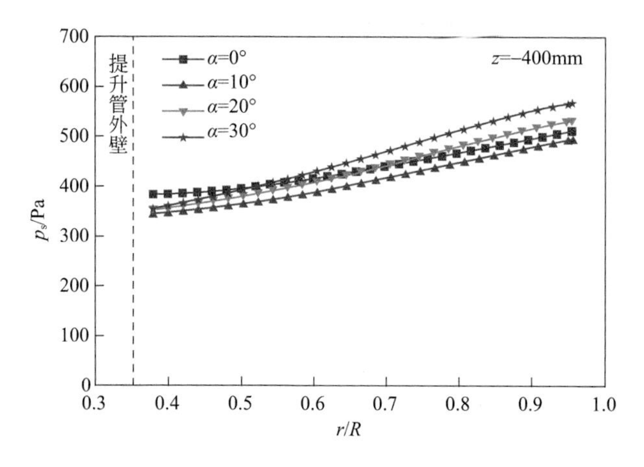

图8-50 旋流臂倾角对静压的影响

响其中下部的流场。以挡板附近截面 8 上的速度分布为例进行分析，这一截面为分离段受汽提气干扰最严重的截面。

图 8-51和图 8-52 所示为汽提气量对切向速度和轴向速度的影响。从图中可以看出，加入汽提气后，切向速度减小。但在汽提线速为 0～0.4m/s 范围内，切向速度降低幅度不大，在整个截面上，外旋流的切向速度基本上不发生变化，内旋流的切向速度受的影响稍大些。而在汽提线速为 0.4～1.2m/s 范围内，切向速度降低幅度较大。内、外旋流的分界点随着汽提气量的加大基本保持不变。汽提气的吹入使上行流轴向速度增大，下行流轴向速度略有减小。而且上下行流的分界点稍有内移。由加入汽提气前后沉降段速度矢量图（图 8-53）可以看出，加入汽提气后，可消除挡板裙边底部的旋涡，当汽提线速为 0.2m/s 时，挡板下的油气旋涡消失。

因此，汽提线速在 0.2～0.4m/s 范围内为宜，在该范围内可消除挡板下的油气旋涡，返混也相应减小，而且对上部分离空间内的切向速度和轴向速度影响又不显

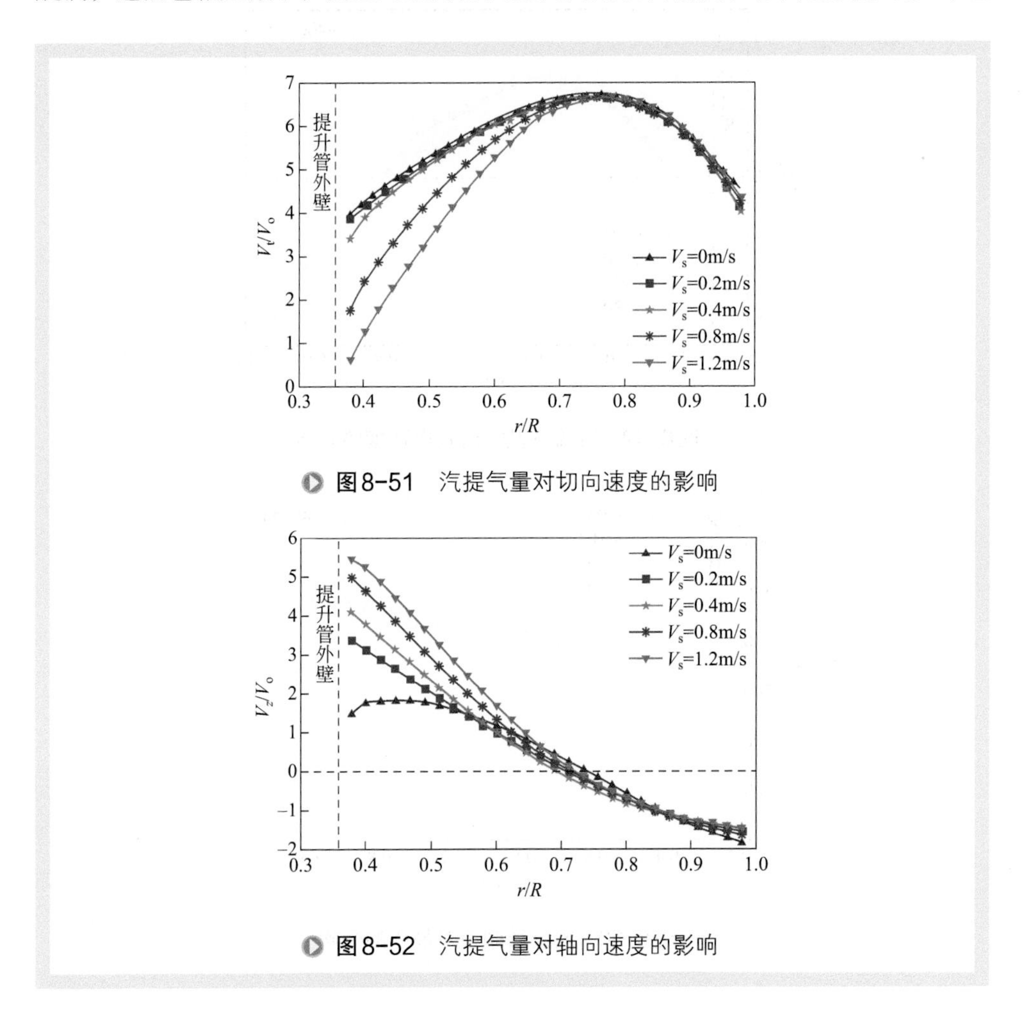

图8-51 汽提气量对切向速度的影响

图8-52 汽提气量对轴向速度的影响

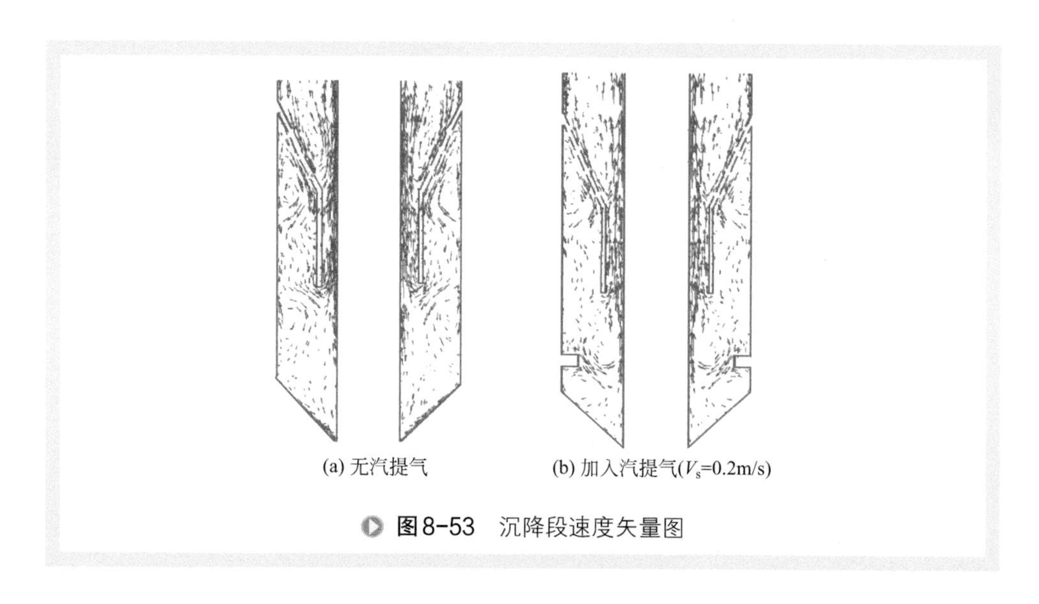

图8-53　沉降段速度矢量图

著，虽然对旋流快分器的分离效率稍有不利，但影响不大，且更有利于气体的快速引出。若汽提线速再增大，则对旋流快分器分离空间的切向速度和向上轴向速度的不利影响增大，蒸汽消耗量也有所增大，并不经济。

第六节　VQS系统的压降

一、主要结构参数对压降的影响

1. *S*值对系统压降的影响

图 8-54 为封闭罩内环形空间截面积与旋流头喷出口总面积的比值 *S* 不同时，旋流快分器内典型截面上静压沿径向的分布。图 8-55 为旋流快分器的压降随喷出口喷出速度的变化曲线。图 8-56 为旋流快分器的压降随流量的变化曲线。

在相同的喷出速度下，*S* 值不同的旋流快分器内部的压力场分布形式基本相同，只是在数值上有所差别，*S* 值大，静压绝对值小。

由图 8-55 可以看出，在相同的旋流头喷出口喷出速度下，旋流头压降随着 *S* 值的增大而减小。这是因为随着 *S* 值的增大，旋流头喷出口的面积减小，在相同的旋流头喷出口喷出速度下，相应的旋流快分器进气量减小，导致流动摩擦阻力及进出口局部阻力损失等都随之减小，使压降减小。

由图 8-56 可以看出，在相同的进气量的条件下，旋流快分器压降随着 *S* 值的

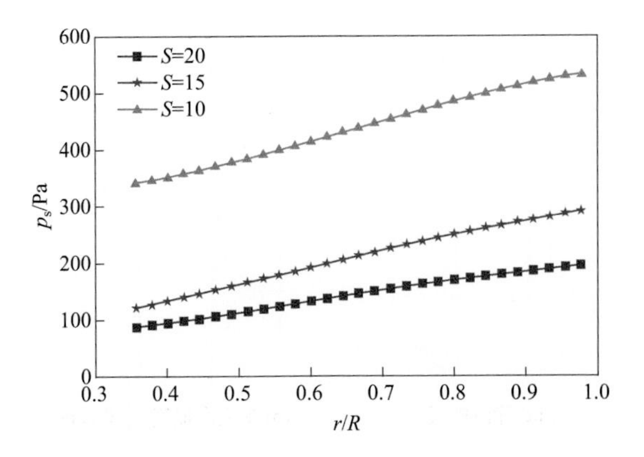

图8-54　S值对系统静压分布的影响

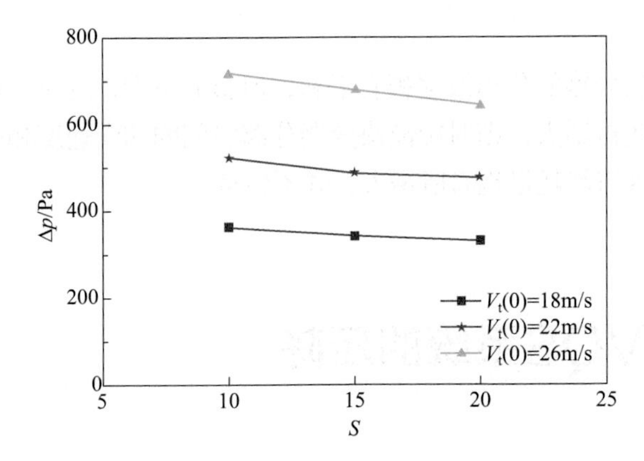

图8-55　不同旋流头喷出口喷出速度下旋流快分器的压降比较

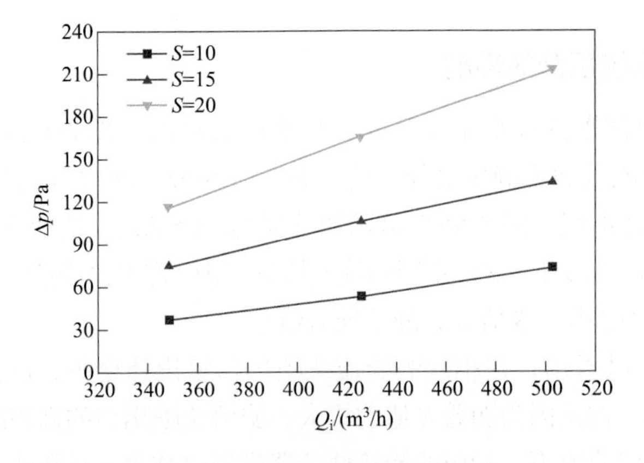

图8-56　不同流量的旋流快分器压降比较

增大而增大。这是因为随着 S 值的增大，旋流头喷出口的面积减小，在相同的进气量下，相应旋流头喷出口的喷出速度增大，封闭罩内的切向速度增大，离心力场增强，从而导致旋流快分器的压降增大。根据前面所介绍的 S 值对流场的影响可知，S 值并不能过大，综合考虑效率和压降两方面因素，较适宜的 S 值为 15 左右。

2. 旋流臂倾角对快分器压降的影响

图 8-57 为旋流快分器压降随旋流臂倾角 α 的变化曲线。可以看出，在相同的旋流头喷出口喷出速度下，旋流头压降随旋流臂倾角 α 的增大而增大。由于旋流快分器内的流动主要受切向速度支配，其大小的变化反映了旋转动能损失的多少及压力损失的变化。因此可以对比同一旋流头喷出口喷出速度（或流量）下，切向速度随不同旋流臂倾角的变化规律，从而反映旋流臂倾角对旋流快分器压降的影响。

从图 8-57 可以看出，随着旋流臂倾角 α 的增大，切向速度值增大，且最大切向速度点的径向位置（即自由涡和强制涡的分界点）向中心移动，因此切向速度梯度必然会增大，同样意味着离心作用的增强，这必然使流动摩擦阻力增大，从而使压降增大。但旋流臂倾角增大的同时，分离效率也随之增大，因此适宜的旋流臂倾角 α 要综合考虑效率和压降两方面因素来确定。

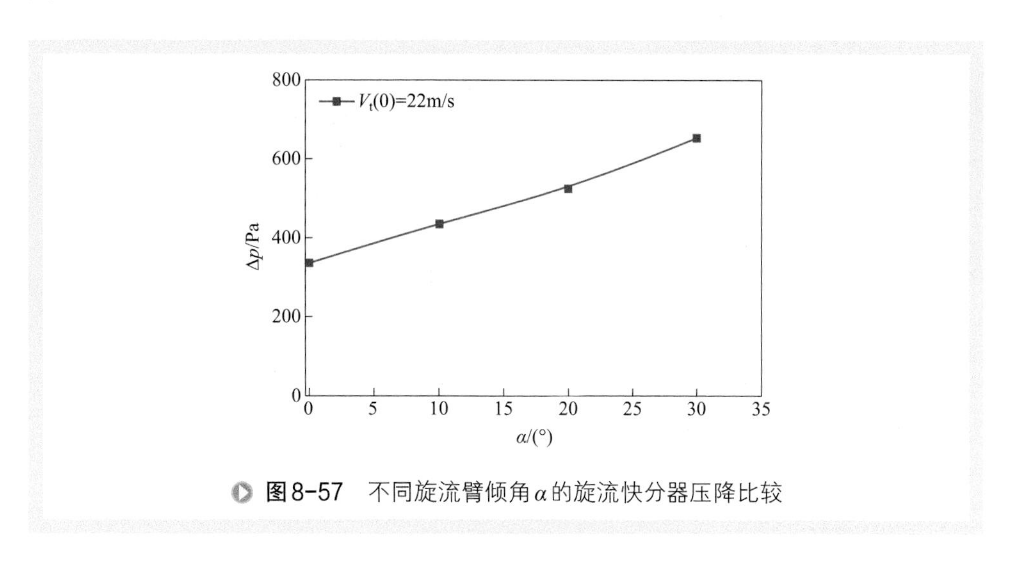

图 8-57　不同旋流臂倾角 α 的旋流快分器压降比较

3. 旋流头喷出口喷出速度对快分器压降的影响

图 8-58 所示为三种结构尺寸的 VQS 旋流快分器压降随旋流头喷出口喷出速度变化曲线。同一 S 值下，旋流快分器压降随旋流头喷出口喷出速度的增加而增加，这也可以从切向速度的变化（图 8-59）反映出来。由图 8-59 可以看出，旋流快分器喷出口喷出速度的大小并不改变旋流快分器内气体流场的基本形态，切向速度的最大值点的径向位置也不变，仅是切向速度的值随旋流头喷出口喷出速度的增加而

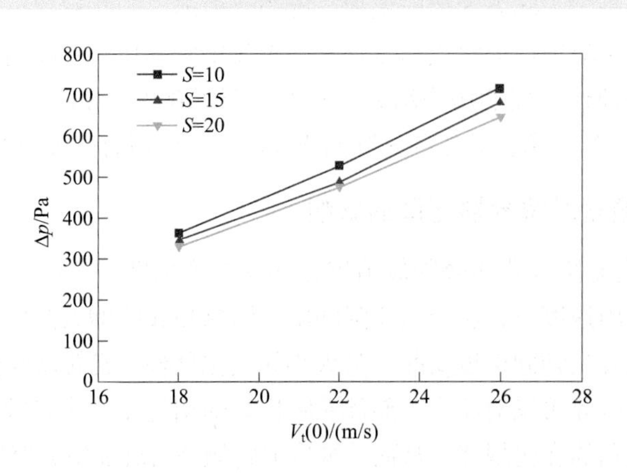

图8-58 VQS系统压降随旋流头喷出口喷出速度变化曲线

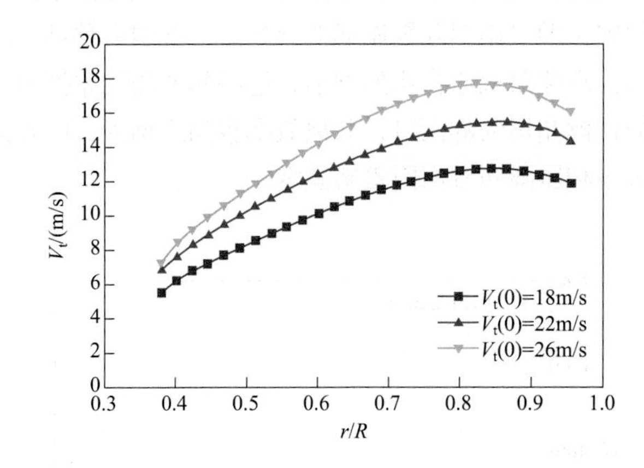

图8-59 旋流头喷出口喷出速度对切向速度的影响

增加，增大了快分器内的压降，但同时也增大了离心力场强度，因此，在应用时需要综合衡量各因素的影响来确定适宜值。

二、压降的计算

根据上述结果进行回归可得 VQS 旋流快分器压降的计算公式：

$$\Delta p=\xi\frac{\rho V_t^2(0)}{2} \tag{8-38}$$

式中 ρ——气体的密度，kg/m³；

$V_t(0)$——旋流头喷出口的喷出速度，m/s；

ξ——阻力系数，此处 $\xi=0.9143S^{-0.1726}\alpha^{0.3426}$。

第七节 VQS系统内的气相停留时间

原料油与裂化催化剂在提升管内完成所需要的反应后，在出口处必须实行“气固快速分离、油气快速引出及分离催化剂的快速预汽提”，以防止产生不必要的过度裂化反应。因此，考察油气在旋流快分器内的停留时间分布规律及其影响因素，对于优化 VQS 系统的结构，将反应后的油气快速引出，从而缩短高温油气在快分系统内的停留时间，进而减少结焦具有十分重要的意义。

一、旋流头喷出口喷出速度对气相停留时间的影响

图 8-60 和图 8-61 分别为三种旋流头喷出口喷出速度下，监测不同时刻下 S=20 的旋流快分器出口的气体流出量，据此获得的停留时间分布曲线和停留时间累积分布曲线。由图可以看出，三种旋流头喷出口喷出速度下旋流快分器内气体停留时间分布曲线及气体停留时间累积分布曲线均相似。表 8-2 所示是三种旋流头喷出口喷出速度下 S=20 的旋流快分器内气体的各特征参数。

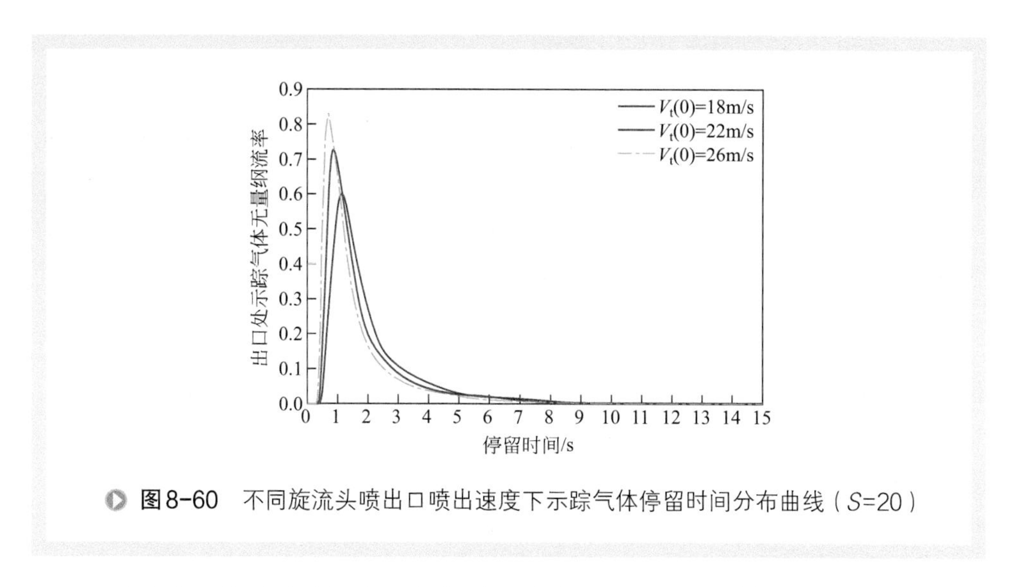

图8-60　不同旋流头喷出口喷出速度下示踪气体停留时间分布曲线（S=20）

结果表明，旋流快分器内气体的最小停留时间（t_{min}）、最大停留时间（t_{max}）、主流停留时间（t_{main}）及平均停留时间（t）均随着旋流头喷出口喷出速度的增大而减小，因而增大旋流头喷出口喷出速度有利于气体的快速引出。

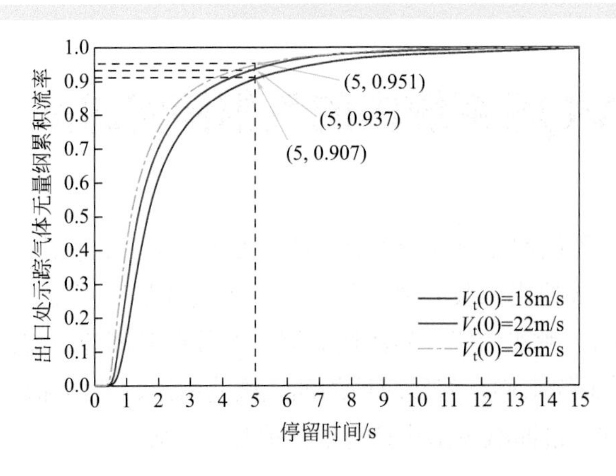

图8-61　不同旋流头喷出口喷出速度下示踪气体停留时间累积分布曲线（S=20）

表8-2　不同旋流头喷出口喷出速度下旋流快分器内气体的各特征参数（S=20）

$V_t(0)$/（m/s）	t_{min}/s	t_{max}/s	t_{main}/s	t/s	>5s 所占比例
18	0.376	13.82	1.14	2.43	9.3%
22	0.31	9.85	0.873	1.97	6.3%
26	0.25	8.92	0.696	1.82	4.9%

二、S值对气相停留时间的影响

图 8-62 和图 8-63 分别给出了旋流头喷出口喷出速度为 22m/s 时，监测不同时刻下三种不同结构尺寸的旋流快分器出口的气体流出量，据此获得的停留时间分布曲线和停留时间累积分布曲线。从图中可以看出，同一旋流头喷出口喷出速度下，三种结构尺寸的旋流快分器内，气体停留时间分布曲线和气体停留时间累积分布曲线都具有相似性。表 8-3 所示是旋流头喷出口喷出速度为 22m/s 时，三种结构尺寸的旋流快分器内气体的各特征参数。

结果表明，同一旋流头喷出口喷出速度下，旋流快分器内气体的最小停留时间、最大停留时间、主流停留时间及平均停留时间均随着 S（封闭罩内环形空间截面积与旋流头喷出口总面积的比值）的减小而减小，这是因为在旋流头喷出口喷出速度一定的条件下，S 取较小值时，意味着气量加大，轴向向上速度增大，封闭罩内的表观截面气速值增大，故停留时间会减小，因而减小 S 值有利于气体的快速引出。此外，随着 S 值的减小，旋流快分器内停留时间超过 5s 的气体量也减少。在 S=10 时，旋流快分器内气体的停留时间均小于 5s。这样可适当增大封闭罩内的表观截面气速，同时适当减小 S 值，以保持旋流头喷出口喷出速度不变，可以缩短旋流快分器内气体的停留时间，保证反应后的高温油气快速引出，消除油气的过度裂化，从而减少系统内结焦量。

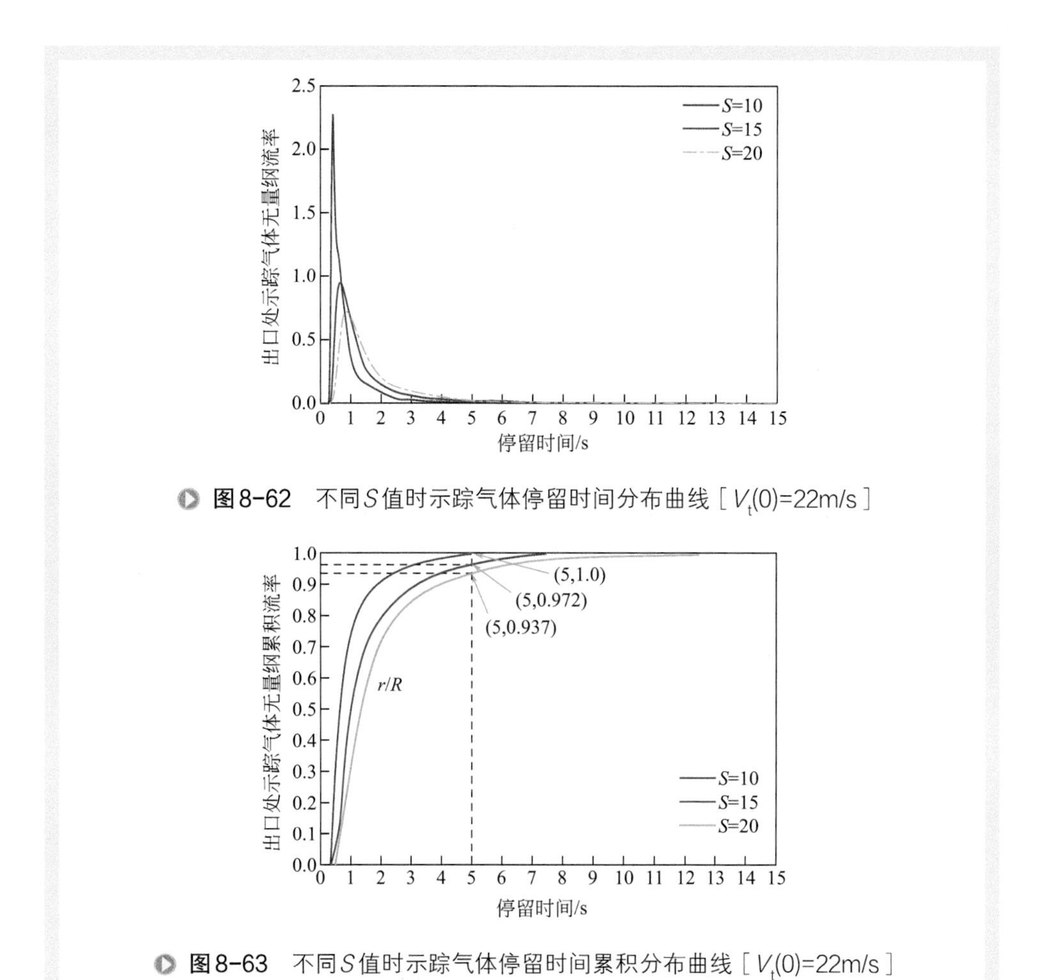

图8-62　不同S值时示踪气体停留时间分布曲线［$V_t(0)$=22m/s］

图8-63　不同S值时示踪气体停留时间累积分布曲线［$V_t(0)$=22m/s］

表8-3　不同S值的旋流快分器内气体的各特征参数［$V_t(0)$=22m/s］

S	t_{min}/s	t_{max}/s	t_{main}/s	t/s	>5s 所占比例
10	0.246	4.65	0.417	0.954	0
15	0.26	7.32	0.675	1.504	2.8%
20	0.31	9.85	0.873	1.97	6.3%

三、汽提气对气相停留时间的影响

图 8-64 和图 8-65 分别给出了旋流头喷出口喷出速度为 22m/s 时，不同汽提线速下，监测不同时刻 S=10 的旋流快分器出口的气体流出量，据此获得的停留时间分布曲线和停留时间累积分布曲线。表 8-4 给出了旋流头喷出口喷出速度为 22m/s 时，三种汽提线速下旋流快分器内气体的各特征参数。

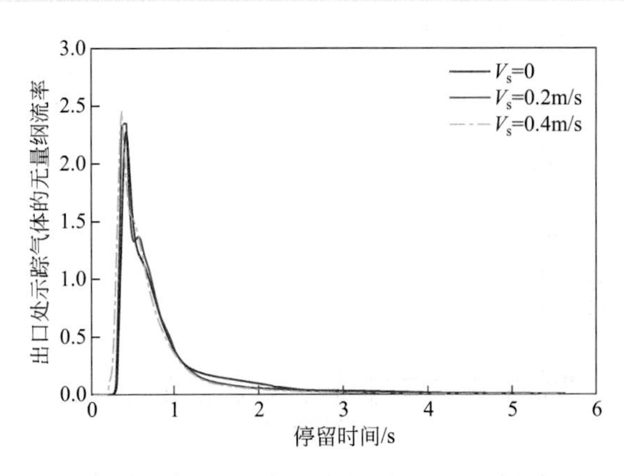

图8-64　不同汽提线速下示踪气体停留时间分布曲线［$V_t(0)$=22m/s］

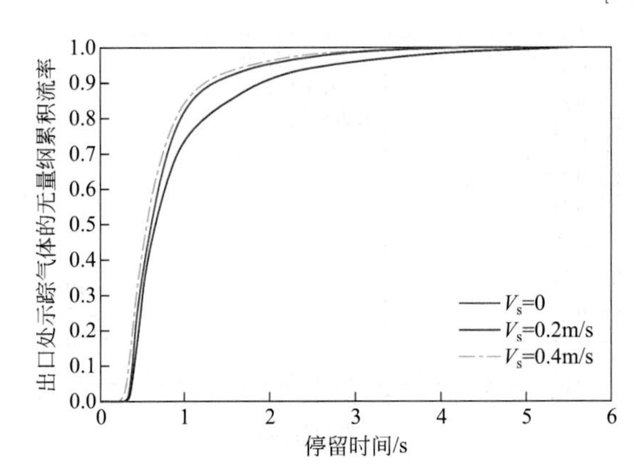

图8-65　不同汽提线速下示踪气体停留时间累积分布曲线［$V_t(0)$=22m/s］

表8-4　不同汽提线速下旋流快分器内气体的各特征参数［$V_t(0)$=22m/s］

V_s/(m/s)	t_{min}/s	t_{max}/s	t_{main}/s	t/s	>5s所占比例
0	0.246	4.65	0.417	0.954	0
0.2	0.239	3.45	0.387	0.775	0
0.4	0.173	3.10	0.369	0.715	0

结果表明，在汽提线速为0～0.4m/s范围内变化时，气体停留时间分布曲线有所不同，加入汽提气后，系统内气体停留时间分布密度曲线呈双峰分布，这是由于受汽提气的影响，下部气体较加入汽提气前上行速度加快，与上部气体汇合后，导致出口处气体流量有所增大，形成了次峰值。另外，旋流快分器内气体的最小停留时间、最大停留时间、主流停留时间和平均停留时间均随着汽提线速的增大而减小，因此，加入汽提气有利于旋流快分器内气体的快速引出。

第八节 VQS系统内的颗粒浓度分布[6]

一、径向颗粒浓度分布

1. 引出段

引出段径向颗粒浓度分布如图 8-66 所示，其中 C_i 为不同径向位置处的颗粒浓度，C_o 为入口颗粒浓度。从图中可以看出，在 VQS 系统的引出段内颗粒返混比较严重，存在顶灰环现象。返混颗粒主要集中在内旋流区（$0<r/R<0.35$），其中以 4μm 的细颗粒数量最多，且存在异常高浓度区，其无量纲浓度远大于 12μm 的中颗粒和 24μm 的粗颗粒。说明颗粒粒径的大小对分离至关重要。颗粒越细，越容易在分离中被夹带逃逸，造成返混，不利于系统分离。

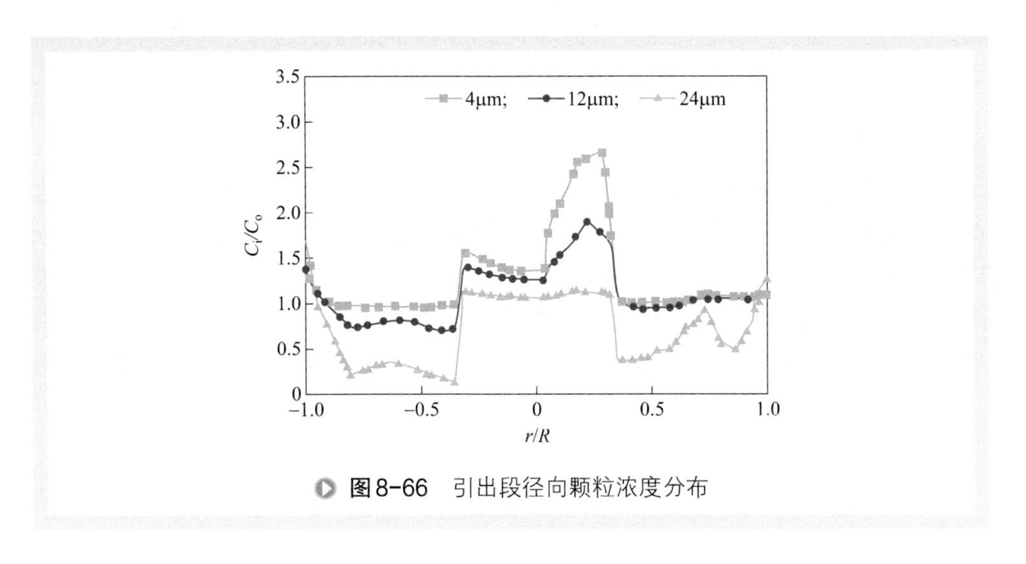

图8-66 引出段径向颗粒浓度分布

2. 喷出段

喷出段径向颗粒浓度分布如图 8-67 所示。在喷出段内，颗粒刚由喷出口喷出，还未受到明显的离心力作用。细颗粒所受曳力与离心力在量级上很接近，其运动受到湍流扩散的影响，故封闭罩边壁附近的浓度变化较中粗颗粒小。中粗颗粒的浓度分布沿径向呈“鱼钩状”，在 $0.36<r/R<0.85$ 的区域内，颗粒浓度随 r 的减小而增大，在提升管外壁处颗粒浓度达到较大值，说明该区域内颗粒受向心径向速度和上行轴向速度的影响，存在颗粒夹带返混现象；在 $0.85<r/R<1$ 的区域内，颗粒浓度随 r 的增加而增大，而且越靠近边壁，颗粒浓度增加得越快，在封闭罩边壁处颗粒浓度达

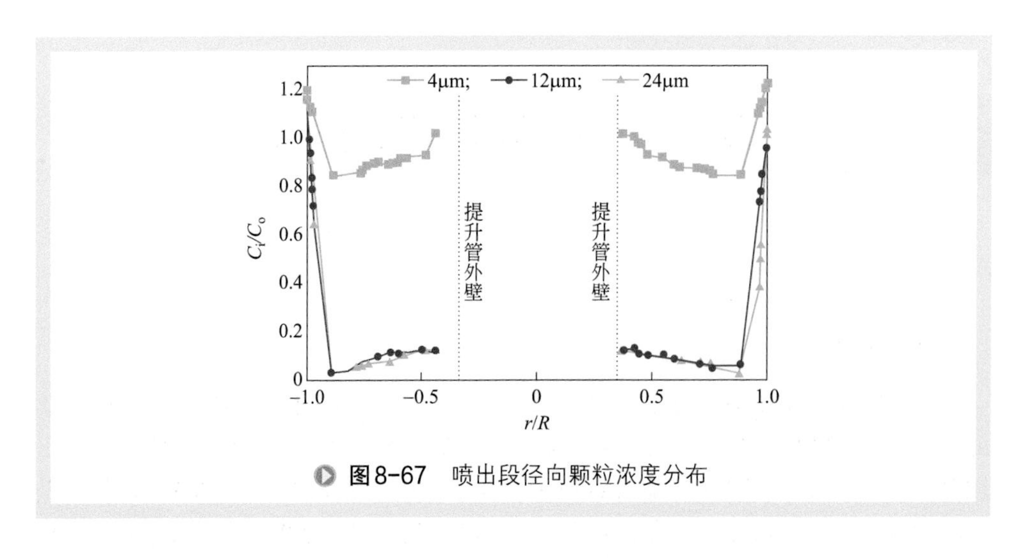

图8-67 喷出段径向颗粒浓度分布

到最大值。总体看来，在同一径向位置处，粗颗粒的浓度较细颗粒低，由于在该处颗粒受到的离心力较小，颗粒分离受重力、曳力、湍流扩散的影响较大，颗粒越粗，沉降速度越快，被下行流夹带进入下部分离空间的机会越多，导致该处粗颗粒数目较少，浓度较低。

3. 分离段

分离段径向颗粒浓度分布如图 8-68 所示。与喷出段相比，细颗粒在该截面边壁附近的浓度略有提高，说明细颗粒在该区域由于离心力的作用得到了进一步分离。此外，细颗粒在该截面的颗粒浓度分布沿径向变化比较平缓，基本处于一种湍流横混状态，说明在分离段细颗粒受湍流涡旋的影响仍然较大，离心分离不太明显。中粗颗粒的浓度分布沿径向大致可分为两个区域：边壁附近的高浓度区和中心

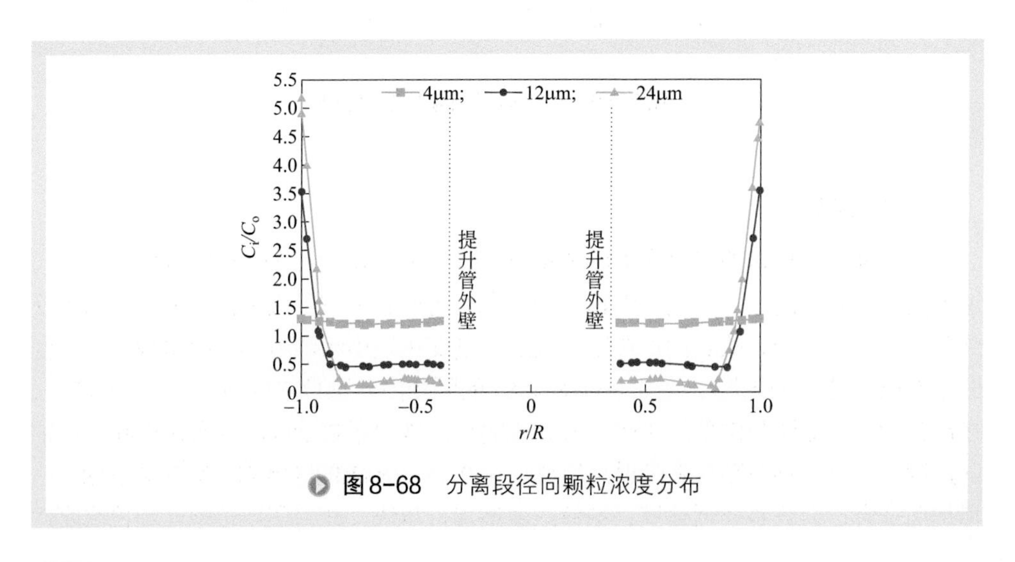

图8-68 分离段径向颗粒浓度分布

区域的低浓度区。在高浓度区，边壁附近的颗粒浓度明显增加，且粗颗粒的浓度高于中颗粒。这说明中粗颗粒的分离主要发生在分离段内，且颗粒越粗越易于分离。在低浓度区，颗粒浓度分布沿径向变化比较平缓，提升管边壁附近颗粒浓度上扬趋势得到改善。这说明在分离段，内旋流对中粗颗粒的分离能力加强，短路流及颗粒返混现象均得到改善。

4. 沉降段

沉降段径向颗粒浓度分布如图 8-69 所示。从图中可以看出，该区域的颗粒浓度分布曲线与分离段大体相似。对比分离段和沉降段的细颗粒浓度分布可知，在分离段与沉降段，下行分离的细颗粒数量较少。这主要是因为细颗粒在喷出段的逃逸返混现象比较严重，大部分细颗粒从旋流头喷出口喷出后直接被上行气流夹带引出，导致获得离心分离的细颗粒数量较少。与分离段相比，中粗颗粒在沉降段中心区域的浓度无明显变化，而边壁附近的浓度却大大提高。由此可以说明大部分中粗颗粒的分离发生在分离段，被内旋流夹带的中粗颗粒在离心力的作用下甩向外旋流，并由于重力沉降作用在沉降段形成了堆积压缩现象。

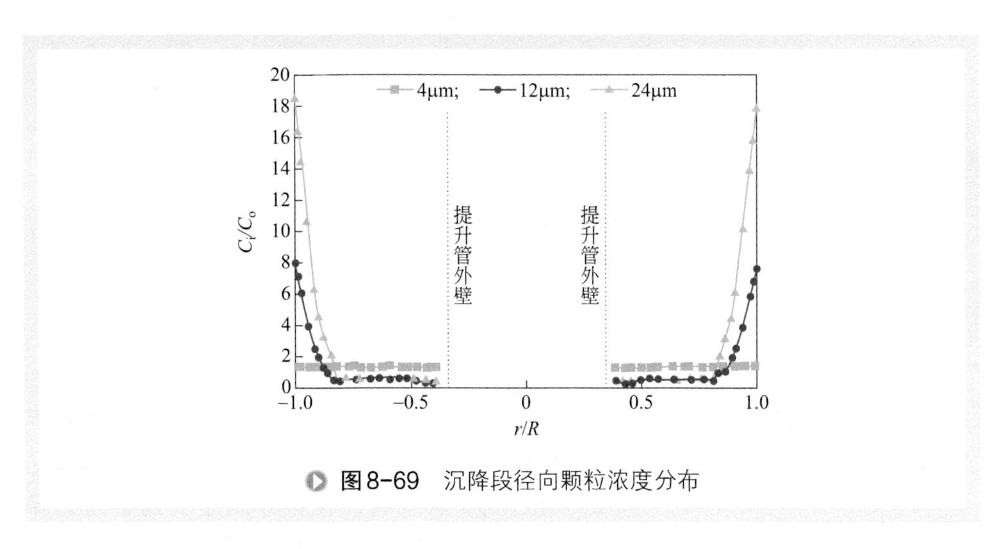

图 8-69　沉降段径向颗粒浓度分布

二、轴向颗粒浓度分布

VQS 系统内颗粒浓度沿轴向向下的分布曲线如图 8-70 所示。由图 8-70（a）可以看出，在内旋流上行区（r/R=0.40），细颗粒的浓度分布沿轴向向下线性增加，说明部分细颗粒并未运动到封闭罩边壁，而是在向心径向速度的作用下进入内旋流区，这就相应增加了细颗粒逃逸的概率。而中粗颗粒的浓度分布沿轴向向下逐渐增大，在沉降段的封闭罩底部颗粒浓度达到最大值，这主要是由于封闭罩底部颗粒返混夹带与颗粒沉积共同作用所致。整体看来，细颗粒在内旋流区的浓度分布高于中细颗粒，说明颗粒粒径越小，越易被向心气流夹带进入内旋流，不利于分离。从图8-70（b）可以看出，在外旋流下行区（r/R=0.95），细颗粒沿轴向的浓度变化较小，浓度梯度趋于零，这主要是由于细颗粒粒径较小，离心力较小，曳力与离心力的量级相近，分离过程中受到湍流扩散、涡旋等各方面的影响，导致离心分离作用不太明显，浓度分布较为平缓。相比之下，中粗颗粒浓度分布在外旋流下行区沿轴向变化较大，浓度分布值远大于内旋流上行区，这说明中粗颗粒在外旋流区受到较大的离心力，颗粒易被甩向封闭罩边壁附近，有利于进入下行流下行分离。且对于同一轴向位置，颗粒越粗，离心力越大，封闭罩边壁附近沉积的颗粒越多，其颗粒浓度也越高。

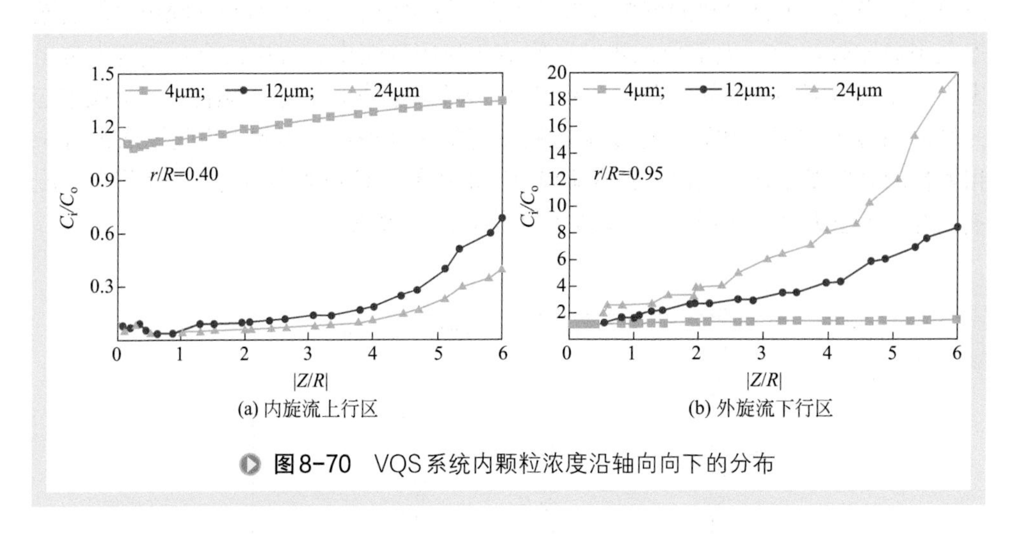

图8-70 VQS系统内颗粒浓度沿轴向向下的分布

三、颗粒浓度分布模型

VQS系统的分离机理为旋流离心分离。颗粒在分离过程中一方面需依靠旋转气流产生的离心力场，另一方面还需依靠下行流将捕集的颗粒输送至沉降段底部。在VQS系统内，颗粒分离还受到重力沉降与湍流扩散的双重影响，可用沉降-扩散理论予以分析。

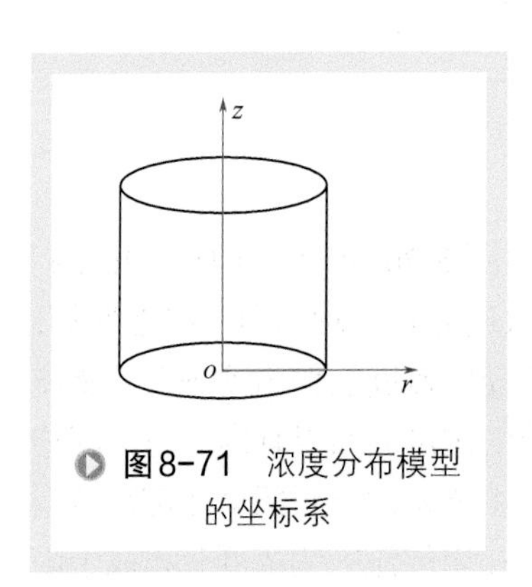

图8-71 浓度分布模型的坐标系

1. 径向分布模型

在图8-71所示的坐标系下，若颗粒直径为d的颗粒沿径向的沉降速度为u_{pr}（u_{pr}与坐标轴同向为正，反之为负），则沉降通量（Q_{pr}，即单位时间内通过垂直于沉降方向单位面积的沉降颗粒量）为：

$$Q_{pr}=C_i u_{pr} \tag{8-39}$$

式中，C_i 为 r 处的颗粒浓度。

同时，由于湍流扩散作用，通过上述单位面积的扩散通量为：

$$Q_d=-D_t\frac{dC_i}{dr} \tag{8-40}$$

式中，D_t 为湍流扩散系数。

当沉降与扩散处于平衡时，有：

$$Q_{pr}+Q_d=0 \tag{8-41}$$

从而得到：

$$C_i u_{pr}-D_t\frac{dC_i}{dr}=0 \tag{8-42}$$

假设颗粒运动时受到的流体阻力为 Stokes 阻力，则在自由沉降条件下颗粒的末端沉降速度为：

$$u_{pr}=u_{fr}+\frac{(\rho_s-\rho)d^2v_t^2}{18\mu r} \tag{8-43}$$

式中，u_{fr} 为流体的径向速度，m/s；ρ_s、ρ 分别为颗粒与流体的密度，kg/m^3；μ 为流体黏度，Pa•s；v_t 为流体的切向速度，m/s。

对式（8-42）积分，可以得到 VQS 系统内浓度的分布规律为：

$$C_i=C_R\exp\left[\frac{u_{pr}}{D_t}(R-r)\right] \tag{8-44}$$

2. 轴向浓度分布模型

浓度均匀的含尘气流由提升管末端进入 VQS 系统，由喷出口喷出后高速旋转开始分离。初始气固两相之间是气体携带颗粒运动，颗粒在旋转气流形成的离心力场作用下，逐渐向封闭罩边壁附近输送、浓缩，由均匀的浓度场向非均匀浓度场过渡。此后，封闭罩边壁附近由于离心力场的作用形成颗粒的高浓度区，颗粒开始堆积，依靠从气体中获得的能量做惯性运动，其特点是颗粒夹带气体运动。从轴向看，由于颗粒向下运动过程中不断有新的颗粒补充，使得器壁附近的浓度 C_R 越向下越大，颗粒扩散作用越来越强，导致颗粒浓度分布沿轴向变化得越来越大。此时，轴向浓度的分布规律可表示为：

$$C=C_R\exp\left(\frac{u_{pz}}{D_t}|z|\right) \tag{8-45}$$

式中，u_{pz} 为颗粒的轴向速度，m/s；z 为轴向坐标，m。

第九节　入口颗粒质量浓度对VQS系统分离性能的影响[7]

一、入口颗粒质量浓度对气相流场的影响

研究表明，入口颗粒质量浓度对沉降段及引出段的气相流场影响较小，因此，重点介绍入口颗粒浓度对喷出段和分离段气相流场的影响。

图 8-72 为不同入口颗粒质量浓度条件下，VQS 系统喷出段与分离段内气体的无量纲切向速度分布曲线。从图中可以看出，随着入口颗粒质量浓度的增加，气相的切向速度随之减小，说明颗粒相的加入对气体流动产生了抑制作用。入口颗粒质量浓度增加后，颗粒相占据的能量加大，气相被消耗的能量也加大，使得气流的旋转速度衰减，并对系统的分离性能产生两方面影响。气流的旋转速度衰减，一方面必然造成系统压降的降低，另一方面也使得气流所受的离心力减弱，不利于其分离。另外，分离段的气体运动趋于稳定，受入口颗粒质量浓度的影响较小，说明气流旋转速度的衰减主要发生在喷出段。

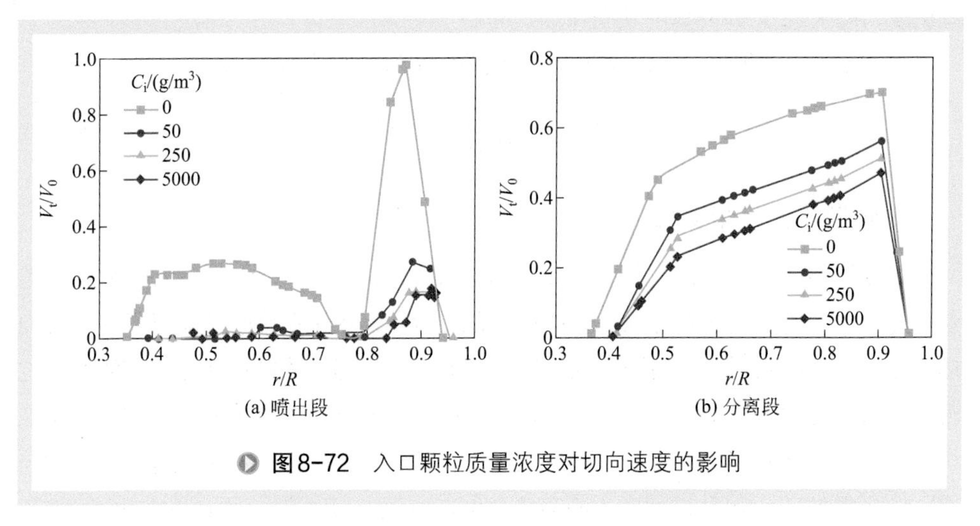

图8-72　入口颗粒质量浓度对切向速度的影响

图 8-73 为不同入口颗粒质量浓度条件下，VQS 系统喷出段与分离段内气体的无量纲轴向速度分布曲线。由图可知，入口颗粒质量浓度的增加造成气相能量的衰减，导致其上、下行流的轴向速度均减小。同时，随着入口颗粒质量浓度的增加，单位体积内颗粒相的质量流率相应增加，重力沉降作用增大，以致内侧上行流轴向速度逐渐减小，外侧下行流轴向速度逐渐增加。另外，上、下行流的分界点沿径向内移，下行流区加大，从而有利于分离。

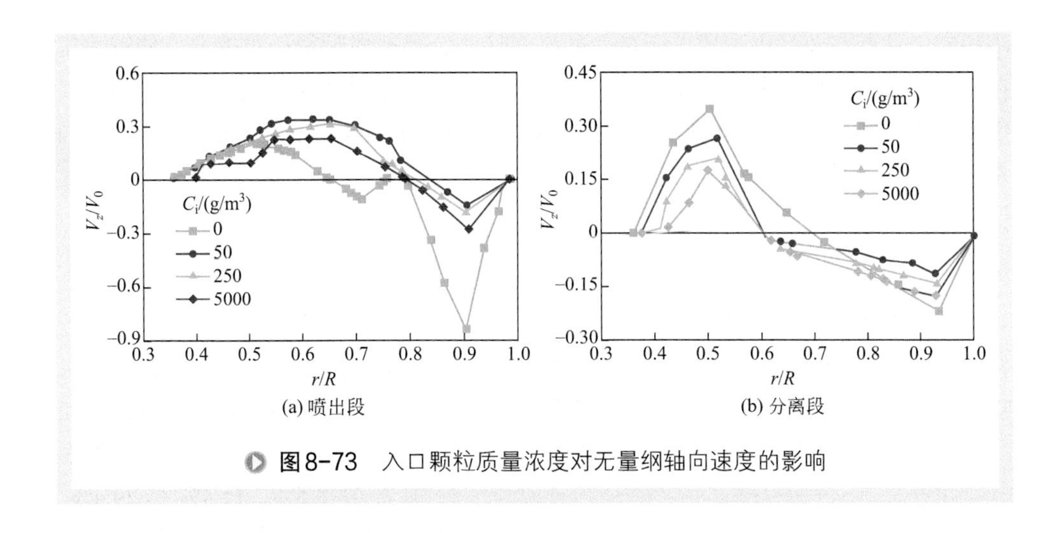

图8-73 入口颗粒质量浓度对无量纲轴向速度的影响

二、入口颗粒质量浓度对湍流强度的影响

图 8-74 为不同入口颗粒质量浓度条件下，VQS 系统喷出段与分离段内的湍流强度分布。结果表明，随着入口颗粒质量浓度的增加，系统内的湍流强度随之降低，说明颗粒相的存在可有效抑制湍流，且浓度越大对湍流的抑制程度越高。

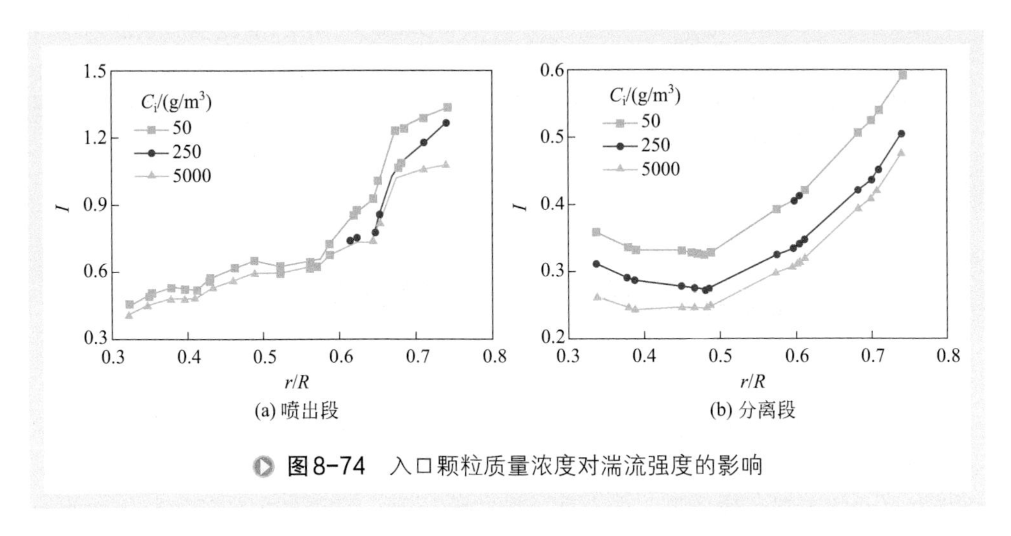

图8-74 入口颗粒质量浓度对湍流强度的影响

从能量的观点来看，维持速度脉动的能量是由以平均速度运动的体系取出并传递至湍流，湍流强度的大小表征了所取出能量的绝对数值。湍流强度越小，三维速度的脉动也越小。对切向速度而言，其脉动越小，离心力的脉动也相应减小，有利于颗粒在系统内的规律性分布。对轴向速度而言，上、下行流流动方向的骤变必然导致轴向湍流强度的激增，因此在上、下行流交界点附近，产生强烈的动量交换及湍流能量耗散，存在较大范围的轴向速度脉动。轴向速度的强烈脉动导致内旋流的

不稳定，从而在流场内形成若干偏心的纵向环流，易造成颗粒严重返混，使得浓集在器壁已获分离的颗粒重新卷扬入上行的内旋流中，大大影响了系统的分离效率。因此，入口颗粒质量浓度的增加，使得 VQS 系统内的湍流强度降低，有利于提高系统的分离效率。

三、入口颗粒质量浓度对不同尺寸颗粒分离效率的影响

图 8-75 为不同入口颗粒质量浓度下 VQS 系统内不同尺寸颗粒的分离效率。若将系统内的颗粒按尺寸分为粗、中、细三级，入口颗粒质量浓度对分离效率的影响主要体现在中、细颗粒群上。相对于入口颗粒质量浓度为 50g/m³、250g/m³ 和 5000g/m³，1μm 细颗粒的分离效率分别达到 8.5%、15.4% 和 24.4%，12μm 中等颗粒的分离效率分别达到 61.2%、65.2% 和 89.8%，而 24μm 粗颗粒的分离效率可分别达到 97.8%、98.7% 和 99.8%。入口颗粒质量浓度增加后，系统内的湍流强度降低，湍流脉动得到抑制，大大减少了中、细颗粒的返混逃逸现象。随着入口颗粒浓度的增加，系统分离效率提高的主要原因在于提高了对中、细颗粒的分离效率。

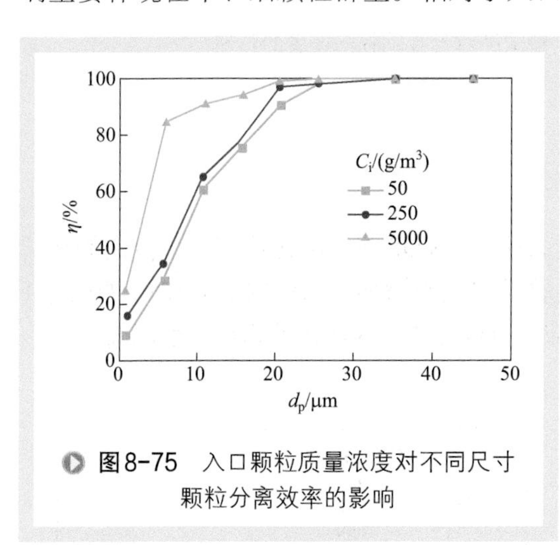

图8-75 入口颗粒质量浓度对不同尺寸颗粒分离效率的影响

第十节 VQS系统大型冷模实验[8]

在一系列基础研究和结构优化的基础上，需要在接近工业规模的大型冷模实验装置中进一步考察 VQS 快分系统的性能。为模拟典型工业装置的提升管-沉降器-再生器系统的工况，建造了一套大型冷模实验装置，如图 8-76 所示。装置主要由流化器（相当于工业装置的再生器）、提升管、旋流快分头、预汽提段、催化剂循环管线等部分组成。在大型冷模实验装置上，全面考察 VQS 系统的压力、汽提效果和分离效率，以便为工业设计提供可靠的依据。

根据工业装置提升管线速为 10～16m/s 的操作状况，实验的提升管线速范围为 8～21m/s，以保证实验结果能覆盖工业装置的实际情况。实验中提升管出口处催化剂质量浓度在 5.5～14kg/m³ 范围内。采用的固体介质为 FCC 平衡催化剂，平均粒

径为 58.2μm。

一、实验现象及分析

实验装置为有机玻璃制作，因此可清晰地观察到各处的流动情况。通过对旋流快分头出口附近的观察发现，气固混合物从旋流快分头高速喷出后，大部分催化剂与气体分离后以螺旋状沿封闭罩内壁向下流动，气体则向上旋转进入承插式导流管。由于封闭罩出口的约束作用，在旋流快分头上部与封闭罩的空间内形成一个灰环。沿封闭罩内壁向下旋转的催化剂带束在向下旋流流动的过程中不断扩张，在距离旋流快分头大约 1.2m 的位置，由多个臂喷出的多股催化剂束合并，并沿边壁均匀旋转。流经第一层挡板后，旋转的催化剂经第一层挡板的整流作用变成垂直向下的重力流动。这样就保证了在下层挡板上的催化剂与预汽提气成较理想的十字交叉流型，有利于提高汽提效果。

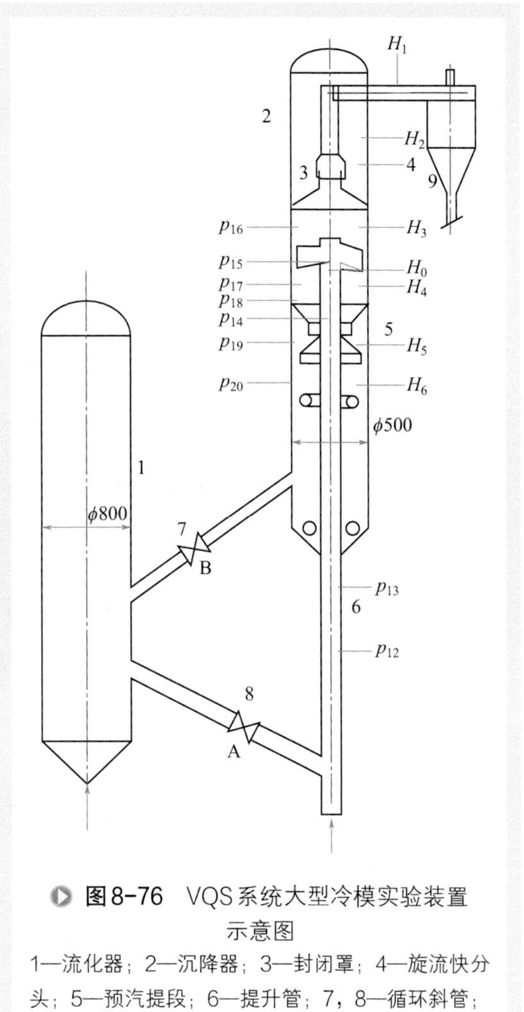

图8-76 VQS系统大型冷模实验装置示意图

1—流化器；2—沉降器；3—封闭罩；4—旋流快分头；5—预汽提段；6—提升管；7，8—循环斜管；9—沉降器顶部旋风分离器

二、系统的压力分布

图 8-77 所示是不同提升管气速条件下，沿提升管、旋流快分头及预汽提段各处的压力分布曲线。从图中可以看出，沿提升管高度的增加压力递减（p_{12}～p_{15} 点），经旋流快分头后压力降低幅度较大（p_{15}～p_{16} 点），在第一层挡板上部到第三层挡板之间（p_{16}～p_{20} 点），压力又开始回升。各部分的压力随提升管线速的增加而加大。这是由于提升管线速增加，旋流快分压降和导流管及顶旋压降随之增加所致。

旋流快分压降随提升管线速的增加而增大。在实验操作范围内，旋流头压降在 600～1700Pa 之间，且预汽提线速的变化对旋流快分头压降的影响不大。

有颗粒存在时，旋流式快分器压降与旋流头喷出速率有如下关系：

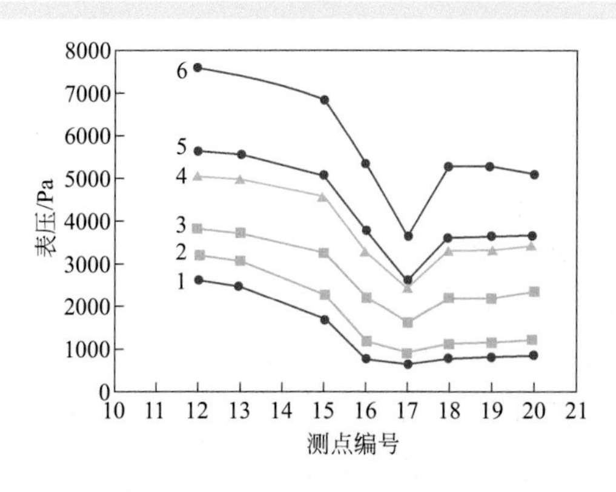

图8-77 VQS系统压力分布曲线

1—u_g=8.83m/s；2—u_g=10.65m/s；3—u_g=13.56m/s；4—u_g=16.50m/s；5—u_g=18.10m/s；6—u_g=21.05m/s

$$\Delta p=\xi\frac{\rho_{混}V_t^2(0)}{2} \tag{8-46}$$

$$\rho_{混}\approx\frac{G_s}{u_p}=\frac{kG_s}{u_g} \tag{8-47}$$

由式（8-46）及式（8-47）可得：

$$\Delta p=\xi\frac{kG_s}{2u_g}V_t^2(0) \tag{8-48}$$

由实验回归可得：

$$\xi k=4.39\left(\frac{G_s}{u_g}\right)^{-0.286} \tag{8-49}$$

因此，有颗粒存在时，VQS 系统的压降与操作条件的关联式为：

$$\Delta p=4.39\left(\frac{G_s}{u_g}\right)^{0.714}\frac{V_t^2(0)}{2} \tag{8-50}$$

三、分离效率

图 8-78 所示是提升管线速对旋流快分效率的影响。从图 8-78 中可以看出，旋流快分的分离效率随提升管线速的增加略有降低。这是由于气体离开旋流快分头喷出后，首先是向下的返混流动，随着提升管线速的提高，气体向下的返混程度也随之增加，这样就对刚刚离开旋流快分头喷出的催化剂起到了向上的扬析作用，增加了固体颗粒的向上夹带，从而使分离效率降低。实验结果表明，分离效率随着提升管线速的增加变化平缓，说明这种快分结构具有较大的操作弹性和操作稳定性。

图 8-79 给出了不同预汽提线速对旋流快分效率的影响。由图 8-79 可以看出，随着预汽提线速的增加快分效率略有降低，但降低的幅度不大。一直到预汽提线速增加到 0.266m/s 时，快分效率仍能保持在 98% 以上。

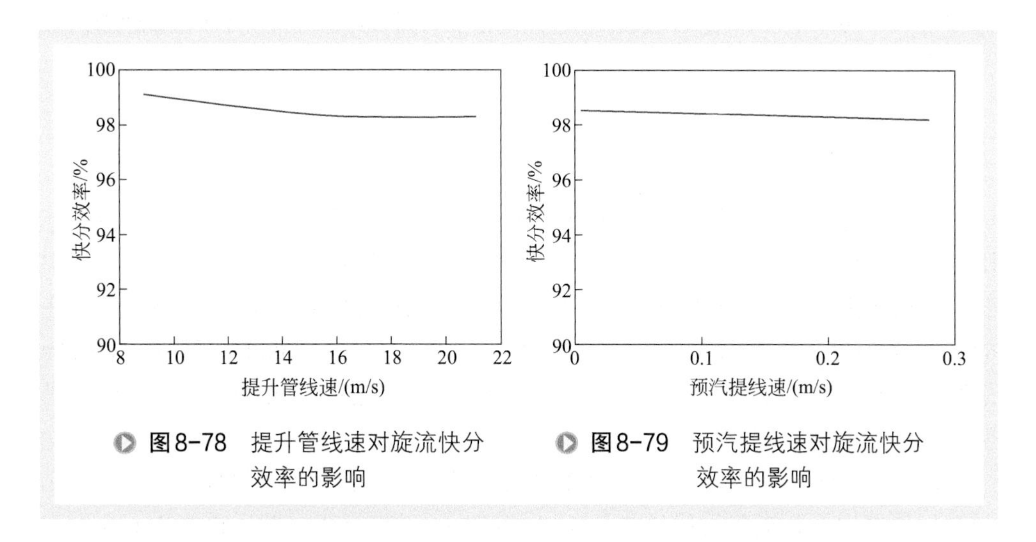

图8-78 提升管线速对旋流快分效率的影响

图8-79 预汽提线速对旋流快分效率的影响

对于给定的旋流快分结构，影响其效率的主要操作因素是：快分喷出口速度 $V_t(0)$、封闭罩上部截面气速 V_0、提升管出口催化剂浓度 C_i。由实验数据回归得到旋流快分效率与操作参数之间的关联式：

$$\eta=K(S_t)^{0.0142}\left[\frac{V_0}{V_t(0)}\right]^{-0.0164}\left(\frac{C_i}{\rho_g}\right)^{0.0118} \tag{8-51}$$

四、气相停留时间分布及汽提效果

采用气体示踪实验的方法，可以测得 VQS 系统中不同位置（H_1～H_5）的气相停留时间分布，同时可根据采样点处接收到的示踪气的相对浓度来确定其汽提效果。

结果表明：随着提升管线速的增加，进入封闭罩空间的气量增加，从而使气体在导流管内的流速增加，停留时间缩短。随着预汽提线速的增加，气体在系统内的停留时间缩短。一方面是由于汽提线速的增加使总气量增加，停留时间缩短；但是主要还是由于汽提线速的提高，汽提气体从预汽提段底部自下而上及时地把催化剂夹带的气体置换了出来，从而大大缩短了这一部分气体向下返混的路程，使停留时间缩短。

从各部位停留时间的分布看，气体从旋流快分头的入口到达顶部旋风分离器入口的时间为 2～3s，气体在顶旋内的停留时间为 1～2s，这样气体从提升管出口到达顶旋气体出口的停留时间可保持在 5s 以内。

从汽提效果来看，当预汽提线速为 0 时，经一层挡板汽提后示踪气的浓度变为原来的7.3%～12%，在汽提线速为0.1m/s时，一层挡板以下的示踪气浓度已变为0。这表明第一层挡板采用外挡板布置，催化剂在从边壁向中心的浓相流落过程中能够充分脱析夹带的气体，在引入汽提之后，上升的汽提气与下落的催化剂有了更好的气固接触效果，强化了汽提作用，没有脱析出来的气体可以及时有效地被汽提气置换出来。

五、系统的操作弹性及开停工状况的分析

从旋流快分系统整体的压力分布特征可以看出，提升管线速在8.83～21.50m/s范围变化时，系统的压力分布合理。从旋流快分头的压降曲线可以看出，在实验的提升管线速变化范围内旋流快分头压降变化平稳，未出现大的波动，压降变化范围在600～1700Pa之间。封闭罩出口阻力和导流管阻力分别在90～600Pa和150～1100Pa之间。旋流快分头的分离效率曲线随提升管线速和预汽提线速的增加变化平缓，表明系统具有较大的操作弹性。

为了考察该系统在开停工及转剂情况下的操作稳定性，实验过程中在固定催化剂循环量情况下，提升管线速先由4m/s逐步提高到21m/s，然后再由21m/s逐步降低到4m/s。结果表明，系统操作稳定，旋流快分及顶旋操作正常，未出现催化剂的跑损。在提升管线速由8m/s降低到4m/s时，随提升管线速的降低可明显看到顶旋料腿的下料量增加，说明旋流快分的效率在此范围内随提升管线速的降低而下降。因此建议转剂时提升管线速控制在8～16m/s。

为了考察该系统的抗事故能力，实验中在固定提升管线速16m/s、催化剂循环速率120kg/($m^2 \cdot s$)的情况下，将封闭罩内的预汽提线速提高到0.6m/s。此时旋流快分头仍具有较高的分离效率。随着提升管线速的降低，旋流快分效率随之降低，可明显看出顶旋料腿下料量的增加，但一直到提升管线速降低到4m/s时也未出现催化剂跑损的情况，只是相应地加重了顶旋负荷，说明该系统具有较大的抗事故能力。

六、大型冷模实验主要结论

① 大型冷模实验结果表明，VQS快分系统能较好地实现气固快速分离、催化剂的高效快速预汽提及油气的快速引出。

② VQS系统各部分的压力分布合理，旋流快分头压降随喷出口线速的变化平缓，系统具有较大的操作弹性。

③ VQS系统操作灵活可靠、稳定性良好，冷态下的FCC平衡催化剂气固分离效率达98.5%以上，气体出旋流快分头后在沉降器内的停留时间在5s以下。当设置2～3层挡板时，预汽提线速在0.1m/s时即可达到较好的汽提效果。

④ 实验所给出的旋流快分压降、旋流快分的分离效率等经验计算公式可供工程设计参考使用。

第十一节 工业应用实例——某公司100万吨/年管输油重油催化裂化装置[8]

一、改造内容

某公司管输油重油催化裂化装置于 1997 年建成投产，设计加工能力为 100 万吨 / 年。装置在 1999 年 5 月因沉降器结焦严重，焦块堵塞沉降器防焦隔栅导致催化剂循环不畅而被迫停工。同年 9 月，在该催化裂化装置上应用 VQS 技术进行改造。

该催化裂化装置原提升管出口采用粗旋加单级旋风分离器的形式，采用 VQS 技术进行改造的主要内容为：

① 将原有两组粗旋改为带有挡板预汽提的旋流快分（VQS）系统，由于封闭罩与沉降器壳体间空间较小，将原有的两个单级旋风分离器改为四个单级旋风分离器。

② 为适应 VQS 系统的改造，原有的防焦蒸汽由限流孔板改为调节阀控制，原汽提蒸汽管的设备开口下移。

③ 沉降器由外集气室改为内集气室，沉降器筒体加高 1.7m，并在集气室增加两支热偶，以观察、控制反应温度；在内集气室外的沉降器顶增加两个放空口。

二、装置标定结果及改造效果

1. 产品分布变化

改造前后加工管输油的原料油性质见表 8-5，平衡催化剂性质见表 8-6，标定期间主要工艺条件见表 8-7，产品分布对比见表 8-8。

由表中数据可见，掺渣率由改造前的 36.58% 增加到改造后的 38.27%、其他工艺条件基本相同的条件下，产品分布明显得到改善，干气收率由 5.09% 降为 4.58%，减少了 0.51 个百分点，轻油收率由 66.92% 上升到 68.12%，增加了 1.2 个百分点，轻质液体（含液化石油气、汽油、柴油）收率由 80.52% 上升到 81.62%，增加了 1.1 个百分点。

2. 汽提效果

改造前汽提蒸汽用量为 4.5g/kg 催化剂；改造后为 4.2g/kg 催化剂。由于采用

表8-5　改造前后加工管输油的原料油性质（蜡油+渣油）

项目		改造前标定	改造后标定
相对密度（20℃）		0.9221	0.9215
馏程	HK	221	231
	10%	352	305
	30%	403	
	50%	437	421
	70%	484	
	KK	81mL/570℃	76mL/565℃
黏度（100℃）/（mm^2/s）		12.761	15.081
残碳（质量分数）/%		3.30	4.06
组成（质量分数）			
S/%		0.51	0.76
N/$\times 10^{-6}$			985.6
Fe/$\times 10^{-6}$		9	
Ni/$\times 10^{-6}$		10	
Na/$\times 10^{-6}$		4	
C/%		86.82	86.50
H/%		12.65	12.61
四组分：			
饱和分（S）		51.91	49.47
芳香分（A）		32.66	27.10
焦质和沥青质（R）		15.43	23.43

表8-6　平衡催化剂性质

项目	改造前标定	改造后标定
充气密度/（g/cm^3）		0.774
沉降密度/（g/cm^3）		0.811
压紧密度/（g/cm^3）		0.960
Al_2O_3/%	49.2	48.8
孔体积/（mL/g）	0.300	0.323
待生定碳/%	1.50	1.15
再生定碳/%	0.09	0.09
活性/%	58	60
Ni/$\times 10^{-6}$	7322	7488

续表

项目		改造前标定	改造后标定
V/×10^{-6}		1382	1993
Na/×10^{-6}		1962	1955
Sb/×10^{-6}		1740	1846
筛分 /%	<20μm	0.20	0.20
	20～40μm	12.80	9.85
	40～80μm	65.90	70.90
	>80μm	21.10	19.05

表8-7　标定期间主要工艺条件

项目	改造前标定	改造后标定
时间	1999.8.29～8.31	2000.4.20～4.22
原料品种	管输蜡油、管输减渣	管输蜡油、管输减渣
催化剂	MLC-500	MLC-500
助气剂	CA-1 加入量 240kg/ 天	CA-l 加入量 180kg/ 天
钝化剂	MP-5008	MP-5005/MP-5007=2：1
喷嘴	LPC-1	CCK
处理量 /（t/h）	108.21	116.25
终止剂量 /（t/h）	7	9.7
反应压力 /MPa	0.221	0.219
反应温度 /℃	510	519
回炼比	0.47	0.39
再生器压力 /MPa	0.232	0.236
一再 / 二再密相温度 /℃	688/697	685/699
一再 / 二再主风量（标准状态）/（m^3/min）	1893/270.10	1834/378.40
单旋入口线速 /（m/s）	20.56	20.28
密封罩下部线速 /（m/s）	—	0.22
旋流快分出口线速 /（m/s）	—	17.07
焦炭氢碳比	7.80	6.30
提升管平均线速 /（m/s）	10.19	10.68
提升管平均停留时间 /s	3.20	2.85
剂油比	6.23	6.71

表8-8 产品分布对比

项目	改造前标定	改造后标定
处理量 /（t/h）	108.21	116.25
掺炼比（质量分数）/%	36.58	38.27
收率 /%		
干气	5.09	4.58
液化气	13.60	13.50
汽油	39.15	39.57
柴油	27.77	28.55
油浆	5.72	5.69
焦炭	7.97	7.41
损失收率 /%	0.70	0.70
轻油收率（质量分数）/%	66.92	68.12
轻液收率（质量分数）/%	80.52	81.62
转化率（质量分数）/%	66.51	65.76

VQS 技术改造后增设了预汽提段，采用了高效汽提挡板，催化剂经过两级汽提后汽提效果明显提高。改造后待生催化剂焦炭氢含量由改造前的 7.8% 降为 6.3%。

3. 运行周期

采用技术改造后，经两次改进，延长了装置运行时间。

1999 年 9 月装置改造后，在 2000 年 4 月因沉降器催化剂严重跑损，装置被迫临时停工。经检查发现导致催化剂跑损的原因是沉降器旋风分离器翼阀被焦块卡住。改造前（1999 年 5 月）也曾因沉降器结焦（开工 4 个月）催化剂跑损造成装置停工事故。这次结焦事故与改造前相比，在装置掺渣率提高的情况下，焦质松软、结焦量少、部位少。反映出通过 VQS 改造已能大幅度降低掺渣造成的结焦，但在个别部位需改善操作工况。对此次结焦，分析认为是封闭罩外温度太低（仅 370～380℃），使油气重组分在罩外冷凝结焦所致，因此进行了第一次改进。

第一次改进后装置运行了 9 个月再次出现沉降器催化剂跑损情况，检查鉴定发现原因和前一次情况相似。说明提高封闭罩外温度能在一定程度上减少油气冷凝，但还不能解决结焦问题，需要进一步降低封闭罩外油气停留时间。为此进行了第二次改进。

第二次改进后至装置按计划停工检修，该套催化裂化装置平稳运行 13 个月，说明采用 VQS 技术装置能够长周期运行。

4. 操作弹性

由于市场需求变化，该催化裂化装置负荷不同月份也有较大变化。如 2000 年 7 月份，装置负荷较大，平均日加工量 3159t，是设计负荷 105%；2001 年 1 月份加工量较低，平均日加工为 2223t，是设计负荷的 74%。上述两个月生产平稳，掺渣比及产品分布均较为理想。

三、运行经验

1. 开工负差压转剂

改造后的装置在开工进行两器流化时，采用反应器高于再生器 10kPa 以上的负差压转剂。向反应器转催化剂时，当沉降器料位开始有显示时，即手动打开待生滑阀，使催化剂快速向再生器转移，以减少催化剂因在沉降器及待生斜管停留时间长而与蒸汽和泥的机会。同时密切注意封闭罩下部与汽提段之间槽型口处温度，尽快使该温度上升，上升越快，说明此处催化剂流化状况良好。当催化剂循环正常，并建立正常料位后，两器改为正差压，达到喷油条件即可喷油。

2. 缩短转剂时间

开工转剂过程中，应尽量缩短两器转剂至喷油过程的时间，并使旋流器出口线速保持在适宜范围之内（8～20m/s），确保高分离效率，减少催化剂跑损以降低油浆固体含量。避免 VQS 在低线速下出现分离效率的下降或波动。

3. 开工分多步喷油

在开工喷油时，进料量每增加 20t，确定一个操作条件，及时调整反应压力或反应用气量，尽量保持旋流器出口线速均匀上升至达到设计条件。

四、应用效果总结

① 采用 VQS 系统改造后，大幅度降低了反应油气在沉降器空间的停留时间，解决了重油催化裂化沉降器结焦的问题，延长了开工周期。工业实践表明，应用 VQS 技术，加工管输油开工周期可达一年半以上。

② 改造后装置掺渣比大幅度提高，按加工管输油标定提高 1.69 个百分点，在掺渣比 35% 的情况下装置运行平稳。

③ 应用 VQS 系统后，产品分布得到明显改善，加工管输油标定干气收率下降 0.51 个百分点，轻油、轻液收率上升 1.1 个百分点以上。

④ 待生剂在汽提段的汽提效果明显提高，焦炭中氢含量由改造前的 7.8% 降为 6.3%。

参考文献

[1] 孙凤侠 . 催化裂化沉降器旋流快分系统的流场分析与数值模拟 [D]. 北京：中国石油大学（北京），2004.

[2] 胡艳华 . 催化裂化沉降器紧凑式旋流快分系统（CVQS）的开发研究 [D]. 北京：中国石油大学（北京），2009.

[3] 孙凤侠，周双珍，卢春喜，时铭显 . 催化裂化沉降器多臂式旋流快分系统封闭罩内的流场 [J]. 石油炼制与化工，2009, 34 (9): 59-65.

[4] 孙凤侠，卢春喜，时铭显 . 催化裂化沉降器旋流快分系统内气相流场的数值模拟与分析 [J]. 化工学报，2005, 56 (1): 16-23.

[5] 胡艳华，卢春喜，魏耀东，时铭显 . 旋流快分系统（VQS）环形空间内气相流场的研究 [J]. 石油炼制与化工，2008, 39 (10): 53-57.

[6] 胡艳华，卢春喜，时铭显 . 旋流快分系统内颗粒浓度分布的数值研究 [J]. 石油炼制与化工，2008, 39 (2): 42-46.

[7] 胡艳华，卢春喜，时铭显 . 催化裂化沉降器旋流快分系统分离性能的实验研究与数值模拟 [J]. 石油学报（石油加工），2008, 24 (4): 370-375.

[8] 卢春喜，蔡智，时铭显 . 催化裂化提升管出口旋流式快分（VQS）系统的实验研究与工业应用 [J]. 石油学报（石油加工），2004, 20 (3): 24-29.

第九章

带有隔流筒的旋流快分技术

第一节 SVQS系统设计原理

中国石油大学（北京）开发的带有挡板预汽提的旋流快分（VQS）系统具有分离效率高、操作弹性大和高效汽提等特点。工业应用结果表明，该系统可实现“油气与催化剂快速分离、反应后油气快速引出以及对分离后夹带油气的催化剂快速高效预汽提”，同时可以实现装置的长周期安全运行。但在推广VQS系统的过程中也发现，有的装置还存在油浆固含量偏高的问题，尤其以开工初期最为明显，这主要与VQS系统的结构特点有关。

研究表明，VQS系统中由旋流头出口喷出的气体，一部分沿封闭罩内壁直接上行，还有一部分在沿径向向内运动的同时转为上行流，并且上行速度较大，使得由旋流头喷出口喷出的一部分催化剂颗粒在尚未得到分离之前就直接被带入上行流中，逃逸出分离空间，如图9-1（a）所示。此外，气流由喷出口喷出后，在相邻悬臂之间的区域里形成了若干强度不等的涡旋区，且在喷出口附近尤为明显，如图9-1（b）所示。由于喷出口附近气流的旋转速度较大，形成的涡旋面积也较大，并且会不断向内移动，容易在上行流的影响下形成短路流。因此，VQS系统的结构有进一步优化的空间。

在VQS系统的基础上，中国石油大学（北京）提出了带有隔流筒的旋流快分（super-vortex quick seperator，SVQS）系统。该系统的主要设计原理是在旋流头悬臂出口附近设置隔流筒，隔流筒跨过悬臂，隔流筒上部用一块环形盖板和封闭罩相连，从而阻止气体夹带颗粒直接从隔流筒和封闭罩之间的环隙上升逃逸，消除短路流现象。

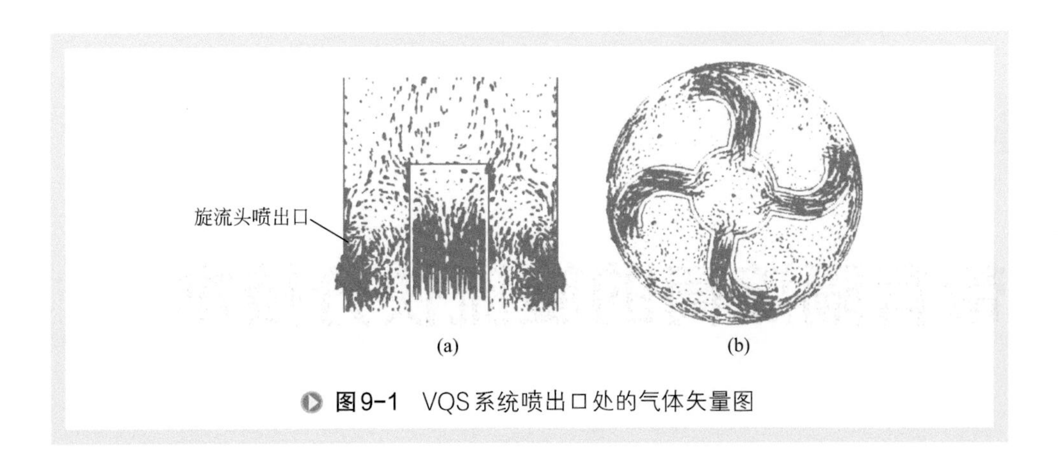

图9-1　VQS系统喷出口处的气体矢量图

第二节　SVQS系统结构特点

SVQS 系统主要由提升管、旋流快分头、封闭罩、隔流筒、环形盖板、导流管、预汽提挡板等组成，结构如图 9-2 所示。

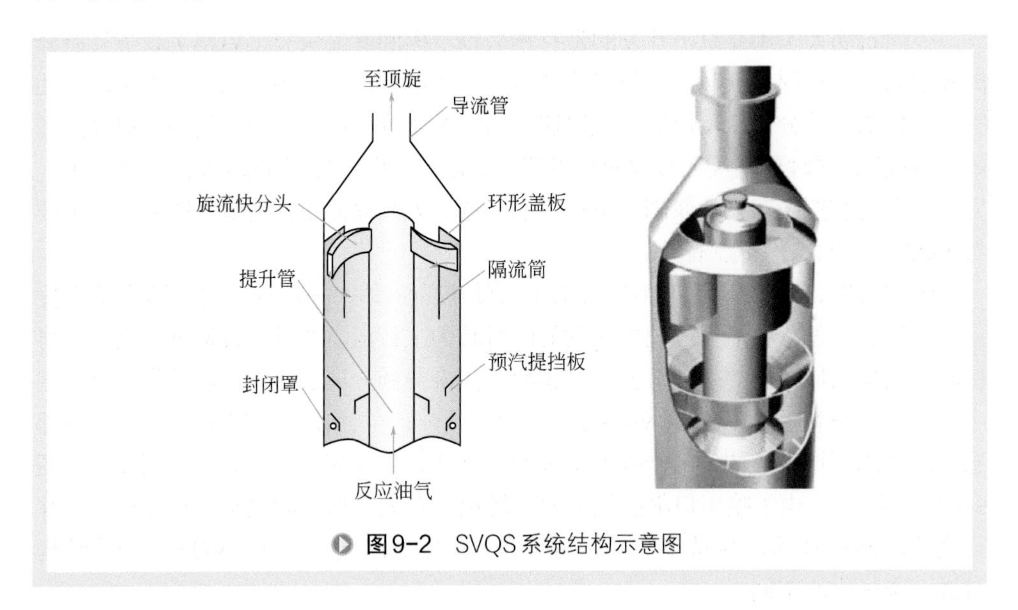

图9-2　SVQS系统结构示意图

与 VQS 系统相比，SVQS 系统的主要特点在于：通过增设隔流筒来消除在旋流头喷出口附近直接上行的“短路流”，从而使隔流筒与封闭罩之间、旋流头底边至隔流筒底部的区域内，轴向速度全部变为下行流，消除了 VQS 系统的上行流区，同时强化这一区域的离心力场，可以更进一步提高颗粒的分离效率。

第三节 SVQS系统的气相流场实验分析[1,2]

旋流快分器内的气相流场可以用智能型五孔探针进行测定。测量时，分别在0°和45°截面上，由旋流头喷出口中心向下每隔100mm均匀选取一个截面进行流场测量，截面的径向位置布置与VQS系统相同（图8-7），测点沿轴向的布置如图9-3所示。在每个轴向截面上每隔5mm选取一个径向测点。

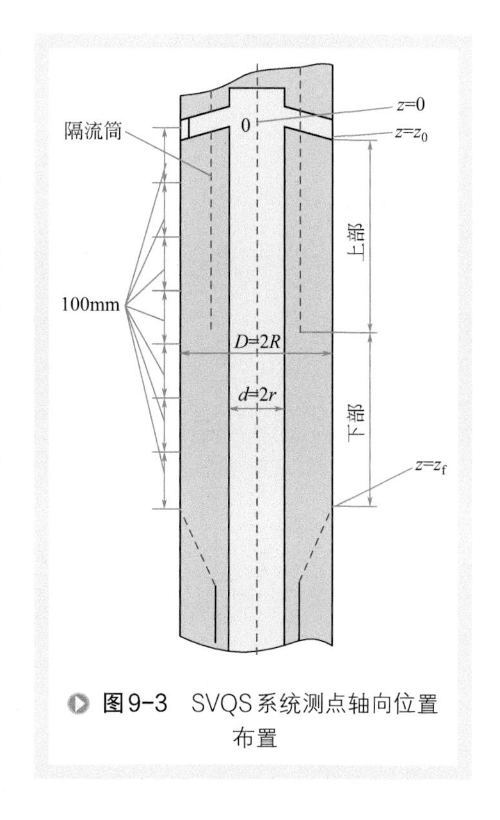

图9-3 SVQS系统测点轴向位置布置

与VQS系统类似，为便于分析说明，三维速度和径向尺寸均取无量纲化值。以封闭罩的内半径 R 和封闭罩内的表观截面气速 V_o 为特征值，将测点距中心轴线的半径 r 和旋流快分器内的三维时均速度分别表示成无量纲化形式：半径位置 $\tilde{r}=r/R$、时均切向速度 $\tilde{V}_t=V_t/V_o$、时均轴向速度 $\tilde{V}_z=V_z/V_o$、时均径向速度 $\tilde{V}_r=V_r/V_o$。坐标轴的原点取在封闭罩中心轴线和旋流头喷出口中心平面的交点处，z 向上为正，向下为负。轴向速度的正值表示向上，负值表示向下。径向速度的正值表示向外，负值表示向心。下面对各部分流场的具体特征进行描述。

一、旋流头喷出口中心处的流速分布

为方便与VQS系统进行比较，将SVQS系统和VQS系统在该区域的速度分布绘制在同一图中，所得到的无量纲切向速度和无量纲轴向速度分布如图9-4和图9-5所示。

由图9-4和图9-5可以看出，在旋流头喷出口中心处，由喷出口内侧向里，切向速度急剧减小，而在封闭罩的内壁处，由于受边壁效应的影响，切向速度和轴向速度的数值均急剧减小。切向速度受结构形式的影响不大，但轴向速度有较大的改变。对无隔流筒的旋流快分结构（VQS），在旋流头喷出口内侧，一方面是切向速

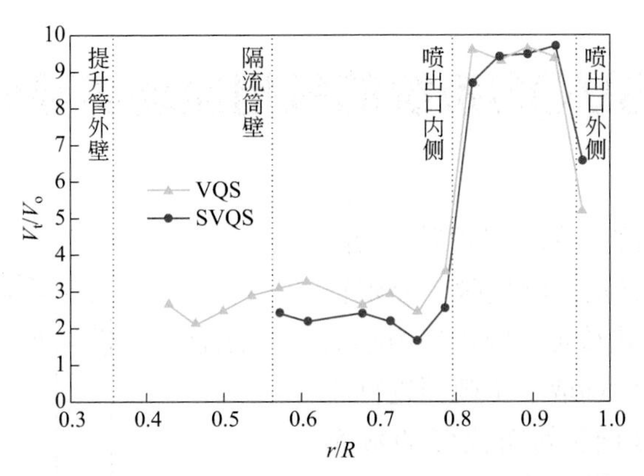

图9-4　旋流头喷出口中心处无量纲切向速度分布

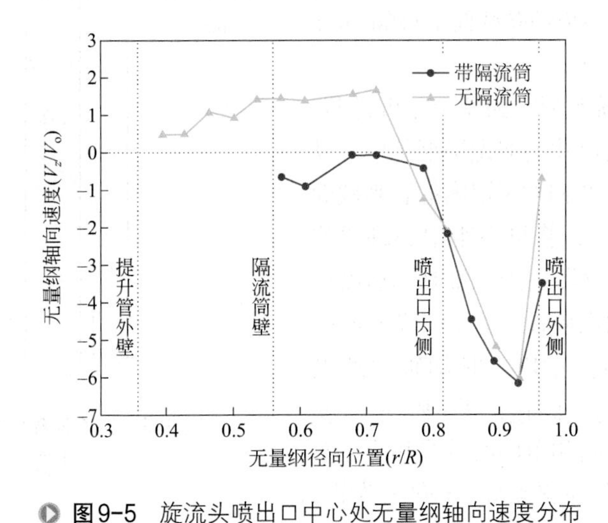

图9-5　旋流头喷出口中心处无量纲轴向速度分布

度急剧降低，另一方面是轴向速度又变为上行流，形成了短路流，颗粒还来不及在旋流作用下被分离出来，就被夹带上去了，因而在该区域内不利于颗粒的分离。增加隔流筒后（SVQS），切向速度变化不大，而轴向速度全部变为下行流，消除了旋流头喷出口附近的短路流，十分有利于提高分离效率；并且内侧的轴向向下速度较小，外侧的轴向向下速度较大，这说明气量基本集中在靠外侧向下流动，对曳带外侧本来较高浓度的颗粒的下行是有利的，因而更有利于提高分离效率。

二、封闭罩内气流速度分布

由测试结果可知，旋流快分系统封闭罩内的气体流场是三维旋转湍流场，主流是对称的旋转流。为便于说明，把 SVQS 系统的整个分离空间分为上部和下部两个区段，如图 9-3 所示。第一段由旋流头底边至隔流筒底部，第二段由隔流筒底部至预汽提挡板。下面对上部空间和下部空间内的气流速度分布情况分别进行介绍。

1. 上部带隔流筒区

在旋流快分器内的旋转流场中，切向速度占主导地位。由图 9-6 可见，在上部带隔流筒区内，VQS 和 SVQS 旋流快分器内的切向速度分布形态相似，SVQS 系统的切向速度稍微有所降低，但差别不大。从图 9-7 可以看出，增加隔流筒后，旋流快分器内轴向速度有了很大的改善。在上部带隔流筒区内，SVQS 系统内的轴向速度全部变为下行流，消除了无隔流筒型旋流快分器在该段内轴向速度的上行流区，从而可消除该段内颗粒由旋流头喷出口喷出不久就直接进入上行流区的弊病。由图 9-8 可以看出，VQS 系统在上部的下行气量变化较大，特别是在旋流头喷出口附近，下行气量急剧减小，存在“短路流”现象。而 SVQS 系统在该段内下行气量基本不

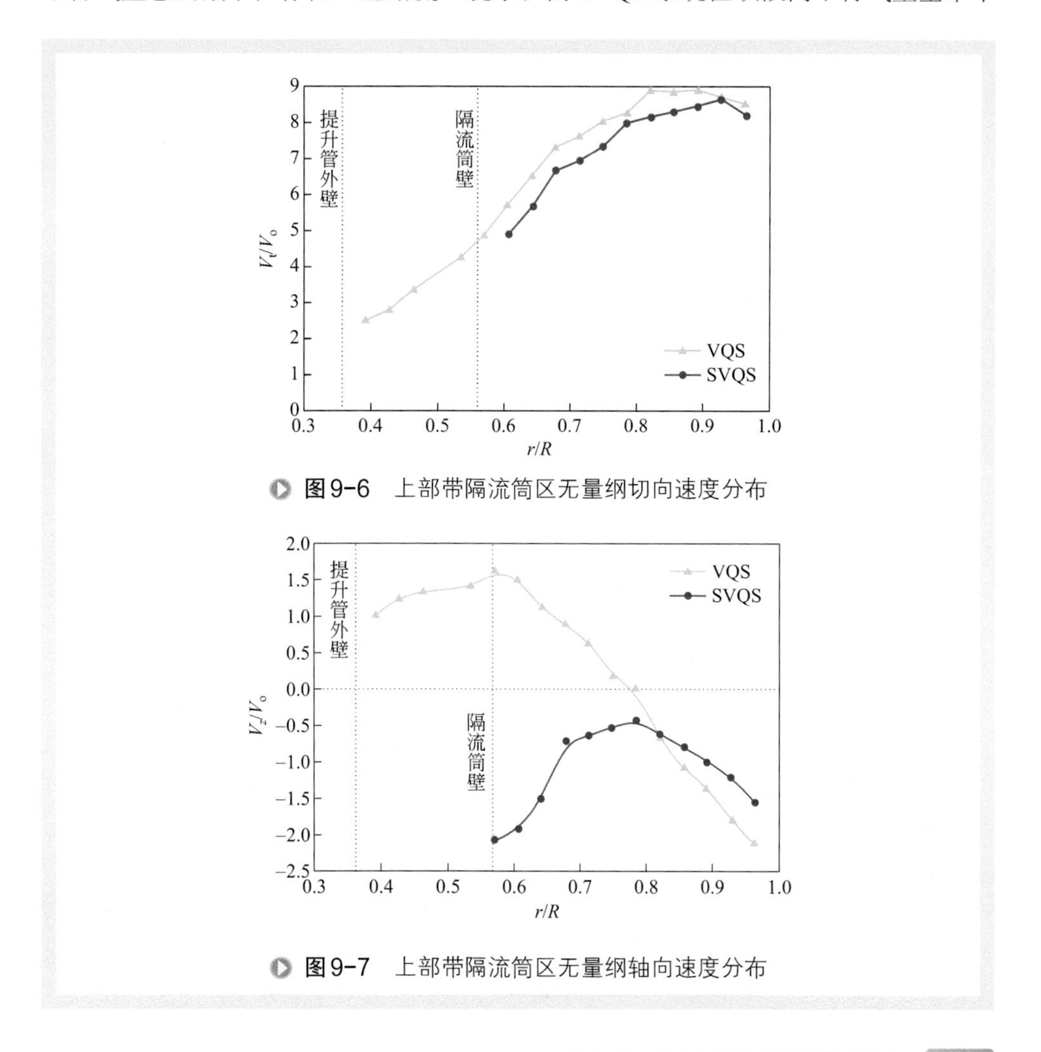

图9-6　上部带隔流筒区无量纲切向速度分布

图9-7　上部带隔流筒区无量纲轴向速度分布

变，消除了喷出口附近的短路流。由图 9-9 可见，静压分布形态受结构形式影响不大。由以上分析可知，在上部带隔流筒区内，增加隔流筒后，切向速度变化很小，静压分布也变化不大，但消除了轴向速度的上行流区，因而 SVQS 系统更有利于提高分离效率。

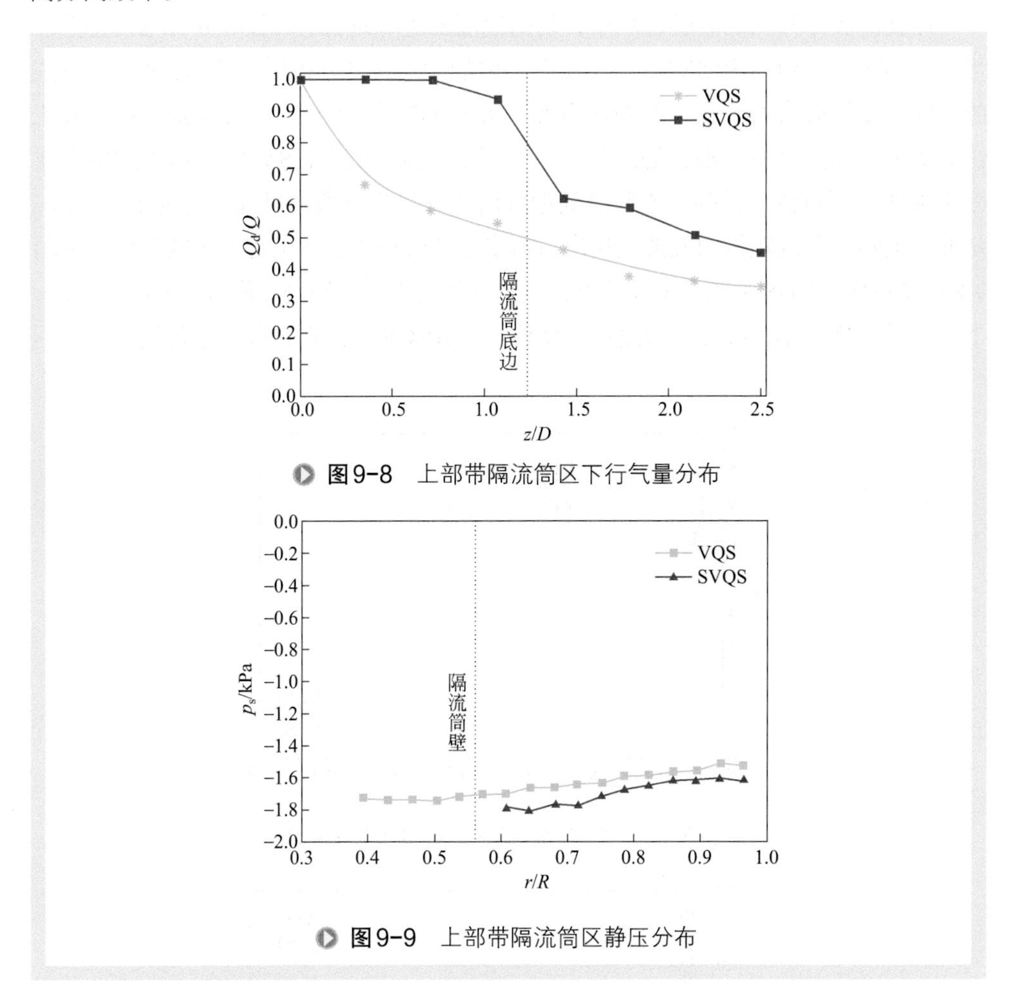

图 9-8 上部带隔流筒区下行气量分布

图 9-9 上部带隔流筒区静压分布

2. 下部无隔流筒区

由图 9-10 可以看出，在下部无隔流筒区内，SVQS 系统内的切向速度值比 VQS 系统内的切向速度值大，特别是在内旋流区，并且前者的外旋流区范围比后者明显增大，因而在下部无隔流筒区内，SVQS 系统更有利于气体与颗粒的分离。由图 9-11 可以看出，SVQS 系统内的下行流区范围比 VQS 系统内的大，两者的轴向速度也有类似的情况。由图 9-12 可以看出，两种结构形式封闭罩内静压分布形态在该分离空间内变化不大。综上所述，增加一个隔流筒后，对下部无隔流筒区而言，切向速度有了很大的改善，因而 SVQS 系统更有益于分离效率的提高。

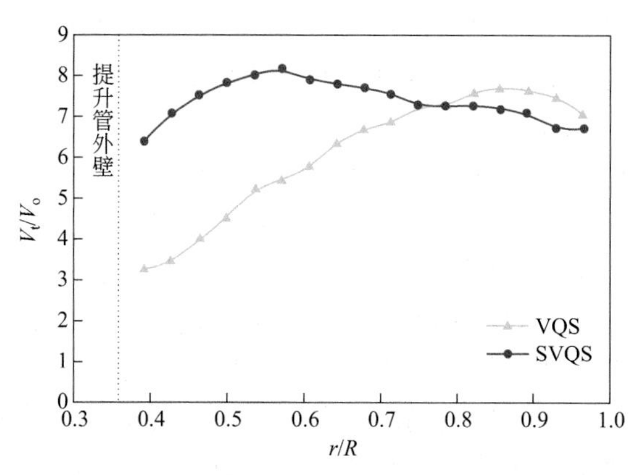

图9-10　下部无隔流筒区无量纲切向速度分布

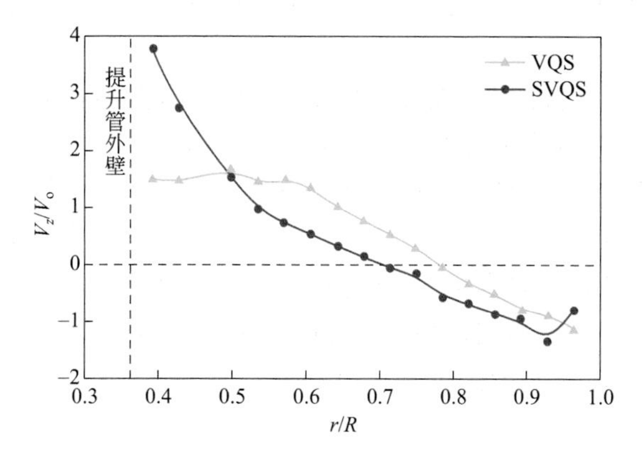

图9-11　下部无隔流筒区无量纲轴向速度分布

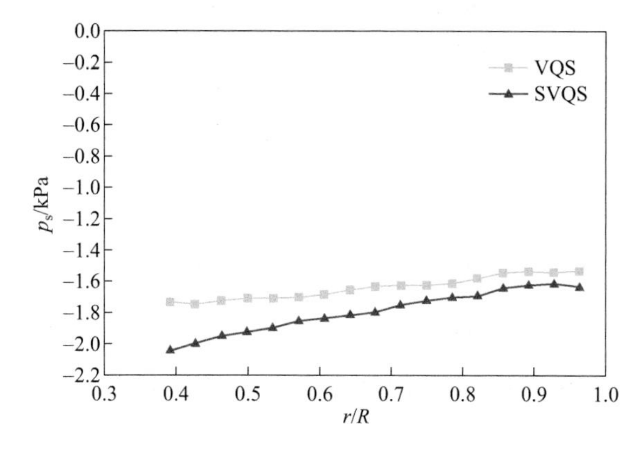

图9-12　下部无隔流筒区静压分布

三、SVQS系统内湍流强度的分布

与 VQS 系统类似，采用式（8-35）计算得到的相对湍流强度 T_i 表示 SVQS 系统封闭罩内气流的脉动强弱。图 9-13 为 SVQS 系统封闭罩内不同截面处切向、轴向相对湍流强度沿径向的分布曲线。

由图 9-13（a）可以看出：在旋流头喷出口附近至上部带隔流筒区域（z=−200mm、z=−340mm 截面），隔流筒外壁附近区域内（0.57≤r/R≤0.60），径向湍流强度由于“边壁效应”在壁面附近处达到最大值，且在隔流筒底部截面 z=−340mm 处，其数量级为其他径向位置处的近 10 倍。上部带隔流筒区域内，切向湍流强度由边壁向中心区域急剧降低，梯度很大，说明边壁以外的中心区域内气相流动比较规律，湍流脉动程度较低；下部无隔流筒区域内，切向湍流强度在不同截面的分布规律相似，沿径向呈水平直线分布，变化较小，说明下部无隔流筒区域内气相流动比较平稳，切向速度脉动很小，湍流强度较小，有利于离心力场的稳定分布和颗粒分离。

由图 9-13(b)可以看出：在旋流头喷出口附近至上部带隔流筒区域(z=−200mm、z=−340mm)，由于隔流筒的存在，上行流全部转为下行流，轴向速度不存在流动方向的骤变，因此轴向速度脉动较小，湍流强度也较低。上部带隔流筒区域内，轴向湍流强度沿径向呈水平直线分布，变化较小，气相流动非常稳定；下部无隔流筒区域内，轴向湍流强度沿径向呈“类抛物线”形态分布，上下行流分界点处数值达到最大；下部无隔流筒区域内，轴向湍流强度沿轴向变化较大，上下行流分界点处的 T_z 不断减小，分布形态逐渐向水平直线转化。

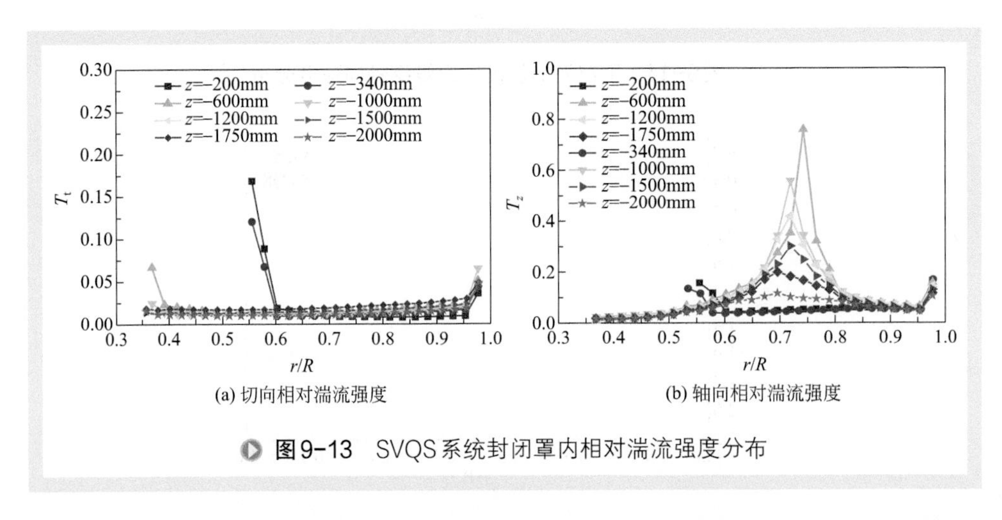

(a) 切向相对湍流强度　　(b) 轴向相对湍流强度

图9-13　SVQS系统封闭罩内相对湍流强度分布

对比 SVQS 系统和 VQS 系统内的湍流强度特征可以发现，VQS 系统内增加隔流筒后，对气相流场的影响较大。对于切向速度而言，上部带隔流筒区域内，切向速度的衰减趋势有所减小，隔流筒的存在可强化旋流流场产生的离心力，提高系统的分离能力。对于轴向速度而言，上部带隔流筒区域内，轴向速度全部转为下行流，不仅改善了“短路流”与颗粒返混夹带现象，而且可消除由于上下行流流动方向骤变所导致的湍流速度脉动和湍流能量耗散，有助于颗粒下行分离。因而，SVQS 系统的分离性能要优于 VQS 系统。

四、汽提气对流场的影响

与 VQS 系统类似，汽提气的引入对 SVQS 系统内的流场影响较小。在上部带隔流筒区内，切向速度和轴向速度值基本不变。在下部无隔流筒区内，外旋流的切向速度基本上不发生变化，内旋流的切向速度受的影响稍大些。内、外旋流的分界点随着汽提气量的增大保持不变。汽提气的吹入使上行轴向速度略有增大，上、下行流的分界点的径向位置保持不变。静压的分布形态不受汽提气的影响，只是数值大小随汽提气量的增大而稍有增大。下行气量随着汽提气量的增大而减小，这有利于降低油气的停留时间。

第四节 SVQS系统的气相流场数值模拟分析[3]

一、数值模拟方法

模拟对象的主体结构尺寸、操作参数均与 VQS 系统相同。此外，数值模拟的模型方程、边界条件也与之相同。在快分器结构方面，只是在旋流快分头外面增加了隔流筒。

二、SVQS 系统内流动特征的分析

1. 喷出段和分离段

为了方便进行对比分析，图 9-14（a）和（b）分别给出了 VQS 系统和 SVQS 系统内喷出段和分离段的速度矢量图。可以看出，增加隔流筒后，虽有极少部分气体由旋流头喷出口喷出后向上运动，在喷出口与上部隔流盖板之间形成环流，但气体最后均进入下行流区，消除了在喷出口附近直接上行的“短路流”现象。且插入隔流筒后，旋流快分器内轴向速度有了很大的改善。在由旋流头底边至隔流筒底部的上部带隔流筒区内，SVQS 系统内的轴向速度全部变为下行流，消除了 VQS 系统在该段内轴向速度的上行流区，从而大大延长了在下行流的有利条件下进行气固分离的时间，可以进一步提高细颗粒的分离效率。

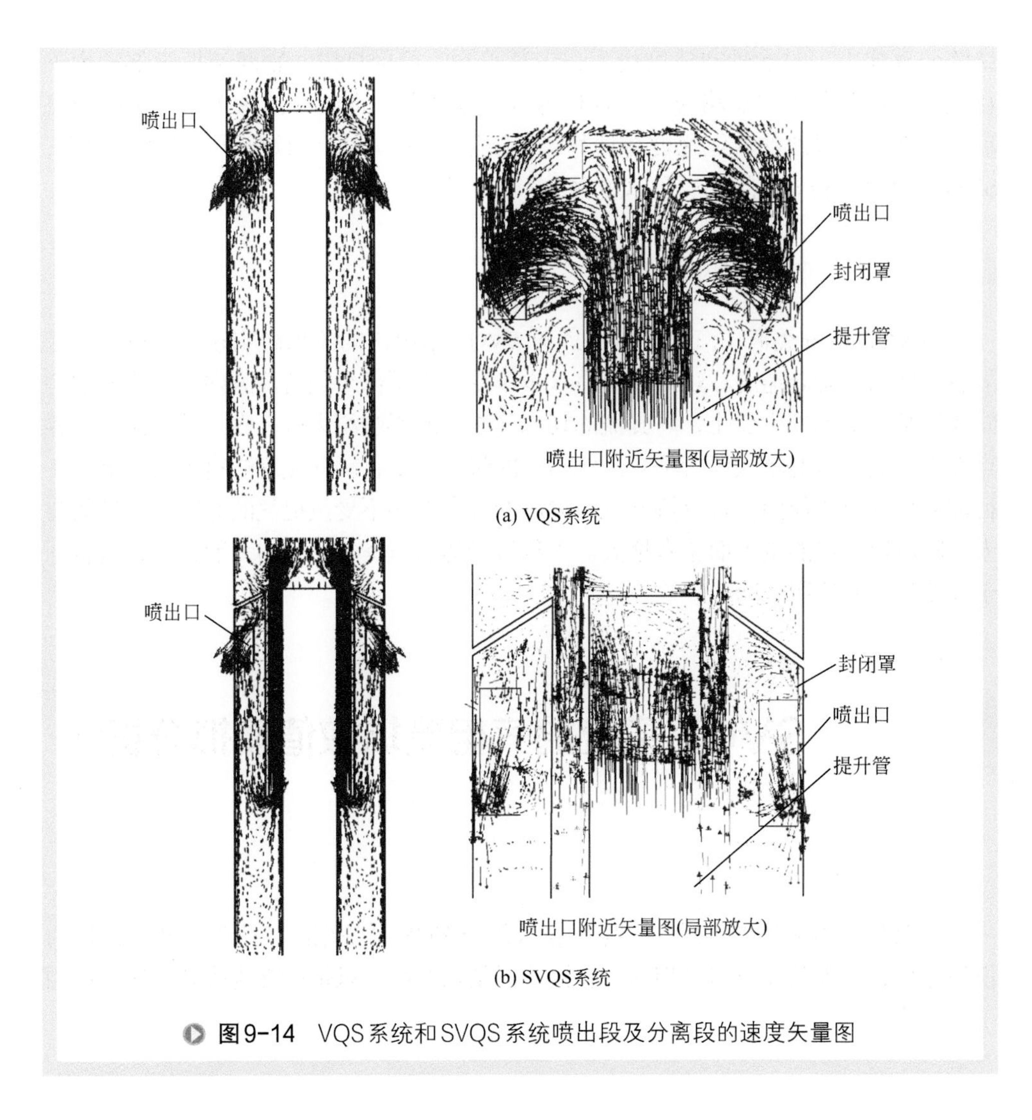

图9-14 VQS系统和SVQS系统喷出段及分离段的速度矢量图

2. 沉降段和引出段

图 9-15 给出了 SVQS 系统内沉降段和引出段的速度矢量图。在沉降段，SVQS 系统和 VQS 系统内气体的流动特征较为接近，说明加入隔流筒后对下部沉降段的影响很小。在引出段，SVQS 系统和 VQS 系统内的气体流动形态略有不同。由图 9-15（b）可以看出，气体在经过隔流筒与提升管之间的环形空间向上运动的过程中，由于突然进入突扩段，在环形盖板的上方，形成 2 个纵向涡流，而后汇合后进入上部空间，继续向上运动，最后由引出管引出。与 VQS 系统相比，SVQS 系统消除了旋流头上方的旋涡结构，受环形盖板的影响，在其上方为向心流动，如图 9-16（a）所示；而后在向上运动的过程中逐渐变为均匀的离心流动，如图 9-16（b）所示。

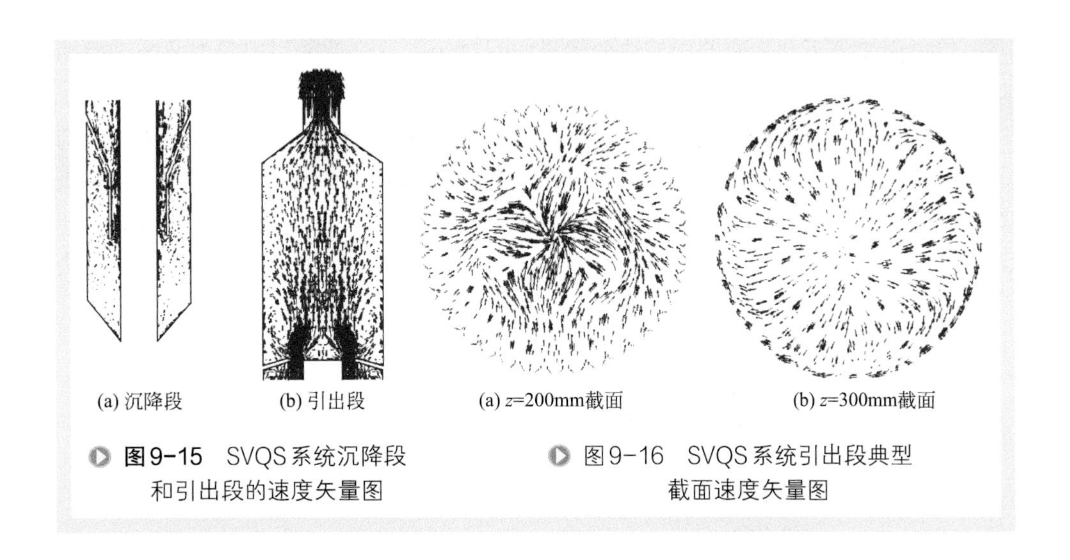

图9-15 SVQS系统沉降段和引出段的速度矢量图

图9-16 SVQS系统引出段典型截面速度矢量图

第五节 SVQS系统的压降

图 9-17 为封闭罩内环形空间截面积与旋流头喷出口总面积的比值 S 和旋流头喷出口喷出速度 $V_t(0)$ 对 SVQS 系统内压降的影响。同一 S 值下，SVQS 系统内的压降随着旋流头喷出口喷出速度的增加而增加。这是因为随着旋流头喷出口喷出速度的增加，旋流快分器的进气量增大，切向速度也增大，从而使旋流快分器的压降和能耗增大。在相同的旋流头喷出口喷出速度下，旋流头压降随着 S 值的增大而减小。这是因为随着 S 值的增大，旋流头喷出口的面积减小，在相同的旋流头

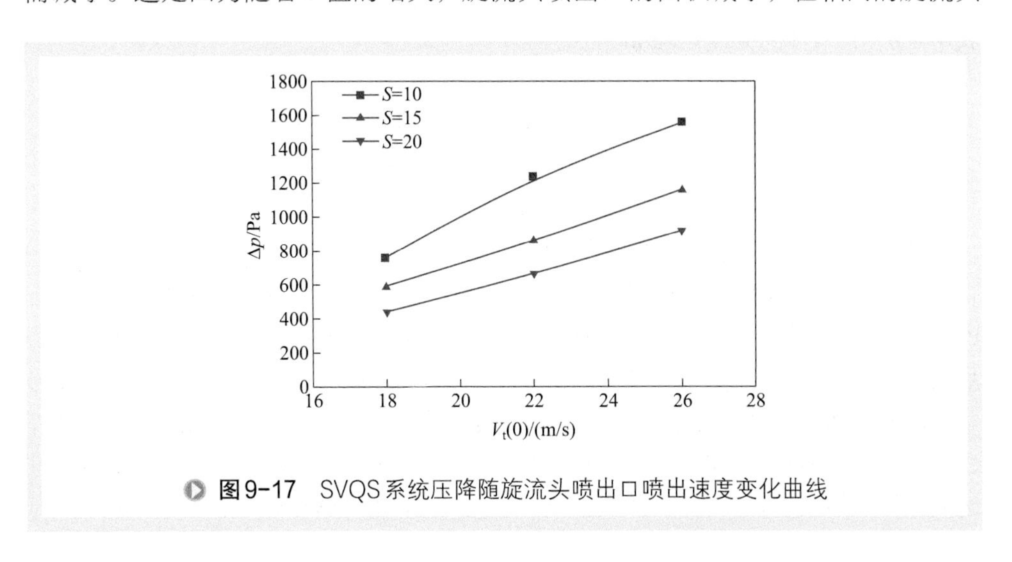

图9-17 SVQS系统压降随旋流头喷出口喷出速度变化曲线

喷出口喷出速度下，相应的旋流快分器进气量减小，这必然使引出阻力及流动摩擦阻力减小，旋流快分器的压降随之减小。

图 9-18 给出了 SVQS 系统和 VQS 系统的压降进行对比。可以看出，两种结构形式的旋流快分器压降均随旋流头喷出口喷出速度的增大而增大。在相同的旋流头喷出口喷出速度下，SVQS 系统的压降大于 VQS 系统的压降，这主要是因为增加隔流筒后，气体流出时经过的环形空间面积变小，所受流动阻力增大，所以旋流快分器压降增大。

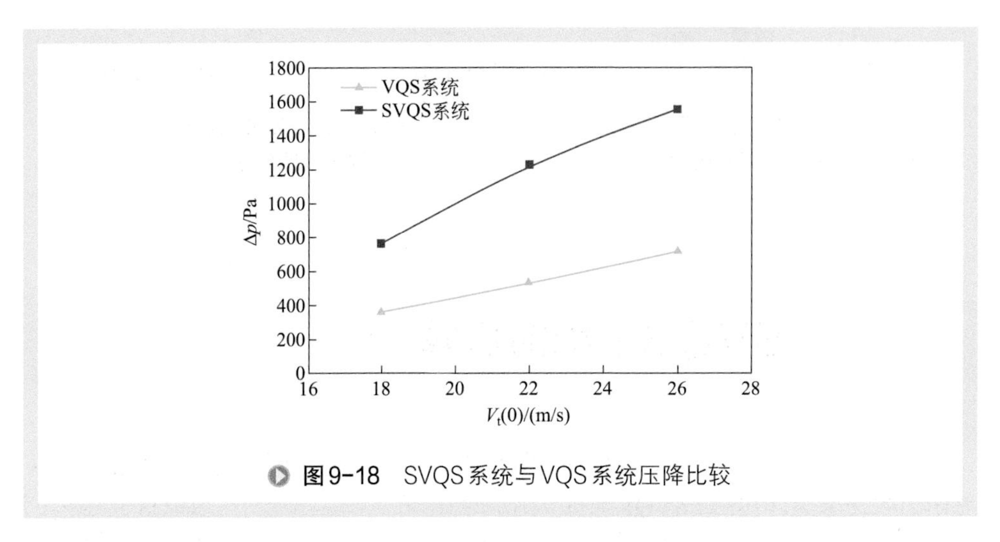

图9-18　SVQS系统与VQS系统压降比较

根据实验结果进行回归，可以得到 SVQS 系统压降的计算公式：

$$\Delta p=\xi\frac{\rho V_{t}^{2}(0)}{2} \tag{9-1}$$

$$\xi=9.2375S^{-0.5851}\tilde{H}_{e}^{0.01218}\tilde{D}_{e}^{-0.7703} \tag{9-2}$$

式中　ρ——气体的密度，kg/m³；

$V_t(0)$——旋流头喷出口的喷出速度，m/s；

S——封闭罩内环形空间截面积与旋流头喷出口总面积的比值；

$\tilde{H}_e$——旋流头喷出口底边到隔流筒底部的长度与封闭罩直径的比；

$\tilde{D}_e$——隔流筒直径与封闭罩直径的比。

若 SVQS 旋流快分器的 S 值为 10、$\tilde{D}_e$ 为 0.57、$\tilde{H}_e$ 为 1.25 时，则由式（9-2）计算可得，ξ_{SVQS}=3.7。在 PV 型旋风分离器中，$\xi=14.5(K_A\tilde{d}_r^2)^{-0.83}(\tilde{d}_r)^{-0.08}D^{0.2}$，若取 PV 型旋风分离器筒体的直径与封闭罩的直径相等，筒体截面积与入口截面积之比 $K_A=S$；排气管直径与筒体直径之比 $\tilde{d}_r$ 等于 SVQS 系统封闭罩与提升管之间的环形空间的水力直径与封闭罩直径之比 $\tilde{d}_h$，即 $\tilde{d}_r=\tilde{d}_h$，则 $\xi_{PV}=11.24S^{-0.83}\tilde{d}_h^{-1.74}$，计算得 ξ_{PV}=11.98。因而在 SVQS 系统旋流头喷出口的喷出速度和 PV 型旋风分离器的入口速度相等的情况下，前者的压降远远小于后者的压降，SVQS 快分系统的压降约为

PV 型旋风分离器压降的 0.27 倍。可见，虽然与 VQS 系统相比，SVQS 系统的压降略有增加，但其数值仍然远远小于 PV 型旋风分离器。因而，增加隔流筒后分离器压降的增大并不会显著影响系统的性能。

第六节 SVQS系统内的气相停留时间

图 9-19 为 VQS 系统和 SVQS 系统内的停留时间分布曲线；图 9-20 为 VQS 系统和 SVQS 系统内的停留时间累积分布曲线。由图可以看出，在相同旋流头喷出口喷出速度下，VQS 系统和 SVQS 系统内的气体停留时间分布曲线及气体停留时间累积分布曲线均相似。表 9-1 给出了 VQS 系统和 SVQS 系统内气体的各特征参数。

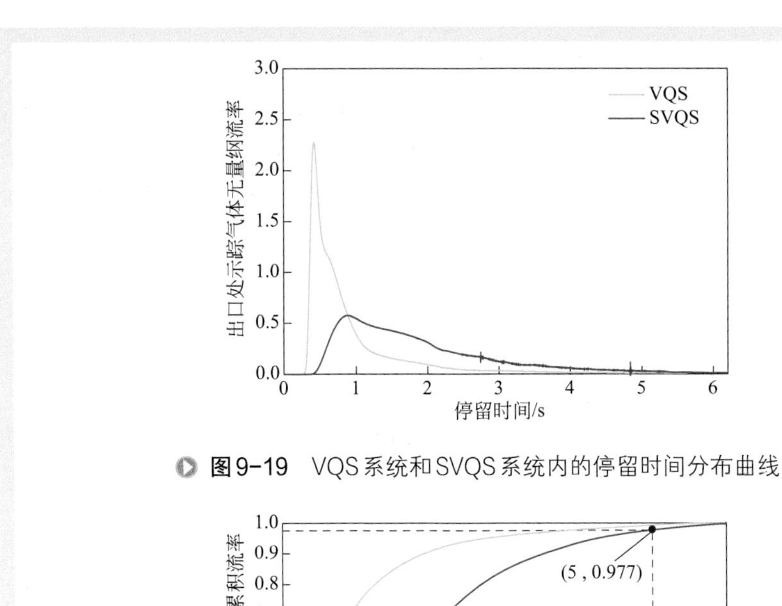

图9-19 VQS系统和SVQS系统内的停留时间分布曲线

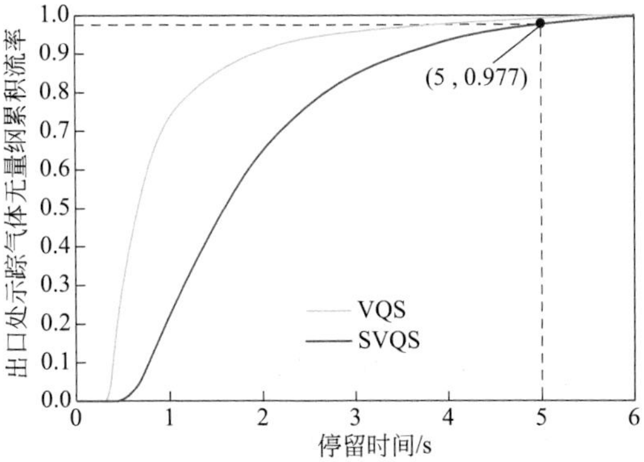

图9-20 VQS系统和SVQS系统内的停留时间累积分布曲线

表9-1　VQS系统和SVQS系统内气体的各特征参数

结构形式	t_{min}/s	t_{max}/s	t_{main}/s	t/s	>5s 所占比例
VQS 系统	0.246	4.65	0.417	0.954	0
SVQS 系统	0.356	5.99	0.882	1.892	2.3%

结果表明，SVQS 系统内气体的最小停留时间、最大停留时间、主流停留时间及平均停留时间均大于 VQS 系统，且 SVQS 系统内停留时间超过 5s 的气体所占气体总量的比例为 2.3%，这是因为与无隔流筒旋流快分结构（VQS 系统）相比，增加隔流筒后，SVQS 系统分离段内带隔流筒区的气流全部变为下行流，延长了部分气体下行的距离，因而气体的停留时间相应增大。

第七节　隔流筒的尺寸及结构形式[4-7]

SVQS 系统由于引入了隔流筒，可使旋流头喷出口处的上行流转化为下行流，消除了“短路流”夹带颗粒的现象，有利于提高系统的分离效率。因此，隔流筒是 SVQS 系统中最为重要的结构参数，其结构形式和各部分的尺寸等参数都会对 SVQS 系统的分离性能产生重要影响。

一、隔流筒的主要特征尺寸

对颗粒在 SVQS 系统内的受力分析如图 9-21 所示。

由旋流头喷出的催化剂颗粒因隔流筒与封闭罩之间的空间特别小，忽略气流径向速度的影响，并假设颗粒间无相互作用，颗粒随气流以恒定的切向速度在快分器内运动，并在离心力作用下向外浮游。考虑颗粒水平方向的受力，离心力为：

$$F=m\frac{V_t^2}{r} \tag{9-3}$$

气流对颗粒的阻力为：

$$F_D=3\pi\mu d_p V_{re} \tag{9-4}$$

由式（9-3）及式（9-4）可得：

$$m\frac{V_t^2}{r}-3\pi\mu d_p V_{re}=m\frac{dV_{re}}{dt} \tag{9-5}$$

$$t_e=\frac{H_e}{V_z} \tag{9-6}$$

设提升管的气量为 Q_R，则：

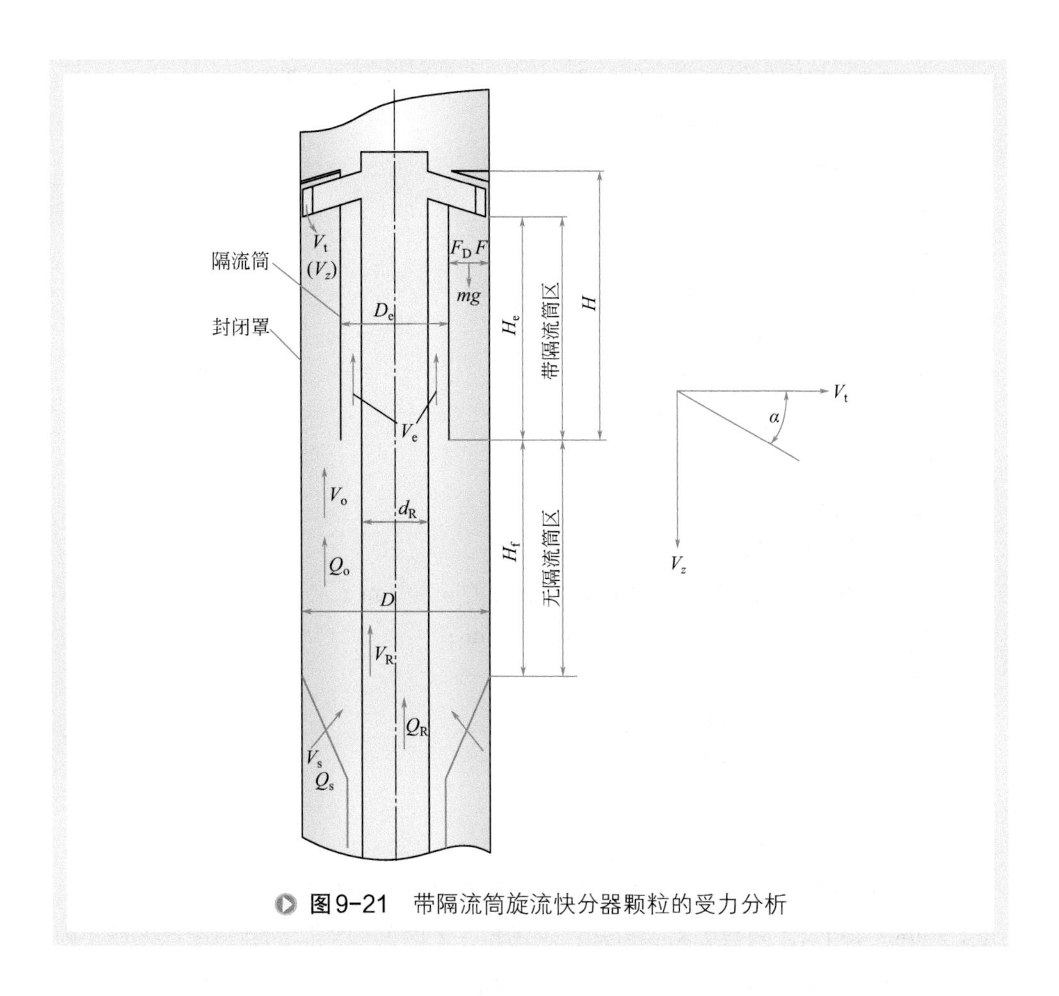

图9-21　带隔流筒旋流快分器颗粒的受力分析

$$Q_R=V_R\frac{\pi}{4}d_R^2=nA_i\sqrt{V_t^2+V_z^2} \tag{9-7}$$

$$V_z=V_t\tan\alpha \tag{9-8}$$

设封闭罩内的气量为 Q_o，则：

$$Q_o=V_o\frac{\pi}{4}(D^2-d_R^2)=V_e\frac{\pi}{4}(D_e^2-d_R^2)=Q_R+Q_s \tag{9-9}$$

$$Q_s=V_s\frac{\pi}{4}D^2 \tag{9-10}$$

油气平均停留时间：

$$t_{ar}=H_f/V_o+H/V_e \tag{9-11}$$

式中　V_t——气流的切向速度，m/s；

V_{re}——颗粒与气流间的相对速度，m/s；

V_z——气流的轴向速度，m/s；

V_o——封闭罩内表观截面气速，m/s；

V_e——隔流筒与提升管之间环形空间的表观截面气速，m/s；

V_R——提升管线速，m/s；

V_s——汽提线速，m/s；

d_p——颗粒的直径，m；

d_R——提升管直径，m；

D——封闭罩直径，m；

D_e——隔流筒直径，m；

m——颗粒的质量，kg；

μ——气体黏度系数，Pa·s；

Q_o——封闭罩内气量，m^3/s；

Q_R——提升管风量，m^3/s；

Q_s——汽提气量，m^3/s；

H_e——旋流头喷出口底边距隔流筒底部的长度，m；

H_f——隔流筒底部与挡板之间的长度，m；

H——隔流筒的总长度，m；

t_e——颗粒经过隔流筒所用的时间，s；

t_{ar}——油气平均停留时间，s；

n——旋流臂个数；

A_i——旋流头喷出口面积，m^2。

由式（9-7）和式（9-8）可得 V_t 的值，代入式（9-5）求解可得出 V_{re} 与 t 的关系式，由式（9-6）和 $V_{re}(t)$ 函数关系式可知：若颗粒在 t_s 时间内能运动到封闭罩内壁，则颗粒一定能被捕集下来，所以由此可得出带隔流筒的旋流快分器的分离效率随隔流筒长度的增大而增加。由式（9-9）和式（9-11）可知：油气的平均停留时间随隔流筒长度的增加而增大。由以上分析可知，要解决二者之间的矛盾就必须优化隔流筒的结构尺寸。

在隔流筒的结构尺寸中，对系统分离性能起主要影响的主要为隔流筒直径 D_e 和隔流筒的总长度 H。为方便对比分析，定义直径比为 $\tilde{D}_R=D_e/D_{e0}$，D_{e0} 为隔流筒的基准直径；定义长度比为 $\tilde{H}_R=H/H_0$，H_0 为隔流筒的基准长度。下面介绍隔流筒的结构参数对 SVQS 系统分离性能的影响。

二、隔流筒直径的影响

1. 隔流筒直径对气相流场的影响

（1）隔流筒直径对切向速度分布的影响　在喷出段，切向速度基本不受 $\tilde{D}_R$ 的影响；在沉降段和引出段，切向速度受 $\tilde{D}_R$ 的影响较小，前者的切向速度随 $\tilde{D}_R$ 的增大稍有增大，后者的切向速度随 $\tilde{D}_R$ 的增大略有减小；而在分离段，切向速度受 $\tilde{D}_R$ 的影响最明显。图 9-22 所示是分离段内典型截面的切向速度分布图。由图 9-22（a）可以看出，在上部带隔流筒区内，在隔流筒至封闭罩之间的环形空间，随着 $\tilde{D}_R$ 的减小，切向速度值增大；而在筒内，隔流筒直径对切向速度的影响不大。由图 9-22（b）可以看出，在下部无隔流筒区内，切向速度随着 $\tilde{D}_R$ 的增大而增大，但最大切向速度点（即内、外旋流分界点）基本不受 $\tilde{D}_R$ 的影响。

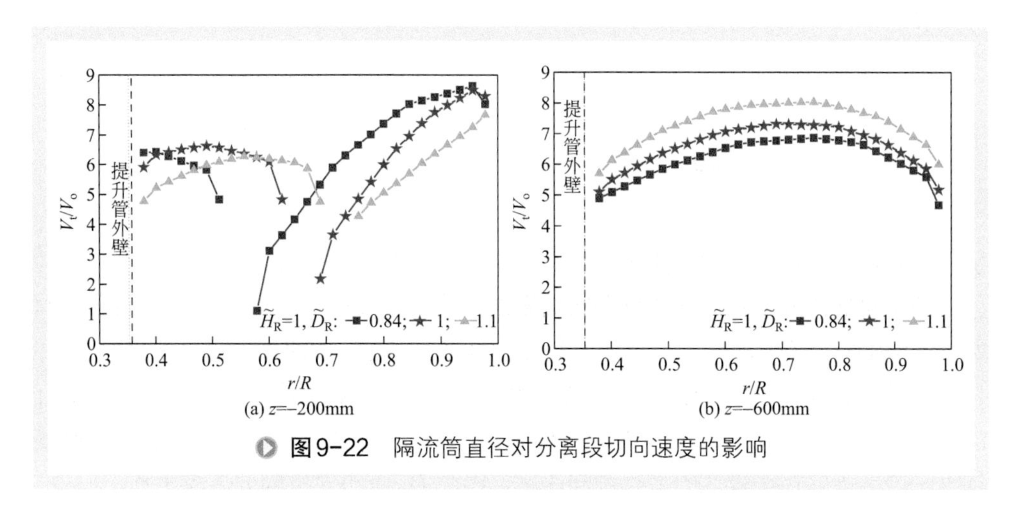

图9-22　隔流筒直径对分离段切向速度的影响

综上所述，隔流筒直径主要影响了旋流快分器内分离段内的切向速度值，而对内、外旋流分界点的位置基本无影响。切向速度在上、下两个区段内随 $\tilde{D}_R$ 的变化规律是相反的，因此，需结合 $\tilde{D}_R$ 对分离效率及压降的影响才能确定适宜的隔流筒直径。

（2）隔流筒直径对轴向速度分布的影响　在喷出段、沉降段和引出段，轴向速度基本不受 $\tilde{D}_R$ 影响。在分离段，由图 9-23（a）可以看出，在上部带隔流筒区内，在隔流筒至封闭罩之间的环形空间，当 $\tilde{D}_R$ 在 0.84～1 范围内变化时，轴向速度的分布形态相同，并且随着隔流筒直径的增大，下行轴向速度值增大。当 $\tilde{D}_R$ 等于 1.1 时，轴向速度的分布形态与前两者有较大的差别，其内侧的轴向速度减小，外侧的轴向速度增大，轴向速度沿径向的变化梯度显著增加；在隔流筒内，上行轴向速度随着 $\tilde{D}_R$ 的减小而增大，且当 $\tilde{D}_R$ 在 0.84～1 范围内变化时，内侧的上行轴向速度较大，外侧的上行轴向速度较小，而当 $\tilde{D}_R$ 等于 1.1 时，轴向速度的分布则变为外侧的上行轴向速度较大，而内侧的上行轴向速度较小。

由图 9-23（b）可以看出，在下部无隔流筒区内，轴向速度受 $\tilde{D}_R$ 的影响较小，随着隔流筒直径的增大，最大上行轴向速度略有减小，最大下行轴向速度稍有增大。除隔流筒底部附近区域外，上下行流分界点基本不受 $\tilde{D}_R$ 的影响。

总体来看，随着隔流筒直径的增大，下行轴向速度增大，下行流量也随之增

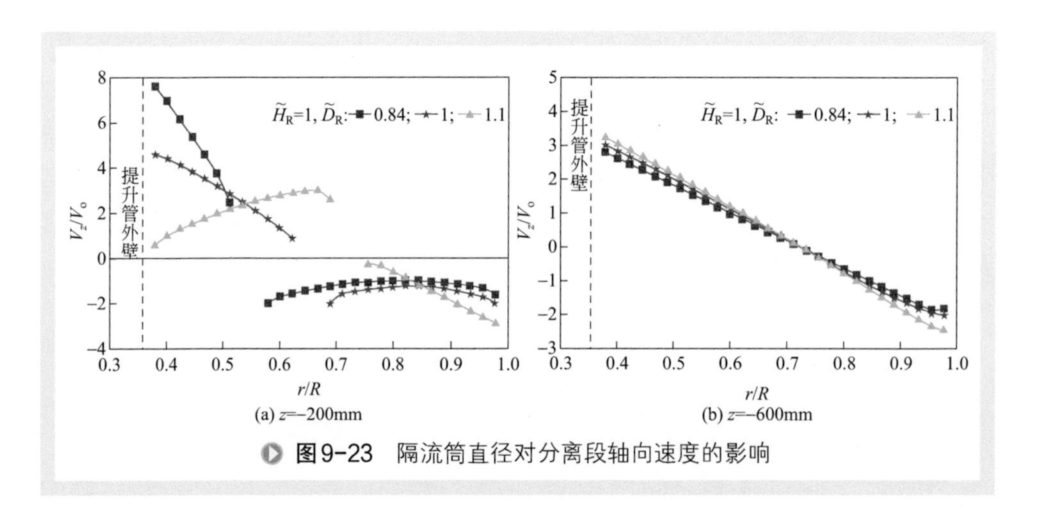

图9-23 隔流筒直径对分离段轴向速度的影响

加，这对携带外侧较高浓度的颗粒下行是有利的，有利于分离。

（3）隔流筒直径对径向速度分布的影响 除隔流筒底部附近区域外，如图 9-24 所示，SVQS 系统内的径向速度值均较小。在隔流筒底边附近，径向速度较大，并且隔流筒直径不同时，径向速度的方向也不同。在隔流筒下面的 A 处转折为上行流，该位置到提升管壁的空间内，气相流动为向心流，且 $\tilde{D}_R$ 越小，向心径向速度越大。由于该处存在较大的上行轴向速度，因此 $\tilde{D}_R$ 越小对气固分离越不利。

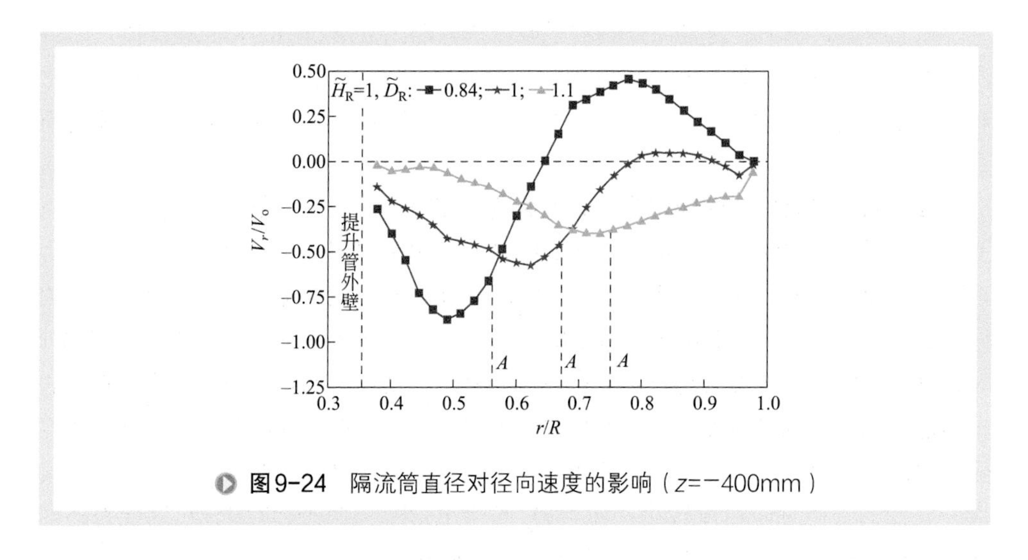

图9-24 隔流筒直径对径向速度的影响（z=−400mm）

2. 隔流筒直径对湍流强度的影响

隔流筒直径对湍流强度的影响主要体现在分离段内。图 9-25 和图 9-26 分别给出了不同隔流筒直径条件下，分离段内典型截面的切向相对湍流强度和轴向相对湍流强度分布。

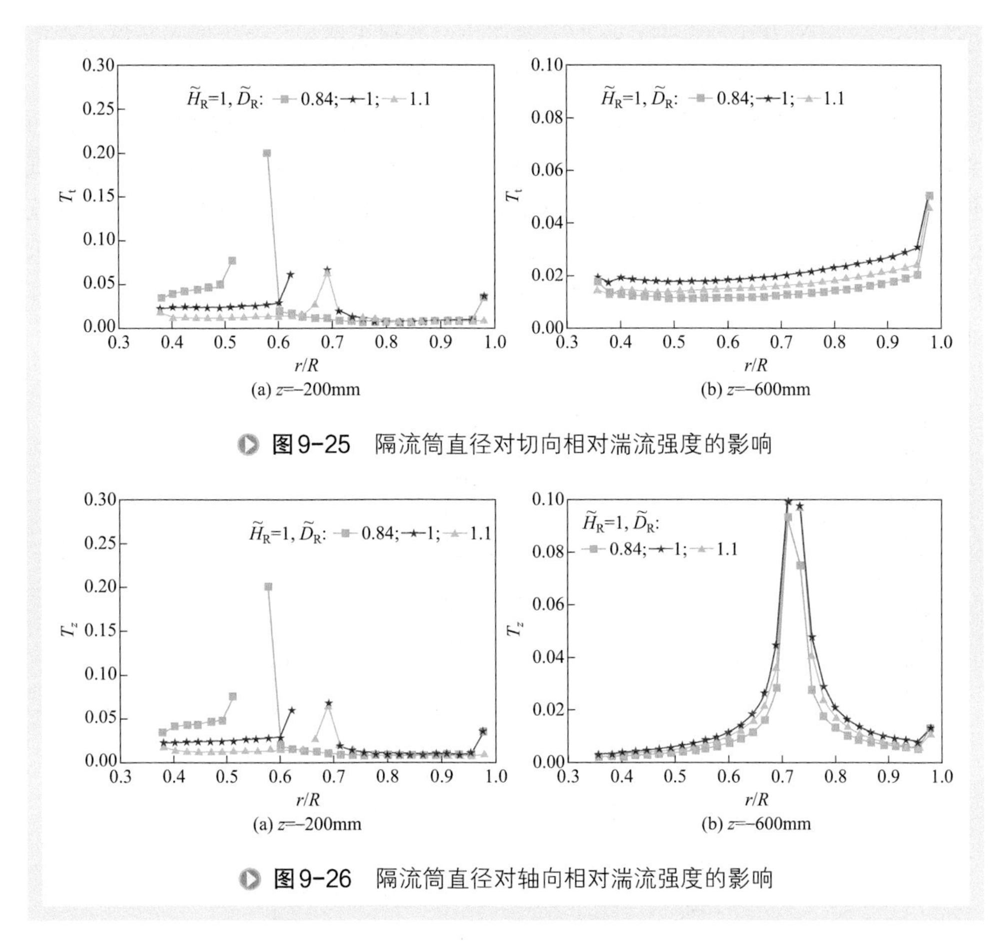

图9-25 隔流筒直径对切向相对湍流强度的影响

图9-26 隔流筒直径对轴向相对湍流强度的影响

在上部带隔流筒区域内，除边壁外，切向相对湍流强度分布形态和数值大小均不受隔流筒直径的影响。而轴向相对湍流强度则有所不同，$\tilde{D}_R$ 为 0.84 和 1 时，轴向相对湍流强度的分布形态类似，数值大小也基本相等；而 $\tilde{D}_R$ 为 1.1 时，轴向相对湍流强度的分布形态和数值大小均表现出了较大不同，在外侧，轴向相对湍流强度的数值明显降低，而在内侧其值明显增大。在隔流筒内，切向相对湍流强度和轴向相对湍流强度均随着 $\tilde{D}_R$ 的减小略有增大。由此可见，隔流筒直径较大时，将会对 SVQS 系统内的湍流强度分布产生显著影响。

在下部无隔流筒区内，切向相对湍流强度分布形态类似，数值大小也基本相等，受 $\tilde{D}_R$ 的影响较小。除隔流筒底部附近外，轴向相对湍流强度分布形态均相似，数值大小也基本相等。这表明隔流筒的引入对下部空间内湍流强度的影响较小。

3. 隔流筒直径对静压分布及压降的影响

SVQS 系统内静压的分布形态几乎不受隔流筒直径的影响，随着 $\tilde{D}_R$ 的增大，静压有所降低。由图 9-27 可以看出，在 $\tilde{D}_R$ 从 1.1 减小到 1 的范围内，静压值的变化幅度很小；而当 $\tilde{D}_R$ 从 1 减小到 0.84 时，静压值突然增大很多。这说明隔流筒的直径太小时，引出气体的环形空间过小，能耗随之增加，因而隔流筒的直径不宜过小。

图 9-28 所示为隔流筒直径对 SVQS 系统压降的影响。由图 9-28 可以看出，随着隔流筒直径的增大，旋流快分器压降减小。这是因为随着隔流筒直径的增大，气体引出时所通过的环形空间的面积变大，因而所受的流动阻力相应减小，所以旋流快分器压降降低。由图还可以看出，$\tilde{D}_R$ 在 0.81～1 范围内变化时，旋流快分器压降降低的幅度较大，而 $\tilde{D}_R$ 在 1～1.1 范围内变化时，旋流快分器压降降低的幅度较小，变化平缓。

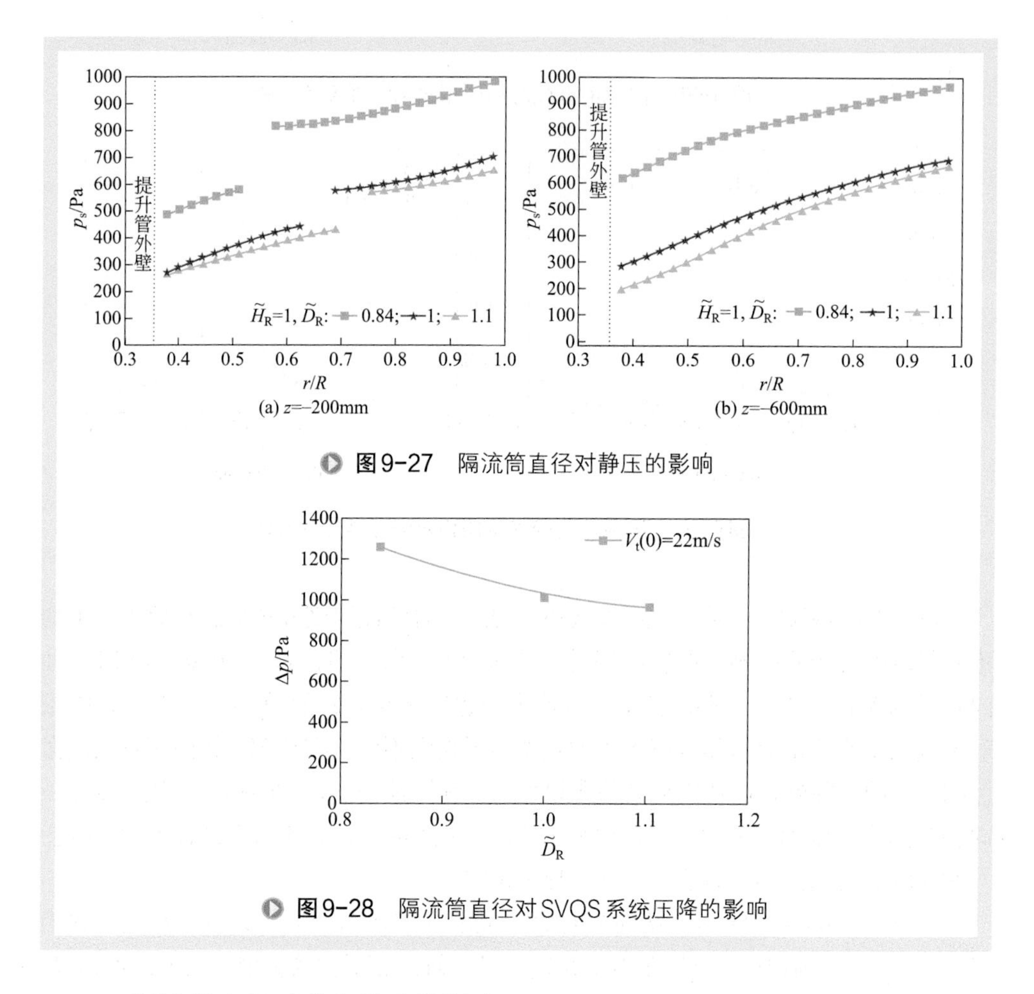

图 9-27 隔流筒直径对静压的影响

图 9-28 隔流筒直径对 SVQS 系统压降的影响

4. 隔流筒直径对分离效率的影响

（1）分级效率 颗粒的分级效率随隔流筒直径的变化如图 9-29 所示。由图可以看出，对于粒径小于 8μm 的颗粒，当隔流筒直径 $\tilde{D}_R$ 在 0.81～1 范围内变化时，分级效率变化很小；当 $\tilde{D}_R$ 增大到 1.1 时，分级效率就会下降，且粒径越小这种差别越明显。大于 8μm 的颗粒的分级效率则受隔流筒直径的影响很小。因而在颗粒较细时，隔流筒的直径不应太大。

（2）SVQS 系统的总分离效率 SVQS 系统的总分离效率随隔流筒直径的变化如图 9-30 所示。由图可以看出，SVQS 系统的总分离效率受隔流筒的直径影响很小。

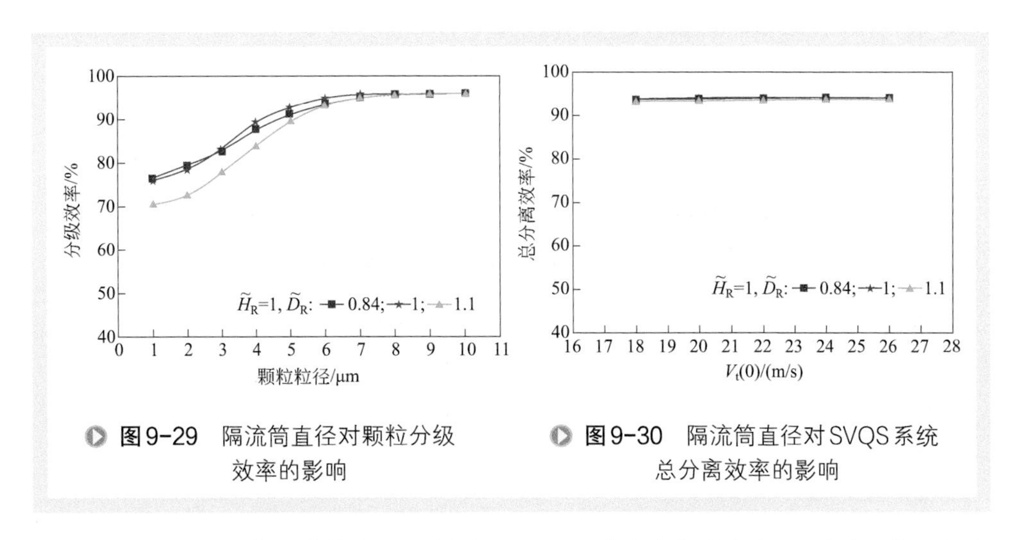

图 9-29 隔流筒直径对颗粒分级效率的影响

图 9-30 隔流筒直径对 SVQS 系统总分离效率的影响

综上所述，随着隔流筒直径的增大，SVQS 系统分离段内上、下两区段的切向速度变化规律相反，轴向速度略有增大，压降减小，细颗粒的分级效率降低。综合隔流筒直径对 SVQS 系统流场、湍流强度、压降及分离效率的影响，一般有一个最佳适中值，即隔流筒直径不宜过大，也不宜过小。

三、隔流筒长度的影响

1. 隔流筒长度对气相流场的影响

隔流筒长度对 SVQS 系统内流场的影响主要体现在分离段内。

在分离段的上部区域内，从切向速度看（图 9-31），外侧环形空间内切向速度的分布形态相似，但其值随着 $\tilde{H}_R$ 的增大而减小。在其内侧环形空间内，切向速度则不受 $\tilde{H}_R$ 影响。从轴向速度看（图 9-32），在外侧环形空间，当隔流筒长度增加时，轴向速度的分布形态相同，且数值也基本相等，而在 $\tilde{H}_R$ 变小时，分布形态有所不同，外侧下行轴向速度值要小于内侧。在内侧环形空间内，$\tilde{H}_R$ 对轴向速度无影响。

在分离段下部区域，切向速度的大小、分布形态及内、外旋流的分界点的径向位置受隔流筒长度的影响均较小［图 9-31（b）］。内旋流区的切向速度值基本不随 $\tilde{H}_R$ 的变化而变化，外旋流区的切向速度值随着 $\tilde{H}_R$ 的减小而增大。在该区，轴向速度及其上、下行流分界点的径向位置几乎不受 $\tilde{H}_R$ 的影响［图 9-32（b）］，在各截

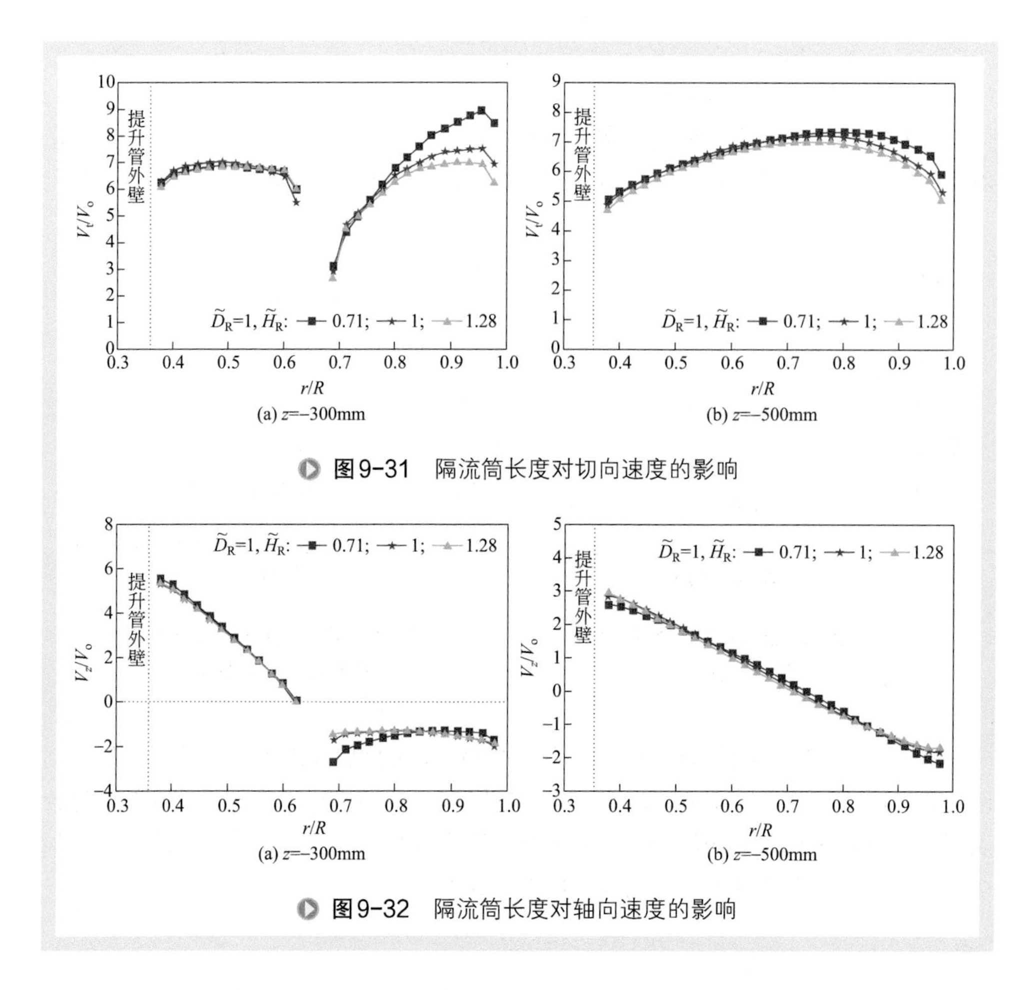

图9-31　隔流筒长度对切向速度的影响

图9-32　隔流筒长度对轴向速度的影响

面上轴向速度分布形态相似，数值大小也基本相等。

2. 隔流筒长度对湍流强度的影响

隔流筒长度对湍流强度的影响主要体现在分离段内。图 9-33 和图 9-34 分别给出了不同隔流筒长度条件下，分离段内典型截面的切向相对湍流强度和轴向相对湍流强度分布。

由图 9-33 和图 9-34 可以看出，在整个分离段内，隔流筒长度对切向相对湍流强度和轴向相对湍流强度影响较小。不同 $\tilde{H}_R$ 的切向相对湍流强度的分布形态相似，其数值大小与轴向高度和径向位置无关。不同 $\tilde{H}_R$ 的轴向相对湍流强度在不同的截面上沿径向分布形态也类似，其数值大小几乎不随 $\tilde{H}_R$ 变化而变化。

3. 隔流筒长度对静压分布及压降的影响

如图 9-35 所示，SVQS 系统内的静压分布几乎不受隔流筒长度的影响，静压在各截面上分布形态相同，数值大小也基本相等。同样，旋流快分器的压降也几乎不

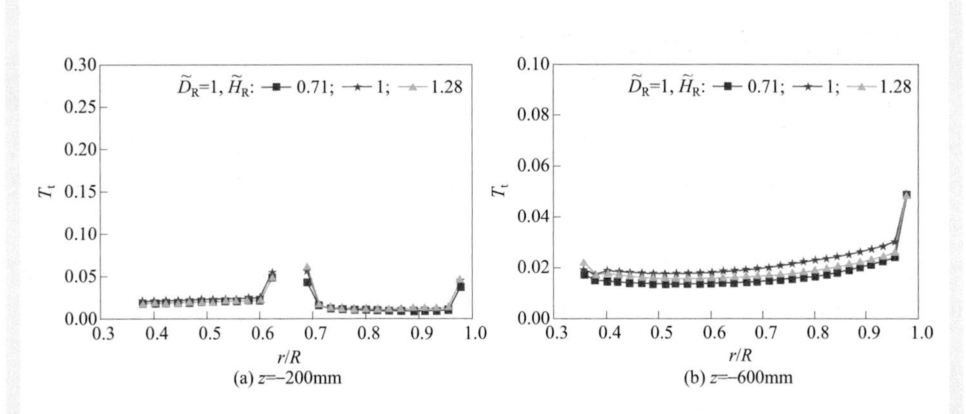

图9-33　隔流筒长度对切向相对湍流强度的影响

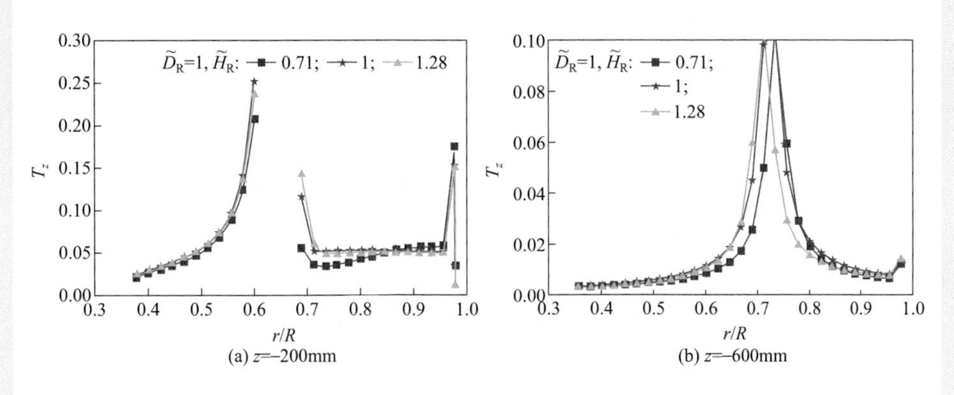

图9-34　隔流筒长度对轴向相对湍流强度的影响

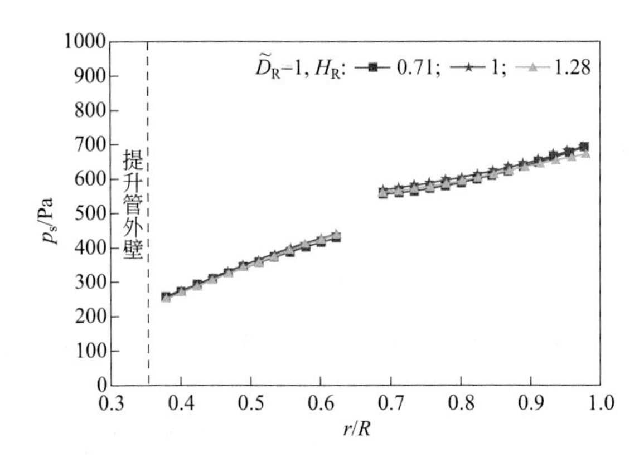

图9-35　隔流筒长度对SVQS系统静压分布的影响

受隔流筒长度的影响。

4. 隔流筒长度对分离效率的影响

（1）分级效率 SVQS 系统内颗粒的分级效率随隔流筒长度的变化如图 9-36 所示。由图 9-36 可以看出，当颗粒的粒径大于 3μm 时，颗粒的分级效率几乎不受隔流筒长度的影响；当颗粒的粒径小于 3μm 时，在隔流筒长度较短时，颗粒分级效率略有降低，因而隔流筒的长度不宜过短。

（2）系统的总分离效率 SVQS 系统的总分离效率随隔流筒长度的变化如图 9-37 所示。由图 9-37 可以看出，SVQS 系统的总分离效率受隔流筒的长度影响很小。

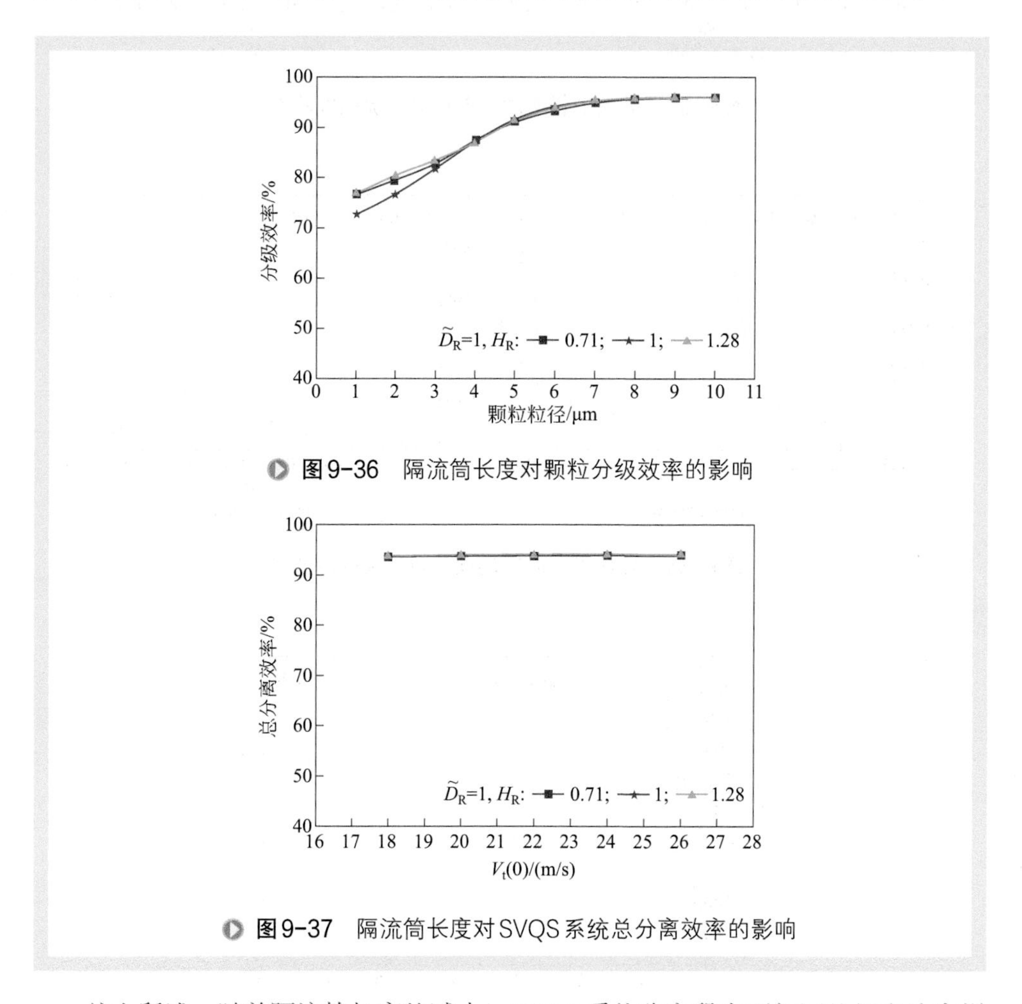

图 9-36 隔流筒长度对颗粒分级效率的影响

图 9-37 隔流筒长度对 SVQS 系统总分离效率的影响

综上所述，随着隔流筒长度的减小，SVQS 系统分离段内下部区的切向速度增大，特别是外旋流区；而分离段内上部区的切向速度、分离段内的轴向速度则基本不受影响。综合隔流筒长度对 SVQS 系统流场、湍流强度、压降及分离效率的影响，该值应稍大些为宜。

四、隔流筒结构形式的影响

SVQS 系统由于隔流筒的引入，消除了旋流头喷出口附近的“短路流”，使隔流筒与封闭罩之间、旋流头底边至隔流筒底部的区域内，轴向方向全部变为下行流，同时强化这一区域的离心力场，进一步提高了颗粒的分离效率。因此，隔流筒的结构形式将对 SVQS 系统的分离性能产生重要影响。下面将介绍三种不同形式的隔流筒结构对 SVQS 系统内气相流场、压降、分离效率等的影响。三种隔流筒的结构如图 9-38 所示，分别为直筒型、折边型和锥型。

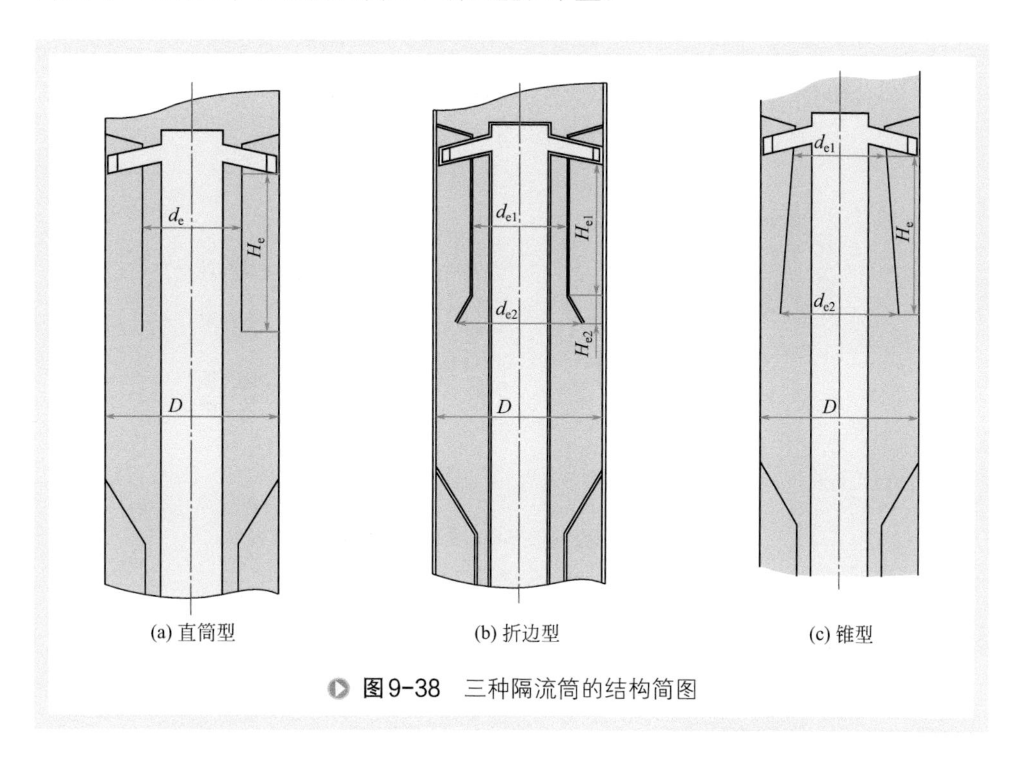

图9-38　三种隔流筒的结构简图

1. 隔流筒结构对气相流场的影响

（1）系统内速度矢量图　图 9-39（a）为直筒型 SVQS 系统内上部带隔流筒区域内的速度矢量图。由图 9-39（a）可以看出，加入隔流筒后，隔流筒外侧环形空间内的上行流全部转化为下行流，对分离有利。但在隔流筒的底部截面处，其速度矢量值较大，尤其是在该处的上行流区内，说明该截面处气体的上行轴向速度较大，对细颗粒的进一步分离仍有不利影响。这样，固体颗粒流出隔流筒后，容易在向心气流的作用下进入隔流筒内侧的上行流区，从而出现另一种“短路流”和颗粒返混逃逸现象，对系统分离效率的进一步提高仍有一定制约。

图 9-39（b）和（c）分别为折边型、锥型 SVQS 系统内上部带隔流筒区域内的速度矢量图。由图 9-39（b）和（c）可以看出，不同结构的隔流筒会对其底部

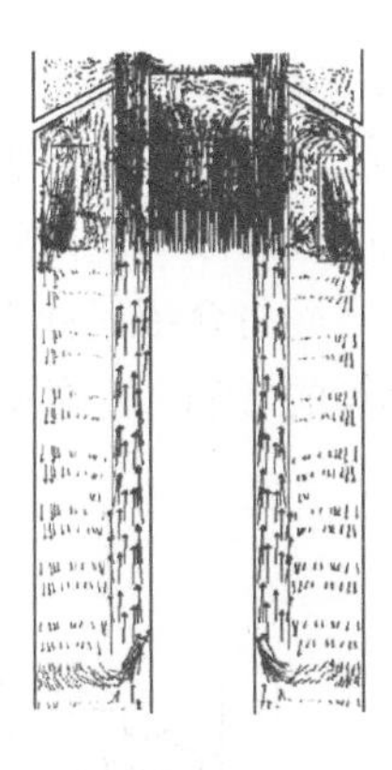

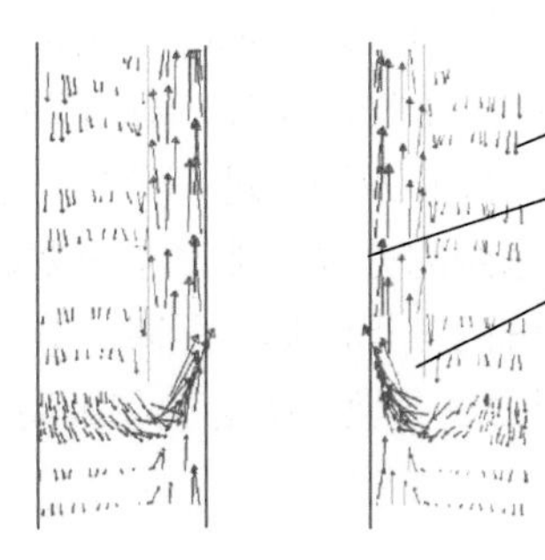

隔流筒底部截面处速度矢量图的局部放大

(a) 直筒型

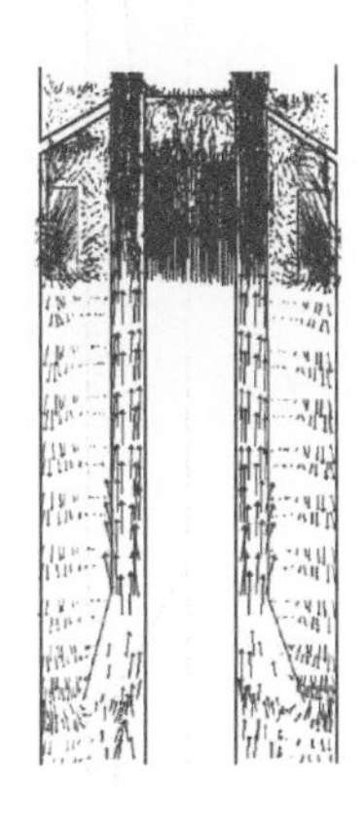

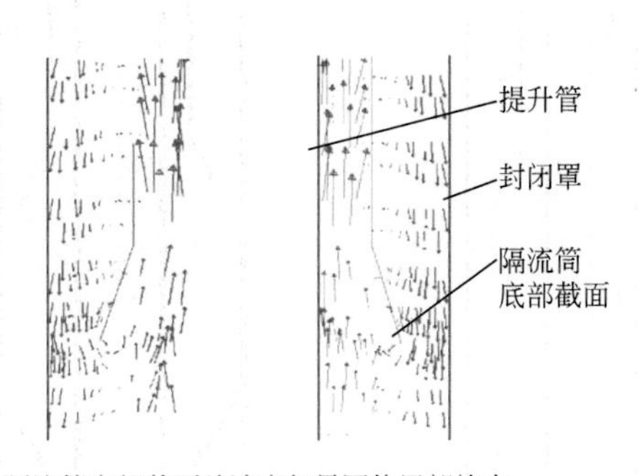

隔流筒底部截面处速度矢量图的局部放大

(b) 折边型

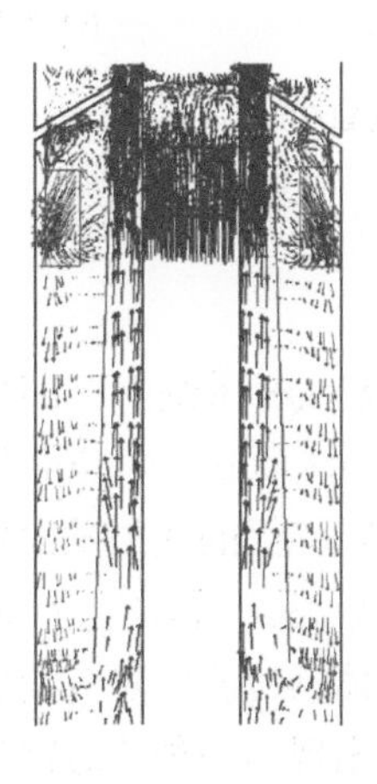

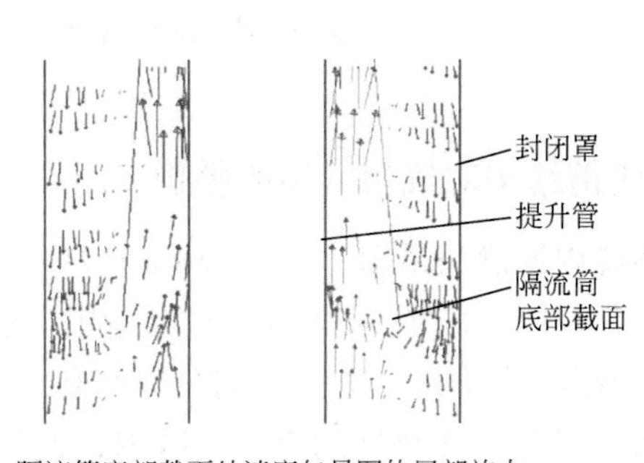

隔流筒底部截面处速度矢量图的局部放大

(c) 锥型

图9-39 不同隔流筒结构的SVQS系统内的速度矢量图

截面处的“短路流”现象产生不同影响。折边型和锥型隔流筒与直筒型结构相比，下口有所扩大，其底部截面处的直径接近于上下行流分界点处的直径，因而有效避免了气流流出隔流筒后受到向心气流扰动的弊端，改善了隔流筒底部截面处的“短路流”现象，对进一步提高系统的分离效率有利。从图中还可以看出，直筒型隔流筒底部截面处纵向涡旋区域较大，“短路流”现象比较明显，存在较为严重的颗粒返混与夹带；折边型和锥型隔流筒则有明显改善。相比于折边型结构，锥型隔流筒的直径变化比较平缓，梯度较小，可避免因筒体直径突扩而导致流场混乱，因此其底部截面处流场分布比较稳定，速度梯度变化平缓，不易形成纵向涡旋区域。

（2）引出段和喷出段的速度分布 图 9-40 所示是隔流筒结构不同时，SVQS 系统引出段和喷出段内的典型气相速度分布。从图中可以看出，隔流筒的结构不同时，引出段和分离段内的气相速度分布趋势相同，锥型隔流筒结构的切向速度为三者中最大，上行轴向速度和向心径向速度为三者中最小。因此，采用锥型隔流筒结构有利于降低细颗粒在引出段的上行逃逸概率，增强细颗粒在引出段的二次分离概率，对提高 SVQS 系统的分离性能更为有利。

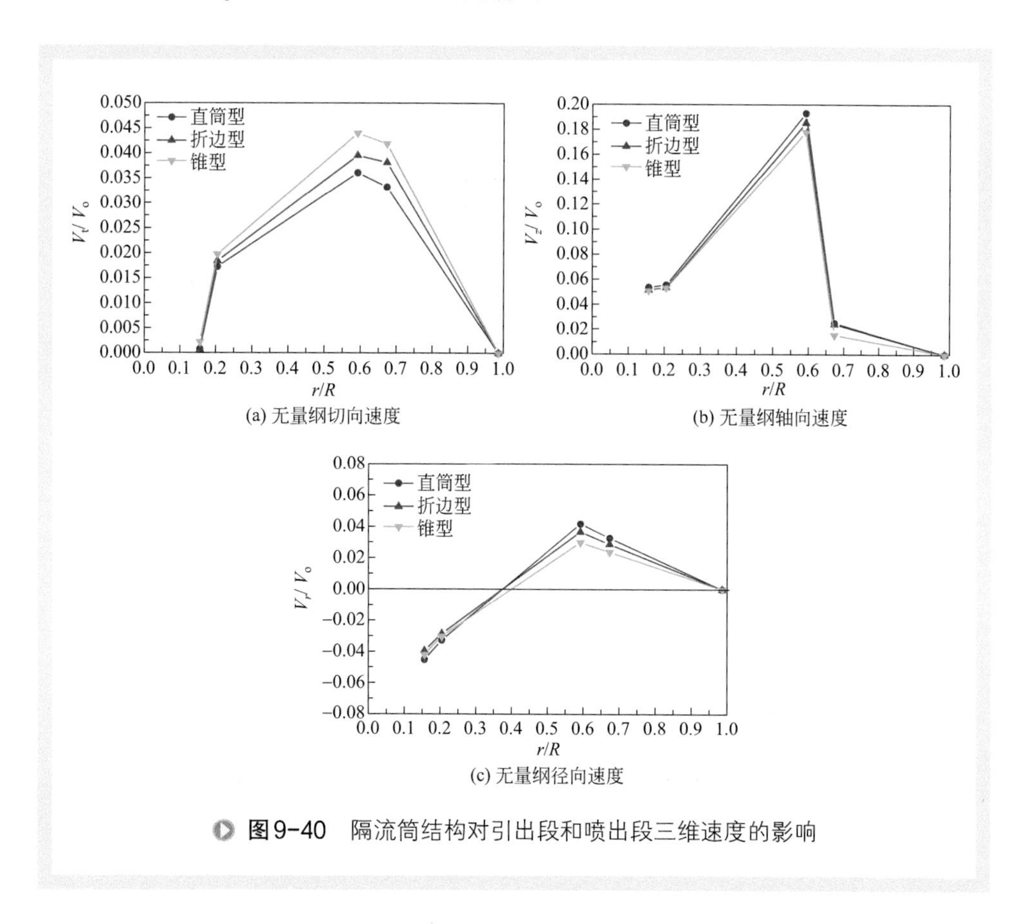

图9-40 隔流筒结构对引出段和喷出段三维速度的影响

（3）分离段和沉降段的速度分布 图 9-41 所示是隔流筒结构不同时，SVQS 系统分离段和沉降段内的典型截面的切向速度分布。在上部带隔流区内，锥型隔流筒结构内的切向速度值最大。这是因为锥型隔流筒的下口直径最大，封闭罩至隔流筒之间的外侧环形面积最小，故在相同流量条件下气流获得的切向速度最大。在下部无隔流筒区内，三种隔流筒结构的 SVQS 系统内切向速度分布规律基本一致，数值大小略有差别，锥型隔流筒结构内的切向速度值仍为最高。

图 9-42 所示是隔流筒结构不同时，SVQS 系统分离段和沉降段内的典型截面的轴向速度分布。在分离段内，锥型隔流筒内侧环形空间处的轴向速度较直筒型和折边型明显减小，这是由于锥型隔流筒至提升管外壁之间的内侧环形面积较大所致。随着内侧上行轴向速度的减小，气体向上夹带细粉的速度也会降低，可有效提高系统的分离效率。在下部无隔流筒的沉降段内，三种隔流筒结构的 SVQS 系统内轴向速度的分布规律与数值大小基本吻合，表明隔流筒下口扩大后，仅对于上部带隔流筒区内的气相流场有一定影响，对下部无隔流筒区内的气相流场几乎无影响。

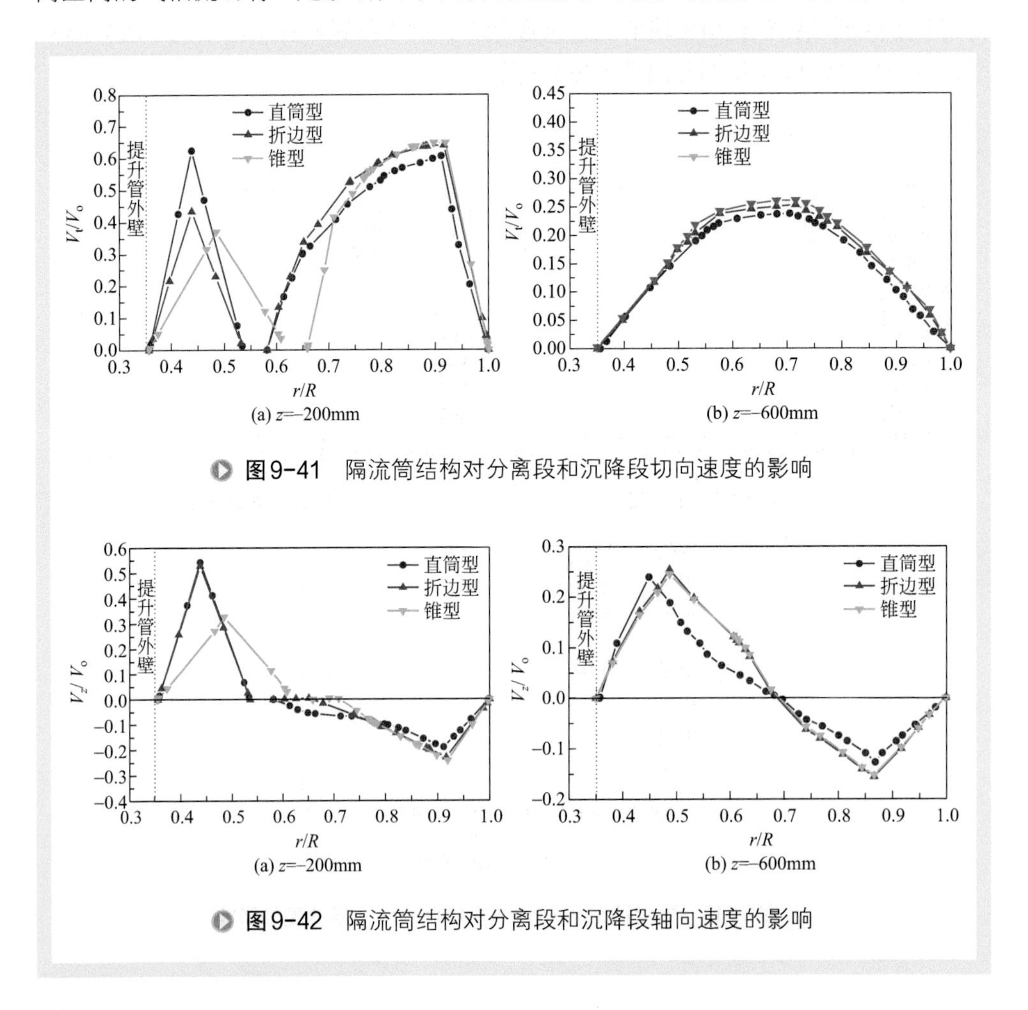

图9-41 隔流筒结构对分离段和沉降段切向速度的影响

图9-42 隔流筒结构对分离段和沉降段轴向速度的影响

图 9-43 所示是隔流筒结构不同时，SVQS 系统分离段和沉降段内的典型截面的径向速度分布。从图 9-43 中可以看出，在该区域直筒型 SVQS 系统内的向心径向速度普遍较大，存在“短路流”现象，向心气流会把颗粒夹带到内侧上行流区，对分离不利。相比于直筒型结构，折边型和锥型隔流筒下口扩大后，隔流筒的直径刚好位于无隔流筒时上下行流分界点处，避免了气流刚流出隔流筒后受到的扰动影响，向心径向速度明显减小，有利于改善隔流筒底部的“短路流”现象。但折边型隔流筒结构中径向速度的变化梯度仍较大，说明流动不太稳定，存在局部旋涡。而锥型隔流筒结构中的径向速度分布比较平缓，向心径向速度值很小，有利于消除该处的“短路流”现象。

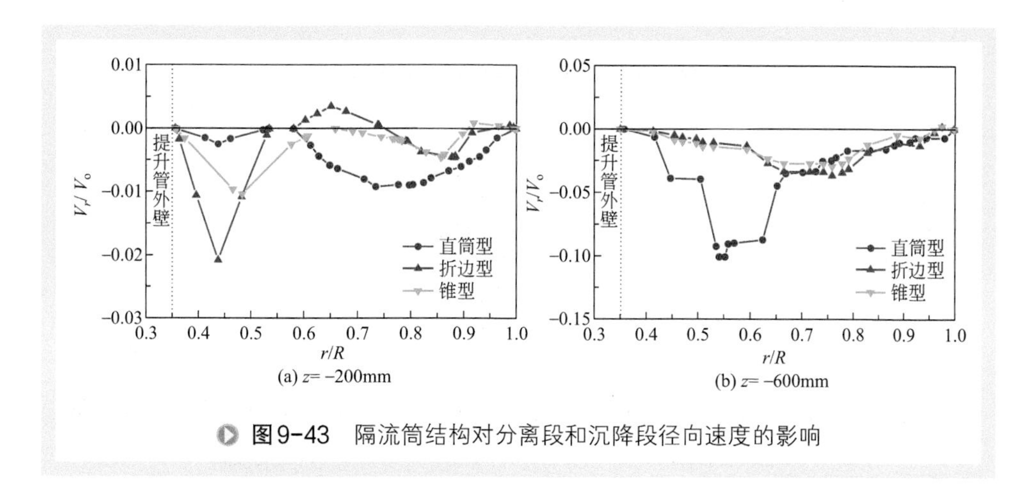

图 9-43 隔流筒结构对分离段和沉降段径向速度的影响

2. 隔流筒结构对湍流强度的影响

隔流筒的结构主要影响 SVQS 系统内的切向湍流强度。图 9-44 所示是隔流筒结构不同时，SVQS 系统内典型截面的切向相对湍流强度分布。从图 9-44 中可以看出，直筒型隔流筒内侧环形空间内的相对湍流强度值较大，表明直筒型隔流筒底部截面处的湍流脉动比较强烈，气体夹带返混现象较为严重。由于折边型和锥型隔流筒的下口扩大，底部截面处的直径接近于上下行流分界点的直径，避免了气流流出隔流筒时受到扰动，故相对湍流强度值较小，湍流强度的分布曲线也较平坦。相比于折边型，锥型隔流筒在其底部截面处的相对湍流强度值更小，可有效改善颗粒在该处由于强烈的湍流脉动而造成的返混、夹带现象，有利于系统分离效率的提高。

3. 隔流筒结构对静压分布及压降的影响

图 9-45 给出了隔流筒结构不同时，SVQS 系统内典型截面的静压分布。结果表明，三种隔流筒中，静压的分布规律基本一致，直筒型结构中的静压值最大，锥型

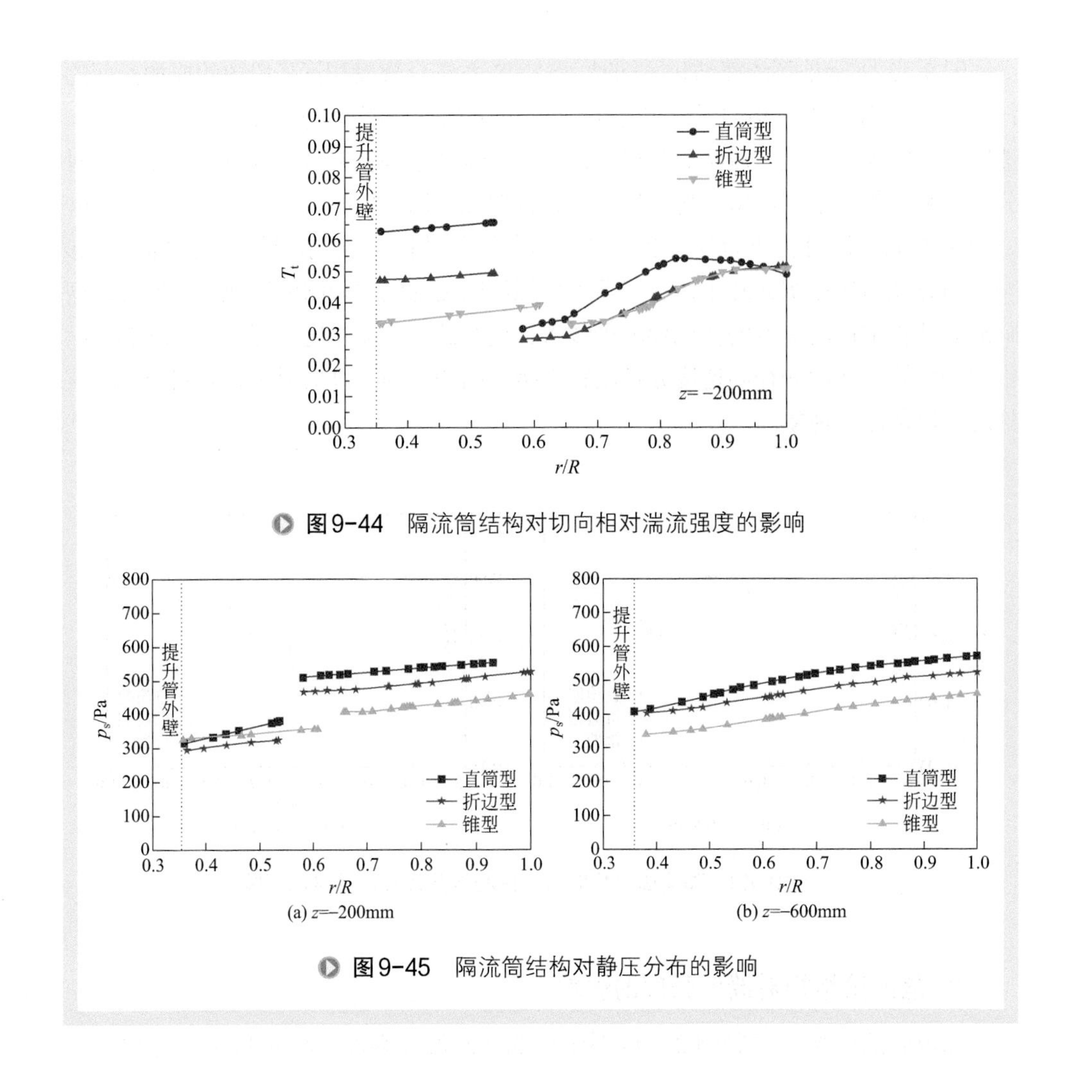

图9-44　隔流筒结构对切向相对湍流强度的影响

图9-45　隔流筒结构对静压分布的影响

隔流筒结构中的静压值最小。三种结构形式的旋流快分器压降基本一致，即旋流快分器的压降基本不受隔流筒结构形式的影响。

4. 隔流筒结构对分离效率的影响

（1）分级效率　隔流筒结构对 SVQS 系统内颗粒分级效率的影响如图 9-46 所示。由图 9-46 可以看出，对于 3.5μm 的细颗粒，直筒型、折边型和锥型隔流筒结构内的分级效率分别为 16.3%、21.5%、29.1%；而对于 14μm 的中颗粒，直筒型、折边型和锥型隔流筒结构内的分级效率较为接近，且都在 95% 以上，基本得到分离。相比于直筒型和折边型结构，锥型隔流筒结构的主要优势在于可大大提高对细颗粒（<8μm）的捕集能力。

（2）系统的总分离效率　SVQS 系统的总分离效率随隔流筒结构的变化如图 9-47 所示。由图 9-47 可以看出，SVQS 系统的总分离效率受隔流筒结构的影响很小。

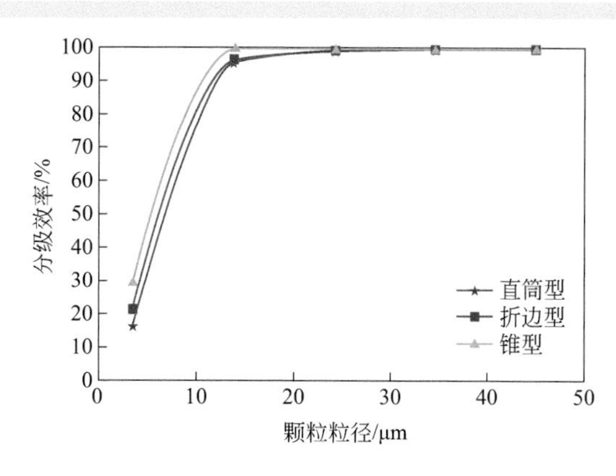

图9-46 隔流筒结构对SVQS系统内颗粒分级效率的影响

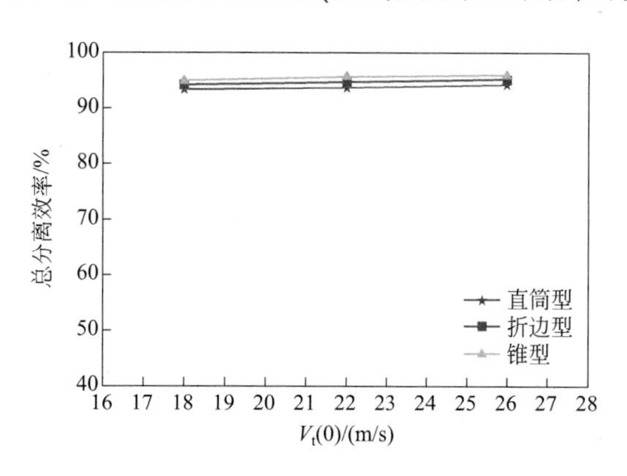

图9-47 隔流筒结构对SVQS系统总分离效率的影响

第八节 SVQS系统内的颗粒浓度分布

一、径向颗粒浓度分布

图 9-48 和图 9-49 所示是颗粒粒径不同的条件下，三种隔流筒结构的 SVQS 系统内颗粒浓度沿径向的分布。为了与 VQS 系统进行对比，将 VQS 系统中相应位置的颗粒浓度径向分布曲线绘制于同一图中。

1. 引出段

与 VQS 系统相比，SVQS 系统引出段内颗粒浓度值明显减小，表明隔流筒的引入使得颗粒上行逃逸现象得到极大改善。其中，锥型隔流筒结构中的颗粒浓度值

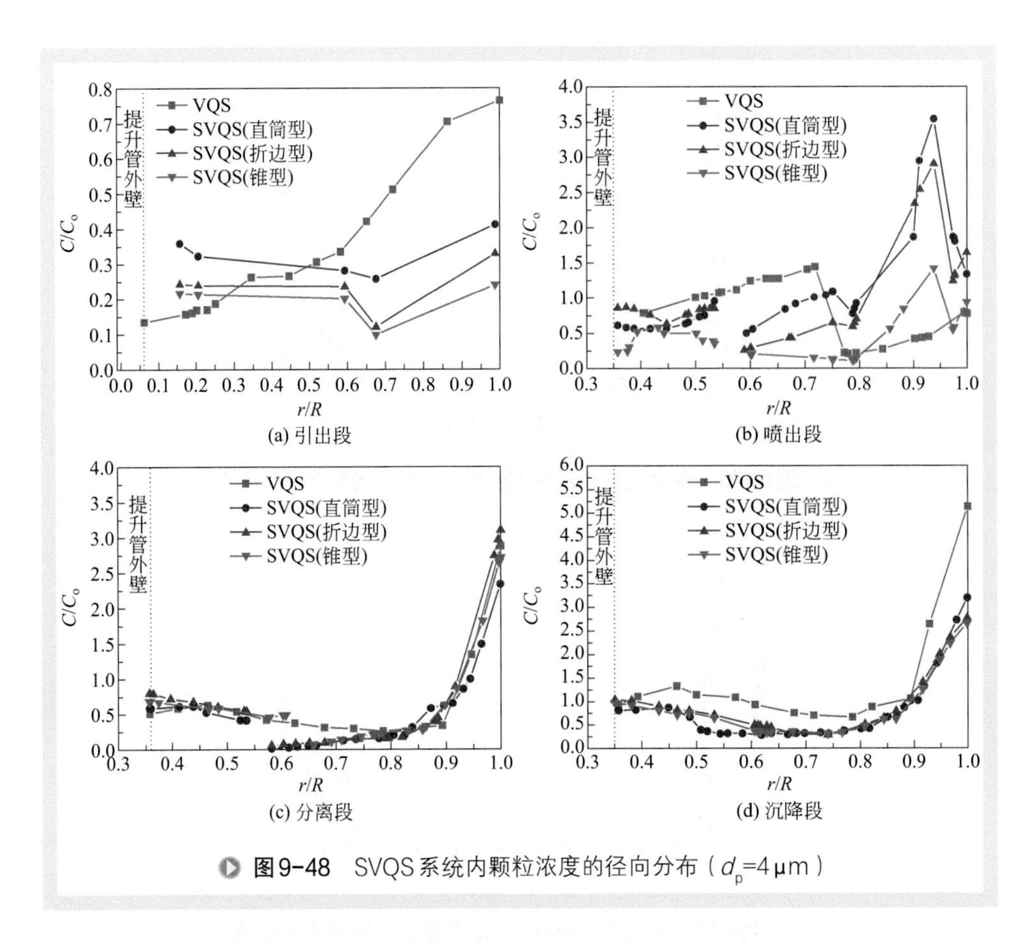

图9-48 SVQS系统内颗粒浓度的径向分布（d_p=4μm）

最小，表明采用锥型隔流筒结构时逃逸的颗粒含量最少，分离效率最高。对于粒径为 4μm 的细微颗粒，无隔流筒时（VQS 系统），颗粒浓度数值较大；引入隔流筒后（SVQS 系统），细微颗粒的浓度分布值大为减小，表明隔流筒的存在可有效改善细微颗粒的返混逃逸现象。对于粒径为 24μm 的粗颗粒，采用隔流筒后基本可 100% 被分离出去。此外，采用锥型隔流筒时，细微颗粒在引出段的浓度值最低，表明锥型 SVQS 系统的分离优势最为明显。

2. 喷出段

在喷出段内，SVQS 系统内颗粒分布呈现中心区域稀疏、边壁区域稠密的分布形态。在三种隔流筒结构中，锥型隔流筒在边壁处的无量纲浓度分布值最低。而在 VQS 系统中，由于受到喷出口附近的“短路流”影响，颗粒上行逃逸后主要集中在内旋流区，形成了中心区域稠密、边壁区域稀疏的分布形态。

3. 分离段和沉降段

在分离段和沉降段，不同隔流筒结构的 SVQS 系统和 VQS 系统内颗粒浓度沿

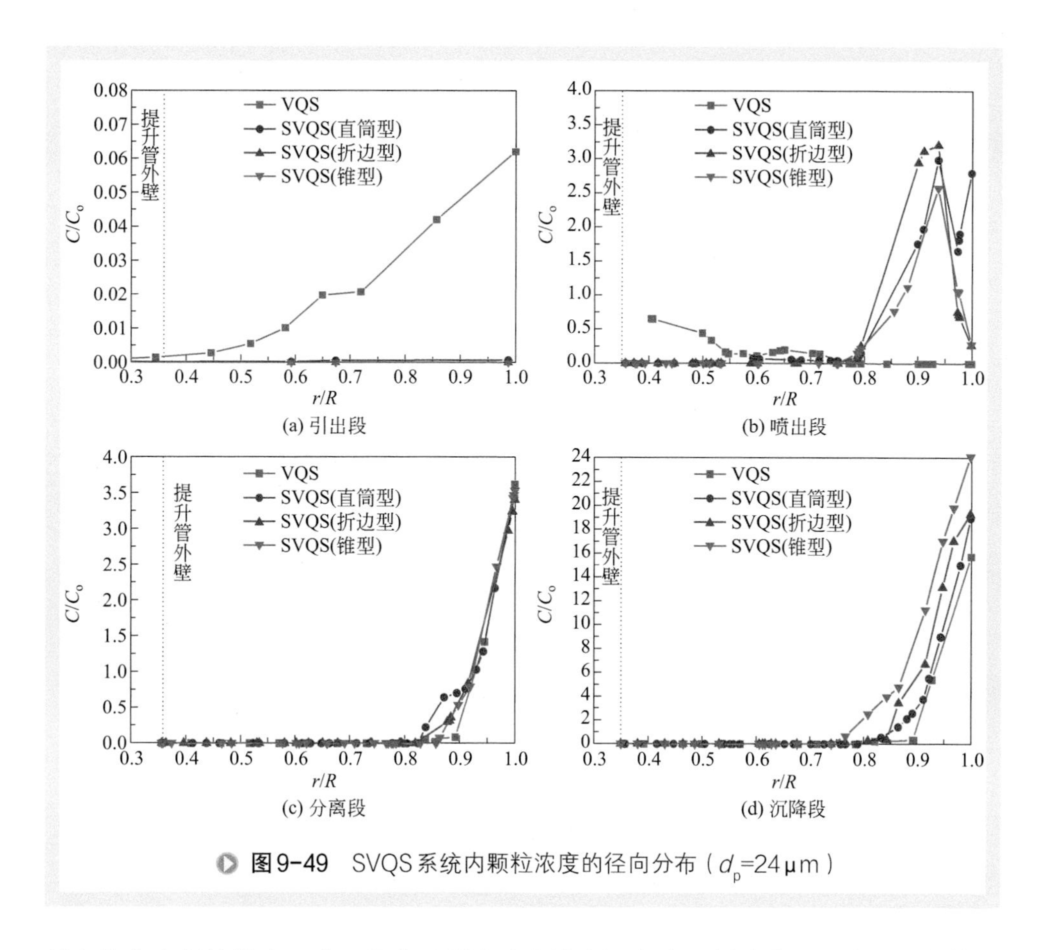

图9-49　SVQS系统内颗粒浓度的径向分布（d_p=24μm）

径向的分布规律基本一致，都出现了边壁高浓度区和中心低浓度区，表明隔流筒的结构形式对该区域颗粒浓度的分布影响不大。

二、轴向颗粒浓度分布

SVQS 系统内颗粒浓度的轴向分布如图 9-50 所示。

在内侧环形空间内，VQS 系统中由于细颗粒受喷出口附近的“短路流”影响，存在返混逃逸现象，在喷出口上部空间内形成了“顶灰环”现象，出现异常高浓度区。引入隔流筒后，喷出口上部的颗粒高浓度区消除，不同的隔流筒结构中颗粒浓度分布趋势大体相似，但锥型隔流筒在喷出口上部空间的无量纲浓度值最小，由此可看出其分离优势。

在外侧环形空间内，颗粒分离以离心力为主导，颗粒浓度分布数值明显高于内侧环形空间。总体看来，不同隔流筒结构的 SVQS 系统在外侧环形空间的轴向颗粒浓度分布规律相似，只是在封闭罩底部截面处，直筒型隔流筒的浓度分布值较其他两种结构有所增大，表明直筒型隔流筒在该处由于“短路流”的影响出现了浓度异

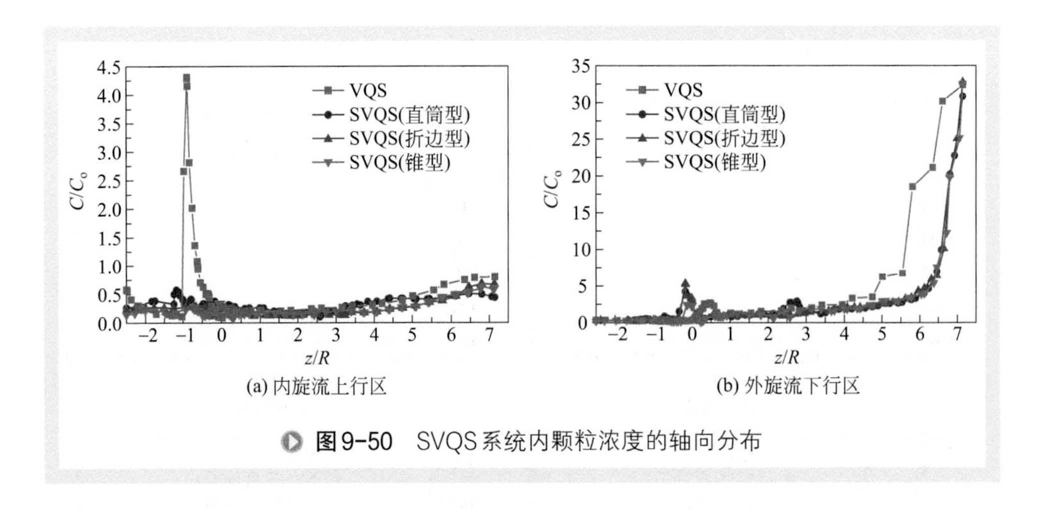

图9-50 SVQS系统内颗粒浓度的轴向分布

常区，会对分离产生一定的不利影响。

第九节 SVQS系统内分区综合分离模型

SVQS 系统内气相流场和颗粒浓度场的分布规律表明，在不同的区域内气体与颗粒的运动规律有所不同，颗粒的浓度分布也有所不同。因此，在不同区域需要采用不同的机理模型，从而反映 SVQS 系统内气固两相分离过程的实际情况。图 9-51 所示是 SVQS 系统内分区综合分离模型（RCSM）示意图。

根据 SVQS 系统内不同区域的气固流动特征，提出以下假设：

① 为方便计算分析，假设旋流头喷出口中心处为分离器入口。SVQS 系统内的分离空间沿轴向分为上部带隔流筒分离区与下部无隔流筒分离区，可以认为 SVQS 系统内喷出口中心以下区域为两个串联的分离器。粗分区域为上部带隔流筒区域，细分区域为下部无隔流筒区域。在下部无隔流筒区域内，内外旋流分界点与上下行流分界点相距很近，故可将这一区域简化为外旋下行区与内旋上行区，且这两个区域之间的分界点位于隔流筒底部截面半径处。

② 如图 9-51 所示，Ⅲ区为隔流筒上行区，该区为逃逸区，凡是进入此区的颗粒均视为逃逸。

③ 如图 9-51 所示，Ⅳ区为隔流筒下行区，颗粒在该区一面旋转向下作螺旋运动，一面在离心效应下向外浮游，进入下部无隔流筒区细分的概率取决于其到达隔流筒底部截面处的径向位置。

④ 如图 9-51 所示，Ⅱ区为外旋下行区，凡进入该区的颗粒可认为全被捕集。

⑤ 如图 9-51 所示，在隔流筒底部截面处存在短路流区 *abcd*，凡是进入该区的颗粒均可视为逃逸。

⑥ 封闭罩底部截面处由于汽提气的影响，存在颗粒的返混夹带现象，造成了上行逃逸的颗粒源，其量为汽提气的吹入量，可称为次级粉源。这种次级粉源向上经 *cdef* 空间时，会有二次分离过程。根据前面得到的浓度分布结果，在此空间内，Ⅰ区为内旋向上区，可认为是典型的横混模型。

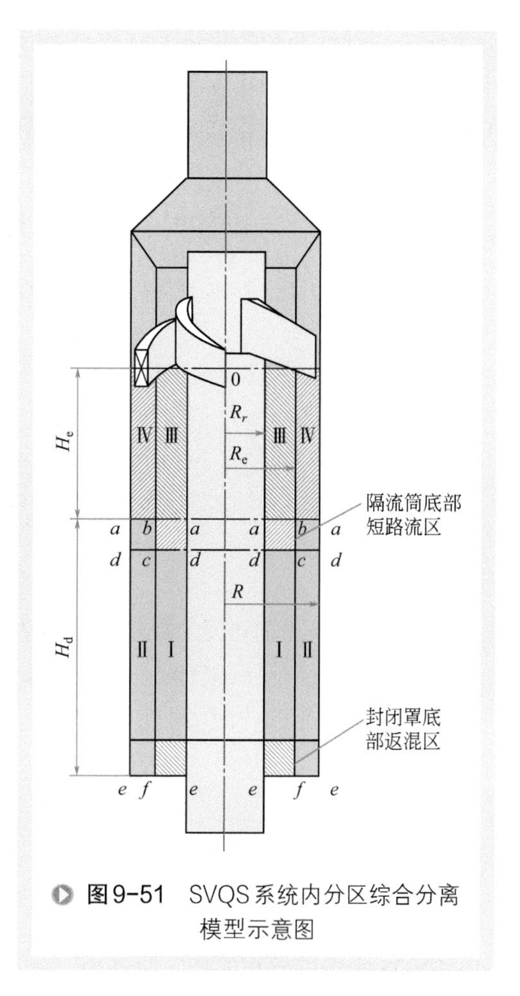

图 9-51 SVQS 系统内分区综合分离模型示意图

在上述假设下，若求出某个颗粒 d_p 在上部带隔流筒区的粒级效率 η_{i1}，再求出颗粒 d_p 在下部无隔流筒区的粒级效率 η_{i2}，就可以得到 SVQS 系统内颗粒 d_p 的粒级效率 $\eta_i(d_p)$：

$$\eta_i(d_p)=1-(1-\eta_{i1})(1-\eta_{i2}) \qquad (9\text{-}12)$$

假设进入短路流区圆柱体侧面 *abcd* 的颗粒量为 G_{e1}（称为一次带出），进入 *abcd* 圆柱体底面的颗粒量为 G_{e2}（称为返混带出），则 SVQS 系统下部无隔流筒区内颗粒 d_p 的粒级效率 η_{i2} 即为：

$$\eta_{i2}(d_p)=1-\frac{G_{e1}(d_p)+G_{e2}(d_p)}{G_i(d_p)}=1-\left[(1-\eta_{i2}^{\mathrm{I}})+(1-\eta_{i2}^{\mathrm{II}})\right] \qquad (9\text{-}13)$$

式（9-13）中，$\eta_{i2}^{\mathrm{I}}=1-\dfrac{G_{e1}(d_p)}{G_i(d_p)}$、$\eta_{i2}^{\mathrm{II}}=1-\dfrac{G_{e2}(d_p)}{G_i(d_p)}$ 分别被称为颗粒 d_p 在 SVQS 系统下部无隔流筒区内的一次粒级效率及二次粒级效率，前者是进入细分区域的入口粉源经一次分离后获得的效率，后者是次级粉源经二次分离后获得的效率。

为此，SVQS 系统内分离效率的计算就可归结为用何种模型求出 η_{i1}、η_{i2}^{I}、η_{i2}^{II}。根据 SVQS 系统内颗粒浓度的分布特点以及上述几点假设，得到计算 SQVS 系统分离效率的分区综合分离模型（RCSM），其概要如下。

1. 上部带隔流筒区内粒级效率 η_{i1} 的计算模型

颗粒由旋流头喷出口喷出后，一面旋转向下作螺旋运动，一面在离心效应下向外浮游。若某粒径粒子在到达 *ab* 截面时，已浮游至封闭罩内壁，就认为可被全部分离出来，称此颗粒的直径为临界直径 d_{c100}，分离效率为 100%。显然，凡粒径小于 d_{c100} 的颗粒就会浓集在 ab 截面的不同半径处，成为进入下部无隔流筒区内细分的入口条件。该区可采用塞流模型进行求解。

在柱坐标系内，设任意时刻 t，位置（r，ϑ，z）处，粒径 d_p 的颗粒运动速度为 $\vec{u}=(u_t,u_r,u_z)=\left(\dfrac{dr}{dt},r\dfrac{d\theta}{dt},\dfrac{dz}{dt}\right)$，该处气流速度为 $\vec{V}=(V_t,V_r,V_z)$，另设颗粒绕流阻力服从 Stokes 定律，则描述颗粒运动的微分方程组如下：

$$\frac{d}{dt}\left(r^2\frac{d\theta}{dt}\right)=-\frac{r}{\tau}\left(r\frac{d\theta}{dt}-V_t\right) \tag{9-14}$$

$$\frac{d^2r}{dt^2}-r\left(\frac{d\theta}{dt}\right)^2=-\frac{1}{\tau}\left(\frac{dr}{dt}+V_r\right) \tag{9-15}$$

$$\frac{d^2z}{dt^2}=-g-\frac{1}{\tau}\left(\frac{dz}{dt}-V_z\right) \tag{9-16}$$

可假定：

① 颗粒切向和轴向完全跟随气流运动，即 $u_t=V_t$，$u_z=V_z$；

② 气流的径向速度 $V_r=0$。

于是可得简化的径向运动方程：

$$u_r=\frac{dr}{dt}=\frac{\rho_p d_p^2 V_t^2}{18\mu r} \tag{9-17}$$

颗粒 d_p 从初始径向位置 R_e 运动到 R 所需时间为：

$$t_1=\frac{18\mu}{\rho_p d_p^2}\int_{R_e}^{R}\frac{r}{V_t^2}dr \tag{9-18}$$

SVQS 系统内气相的切向速度为：

$$V_t=C\tilde{r}^n V_o \tag{9-19}$$

颗粒从初始轴向位置 $z=0$ 向下运动到隔流筒的底部截面 $z=H_e$ 时，其平均停留时间为：

$$t_r=\frac{H_e}{\bar{V}_z} \tag{9-20}$$

SVQS 系统内气相的轴向平均速度为：

$$\bar{V}_z=\frac{Q_i}{\pi(R^2-R_e^2)} \tag{9-21}$$

式中，Q_i 为进入封闭罩的总气量。

若 $t_1=t_r$，则可以得出：

$$d_{c100}=\sqrt{\frac{9\mu Q_i(R^2-R^{2n}R_e^{2-2n})}{\pi(1-n)H_e\rho_p C^2V_o^2(R^2-R_e^2)}} \tag{9-22}$$

若在 t_r 时间内，设有颗粒 d_p 从 R_e 运动到 r，且 $r<R$，则此颗粒的分离效率为：

$$\eta_{i1}=\frac{r^2-R_e^2}{R^2-R_e^2} \tag{9-23}$$

根据上述各式可求得：

$$r=\left[\frac{\pi(2-n)H_e\rho_p d_p^2 C^2 V_o^2(R^2-R_e^2)+18\mu Q_i R^{2+n}}{18\mu Q_i R^{2+n}}\right]^{\frac{1}{2-n}} \tag{9-24}$$

由式（9-23）和式（9-24）即可求得上部带隔流筒区内的粒级效率 η_{i1}。

2. 下部无隔流筒区内一次粒级效率 η_{i2}^{I} 的计算模型

进入下部无隔流筒区的入口粉源经一次分离后，进入外旋下行的Ⅱ区，该区内以离心力和曳力的平衡为气固分离过程的基本机理，故可采用平衡轨道模型求解。此时，颗粒 d_p 所受到的作用力有：

向外的离心力：

$$F_r=\frac{\pi d_p^3}{6}\rho_p\left(\frac{V_t^2}{r}\right) \tag{9-25}$$

向内的斯托克斯阻力：

$$F_s=3\pi d_p\mu V_r \tag{9-26}$$

因 V_r 量级很小，简化后可能引起的误差较小，故可将其简化为：

$$V_r=\frac{Q_i}{2\pi r H_d} \tag{9-27}$$

由此，建立离心力和阻力的平衡方程可以得到切割粒径 d_{c50}：

$$d_{c50}=\sqrt{\frac{9\mu Q_i R^{2n}}{\pi H_d\rho_p C^2 r^{2n} V_o^2}} \tag{9-28}$$

确定切割粒径 d_{c50} 后，可拟合得到分级效率的计算公式为：

$$\eta_{i2}^{\mathrm{I}}=\frac{1}{1+(d_{c50}/d_p)^m} \tag{9-29}$$

式（9-29）中 m 的取值可根据实验数据的曲线分布得到。

3. 下部无隔流筒区内二次粒级效率 η_{i2}^{II} 的计算模型

封闭罩底部截面处由于汽提气的影响，产生向上返混夹带的次级粉源，存在颗粒的二次分离过程，此种分离过程主要在内旋上行区Ⅰ区进行。Ⅰ区可采用横混模型进行求解，假设在分离器的任一横截面上，颗粒浓度的分布是均匀的，但在近壁处的边界层内，为层流流动。只要颗粒在离心效应下浮游进入此边界层内，就可以被捕集分离下来。

假设可近似略去式（9-15）中的二阶高量 $\frac{d^2r}{dt^2}$ 及 V_r 项，且颗粒的切向速度 u_t 近似等于气流切向速度，于是可得到：

$$\frac{\mathrm{d}r}{\mathrm{d}t}=\tau\frac{u_{\mathrm{t}}^{2}}{r}=\tau C^{2}r^{2n-1}V_{\mathrm{o}}/R^{2n} \tag{9-30}$$

式中，$\tau=\frac{\rho_{\mathrm{p}}d_{\mathrm{p}}^{2}}{18\mu}$。对式（9-30）积分可得：

$$r=[2(1-n)\tau C^{2}V_{\mathrm{o}}/R^{2n}]^{\frac{1}{2(1-n)}}t^{\frac{1}{2(1-n)}} \tag{9-31}$$

将式（9-31）对时间求导，可得颗粒向外浮游的速度为：

$$u_{i}=\frac{1}{2(1-n)}[2(1-n)\tau C^{2}V_{\mathrm{o}}/R^{2n}]^{\frac{1}{2(1-n)}}t^{\frac{2n-1}{2(1-n)}} \tag{9-32}$$

设进入捕集分离空间的原始浓度为 n_0，离开捕集分离空间时的浓度为 n_{L}，则该颗粒 d_{p} 的分级效率为：

$$\eta_{i}=1-\frac{n_{\mathrm{L}}}{n_{0}}=1-\exp\left(-\int_{0}^{t}\frac{u_{i}}{H_{\mathrm{d}}}\mathrm{d}t\right) \tag{9-33}$$

对于 *cdef* 区，气流的平均轴向速度为：

$$\bar{V}_{z}=[a(r/R)^{2}+b(r/R)+c]V_{\mathrm{o}} \tag{9-34}$$

则气体在 *cdef* 区的停留时间为

$$t=H_{\mathrm{d}}/\bar{V}_{z} \tag{9-35}$$

由式（9-33）和式（9-35）可求得下部无隔流筒区内二次粒级效率为：

$$\eta_{i2}^{\mathrm{II}}=1-\exp\left\{-\frac{\left[2(1-n)\tau C^{2}V_{\mathrm{o}}/R^{2n}\right]^{\frac{1}{2(1-n)}}}{H_{\mathrm{d}}}\left(\frac{H_{\mathrm{d}}}{\bar{V}_{z}}\right)^{\frac{1}{2(1-n)}}\right\} \tag{9-36}$$

根据式（9-12）和式（9-13），可以由 η_{i1}、η_{i2}^{I}、η_{i2}^{II}得到 SVQS 系统内颗粒 d_{p} 的粒级效率 $\eta_{i}(d_{\mathrm{p}})$。

第十节 VQS/SVQS系统与国外先进快分技术的比较

UOP 公司开发的旋流快分系统（VSS）适用于内提升管催化裂化装置，国内第一套在 2000 年投用，曾经在国内应用过 3 套，其应用场合与 VQS/SVQS 系统的应用场合相近。表 9-2 比较了这两类快分系统的性能。

以上比较可以看出，VQS/SVQS 系统在分离效率、预汽提效果、操作弹性等诸多方面都优于国外先进的快分 VSS 系统。VQS/SVQS 系统凭借其更优异的操作性

表9-2 VQS/SVQS系统和VSS系统比较[8,9]

项目	VQS/SVQS 系统	VSS 系统
旋流臂	向下倾斜一定角度	水平
预汽提形式	挡板式预汽提	鼓泡床
催化剂排放	负压差排料	—
油气出口与顶旋的连接	承插式或导流管	导流管
汽提气排放	约 2/3 经封闭罩，1/3 经承插口或导流管，对分离效率影响很小	几乎全部经封闭罩，影响分离效率
分离效率	≥98.5%	≥95%
预汽提效果	良好	较差
油气停留时间	<5 s	<5 s

能和更经济的使用成本，很快将国外同类技术挤出中国市场。该系列技术现已成功用于我国最大规模的重油催化裂化等 23 套工业装置，为石化企业创造了 30 多亿元的经济效益。

参考文献

[1] 周双珍，卢春喜，时铭显 . 不同结构气固旋流快分的流场研究 [J]. 炼油技术与工程，2004, 34 (3): 12-17.

[2] 孙凤侠，卢春喜，时铭显 . 催化裂化沉降器 VQS 系统内三维气体速度分布的改进 [J]. 石油炼制与化工，2004, 35 (2): 51-55.

[3] 孙凤侠，卢春喜，时铭显 . 旋流快分器内气相流场的实验与数值模拟研究 [J]. 中国石油大学学报（自然科学版），2005, 29 (3): 106-111.

[4] 孙凤侠，卢春喜，时铭显 . 催化裂化沉降器新型高效旋流快分器内气固两相流动 [J]. 化工学报，2005, 56 (12): 2280-2287.

[5] 孙凤侠，卢春喜，时铭显 . 催化裂化沉降器新型高效旋流快分器的结构优化与分析 [J]. 中国石油大学学报（自然科学版），2007, 31 (5): 109-113.

[6] 孙凤侠，卢春喜，时铭显 . 催化裂化沉降器旋流快分器内气体停留时间分布的数值模拟研究 [J]. 中国石油大学学报（自然科学版），2006, 30 (6): 77-82.

[7] 胡艳华，王洋，卢春喜，时铭显 . 催化裂化提升管出口旋流快分系统内隔流筒结构的优化改进 [J]. 石油学报（石油加工），2008, 24 (2): 177-183.

[8] 王震，刘梦溪 . 大庆石化 1.4Mt/a 重油催化裂化装置反应系统分析及优化 [J]. 山东化工，2015, 44 (17): 100-103.

[9] 卢春喜，魏耀东，时铭显 . 提升管气固旋流组合快分设备 [P]. CN 1511627. 2004-07-14.

第十章 超短快分技术

第一节 超短快分系统设计原理

根据催化裂化后反应系统的要求，理想的提升管出口快分系统应实现油剂的快速分离和油气的快速引出。研究表明，FSC、CSC、VQS 和 SVQS 系统内油剂分离的时间虽小于传统旋风分离器，但仍然大于 1.5s，没有实现真正意义的快速分离。若要显著降低分离所用时间，必须开发新型的气固快分设备。

目前国内外已使用的快分结构从分离机理出发大体可以分为两类：一类为惯性分离，另一类属于离心分离。基于惯性分离机理的快分具有结构简单、停留时间短的优点，但分离效率较低；而基于离心分离机理的快分的主要优点是分离效率高，但也存在停留时间长的缺陷。为了实现超短快分的目的，新型快分系统应综合惯性分离所具有的短停留和离心分离高效率的共同优点。在大量理论分析和探索性实验基础上，中国石油大学（北京）开发出了一种基于惯性分离与离心分离协同作用机理的超短快分（short residence time separator，SRTS）系统[1,2]。

第二节 超短快分系统的结构及特点

超短快分系统的结构如图 10-1 所示，该分离器主要由一个拱门形分离空间和一根开有 2 条或多条窄缝的中心排气管组成。装置运行过程中，气固混合物沿竖直

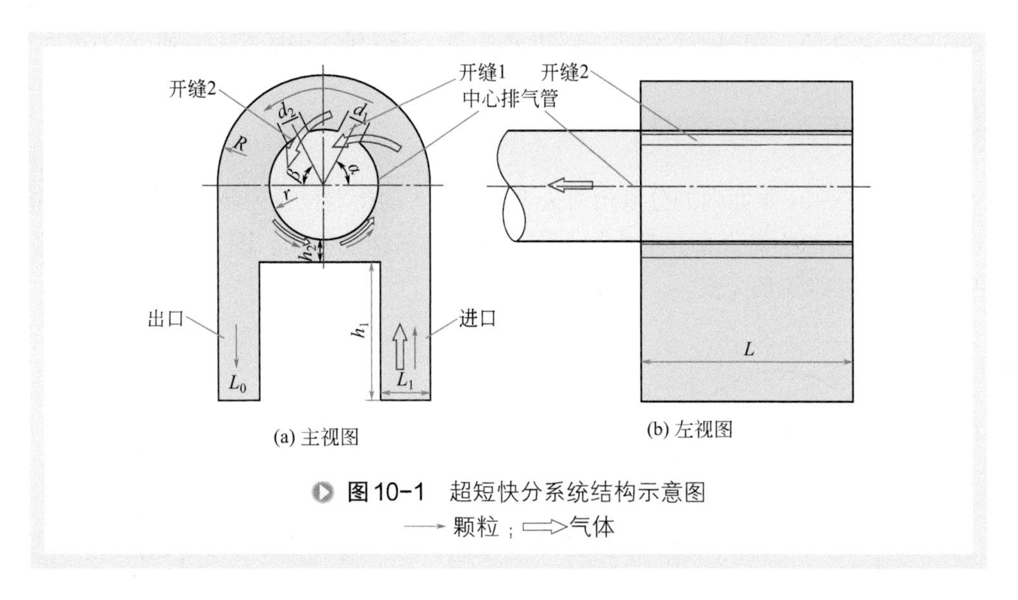

图10-1 超短快分系统结构示意图
→ 颗粒；⇨气体

向上方向从拱门形分离空间一侧进入分离器，由于固相的惯性远大于气相，所以固体颗粒沿拱门形分离空间运动，经过 180°的圆周运动，从拱门形分离空间的另一侧排出；而气体在流经窄缝时发生方向偏转，从中心排气管排出，实现气固分离。

超短快分结合了惯性分离和离心分离的作用。气固两相混合物沿竖直向上方向运动进入分离器后，因为固体相的惯性远大于气相，所以固体颗粒趋于沿拱门形分离空间做圆周运动，气体则遇到开缝时运动方向发生偏转后排出，此时惯性分离起主要作用。颗粒在约 180°的圆弧运动过程中，在离心力的作用下一直沿分离器分离空间运动，气体所受的离心力较小，绕中心排气管运动，在此过程中离心分离起主要作用。可以看出，SRTS 系统的分离过程包含了惯性分离和离心分离的协同作用，保证了较高的分离效率；与此同时，颗粒在分离器内旋转 180°后就实现了分离，因此停留时间远低于旋风分离器或 FSC、CSC、VQS 和 SVQS 快分系统。

因此，超短快分系统具有停留时间短、分离效率高、结构简单紧凑、压降小、操作性能稳定等诸多优点。

第三节 超短快分系统的气相流场[3]

流场测试时坐标系的选取如图 10-2 所示，水平方向为 x 轴，指向气固混合物入口侧为正；竖直方向为 y 轴，向上为正；中心排气管轴线为 z 轴，指向气体出口方向为正，z 轴与端板内壁的交点为坐标原点。将每个测点的气速分解为切向气速 V_t、径向气速 V_r 及轴向气速 V_z 三维速度分量，并且规定在 xoy 平面内，逆时针的

切向气速 V_t 为正，指向中心的径向气速 V_r 为负，沿 z 轴正向的轴向气速 V_z 为正。

一、二维平面流场全貌

将气速在 xoy 平面内的分量用箭头表示，箭头的始端位置为测点坐标，箭头的长短表示气速的相对大小，箭头的方向为测点处气速的方向。图 10-2 给出了典型的分离系统二维流场全貌。

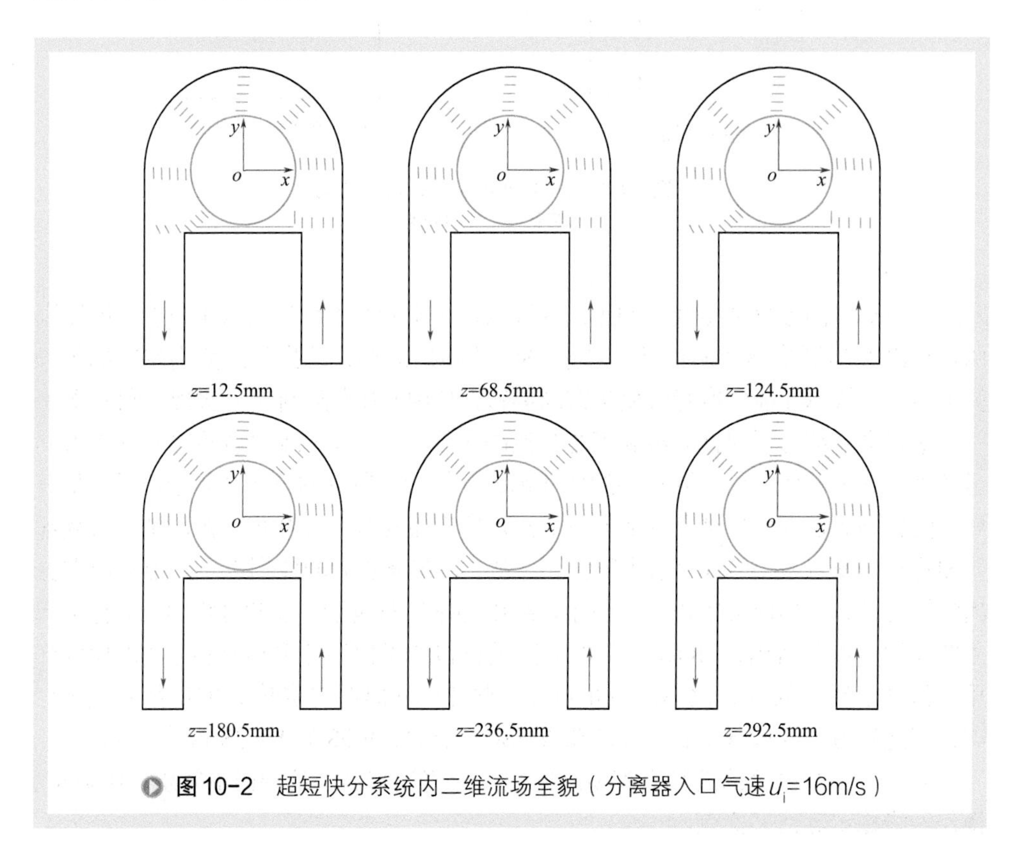

图 10-2　超短快分系统内二维流场全貌（分离器入口气速 u_i=16m/s）

从图 10-2 中可以看出，由入口竖直向上进入分离器的气流绕中心排气管旋转运动。由于中心排气管在 360° 范围内均匀开缝，使得气流在各个方位都有进入中心排气管的机会。因此，气流在分离器内部分布比较均匀。尽管也存在着入口区上方气速稍高的现象，但差别并不显著。绕过中心排气管的气体从中心排气管下方空间返回入口区主流。

不同轴向截面的气体流场基本一致，绕过中心排气管进入颗粒出口区的气流大部分向下流动，并在靠近端板的截面返回，表明绕过中心排气管的部分气体，先向下窜入料腿，由于料腿封闭，又从靠近中心排气管出口端返上来，返上来的气体继续绕中心排气管旋转，经由中心排气管下方空间返回入口区。

二、三维流场特征

定义以 x 正向为 0° 角，沿逆时针方向方位角为正。实验结果表明，不同轴向截面的气速基本相同。图 10-3 给出了五个有代表性方位处，三维气速随无量纲半径的变化情况。从图 10-3 中可以看出，三维气速中以切向气速为主，径向和轴向气速均相对较小。切向气速随无量纲径向位置的增加而减小，也就是越靠近分离器边壁越低，越靠近中心排气管越高。由于气体不断由沿途的切向开缝进入中心排气管，因此，随着方位角的增加，这种中心高，边壁低的趋势趋于平缓。径向气速均为向心方向，同样越靠近中心排气管越高，越靠近边壁越低，但径向气速随方位角的变化不大。轴向气速都表现为正值，即朝向中心排气管出口方向。轴向气速随径向位置的变化不大，而且规律性不强。

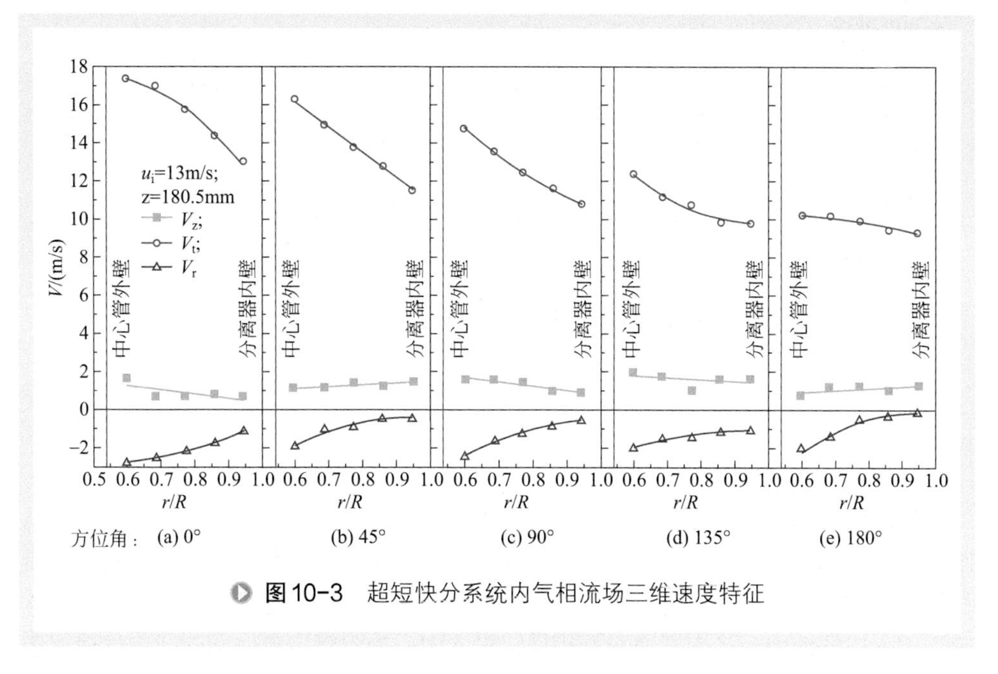

图 10-3 超短快分系统内气相流场三维速度特征

将无量纲切向气速表示成式（10-1）所示的无量纲形式：

$$\tilde{V}_t = ka^{\varphi}\left(\frac{r}{R}\right)^{b} \tag{10-1}$$

式中，k，a，b 为常数；方位角 φ 以弧度表示。根据实验数据回归得：

$$\tilde{V}_t = 0.9921 \times 0.8621^{\varphi}\left(\frac{r}{R}\right)^{-0.6165} \tag{10-2}$$

式中 φ——方位角（以弧度表示）；

r/R——分离器内无量纲径向位置。

式（10-2）的平均相对误差为 4.29%。

三、分离器内静压和总压分布

图 10-4 给出了超短快分分离器内，中心排气管与外壳之间的静压及总压沿无量纲径向位置的分布情况。由图中可以看出，不同方位角的总压随径向位置变化不大，而静压的变化趋势呈中心低，边壁高的特征。

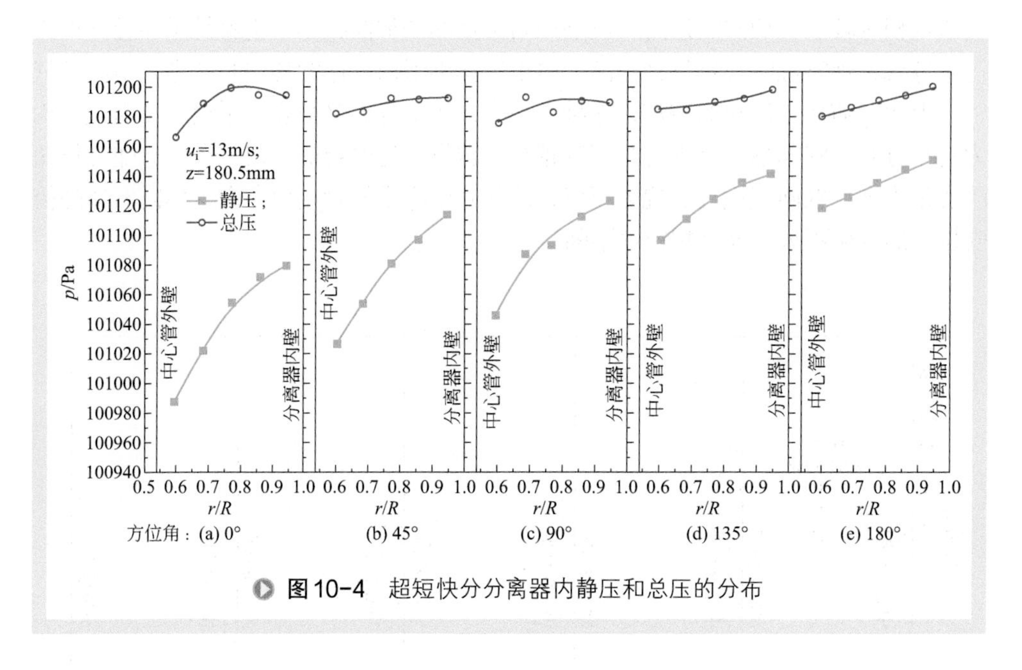

图 10-4 超短快分分离器内静压和总压的分布

四、中心排气管下方空间的流场特征

超短快分系统中，中心排气管下方空间内的典型气速分布如图 10-5 所示。从图 10-5 中可以看出，进入中心排气管下方空间的切向气速逐渐增加，在接近中心排气管正下方处达到最大，绕过中心排气管下方空间的切向气速逐渐减小，最后汇入向上的入口气流中。径向气速正好相反，进入中心排气管下方空间的径向气速逐渐减小，在中心排气管正下方附近达到最低，然后又逐渐增加。另外，径向气速的方向在中心排气管正下方附近发生变化，由向心方向变为离心方向。通过中心排气管正下方的径向气速变为离心方向对气固分离是有利的，一方面，对入口气流有向边壁推动的作用；另一方面，也避免了入口气流直接由最近的窄缝进入中心排气管。

图 10-6 所示为中心排气管下方空间的静压及总压分布。可以看出，总压在进出下方空间前后变化不大；静压沿中心排气管轴线对称分布，进入下方空间前静压逐渐减小，在中心排气管正下方达到最低，此后，静压又逐渐升高。气体绕过下方空间时的速度较快，当部分气流由切向开缝进入中心排气管时会使高速气流产生波动，从而造成静压及总压的波动。

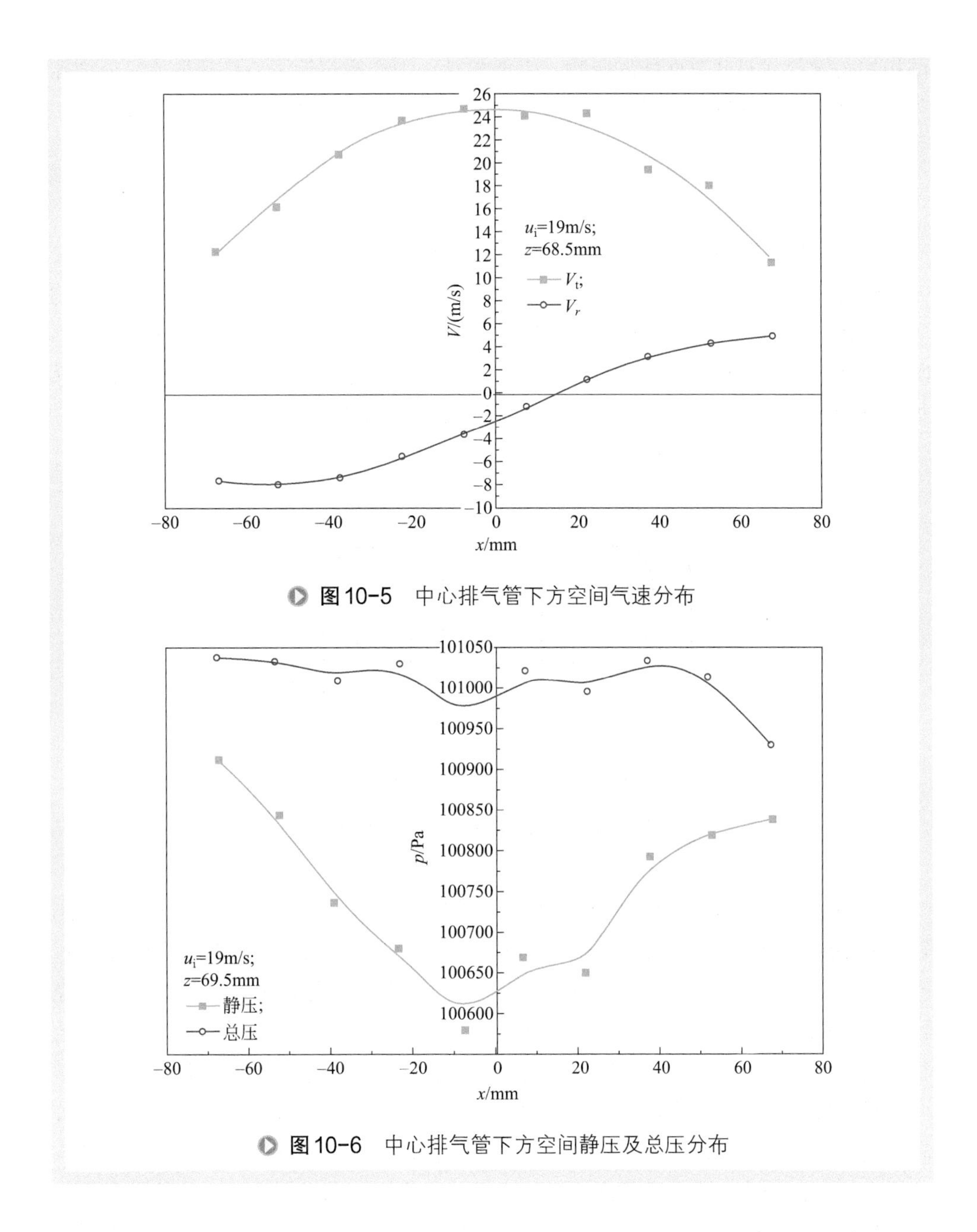

图 10-5　中心排气管下方空间气速分布

图 10-6　中心排气管下方空间静压及总压分布

第四节　超短快分系统的结构参数——实验分析[4-6]

以图 10-1 所示的分离系统结构作为基准型结构，在此基础上考察分离器外形结构的关键尺寸对分离性能的影响，主要包括：中心排气管下方横板形式、分离器入口宽度、中心排气管直径、中心排气管下方空间高度及中心排气管开缝形式等。

一、中心排气管下方横板形式

基准型分离器中心排气管与其下方直横板形成的两端大中间小的下方空间，一方面能防止分离后的固体颗粒被气流携带回入口区；另一方面，从下方空间返回的气流对入口区的物料有向边壁的推动作用，因而能提高分离效率。为证明这一判断，保持其他尺寸与基准型分离器基本一致，仅将下方横板分别改成圆弧板和斜弧板两种形式，进行了实验验证，具体设备形式见图 10-7。

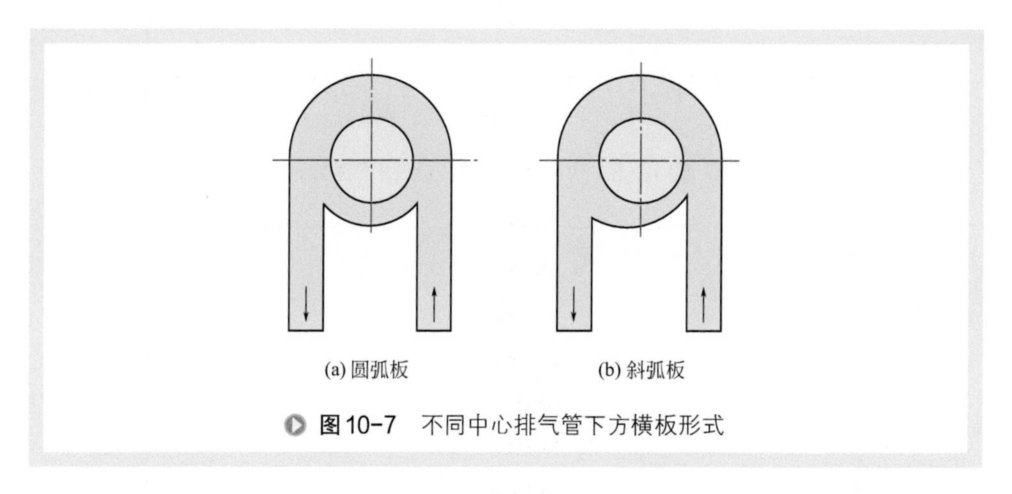

图 10-7 不同中心排气管下方横板形式

对中心排气管下方上述三种横板形式的分离器在优选装置上进行了性能比较。图 10-8 给出了圆弧板及斜弧板分离器与基准型分离器在优选装置上的压降对比。由图 10-8 可以看出，三种分离器的压降差别不大。图 10-9 给出的以中位粒径 13.4μm 颗粒实验获得的分离效率对比结果，基准型分离效率最高，圆弧板次之，斜弧板效率最低。因此，以基准型分离器（中心排气管下方横板为直板）为优。

斜弧板分离器效率降低的原因是由于从“牛角形”截面区域喷出的气流速度较高，而且是斜向上的，因此对进入分离器的物料有一个如图 10-10 所示的冲击作用，被冲击的颗粒经外壳反弹后偏离了沿外壳圆弧段作圆周运动的轨迹，使其容易被气体携带从窄缝排出而造成效率下降。而基准型分离器中心排气管与其下方直横板之间的流通区域为中间小两头大的截面形式，气体流过中心排气管正下方的最小区域后，由于流通面积的逐渐增加，因而速度逐渐减小，对进入分离器的物料仅有一个略微外推的作用，这个外推作用使颗粒向外壳浓集，进而沿圆弧段做圆周运动，这样就减少了颗粒被气体携带进入中心排气管的机会，所以效率较高。基准型分离器中颗粒的冲击作用示于图 10-11。

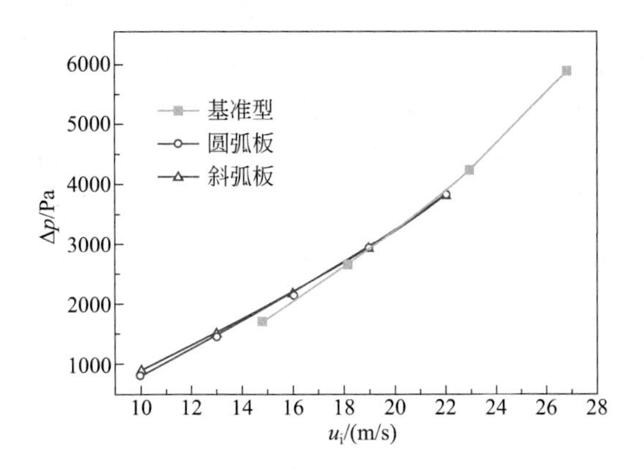

图10-8　圆弧板、斜弧板分离器与基准型分离器压降对比

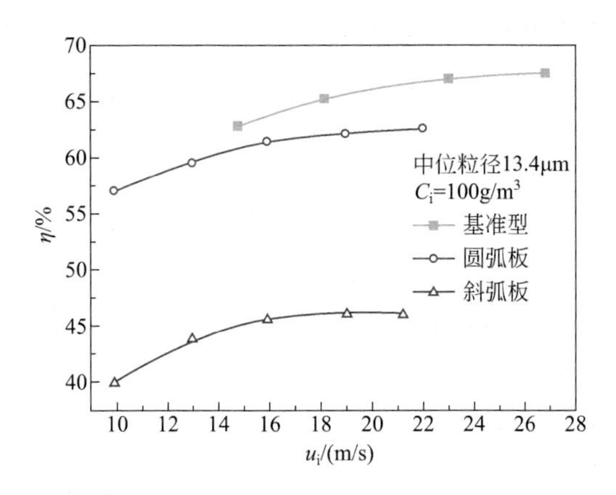

图10-9　圆弧板、斜弧板分离器与基准型分离器分离效率对比

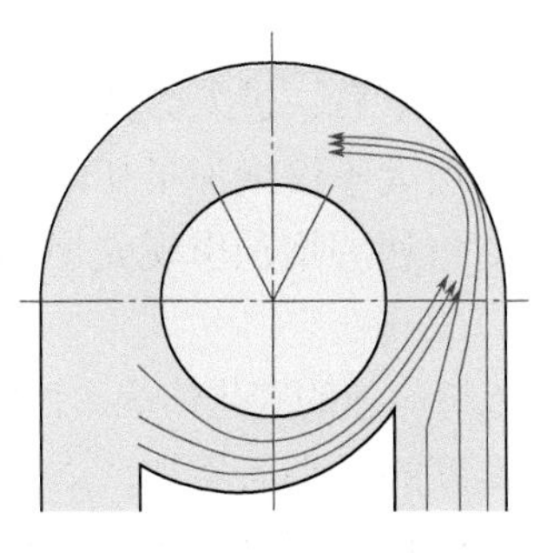

图10-10　斜弧板分离器中的颗粒冲击作用示意图

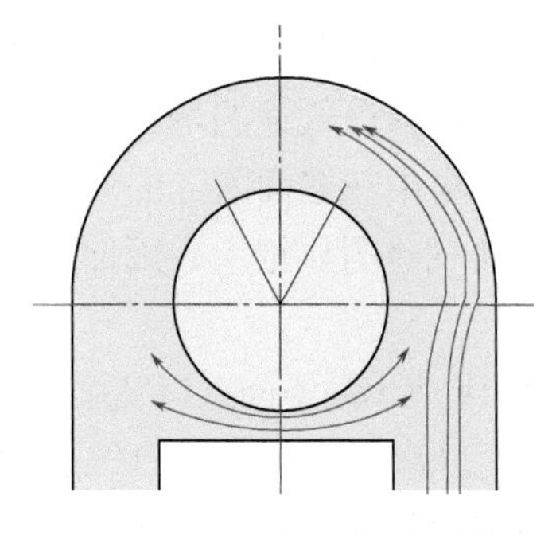

图10-11　基准型分离器中的颗粒冲击作用示意图

在圆弧板分离器中，弧板为与中心排气管同心的一段圆弧。这样，流进和流出中心排气管下方空间的物料速度相等。流出圆弧板分离器下方空间的气流因受圆弧板形状的制约，其流速也为斜向上方向，存在类似斜弧板分离器中的冲击作用，因而也会使效率下降。不过，与斜弧板型分离器相比，一方面由圆弧板分离器下方空间返回的气流速度与水平方向的夹角相对较小，另一方面，圆弧板分离器中心排气管与弧板间的最小距离要远大于斜弧板分离器中心排气管与下方弧板的距离，从圆弧板分离器下方空间返回气流速度相对较小。因而，尽管圆弧板分离器的效率也下降，但下降幅度较小。

二、分离器入口宽度

如图 10-12 所示，保持其他尺寸与基准型相同，仅改变入口宽度，考察其对分离器性能的影响。设基准型结构的入口宽度为 l_o，定义相对入口宽度为 $\tilde{l}=l_i/l_o$，$\tilde{l}$ 的变化范围为 0.5～1.07。

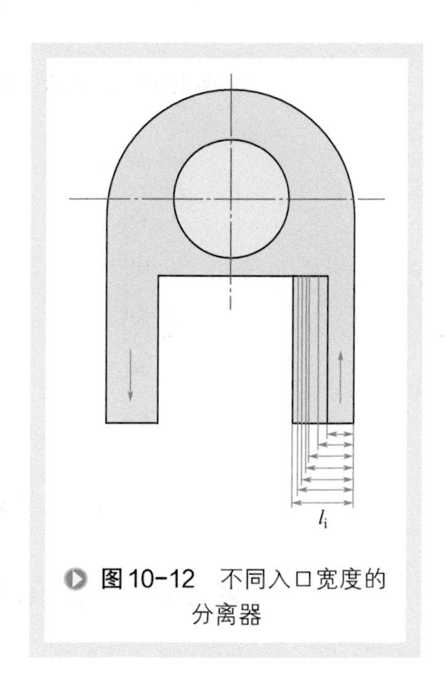

图 10-12　不同入口宽度的分离器

图 10-13 所示是不同入口宽度下分离效率随入口气速 u_i 的变化情况。由图 10-14 可以看出，分离效率随入口气速的增加而增加，但当相对入口宽度 $\tilde{l}$ 为 0.5 和 0.65 时，分离效率先是随入口气速的增加而增加，达到一极大值后随入口气速的增加又开始减小。这是因为入口较宽时，进入分离器的固体颗粒大部分集中在边壁附近，气体集中在内侧，由于边壁附近的气体较少，因此边壁处的径向气速也较小，而入口气速的增大，主要使切向气速增大，因此分离效率会随入口气速的增加而增加；当入口宽度变窄后，进入分离器的气体和固体颗粒都集中在壁面附近的薄层里，入口气速的增大不仅增加了切向气速，而且也使径向气速明显增大，因而分离效率会随入口气速的增加出现先增加后降低的趋势。

图 10-14 所示是不同入口宽度下分离器压降随入口气速的变化情况。由图 10-15 可以看出，分离器压降随入口气速的增加及入口宽度的减小而增加，入口气速对压降的增加影响程度较大，而入口宽度对压降的影响程度相对较小。这是由于入口气速的增加使气体在出入口及分离器内部的局部流动损失都随之增加，而入口宽度的减小仅使气体入口的局部流动损失有所增大，因此，分离器压降主要受入口气速的影响，入口宽度的影响相对较小。

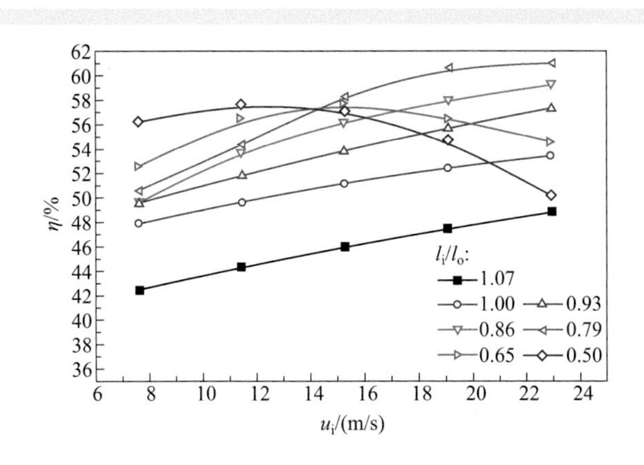

图10-13　不同入口宽度下分离效率随入口气速的变化

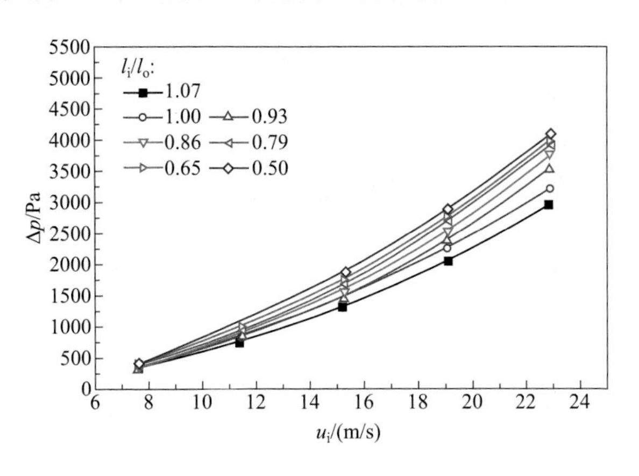

图10-14　入口宽度对分离器压降的影响

三、中心排气管直径

为了考察中心排气管直径的影响，在基准型分离器中心排气管直径 D_0 的基础上，将中心排气管直径 D 分别扩大 10%、33% 和缩小 20%，见图 10-15，并与基准型分离器进行对比。

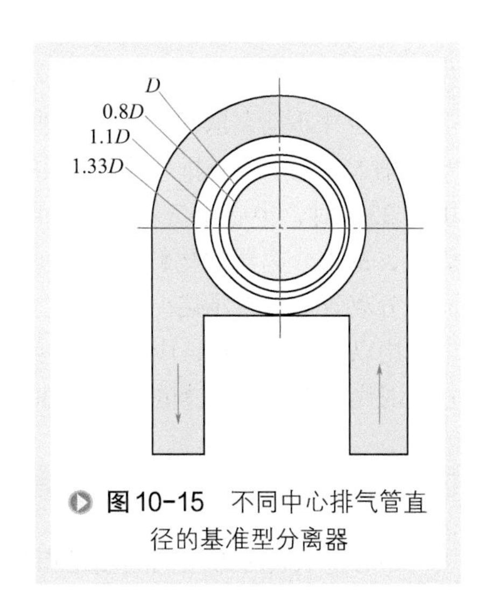

图10-15　不同中心排气管直径的基准型分离器

中心排气管直径对分离器压降和分离效率的影响分别见图 10-16 和图 10-17。从图 10-16 可以看出，随中心排气管直径的增大，压降先迅速下降，而后基本保持不变。进一步增大中心排气管直径，压降又开始降低。

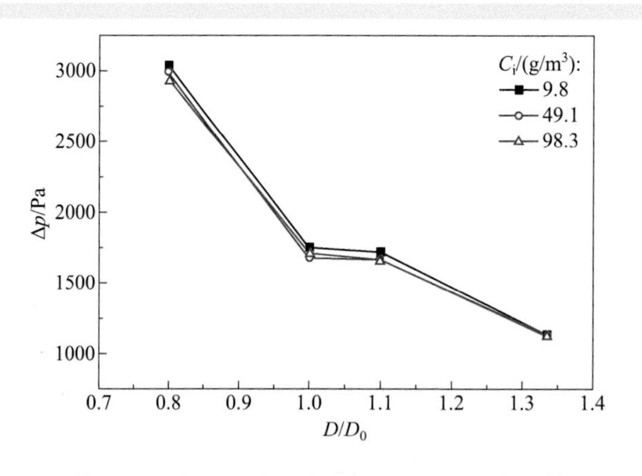

图 10-16　中心排气管直径对分离器压降的影响

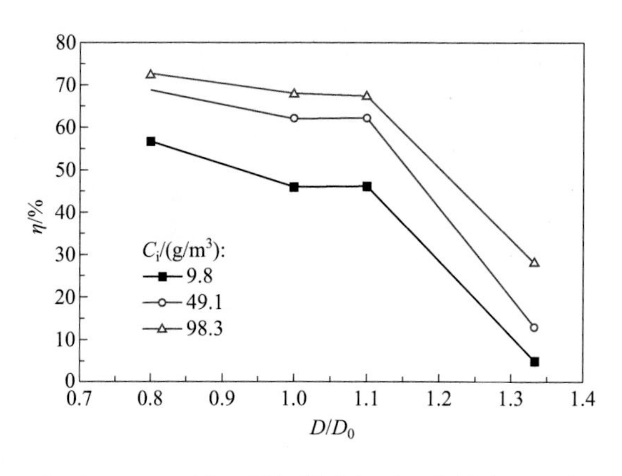

图 10-17　中心排气管直径对分离效率的影响

这是因为管径增大使排气管中的气速降低的缘故。但从图 10-17 可以看出，中心排气管直径并非越大越好。当中心排气管直径过大时，分离效率明显下降。这是由于管径增大缩小了中心排气管下方空间，使离心分离的作用减弱。当中心排气管直径扩大 33% 时，中心排气管下方空间已基本缩小为零，此时气流无法绕中心排气管旋转，进入分离器的物料极易走短路直接进入中心排气管，因而压降会明显降低，同时分离效率也明显减小。

由以上分析可知，中心排气管直径不宜过大或过小，过小时会使压降增大，而过大时则会降低分离器的分离效率。

四、中心排气管下方空间高度

中心排气管下方空间高度是指基准型分离器中，中心排气管与直横板间的最小距离，以 h_2 表示。h_2 的变化会影响分离器料腿入口处的背压，从而影响分离器的流场。设下方空间高度的最小距离为 h_{20}，为考察该距离对分离器性能的影响，在 h_2/h_{20}=1～3 的范围内进行了实验。

图 10-18 和图 10-19 分别给出了 h_2 对分离器压降和效率的影响。由图 10-18 可见，当 h_2 较小时，分离器压降随 h_2 的增加而缓慢增加；而后，随着 h_2 的增大，分离器压降基本不变；当 h_2 较大时，分离器压降随 h_2 的增大而显著增加。由图 10-19 可见，只有当 h_2 较小时，分离效率随 h_2 的增大而增加，而后分离效率的变化几乎不受 h_2 的影响。

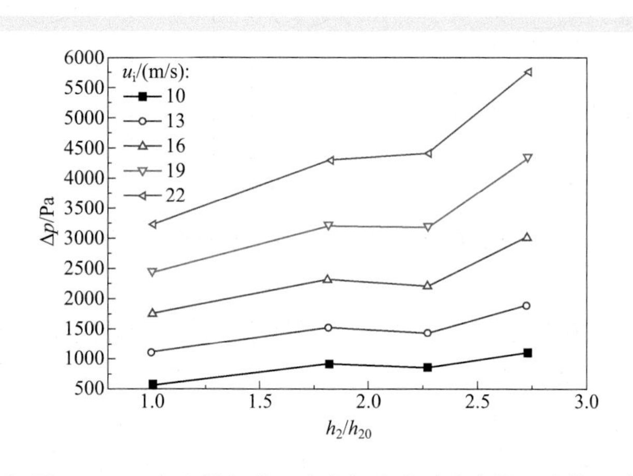

图 10-18　中心排气管下方空间高度对分离器压降的影响

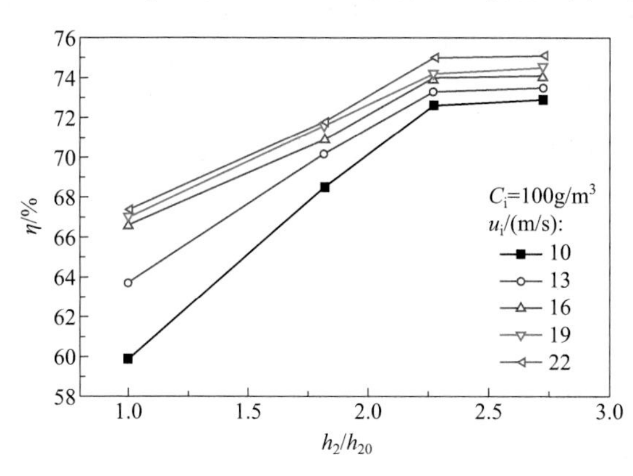

图 10-19　中心排气管下方空间高度对分离效率的影响

综合上述实验结果，如果分离器压降有严格的限制，则应尽量减小中心排气管下方空间的高度，但需保证一定的空间，使气流可以绕中心排气管旋转，以免影响分离效率；如果分离器压降限制较小，则可适当增大中心排气管下方空间的高度。

五、挡板形式

在保持基准型分离器其他结构尺寸相同的情况下，考察 3 种结构：全封闭、半封闭、全开放（无挡板）形式对分离性能的影响，分离器结构如图 10-20 所示。

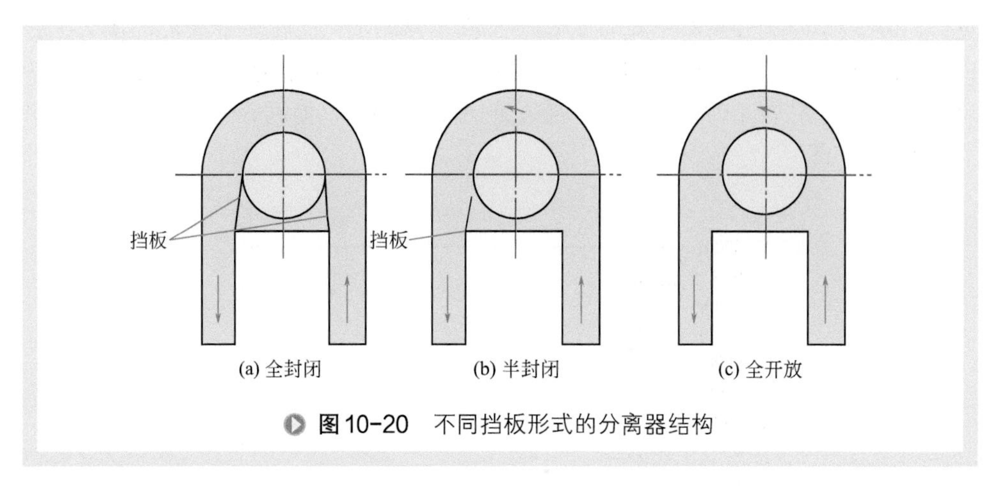

图 10-20　不同挡板形式的分离器结构

图 10-21 和图 10-22 分别给出了上述三种不同结构的分离器的压降和分离效率的实验结果。由图 10-21 和图 10-22 可知，在相同条件下，全开放式分离器的分离效率明显高于其他两种形式，而压降介于其他两种形式之间。从压降和效率的实验结果可以推断，这种分离器的气固分离属于离心与惯性协同作用机理。全封闭式结构主要以惯性分离为主，不含离心分离成分，因此其压降和效率最低；半封闭式的分离机理中离心分离占一定比例，因此其效率高于全封闭形式，其压降在 3 种结构中最高，主要是由于挡板在离心分离时产生的阻力造成的；全开放（无挡板）式的分离机理中离心分离占的比例最大，因此其分离效率明显高于其他两种形式，而离

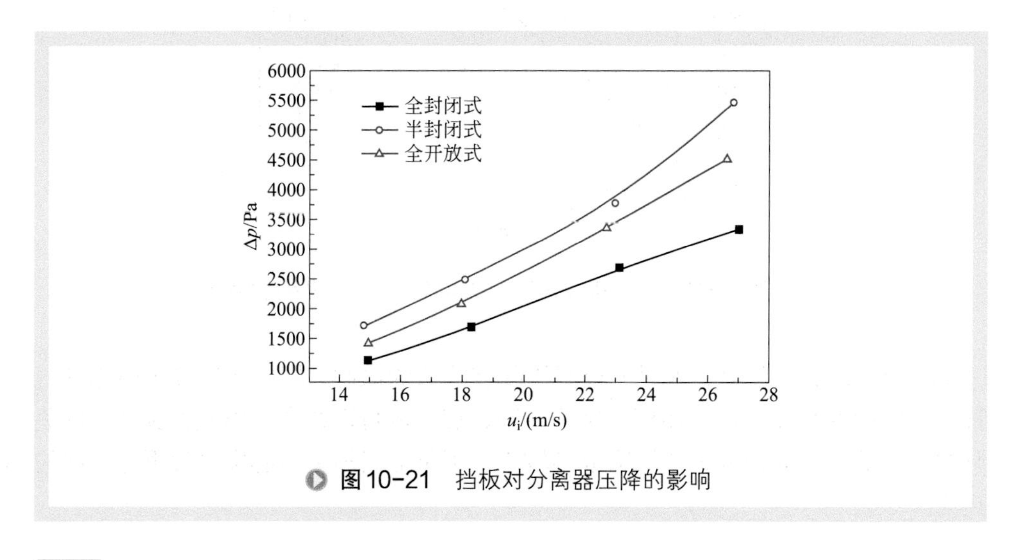

图 10-21　挡板对分离器压降的影响

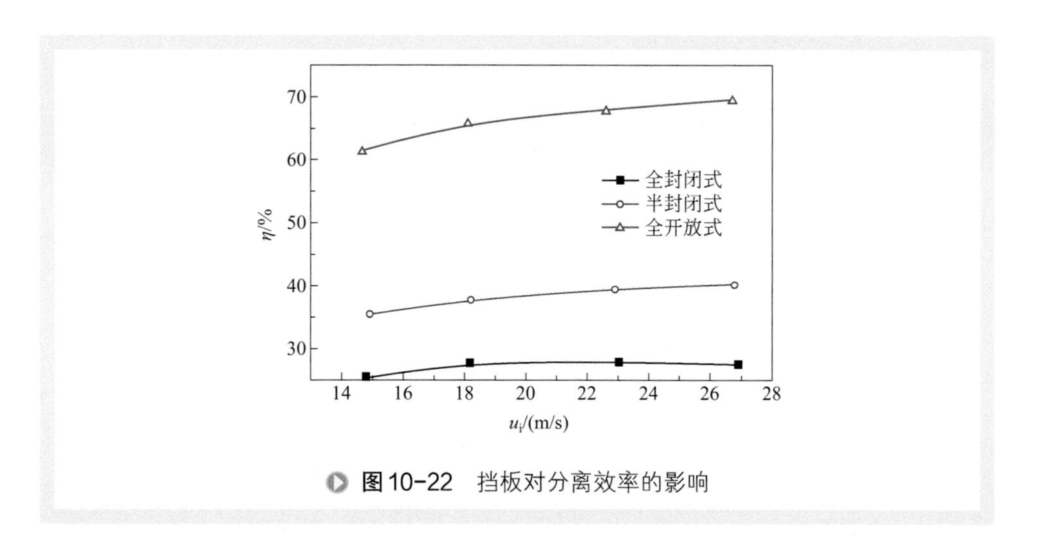

图10-22　挡板对分离效率的影响

心分离过程中，由于没有挡板的阻碍，因此其压降比半封闭式的还要低。

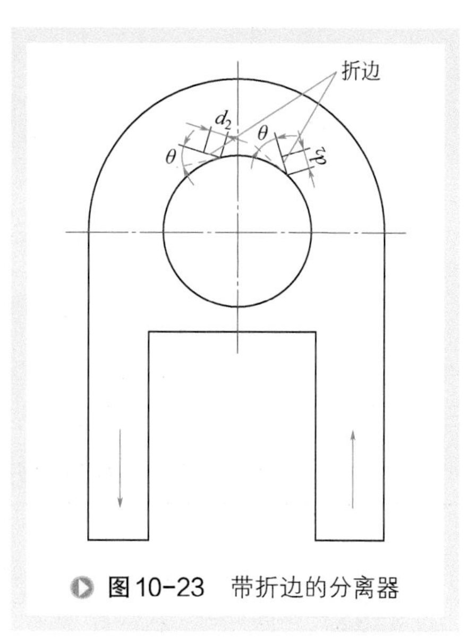

图10-23　带折边的分离器

六、折边

折边就是在基准型分离器气流出口的开缝处增加一个与排气管切向成一定角度的挡板，其宽度为缝宽的一半，具体结构见图 10-23。

加折边的目的是阻止固体颗粒进入排气管，然而从表 10-1 所示的实验结果看，折边增大了气体进入排气管的阻力，使分离器压降增加。同时，折边的加入，使被其反弹的颗粒返回气固流动空间，扰乱了分离器内部流场，造成分离效率下降。因此，加折边不能起到提高分离效率的作用。

表10-1　折边对分离器性能的影响（u_i=14.6m/s）

C_i/（kg/m³）	η/%		Δp/kPa	
	有折边	无折边	有折边	无折边
0.0098	50	54	3.7	3.0
0.0492	63	64	3.4	3.0
0.0976	68	69	3.6	2.9

七、中心排气管开缝宽度

将开缝分为两种情况：一种为两条开缝等宽；另一种为两条开缝不等宽，靠近气固相入口的缝宽略大，另一条缝宽略小，如图 10-24 所示。

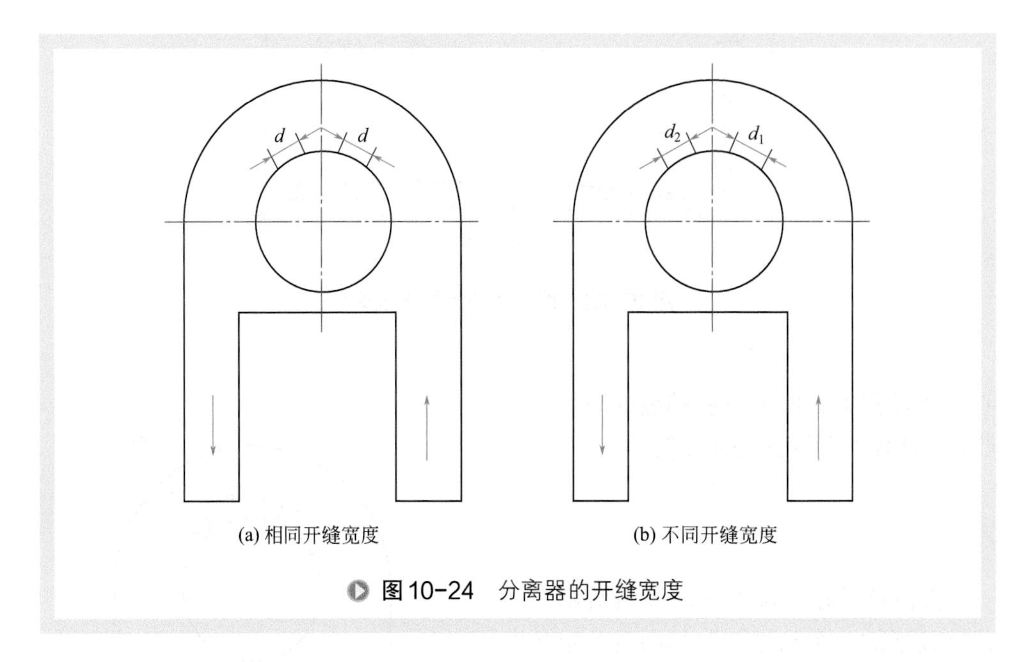

图 10-24　分离器的开缝宽度

缝宽不同的分离器减小了开缝总面积，是为了增加气体通过窄缝的速度，以期提高分离效率。但如表 10-2 所示，分离效率几乎没有变化，而分离器压降略有增加。结果表明，单纯靠减小开缝宽度增加气流的过缝速度，不能提高分离效率。

表10-2　开缝宽度对分离器性能的影响（u_i=17.9m/s）

C_i/（kg/m³）	η/%		Δp/kPa	
	相同开缝宽度	不同开缝宽度	相同开缝宽度	不同开缝宽度
0.0098	44	42	2.5	2.7
0.0492	59	60	2.6	2.6
0.0976	66	66	2.5	2.7

八、中心排气管开缝形式

在基准型（二等缝）分离器的基础上，考察了三等缝和四等缝分离器的分离性能，并与之进行了对比。

图 10-25 所示是一定快分入口气速下，不同快分分离效率随入口浓度的变化曲线。从图中可以看出，在同样的入口浓度与入口气速下，基准型超短快分分离效率

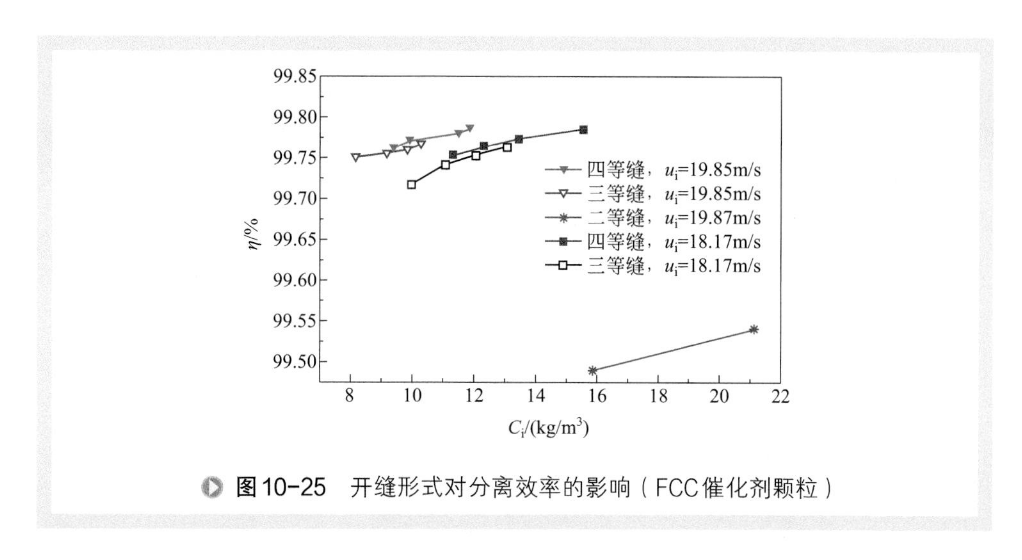

图 10-25　开缝形式对分离效率的影响（FCC催化剂颗粒）

最低，分离效率变化趋势最为陡峭；三等缝型超短快分分离效率较高，分离效率变化趋势最为平缓；四等缝型超短快分分离效率最高；三、四等缝型超短快分分离效率差值较小。

这是因为缝宽越大，固体颗粒进入窄缝的概率越大。保持三种超短快分中心排气管总开缝面积相等时，基准型超短快分窄缝的宽度最大、效率最低；三等缝型超短快分，窄缝宽度较小，分离效率较高；四等缝型超短快分，窄缝宽度最小，分离效率最高。当快分入口气速和入口浓度变化时，四等缝型超短快分的分离效率的变化趋势最为平缓。

不同快分入口气速下快分压降随入口浓度的变化曲线如图 10-26 所示。从图 10-26 中看出，在同样的入口浓度与入口气速下，基准型快分的压降最大；三等缝型超短快分压降较小；四等缝型超短快分压降最小，压降的变化趋势最为平缓。

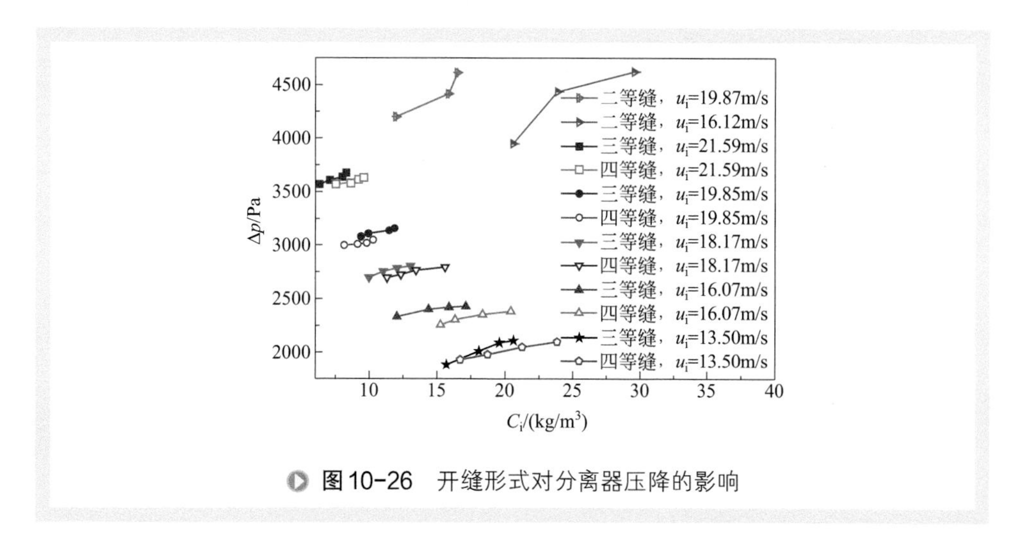

图 10-26　开缝形式对分离器压降的影响

图 10-27 给出了超短快分分离器内气体的停留时间随入口气速的变化。由图 10-27 可知，开缝个数对气体在快分分离器内部的停留时间的变化影响较小，气体停留时间主要是受到气速的影响，气速越大，气体在快分分离器内的停留时间也就越短。结果表明，在工业背景要求的正常操作气速下，超短快分分离器内的气体停留时间基本小于 0.5s。

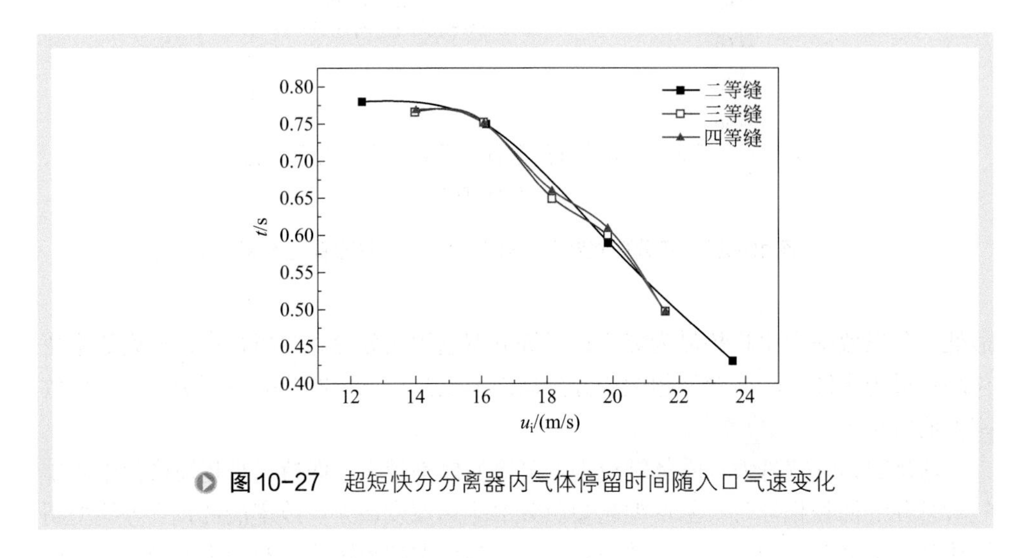

图 10-27　超短快分分离器内气体停留时间随入口气速变化

参考文献

[1] 刘显成 . 后置烧焦管式组合催化裂化再生过程及气固分离器研究 [D]. 北京：中国石油大学（北京），2005.

[2] 刘显成，卢春喜，时铭显 . 基于离心与惯性作用的新型气固分离装置的结构 [J]. 过程工程学报，2005, 5 (5): 504-508.

[3] 刘显成，卢春喜，时铭显 . 一种新型气固分离器气相流场实验研究 [J]. 高校化学工程学报，2006, 20 (6): 875-881.

[4] 刘显成，卢春喜，严超宇，时铭显 . 一种新型气固分离装置结构的优化研究 [J]. 化学反应工程与工艺，2006, 22 (2): 120-124.

[5] 刘梦溪，卢春喜，时铭显 . 催化裂化后反应系统快分的研究进展 [J]. 化工学报，2016, 67 (08): 3133-3145.

[6] 卢春喜，李汝新，刘显成，时铭显 . 催化裂化提升管出口超短快分的分离效率模型 [J]. 高校化学工程学报，2008 (01): 65-70.

下篇

气固旋风分离耦合强化新技术

第十一章

PV 型旋风分离器及其性能强化方法

第一节 PV型旋风分离器尺寸分类优化理论

一、PV型旋风分离器概述

PV 型旋风分离器是 20 世纪 80 年代末我国自主开发的一种新型高效旋风分离器。如图 11-1 所示，它采用平顶、矩形蜗壳入口，主要结构特点是：

① 入口采用矩形 180° 蜗壳式结构；

② 分离器顶板和蜗壳的底板都是水平的，结构简单，且可以避免出现垂直流动；

③ 分离器主体部分由圆筒加圆锥组成，高径比较大，可以增加气流在器内的停留时间和旋转次数，强化了灰斗返混流在上升过程中的二次再分离作用。

除结构简单、综合性能优异外，PV 型旋风分离器更主要的是它有一套独特的设计方法。其技术核心由三部分构成，即旋风分离器尺寸分类优化理论、基于相似参数关联的性能计算方法以及旋风分离器（单级、多级）优化匹配技术，它们互相补充，构成了一个完整、有机的旋风分离器设计技术。

根据这套理论和技术，可以针对不同的操作条件和分离要求，给出“量体裁衣”式的设计，其直径可大可小，高度可高可矮，气速可快可慢。正由于此，它经受住了长期、广泛的生产实践的考验，得到了广大用户的认可。自 1990 年代至今，

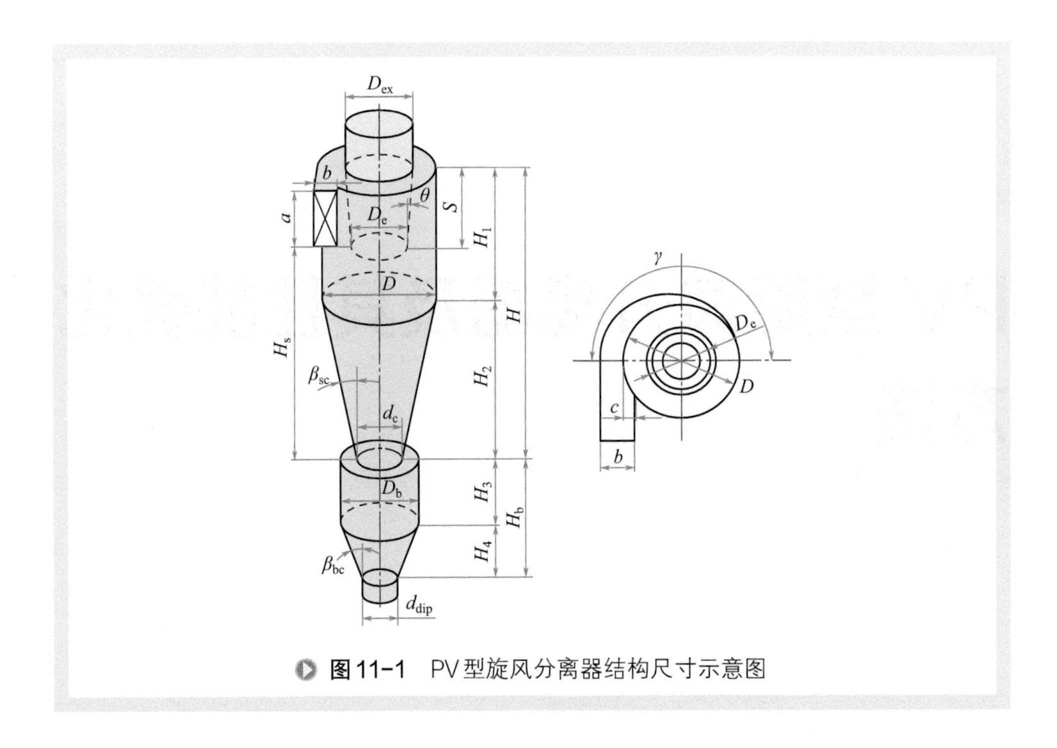

图 11-1 PV 型旋风分离器结构尺寸示意图

它取代了国外的 Ducon 型、Emtrol 型、GE 型等旋风分离器，在我国炼油、石油化工、煤化工等领域获得了广泛的应用，特别是在炼油催化裂化装置、丙烯腈流化床反应器上的应用率高达 90% 以上 [1,2]。

二、尺寸分类优化理论

旋风分离器的设计主要是根据操作条件和分离要求，合理地确定旋风分离器的结构形式和尺寸。通常，旋风分离器的设计分标准设计和定制设计两类。标准设计是一种经验设计法，它将旋风分离器结构定型化，并编制成一定的型号系列。设计时，首先根据处理量和分离要求，从系列中选择某种结构形式，并根据经验确定旋风分离器的直径，其他尺寸则通过查系列表确定；然后，选择适宜计算模型，核算分离性能是否满足要求。如果不能满足要求，那就得调整直径或增加分离器个数，直至满足要求 [3,4]。定制设计也以标准设计为基础，它包含的种类较多，如切割粒径法，集总系数法等，且具体做法存有差别。Muschelknautz[5]、Bohnet[6] 等采用试差法，即不断调整有关尺寸，最终获得既满足分离效率要求同时压降又最低的设计；Leith 和 Mehta[7] 则运用分析方法，尝试了优化设计的可行性。

1990 年代，时铭显等 [8-10] 提出了“旋风分离器尺寸分类优化理论”，并根据相似理论形成了一套优化方法，为旋风分离器设计开辟了新的途径。如图 11-1 所示，PV 型旋风分离器结构看似简单，但它也包含十几个尺寸参数，而且各参数对分离效率和压降均有不同的影响，有的还是互相矛盾的。所以，即使只考虑最简单的单个旋风分离器的设计，也需要对这十几个尺寸进行优化，这即便在理论上是可能的，但在实践上也往往不可行。为此，时铭显等基于大量的实验结果，分析、总结了各尺寸参数对分离性能的不同影响规律和程度，进而提出了“旋风分离器尺寸分类优化理论”。

该理论将旋风分离器的尺寸参数分成三类，并依据各自对分离性能影响程度的不同，用不同的方法进行优化。

第一类尺寸参数只对效率有影响，对压降基本上没什么影响，可通过试验确定其最佳值。这类尺寸主要包括：排尘口直径 d_c、分离空间高径比 $\tilde{H}_s$ 和排气管插入深度 S，另外入口的高宽比 a/b 等也属于这一类。

第二类尺寸参数则对效率和压降均有显著影响，需通过优化组合设计才能确定其最佳值。这类重要的参数有三个，即分离器直径 D、入口面积比 K_A 和排气管直径比 $\tilde{d}_r$ 。

第三类尺寸参数对效率与压降均无明显的影响，如灰斗尺寸与排气管上部尺寸等，它们的最佳值往往是从器壁磨损、操作弹性等方面结合工程经验优化确定。

可见，“尺寸分类优化理论”从众多相互制约的尺寸中突出了分离器直径 D、入口面积比 K_A 和排气管直径比 $\tilde{d}_r$ 等三个主要的参数，这就便于对旋风分离器进行优化设计。

第二节 PV型旋风分离器性能计算方法

一、分离效率计算方法

PV 型旋风分离器采用基于相似参数关联的性能计算方法，且将粒级效率用一系列包含结构参数、操作条件和气固物性在内的相似参数来表示。该关系一般可表述为：

$$\eta=\eta(St, Re, Fr, \cdots) \tag{11-1}$$

为了获得具体的函数关系，金有海[11]、陈建义等[12]首先分析、确定了各相似参数及关键的特征参数；其次是通过相似实验，确定了适宜的函数关系式及相应的实验系数。其主要特点包括：

① 相似参数的选取。通过对单值性条件的相似分析以及实验观测，发现气固相的密度比、颗粒的粒度分布（主要是中位粒径）等对粒级效率均有影响，需要将其作为相似参数引入关联式中。针对排气管直径比 $\tilde{d}_r$ 不同的旋风分离器，陈建义等[12]还提出应将 $\tilde{d}_r$ 作为一独立的相似参数引入关联式中。

② 结构尺寸的缩减。基于“旋风分离器尺寸分类优化理论”，将分离性能与尺寸的关联集中到 D、K_A 和 $\tilde{d}_r$ 等几个关键参数上，使问题得到简化。

③“分段计算粒级效率”的假设。陈建义等[12]认为，粒径、密度不同的颗粒在同一旋风分离器内经历的分离过程并不相同，同样的颗粒在不同旋风分离器内经历的分离过程也可能不同，所以关联式应能根据上述差异区别对待，而区别的判据可归结为一个无量纲数群 Ψ。它综合反映了旋风分离器的结构尺寸、气固物性以及操作条件的影响。

在此基础上，陈建义[12,13]通过对 7 种规格、25 个相似 PV 型旋风分离器实验结果的分析，得到了粒级效率与无量纲数群 Ψ 的关联式，即：

$$\eta(\delta)=\begin{cases}1-\exp\left(-4.241\ \Psi^{1.32}C_{\mathrm{I}}^{b_0}\right) & \Psi\geqslant 1.10\\ 1-\exp\left(-4.306\ \Psi^{1.16}C_{\mathrm{I}}^{b_0}\right) & 0.70<\Psi<1.10\\ 1-\exp\left(-4.111\ \Psi^{1.03}C_{\mathrm{I}}^{b_0}\right) & \Psi\leqslant 0.70\end{cases}\tag{11-2}$$

其中

$$\Psi=St^{0.481}Re^{0.120}Fr^{0.168}\tilde{d}_r^{-0.402}\tilde{\delta}^{-0.242}\tilde{\delta}_m^{0.052}\tilde{\rho}^{0.058}$$

$$St=\frac{\rho_p V_{in}^2\delta^2}{18\mu D},\quad Re=\frac{\rho_g D V_{in}}{\mu K_A \tilde{d}_r},\quad Fr=\frac{g\tilde{H}_s K_A^2 D}{V_{in}^2}$$

$$\tilde{\delta}=\frac{\delta}{\delta_m},\quad \tilde{\delta}_m=\frac{\delta_m}{D},\quad \tilde{\rho}=\frac{\rho_p}{\rho_g},\quad C_{\mathrm{I}}=\frac{C_{in}}{\rho_g}$$

$$b_0=0.115\exp\left(-\frac{2}{5+125C_{\mathrm{I}}}\right)$$

式中 ρ_p，ρ_g——颗粒密度、气体密度，kg/m^3；

V_{in}——旋风分离器入口气速，m/s；

δ——颗粒直径，m；

δ_m——颗粒中位粒径，m；

μ——气体动力黏度，Pa • s；

D——旋风分离器直径，m；

C_{in}——入口浓度，kg/m^3；

K_A——入口截面比；

$\tilde{d}_r$——排气管直径比；

$\tilde{H}_s$——分离空间高径比。

说明：①式（11-2）中 Ψ 是细颗粒、中颗粒和粗颗粒的判据。称 $\Psi\leqslant 0.70$ 的颗粒为细颗粒，$\Psi\geqslant 1.10$ 的颗粒为粗颗粒，介于中间的则为中颗粒。这里颗粒“粗细”的区分与通常按颗粒尺度划分有所不同，而且不是绝对的。它不仅与颗粒的大小相关，而且与旋风分离器的结构尺寸、操作条件以及气相物性等密切相关。换言之，相同的颗粒在某旋风分离器中可能是细颗粒，但在另一分离器中则可能被视作中颗粒或粗颗粒，反之亦然。②式（11-2）适用范围：入口气速 8～36m/s，最高温度 973K，入口浓度 0.0005～3kg/m^3。

式（11-3）则给出粒级效率 η 与分离效率 E 的关系。当给定粉料的粒度分布密度函数 $f_{in}(\delta)$ 后，分离效率 E 为：

$$E=\int_0^{\delta_{max}}\eta\left(\delta\right)f_{in}\left(\delta\right)d\delta \tag{11-3}$$

二、纯气流压降计算方法

PV 型旋风分离器的压降可由陈建义等[14]提出的 ESD 模型计算。该模型认为，旋风分离器的压降由四部分组成：①气流进入分离器时因通流截面突然扩大而造成的膨胀损失；②形成旋涡流动而消耗的能量，也称旋流损失，其实质就是气流与壁面的摩擦损失；③气流进入排气管时因通流截面突然收缩而造成的损失，也称出口损失；④排气管入口至测压点之间气流动能的耗散损失。因此，压降可表示为：

$$\Delta p=\Delta p_{exp}+\Delta p_{con}+\Delta p_{sw}+\Delta p_{dis} \tag{11-4}$$

式中　Δp_{exp}——进口膨胀损失，Pa；

Δp_{con}——出口收缩损失，Pa；

Δp_{sw}——旋风分离器内的旋流损失，Pa；

Δp_{dis}——排气管内纯气流动能的耗散损失，Pa。

1. 纯气流进口膨胀损失 Δp_{exp}

气流进入分离器时，将在径向和轴向产生膨胀，并导致局部膨胀损失。如图 11-2 所示，对直切式进口，径向膨胀损失是 $b/(R-r_e)$ 的函数；对蜗壳式进口，设入口切进宽度为 c，其切进度为 $\tilde{c}=c/b$，所以径向膨胀损失应当是 $b/(R+b-\tilde{c}b-r_e)$ 的函数。各符号意义见图 11-2。

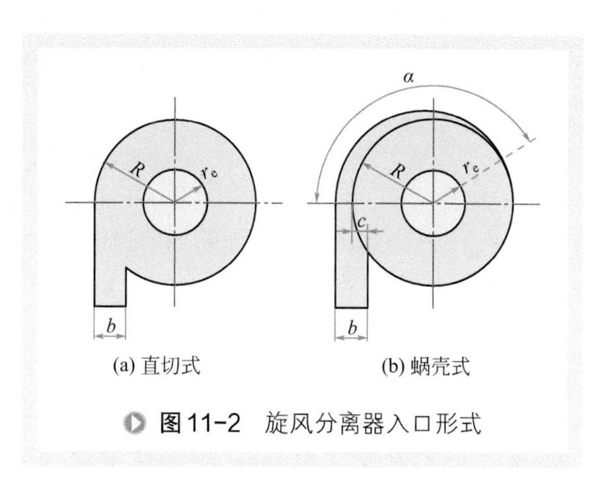

图 11-2　旋风分离器入口形式

根据膨胀损失的计算方法，径向膨胀损失可表示为：

$$\Delta p_r=\left(1-\frac{b}{R+b-\tilde{c}b-r_e}\right)^2\frac{\rho_g V_{in}^2}{2} \tag{11-5}$$

轴向膨胀损失不易确定，但并不大，为简便计，可在径向膨胀损失中加入一个修正系数 k_i 来考虑这部分的影响（一般可取 k_i=0.3），从而可将进口膨胀损失 Δp_{exp} 表示为：

$$\Delta p_{\text{exp}}=\left(1-k_{\text{i}}\frac{b}{R+b-\tilde{c}b-r_{\text{e}}}\right)^{2}\frac{\rho_{\text{g}}V_{\text{in}}^{2}}{2} \tag{11-6}$$

对 PV 型旋风分离器，切进度 $\tilde{c}$ 不小于 1/3，将 b 和 r_{e} 用 R 无量纲化后，式（11-6）简化为：

$$\Delta p_{\text{exp}}=\left(1-\frac{2k_{\text{i}}\tilde{b}}{1+1.33\tilde{b}-\tilde{d}_{\text{r}}}\right)^{2}\frac{\rho_{\text{g}}V_{\text{in}}^{2}}{2} \tag{11-7}$$

2. 纯气流出口收缩损失 Δp_{con}

当气流从分离空间进入排气管时，由于通流面积突然减小，也会产生局部损失。在分离空间内，气流沿径向分为上行流和下行流，且上行流所占面积约为筒体面积的 1/3，见图 11-3。所以，上、下行流分界面半径近似地等于 $\sqrt{3}R/3$，即上行流平均气速约为 $3V_{\text{in}}/K_{\text{A}}$，故有：

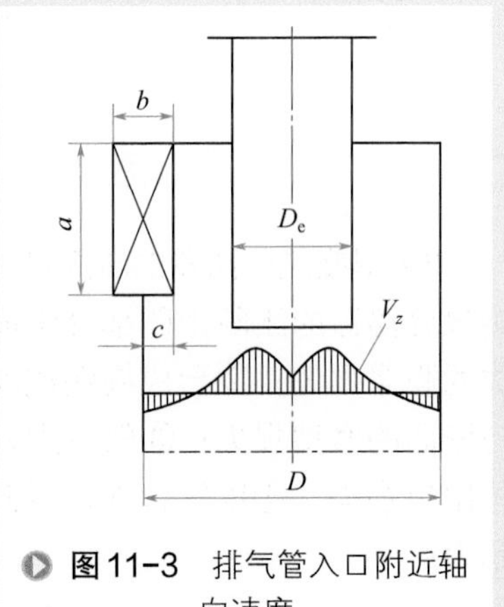

图11-3 排气管入口附近轴向速度

$$\Delta p_{\text{con}}=0.5\left(1-3\tilde{d}_{\text{r}}^{2}\right)\frac{\rho_{\text{g}}}{2}\left(\frac{3V_{\text{in}}}{K_{\text{A}}}\right)^{2}=4.5\frac{\left(1-3\tilde{d}_{\text{r}}^{2}\right)}{K_{\text{A}}^{2}}\times\frac{\rho_{\text{g}}V_{\text{in}}^{2}}{2} \tag{11-8}$$

3. 纯气流旋流损失 Δp_{sw}

气流与壁面存在黏性摩擦，由此造成的损失称为旋流损失。借鉴 Muschelknautz[15] 的理论，从分离器边壁至内、外旋流分界面 $r=r_{\text{t}}$ 处产生的旋流损失 Δp_{sw} 可按以下方法计算，即：

$$\Delta p_{\text{sw}}=\frac{f_{0}F_{\text{s}}\rho_{\text{g}}\left(V_{\theta\text{w}}V_{\theta\text{t}}\right)^{1.5}}{2\times\left(0.9Q_{\text{in}}\right)} \tag{11-9}$$

式中 $V_{\theta\text{w}}$——筒体边壁处气流的切向速度，m/s；

$V_{\theta\text{t}}$——内、外旋流分界面（$r=r_{\text{t}}$）处气流的切向速度，m/s；

Q_{in}——气体流量，m^3/s；

F_{s}——气流与器壁的接触面积，m^2；

f_0——气流与器壁的摩擦系数，对于一般钢制旋风分离器可取 f_0=0.005。

由于 $V_{\theta\text{w}}=\tilde{V}_{\theta\text{w}}V_{\text{in}}$，$V_{\theta\text{t}}=\tilde{V}_{\theta\text{t}}V_{\text{in}}$，按准自由涡的速度分布规律（设旋涡指数为 n），有：

$$\tilde{V}_{\theta\text{t}}=\tilde{V}_{\theta\text{w}}\tilde{r}_{\text{t}}^{-n}$$

又因为 $Q_{\text{in}}=abV_{\text{in}}=\pi D^2V_{\text{in}}/(4K_{\text{A}})$，故式（11-9）可改写为：

$$\Delta p_{\text{sw}}=\frac{4K_{\text{A}}f_{0}F_{\text{s}}\tilde{V}_{\theta\text{w}}^{3}}{0.9\pi D^{2}\tilde{r}_{\text{t}}^{1.5n}}\times\frac{\rho_{\text{g}}V_{\text{in}}^{2}}{2} \tag{11-10}$$

其中气流与器壁的接触面积 F_s 包括顶盖面积、筒体和锥体表面积、排气管外表面积以及灰斗表面积，所以可将 F_s 写成：

$$F_s = \frac{\pi}{4}\left(D^2 - D_e^2\right) + \pi D_e S + \pi D H_1 + \frac{\pi}{2}\left(D + d_c\right)\sqrt{H_2^2 + \frac{\left(D - d_c\right)^2}{4}} + \pi D_b H_b$$

引入无量纲接触面积 $\tilde{F}_s$，有：

$$\tilde{F}_s = \frac{4F_s}{\pi D^2} = \left(1 - \tilde{d}_r^2\right) + 4\tilde{d}_r\tilde{S} + 4\tilde{H}_1 + \left(1 + \tilde{d}_c\right)\sqrt{4\tilde{H}_2^2 + \left(1 - \tilde{d}_c\right)^2} + 4\tilde{D}_b\tilde{H}_b \quad (11\text{-}11)$$

式中，$\tilde{H}_1 = H_1 / D$；$\tilde{H}_2 = H_2 / D$；$\tilde{d}_c = d_c / D$；$\tilde{D}_b = D_b / D$；$\tilde{H}_b = H_b / D$。

根据 $\tilde{F}_s$ 的定义式，可将式（11-10）改写为：

$$\Delta p_{sw} = 1.11 f_0 K_A \tilde{F}_s \tilde{V}_{\theta w}^3 \tilde{r}_t^{-1.5n} \frac{\rho_g V_{in}^2}{2} \quad (11\text{-}12)$$

4. 排气管内纯气流动能的耗散损失 Δp_{dis}

排气管内气流旋转运动仍较强，其切向速度分布与分离空间中的类似，只是轴向速度分布有较大的差别。在旋流中心附近，轴向速度极小，而在近排气管边壁的环形区域，轴向速度却很大，流量就集中在这一区域。图 11-4 是胡砾元[16]测得的排气管内典型的切向、轴向速度分布。

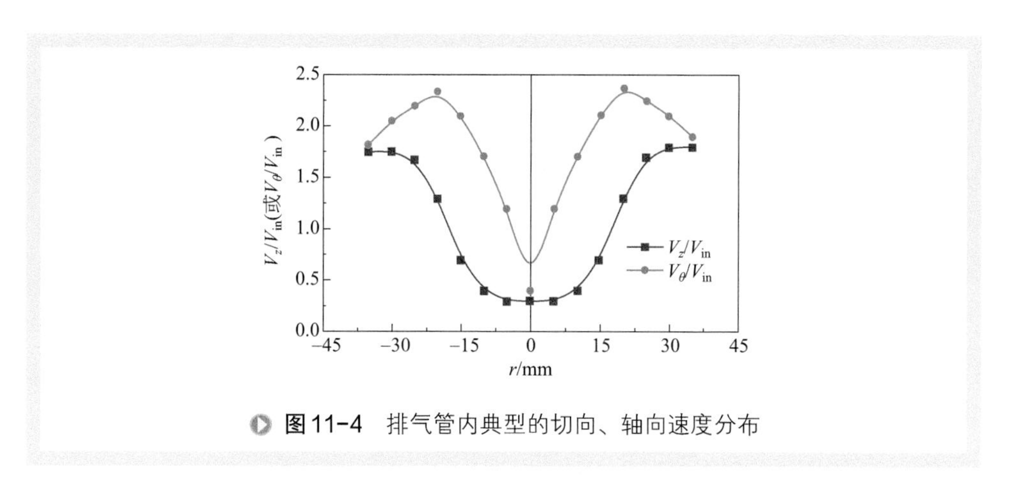

图 11-4　排气管内典型的切向、轴向速度分布

据此可将排气管横截面分成两个区域：核心区和环形区。设核心区和环形区分界面半径仍为 r_t，根据实验结果，气流的轴向速度 V_z 可用下式描述：

$$V_z = \begin{cases} \dfrac{r^3}{r_t^3} V_e' & 0 \leqslant r \leqslant r_t \\ V_e' & r_t \leqslant r \leqslant r_e \end{cases} \quad (11\text{-}13)$$

式中，V_e' 是环形区气流的平均轴向速度，m/s。

根据流量衡算可得：

$$V_e' = \frac{V_{in}}{K_A\left(\tilde{d}_r^2 - 0.6\tilde{r}_t^2\right)} \quad (11\text{-}14)$$

于是，按照旋转动量矩传递规律，可近似求得排气管环形区气流的平均切向速度 $\bar{V}_\theta$：

$$\bar{V}_\theta=\sqrt{V_{\theta \mathrm{t}}V_{\theta \mathrm{e}}}=\tilde{V}_{\theta \mathrm{w}}\left(\tilde{r}_\mathrm{t}\tilde{r}_\mathrm{e}\right)^{-0.5n}V_\mathrm{in}=\tilde{V}_{\theta \mathrm{w}}\left(\tilde{r}_\mathrm{t}\tilde{d}_\mathrm{r}\right)^{-0.5n}V_\mathrm{in} \tag{11-15}$$

所以，排气管内纯气流动能的耗散损失 Δp_dis 可写成：

$$\Delta p_\mathrm{dis}=\frac{\rho_\mathrm{g}}{2}\left(\overline{V_\theta^2+V_\mathrm{e}'^2}\right)=\left[\frac{\tilde{V}_{\theta \mathrm{w}}^2}{\left(\tilde{r}_\mathrm{t}\tilde{d}_\mathrm{r}\right)^n}+\frac{1}{K_\mathrm{A}^2\left(\tilde{d}_\mathrm{r}^2-0.6\tilde{r}_\mathrm{t}^2\right)^2}\right]\frac{\rho_\mathrm{g}V_\mathrm{in}^2}{2} \tag{11-16}$$

5. 纯气流压降计算方法

将 Δp_exp～Δp_dis 求和即得旋风分离器的压降 Δp，但一般表示成阻力系数的形式，即：

$$\Delta p=\xi\frac{\rho_\mathrm{g}V_\mathrm{in}^2}{2}$$

$$\xi=\left(1-\frac{2k_\mathrm{i}\tilde{b}}{1+1.33\tilde{b}-\tilde{d}_\mathrm{r}}\right)^2+\frac{4.5\left(1-3\tilde{d}_\mathrm{r}^2\right)}{K_\mathrm{A}^2}+1.11f_0K_\mathrm{A}\tilde{F}_\mathrm{s}\tilde{V}_{\theta \mathrm{w}}^3\tilde{r}_\mathrm{t}^{-1.5n}+\frac{\tilde{V}_{\theta \mathrm{w}}^2}{\left(\tilde{r}_\mathrm{t}\tilde{d}_\mathrm{r}\right)^n}+\frac{1}{K_\mathrm{A}^2\left(\tilde{d}_\mathrm{r}^2-0.6\tilde{r}_\mathrm{t}^2\right)^2}$$

大量算例表明，压降中第二项占比很小（一般不到 1%），可忽略，故上式可简化为：

$$\xi=\left(1-\frac{2k_\mathrm{i}\tilde{b}}{1+1.33\tilde{b}-\tilde{d}_\mathrm{r}}\right)^2+\frac{1.11f_0K_\mathrm{A}\tilde{F}_\mathrm{s}\tilde{V}_{\theta \mathrm{w}}^3}{\tilde{r}_\mathrm{t}^{1.5n}}+\frac{\tilde{V}_{\theta \mathrm{w}}^2}{\left(\tilde{r}_\mathrm{t}\tilde{d}_\mathrm{r}\right)^n}+\frac{1}{K_\mathrm{A}^2\left(\tilde{d}_\mathrm{r}^2-0.6\tilde{r}_\mathrm{t}^2\right)^2} \tag{11-17}$$

可见，压降主要与进出口的结构尺寸、器壁表面积、摩擦系数和切向速度分布规律有关。根据文献 [14]，边壁处切向速度 $\tilde{V}_{\theta \mathrm{w}}$、旋流指数 n 和 $\tilde{r}_\mathrm{t}$ 可分别用以下公式计算：

$$\tilde{V}_{\theta \mathrm{w}}=\frac{1.11K_\mathrm{A}^{-0.21}\tilde{d}_\mathrm{r}^{0.16}Re^{0.06}}{1+f_0\tilde{F}_\mathrm{s}\sqrt{K_\mathrm{A}\tilde{d}_\mathrm{r}}} \tag{11-18}$$

$$n=1-\exp\left[-0.26Re^{0.12}\left(1+\frac{|S-a|}{4b}\right)^{-0.5}\right] \tag{11-19}$$

$$\frac{\tilde{r}_\mathrm{t}}{\tilde{d}_\mathrm{r}}=\frac{1}{2}+\frac{2}{7}n^2+\frac{4}{9+12\sqrt{n}}\ln\frac{V_{\theta \mathrm{e}}}{V_\mathrm{e}} \tag{11-20}$$

式中 $V_{\theta \mathrm{e}}$——半径 $r=r_\mathrm{e}$ 处气流的切向速度（按准自由涡规律计算），m/s；

V_e——基于排气管截面的气流平均轴向速度，m/s；

Re——基于排气管的气流雷诺数，计算方法见式（4-72）。

三、含尘气流压降计算方法

含尘气流压降的计算是个较为复杂的问题，虽然 Muschelknautz[15]，陈建义等[17]

等总结了一些经验或理论的方法，但该问题仍未得到很好的解决。显然，含尘气流压降仍应由前述的四部分构成，只是各部分计算方法有所不同，以下按同样顺序加以讨论。为示区别，用下标 c 表示含尘气流各部分的压降。

1. 含尘气流进口膨胀损失 $(\Delta p_{\text{exp}})_\text{c}$

在进口通流截面扩大区，粉尘和气流还未来得及分离，故不妨将含尘气流看成密度为 $(\rho_\text{g}+C_\text{in})$ 的拟流体。参照式（11-7），含尘气流的进口膨胀损失 $(\Delta p_{\text{exp}})_\text{c}$ 可表示成：

$$\left(\Delta p_{\text{exp}}\right)_\text{c}=\left(1-\frac{2k_\text{i}\tilde{b}}{1+1.33\tilde{b}-\tilde{d}_\text{r}}\right)^2\left(1+\frac{C_\text{in}}{\rho_\text{g}}\right)\frac{\rho_\text{g}V_\text{in}^2}{2} \tag{11-21}$$

2. 含尘气流出口收缩损失 $(\Delta p_{\text{con}})_\text{c}$

若入口浓度 C_in 较低，则该项数值与纯气流时相当。即使入口浓度 C_in 很高，此时往往旋风分离器的分离效率 E 也很高，所以进入排气管的气流含尘浓度仍很低，所以，该项的数值仍很小，因此无论入口浓度 C_in 是高或低，仍然可以将该项忽略。

3. 含尘气流旋流损失 $(\Delta p_{\text{sw}})_\text{c}$

实验观察发现，被分离的颗粒会在器壁上形成螺旋状的“灰带”或“灰层”，其效果相当于增加了器壁的表面粗糙度 [18]，从而影响旋流损失。所以，在计算含尘气流的旋流损失时，一方面不能再采用纯气流时的摩擦系数 f_0，而应当用含尘时的摩擦系数 f。类比 Muschelknautz[15] 等的做法，f 可表示为：

$$f=f_0\left(1+3\sqrt{C_\text{in}/\rho_\text{g}}\right) \tag{11-22}$$

另一方面，因含尘气流与器壁的摩擦增大，旋流衰减将加剧。结合含尘压降测量结果 [17]，可通过修正 $\tilde{V}_{\theta\text{w}}$ 来反映入口浓度 C_in 的影响，且

$$\tilde{V}'_{\theta\text{w}}=\frac{\tilde{V}_{\theta\text{w}}}{1+0.35\left(C_\text{in}/\rho_\text{g}\right)^{0.27}} \tag{11-23}$$

其中 $\tilde{V}'_{\theta\text{w}}$ 就是含尘时边壁处无量纲切向速度。相应地，计算含尘条件下半径 r_e 和 r_t 处的切向速度 $\tilde{V}'_{\theta\text{e}}$、$\tilde{V}'_{\theta\text{t}}$ 时，也只需将其中的 $\tilde{V}_{\theta\text{w}}$ 用 $\tilde{V}'_{\theta\text{w}}$ 代替。因此，含尘条件下的旋流损失 $(\Delta p_{\text{sw}})_\text{c}$ 应为：

$$\left(\Delta p_{\text{sw}}\right)_\text{c}=1.11f\,K_\text{A}\tilde{F}_\text{s}\tilde{V}'^3_{\theta\text{w}}\,\tilde{r}_\text{t}^{-1.5n}\,\frac{\rho_\text{g}V_\text{in}^2}{2} \tag{11-24}$$

4. 排气管内含尘气流动能的耗散损失 $(\Delta p_{\text{dis}})_\text{c}$

该损失的机制与纯气流时并无差别，只需将修正的 $\tilde{V}'_{\theta\text{w}}$ 代入式（11-16）即可，即：

$$\left(\Delta p_{\text{dis}}\right)_\text{c}=\frac{\rho_\text{g}}{2}\left(\overline{V'^2_\theta+V_\text{e}^2}\right)=\left[\frac{\tilde{V}'^2_{\theta\text{w}}}{\left(\tilde{r}_\text{t}\tilde{d}_\text{r}\right)^n}+\frac{1}{K_\text{A}^2\left(\tilde{d}_\text{r}^2-0.6\tilde{r}_\text{t}^2\right)^2}\right]\frac{\rho_\text{g}V_\text{in}^2}{2} \tag{11-25}$$

5. 含尘气流压降计算方法

因此，含尘条件下的阻力系数 ξ_c 应为：

$$\xi_c = \left(1+\frac{C_{in}}{\rho_g}\right)\left(1-\frac{2k_i\tilde{b}}{1+1.33\tilde{b}-\tilde{d}_r}\right)^2 + \frac{1.11 f K_A \tilde{F}_s \tilde{V}'^3_{\theta w}}{\tilde{r}_t^{1.5n}} + \frac{\tilde{V}'^2_{\theta w}}{\left(\tilde{r}_t \tilde{d}_r\right)^n} + \frac{1}{K_A^2\left(\tilde{d}_r^2-0.6\tilde{r}_t^2\right)^2} \quad (11\text{-}26)$$

当 C_{in} 为零时，式（11-26）就退化为式（11-17），故可将式（11-26）作为纯气流和含尘气流压降计算的统一模型。鉴于该模型认为压降是由膨胀损失（expansion loss）、旋流损失（swirling loss）和耗散损失（dissipation loss）构成的，故将其命名为 ESD 模型。

第三节 PV型旋风分离器优化设计方法

一、PV型旋风分离器优化设计问题

旋风分离器的优化设计是指：根据操作条件和气固相物性，合理地选择旋风分离器的结构形式、确定各部件的尺寸，使得它的压降最低，分离效率最高，并且材料消耗最少。优化设计的关键是如何合理地构建优化模型，包括选择分离效率和压降的计算公式，确定约束条件以及求解方法等。

1. 优化设计数学模型

旋风分离器优化设计的实质是一个多目标非线性约束规划问题。其优化目标一般包括分离效率、压降和材料消耗，而设计变量就是结构形式和尺寸，约束条件主要是对结构尺寸的直接约束，但也可表现为对效率、压降或入口气速的限制。若用 E、Δp 和 W 表示分离效率、压降以及材料消耗量，则优化设计模型可表示成：

$$\begin{cases} V-\min\left[(1-E),\Delta p, W\right]^{\mathrm{T}} \\ \qquad \text{s.t.} \quad abV_{in}=Q_{in} \\ \qquad\qquad E \geqslant E_{min} \\ \qquad\qquad \Delta p \leqslant \Delta p_{max} \\ \qquad\qquad V_{min} \leqslant V_{in} \leqslant \min\left(V_{opt}, V_{erosion}\right) \\ \qquad\qquad x_{i\min} \leqslant x_i \leqslant x_{i\max} \end{cases} \quad (11\text{-}27)$$

式中，V_{opt} 为最佳入口气速，m/s；$V_{erosion}$ 为器壁磨损允许的入口气速，m/s。

式（11-27）中：$E=\int_0^{\delta_{max}} \eta(\boldsymbol{x},\boldsymbol{y},\boldsymbol{z}) f_{in}\,\mathrm{d}\delta$，$\Delta p=\Delta p(\boldsymbol{x},\boldsymbol{y},\boldsymbol{z})$，$W=W(\boldsymbol{x})$

式中，$\boldsymbol{x}$，$\boldsymbol{y}$ 和 $\boldsymbol{z}$ 分别表示结构参数向量、气相参数向量和颗粒相参数向量，并且 $\boldsymbol{y}$

和 $\boldsymbol{z}$ 是已知的，只有 $\boldsymbol{x}$ 才是需要优化的决策向量。

气相参数向量 $\boldsymbol{y}$ 包括处理气量 Q_{in}、温度 T、压力 p、密度 ρ_g 和黏度 μ 等；颗粒相参数向量 $\boldsymbol{z}$ 则由颗粒密度 ρ_p、粒度分布密度函数 f_{in}、中位粒径 δ_m 以及入口浓度 C_{in} 等构成。可将 $\boldsymbol{x}$、$\boldsymbol{y}$ 和 $\boldsymbol{z}$ 表示成：

$$\boldsymbol{x}=(D, a, b, c, D_e, D_{ex}, S, H_1, H_2, H_3, H_4, d_c, D_b, H_b, d_{dip}, \beta_{sc}, \beta_{bc}, \gamma, \vartheta)^T \quad (11\text{-}28)$$

$$\boldsymbol{y}=(Q_{in}, p, T, \rho_g, \mu)^T \quad (11\text{-}29)$$

$$\boldsymbol{z}=(\rho_p, f_{in}, \delta_m, C_{in})^T \quad (11\text{-}30)$$

所以式（11-27）的意义就是，在约束条件许可范围内，寻求合适的结构参数向量 $\boldsymbol{x}$，使得分离效率最高，压降最低，而材料消耗又最少。

在约束构成中，前三个约束条件是对分离性能的约束，即必须达到的处理量、最低分离效率以及最高许可压降；后面的约束条件分别是对入口气速和结构尺寸的限制。旋风分离器存在最佳入口气速 V_{opt}，超过此气速后，效率不升反降，所以入口气速不能超过 V_{opt}。至于对结构参数的约束，需综合考虑分离效率、压降、空间排布和经济性等方面的要求。例如，对直径 D，当压降给定时，往往 D 取较大值对分离是有利的；但考虑安装排布以及经济性的限制，直径 D 也不能取得过大。又如，当要求处理量较大且消耗材料也较少时，可以规定截面气速 V_0 不得低于某个下限值；而当要求分离效率高且压降低时，可以规定 V_0 不超过某个上限值，或规定入口截面比 K_A 不得低于某个下限值。

2. 目标函数及优化求解分析

在目标函数中，材料消耗量 W 只是结构参数向量 $\boldsymbol{x}$ 的函数。作为一种简化，可将最少的 W 与最小的直径 D 等价。与 W 不同，压降 Δp 与向量 $\boldsymbol{x}$、$\boldsymbol{y}$ 和 $\boldsymbol{z}$ 均密切相关，而且压降计算公式通常都表示成向量 $\boldsymbol{x}$、$\boldsymbol{y}$ 和 $\boldsymbol{z}$ 的显函数，因此在优化过程中比较容易处理。

目标函数 E 也是向量 $\boldsymbol{x}$、$\boldsymbol{y}$ 和 $\boldsymbol{z}$ 的函数。分离效率计算式是一个［0, δ_{max}］区间上函数（ηf_{in}）关于粒径 δ 的定积分，该定积分难以通过解析方法求得。这样就无法将目标函数 E 表示成决策向量 $\boldsymbol{x}$ 的显函数，不易运用常规的优化方法进行求解，只能通过数值方法求解。在有些情况下，粒度分布是以离散形式而非函数形式给出的，此时也只能依靠数值方法。

上述优化问题的复杂性还在于：对压降 Δp 和分离效率 E，它们不仅仅是目标函数，而且还是约束条件。特别是决策向量 $\boldsymbol{x}$ 中包含有十几个结构元素，要对这十几个元素进行优选，这即便在理论上是可能的，但在实践上往往不可行，所以，必须采取适当的方法，对问题进行必要、合理的简化。

二、PV型旋风分离器优化设计模型的简化

优化设计模型的简化是指，通过某种方法强化约束条件，限定设计变量的取值

方式，缩小求解的可行域，与此相对应可能还需调整目标函数的表现形式。

首先是决策向量 $\boldsymbol{x}$ 元素的缩减。$\boldsymbol{x}$ 中各元素并非完全独立，而是存在一定的相互关系，这就为减少决策变量个数提供了可能。例如，一些关键尺寸应满足一定的比例关系，而一些次要的尺寸可以通过工程设计中的相关规定加以限定。至于具体比例的大小以及如何限定，可依据“旋风分离器尺寸分类优化理论”确定。其次是减少目标函数所包含的决策变量的个数，这就要求分离效率和压降计算模型所涉及的结构参数尽可能地少。以下即从决策向量和目标函数两方面，讨论 PV 型旋风分离器优化设计模型的简化。

1. 决策向量 $\boldsymbol{x}$ 元素的缩减

（1）第一类尺寸的直接优化 根据“旋风分离器尺寸分类优化理论”，第一类尺寸只影响效率，基本上不影响压降，它主要包括排气管插入深度 S，分离器高度 H 以及排尘口直径 d_c 等三个。对这类尺寸，可通过实验及定性分析，直接确定它们的最宜尺寸，无需出现在压降和分离效率的计算模型当中，对它们的优化也称为直接优化。

① 排气管插入深度 $S(=\tilde{S}a)$。它主要影响排气管入口与分离器入口的相对位置。S 越小，含尘气流越易走短路，导致效率下降，但 S 过大又会缩短分离空间高度，同样会降低效率。$\tilde{S}$ 可取 0.8～1.2，并优选 1.0。可见，入口高度 a 确定后，S 就不再是独立的设计变量。

② 分离器高度 $H(=\tilde{H}D)$。指筒体和锥体高度之和，即（H_1+H_2）。H 越大，分离空间高度 H_s 增加，气体停留时间延长，有利于颗粒的分离，但这种作用有限。若分离空间过高，不利于安装排布，经济性也下降。根据实验以及应用经验，推荐 $\tilde{H}=(H_1+H_2)/D=3.6\sim3.8$。若要求的效率较高，可取 $\tilde{H}=4.0$。上述约束也可用分离空间高径比 $\tilde{H}_s=H_s/D$ 来表征，根据 S 或 a 的取值限制，一般 $\tilde{H}_s=2.8\sim3.4$，推荐 $\tilde{H}_s=3.1$。

此外，还需确定筒体和锥体高度。筒体高度 H_1 的选择原则是保证含尘气流在筒体下段即（H_1-S）内至少旋转一周，即保证（H_1-S）$\geqslant a$，以便颗粒有足够的时间迁移到器壁，这样就要保证 $H_1\geqslant 2a$。这一条件也可改写为：

$$\tilde{H}_1=\frac{H_1}{D}\geqslant\frac{2a}{D}=\sqrt{\frac{\pi(a/b)}{K_A}} \tag{11-31}$$

根据 PV 型旋风分离器 K_A 和 a/b 的取值范围，上式右端的值在 0.80～1.55 之间。为了充分保证该约束条件，可取 $\tilde{H}_1=1.6$，多数情况下取 $\tilde{H}_1=1.4$。当高度 H 或高径比 $\tilde{H}_s$ 确定后，H_2 不再独立，因 $H_2=(\tilde{H}-\tilde{H}_1)D$，故可得 $\tilde{H}_2$=2.0～2.2，并优先推荐 $\tilde{H}_2$=2.2。

③ 排尘口直径 $d_c(=\tilde{d}_cD)$。它的取值原则是保证排尘顺畅，减少颗粒的返混。为此，d_c 不宜太小，通常要大于内旋流直径，以防止内外旋流分界面与锥体

的器壁相交。考虑到内旋流直径大约是排气管直径 D_e 的 0.65～0.75 倍，所以有 $\tilde{d}_c \geqslant (0.65 \sim 0.75)\tilde{d}_r$。

另一方面，d_c 与 H_2 还决定了半锥顶角 β_{sc} 的大小，即：

$$\tan\beta_{sc} = \frac{D-d_c}{2H_2} = \frac{1-\tilde{d}_c}{2\tilde{H}_2} \quad \Rightarrow \tilde{d}_c = 1-2\tilde{H}_2\tan\beta_{sc} \tag{11-32}$$

β_{sc} 越大，靠边壁旋转的颗粒所受的离心力的向上分量就越大，一旦该分力与驱动颗粒沿边壁向下运动的作用力平衡，就会在排尘口附近或锥段上部形成灰环，不仅造成排料不畅，而且会加剧锥体的磨损。颗粒越粗，旋转速度越快，此问题就越突出，所以 β_{sc} 又应尽可能地小。可见，$\tilde{d}_c$ 取值至少应满足：

$$\tilde{d}_c = \max\left[\left(1-2\tilde{H}_2\tan\beta_{sc}\right),\ (0.65 \sim 0.75)\tilde{d}_r\right]$$

对气固流化床反应器旋风分离器，推荐 $\beta_{sc} \approx 7° \sim 9°$，若将 $\tilde{H}_2$=2.2 代入可得：

$$\tilde{d}_c = \max\left[(0.38 \sim 0.46),\ (0.65 \sim 0.75)\tilde{d}_r\right] \tag{11-33}$$

石油化工装置对效率要求高，排气管直径 D_e 不会取很大，通常 $\tilde{d}_r \leqslant 0.60$，由此可得：$\tilde{d}_c = 0.38 \sim 0.45$，且优先推荐 $\tilde{d}_c = 0.40$。

（2）第二类尺寸的组合优化 第二类尺寸对效率和压降都有显著影响，主要包括直径 D、排气管下口直径比 $\tilde{d}_r$ 和入口截面比 K_A。首先，直径 D 的重要性毋庸置疑，它不仅影响处理量、分离效率和压降，而且影响分离器的空间排布、制造安装的便利性及设备投资等。其次，K_A 和 $\tilde{d}_r$ 都是效率和压降的单调函数。当直径 D 和处理量 Q_{in} 不变时，任何导致效率升高的 K_A 或 $\tilde{d}_r$ 都会导致压降升高；反之亦然。所以 K_A 和 $\tilde{d}_r$ 是优化设计的关键，必须用组合优化方法确定最佳取值。

① 排气管下口直径比 $\tilde{d}_r = D_e / D$。$\tilde{d}_r$ 越小，内旋流区缩小，最大切向速度增大，离心力场增强，分离效率增高，但压降也随之急剧升高。但分离效率并非随 $\tilde{d}_r$ 减小而一直升高。实验证明，$\tilde{d}_r$ 小到一定程度后，效率几乎维持不变，但压降却一直快速上升[19,20]。因此，选择过小的 $\tilde{d}_r$ 并不合理。根据大量实验规律，可规定 $\tilde{d}_r \geqslant 0.25$。另一方面，若 $\tilde{d}_r$ 过大，含尘气流进入分离器后可能直接冲向排气管外壁，造成环形空间流动紊乱，影响分离效果。根据几何关系，可规定 $\tilde{d}_r \leqslant 0.75$。

② 入口截面比 K_A。K_A 不仅影响效率和压降，而且关系到处理量和材料消耗量等，影响规律比较复杂。当入口气速 V_{in} 和直径 D 一定时，K_A 增大，截面气速 V_0 减小，颗粒在器内停留时间延长，分离效率提高，而且排气管内气流轴向速度减慢，气流动能耗散减少，压降减小。可见，较大的 K_A 值意味着更高的效率和更低的压降，但不利的是处理量随之减少。反之，若保持截面气速 V_0 和直径 D 一定（此时处理量 Q_{in} 也一定），则 K_A 越大，入口气速 V_{in} 也就越高，器内旋流场增强，但平均径向气速保持不变，故效率提高且压降也增大。可见，当要求高效低阻时，可选较大的 K_A 值，但这意味着直径 D 增大，对内置旋风分离器，可能会造成排布困难。若不希望采用大的分离器又试图达到高效率，则可选取较大的 K_A 或选

择较小的 $\tilde{d}_r$，而这又意味着压降的增大。对常用旋风分离器，推荐其取值范围为：$3 \leqslant K_A \leqslant 10$。

对于入口结构，为了减少气流间的相互干扰，采用蜗壳式入口较有利，其设计参数包括蜗壳包角 γ 和入口切入筒体的宽度 c。包角 γ 可取 45°、135°、180°，γ=180°时最佳。入口切入筒体的切进度 $\tilde{c}(=c/b)$ 有一个最佳值。切进度越小，入口气流对分离的影响越小，效率也越高，不利的是分离器的平面尺寸会增大。综合考虑，推荐 $\tilde{c}=1/3$。

矩形入口的特征常用高宽比 a/b 来描述，一般取 a/b=2。实验表明，当 a/b 进一步增大时，分离性能会继续改善，但对于 180° 蜗壳式入口，效率提高并不多，而且压降还略有增加。所以，从简化设计考虑，可将高宽比 a/b 固定在 2.0～2.3 之间。

根据高宽比 a/b 以及宽度 b 的约束条件，还可推得最低入口气速的计算式：

$$V_{\min} = \frac{Q_{\text{in}}}{2D^2(1-\tilde{d}_r)^2} \tag{11-34}$$

经上述处理后，入口结构和尺寸不再完全独立。对 PV 型分离器，设计时可用入口截面比 K_A 来表征入口尺寸。当 K_A 和 D 确定，入口面积 ab 就确定了，从而 a、b 和 c 均不难按前述方法求得。因常用旋风分离器满足 $3 \leqslant K_A \leqslant 10$，故有：$0.42 \leqslant \tilde{a} \leqslant 0.78$，$0.18 \leqslant \tilde{b} \leqslant 0.39$。

综上，效率和压降是一对相互矛盾的指标，所以对 D、K_A 和 $\tilde{d}_r$ 这一类关键设计变量，只能通过组合优化的方法，确定它们的最优匹配关系。

（3）第三类尺寸的经验优化　第三类尺寸是指对效率与压降的影响均可忽略的尺寸，如排气管上部的形式与尺寸，灰斗的尺寸如灰斗直径、高度等。对这类尺寸，主要根据经验和生产要求，如安装连接、排尘方式等因素事先优化确定，所以也称为经验优化。

① 排气管形式与尺寸。排气管可用直管或锥管。当采用锥管时，下口直径 D_e 属第二类尺寸，须通过前述组合优化法确定，而上口直径 D_{ex} 的确定原则主要是控制通流截面扩张度。为避免产生分离流动，宜将扩张角 θ 控制在 7°以内，所以有：

$$D_{ex} = D_e + 2S\tan\theta \quad \Rightarrow D_{ex} \leqslant D_e + 0.12S \tag{11-35}$$

② 灰斗直径 D_b 和高度 H_b 等。灰斗结构对分离性能是有影响的，Abrahamson[21] 和 Obermair[22] 曾对此做过专门研究，但需优化的主要是灰斗直径 D_b 和高度 H_b。研究表明，大的灰斗对提高操作弹性、降低漏气敏感性以及减轻磨损有利[23]。灰斗的尺寸多凭经验确定，一般灰斗直径比 $\tilde{D}_b$ 可取 0.65～0.72，推荐 $\tilde{D}_b$=0.70；灰斗总长度的选取应使分离器锥体的延长顶点落在灰斗内[24]，即：

$$\tilde{H}_b \geqslant \frac{\tilde{d}_c \tilde{H}_2}{1-\tilde{d}_c} \tag{11-36}$$

对高温旋风分离器，为减轻灰斗锥体以及料腿的磨损，宜加长 0.2～0.3m[24]，故有：

$$\tilde{H}_b=\frac{\tilde{d}_c\tilde{H}_2}{1-\tilde{d}_c}+\frac{(0.2\sim0.3)}{D} \tag{11-37}$$

由此就可确定灰斗锥体高度比 $\tilde{H}_4$ 和灰斗筒体高度比 $\tilde{H}_3$，即：

$$\tilde{H}_4=\frac{\tilde{D}_b-\tilde{d}_{dip}}{2\tan\beta_{bc}},\quad \tilde{H}_3=\tilde{H}_b-\tilde{H}_4 \tag{11-38}$$

式中，β_{bc} 是灰斗锥体半锥顶角，取值主要依据粉料的摩擦角。对于流化床反应器内的催化剂等较细的粉料，可取 $\beta_{bc}\approx 20°$。另外，$\tilde{d}_{dip}(=d_{dip}/D)$ 是料腿直径比，取值见下文。

③ 料腿直径 d_{dip}。魏耀东等[25,26]通过对料腿内气固两相流的实验和分析，提出了料腿设计的两个基本原则：一是密封性好；二是排料通畅，保证料腿不会因粉料“架桥”而堵塞。对于流化床内的多级旋风分离器，第一级的入口浓度一般很高，料腿的颗粒质量流率很大，所以第一级料腿一般不需设置防漏气的翼阀，设计关键是选择适宜的颗粒的质量流率，一般应使质量流率达到 200～350kg/(m²·s)，有的也允许到 400kg/(m²·s)，太低不利于料腿稳定地“锁气排料”，太高易加速料腿的磨损，并可能出现“噎塞”现象。

对后续各级料腿而言，由于颗粒量很少，不能像第一级料腿那样依靠大的颗粒质量流率实现“锁气排料”。此时，料腿的密封需通过翼阀来保证。对于后续各级料腿直径的选取，主要根据管材以及翼阀的规格而定，也可按 $\tilde{d}_{dip}\geqslant 0.11\sim0.12$ 来选取。若分离器直径 D 较小，或者催化剂流动性较差时，料腿直径比 $\tilde{d}_{dip}$ 可适当加大。

（4）决策变量的缩减 可见，决策变量的缩减不仅是可能的，而且是必要的。例如第三类尺寸既不影响分离效率也不影响压降，且可通过经验优化法确定合理的比例关系，所以它们将不再作为决策变量。再如，入口高度 a 和宽度 b 虽都是重要参数，但可事先确定合理的高宽比 a/b，从而可用单个无量纲参数 K_A 取代。同时，根据上节分析，可将向量 $\boldsymbol{x}$ 中各尺寸元素表示成直径 D 的倍数，并且倍数值可表示成几个无量纲结构参数的函数形式。经上述处理，$\boldsymbol{x}$ 缩减为 $\boldsymbol{x}=(D, a, b, c, D_e, d_c, S, H_1, H_2)^T$，且

$$\boldsymbol{x}=\begin{pmatrix}x_1\\x_2\\x_3\\x_4\\x_5\\x_6\\x_7\\x_8\\x_9\end{pmatrix}=\begin{pmatrix}D\\\tilde{a}D\\\tilde{b}D\\\tilde{c}D\\\tilde{d}_rD\\\tilde{d}_cD\\\tilde{S}D\\\tilde{H}_sD\end{pmatrix}=\begin{pmatrix}1\\\sqrt{\pi/(2K_A)}\\\sqrt{\pi/(8K_A)}\\(1/2\sim1/3)\sqrt{\pi/(2K_A)}\\\tilde{d}_r\\(0.38\sim0.45)\\(0.8\sim1.2)\sqrt{\pi/(2K_A)}\\\tilde{H}_s\end{pmatrix}D \tag{11-39}$$

式（11-39）表明，实际决策变量由原来的 19 个缩减到 4 个，与此相应，目标函数也可表示成上述 4 个变量的函数形式，所以单个旋风分离器优化设计模型可简化为：

$$
\begin{cases}
V-\min\left[(1-E),\ \Delta p,\ W\right]^{\mathrm{T}} \\
\quad \text{s.t.}\quad \dfrac{\pi D^2 V_{\mathrm{in}}}{4K_{\mathrm{A}}}=Q_{\mathrm{in}} \\
\qquad\quad E\geqslant E_{\min} \\
\qquad\quad \Delta p\leqslant \Delta p_{\max} \\
\qquad\quad V_{\min}\leqslant V_{\mathrm{in}}\leqslant \min\left(V_{\mathrm{opt}},V_{\mathrm{erosion}}\right) \\
\qquad\quad 3.0\leqslant K_{\mathrm{A}}\leqslant 10,\ 0.25\leqslant \tilde{d}_{\mathrm{r}}\leqslant 0.75,\ D\leqslant D_{\max},\ H_{\mathrm{s}}\leqslant H_{\mathrm{s\,max}}
\end{cases}
\tag{11-40}
$$

$$
E=\int_0^{\delta_{\max}}\eta(\boldsymbol{x},\boldsymbol{y},\boldsymbol{z})f_{\mathrm{in}}\mathrm{d}\delta,\ \Delta p=\Delta p(\boldsymbol{x},\boldsymbol{y},\boldsymbol{z}),\ W=W(\boldsymbol{x})
$$

$$
\boldsymbol{x}=\left(D,K_{\mathrm{A}},\tilde{d}_{\mathrm{r}},\tilde{H}_{\mathrm{s}}\right)^{\mathrm{T}},\ \boldsymbol{y}=\left(Q_{\mathrm{in}},p,T,\rho_{\mathrm{g}},\mu\right)^{\mathrm{T}},\ \boldsymbol{z}=\left(\rho_{\mathrm{p}},f_{\mathrm{in}},\delta_{\mathrm{m}},C_{\mathrm{in}}\right)^{\mathrm{T}}
$$

2. 目标函数的缩减和优化设计的简化模型

式（11-40）表示的仍是多目标优化问题。根据优化理论，多目标函数的优化可以采用约束法、分层序列法和评价函数法等方法进行简化处理[27]。近年来也有人提出基于神经网络和遗传算法结合的求解方法[28-30]。以下结合旋风分离器设计特点，讨论该优化问题的简化。工程中的旋风分离器的设计问题，一般不外乎有以下四类：

第一类，在满足压降的前提下，优化结构参数向量 $\boldsymbol{x}$，使分离效率不低于某下限值或尽可能地高，同时兼顾材料消耗量；

第二类，在满足分离效率的前提下，优化结构参数向量 $\boldsymbol{x}$，使压降尽可能地低，或重量尽可能地轻，以降低能耗，节约制造费用和运行成本；

第三类，在材料消耗量相当的条件下，优化结构参数向量 $\boldsymbol{x}$，使分离效率更高和 / 或压降更低，从而可取代现有的同类技术（例如国产化和技术改造）；

第四类，在满足分离效率和压降前提下，优化结构参数向量 $\boldsymbol{x}$，使重量最轻，以节省材料，降低制造成本。

第一、二类问题的实质相同，但由于压降可表示成向量 $\boldsymbol{x}$ 的显函数，所以，根据多目标规划中的约束法，可将压降作为约束函数，从而目标函数就减少为 2 个。其次，对于石油化工用旋风分离器，往往不把 W 作为主优化目标，另外再考虑如下事实：为了达到相同的分离效率，若许可压降越高，则直径就可减小，换言之，最高的压降必与最小的 W 对应。因此，若将压降的约束用等式表示，则优化结果必然也满足 W 最小的目标。所以，在求解 $\boldsymbol{x}$ 时，完全可将 W 从目标函数中剔除，这样目标函数就只剩分离效率，并将原问题简化成单目标优化问题。对单个旋风分离器，第一类问题的优化模型可简化为：

$$
\begin{cases}
\min(1-E) \\
\text{s.t.} \quad \dfrac{\pi D^2 V_{\text{in}}}{4K_{\text{A}}} = \dfrac{\pi D^2 V_0}{4} = Q_{\text{in}} \\
E = \int_0^{\delta_{\max}} \eta(\boldsymbol{x},\boldsymbol{y},\boldsymbol{z}) f_{\text{in}} \mathrm{d}\delta \geqslant E_{\min} \\
\Delta p(\boldsymbol{x},\boldsymbol{y},\boldsymbol{z}) = \Delta p_{\max} \\
V_{\min} \leqslant V_{\text{in}} \leqslant \min(V_{\text{opt}}, V_{\text{erosion}}) \\
3.0 \leqslant K_{\text{A}} \leqslant 10,\ 0.25 \leqslant \tilde{d}_{\text{r}} \leqslant 0.75,\ D \leqslant D_{\max},\ H_{\text{s}} \leqslant H_{\text{s}\max}
\end{cases}
\tag{11-41}
$$

不过对第四类问题，由于目标函数就是材料消耗量 W，所以不能将其忽略，只是这类问题在石油化工旋风分离器设计中并不常见，不予讨论。

第三类问题是一个双目标优化问题。曾有学者通过引入某种评价函数 $\hbar(E,\Delta p)$ 将其简化为单目标问题，例如可用如下评价函数：

$$
\hbar = \frac{-\ln(1-E)}{\Delta p} \tag{11-42}
$$

但评价函数可有多种形式，且检验评价函数的合理性并不比优化本身容易。例如，有两个评价函数 $\hbar$ 相同的设计方案，一个效率高但压降也高，而另一个效率低但压降也低，由于两者 $\hbar$ 值相同，所以难以评价孰优孰劣。若将这类问题作简单分解，仍可归入第一或第二类问题。比如可将“使效率更高且压降更低”表述成“在压降相同时效率更高”或“在效率相同时压降更低”，就转化为第一类或第二类问题。虽然新的表述与原表述并不等价，但是，只要在约束条件中逐步降低许可压降（或提高分离效率），就可近似地求得第三类问题的解。可见，无论是哪一类优化设计问题，只要能找到第一类问题的求解方法，则其余的都不难求解。

三、单个旋风分离器两参数优化设计方法

优化问题或式（11-41）的数学含义是，寻找满足 8 个约束条件的向量 $\boldsymbol{x}$，使得分离效率 E 最高，或带出率（$1-E$）最低。但是，实际问题要找的往往不是与最高效率相对应的设计向量 $\boldsymbol{x}_{\max}$，而是使分离效率不低于某限定值的设计向量 $\boldsymbol{x}$，也即设计向量是一个由无限多个点构成的解集。为了得到该解集，可以采用枚举搜索法。优化问题或式（11-41）的向量空间 $\boldsymbol{x}$ 是四维的，若沿向量空间任一方向取 M 个点，则共可得 M^4 个点。通过数值计算求得这 M^4 个点上的分离效率，并作出四维空间中的“等效率线”，就可找出符合要求的解。若向量空间 $\boldsymbol{x}$ 是 n 维的，就称为“n 维（或参数）优化设计方法”。

单个旋风分离器优化设计是一个四维问题。但根据压降的约束式 $\Delta p(\boldsymbol{x}, \boldsymbol{y}, \boldsymbol{z}) = \Delta p_{\max}$，向量 $\boldsymbol{x}$ 中各元素就不能任意取值，所以模型的维数可降低一维。通常选择

D、K_A 和 $\tilde{H}_s$ 作为决策参数，而把 $\tilde{d}_r$ 作为被决定参数，这样就得到关于 D、K_A 和 $\tilde{H}_s$ 的三维优化问题。若考虑到 $\tilde{H}_s$ 对压降几无影响，它对效率的影响也远不及 D 和 K_A，所以，可先固定 $\tilde{H}_s$ 的取值（如令 $\tilde{H}_s$=3.1），这样就得到简化的二维问题，这就是所谓的两参数优化设计方法。以下结合实例进一步讨论。

已知：气体为大气，密度 ρ_g=1.20kg/m³，黏度 μ=1.8×10⁻⁵Pa·s，处理量 Q_{in}=5200m³/h。粉料为二氧化硅，颗粒密度 ρ_p=2600kg/m³，入口浓度 C_{in}=0.01kg/m³，粒度服从对数正态概率分布，且平均粒径 $\delta_m \approx 10.0\mu m$，对数均方差 $\sigma_\zeta \approx 0.27$，即粒度分布函数 f_{in} 满足：

$$f_{in}(\delta)=\frac{1}{\sigma_\varsigma\sqrt{2\pi}}\exp\left[-\frac{1}{2}\left(\frac{\lg\delta-\lg\delta_m}{\sigma_\varsigma}\right)^2\right]$$

试设计一台 PV 型旋风分离器，使其分离效率 E 不低于 96%，压降不超过 6200Pa。

对 PV 型旋风分离器，粒级效率计算可用式（11-2）和式（11-3），压降或阻力系数由 ESD 模型即式（11-26）求得，故优化设计模型为：

$$\left\{\begin{aligned}&\min(1-E)\\&\text{s.t.}\quad \frac{\pi D^2V_{in}}{4K_A}=Q_{in}\\&\qquad E=\int_0^{\delta_{max}}\eta(\boldsymbol{x},\boldsymbol{y},\boldsymbol{z})f_{in}\mathrm{d}\delta\geqslant 96\%\\&\qquad \Delta p_{max}(\boldsymbol{x},\boldsymbol{y},\boldsymbol{z})=6200\,\text{Pa}\\&\qquad V_{min}\leqslant V_{in}\leqslant V_{opt}\\&\qquad 3.0\leqslant K_A\leqslant 10,\ 0.25\leqslant\tilde{d}_r\leqslant 0.75,\ \tilde{H}_s=3.1\end{aligned}\right. \tag{11-43}$$

由压降与阻力系数关系可得：

$$\xi_{max}=\frac{\Delta p_{max}}{\frac{1}{2}\rho_g V_{in}^2}$$

再对压降计算式（11-26）作适当处理，可得关于 $\tilde{d}_r$ 的简便的显式表达式：

$$\tilde{d}_r=\left[\frac{8.52D^{0.20}\rho_g^{0.04}V_{in}^{0.04}}{K_A^{0.89}\mu^{0.04}(\xi_{max}-1.25C_I)(1+0.23C_I^{0.35})}\right]^{\frac{1}{1.79}} \tag{11-44}$$

当 K_A 和 D 选定后，V_{in} 也随即确定，所以 ξ_{max} 也就确定了，这样 $\tilde{d}_r$ 就由上式唯一确定，不再是独立的决策变量。

图 11-5 是优化计算结果。可见，符合模形式（11-43）的解是 K_A-D 平面上的一个有界闭区域，解向量有无穷多个，即可以通过任意的 K_A、D 和 $\tilde{d}_r$ 的组合来满足设计要求。这显然与一般的最优解是不同的，同时它也增加了设计上的灵活性。

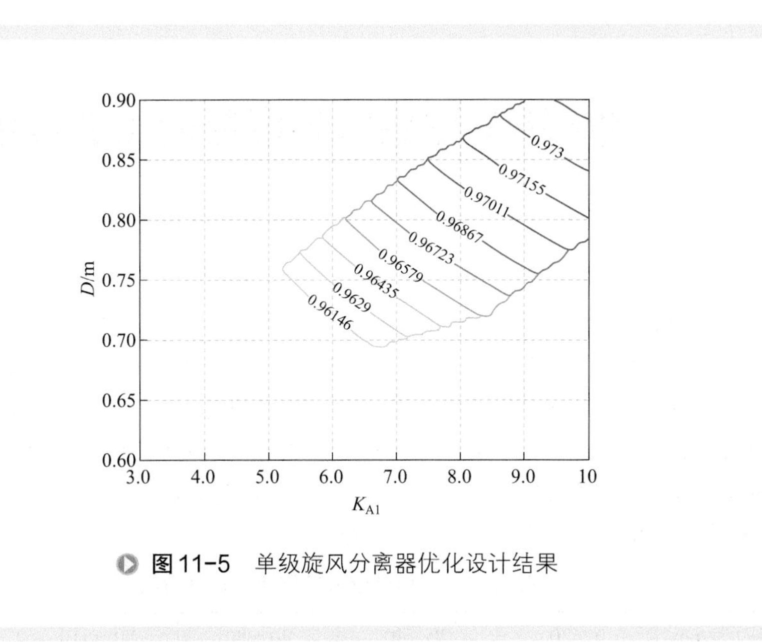

图 11-5 单级旋风分离器优化设计结果

图 11-5 还表明，在给定压降下，当入口截面比 K_A 相同时，适度增大直径 D 对提高效率是有利的。虽然 K_A 相同时，直径 D 增大，入口气速减慢，对分离不利，但为了充分利用给定的压降，$\tilde{d}_r$ 就应取得更小，旋流增强，对分离又是有利的。两者竞争的结果是分离效率得到提高。当然，这要以多消耗材料为代价。不过，直径 D 存在一上界，超过此上界后，因 $\tilde{d}_r$ 减小带来的有利影响不再明显，而矛盾的不利方面将成为控制因素，分离效率将因入口气速过低而下降。类似地，直径 D 也存在一个下界。随着直径 D 减小，入口气速增大，这对分离有利，但是受给定压降的制约，$\tilde{d}_r$ 必须取得更大，这又会使旋流严重减弱，导致分离效率下降。同时，入口气速还可能超过最佳入口气速，这又是约束条件不许可的。由此推知，当压降 Δp 和入口截面 K_A 比一定时，最大许可直径 D_{max} 与该 K_A 取值下可能达到的最高效率相对应。

不过，当压降 Δp 与直径 D 一定时，K_A 增大，入口截面积减小，入口气速加快，故分离效率提高。但若入口气速超过最佳值，效率反而会下降，所以入口截面比 K_A 也不能过大。对本例而言，当 D=0.75m 时，取 $K_A \leqslant 9.0$ 才是合理的。此外，K_A 也存在一个下界。若 K_A 过小，则入口气速会远离最佳值，且入口气流相对地更靠近排气管壁，气流易走短路，以上因素都会导致效率下降。同样对本例，当 D=0.75m 时，取 $K_A \geqslant 5.3$ 才是合理的。这说明当压降 Δp 与直径 D 一定时，可能达到的最高效率又是与最大的 K_A 相对应的。

第四节 单级PV型旋风分离器的工业应用

一、催化裂化二再外旋

某0.8Mt/a炼油催化裂化装置采用并列式两段高温再生技术，其第二再生器的旋风分离器采用单级、外置式，结构为GE型。由于装置扩能改造，需对二再外旋进行升级替换。二再烟气温度770℃，压力0.21MPa，烟气量32400m³/h，烟气密度1.05kg/m³，黏度4.4×10^{-5}Pa•s；旋风分离器入口催化剂浓度4.0kg/m³，颗粒密度1600kg/m³，中位粒径约60μm，粒度分布详见表11-1。工艺要求单级旋风分离器压降不超过8kPa，分离效率不低于99.99%。

表11-1 二再外旋入口催化剂粒度分布

粒径范围 /μm	0～20	20～40	40～80	80～110	>110
累积率 /%	0.2	13	61.6	14.1	11.2

1. 旋风分离器选型

PV型旋风分离器是一种高效旋风分离器。中国石油大学曾就PV型和GE型的分离性能进行过对比试验，结果见图11-6。实验分离器的直径均为1200mm，粉料是325目滑石粉，中位粒径12μm，测试浓度0.01kg/m³。可见，两者压降几乎完全相同，但PV型的分离效率要比GE型高约0.5～1个百分点，并且PV型的抗漏气性能也优于GE型[9]。由图11-6，当从底部灰斗漏入0.5%的气体时，GE型的效率降幅达1.5%，而PV型的不到0.5%。因此，针对二再的操作特点，选择PV型进

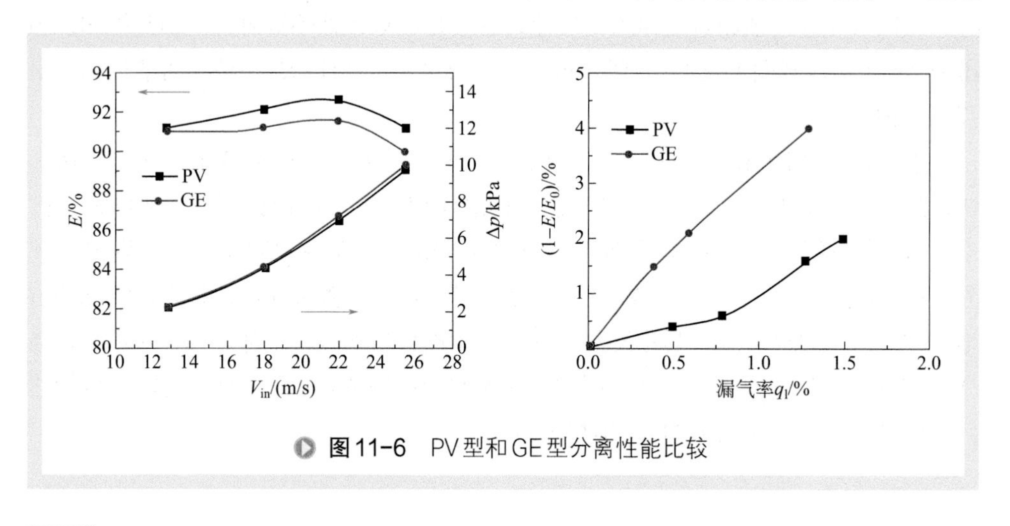

图11-6 PV型和GE型分离性能比较

行替代改造是合适的。

2. 旋风分离器尺寸设计

根据操作条件、分离要求以及二再外旋的安装约束条件，运用第三节的优化设计方法，可得外旋的主要结构参数，具体见表 11-2，其安装排布见图 11-7。

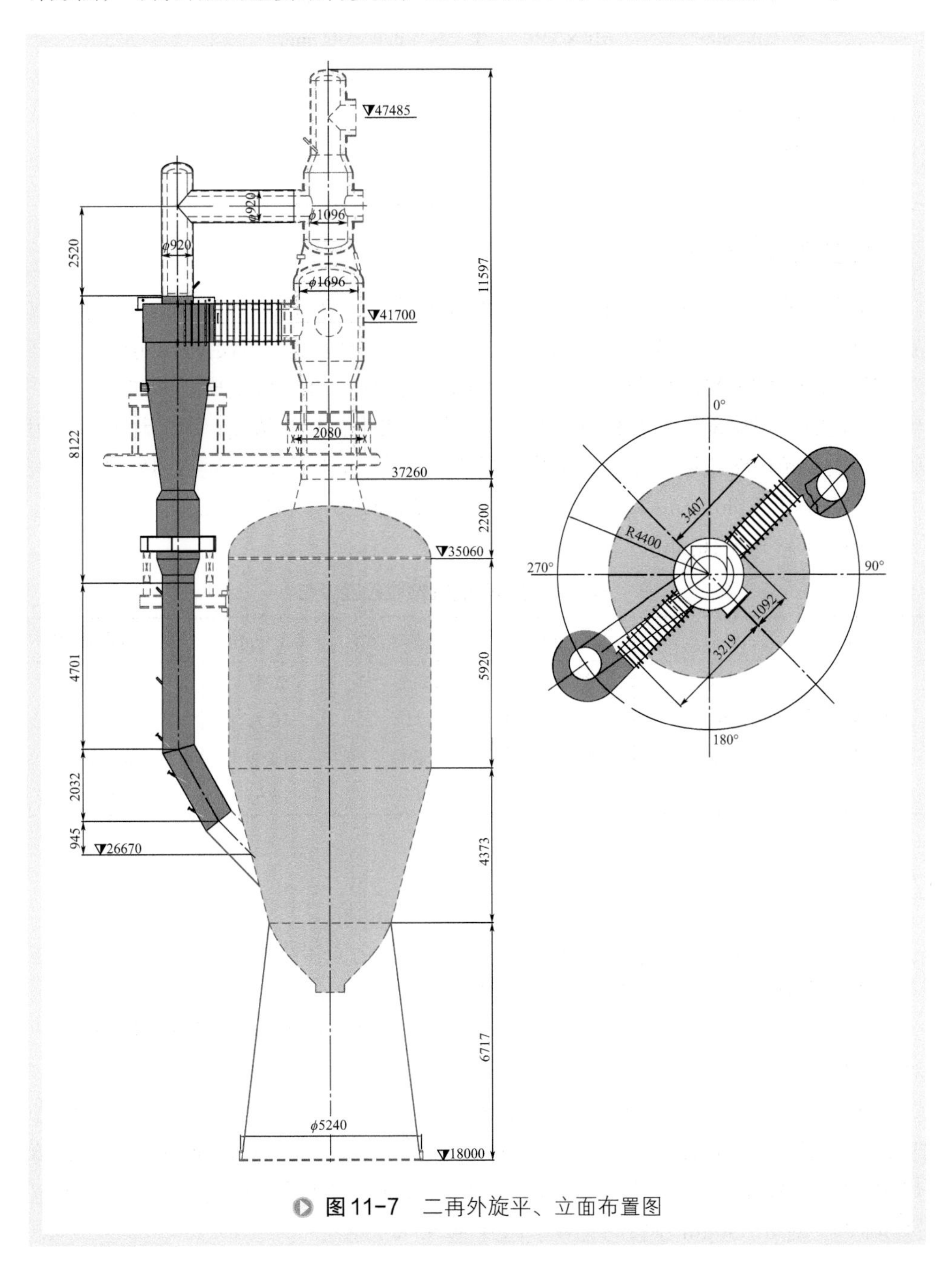

图 11-7　二再外旋平、立面布置图

表11-2　二再外旋主要结构尺寸和分离性能

参数	顶旋	参数	顶旋
组数 / 级数	2/1	锥体下口直径 /mm	610
分离器直径 /mm	1528	灰斗直径 /mm	920
入口气速 /(m/s)	23.6	灰斗筒体高度 /mm	1822
入口高度 × 宽度 /mm²	610 × 330	灰斗锥体高度 /mm	575
入口截面比	9.1	料腿直径 /mm	592
排气管下口直径 /mm	380	分离效率	>99.99%
筒体高度 /mm	1976	压降 /kPa	<8
锥体高度 /mm	3130		

3. 工业运行考核

新设计的二再外旋投用半年后，运行正常平稳。为了定量考察外旋的分离效果，对二再出口烟气中催化剂浓度及粒度进行了采样标定。标定时二再烟气温度735℃，压力0.202MPa，烟气量35618m³/h，采样时间5h。含尘烟气中的粉尘由采样滤筒过滤，根据采样气量和收集的粉尘重量，可求得粉尘浓度；粉尘粒度分布用LS230型激光粒度仪进行分析。采样结果表明，在5h内共采集含尘气体28m³，采样滤筒捕集粉尘867.5mg，折合工况下浓度23.2mg/m³；粒度分布结果见表11-3。可见，已基本不含10μm以上的颗粒，满足生产要求。

表11-3　二再出口烟气颗粒粒度分布

粒径 /μm	筛上累积率 /%	粒径 /μm	筛上累积率 /%	粒径 /μm	筛上累积率 /%
0.375	100	3.205	22.3	8.943	0.28
0.545	96.5	5.11	6.11	10.78	0.039
1.047	78.9	6.158	2.89	12.99	0.0029
2.011	48.3	7.421	1.13	15.65	0

二、高压聚丙烯旋风分离器

聚丙烯（PP）是以丙烯为单体聚合而成的，常用本体法和气相法工艺生产。在气相法工艺中，从聚合釜流出的高压丙烯中夹带有不少的聚丙烯颗粒，需采用旋风分离器实现颗粒与丙烯的分离，以便回收聚丙烯产品颗粒和净化高压丙烯，该工艺对分离性能的要求较为苛刻。

以某聚丙烯工艺的无规共聚物（RCP）工况为例，其操作条件为：气体温度64℃，压力2.21MPa，气体密度46.9kg/m³，气体流量3949.3m³/h，颗粒负荷45.4kg/h，颗粒密度920kg/m³，粒度分布见表11-4。它要求在额定气量下压降不超过36kPa，对0～50μm颗粒的总效率达到99.95%以上。

表11-4 聚丙烯颗粒的粒度分布

粒径范围 /μm	0 ～ 25	26 ～ 35	36 ～ 50	<75
累积率 /%	0.25	4.25	14.25	100

1. 气固分离特点

首先，聚丙烯颗粒较细、密度也较轻（约 900kg/m^3），丙烯气体密度很高（约 50kg/m^3），许可压降 36kPa 看似很高，但因气体密度高达 50kg/m^3，若折算到常温常压空气，则压降只相当于不足 800Pa，这一压降要求是非常苛刻的。

其次，工艺气体中存在易凝结组分。气相凝结虽有助于小颗粒与大颗粒团聚，提高分离效果，但凝结的液滴易使分离下来的颗粒黏附在壁面上，影响排料。所以，从稳定运行考虑，需要设置充分、有效的伴热和保温。

最后，该旋风分离器是外置式的，需承受3.0MPa以上的压力。为解决承压问题，可以采用径向入口旋风分离器[31]，但效率欠佳。高效旋风分离器一般采用平顶板和矩形入口，但这种结构在高压下易产生很高的局部应力和变形，削弱设备的机械强度和刚度。所以，高压力和高效率就成为一对必须解决的矛盾。

2. 结构设计特点

首先还是基于第三节的优化设计方法，确定旋风分离器的基本结构尺寸。考虑到高效低阻的特点，应采用大直径、高入口截面比和适中的排气管直径比的组合方案。

其次，为了解决高应力问题，用椭圆形封头替代平顶板来承受高压力，对矩形进口通道内侧板和分离器筒体连接处设置加强筋板。但是，椭圆形封头对分离效率不利，为了保证效率不至降低，在圆筒体内与入口顶板同高处增设一块平顶板，同时为了避免顶板受力，在平顶板上开设若干压力平衡孔。

最后，为了防止气体中重组分的凝结，除在分离器外壁敷设保温层外，还从分离器顶部至下部收料斗铺设蒸汽伴热管。

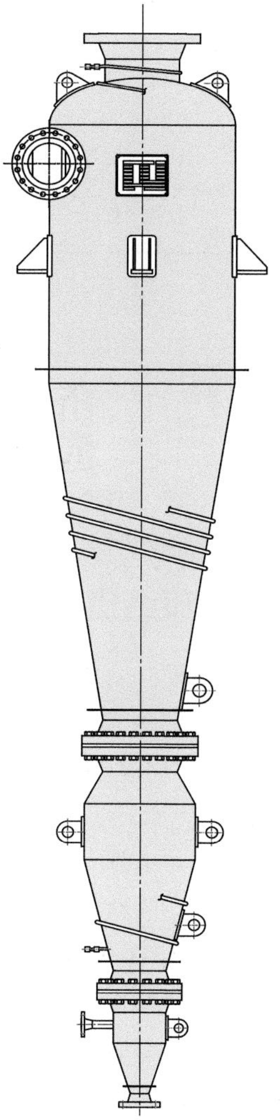

图11-8 聚丙烯旋风分离器结构形式

聚丙烯旋风分离器结构形式见图 11-8，性能如表 11-5 所示。

表11-5　聚丙烯旋风分离器性能

工况	最小	正常	最大
入口气量 /(m^3/h)	2369.6	3949.3	4344.2
入口气速 /(m/s)	10.4	17.3	19.0
含尘压降 /kPa	9.6	29.2	35.6
纯气体压降 /kPa	9.8	29.6	36.1
0～50μm 总效率 /%	99.92	99.98	99.99
粒级效率 /%			
2μm	13.22	26.84	30.40
3μm	34.85	56.90	60.69
5μm	71.07	83.73	85.46
10μm	93.29	96.68	97.12
25μm	99.56	99.89	99.92

第五节　抗结焦高效顶部旋风分离器开发及工业应用

一、顶旋结焦现象

近年来，随着重油催化裂化原料的重质化和劣质化，沉降器结焦问题越来越严重。沉降器内顶部旋风分离器（简称顶旋）也面临着结焦问题，尤其是顶旋排气管外壁的结焦比较严重，国内发生了多起因顶旋内部所结的焦块脱落并堵塞料腿的事故。

图 11-9 是国内某沉降器顶旋排气管外壁的结焦照片。对着分离器入口 0°附近的排气管外壁的结焦物［图 11-9（a）］表面光滑，有冲刷的沟槽，背对入口侧 180°的结焦物［图 11-9（b）］凹凸不平，呈尖牙状[32-34]。焦块与排气管外壁的粘接并不牢固，当装置操作波动或开停车时，因温度变化较大，两者膨胀量相差较大，焦块易从排气管外壁脱落。脱落的焦块会堵塞料腿或卡住翼阀，轻则使分离效率下降，重则可使分离器完全失效。

现场调查发现，由于顶旋结构及尺寸不同，排气管外壁结焦形式和位置不尽相同。从排气管圆周方向看，焦块分布一般有三种形式：焦块环绕排气管整个圆周表面，见图 11-10（a）；焦块呈月牙形粘贴在排气管外壁，主要分布在 0°～90°～180°区间，最大厚度部位在 90°，见图 11-10（b）；焦块呈月牙形粘贴在排气管外壁，最高部位在 0～315°附近，见图 11-10（c）。另从排气管的轴向看，焦块集中在排气管的中部区域，厚度在 30～100mm 之间，上下两端处较薄，表面有凹凸不平的冲刷流沟，见图 11-10（d）。

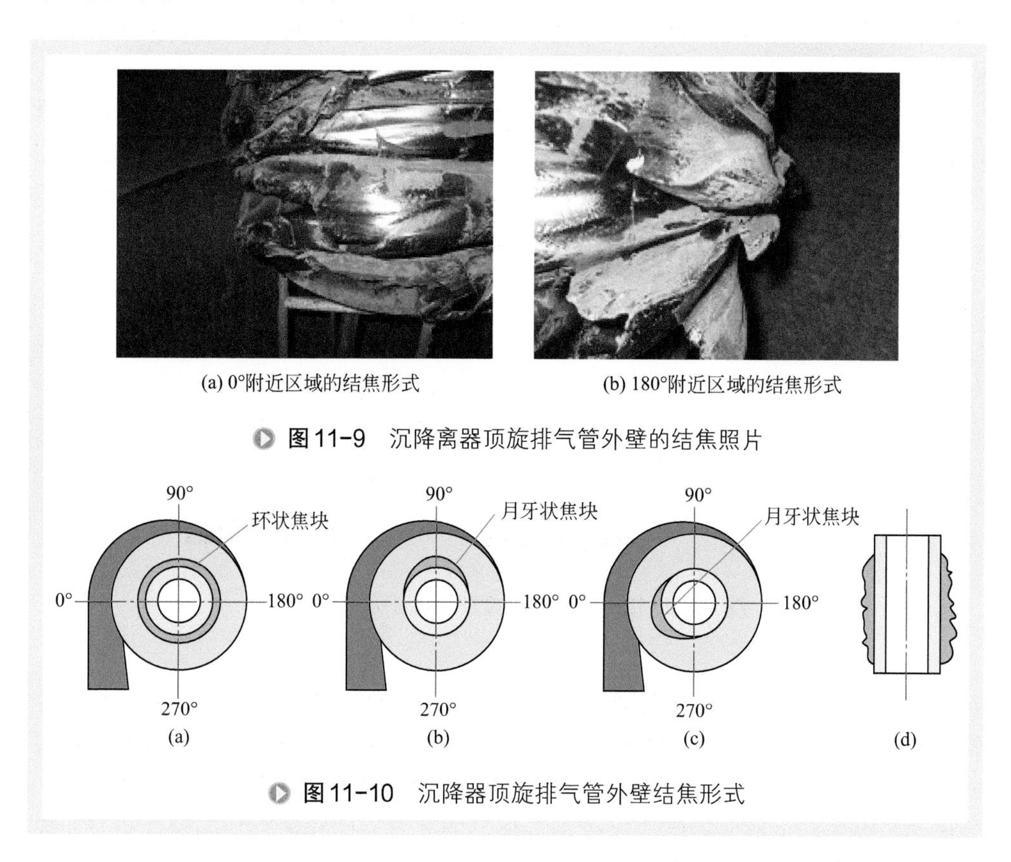

图 11-9　沉降离器顶旋排气管外壁的结焦照片

图 11-10　沉降器顶旋排气管外壁结焦形式

二、顶旋结焦机理

结焦机理比较复杂，它是一系列化学反应和物理变化的综合结果。结焦的物质条件是存在细催化剂粉和油气，而流动条件是存在滞留层和足够的停留时间。

靠近排气管外壁的流动区域是滞留区，易造成细催化剂颗粒之间或与排气管外壁碰撞黏结[35]。图 11-11 示出了排气管表面边界层内油气液滴或催化剂颗粒的沉积

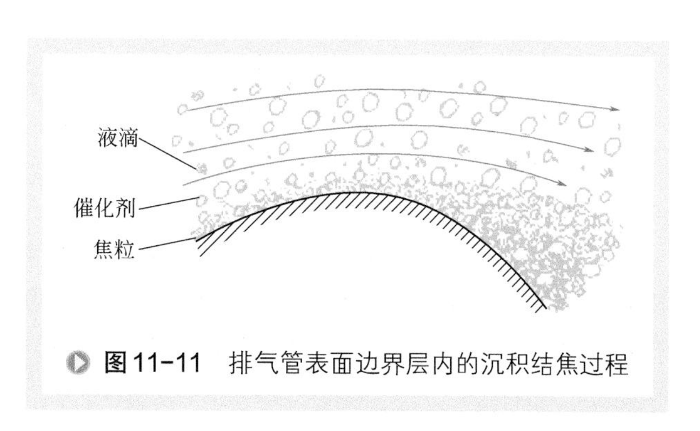

图 11-11　排气管表面边界层内的沉积结焦过程

和结焦过程。在顺压梯度边界层内，即 0°～90°～180° 区间，流体平稳地滞流减速向下流动，直至停止流动，这很适于催化剂颗粒和重组分的液滴的沉积和积累。而边界层分离区却没有这一特点，所以不适于颗粒或液滴的沉积。因此结焦一般发生在排气管外壁 0°～90°～180°（以入口处为 0°）部位[33]，这与结焦现象观察结果也是一致的。

此外，未汽化的雾状油滴和反应产物中的重组分达到露点时，凝析出来的高沸点的芳烃组分也很容易黏附在器壁表面形成“焦核”，在一定的停留时间内，使得凝结油气中的重芳烃、胶质、沥青质发生脱氢缩合反应，二烯烃发生聚合环化、缩合反应而生焦[34]。结焦过程典型的机理分析如图 11-12 所示。

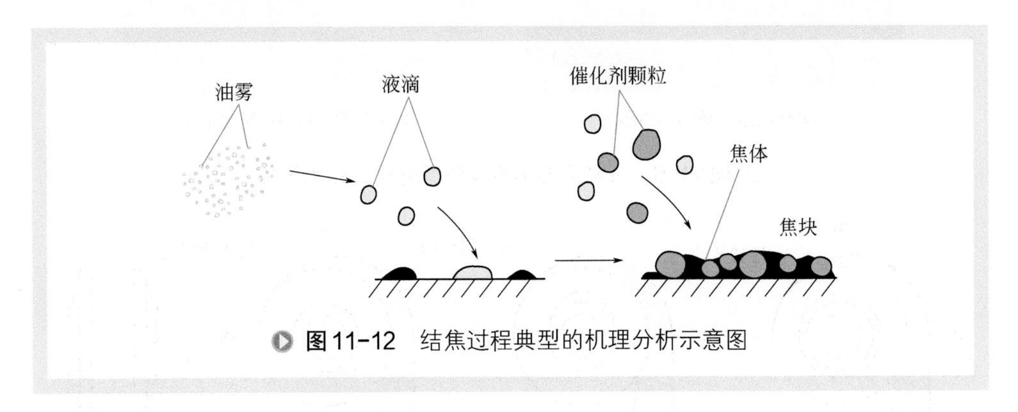

图 11-12　结焦过程典型的机理分析示意图

对于含有快分和顶旋的沉降器，由于快分可将 98% 以上的粗催化剂从油气中分离出来，故进入顶旋的催化剂负荷很小，颗粒也较细，对排气管外壁结焦层的冲刷力减弱，这是造成顶旋排气管外壁结焦物中含催化剂以及促使结焦不断发展的一个重要原因。初步形成的结焦物占据了环形的有效空间，使得切向速度进一步增大，顺压区的压力梯度也进一步增大，气流在排气管外壁的倾角更小，结焦进一步加剧，同时内部的软焦逐渐变硬。如此层层叠叠地增长，最后在顶旋排气管外壁形成月牙状粘贴焦块。当达到一定的结焦厚度时，环形空间的有效流动通道变窄，切向速度会显著变大，导致切向气流对排气管外壁结焦层的冲刷力变大，使结焦的厚度受到限制，并会在结焦表面冲刷出不均匀的沟条。

对实际结焦现象的观察也说明了结焦的机制是综合性的，除流动因素外，操作温度偏低会造成催化剂颗粒表面“湿润”程度增加，或者顶旋的处理量降低等，都可使催化剂颗粒和重组分的液滴沉积在排气管外表面的倾向增大，造成旋风分离器排气管外壁的结焦。显然，这种结焦物或焦块与排气管之间属于沉积黏附，相互结合并不十分牢固，加上两者热膨胀系数不同，一旦装置操作条件如温度等出现大的波动，在重力及气流冲击等联合作用下，可能导致焦块从排气管表面脱落。如果脱落的焦块尺寸大于料腿内径，则焦块会被料腿或翼阀卡住，甚至堵塞料腿或翼阀，最终使顶旋失效。

三、抗结焦顶旋结构特点

结焦既有物理和化学的因素，也与气固两相流动密切相关。其中，油气产生和凝结是伴随催化裂化反应的，并会随原料变重而更加严重，是一个无法避免的现象；同样，油滴和催化剂颗粒向排气管壁面的沉积也由于排气管外壁的环形空间流动结构而无法避免，因此当前还不能单纯依靠工艺条件和设备来彻底防止结焦现象的发生，而只能从开发新型设备结构技术的角度，去适应这种现象，并设法消除因结焦对装置生产运行带来的危害。解决的思路是开发一种能起到固定焦块的“抗结焦”结构，让其起到防止较大焦块脱落的作用，从而减轻或消除因结焦带来的危害。而如何破坏低速滞留、分割结焦区域以防止大块焦的形成是抗结焦的主要措施。具体方法是在常规顶旋的排气管外壁设置“导流叶片”[36]，这种导流叶片的结构可分为两类，一类是水平导流叶片（见图 11-13），一类是倾斜导流叶片（见图 11-14）。水平导流叶片可以设置为两环或三环，倾斜导流叶片与水平方向呈一定的夹角。导流叶片的设置，一方面可以提高排气管表面的切向速度，另一方面可以削弱二次涡的影响，加大排气管的外表面冲刷力，更重要的是可以起到减弱结焦、分割和固定焦块的作用。

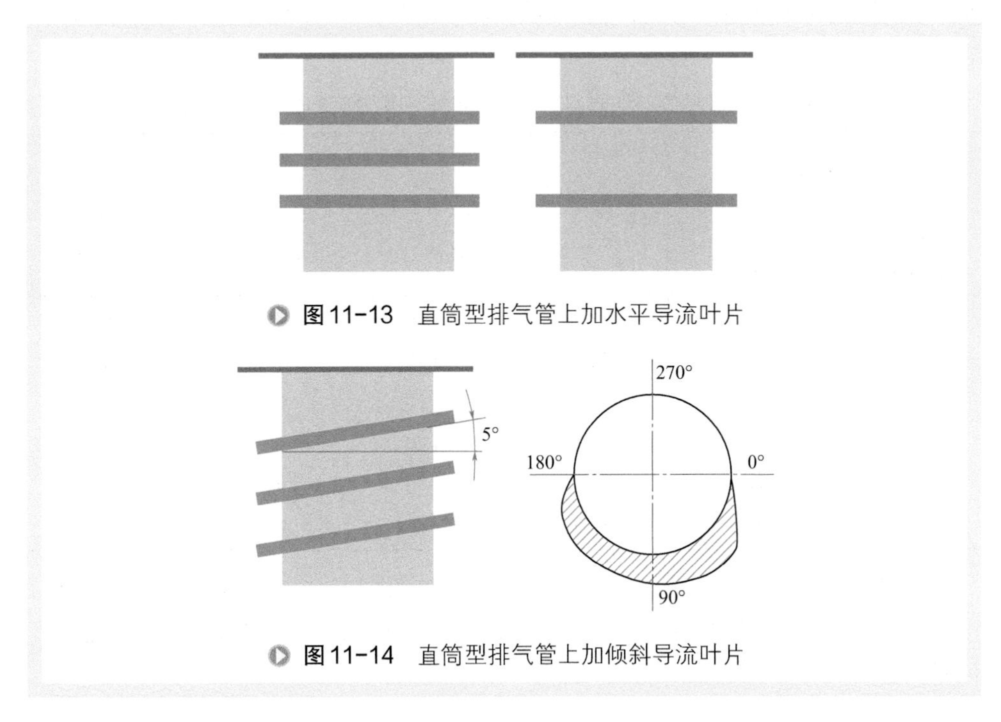

图 11-13　直筒型排气管上加水平导流叶片

图 11-14　直筒型排气管上加倾斜导流叶片

从机械角度看，导流叶片可以对排气管外壁表面的结焦物起分割和固定的作用，但是它也改变了排气管外壁的结构。随之而来的问题就是分离效率和压降是否还能达到常规顶旋的水平，以及导流叶片的加设是否真正能起到分割、固定结焦的作用，这些均需通过实验验证。

表 11-6 给出了一个常规顶旋与加三环导流叶片的抗结焦顶旋在不同入口浓度和气速条件下的性能对比结果。

表11-6 常规顶旋与加三环导流叶片的抗结焦顶旋的分离性能对比

操作条件		常规顶旋（直筒型排气管）		抗结焦顶旋（加三环导流叶片）	
入口浓度 /（g/m³）	入口气速 /（m/s）	效率 /%	压降 /Pa	效率 /%	压降 /Pa
8	18.0	94.0	4600	95.0	5100
8	21.5	95.3	6650	95.8	7850
100	18.0	97.2	4800	97.6	4900
100	21.0	97.3	6650	97.4	7800
100	26.0	94.8	9400	95.6	10900

可见，抗结焦顶旋分离效率要高于常规顶旋，压降略有增加，但基本相当，说明设置导流叶片不会对分离性能产生不利影响。

类似地，表 11-7 给出了一个常规顶旋与加倾斜导流叶片的抗结焦顶旋在不同条件下的性能对比结果。可见，这种抗结焦顶旋综合性能要优于加水平导流叶片的结构。

表11-7 常规顶旋与加倾斜导流叶片的抗结焦顶旋的分离性能对比

操作条件		常规顶旋（直筒型排气管）		抗结焦顶旋（加倾斜导流叶片）	
入口浓度 /（g/m³）	入口气速 /（m/s）	效率 /%	压降 /Pa	效率 /%	压降 /Pa
8	18.0	94.0	4600	94.3	4350
8	21.5	95.3	6650	95.0	6550
8	24.0	96.1	8200	96.4	8150
100	17.0	97.2	4800	97.5	4450
100	21.0	97.3	6650	97.3	6300
100	26.0	94.8	9400	95.4	9400

图 11-15 所示为排气管带导流叶片的抗结焦顶旋的外壁粘灰效果的实验比较。可见，倾斜导流叶片具有较好的切割功能，叶片和水平面的夹角对叶片间流道环流有加强作用，冲刷作用得到强化。

四、抗结焦顶旋的工业应用

某 80 万吨 / 年重油催化裂化装置沉降器原用 3 台 CSC 装置，顶部配用 3 台 E 型

图11-15 排气管带导流叶片的抗结焦顶旋的外壁粘灰效果的实验比较

旋风分离器。由于加工原料的重质化和劣质化，顶旋陆续出现结焦，且发生焦块脱落，卡死翼阀，进而造成催化剂跑损等事故，严重影响了装置的安全运行。为此对该顶旋进行了改造，换用了新型抗结焦顶旋。

1. 反应器操作条件

80 万吨 / 年重油催化裂化反应-沉降器的主要工艺条件见表 11-8；催化剂筛分组成见表 11-9。

表11-8 80万吨/年重油反应-沉降器工艺条件

项目	给定数据	设计数据
沉降器压力（绝）/MPa	0.233	0.233
反应温度 /℃	480～510	495
新鲜原料油量 /(t/h)	75～110	96
回炼轻汽油量 /(t/h)	5～15	8
回炼油浆量 /(t/h)	5～15	8
提升管蒸汽量 /(t/h)	8～9	8.5
雾化蒸汽量 /(t/h)	4～6	5.3
防焦蒸汽量 /(t/h)	0.4～0.5	0.5
汽提段蒸汽量 /(t/h)	2～3	2.6
预提升蒸汽量 /(t/h)	1.1	1.1
汽油收率 /%	52	50.94
柴油收率 /%	22.3	24.43
液态烃收率 /%	13.5	13.16
干气收率 /%	3.5	3.03
油浆收率 /%	3.5	3.23
焦炭 /%	4.8	4.80
损失 /%	0.4	0.4
顶旋入口气量 /(m^3/h)	—	44604

表11-9　催化剂筛分组成

筛分	0～20μm	20～40μm	40～80μm	80～110μm	＞110μm
组成 /%	1.6	19.6	48.3	18.5	12

2. 抗结焦顶旋的设计

根据操作条件，并考虑顶旋分离性能的要求和沉降器的约束条件，运用前述旋风分离器的优化设计方法，可以确定顶旋的主要结构参数，具体如表 11-10 所示。

表11-10　顶旋主要结构参数

参数	顶旋	参数	顶旋
组数 / 级数	3/1	排气管下口直径 /mm	380
顶旋直径 /mm	1280	灰斗直径 /mm	800
入口气速 /(m/s)	19.3	灰斗筒体高度 /mm	1380
入口高度 × 宽度 /mm^2	686×312	灰斗锥体高度 /mm	1050
入口截面比	6.0	料腿直径 /mm	207
筒体高度 /mm	1600	分离器总高 /mm	8386
锥体高度 /mm	2800	分离效率 /%	99.0～99.5
锥体下口直径 /mm	490	压降 /kPa	<12

抗结焦顶旋的基本结构形式为 PV 型旋风分离器，其导流叶片如图 11-16 所示，具体尺寸见图 11-17，其中叶片的包角在 225°～345°之间，叶片高度 30～50mm。

沉降器快分和顶旋的排布设计见图 11-18、图 11-19。

3. 抗结焦顶旋的应用效果

自改造投用后，装置操作平稳正常。从油浆固含量（4g/L 以下）看，低于改造前的水平，说明抗结焦旋风分离器的分离性能满足工艺要求。更主要的是，装置未发生因焦块脱落而堵塞料腿 / 翼阀事故，顶旋运行的平稳性大为改善。

工业应用结果的现场实例参见图 11-20，该图是在装置正常停工后拍摄的。由图 11-20 可以发现，在两叶片之间存在凸形的焦块，表明叶片对比较大的焦块进行了有效分割处理，使之成为数块比较小的焦块，同时叶片还对焦块起到了一定的支撑和加固作用。这也说明抗结焦导流叶片发挥了自身的功能，实现了设计预期。自采用抗结焦顶旋后，再也没有发生升气管外壁焦块脱落或堵塞顶旋料腿的事故。同时，新型抗结焦顶旋分离性能优异，催化剂的损耗和油浆固含量也处于正常范围内。

图 11-16　抗结焦导流叶片照片

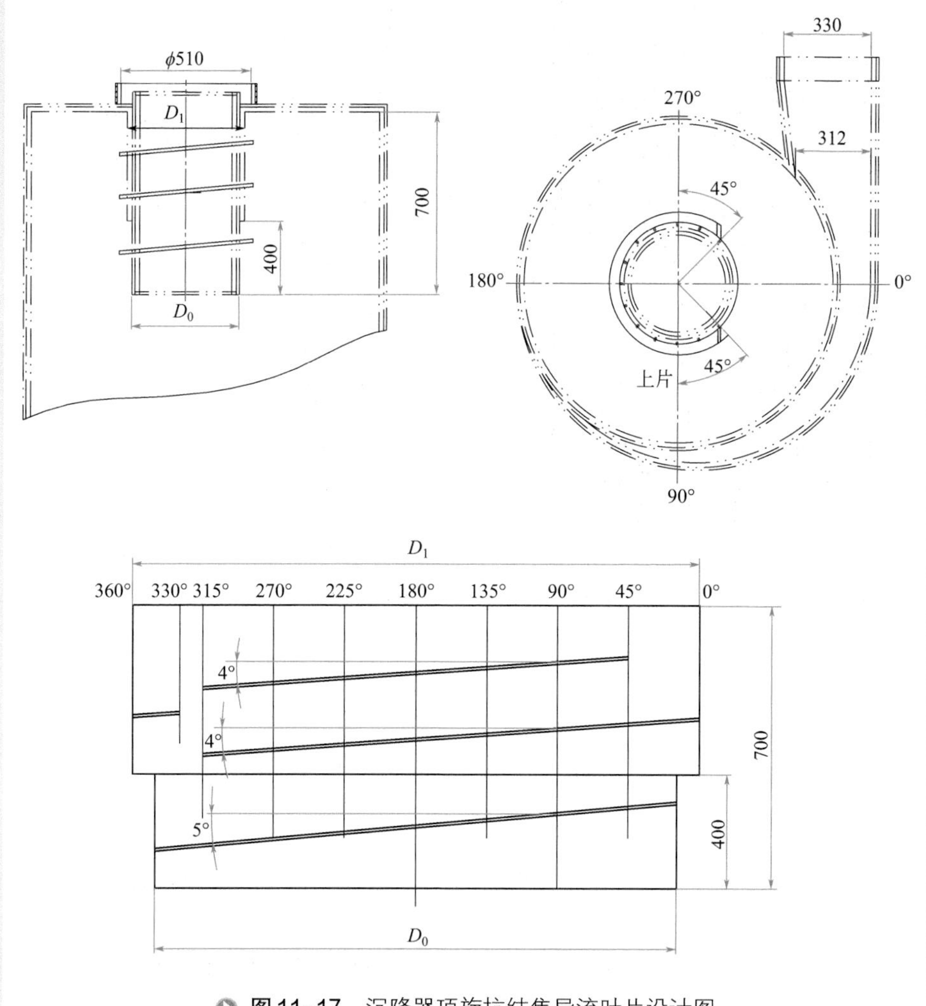

图 11-17　沉降器顶旋抗结焦导流叶片设计图

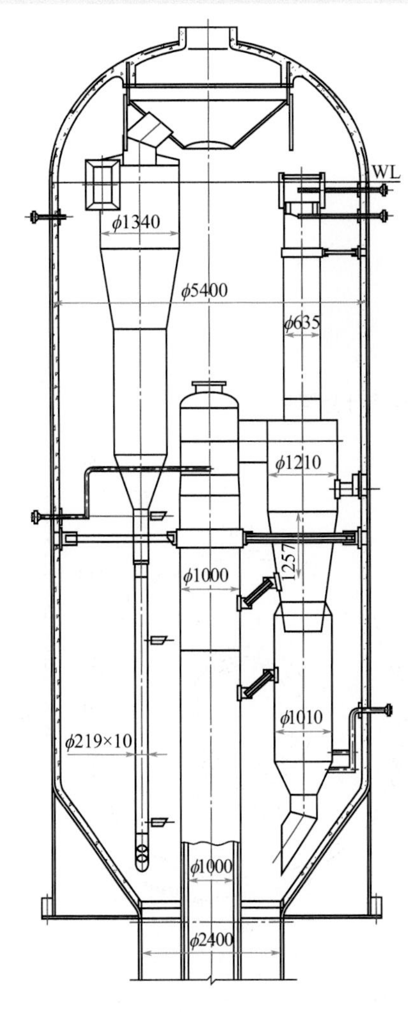

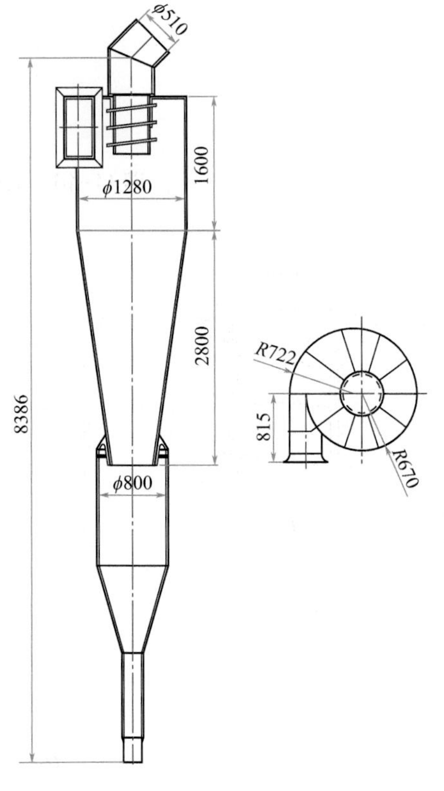

图11-18 沉降器快分和顶旋立面图

图11-19 沉降器抗结焦顶旋结构尺寸

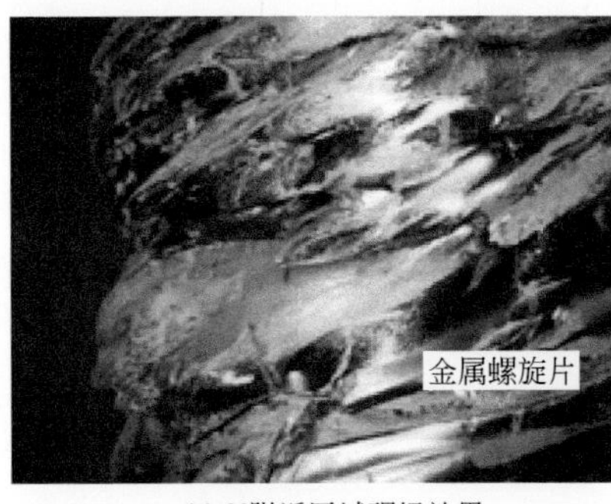

(a) 0°附近区域现场效果

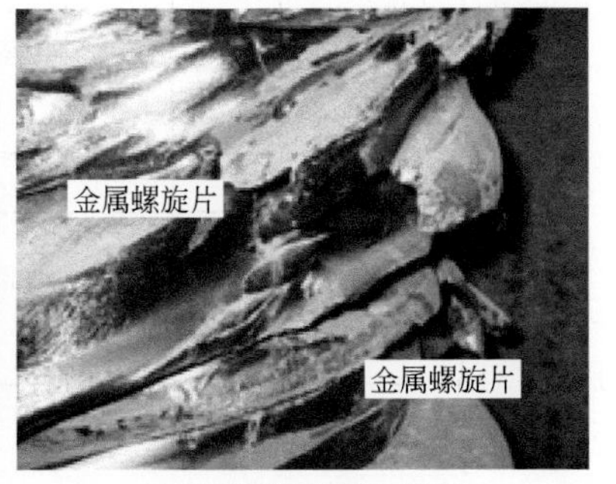

(b) 180°附近区域现场效果

图11-20 新型抗结焦顶旋升气管外壁的结焦情况

参考文献

[1] 时铭显 . PV 型旋风分离器性能及工业应用 [J]. 石油炼制与化工，1990, 1:37-42.

[2] 陈建义，时铭显 . 丙烯腈反应器国产旋风分离器的性能及工业应用 [J]. 化工机械，2003, 30(6): 367-371.

[3] Moore M E, McFarland A R. Design of stairmand-type sampling cyclones[J]. American Industrial Hygeine Association Journal, 1990, 51 (3): 151-159.

[4] Kenny L C, Gussman R A. A direct approach to the design of cyclones for aerosol monitoring applications[J]. J Aerosol Sci, 2000, 31 (2): 1407-1420.

[5] Muschelknautz E. Die berechnung von zyklonabscheidern für gase[J]. Chem-Ing-Tech. 1972, 44 (1+2): 63-71.

[6] Bohnet M, Gottschalk O, Morweiser M. Modern design of aerocyclones[J]. Advanced Powder Technology, 1997, 8 (2): 137-161.

[7] Leith D, Mehta D. Cyclone performance and design atmospheric environment[J]. 1973, 7:527-549.

[8] 时铭显，汪云瑛 . PV 型旋风分离器尺寸设计的特点 [J]. 石油化工设备技术，1992, 13 (4): 14-18.

[9] 时铭显，吴小林 . 旋风分离器的大型冷模试验研究 [J]. 化工机械，1993, 20 (4): 187-192.

[10] Shi M X, Sun G G, Wang Y Y, et al. Optimum design of cyclone separators for FCC units[C]// Hou Xianlin (ed). Proc Int Conf on Petr Ref and Petrochem Processing. Beijing: Int Academic Publishers, 1991: 331-337.

[11] 金有海，陈建义，时铭显 . PV 型旋风分离器捕集效率计算方法的研究 [J]. 石油学报（石油加工），1995, 11 (2): 93-99.

[12] 陈建义，罗晓兰，金有海，时铭显 . 大浓度范围内 PV 型旋风分离器粒级效率的计算方法 [J]. 化工机械，1997, 24 (5): 249-253.

[13] 陈建义 . 切流返转式旋风分离器分离理论和优化设计方法的研究 [D]. 北京，中国石油大学（北京），2007.

[14] Jianyi Chen, Mingxian Shi. A universal model to calculate cyclone pressure drop[J]. Powder Technol, 2007, 171 (3): 184-191.

[15] E Muschelknautz. Auslegung von zyklonabscheidern in der technischen praxis[J]. Staub-Reinhalt Luft, 1970, 30(5): 187-195.

[16] 胡砾元，时铭显 . 蜗壳式旋风分离器全空间三维时均流场的结构 [J]. 化工学报，2003, 54 (4): 549-556.

[17] 陈建义，罗晓兰，时铭显 . 含尘条件下 PV 型旋风分离器压降的计算 [J]. 石油化工设备技术，1997, 18 (4): 1-3.

[18] 陈建义，李真发，刘丰，严超宇 . 非球形颗粒旋风分离特性试验研究 [J]. 中国石油大学学报（自然科学版），2016, 40 (3): 143-148.

[19] 孙国刚，汪云瑛，时铭显 .PV 型旋风分离器冷态性能试验及其计算 [J]. 石油炼制，1989, 4: 18-25.

[20] 刘爱玲，孙国刚，时铭显，刘贵庆，葛天序 . 催化裂化旋风分离器形式的对比试验 [J]. 石油炼制，1988, 7: 14-20.

[21] Abrahamson J, Martin C G, Wong K K. The physical mechanisms of dust collection in a cyclone[J]. Trans Inst Chem Eng, 1978, 56: 168-177.

[22] Obermair S, Staudinger G. The dust outlet of a gas Cyclone and its effects on separation efficiency[J]. Chem Eng Technol, 2001, 24 (12): 1259-1267.

[23] 管伟，时铭显 . 旋风分离器排灰与进、排气系统对分离性能的影响 [J]. 石油化工设备技术，2005, 26 (4): 26-29.

[24] 刘宗良 . 催化裂化装置旋风分离器设计的有关问题 [J]. 炼油技术与工程，2006, 36 (11): 17-21.

[25] 魏耀东，刘仁桓，孙国刚，时铭显 . 负压差立管内气固两相流的流态特性及分析 [J]. 过程工程学报，2003, 3 (5): 385-389.

[26] 魏耀东，时铭显 . 流化床旋风分离器系统优化设计与应用中的几个问题 [J]. 炼油技术与工程，2004, 34 (11): 12-15.

[27] 唐焕文，秦学志 . 实用最优化方法 [M]. 大连：大连理工大学出版社，1994: 223-242.

[28] Brar L S, Elsayed K. Analysis and optimization of cyclone separators with eccentric vortex finders using large eddy simulation and artificial neural network[J]. Separation and Purification Technology, 2018, 207: 269-283.

[29] Safikhani H. Modeling and multi-objective Pareto optimization of new cyclone separators using CFD, ANNs and NSGA Ⅱ algorithm[J]. Advanced Powder Technology, 2016, 27: 2277-2284.

[30] Sun X, Yoon J Y. Multi-objective optimization of a gas cyclone separator using genetic algorithm and computational fluid dynamics[J].Powder Technology, 2018, 325: 347-360.

[31] 李昌剑，陈雪莉，于广锁，龚欣 . 基于响应曲面法径向入口旋风分离器的结构优化 [J]. 高校化学工程学报，2013, 27 (1): 24-31.

[32] 魏耀东，燕辉，时铭显 . 重油催化裂化装置沉降器顶旋风分离器升气管外壁结焦原因的流动分析 [J]. 石油炼制与化工，2000, 31 (12): 33-36.

[33] 宋健斐，魏耀东，时铭显 . 催化裂化装置沉降器内结焦物的基本特性分析及其形成过程的探讨 [J]. 石油学报（石油加工），2006, 22 (2): 39-44.

[34] 宋健斐，魏耀东，高金森，时铭显 . 催化裂化装置沉降器内结焦物的基本特性及油气流动对结焦形成过程的影响 [J]. 石油学报（石油加工），2008, 24 (1): 9-14.

[35] Song J F, Wei Y D, Sun G G, Chen J Y. Experimental and CFD study of particle deposition on the outer surface of vortex finder of a cyclone separator[J]. Chemical Engineering Journal, 2017, 309: 249-262.

[36] 魏耀东，宋健斐，时铭显 . 一种防结焦旋风分离器 [P]. CN 200410097180.6. 2004.

第十二章

旋风分离器并联与串联的性能强化及应用

当含尘气体流量较大，单个旋风分离器难以满足分离要求时；或者需要控制分离器的耐磨性，也不希望颗粒发生破碎时，分离器入口速度不宜过高，在上述情况下往往需将多台分离器并联或串联使用，而且用于串联或并联的分离器的结构形式可以相同，也可以不同。

第一节 并联旋风分离器的性能计算与强化

在石油化工、煤化工等行业，含尘气量往往高达 $10^5 m^3/h$ 以上。此时，若采用单个分离器，则其直径可达几米，受入口气速的限制，难以保证分离效果。当气量大且要求效率高时，可将多个小直径的分离器并联使用。除强化分离效率外，将分离器并联还可灵活适应操作气量的变化。例如，当气量减小时，可以阻断若干分离器，以保证适宜的入口气速，从而保证分离效率不至降低；当气量增大时，可以增加分离器数量，保证分离效率和压降不变。

通常有两种并联方式：一种是把若干个分离器并联在一起，但各个分离器独立工作，相互之间没有影响，可称为“独立并联”；另一种是所谓的“多管旋风分离器”，如图 12-1 所示。它由许多小旋风管组成，有一个共同的进气口，分离下来的

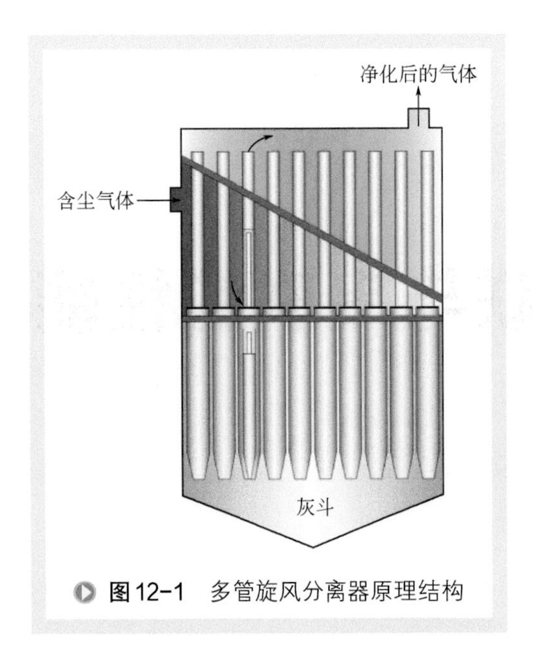

图 12-1　多管旋风分离器原理结构

粉尘进入同一个灰斗并从同一个排尘口排出。排气管与进气空间用隔板分隔，隔板与排气管之间必须严格密封，防止漏气。

由于多个旋风管共用一个进气口、一个灰斗和排尘口，所以各旋风管的制造质量和安装排布就会对气量分配产生影响，进而会影响整体分离效率。并联旋风管的数量越多，影响会越大。Reznik[1]、Crane[2]、Peng[3] 等研究发现，并联后分离效率均有不同程度的下降。文献 [4] 曾报道：某直径 51mm 的 7 个旋风管，将其并联且各自用单独的灰斗，分离效率为 95.3%；但若共用一个灰斗，则效率下降为 94.1%；对某直径 38mm 的 14 个旋风管并联且共用灰斗，分离效率由单管工作的 96% 下降为 92.2%。

在能源工业中，随着循环流化床锅炉的大型化，处理的高温含尘烟气量不断增大，同时还需将分离下来的粉料稳定地返回流化床层，所设计的旋风分离器往往采用独立并联的方式；在石油化工大型流化床反应器中，处理的气量也很大，也是采用独立并联的方式。本节着重讨论这种并联的强化，关于多管旋风分离器的性能强化参见第十三章。

一、独立并联旋风分离器的性能计算

1. 独立并联旋风分离器的分离效率

由于并联时各旋风分离器的压降相同，所以着重讨论分离效率的计算。首先以两个旋风分离器的独立并联（结构见图 12-2）为例，讨论并联系统的分离效率。

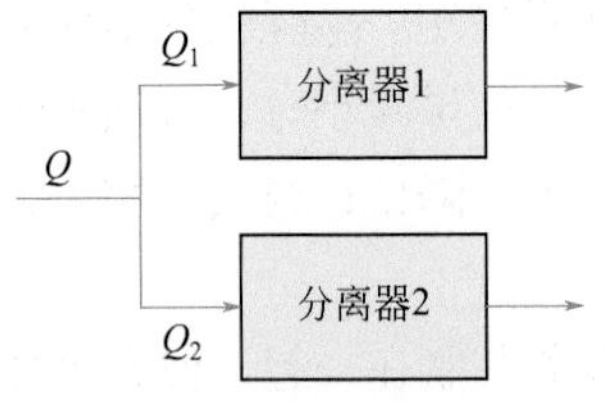

图 12-2　独立并联旋风分离器结构示意图

由图 12-2 可知，设并联系统处理的总气量为 Q，分离器 1 和 2 处理的气量分别为 Q_1 和 Q_2，相应的分离效率分别为 E_1 和 E_2，则并联系统的总效率 E 为：

$$E=\frac{Q_1E_1+Q_2E_2}{Q}=\frac{Q_1}{Q}E_1+\frac{Q_2}{Q}E_2 \tag{12-1}$$

显然当 $Q_1=Q_2$ 时，有
$$E=\frac{E_1+E_2}{2} \tag{12-2}$$

当两个并联的分离器相同时，有 $E=E_1=E_2$。可见，并联总效率将取决于气量的分配以及各个分离器的效率。当并联分离器相同且气量分配均匀时，并联总效率与单个分离器的效率完全相等。实际应用还表明，这时并联总效率也是最高的。如果出现气量分配不均，必有一个分离器效率降低，并使总效率下降。表 12-1 给出了两个分离器并联的一个实测结果 [4]。

表12-1　气量分配对并联总效率的影响

气量分配比例		各分离器的效率 /%		并联总效率 /%
1# 分离器 Q_1/Q	2# 分离器 Q_2/Q	1# 分离器 E_1	2# 分离器 E_2	
0.5	0.5	99.0	99.0	99.0
0.6	0.4	99.2	97.0	98.3
0.7	0.3	99.3	94.0	97.7

2. 独立并联旋风分离器的粒级效率

仍以前述的两个分离器并联为例，设入口浓度为 C_{in}，颗粒的分布密度为 f_{in}；分离器 1 和 2 对粒径 δ 的颗粒的粒级效率为 η_1 和 η_2，这样从分离器 1 和 2 逃逸的粒径 δ 的颗粒量分别为：

$$G_{1o}(\delta)=Q_1C_{in}(1-\eta_1)f_{in}\mathrm{d}\delta \tag{12-3}$$

$$G_{2o}(\delta)=Q_2C_{in}(1-\eta_2)f_{in}\mathrm{d}\delta \tag{12-4}$$

显然，对于粒径为 δ 的颗粒，独立并联分离器对它的总粒级效率为：

$$\eta_t(\delta)=1-\frac{Q_1C_{in}(1-\eta_1)f_{in}\mathrm{d}\delta+Q_2C_{in}(1-\eta_2)f_{in}\mathrm{d}\delta}{QC_{in}f_{in}\mathrm{d}\delta}=\frac{Q_1}{Q}\eta_1+\frac{Q_2}{Q}\eta_2 \tag{12-5}$$

二、独立并联旋风分离器的性能强化

独立并联旋风分离器的性能强化是指，在一定处理气量和压降的条件下，选择适宜的并联个数，使得并联总效率最高或总费用最低。所以，实践上并联强化的目标函数也有多种，如最高效率目标函数 [5]、最低单位总费用目标函数 [6] 等。相对而言，前一种较为简单，后一种更为合理。以下重点讨论 Martinez-Benet 提出的最低单位总费用目标函数的优化方法 [6]。

Martinez-Benet 认为，并联系统的单位总费用是旋风分离器的固定成本、运行成本（能耗）和颗粒排放造成的费用之和。不过，最后一项往往隐含在对分离效率的要求中，而且给出的优化方案总是默认颗粒排放是满足要求的，故可忽略它对单位总费用的影响。而第一项可对应于分离器的个数，第二项则可归结于压降的高低。因此，单位总费用实际就是分离器的个数及其压降的函数。例如，分离器个数增加，固定成本（设备投资）将增加，但由于分离器直径减小，为了保持相同的效率，入口气速可降低，压降或运行成本就有所下降。可见，按照单位总费用最低的原则可以确定所需并联分离器的个数。具体优化方法如下：

1. 固定成本（投资费用）

投资费用 C_{fixed}（元）与直径 D 以及分离器个数 N 的关系式为：

$$C_{\mathrm{fixed}}=N\frac{f}{YH}\mathrm{e}D^{j} \tag{12-6}$$

式中 f——投资系数，与安装固定方式、管道连接等有关；

Y——折旧年限，a；

H——每年工作时间，s/a。

分离器的直径可用切割粒径 d_{c50} 来反求，这样可体现对分离效率的要求，且：

$$D=\left[\frac{C'\pi d_{c50}^{2}(\rho_{p}-\rho_{g})N_{c}Q}{9\beta^{2}\alpha\mu N}\right]^{1/3} \tag{12-7}$$

式中 C'——修正系数；

α，β——入口高度和宽度与直径之比，$\alpha=a/D$，$\beta=b/D$；

N_{c}——气流在分离器内的旋转圈数；

μ——气体动力黏度，Pa·s。

2. 运行成本

对 N 个直径为 D 的旋风分离器并联，若暂不考虑入口浓度的影响，则压降 Δp 可表示为：

$$\Delta p=\frac{1}{2}\xi\rho_{g}\left(\frac{Q}{abN}\right)^{2} \tag{12-8}$$

其中阻力系数 ξ 可由 Casal-Martinez[7] 公式计算，即

$$\xi=11.3\left(\frac{ab}{d_{e}^{2}}\right)^{2}+3.33$$

与此相应的能耗费用（元 /s）为：$C_{\mathrm{power}}=\Delta pQC_{e}$ （12-9）

式中，C_{e} 是单位能耗的价格，元 /J。

联立上述各式，可得单位总费用 C_{t} 为：

$$C_{t}=C_{\mathrm{fixed}}+C_{\mathrm{power}}=N\frac{f}{YH}\mathrm{e}D^{j}+\Delta pQC_{e} \tag{12-10}$$

故有：

$$C_{t}=N\frac{\mathrm{e}f}{YH}\left[\frac{C'\pi d_{c50}^{2}(\rho_{p}-\rho_{g})N_{c}Q}{9\beta^{2}\alpha\mu N}\right]^{j/3}+\frac{\rho_{g}Q^{3}C_{e}\xi}{2\alpha^{2}\beta^{2}N^{2}}\left[\frac{9\beta^{2}\alpha\mu N}{C'\pi d_{c50}^{2}(\rho_{p}-\rho_{g})N_{c}Q}\right]^{4/3} \tag{12-11}$$

这就是优化目标函数，且只有一个变量即个数 N，对上式求极值可得对应最小单位总费用的最优分离器个数 N_{opt}：

$$N_{opt}=Q\left\{\frac{ef(3-j)(4+j)}{3C_{e}YH\rho_{g}}\times\frac{\alpha^{2}\beta^{2}}{\xi}\times\left[\frac{C'd_{c50}^{2}(\rho_{p}-\rho_{g})N_{c}}{9\beta^{2}\alpha\mu}\right]\right\}^{\frac{3}{j-5}} \tag{12-12}$$

3. 约束条件

前述目标函数求解时还需附加两个约束条件，一个是许可压降，另一个是入口气速。假设许可压降为 Δp_{max}，则压降约束式为：$\Delta p \leqslant \Delta p_{max}$。对入口速度，为了保证分离效率，一般不宜低于 15m/s，但也不能超过许可压降对应的最高速度 v_{max}，或从磨损考虑不宜超过 30m/s，可表示为：$15 \leqslant v_{i} \leqslant \min(v_{max}, 30)$。

这些约束条件实质上也规定了并联个数的最大值与最小值，如果优化求解得到的 N_{opt} 不在此范围内，则实际个数可取邻近的最大值或最小值。而一旦确定了 N_{opt}，则还可以反算出分离器的切割粒径 d_{c50}。从设计要求看，必须保证反算得到的 d_{c50} 要小于优化前所取的 d_{c50}，所以这也可看作一条约束条件。

Martinez-Benet 根据上述方法，在两种不同入口条件下对标准直切入口旋风分离器并联方案进行了强化设计，并确定了并联个数，结果见表 12-2。可见，对实例 1，强化后的切割粒径没有变化；实例 2 强化后切割粒径减小，说明并联强化可以提高分离效率。

表12-2　旋风分离器独立并联强化实例

参数	实例 1	实例 2
无量纲入口高度 α	0.5	0.5
无量纲入口宽度 β	0.25	0.25
切割粒径 d_{c50}/μm	10	10
流量 Q/(m³/s)	14	1
常数 e	3900	3900
常数 j	1.73	1.73
投资系数 f	2.5	2.5
折旧年限 Y/a	5	5
每年运行时间 H/(s/a)	2.16×10^{7}	2.16×10^{7}
气流旋转圈数 N_{c}	4	4
单位能耗价格 C_{e}/(元 /J)	1×10^{-8}	1×10^{-8}
分离器并联个数 N_{opt}	5	1
强化条件下切割粒径 d_{c50}/μm	10	8.5
分离器直径 D/m	1.01	0.64
分离器入口气速 v_{i}/(m/s)	22.0	19.4
分离器压降 Δp/Pa	1948	1512

第二节 串联旋风分离器的性能计算与强化

串联旋风分离器在工程上应用广泛，例如炼油催化裂化再生器就采用两级旋风分离器来回收催化剂；石油化工流化床反应器也普遍采用两级或三级旋风分离器。如氧氯化流化床反应器、苯胺流化床反应器、芳腈流化床反应器等就采用三级旋风分离器。为了控制昂贵催化剂的损耗，丙烯腈流化床反应器要求分离效率达99.999%以上，且压降不超过7kPa，所以多采用三级旋风分离器。增压流化床-燃气循环（PFBC-CC）工作温度超过800℃、压力0.7MPa，其气固分离也是采用多级旋风分离器，以保证净化后燃气中基本不含大于10μm的颗粒。对串联旋风分离器，性能强化的关键在于合理确定各级的结构形式以及合理分配各级的压降。

一、串联旋风分离器的性能计算

1. 串联总效率

如图12-3所示，设有J个旋风分离器组成J级串联，则串联总效率计算公式为：

$$E=1-\prod_{j=1}^{J}(1-E_j) \tag{12-13}$$

式中　E——串联分离器的总效率，%；

E_j——第j级（j=1, 2, ⋯, J）的分离效率，%。

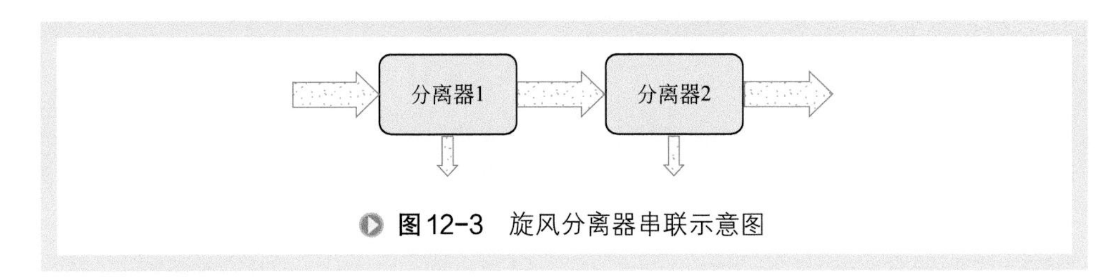

图12-3　旋风分离器串联示意图

2. 串联总压降

多级串联后的分离器总压降为：

$$\Delta p=\sum_{j=1}^{J}\Delta p_j \tag{12-14}$$

式中　Δp——串联分离器的总压降，Pa；

Δp_j——第j级（j=1, 2, ⋯, J）的压降，Pa。

表面上看，串联总效率只与各级单独的效率有关，但由于总压降往往是限定的，并且串联分离器后一级所分离的颗粒的浓度、粒度等都与前序级的分离密切相关，所以其总效率不仅取决于各级的分离性能，而且与各级之间的匹配密切相关。

3. 总粒级效率计算

串联旋风分离器总粒级效率的计算方法与总效率类似。以两级串联为例，假设对粒径为 δ 的颗粒，第一级、第二级分离器的粒级效率为 η_1 和 η_2，则它的总粒级效率为：

$$\eta(\delta)=1-[1-\eta_1(\delta)]\,[1-\eta_2(\delta)] \tag{12-15}$$

从第二级分离器出口逃逸的粉尘浓度为：

$$C_o=\int_0^\infty (1-\eta_1)(1-\eta_2)C_{in}f_{in}\mathrm{d}\delta \tag{12-16}$$

对三级以上的串联旋风分离器，可依据上述方法推出总粒级效率。

二、串联旋风分离器的性能强化

关于串联旋风分离器的性能强化，前人多通过实验加以研究。Columbus[8] 分析了串联布置减少排放的效果。文献 [4] 也介绍了 Le Page 用煤飞灰和硅砂测试的两个相同分离器串联的效率，结果见表 12-3。可见，同样结构的第二级的分离效率还不到第一级的一半，主要原因是第二级入口不仅颗粒更细，而且入口浓度也更低。

表12-3 单级与两级旋风分离器性能比较

参数	煤飞灰		硅砂
入口气量 $Q/(m^3/h)$	10.62	11.46	10.62
入口浓度 $C_{in}/(g/m^3)$	107	107	231
第一级分离效率 $E_1/\%$	97.5	97.5	96.9
第二级分离效率 $E_2/\%$	35.1	46.8	44.2
两级总分离效率 $E/\%$	98.4	98.7	98.4
单级分离器压降 $\Delta p_j/Pa$	748	873	748

文献 [4] 还报道了 Stern、Ogawa 的工作。Stern 研究了改变两级的压降分配后两级总效率的变化情况，并将其与一处理量和压降都相同的高效单级分离器做比较，发现：如果两级匹配不合理（如第二级压降低于某一定值后），两级总效率反而不如单级的分离效率。Ogawa 曾对三级切向进口旋风分离器的串联性能做实验，粉尘为炭黑，根据实验结果总结出各级分离效率与级次的关系：

$$E_i=1-\exp(-ki^m) \tag{12-17}$$

式中，k，m 为随入口气速而变化的参数，数值见表 12-4。

表12-4　Ogawa的三级串联分离效率关联参数

参数	数值					
入口气速 /(m/s)	4.67	7.51	9.11	11.38	13.02	18.46
m	1.5	1.7	1.9	1.9	2.0	2.5
k	0.879	0.277	0.163	0.318	0.237	0.085

陈建义等[9,10]在冷态条件下，实验对比了两种三级旋风分离器的性能。一种为E型分离器，一种为PV型分离器，主要尺寸见表12-5。气体为空气，入口气量5200m³/h。粉料为硅微粉，颗粒密度2600kg/m³，平均粒径10μm，第一级入口浓度0.1kg/m³。

表12-5　PV型与E型三级旋风分离器主要结构尺寸对比[9]

比较参数	PV型三级旋风分离器			E型三级旋风分离器		
	一级	二级	三级	一级	二级	三级
分离器直径 D/mm	720	720	720	712	712	712
入口截面比 K_A	4.00	4.69	4.69	3.83	4.42	4.42
排气管内径 D_e/mm	388	330	310	388	388	265
入口蜗壳包角 α/(°)	180	180	180	135	135	135
筒体高度 H_1/mm	1008	1008	1008	980	1242	1242
锥体高度 H_2/mm	1590	1590	1590	1005	1267	1267

图12-4示出了各级压降在总压降中所占的比例。PV型一旋、二旋和三旋压降之比约为22.5%：36%：41.6%，而E型的约为26.5%：21.7%：51.8%。可见，后者是通过大幅提高三旋压降来达到较佳的分离效果，而前者是通过提高第一级和第二级的组合压降来达到更高的分离效率。这种设计思想的差别还会在分离效率中得到体现。

三级总效率和各级效率对比见图12-5。可见，PV型三级总效率均比E型的高。例如，当处理量为5200m³/h时，PV型总效率比E型的高约0.35个百分点。若以总带出率P_e做比较，则该工况下PV型的总带出率要比E型的下降约15%。应该说，这一差异是显著的。

时铭显等[11,12]在我国增压流化床示范装置高温燃气除尘系统中，采用了不同形式旋风分离器的三级串联方案。其中，第一级采用扩散型旋风分离器，第二级是高效PV型，第三级则采用多管旋风分离器。燃气温度730～800℃、压力0.5MPa，气量936～1260m³/h（标准状态），入口含尘浓度13.7～25.3g/m³（标准状态），性能试验结果见表12-6。

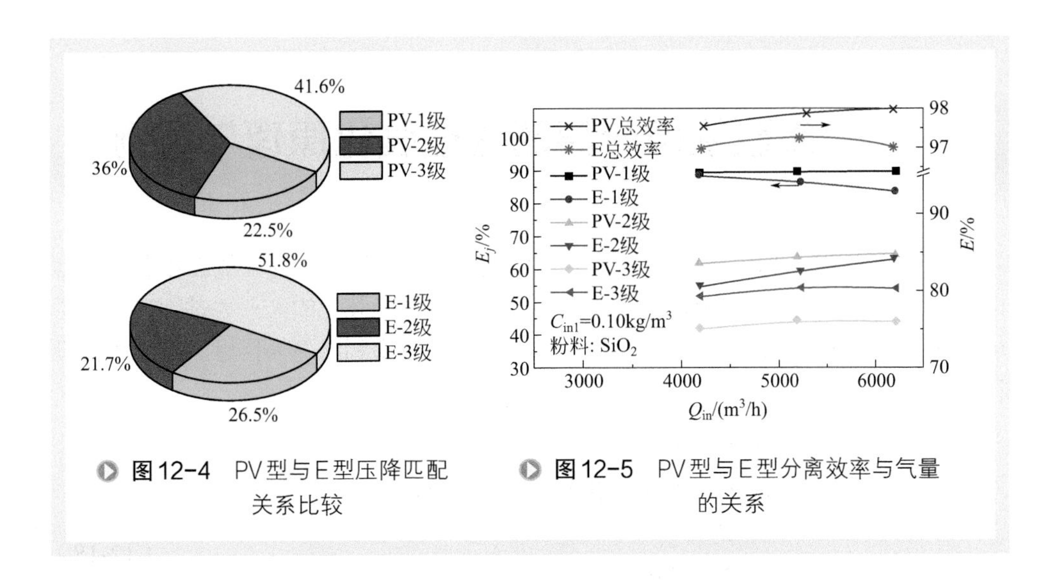

图12-4 PV型与E型压降匹配关系比较

图12-5 PV型与E型分离效率与气量的关系

表12-6 高温燃气三级旋风分离器性能试验结果

级次	入口气速 /（m/s）	出口含尘浓度（标准状态）/（mg/m³）	分离效率 /%	压降 /kPa
第一级	19.8～27.0	1150～2900	88～94	5.4
第二级	25.8～35.8	220～400	85～87	5～11
第三级	18.8～25.8	110～240	20～32	11～12

可见，第二级 PV 型的分离效率在 85%～87% 范围内变化，比较稳定；第三级采用了高压降的高效多管分离器，虽然效率较低（仅 20%～32%，原因是进入第三级的颗粒很细），但第三级出口浓度基本满足排放要求，大于 10μm 的颗粒很少，8μm 颗粒的粒级效率达 99%。

这也说明，对多级旋风分离器，尽管每一级处理的气量相同，但各级入口浓度、粒度等差别巨大。为了适应这种差别并实现高效分离，除了各级压降需优化匹配外，还可针对不同的分离条件优选各级分离器的结构形式，而不必要求每一级的结构都相同。另外，各级压降存在一个最佳匹配关系，并且这种最佳匹配关系会随设计条件或分离要求的变化而改变。以三级串联为例，有的按“压降逐级升高”方式匹配，有的却是第二级压降最高，不能一概而论。除了实验测量外，Luciano[13] 还基于数值计算对三级旋风分离器进行了多目标优化，不仅提升了分离效率，而且降低了压降。

由此推知，串联旋风分离器性能强化的原则是：针对不同的分离条件选择不同的分离器结构形式或尺寸，并对各级压降实现优化匹配；实现的关键在于有一套正确的分离效率和压降的计算方法，并能在此基础上形成多级旋风分离器优化设计方法。

第三节 串联旋风分离器性能强化原理与算例

第十一章建立了 PV 型旋风分离器优化设计的数学模型，为性能强化奠定了理论基础。对于多级旋风分离器，各级间的匹配成为性能强化的又一关键因素。为了从原理上指明性能强化的方向，也可建立起以分离效率和压降为目标函数的优化设计模型，即：

$$\begin{cases} V-\min\left[(1-E),\ \Delta p\right]^{\mathrm{T}} \\ \text{s.t.}\quad a_j b_j (V_{\mathrm{in}})_j = Q_{\mathrm{in}}\ (j=1,2,\cdots,J) \\ \qquad E \geqslant E_{\min} \\ \qquad \Delta p \leqslant \Delta p_{\max} \\ \qquad (V_{\min})_j \leqslant (V_{\mathrm{in}})_j \leqslant \min(V_{\mathrm{opt}}, V_{\mathrm{erosion}})_j\ (j=1,2,\cdots,J) \\ \qquad \min\limits_{1\leqslant j\leqslant J} x_{ij} \leqslant x_{ij} \leqslant \max\limits_{1\leqslant j\leqslant J} x_{ij} \end{cases} \tag{12-18}$$

其中

$$E=1-\prod_{j=1}^{J}(1-E_j),\ \Delta p=\sum_{j=1}^{J}\Delta p_j$$

且

$$E_j=\int_0^{\infty}\eta_j(\boldsymbol{x}_j,\boldsymbol{y}_1,\boldsymbol{z}_j)(f_{\mathrm{in}})_j\,\mathrm{d}\delta,\ \ \Delta p_j=\Delta p_j(\boldsymbol{x}_j,\boldsymbol{y}_1,\boldsymbol{z}_j)$$

$$(f_{\mathrm{in}})_j=\frac{(1-\eta_{j-1})}{(1-E_{j-1})}(f_{\mathrm{in}})_{j-1},\quad j\geqslant 2$$

下标 j 表示级次，J 是总级数。需要说明，对多级旋风分离器，可以忽略各级气相参数（如流量、密度和黏度等）的差异，也即 $\boldsymbol{y}_j$ 可用 $\boldsymbol{y}_1$ 代替，这样可减少计算量。

从形式上看，多级优化模型与单级的极其相似，但实际上多级优化要复杂得多。主要原因在于：当第 j 级的设计变量 $\boldsymbol{x}_j$ 改变后，它不仅会影响第 j 级自身的分离效率和压降（从而导致目标函数的改变），而且后续的第 j+1，j+2，…，J 级的颗粒相参数向量 $\boldsymbol{z}_{j+1}$，$\boldsymbol{z}_{j+2}$，…，$\boldsymbol{z}_J$ 也将随之改变，此时，即使它们的设计变量 $\boldsymbol{x}_{j+1}$，$\boldsymbol{x}_{j+2}$，…，$\boldsymbol{x}_J$ 保持不变，目标函数也会改变。为便于深入探讨，以下通过三个算例说明两级、三级旋风分离器优化设计过程。

一、两级串联旋风分离器优化算例

1. 优化设计数学模型

仍以第十一章第三节中的问题为例，现假设要设计的是一组两级串联旋风分离器，使分离效率 E 不低于 96%，且压降不超过 6200Pa。

首先，对两级旋风分离器的优化模型进行简化。根据式（12-18），并仿照单级优化方法，可得给定压降下满足一定分离效率要求的两级优化设计模型，见式（12-19）。

$$
\left\{
\begin{aligned}
&\min(1-E)\\
&\text{s.t.}\quad \frac{\pi D_j^2(V_{\text{in}})_j}{4K_{\text{A}j}}=Q_{\text{in}}\,(j=1,2)\\
&\qquad E=1-(1-E_1)(1-E_2)\geqslant 96\%\\
&\qquad \Delta p=\Delta p_1+\Delta p_2=6200\text{Pa}\\
&\qquad V_{\min}\leqslant(V_{\text{in}})_j\leqslant(V_{\text{opt}})_j\\
&\qquad 3.0\leqslant K_{\text{A}j}\leqslant 8,\ \ 0.25\leqslant\tilde{d}_{\text{r}j}\leqslant 0.75,\ \ \tilde{H}_{\text{s}j}=3.1
\end{aligned}
\right.
\tag{12-19}
$$

2. 优化模型的简化分析

与单级优化相比，尺寸设计变量增加到 6 个，另外虽然总压降一定，但因各级压降并未确定，故还要增加一个压降变量，不妨取为 Δp_1，这样设计变量就有 7 个。不过它们也不都是独立的，因为一旦 Δp_1 选定，Δp_2 也就确定了，根据压降公式，每一级的结构变量可减少 1 个，所以设计变量就只有 5 个。但要求解一个五维的优化问题，还需作进一步简化。

设计多级分离器时，一般各级可取相同直径。针对本例，不妨取 $D_1=D_2$，且都等于单级的直径 0.72m。另外，无论 $\boldsymbol{x}_1$ 和 Δp_1 如何选取，第二级旋风分离器的设计，总是要寻找这样的设计变量 $\boldsymbol{x}_2$，它可使第二级的效率 E_2 在给定压降 Δp_2 下达到最高。根据单级优化设计结论，当第二级直径 D_2 一定时，当且仅当 K_{A2} 取可能的最大值时，第二级的效率 E_2 才能最高。而当直径 D_2 取定后，K_{A2} 的最大值可由入口气速 V_{in} 的约束条件求得，所以 K_{A2} 就不再是一个独立的设计变量。这样总的设计变量就又减少成 2 个，不妨取成 K_{A1} 和 Δp_1。式（12-19）的求解仍可采用搜索法，但需注意第二级的粒度分布 f_{in2} 会随第一级的效率 E_1 而变化。计算时，可采用统计方法，根据 E_1 和 η_1 求得 f_{in2} 以及 δ_{m2} 等特征参数。

3. 优化算例分析

图 12-6 给出了优化设计结果。可见，采用两级串联可以有效地提高分离效率，而且不同的 K_{A1} 和 Δp_1 组合所对应的总效率差异较大。当 K_{A1} 一定时，总是存在使得总效率最高的压降匹配关系，这对两级串联设计很有意义。例如当 $K_{\text{A1}}=4.0$ 且 Δp_1 取 3700Pa（$\Delta p_2=2500$Pa）时，总效率可达 97.91%（相应单级效率只有 97.30%），此时第一、二级压降之比约 3∶2，详细设计结果见表 12-7。

另外，K_{A1} 一定时，提高 Δp_1 即意味着第一级效率 E_1 将随之提高，并且在 Δp_1 不是很高时，总效率也随之升高。但 Δp_2 是不断下降的，加上第二级入口粉尘变稀、粒度变细，所以第二级的效率 E_2 将随 Δp_1 的升高而下降。这两种因素共同作用的结

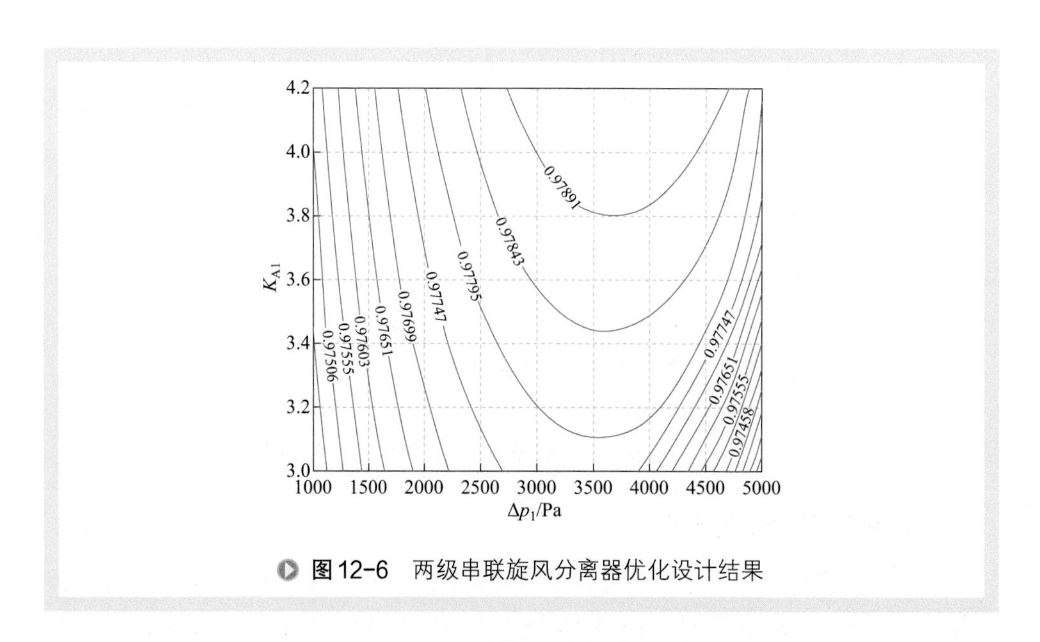

图12-6　两级串联旋风分离器优化设计结果

表12-7　两级串联旋风分离器的分离性能

级	D/m	K_A	D_e/m	V_{in}/(m/s)	Δp/Pa	E/%
第一级	0.72	4.0	0.220	14.2	3700	93.75
第二级	0.72	6.8	0.398	24.0	2500	66.64

果，导致了最佳压降比的存在，并且许可压降本身也会对最佳压降比产生影响。

图12-7所示就是将上例中的许可压降改成5500Pa时的设计结果。可见，当K_{A1}仍取4.0时，Δp_1应取3250Pa（相应地Δp_2=2250Pa），此时总效率最高值约

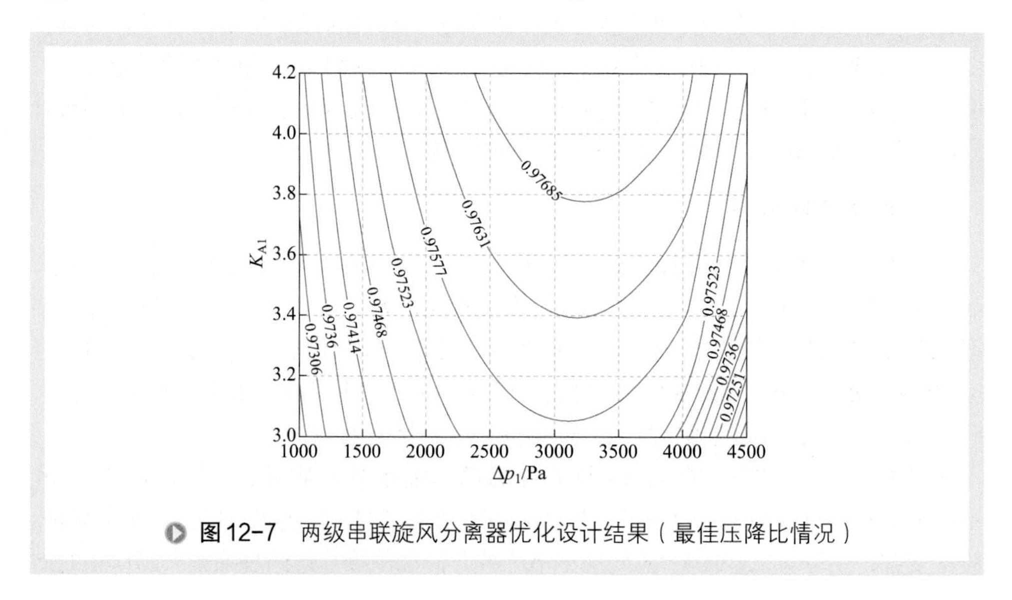

图12-7　两级串联旋风分离器优化设计结果（最佳压降比情况）

97.70%，而第一级、第二级的压降之比由原先的 3：2 变成了约 7：5，详细数值见表 12-8。最佳压降比的存在说明片面提高任何一级的压降都是不利的。

表12-8　两级串联旋风分离器的分离性能（最佳压降比情况）

级	D/m	K_A	D_e/m	V_{in}/(m/s)	Δp/Pa	E/%
第一级	0.72	3.8	0.236	14.2	3250	93.19
第二级	0.72	6.8	0.425	24.0	2250	66.45

二、两级混联旋风分离器优化算例

所谓混联是指将多个旋风分离器同时采用串联和并联的方式进行组合，它对于工程应用很有意义。对于两级旋风分离器，其组合方式可以是：第一级采用一个大直径的分离器，第二级采用若干个并联的小直径分离器；也可以反过来，即第一级采用若干个并联的小直径分离器，而第二级采用一个大直径的分离器。

采用这种混联方式时，若大、小分离器的个数比是 1：M，则按等截面气速原则，其直径比大约是 $\sqrt{M}$：1。在气固流化床内，为防止级间连接过于复杂，一般 M 不超过 2。美国 DuPont 公司采用的丙烯腈两级旋风分离器就是例证[14]。图 12-8 示出了串联和两种混联方式，其中"∪"是串联符号，带圈的数字表示分离器个数。"①∪②"表示 1 个大直径的第一级与 2 个小直径第二级串联，而"②∪①"就表示 2 个小直径第一级与 1 个大直径第二级串联。

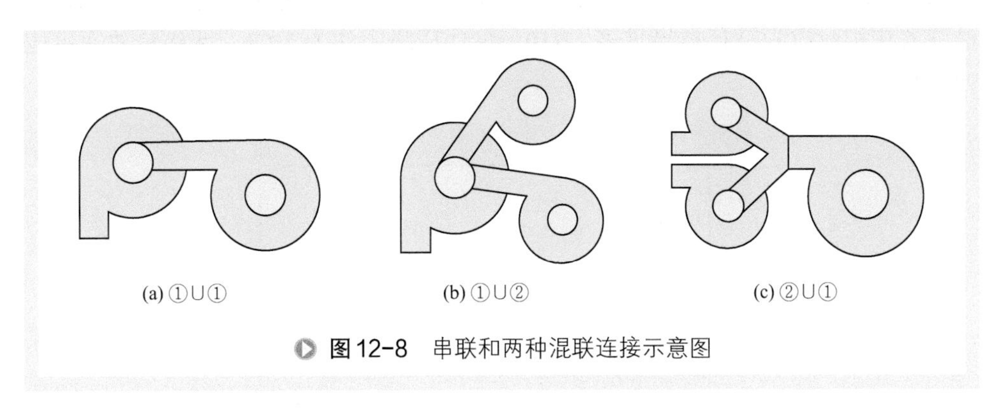

图12-8　串联和两种混联连接示意图

混联方式兼具串、并联的优点，即使不提高总压降，也可提高总效率。对 M 个并联分离器组成的级，每个分离器处理量只是总处理量的 1/M，故仍可用式（12-19）进行优化设计。图 12-9 是①∪②两级混联优化设计结果，其中第一级采用 1 个直径 0.72m 的分离器，第二级由 2 个直径 0.51m 的分离器并联，许可压降为 5500Pa，与最高效率相对应的设计结果见表 12-9。此时最佳压降比约为 6：5，两级总效率达 97.98%。

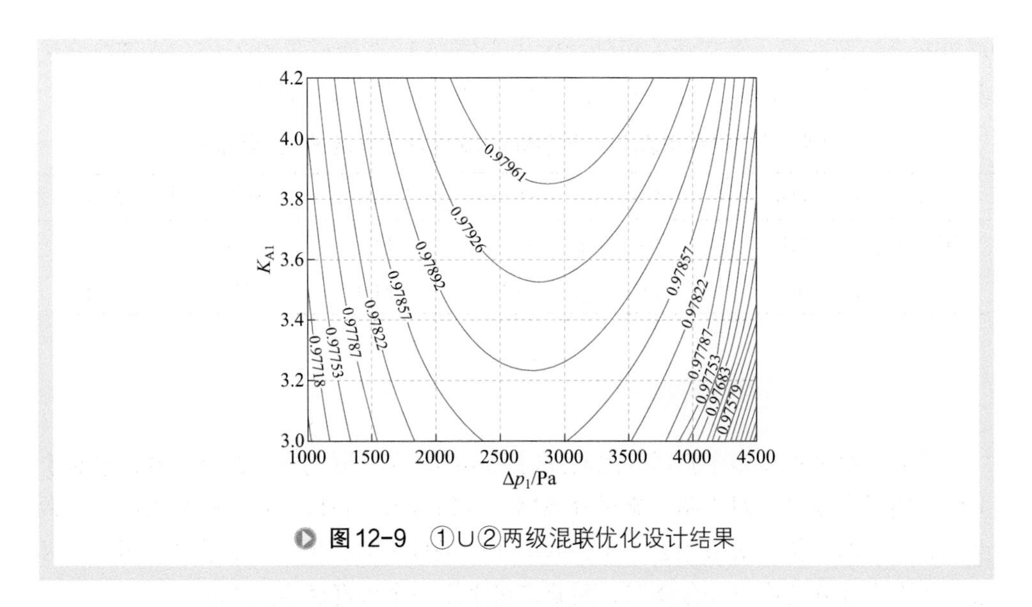

图12-9 ①∪②两级混联优化设计结果

表12-9 ①∪②两级混联的分离性能

级	个数	D/m	K_A	D_e/m	V_{in}/(m/s)	Δp/Pa	E/%
第一级	1	0.72	4.0	0.250	14.2	3000	92.66
第二级	2	0.51	6.8	0.376	24.0	2500	72.44

图12-10是②∪①两级混联优化设计结果。此时，第一级由2个直径0.51m的分离器并联，而第二级采用1个直径0.72m的分离器，许可压降仍为5500Pa，与最高效率相对应的设计结果见表12-10，最佳压降比约为2∶1，两级总效率可达98.09%。

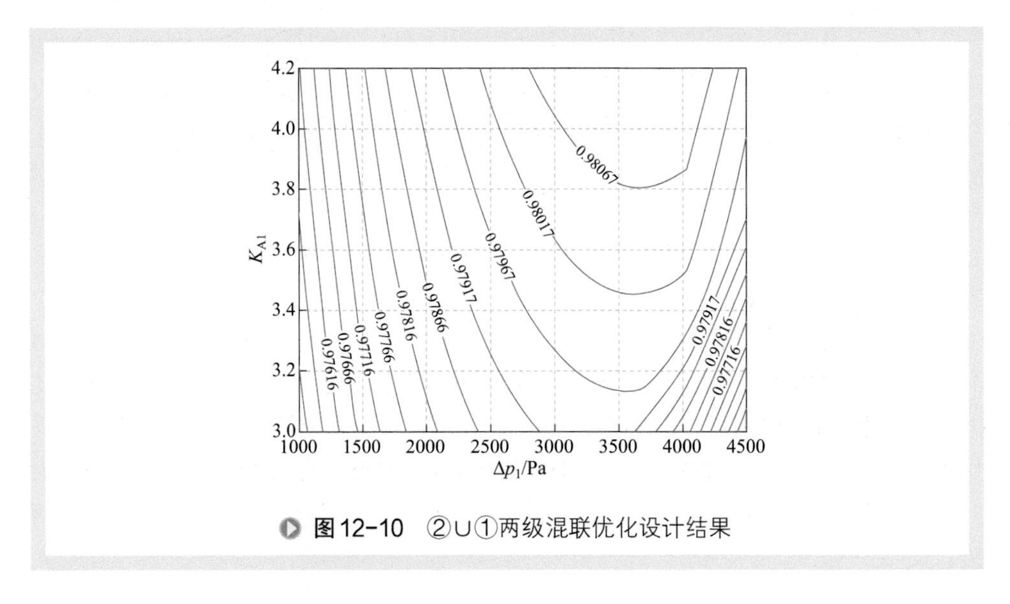

图12-10 ②∪①两级混联优化设计结果

表12-10　②∪①两级混联的分离性能

级	个数	D/m	K_A	D_e/m	V_{in}/(m/s)	Δp/Pa	E/%
第一级	2	0.51	4.0	0.295	14.2	3650	95.18
第二级	1	0.72	6.8	0.661	24.0	1850	60.48

可见，不论采用何种混联方式，总效率均比常规的两级串联有显著提高。换言之，若保证相同的总效率，则采用混联方式可有效地降低压降，节省操作费用。

另需指出，混联方式不同，最佳压降比也有所不同。考虑到工业反应器内第一级入口浓度高、平均粒径大、颗粒更容易分离的事实，所以可将大部分压降分配给第二级，以便捕集更多的细颗粒，加上 Δp_1 较小时，第一级入口气速（V_{in}）$_1$ 可取得较低，对减轻磨损有利，而且在安装排布上①∪②要比②∪①简便，因此推荐采用①∪②这种混联方式。

三、三级串联旋风分离器优化算例

对前述算例，若许可压降不变，即使采用多个并联或两级串联和混联方式，其总分离效率仍很难超过 98.5%。若要进一步提高分离效率，可以采用三级串联方式。

1. 优化设计数学模型

根据多级优化模型即式（12-18），可得三级旋风分离器优化设计模型：

$$\begin{cases} \min(1-E) \\ \text{s.t.}\quad \dfrac{\pi D_j^2 (V_{in})_j}{4K_{Aj}} = Q_{in} (j=1,2,3) \\ E=1-\prod_{j=1}^{3}(1-E_j)\geqslant 98.5\% \\ \sum_{j=1}^{3}\Delta p_j(\boldsymbol{x}_j,\boldsymbol{y},\boldsymbol{z}_j)=6200\text{Pa} \\ E_j=\int_0^{\infty}\eta_j(\boldsymbol{x}_j,\boldsymbol{y},\boldsymbol{z}_j)(f_{in})_j\,\mathrm{d}\delta \\ V_{min}\leqslant(V_{in})_j\leqslant(V_{opt})_j \\ 3.0\leqslant K_{Aj}\leqslant 8,\ 0.25\leqslant\tilde{d}_{rj}\leqslant 0.75,\ \tilde{H}_{sj}=3.1 \end{cases} \tag{12-20}$$

2. 优化模型的简化分析

三级优化设计的待定变量个数更多，共计有 9 个，而且各级压降也不确定，所以还要增加 2 个压降变量。不妨取 Δp_1 和 Δp_2 为设计变量，这样总的设计变量就达到 11 个。

同样，这 11 个设计变量也不都是独立的。因为，一旦 Δp_1 和 Δp_2 选定后，Δp_3 也就确定了，根据压降约束式，此时每一级的结构变量都可减少 1 个，所以实际设计变量为 8 个。假设这 8 个变量为：Δp_1，Δp_2；D_1，K_{A1}；D_2，K_{A2}；D_3，K_{A3}，要求解一个八维的非线性规划问题是极烦琐的，需对上述问题做进一步简化。

与两级优化类似，首先也取各级的直径相同。对本例可取 $D_1=D_2=D_3=0.72m$，这样设计变量减少为 5 个。其次，无论级间压降如何分配，一旦 Δp_1 和 Δp_2 选定，Δp_3 也就唯一确定，并且，设计第三级旋风分离器时，也总是要寻找这样的设计变量 x_3，使该级的效率 E_3 在给定的 Δp_3 下最高。根据单级优化设计结论，当直径 D_3 确定后，当且仅当 K_{A3} 取可能的最大值时，E_3 才能最高，而 K_{A3} 的最大值可由入口气速 V_{in} 的约束求得，所以 K_{A3} 就不再是独立变量，且可预先确定。这样总的设计变量共可减少 4 个，还剩余 4 个：Δp_1，Δp_2；K_{A1}，K_{A2}。

实际上，这 4 个变量也非完全独立的。假定 K_{A1}、Δp_1 和 Δp_2 已确定，则 K_{A2} 就不能任意选取。因为当 D_1、K_{A1} 和 Δp_1 确定后，D_{e1} 就确定了，相应的 E_1 也就确定了，所以第二级的入口浓度 C_{in2} 和粒度分布函数 f_{in2} 也就确定了。此时，由于 D_2 和 Δp_2 也是定值，所以对任一 K_{A2}，都会有唯一的 D_{e2} 与之对应，并将唯一地决定 E_2 的大小。根据优化原则，在所有可能的 K_{A2} 中，只有那个使第二、三级串联的总效率即 $[1-(1-E_2)(1-E_3)]$ 达到最高的才是要寻找的。因为这样才能使三级总分离效率 $[1-(1-E_1)(1-E_2)(1-E_3)]$ 达到最高，所以真正独立的设计变量就只剩下 3 个，不妨就选取 Δp_1，Δp_2，K_{A1}。

3. 优化算例分析

为便于求解，可将 K_{A1} 设为参数，只保留 Δp_1 和 Δp_2 作为独立设计变量。对前例，若取 $K_{A1}=4.0$，仍采用搜索法求解，可得总效率 E 与 Δp_1 和 Δp_2 的相互关系，见图 12-11 和图 12-12。

可见，采用三级串联后，总效率很容易达到 98.5%。这也说明增加串联级数是一种更有效的性能强化方法。对三级串联，各级压降同样存在最佳匹配关系。若片面增大某级的压降（比如 Δp_1），那么虽然 E_1 可随之提高，但因 Δp_2 和 / 或 Δp_3 随之下降，且进入第二级的入口浓度变稀、粒度变细，这又会导致 E_2 和 / 或 E_3 降低，其总的效果反而可能使三级总效率下降。类似地，若 Δp_3 过大，虽然 E_3 可提高，但 E_1 和 / 或 E_2 会降低，总的结果也可能使三级总效率下降。对本算例，压降比 $\Delta p_1 : \Delta p_2 : \Delta p_3$ 最佳值约 7.0 : 5.2 : 4.7。

另由图 12-11 可知，各级之间的这种牵制作用使得不同压降匹配方案的总效率差别不致太大。对照本算例，单级旋风分离器不同方案之间效率相差约 2%，两级不同方案之间相差约 0.50%，而三级不同方案之间相差不到 0.20%，可见多级串联的“鲁棒性”会随级数增多而增强。但需指出，这并不是说三级旋风分离器可随意设计，恰恰相反，由于采用三级串联的场合往往对分离效率要求很高，虽然从效率

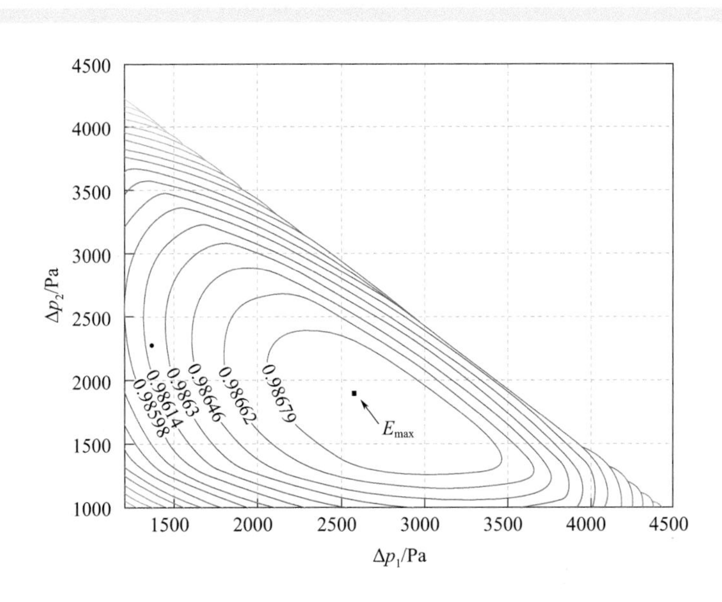

图12-11 三级串联旋风分离器优化设计结果（K_{A1}=4.0）

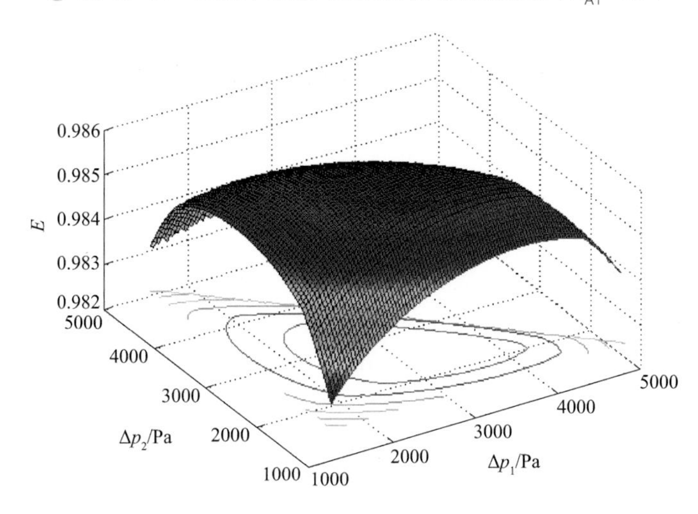

图12-12 三级串联旋风分离器优化设计结果三维视图（K_{A1}=4.0）

上看似乎只相差百分之零点几，但若用带出率 q 来衡量，就可能相差百分之十几或更多，所以三级优化设计的精度要求更高。

另外，最佳压降比还会随气固物性及操作条件而变。图 12-13 是将颗粒平均粒径 δ_m 由 10.0μm 改为 8.0μm 后的优化结果。可见，$\Delta p_1 : \Delta p_2 : \Delta p_3$ 最佳值约 7 : 4.9 : 4.9，与原先的 7.0 : 5.2 : 4.7 有所区别。所以对三级分离器，级间匹配不仅非常重要，而且还依赖操作条件和气固物性。

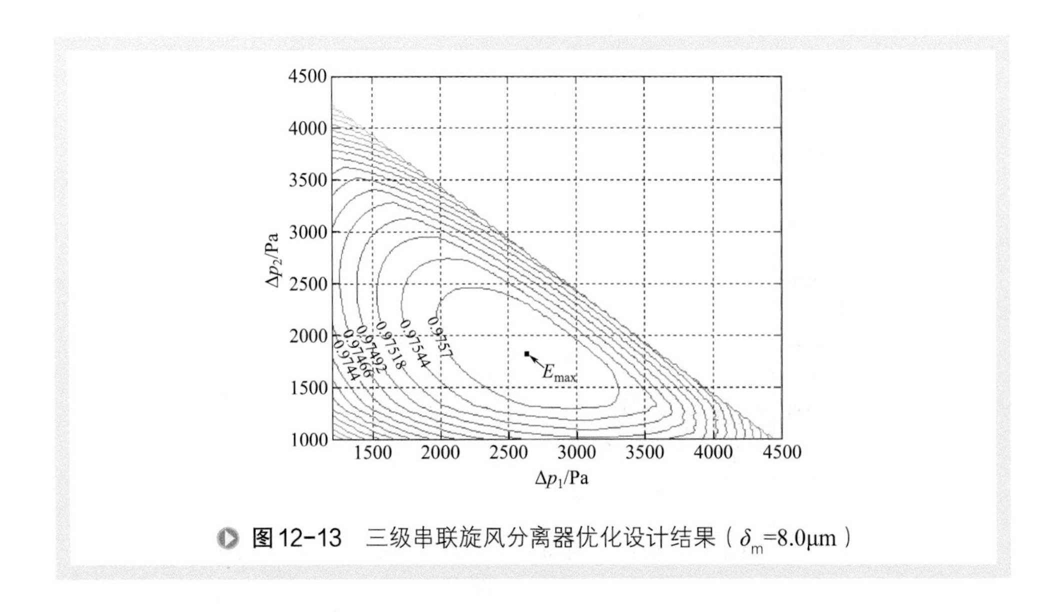

图12-13　三级串联旋风分离器优化设计结果（δ_m=8.0μm）

第四节　两级串联旋风分离器优化应用实例

本节以丙烯腈反应器旋风分离器为例，说明两级串联的性能强化和应用。在丙烯腈（AN）流化床反应器中，虽然催化剂粒度较细，旋风分离器入口浓度高达 10kg/m³ 以上，但工艺仍要求在总压降小于 7kPa 条件下，总分离效率不低于99.9995%，以便将催化剂损耗控制在 0.4kg/tAN 以下，要求极其苛刻。所以，国际上长期都采用三级旋风分离器，例如 BP 公司采用的 Ducon 型、Emtrol 型或 Bull 型旋风分离器都是三级串联的。

但是三级旋风分离器体积庞大，在反应器内能布置的组数少，生产能力受到制约。丙烯腈装置大型化已成为大趋势，它对装置的节能、降耗和增效具有重要意义。国际上已出现 13 万吨级的单套装置，其反应器直径达 12.7m，内置 18 组共 54 个旋风分离器。如果能将三级串联改为两级串联，不仅能降低自身的投资，还可使反应器“瘦身”，综合效益可观。为此，国际大公司均在致力开发新的两级旋风分离器，但一直都不太成功。

由本章第三节可知，当旋风分离器形式、操作条件和总压降相同时，增加级数是提高效率的有效方法。所以，要想减少级数并保证分离效率，就只能通过提高单级分离效率、实现级间优化匹配来实现。其中的关键是开发高性能的第二级分离器。因为第一级入口浓度很高，颗粒也较粗，其分离效率通常很高，结构形式所起的作用相对不突出。但对第二级则不然，它要分离的粉料既稀又细，结构形式的重要性凸显。如果一个新型第二级的性能可以与原来第二级和第三级串联的相当，再通过两级优化匹配，那么就可实现级数的减少。

一、PV-E型旋风分离器

PV-E 型旋风分离器是在 PV 型基础上开发的，其主要改进有三点：

① 排气管结构改进。PV-E 型的独特之处在于它的“分流型”排气管。如图 1-16 所示，该排气管由圆管和锥管组成，锥管下口直径很小，也即排气管直径比很小，所以它的旋流离心力场增强，效率随之提高，但同时压降也急剧上升 [15]。为了解决这一矛盾，在该排气管圆柱和圆锥段上均沿环向开若干条纵向的狭缝。这些狭缝起气流通道的作用，增加了通流面积，有效地降低了压降；另一方面，开缝方向和环向成一定角度且顺着气流方向，气流必须急剧变向后才能进入缝隙。这样气流夹带的颗粒由于惯性大而难以通过狭缝逃逸，所以分离效率并不会下降。相应地，由于排气管变长，插入深度加长。

② 分离空间高度优化。当气量一定时，随着分离空间高度增加，含尘气流在分离器内平均停留时间延长，并且从灰斗返混上来的颗粒获得二次分离的机会增多，所以适当增加分离空间高度是有利的。另外，采用开缝排气管时，由于插入深度变深，所以为了保证足够的分离空间高度，需要适当延长筒体和 / 或锥体高度，也即分离器的总高度要相应地增加。

③ 排尘口结构改进。排尘口处的“粉尘返混”也会影响分离效率。陈建义等 [15] 研究表明，为了抑制“粉尘返混”，可在排尘口处沿周向对称地增设若干个预排尘孔。它们可引导部分含尘气流侧向进入灰斗，而且由于这部分含尘气流更靠近灰斗边壁，所以在气流返回过程中更有利于粉尘的分离，从而可降低粉尘返混量，提高分离效率。

图 12-14 示出了直径 400mm 的 PV-E 型与 PV 型分离性能的比较结果，实验介质为空气和 325 目滑石粉。可见，与 PV 型相比，PV-E 型不仅压降下降了约 20%，而且分离效率还提高了 0.3～0.4 个百分点；经折算，PV-E 型的带出率平均降低约 20%，这样的差别是显著的。由此可认为：将 PV-E 型用作多级旋风分离器的后几级是适宜、有利的。

二、设计条件和分离要求

某丙烯腈装置原设计能力 25kt/a，反应器直径 5.4m，总高约 22m，内装 4 组直径约 900m 的 Ducon 型三级旋风分离器。由于生产需要，需将装置产能扩大到 40kt/a，同时为降低成本，又不允许更换反应器，且反应条件也基本不变。40kt/a 丙烯腈反应器工艺条件：压力 0.086MPa（A），温度 440℃；产物气体流量 52000m^3/h，密度 0.80kg/m^3，黏度 3.04×10^{-5}Pa • s。一级入口催化剂浓度 10kg/m^3，催化剂颗粒

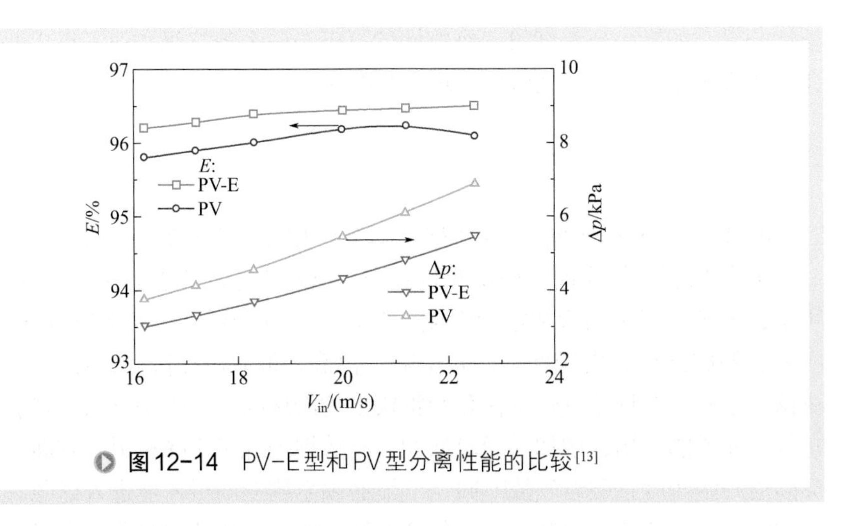

图12-14　PV-E型和PV型分离性能的比较[13]

密度 1600kg/m³，平均粒径 δ_m=47.3μm，对数标准偏差 σ_ζ≈0.25。要求旋风分离器总压降低于 7kPa，并保证催化剂损耗不超过 0.4kg/tAN。

根据前述分析，若仍采用原三级旋风分离器，则每组处理量需增大 60%，其总压降将上升 150%，且因入口气速增大，催化剂和分离器的磨损都将加剧，这些都会对生产带来不利影响。但是，若采用两级方案，则可在原反应器内布置 6 组旋风分离器，每组的处理量和入口气速可与原先的相当，上述的不利影响就可顺利消除。

三、优化设计分析与说明

通常，多级旋风分离器中每级的形式都一样，只是尺寸有所不同。但考虑到一级入口浓度高、粒径大，分离难度小，故用一般的形式即可满足要求；而第二级入口浓度要比第一级的低几千倍甚至上万倍，平均粒径也小 3～5 倍，故分离难度要大得多。此时，仅靠尺寸改变来应对分离条件的巨大差别是不够的。合理的做法是选用不同的形式，去构成新型的两级组合。对于本例，可采用“PV 型 +PV-E 型”的两级组合方式，其中 PV 型用作第一级。

不过，不同形式分离器性能计算方法是不同的，但这并不会给优化设计带来困难。针对 PV-E 型旋风分离器，陈建义等[16]通过引入“当量排气管直径比”的概念，得出了它的分离效率和压降的简便计算方法。具体地，只要将原 PV 型的分离效率和压降计算式中的排气管直径比用对应的“当量排气管直径比”替代，就可方便地应用到两级优化模型的求解中。

表 12-11 给出了优化设计的主要结果。其中第二级 PV-E 型的直径略大了 20mm，主要目的是适当延长停留时间，保障分离效率。图 12-15 所示为 6 组两级旋风分离器的平面布置情况。

表12-11　新型两级旋风分离器主要结构尺寸及性能

参数	一旋	二旋
结构形式	PV	PV-E
分离器个数	6	6
分离器直径 D/mm	900	920
入口高度 a/mm	570	488
入口宽度 b/mm	264	220
入口截面比 K_A	4.0	6.0
入口气速 V_{in}/(m/s)	16.0	22.4
排气管内径 D_e/mm	450	184
插入深度 S/mm	602	1600
筒体高度 H_1/mm	1620	2852
锥体高度 H_2/mm	1845	1518
灰斗高度 H_b/mm	1280	1090
灰斗内径 D_b/mm	670	644
分离效率 E_j/%	99.9974	80.8945
总分离效率 E/%	99.9995	
压降Δp_j/Pa	3610	2650
总压降Δp/Pa	约 6160	

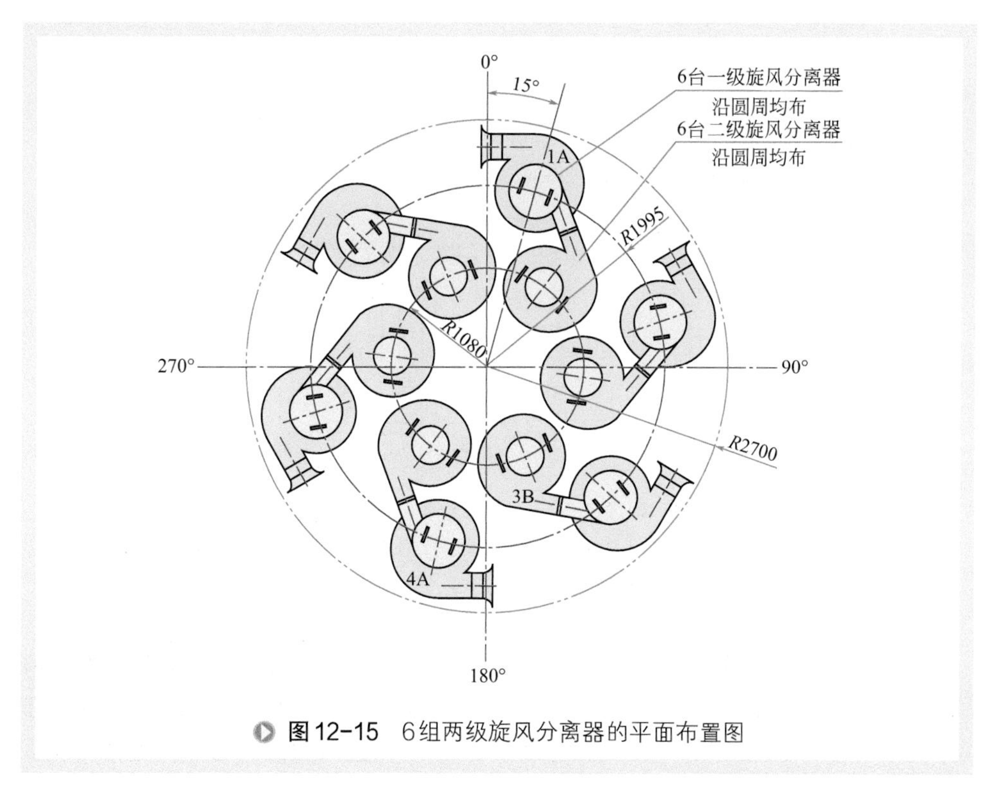

图12-15　6组两级旋风分离器的平面布置图

四、工业应用效果

新型两级旋风分离器投用后，进行了工业标定。期间，反应器顶部压力 0.086MPa（A），反应温度 441℃。装置投料量（标准状态）：C_3H_6 2875m³/h，NH_3 3153m³/h，空气 25990m³/h，气体密度 0.80kg/m³，气量 45515m³/h，丙烯腈产量 105.6t/d（折合 35kt/a），约相当于 87.5% 的设计产能。标定内容主要是旋风分离器压降和催化剂损耗量。

压降可用反应器顶部和出口的压差表示。经测定，反应器顶部压力 0.086MPa（A），出口管道压力 0.081MPa（A），故总压降约 5kPa。折算到设计工况的压降约 6.53kPa，低于 7kPa。

催化剂损耗量是通过等速采样、湿法捕集及烘干称重法标定的。根据现场条件并参照等速采样方法，在反应器出口管道（内径 0.702m）垂直管段设置一等速采样口，采样口距上下游管件的间距均满足规范要求。由于产物气体温度高，且遇冷时极易产生缩合反应，为使采样顺利进行，需设计专门的采样器具并采取特殊的措施（详见图 12-16 和下述）。

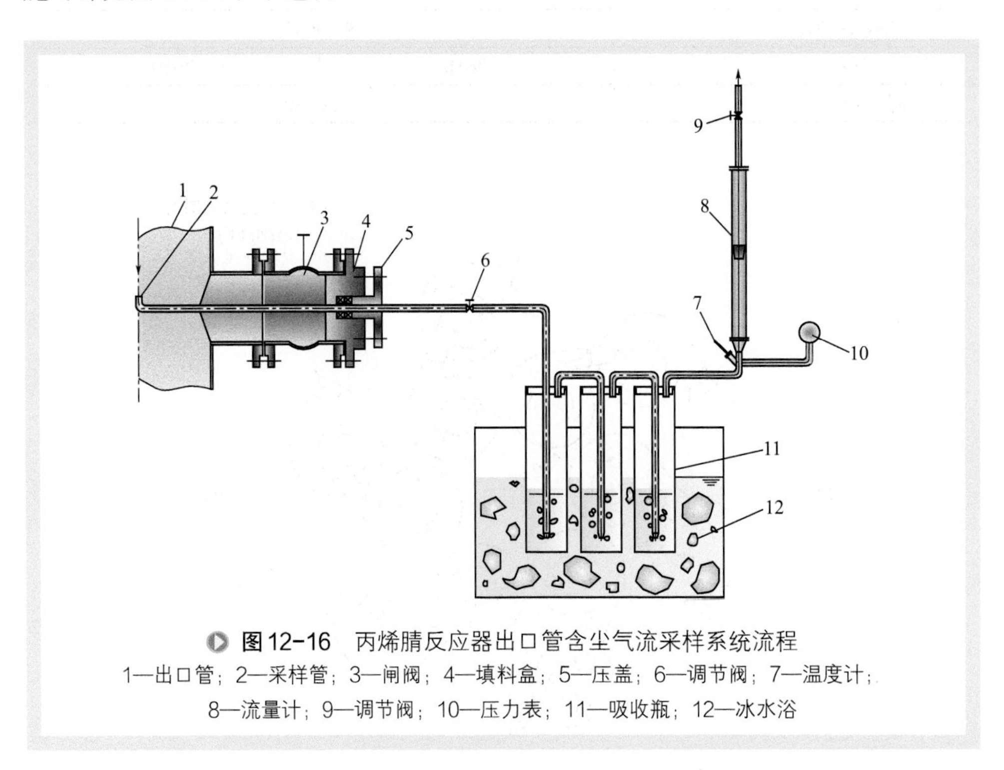

图 12-16 丙烯腈反应器出口管含尘气流采样系统流程

1—出口管；2—采样管；3—闸阀；4—填料盒；5—压盖；6—调节阀；7—温度计；8—流量计；9—调节阀；10—压力表；11—吸收瓶；12—冰水浴

含尘气体进入采样嘴后，经过一段水平导管后进入三级吸收瓶。吸收瓶内分别装有 175～200mL 2.5N 的纯净稀硫酸溶液，气体中所含催化剂颗粒即被此溶液捕集下来。由于采出的是 450℃左右的高温气体，为维持吸收液的温度，需将吸收瓶放在冰水浴中。采样结束后，用定量滤纸将催化剂过滤出来。然后，将滤纸连同催化剂放入马弗炉内，在 600℃下灼烧 1h。最后，待随炉冷却至室温并恒重后，测得催化剂的净质量。

按上述方法测得产物气体中催化剂平均浓度 30×10^{-6}kg/m^3，每天损耗的催化剂量约 $30\times10^{-6}\times45515\times24=32.8$（kg）。标定期间每天生产丙烯腈约 106t，折合催化剂损耗约 $32.8\div106=0.31$（kg/tAN）<0.40（kg/tAN）。另据运行 1 年后的生产统计，平均催化剂损耗量为 0.35kg/tAN[15]。可见，无论是催化剂损耗的瞬时值还是统计平均值都低于设计值。

综上所述，新型两级旋风分离器形式匹配新颖，设计科学合理，分离性能优异，安装维护简便，操作稳定可靠；尤其是它占用空间小，级间连接容易，在同样的反应器内布置的组数可增加 50% 以上，所以特别适合大型化和扩能改造的需要[17]。截至目前，它已在齐鲁石化、金山石化、抚顺石化、吉化集团、安庆石化等企业的 10 余套丙烯腈装置上成功应用。

第五节　两级混联旋风分离器优化应用实例

油页岩是一种煤的伴生矿，也称油母页岩，其油含率一般在 5%～30%。目前油页岩加工利用以流化干馏炼油技术较有代表性。该技术有两个核心设备，即干馏反应器和烧炭器，旋风分离器在这两器中起着关键作用。在干馏反应器内，旋风分离器用于分离油气和脱油后的页岩半焦。油气自顶部离开干馏反应器，而页岩半焦则自底部离开干馏反应器并进入烧炭器。在烧炭器内，旋风分离器用于回收脱碳后的页岩灰粉。

某油页岩干馏中试装置原采用一组常规的两级串联旋风分离器，试运行后发现不能满足分离要求，离开干馏反应器的油气中夹带有大量的页岩粉（浓度达 40～50g/m^3），不仅降低了干馏产物的品质，而且造成后续管路以及分馏塔的堵塞，影响了装置的正常运行。

针对这一问题，中国石油大学结合页岩粉的形状及物性，研究了旋风分离器处理此类粉料时的性能特点，并据此提出了两级混联旋风分离器的设计方案，最后通过热态试验验证了两级混联旋风分离器的性能。本节就以此为例说明两级混联的优化设计及应用。

一、旋风分离器设计条件

某 2t/h 油页岩流化干馏装置反应压力 0.2MPa（A），温度 480℃，额定气量

800m³/h，气体密度 0.95kg/m³，黏度 3.5×10^{-5}Pa • s。第一级旋风分离器入口页岩粉浓度约 20kg/m³。工艺要求在总压降不超过 6kPa 条件下，分离效率达到 99.95% 以上，以保证出口浓度低于 10g/m³。

油页岩的粒度分布较宽，采用过筛和粒度仪相结合的办法来分析，其结果如表 12-12、表 12-13 所示。经统计，绝大多数颗粒尺度在 74μm 以上，20μm 以下的不超过 1%。

表12-12　油页岩的粒度分布（一）

粒径范围 /μm	<74	74～150	>150
质量 /g	4.0	170.0	126.0
质量分数 /%	1.3	56.7	42.0

表12-13　油页岩的粒度分布（二）

粒径范围 /μm	>3.6	>6.7	>13.6	>24.8	>36.4
体积分数 /%	90	75	50	25	10

注：表中的粒度分布由激光粒度仪测得，故为体积分数。

粉体物性主要指松散密度、振实密度和休止角，通过 MT-1000 型多功能粉体物性测量仪测得，结果见表 12-14。可见，油页岩粉的密度并不高，而且滑落性和流动性较差。

表12-14　油页岩粉体物性测定结果

序号	松散密度 /(kg/m³)	振实密度 /(kg/m³)	休止角 /(°)
1	1040	1477	40.8
2	1030	1464	42.0
3	1030	1448	39.0
平均	1033	1463	40.6

二、两级混联设计方案分析

该反应器原用一组直径 300mm 的两级旋风分离器，且第一级和第二级结构和尺寸完全相同。由上节可知，第二级分离的颗粒比第一级的更细、浓度也更低，所以第二级的结构、尺寸都应与第一级有较大不同，但原设计并未考虑这一点。

刘丰等[18]研究发现，油页岩颗粒是不规则的非球形，入口气速对分离效率的影响很小，提高效率的最有效的方法是增大入口截面比 K_A 和减小排气管直径比 $\tilde{d}_r$。随着 $\tilde{d}_r$ 减小，效率逐步提高，但因阻力系数 ξ 大致与 $\tilde{d}_r^{-1.75}$ 成正比，故压降会迅速增大。而增大 K_A 不仅可提高效率，并且压降近似与 K_A 成正比，所以增大 K_A 比减小 $\tilde{d}_r$ 更有利，但 K_A 值也不能过大。为了满足处理量、压降和效率的综合要求，可采用“①∪②”两级混联方案，即第一级采用 1 个旋风分离器，第二级则由 2 个旋风分离器并联，并取 3 个分离器的直径相等。

需要指出，由本章第三节的结果可知，也可通过增加级数提高分离效率。但对本问题，考虑到油页岩颗粒流动性较差，如果采用三级串联方案，则第三级料腿内的颗粒更细、流动性更差，加上第三级料腿负压差最大、颗粒质量流率又非常低，极易引起颗粒在料腿内发生堵塞，所以综合考虑，选择“①∪②”两级混联方案。

三、两级混联旋风分离器设计

两级混联旋风分离器设计的主要内容有分离器形式选择、结构尺寸确定以及分离性能计算等。首先根据前述设计思路和工业条件，选择 PV 型作为第一、二级旋风分离器。其次是结构尺寸的确定，分离器直径为 300mm，而入口截面比 K_A 和排气管直径比 $\tilde{d}_r$ 经优化设计确定，其余尺寸参照 PV 型旋风分离器确定，详见表 12-15。干馏反应器内两级混联旋风分离器的平、立面布置如图 12-17 所示。

表12-15 两级混联旋风分离器主要结构尺寸

参数	一旋	二旋
分离器型号	PV 型	PV 型
分离器个数	1	2
分离器直径 D/mm	300	300
入口截面比 K_A	7.0	15.7
入口气速 V_{in}/(m/s)	22.3	24.7
排气管内径 D_e/mm	120	96
筒体高度 H_1/mm	750	480
锥体高度 H_2/mm	450	660
排尘口直径 d_c/mm	120	120
灰斗高度 H_b/mm	495	530
灰斗直径 D_b/mm	200	200
分离效率 E_j/%	99.9058	54.85
总分离效率 E/%	99.9570	
压降 Δp_j/Pa	3080	3380

四、工业应用效果

两级混联旋风分离器在中试装置上进行了历时 10 天的试验考核。期间，装置约在 80% 负荷下运行；反应压力 0.2MPa（A），温度 470～480℃，工况气量 660m^3/h；第一级旋风分离器含尘浓度 21kg/m^3。装置运行平稳，两级旋风分离器没有出现料腿堵塞等异常现象。

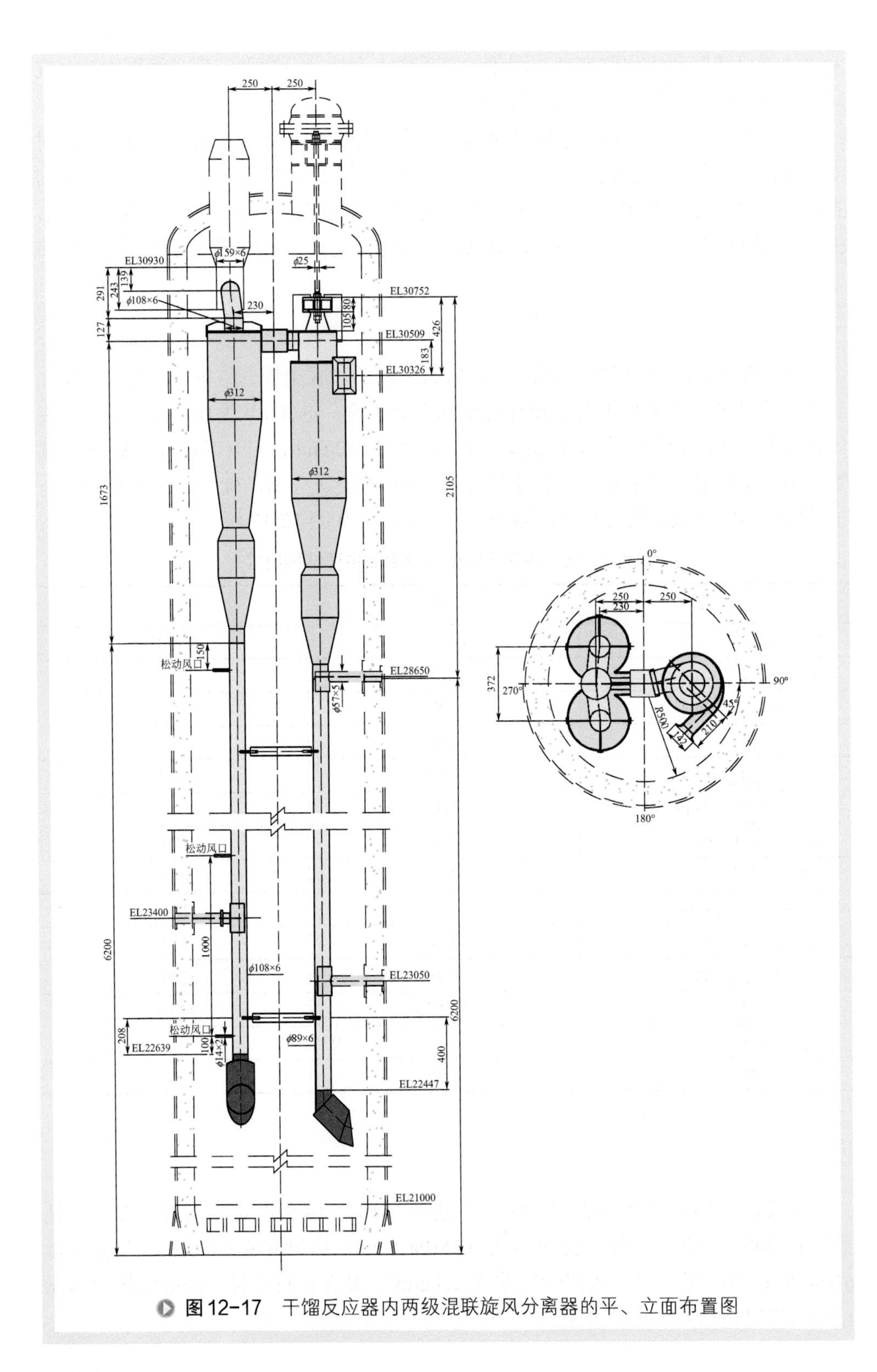

图 12-17　干馏反应器内两级混联旋风分离器的平、立面布置图

另外，实测总压降约 4.1kPa，折算到额定工况下，两级总压降约 6.25kPa，与设计值 6kPa 相当，符合工艺要求。分离效率和出口浓度是通过等速采样、湿法捕集及烘干称重法来确定的。考核运行中共进行了三次采样，测得产物气体中含尘浓度约 11.5g/m³，比原先的 40～50g/m³ 降低了 2/3 还多。按上述出口浓度估算，两级总效率 99.945%[16]。

可见，两级混联旋风分离器达到了较高的分离效率，干馏产物中页岩粉夹带量明显减少，基本满足生产工艺的要求。但也需指出，产物气体中页岩粉含量还是比较高的。这说明对这种颗粒的分离，在分离器的结构选型和级间优化匹配等方面还有待进一步研究。

第六节 三级旋风分离器优化设计应用实例

本节将以氯乙烯装置氧氯化流化床反应器旋风分离器为例，说明三级优化设计的应用。

氧氯化流化床反应器的作用是将乙烯（C_2H_4）、氯化氢（HCl）和氧气（O_2）反应生成二氯乙烷（VCM），物料流程见图 12-18。首先，反应物料从底部进入分布器，原料在处于流化状态的氯化铜（$CuCl_2$）催化剂作用下完成反应过程。反应生成物在离开流化床层时会夹带一定数量的催化剂。为了保证这些较细催化剂能返回床层继续参与反应，并控制催化剂的损耗，在反应器稀相段设置旋风分离器组用于回收催化剂。由于催化剂价格昂贵，所以对催化剂损耗的控制要求较高，国际流行技术都采用三级旋风分离器，并且不同专利商所提供的旋风分离器形式都不相同。

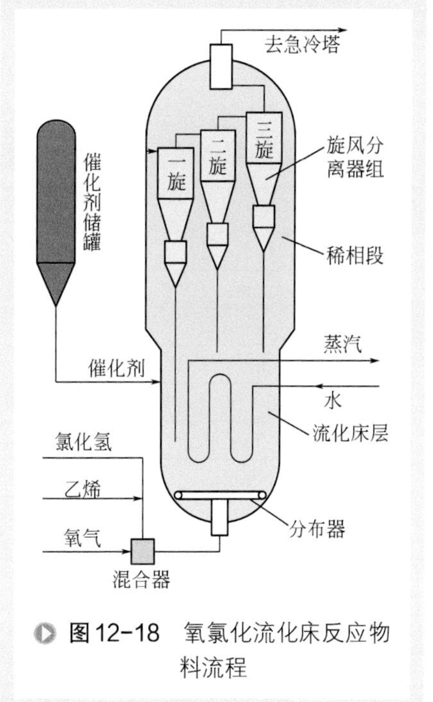

图 12-18 氧氯化流化床反应物料流程

一、三级旋风分离器设计条件

某 400kt/a 氯乙烯装置氧氯化反应器直径 5.2m，反应压力 0.42MPa（A），反应温度 215℃；气体密度 4.45kg/m³，黏度 2.2×10^{-5}Pa • s，气体流量 20900m³/h；催化剂为铝载体氯化铜，颗粒密度 1550kg/m³，

平均粒径50μm，入口浓度2.4kg/m³，氧氯化催化剂颗粒的粒度分布如表12-16所示。

表12-16　氧氯化催化剂颗粒的粒度分布

粒径 /μm	≤20	≤40	40～63	63～90	90～125	>125
质量分数 /%	10（max）	35（max）	40～50	15～28	4～10	3（max）

设计要求：压降≤20kPa，催化剂损耗≤0.75kg/h。

该三级旋风分离器的设计可以采用本章第三节的方法，但还需注意以下两个问题：

① 设计前需先确定三级总效率。根据催化剂损耗量以及气体流量，可知产物气体内催化剂浓度不得超过 36×10^{-6}kg/m³，即要求三级旋风分离器总效率不低于99.9985%。

② 由于气体流量较大，若只采用一组旋风分离器，则其直径将超过 1.4m，旋风分离器无法通过安装孔，所以合理的设计是采用两组或多组并联，这样可将直径控制在 1m 以下。参照工艺要求，选择两组三级旋风分离器并联，且旋风分离器的结构形式选用 PV 型。

二、优化设计结果

经过优化设计，得到氧氯化 PV 型三级旋风分离器的关键尺寸及设计点的分离性能，如表 12-17 所示。PV 型三级旋风分离器在反应器内平、立面布置见图 12-19。

表12-17　氧氯化PV型三级旋风分离器关键尺寸及设计点的分离性能

参数	第一级	第二级	第三级
分离器个数	2	2	2
分离器内径 D/mm	966	966	966
入口高度 a/mm	650	610	610
入口宽度 b/mm	290	267	267
入口截面比 K_A	3.90	4.50	4.50
入口气速 V_{in}/（m/s）	15.38	17.80	17.80
排气管内径 D_e/mm	522	465	429
筒体高度 H_1/mm	1360	1360	1162
锥体高度 H_2/mm	2125	2125	1935
灰斗筒体高度 H_3/mm	932	836	775
灰斗锥体高度 H_4/mm	733	830	785
灰斗内径 D_b/mm	686	650	620
分离效率 E_j/%	99.9906	66.9216	55.5360
压降 Δp_j/Pa	4160	7258	8285
总效率 E/%	99.9986		
总压降 Δp/Pa	19703		

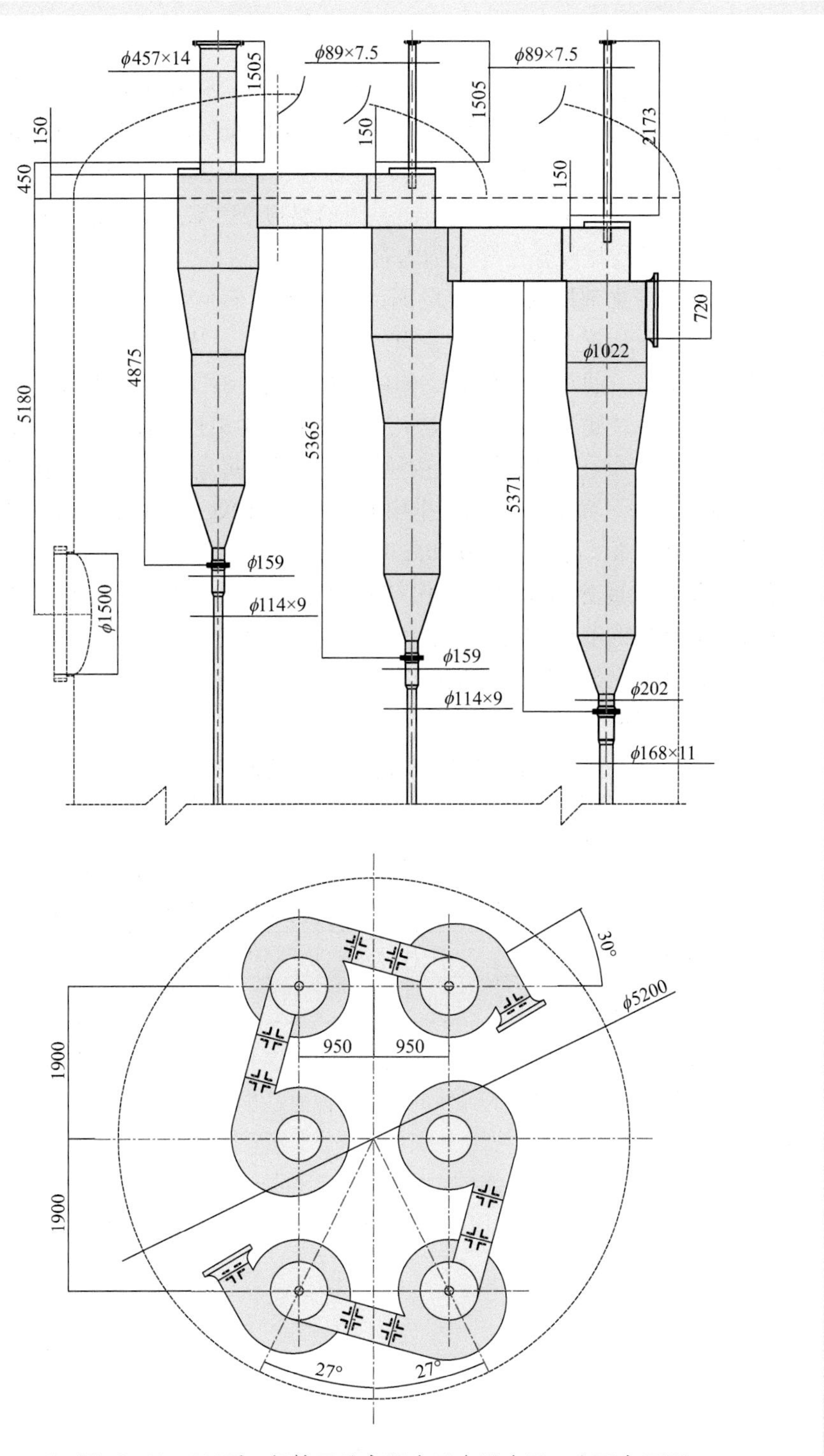

图12-19 PV型三级旋风分离器在反应器内平、立面布置图

三、工业应用效果

为了考核分离性能并检验优化设计方法，对该三级旋风分离器进行了运行标定。期间装置投料量（标准状态）为氯化氢 18100m³/h，乙烯 9094.5m³/h，氧气 5084.5m³/h，循环气 25790.5m³/h，直接氯化尾气 2494.9m³/h，相当于 99% 的设计负荷；反应器稀相压力 0.416MPa（A），出口温度 213℃。工业运行标定主要包括压降、催化剂损耗及粒度分布等三项内容。

（1）压降和催化剂损耗 据现场测定，三级总压降为 17～18kPa，与设计值基本相同。由于工业装置上不易测得各级分离器的进口、出口浓度，所以难以对各级分离效率进行检验。通常是设法确定催化剂损耗值。对氧氯化反应器，在其出口管道上还安装有一台过滤器，用于捕集从旋风分离器中逃逸的微量催化剂，所以可利用该过滤器来评价催化剂损耗量。按照生产规程，每周清理一次过滤器中的催化剂。在 99% 负荷下，每周从过滤器排出催化剂约 110kg，由此推知 100% 负荷下催化剂损耗量 0.66kg/h，与保证值 0.70kg/h 相当。

（2）催化剂粒度分布比较 催化剂粒度分布也是一项重要指标。根据工艺要求，在过滤器捕集的废旧催化剂中，小于 20μm 的细小颗粒含量应≥90%。在标定期间，还对新鲜催化剂、床层催化剂以及过滤器捕集的废旧催化剂的粒度进行了测定分析，见表 12-18。

表12-18 新鲜、床层及废旧催化剂的粒度分布

项目		粒径 /μm						
		≤20	35	65	90	120	平均粒径	50% 粒径
筛下累积率 /%	新鲜催化剂	0	4.95	51.70	77.20	92.00	70.19	63.63
	床层催化剂	1.51	9.38	53.80	78.00	92.00	67.97	61.92
	废旧催化剂	93.60	99.50	100	100	100	9.77	6.88

可见，床层催化剂比新鲜催化剂的粒度细。这是由于在流化状态，催化剂颗粒间、催化剂颗粒和旋风分离器器壁间会发生碰撞、磨损，加上旋风分离器的效率很高，细粉不易逃逸，所以，总体上床层催化剂要比新鲜催化剂细一些。另外，从过滤器捕集的废旧催化剂的粒度分布看，逃逸的绝大部分是小于 20μm 的微细颗粒（占 93.6%），平均粒径只有约 10μm，即大颗粒很难从旋风分离器中逃逸。

考核表明：氧氯化 PV 型三级旋风分离器设计合理，性能稳定可靠，可以满足生产要求。

参考文献

[1] Reznik V, Matsnev V. Comparing characteristics of elements in batteries of cyclones[J]. Thermal Eng, 1971, 18:34-49.

[2] Crane R, Behrouzi P. Evaluation and improvement of multicell cyclone dust separation performance[J]. Mines & Carrieres Les techniques, 1991, 73: 154-161.

[3] Peng W, Hoffmann A, Dries H W A, Regelink M, Foo K K. Reverse-flow centrifugal separators in parallel：performance and flow pattern[J]. AIChE J, 2007, 53: 589-597.

[4] 岑可法，倪明江，严建华等．气固分离理论及技术 [M]. 杭州：浙江大学出版社，1999:631.

[5] Gerrard A M, Liddle C J. The optimal choice of multiple cyclones[J]. Powder Technol, 1976, 13: 251-254.

[6] Martinez-Benet J M, Casal J. Optimization of parallel cyclones[J]. Powder Techn, 1984, 38:217-221.

[7] Casal J, Martinez-Benet J M. A better way to calculate cyclone pressure drop[J]. Chem Eng, 1983, 1:99-100.

[8] Columbus E. Series cyclone arrangements to reduce gin emissions[J]. Trans ASAE, 1993, 36: 545-550.

[9] 陈建义，孙国刚，时铭显．丙烯腈反应器三级 PV 型旋风分离器大型冷模试验研究 [J]. 化工机械，2001, 28 (4): 187-192.

[10] 杨少杰，陈建义．氧氯化流化床反应器内三级旋风分离器大型冷态对比试验研究 [J]. 化工机械，2006, 33 (1): 1-5.

[11] 时铭显，刘隽人，刘国荣，姚志彪，刘前鑫．PFBC 高温燃气旋风分离器的性能分析 [J]. 东南大学学报，1992, 22（增刊）: 14-19.

[12] Shi M X, Liu J R, Liu G R, et al. The cyclone separators performances under high temperature in PFBC unit[J]. Heat Recovery Systems & CHP, 1995, 15 (2): 191-198.

[13] Luciano R D, Silva B L, Rosa L M, Meier H F. Multi-objective optimization of cyclone separators in series based on computational fluid dynamics[J]. Powder Techn, 2018, 325: 452-466.

[14] McCallion J. New separation approach saves catalyst and energy[J].Chem Proc, 1996, 59 (7): 73-74.

[15] 陈建义，罗晓兰，时铭显．PV-E 型旋风分离器性能试验研究 [J]. 流体机械，2004, 32 (3): 1-4, 43.

[16] 陈建义，罗晓兰，时铭显．丙烯腈反应器新型两级旋风分离器性能计算方法研究 [J]. 石油大学学报（自然科学版），2003, 27 (6): 57-61.

[17] 陈建义，时铭显．丙烯腈反应器新型两级旋风分离器的研究与工业应用 [J]. 化工进展，2000，增刊：44-46, 53.

[18] 刘丰，孙国刚，陈建义．用于分离油页岩颗粒的两级旋风分离器性能试验及应用 [J]. 中国石油大学学报（自然科学版），2012, 36 (6): 113-117.

第十三章

多管旋风分离器性能强化及应用

第一节　多管旋风分离器概述

对于处理气量很大且效率要求又很高的场合，往往还可采用数量多达几十甚至上百个的小旋风分离器（简称旋风管）并联运行。此时，为了简化进出口的管路连接，使设备更加紧凑，通常采用公用的进气室、排气室以及集尘灰斗，组成具有单一壳体的多管旋风分离器。第十二章第一节简单介绍了它的原理结构（见图 12-1）。

按照分离性能高低，可将多管旋风分离器分为两类：一类是低阻型，主要用于燃煤锅炉烟气中飞灰的清除；另一类是高效型，主要用于石油化工和能源工业。这类场合不是温度很高就是压力较高，虽然颗粒也很细，但净化要求很高。例如炼油催化裂化装置用于高温再生烟气净化的第三级旋风分离器（简称“三旋”）、燃煤沸腾炉高温燃气净化旋风分离器、高压天然气净化旋风分离器等。目前，高效型多管旋风分离器可在 700℃高温下基本除尽 7μm 以上的颗粒。而根据旋风管的排布方式，可分为立管式和卧管式。

一、立管式多管旋风分离器

它是在一个大筒壳中设置多根旋风管，典型结构如图 13-1 所示，是 20 世纪 60 年代由美国 Shell 公司首先开发的，适用于压力较高的情况[1]。对于锅炉除尘等低压力场合，立管式多管旋风分离器可采用如图 12-1 所示的布置方式。立管式多管旋风分离器的核心部件旋风管（又称单管）多采用轴向进气方式，通过导向叶片将

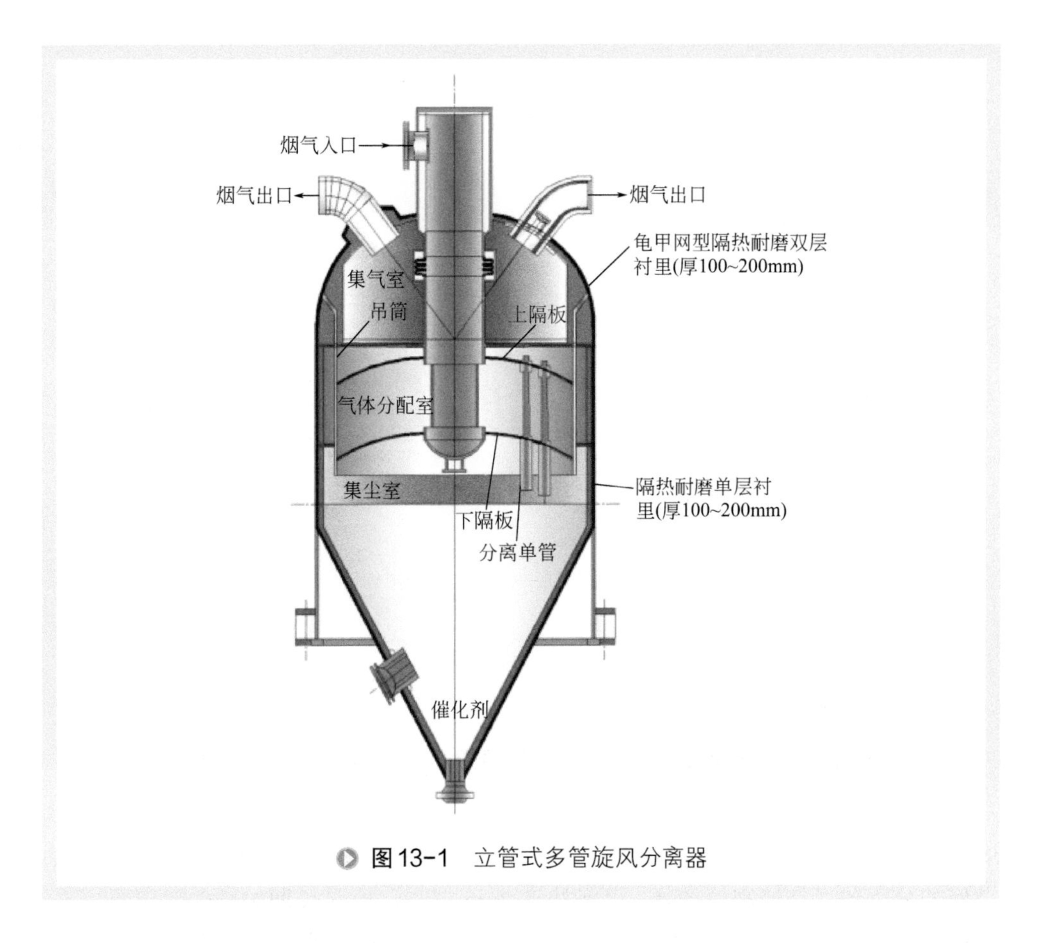

图13-1　立管式多管旋风分离器

含尘气体轴向流动转化成旋转运动，结构如图13-2所示。

二、卧管式多管旋风分离器

卧管式多管旋风分离器是美国Polutrol公司于20世纪80年代推出的一项专利，取名Euripos型[2]。与立管式结构相似，也是在一个大筒壳中放置多根单管，结构见图13-3。但是，它的旋风管为卧式水平安装，且为切向进气。这样可以使含尘气流进入旋风管前，利用惯性实现粗颗粒的预分离，有效提高效率、扩大操作弹性。有些应用中，旋风管采取与水平方向呈一定角度的下倾式布置。

可见，多管旋风分离器不同于独立并联旋风分离器，其分离性能不仅取决于每个单管，还取决于各单管之间的相互匹配。这种并联方式的总效率要低于单管效率，主要原因是：各单管的压降不可能完全一致、排布也难以完全对称，这样不仅导致各单管气量分配不均，而且公用灰斗内含尘气流极易倒流入那些压降较高的单管内，形成“窜流返混”。据报道，冷态条件下Shell公司旋风管对5μm和10μm的粒级效率可达90%和97%，但工业装置实测效率要低得多。1980～2000年间，

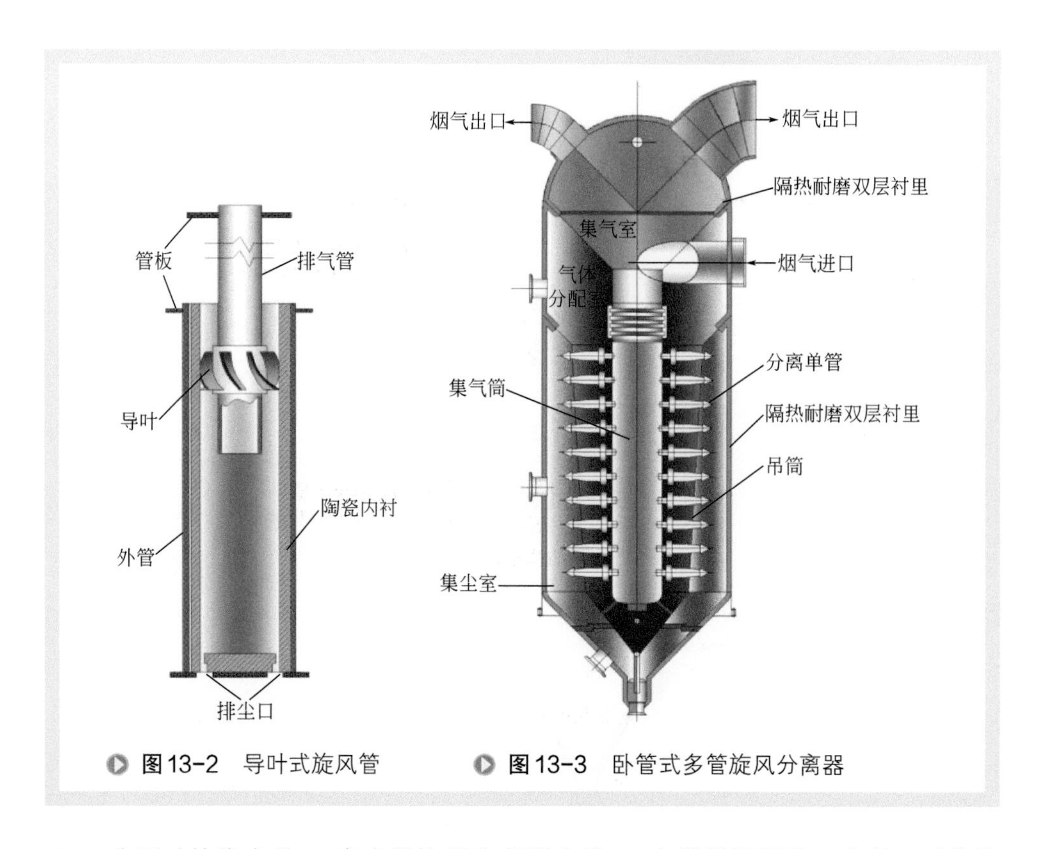

图13-2 导叶式旋风管　　图13-3 卧管式多管旋风分离器

Shell 公司对其售出的 50 套多管旋风分离器中的 15 套做跟踪评估，发现：对维护良好的分离器，其切割粒径 d_{c50} 可保持在 2μm 左右，但对长期失修的分离器，d_{c50} 则高达 8～10μm，且 10μm 颗粒的粒级效率仅 65% 左右 [3]。为了强化分离性能，一般可采取如下措施：①开发高效单管。除了轴流式和切流式单管外，20 世纪 60 年代德国 Simens 公司开发了旋流式单管，简称 DSE 型（国内也称龙卷风型）[4]，这种单管曾在高桥石化、燕山石化使用，除尘效果不错。②严格保证单管的制造质量。各单管结构尺寸和压降要保证相同。③适当增大进气室的体积。若单管的压降较低，可采用如图 12-1 所示的减缩型进气室，但每根单管的排气管要长一些，以保证气量相同。若采用高压降单管，只要进气室体积稍大即可，不需其他设计措施。④抑制“窜流返混”。轴流式单管比切流式更易实现气量均匀分配，有利于减少窜流返混。实践中，可从灰斗底部抽出少量气体（约占总气量的 2%～3%），来降低窜流返混的影响。

卧管式多管旋风分离器解决窜流返混的方式与立管式的有所不同。对立管式结构，单管压降较高，各单管气量更易均匀分配，关键是要保证每根单管压降偏差不超过 0.5%。对卧管式方案，它有两个排尘通道，压力各不相同，因此，在汇合处要做成具有抽吸效应的结构，以保证两处排尘通道通畅。为保证气量分配均匀，应严格保证各单管压降的差值不超过 24.5Pa。

第二节 立管式多管旋风分离器结构和性能强化

立管式多管旋风分离器通常由两个球面管板将分离器内部分成进气室、集气室和集尘室三个区域，典型结构如图 13-1 所示。

除选用高效单管外，它的性能强化主要从三个方面入手，即：总体结构设计、惯性预分离结构以及单管的安装排布。

一、总体结构设计

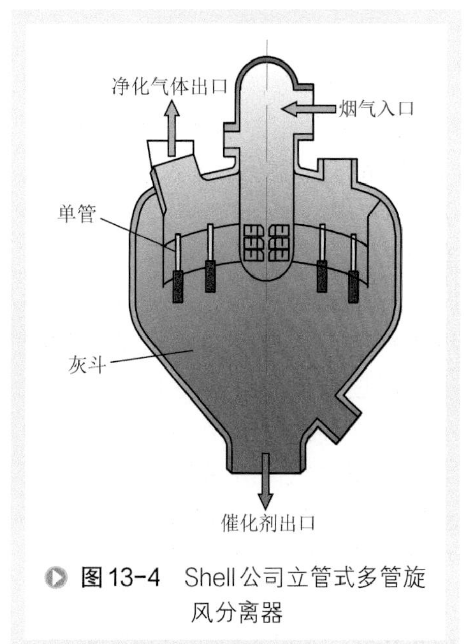

图 13-4 Shell 公司立管式多管旋风分离器

首先，进气室内应有足够的空间。如果进气室上、下隔板间距过小，易造成气量分配不均匀，即最外圈单管分配的气量偏小，靠近中心进气管的内圈单管气量偏大。后果都是使单管的气量偏离设计点，并导致总效率下降。

其次，上部集气室也应有足够的空间，以保证单管之间的排气不致互相干扰。排下的粉料能顺利进入灰斗，减少返混的机会。另外，还应保证每根单管的安装空间，特别是最外圈单管的下部距多管旋风分离器锥壳应有足够的安装间距。

最后，考虑到吊筒与外壳之间的环形空间内的烟气是不流动的，并且气体含尘量也较少，所以，其内吊筒可适当扩大。图 13-4 所示的是美国 Shell 公司研制的新结构，它可以充分利用空间，增加单管数量，从而增大处理量[5]。

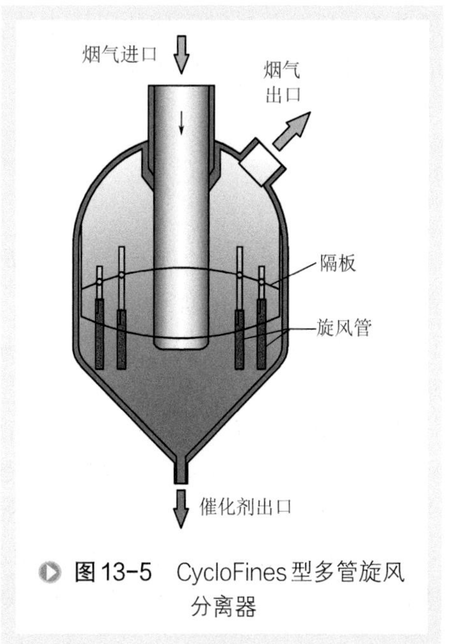

图 13-5 CycloFines 型多管旋风分离器

1996 年 Mobil/Kellogg 公司开发了一种 CycloFines 型多管旋风分离器，见图 13-5。其主要做法是增加单管的长度，减小自单管进入灰斗后再度返回的气体量，从而减少颗粒的返混夹带。工业应用也表明它具有较高的分离效率和抵抗高含尘浓度冲击的能力。某炼油催化裂化装置曾因故障造成持续 5h 的催化剂大量跑损（约 3.5t/h），在这种工况下，该旋风分离器仍能正常工作，烟气浑浊度未见明显增加[3]。

二、惯性预分离结构

对立管式多管旋风分离器，可在中心进气管的下部增设惯性预分离器（图 13-6）来强化分离效果[5]。进入中心进气管内的烟气以约 20m/s 的速度向下流动，在两管板之间改变方向进入单管进气室，含尘气体中的粗颗粒因惯性继续向下运动而被捕集，通过专门设置的排尘管进入灰斗罐。这种预分离结构相当于增加了一级惯性气固分离器，在不改变总体积的条件下，可提高分离效率，并改善操作弹性。但由于增设的惯性预分离结构与多管旋风分离器共用一个灰斗罐，所以应该精确计算惯性分离器的压降，设计时应使两者排尘处的压降相等，以防止两者排尘之间的干扰。

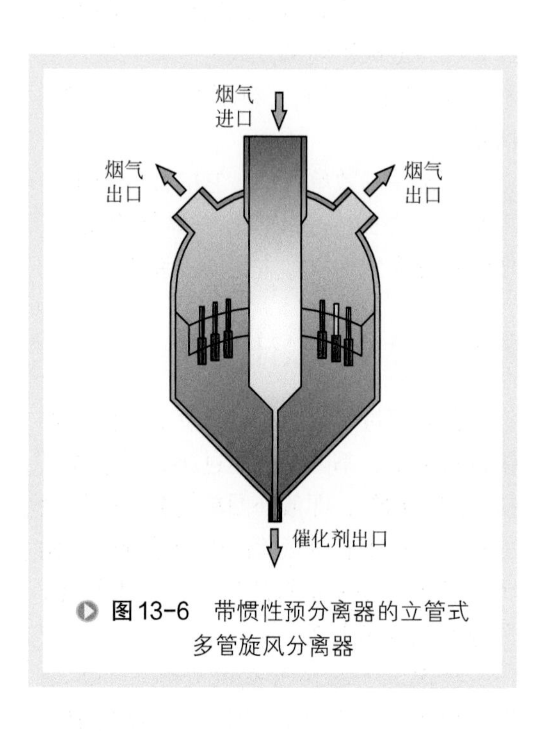

图 13-6　带惯性预分离器的立管式多管旋风分离器

三、单管的数量与排布优化

单管数量与总的处理量及单管的最佳气量有关。各种单管都有最佳的操作气量范围，设计时应据此确定单管的数量。单管的排布也非常重要，其原则是：使各单管进气量一致。魏耀东等[5]针对单管排布提出了三条原则，即：等弧长、等圆心角布管以及里疏外密。由于制造误差，各单管不可能完全一致。对存在差异的单管，排列时应使每条直径线和圆周线上单管的平均压降尽可能相同，且使相邻单管间的压降差尽量地小。总体上，内圈单管数目应少些，呈稀疏布置；第 2 圈可充分利用内圈单管相邻排气管之间的空间进行对称布置，其根数是内圈的 2 倍，第 3 圈布管可依据上述原则进行。布管时单管节圆间距应保持足够大，以避免集尘室内的排尘干扰。如果采用旋向相反的旋风管，则左、右旋应交替排列。

第三节 卧管式多管旋风分离器结构和性能强化

一、总体结构设计

如图 13-3 所示，卧管式多管旋风分离器主体由不同直径的三个圆筒组成集尘室、气体分配室和集气室。Euripos 型采用直径 250mm 的直切入口式单管，并内衬 25mm 的钢纤耐磨衬里（Resco AA-22）；多达上百根的单管沿周向和轴向呈螺旋形安装在净化气集合管和内筒上。含尘气流从顶部横贯进入进气室，经流向改变后再分别进入卧置的单管。净化气体从各单管排入集气室，并由顶部气体出口管排出；分离下来的粉尘排入排尘室，然后由底部抽气排出。

中国石油大学和其他单位也联合研制了这类分离器，所用旋风管称为 PT 型，也采用直切式入口，且在排尘口处设有独特的“防返混锥”；直径 250mm 的 PT 型单管，处理气量约 1000m³/h，压降 10kPa[6]。由 PT 型单管组成的卧管式分离器有两种类型，一种是 PHM 型，其单管呈水平放置；另一种是 PIM 型，其单管呈倾斜放置。

二、分离性能强化

它的性能强化措施主要是通过预分离以及采用高效单管。单管卧置后，含尘气流在进入单管前因流向改变有一个惯性预分离作用，可将粗颗粒先分离出来，所以效率较高。气体分配室兼有缓冲空间的作用，可以缓冲因操作不稳定、进气含尘浓度过高对单管的冲击，对工况变动适应性强。另外，切流式单管的分离性能本身就优于轴流式单管，特别是采用双入口对称进气结构，分离效率更高。所以，在保证单管加工精度且压降基本相同时，卧管式多管旋风分离器可将大于 5～7μm 的颗粒基本除净。

美国 ARCO 公司 Philadelphia 炼油厂催化裂化烟气能量回收装置使用了 Euripos 型多管旋风分离器，当入口浓度为 490mg/m³（<20μm 的颗粒占 80%）时，效率达 92%；烟气量在 60%～120% 范围变化时，分离效率较为稳定，烟机叶片 6 年无明显磨损。

图 13-7 是 PHM 型卧管式多管旋风分离器在某工业装置上实测的粒级效率曲线。可见，其切割粒径 d_{c50} 约 3μm，对 10μm 的颗粒分离效率达 99%。当入口颗粒的中位粒径为 5μm 时，出口含尘浓度可控制在 150mg/m³ 以下；当入口颗粒的中位粒径为 10μm 时，出口含尘浓度可控制在 80mg/m³ 以下，大于 8μm 的颗粒含量不到 0.7%[7]。

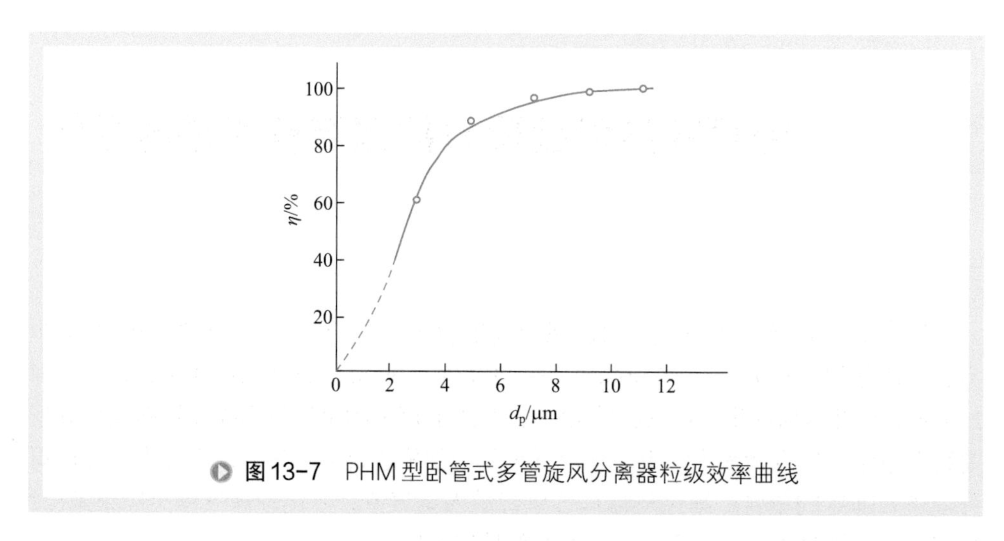

图13-7 PHM型卧管式多管旋风分离器粒级效率曲线

与立管式相比，卧管式多管旋风分离器还在外形尺寸和机械可靠性方面具有显著优势。

首先，它外形尺寸小，占地省。例如对一个2.35Mt/a的炼油催化裂化装置，烟气流量高达3350m³/min。若采用卧管式方案，设备外径只需4880mm，切线高17700mm。而若采用立管式方案，其直径至少7500mm。另外，对处理量大的场合，可通过增加高度来多布置单管，设备直径基本不受影响，由此还可缓解检修空间小的矛盾。

其次，它的机械可靠性高。内构件都是圆筒和圆锥形结构，没有受力不均匀的板结构，且单管沿圆周方向均匀分布、结构对称，在高温下径向热膨胀比较均匀，还可沿轴向自由膨胀，因此整体的热应力很小，能够承受较大的温度波动，不会产生过大变形或筒体破裂。某炼油催化裂化装置曾因事故在10min内有10t催化剂从再生器进入卧管式多管旋风分离器，且超温到982℃，但旋风分离器并未因此损坏。

第四节 单管结构与性能强化

前已述及，强化多管旋风分离器性能的一种有效方式是提升单管的性能。常用的单管结构有两种，即切向进气型和轴向进气型，见图13-8。

一、切向进气型单管

它又有单侧进气、双侧进气和多侧进气之分。与单侧进气相比，双侧或多侧进气单管的流场对称性好、分离效率高。图 13-9（a）示出了一种双侧对称入口的单管，美国称之为 Aerotec 型[8]，主要用于天然气除尘，直径有 50mm、75mm 和 100mm。一般截面气速不超过 9.6m/s，否则粗颗粒带出和磨损较严重；截面气速最低不小于 2.4m/s，否则效率下降较多。ϕ50mm 单管基本可除净 8μm 以上颗粒，如果用于分离液滴，可保证净化气体中含液量不超过 0.013cm³/m³ 气。如果入口增加蜗壳，就形成双蜗壳入口型，见图 13-9（b）。

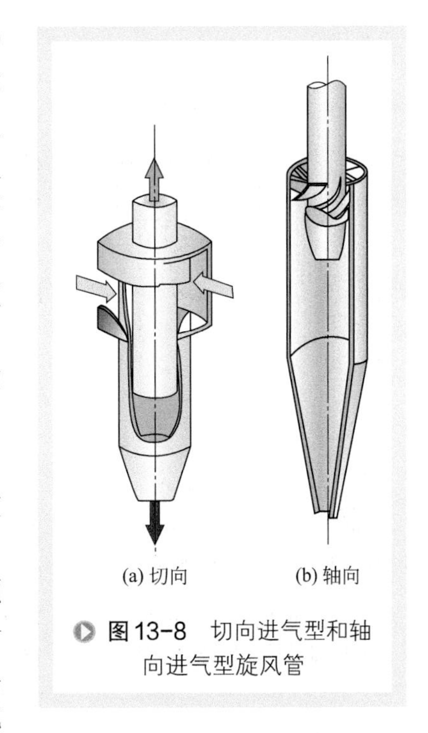

图 13-8 切向进气型和轴向进气型旋风管

图 13-9（c）是日本的草场正伸等[9]提出的一种三孔道切向进气型旋风管，其特点是在单管壁面上直接开切向进气孔，孔呈渐缩状，夹角 θ 取 30°～45°。θ 过大或过小都会加剧颗粒对器壁的碰撞，对分离不利。底部设有一个形状特殊的排尘底板，可减少窜流返混。该单管用于日本水岛炼油厂 96 万吨 / 年催化裂化装置上，据称可基本除净 7μm 以上颗粒[10]。

20 世纪 90 年代，中国石油大学开发的 PT-Ⅱ型和 PT-Ⅲ型高效单管也是双侧

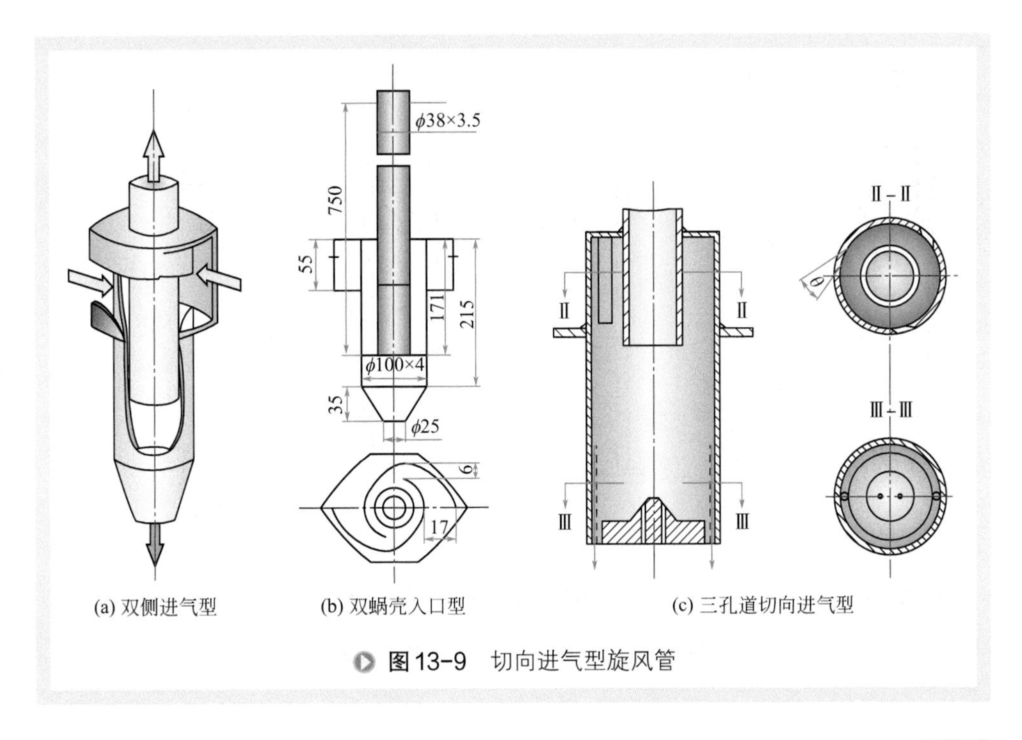

图 13-9 切向进气型旋风管

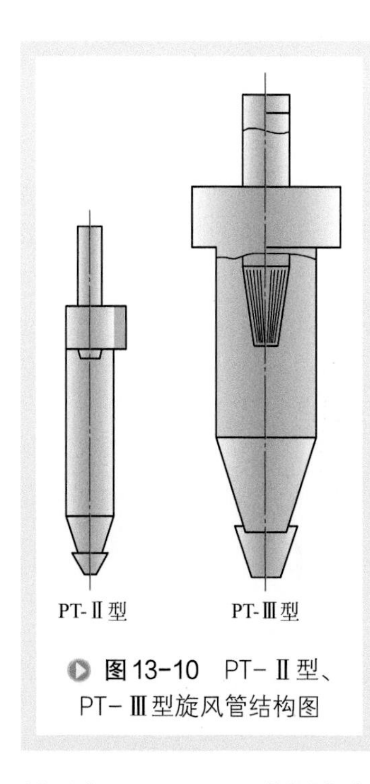

图 13-10 PT-Ⅱ型、PT-Ⅲ型旋风管结构图

进气的，见图 13-10。除双侧进气外，PT-Ⅱ型单管底部带排尘防返混锥。对 ϕ250mm 的单管，处理量约 1000m³/h，低于 PDC 型的 2400m³/h，但效率更高。PT-Ⅲ型将直径增大到 300mm，并采用了分流型芯管、优化了防返混锥，处理量达到 2000m³/h。相同负荷下单根 PT-Ⅲ型单管造价比 PDC 型单管低 15%[11]。

二、轴向进气型单管

轴向进气型单管流场对称性好，排布时容易实现气量均匀分配，应用最为广泛。按导向叶片形式，可分为螺旋型和花瓣型（由 8 个叶片组成），见图 13-11（a）、（b）。图 13-11（b）所示为美国 UOP 公司早期开发的结构，直径有 50mm、150mm、250mm 三种系列。此类单管对大于 8μm 的颗粒，效率可达 99.8%；用于天然气除尘，气量可在 30%～114% 范围内变动。

20 世纪 60 年代，美国 Shell 公司也研制了一种单管，结构如图 13-11（c）所

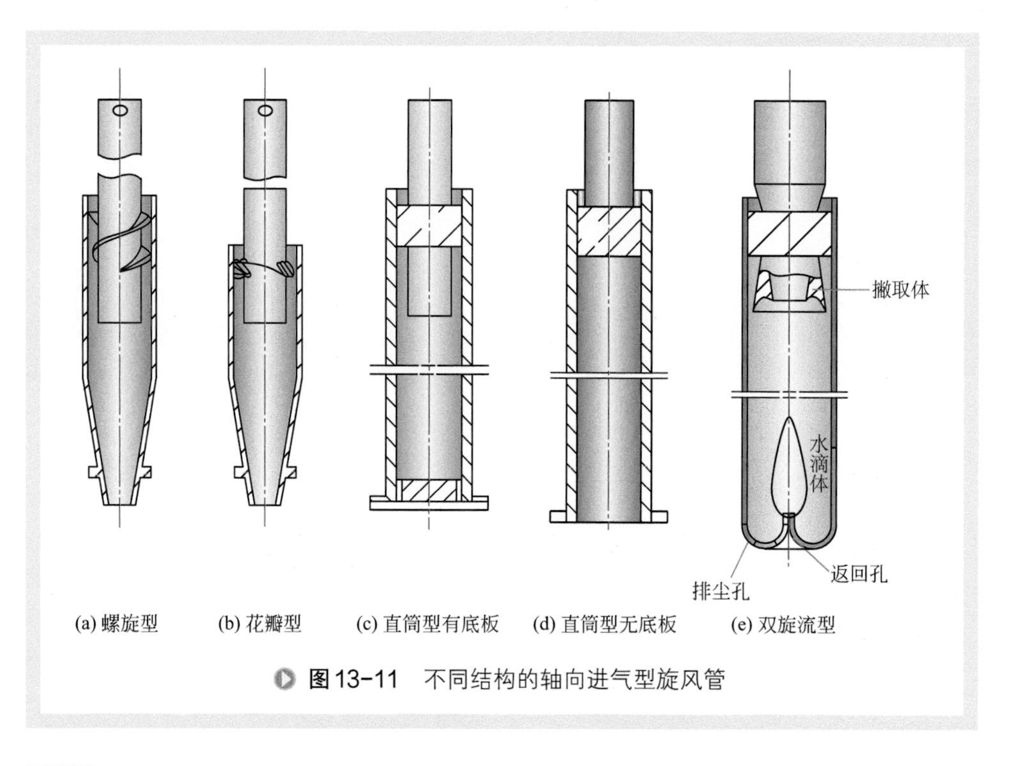

图 13-11 不同结构的轴向进气型旋风管

示[1]。单管直径250mm，高径比约为4；排尘底板上开设两个对称布置、大小为10mm×20mm的排尘孔。排尘底板上缘与管内壁的环隙宽度约为5～6mm，其作用是防止大块固体物料堵塞排尘孔。这种单管可在650℃下除净20μm以上的颗粒，对大于5μm的颗粒，效率可达90%。

20世纪70年代，美国Shell公司针对排尘孔处经常发生的排尘不畅问题，又提出了结构更简单的无底板单管[12]，见图13-11（d）。去掉排尘底板后，旋流可直达单管底部，高速旋转的气流犹如建立了一道气体屏障，使得灰斗内的细小颗粒不易进入其中。这样即使有个别单管存在窜流返混，其影响也较小，操作弹性也更大，但截面气速要选得大一些。

同一时期，美国燃烧工程公司开发了双旋流型单管[13]，结构见图13-11（e）。它的进气采用渐缩形的叶片通道，叶片出口与水平面的夹角很小，喷出气流的切向速度很高、轴向速度较小，这样既增强了离心力场又延长了气体停留时间，可强化分离。另外，它的排气管下口有个撇取体，可使内旋流外缘中夹带的颗粒被撇挤到外旋流中而获得分离。排尘底板呈碗形，可使旋转气流均匀地折转向上，不会产生局部涡旋，并且中间还有一个起稳定内旋流作用的水滴状体。为了防止窜流返混，底部也需抽气约5%。将直径300mm的这种单管用于粉煤锅炉上，可除净15μm的颗粒，5μm颗粒的粒级效率达91%。

我国以中国石油大学为代表，自20世纪80年代起也相继开发了一系列高性能轴流式单管。如20世纪80年代的EPVC型系列单管，见图13-12。EPVC-Ⅰ型与早期Shell公司的单管类似，也采用带开孔的卸料盘。具体有两种形式：板式卸料盘和中孔型卸料盘（即在卸料盘的中心增开一个喇叭型孔）。为了解决排尘口易堵塞的问题，EPVC-Ⅱ型则去掉了卸料盘[11]。20世纪90年代，通过对EPVC型单管内部流场的测量和模拟，发现单管底部旋流强度衰减较多，且仍存在返混夹带现象[14]。为此，提出将直筒型单管改进为直筒和圆锥组合的形式，一种是直筒和双锥的组合，称为PDC型[15]；一种是直筒和单锥的组合，称为PSC型[16]，见图13-12。无论是PDC型还是PSC型，在靠近排尘口的锥体上沿周向对称开设防返混的排尘孔，基本解决了排尘口返混夹带的问题，且效率也不断提高。

中国石油大学单管最核心的技术是“分流型芯管”[17]，结构见图13-13。它可大大减小排气管下口短路流的影响，不仅提高细粉的分离效率，而且不增加压降。另外，它的导流叶片也经过优化设计。在冷态条件下，它比Shell公司的无底板型单管的效率高3%左右。

上述单管已广泛应用于我国炼油催化裂化装置第三级旋风分离器。EPVC型单管可在650℃高温下基本除净7～8μm的颗粒，烟气中催化剂浓度可控制在100mg/m^{3}以下（标准状态，下同）。PDC型单管不仅效率高，而且操作弹性好。即使入口浓度升高到2000mg/m^3，其出口浓度仍低于120mg/m^3，且大于9.6μm的颗粒不足1%。采用EPVC型、PDC型单管的多管旋风分离器工业运行性能见表13-1[11]。

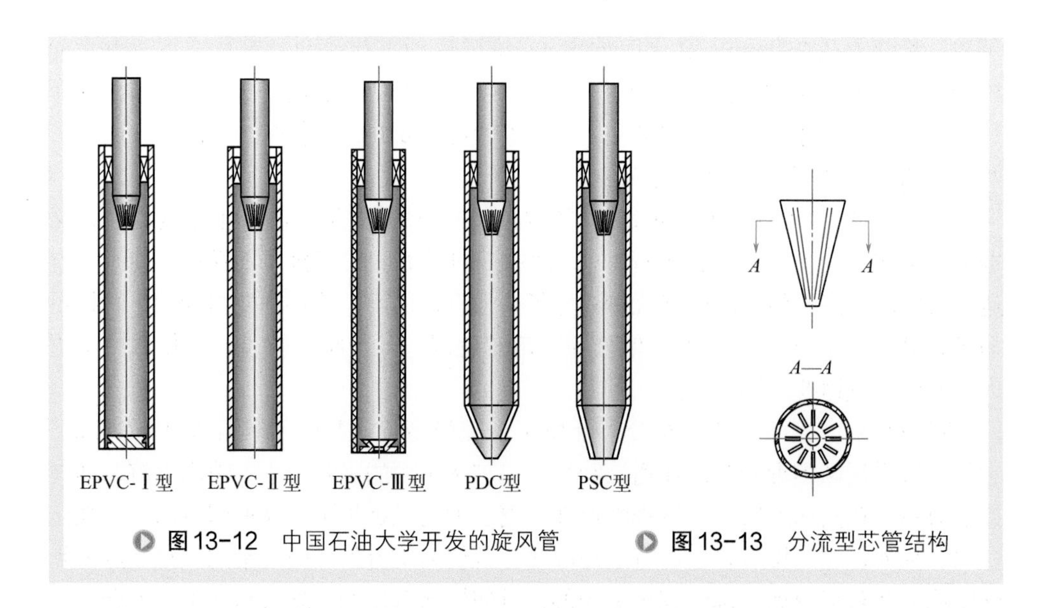

图13-12 中国石油大学开发的旋风管

图13-13 分流型芯管结构

表13-1 我国立管式多管旋风分离器工业运行性能

项目	单管形式			
	EPVC-Ⅰ	EPVC-Ⅱ	EPVC-Ⅲ	PDC
入口颗粒浓度（标准状态）/（mg/m³）	约700	约500	约530	400～500
入口中位粒径/μm	约8	约7	约7.8	6.2～8.3
出口颗粒浓度（标准状态）/（mg/m³）	70～138	58～75	75～84	28～59
>10μm颗粒含量（出口）/%	3.3～4.4	约1.7	0	0
>8μm颗粒含量（出口）/%	5～6	3～5	3～5	0～1.4
总效率/%	82～89	86	84～86	85～90

三、轴向进气直流式单管

前述轴向进气单管是逆流式的，即净化气体离开单管的流动方向与含尘气体进入单管的方向是相反的。还有一种直流式单管，其净化气体离开单管的流向与含尘气体进入单管的流向相同。图13-14所示为UOP公司开发的直流式单管，将其用于炼油催化裂化三旋，需对总体结构做相应改进，详见图13-15[18]。含尘气体沿轴向自上而下进入直流式单管，净化后的气体经安装于单管下部的排气管从中心向下排出，分离下来的颗粒随少量的抽出气体通过单管下部的细长槽口沿切向排出。由于总进气口和总排气口分别位于多管旋风分离器的上部和下部，各单管内气体均自上而下流动，故不易出现窜流，可减少出口气体的粉尘夹带。所以，虽然单管的效率不如逆流式，但多管的总效率仍比较高，且直流式的压降更低。

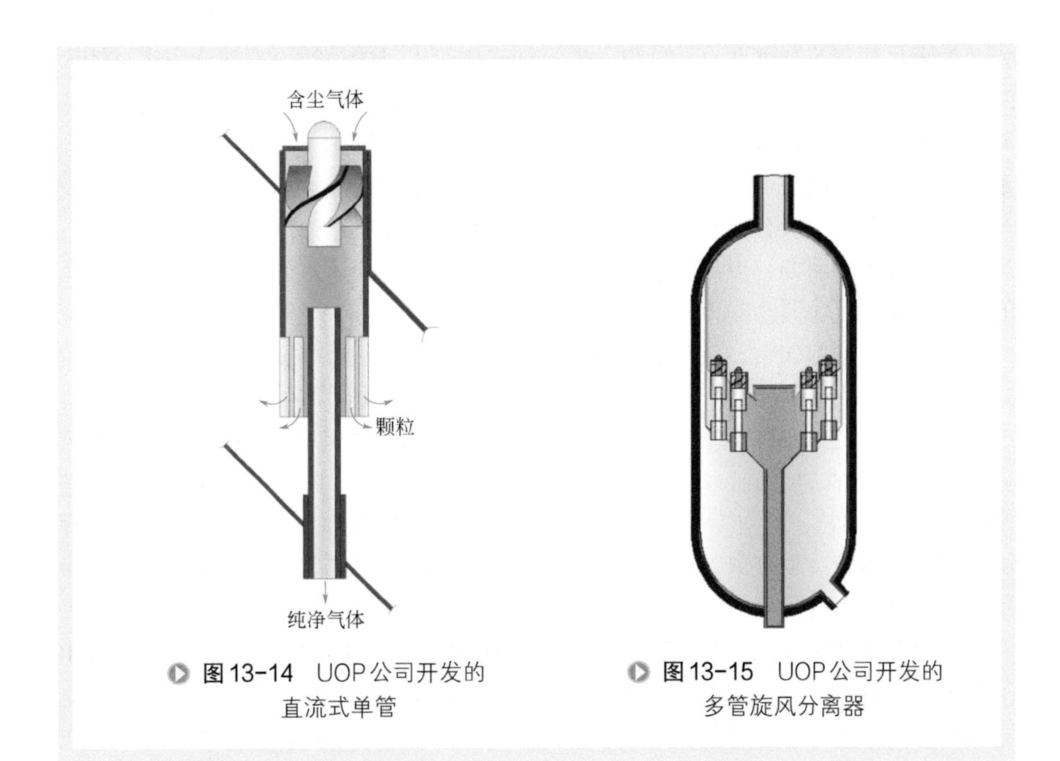

图13-14 UOP公司开发的直流式单管

图13-15 UOP公司开发的多管旋风分离器

第五节 “大旋分式”三旋性能强化

一、“大旋分式”三旋技术及特点

目前，我国立管式和卧管式多管旋风分离器主要用作炼油催化裂化高温烟气净化的三旋。随着炼油催化裂化装置的大型化、原料掺渣比和再生温度的提高，也导致三旋出现了一些较为严重的问题[19,20]，主要表现为：

① 三旋压降偏高。立管式三旋压降一般在15kPa以上，过高的压降导致能量回收利用率降低。

② 单管磨损比较严重。单管内气速很高，一般可达70～80m/s，导致颗粒对管壁产生强烈的磨损，严重时会使管壁磨穿。

③ 单管结垢严重。高气速还会造成颗粒破碎、细化，这些颗粒在高温下极易发生沉积、黏附并固化，并在内壁形成结垢，甚至堵塞排尘孔道。这些都会加剧单管间互相干扰和窜流，使总效率下降，严重时还不到70%。

究其原因，主要是未能从系统的角度认知和设计多管旋风分离器。传统理论认为，为满足苛刻的分离要求，分离元件只能选用小直径的单管，不宜选用直径较大的旋风分离器。所以，为处理大量的烟气，一方面要提高单管的处理量，这就意味着要提高气速，并加剧颗粒对器壁的磨损。另一方面是增加单管数量，通常是几十根甚至上百根并联使用。众多单管并联容易造成气量分配不均，加上各单管共用一个灰斗，单管之间没有任何“隔离”手段，极易因窜流返混导致总效率降低。可见，虽然单管效率很重要，但并联系统的总效率更为重要，而这应通过分离元件的合理的选型以及相互协调匹配来保证。

对此，美国 UOP 公司提出了一种“大旋分式”三旋的方案，其整体采用内置式多个大直径的分离元件——切流式旋风分离器并联，见图 13-16。

实际上早在 1983 年，美国 Elliott 公司曾设计过由 8 个改进的 Ducon 型旋风分离器并联组成的三旋，如图 13-17 所示[10]。分离器总压降约为 17kPa，可除净 20μm 以上的颗粒，但对专门捕集细粉的三旋来说，尚不能满足要求。但该三旋解决了立管式多管旋风分离器隔板变形的问题，同时取消了膨胀节，内构件受热变形不一致的问题也得到了解决。

但对照图 13-16、图 13-17 不难看出，Elliott 三旋与 UOP 的并不相同。Elliott 三旋的每个分离器不仅有单独的灰斗，而且还设计了单独的长料腿和翼阀，这样就可以形成一定的料封，各分离器之间不会发生窜流返混。所以，虽然也设有公共灰斗，但 Elliott 三旋各分离器实际上是独立并联的。而在 UOP 的方案中，各分离器的料腿很短且没有翼阀，各料腿下口之间是连通的而非“隔离”的，这样整体结构更简单，且三旋壳体总高度可以降低。

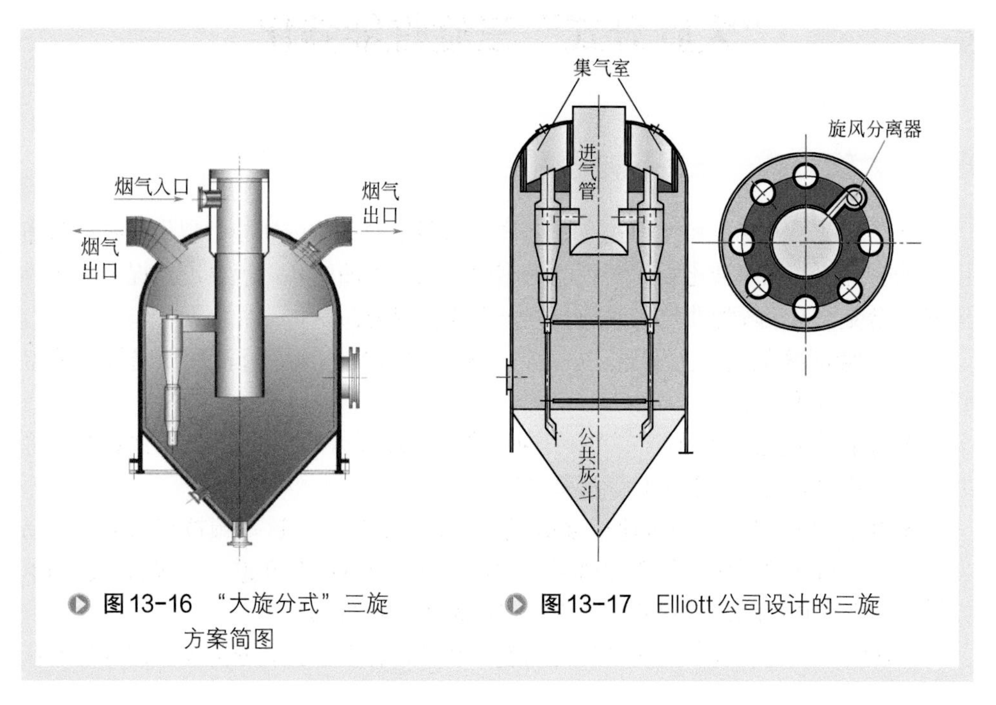

图 13-16 “大旋分式”三旋方案简图

图 13-17 Elliott 公司设计的三旋

20世纪90年代末，中国石化工程建设公司开发了与UOP类似的BSX型三旋[21]，见图13-18。BSX型三旋由壳体、隔吊板以及8～10个大尺寸的切流式旋风分离器组成。含尘烟气从顶部中心管引入，经布气分配后沿切向进入各分离器，净化气体从分离器顶部的排气管进入集气室，最后经烟气出口排出。捕集的粉尘由灰斗汇集到集尘室，在重力和抽气作用下从下部排出。

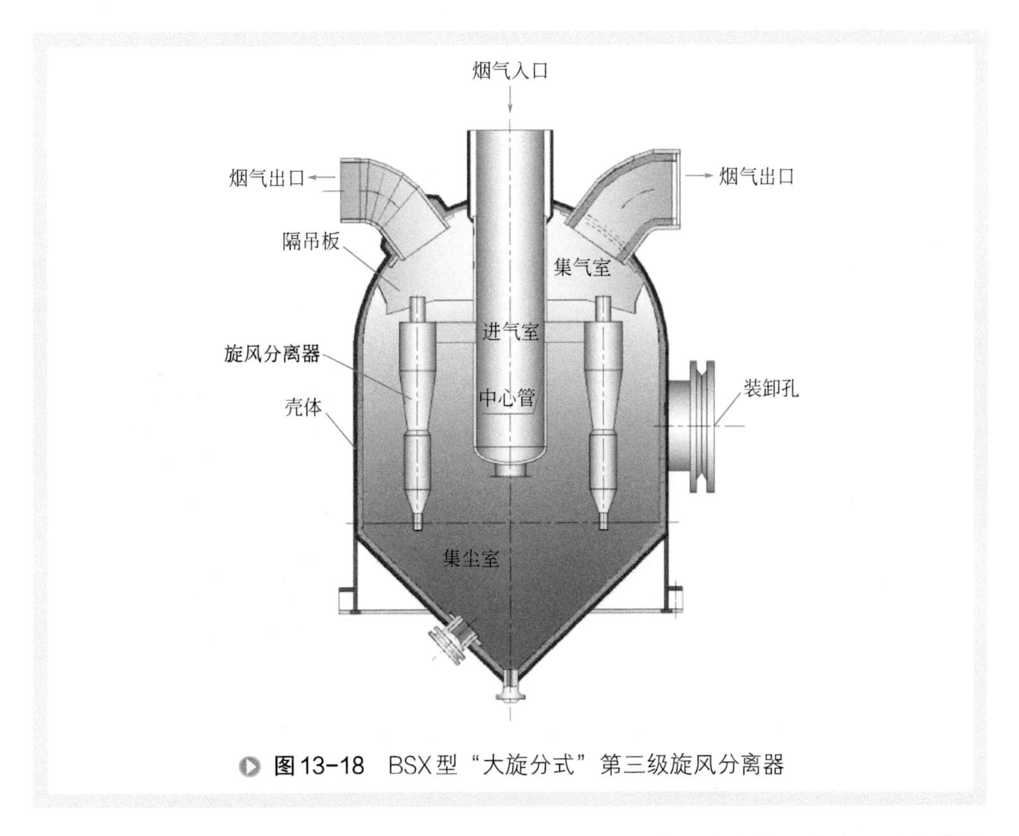

图13-18 BSX型“大旋分式”第三级旋风分离器

与多管旋风分离器相比，这种结构主要优点是：①切流式旋风分离器具有高效低阻的特点，采用大直径的筒体，便于加装耐磨衬里，入口气速可提高到28m/s以上，单台处理量可显著增大。②虽然各分离元件仍共用排气室，但各分离器底部设置了单独的灰斗，可形成一定的阻隔效应，有效控制返混夹带。应用表明，这样还可将底部抽气量减少约1%～2%，低于多管式的3%～5%，故可多回收2%～3%的烟气能量。③取消了厚度较大的上、下隔板以及易损的膨胀节，降低了制造、安装高度，同时有效改善了内构件热膨胀不一致的问题，提高了抗热变形能力。

总之，“大旋分式”三旋结构简单，可抑制返混夹带，总效率高于传统的立管式三旋，可基本除尽10μm以上的颗粒。国内某1.2Mt/a催化裂化装置的“大旋分式”三旋的应用表明，三旋出口烟气颗粒浓度70.5mg/m^3，粒径大于7μm的颗粒基本除净[22]。

二、“大旋分式”三旋性能实验

为了探明“大旋分式”三旋的分离性能以及内部流动特征，中国石油大学开展了深入的研究。首先建立了一套由四台直径 300mm 的 PV 型旋风分离器并联的冷模实验装置，四台分离器按中心对称方式排列，见图 13-19。其次，用空气和 600 目硅微粉为介质，实验测量了单分离器和并联分离器的效率，结果如图 13-20 所示。

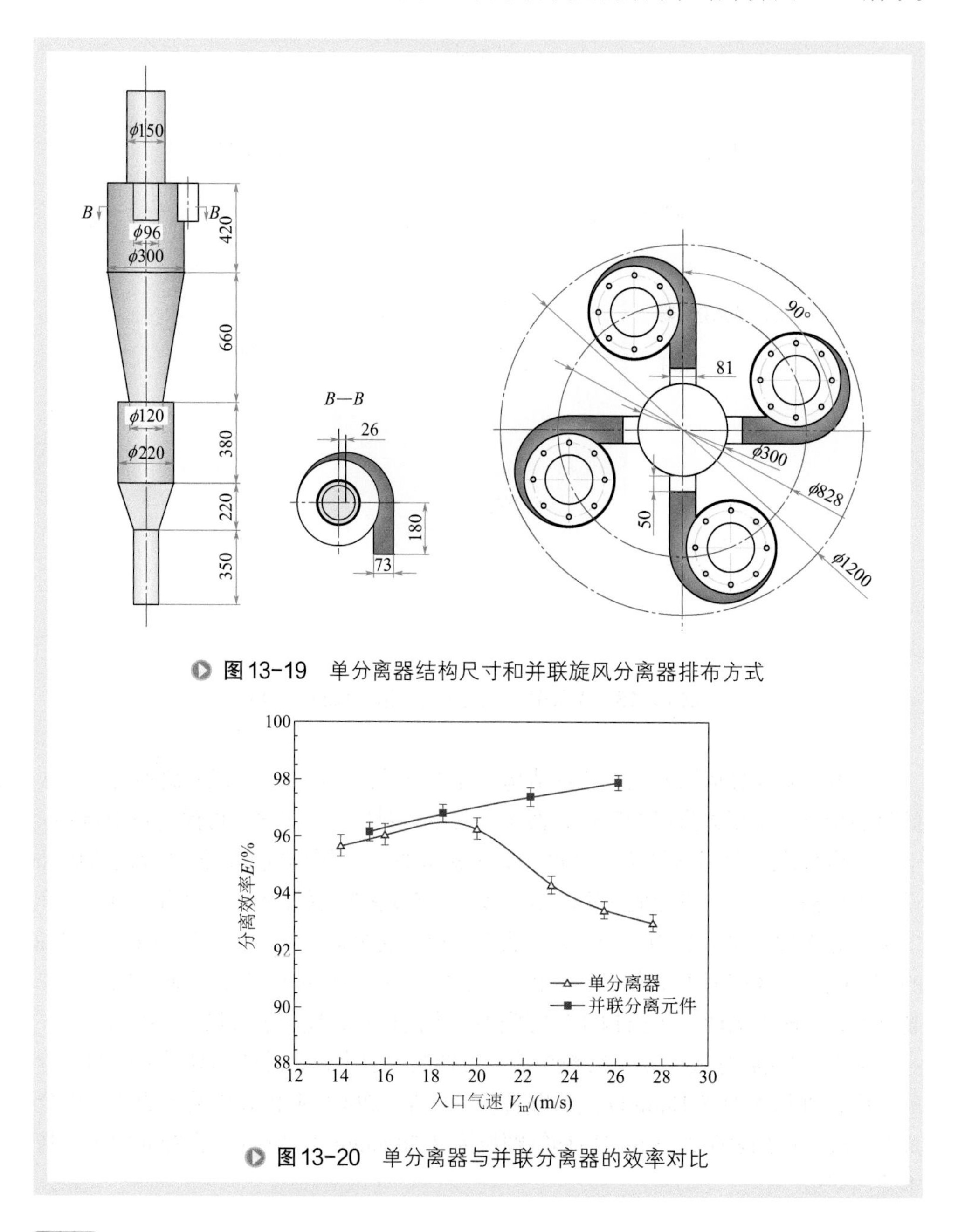

图 13-19 单分离器结构尺寸和并联旋风分离器排布方式

图 13-20 单分离器与并联分离器的效率对比

说明：粉料粒径符合对数正态分布，中位粒径 14.0μm，颗粒密度 2600kg/m³。

对单分离器，分离效率-入口气速曲线是常见的驼峰型曲线，即分离效率先随入口气速增大而升高，但当入口气速超过一定值后，效率反而降低。然而，对上述并联分离器，其总效率不仅没有降低，反而比单台分离器的高。更重要的是，其总效率随入口气速升高而单调增加，并没有出现驼峰现象。这对于工程应用是极为有利的，也是与多管旋风分离器完全不同的[23]。

由于并联分离器中各分离元件与单分离器的结构尺寸、操作条件均相同，不同之处就是分离器是否并联工作，所以，这种并联方式中应该存在有利于颗粒分离或抑制返混的因素，而这可以通过内部流场的变化来揭示。

三、“大旋分式”三旋流场分析

流场分析采用数值模拟方法，在纯气流工况下重点对比单分离器与并联的分离元件以及公共灰斗的流动状况。图 13-21 是数值模拟几何模型的网格划分示意图。

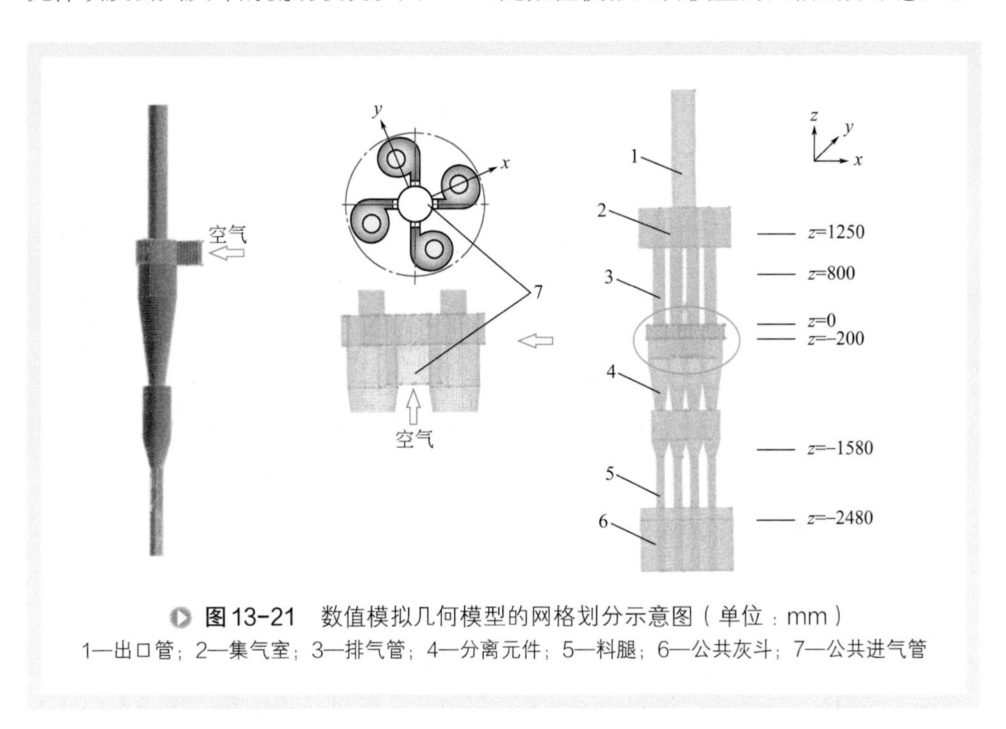

图 13-21 数值模拟几何模型的网格划分示意图（单位：mm）

1—出口管；2—集气室；3—排气管；4—分离元件；5—料腿；6—公共灰斗；7—公共进气管

图 13-22 给出了单分离器和并联分离元件在 $z=-200$mm 截面上的无量纲切向速度 V_t/V_{in} 的对比，相应入口气速 $V_{in}=25.5$m/s。可见，两者切向速度的分布形态高度类似，最大切向速度出现的位置也基本相同，只是最大无量纲切向速度值略有差异，其他截面对比结果类似。显然，切向速度的这一微小差异不足以解释分离效率实验结果的差别。

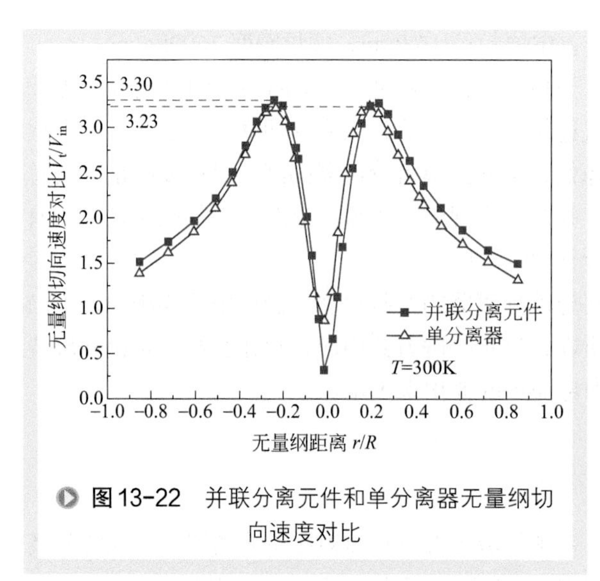

图13-22 并联分离元件和单分离器无量纲切向速度对比

图13-23更进一步给出了并联分离器公共灰斗内整体的速度分布情况。其中，图13-23（a）是分离元件料腿下端出口处（z=−2480mm）截面的速度分布云图，图13-23（b）是灰斗纵截面速度分布云图。与分离器内部的强烈旋转相比，灰斗空间中的旋转要弱得多，在分离元件料腿出口200mm以下，气流速度与分离器内有数量级差别，而且没有发现气流从一个分离元件到另一个分离元件的定向运动。

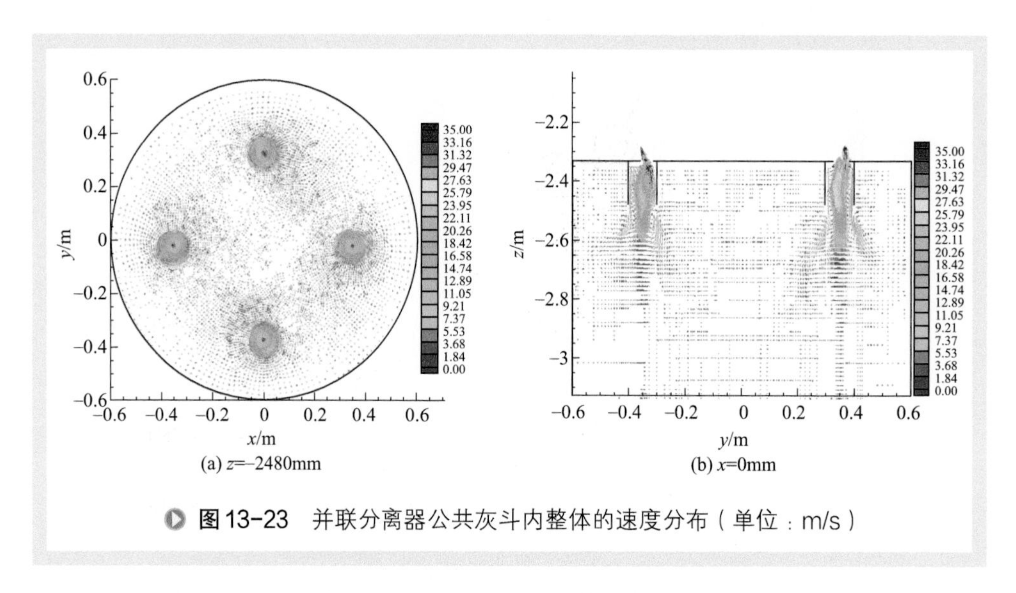

图13-23 并联分离器公共灰斗内整体的速度分布（单位：m/s）

另外，如果公共灰斗内发生了“窜流”，则每个分离元件的进、出口流量将会不同。所以，根据分离元件进、出口流量和压降的模拟结果可初步判断是否存在窜流现象。表13-2就是模拟得到的流量和压降结果。可见，流量和压降最大偏差不超过0.22%和0.33%，考虑到计算误差，可以认为：各分离元件流量分配均匀且压降相同；对这种并联方式，分离元件之间不存在窜流现象。换言之，旋风分离器并联工作时，未必一定就发生窜流返混，它对总效率的负面影响可能被高估了，而并联总效率的变化还需通过旋流稳定性进一步阐释。

表13-2 并联分离器中各分离元件的流量及压降分布

项目	分离元件				平均值	最大偏差
	N	E	S	W		
入口流量 /(m³/h)	1391.6	1393.4	1392.4	1390.5	1392.0	0.10%
出口流量 /(m³/h)	1391.7	1395.0	1391.5	1389.3	1391.9	0.22%
净流量 /(m³/h)	−0.18	−1.52	0.97	1.25	0.98	—
压降 /Pa	12535	12596	12544	12613	12572	0.33%
料腿静压 /Pa	−9373	−9382	−9395	−9378	−9382	0.14%

四、“大旋分式”三旋旋流稳定性分析

1. 旋流稳定性

旋流稳定性是影响分离的重要因素。对单分离器，旋进涡核主要发生在底部排尘段，且可通过静压分布直观反映。类似地，对并联分离器中各分离元件，也可通过静压云图反映旋流稳定性。图 13-24 就是两者的对比情况。可见，单分离器静压分布的对称性差，涡核中心偏离几何中心且不稳定，存在比较严重的涡核摆动。但对并联的各分离元件，其涡核中心自上而下更加平直，旋涡摆动幅度较单分离器明显减小，旋流变得更加稳定[23-25]。

旋流稳定性还可通过比较静压最低点偏离分离器几何中心的相对距离来定量反

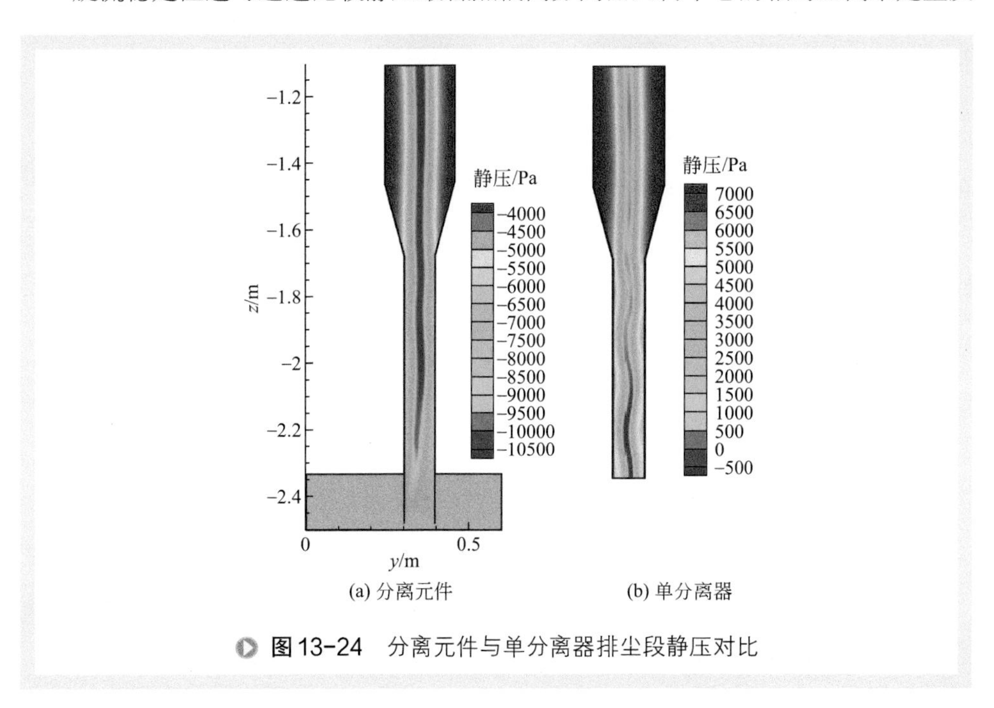

图 13-24 分离元件与单分离器排尘段静压对比

映。定义旋流稳定性指数（stability index of vortex flow），符号为 S_v，计算式如下：

$$S_v=\frac{\text{旋进涡核(PVC)中心与几何中心径向距离}(d_{PVC})}{\text{横截面半径}(R_{local})}\times 100\% \tag{13-1}$$

S_v 越小，说明旋流越稳定。由图 13-25 可见，并联后 S_v 变小，旋流稳定性增强。这样已分离的颗粒返混夹带的概率就降低，排尘也更加顺畅，这应当是并联总效率提高的主要原因。

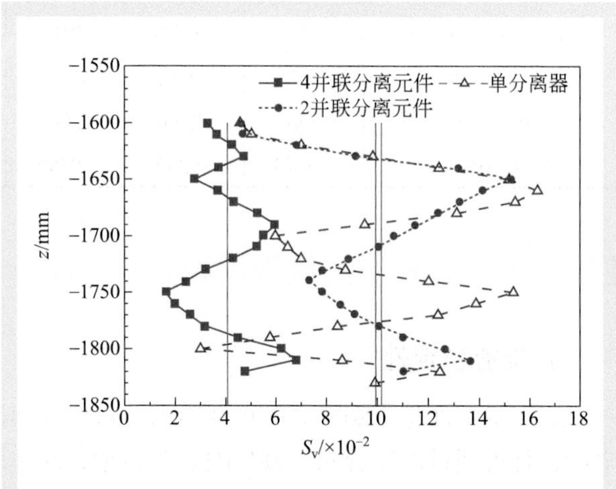

图 13-25　不同 z 轴位置时分离元件与单分离器 S_v 对比

2. 旋流稳定性机理分析

为什么并联后分离元件内的旋流会更加稳定？该问题严格的流体力学分析涉及有限空间中涡系的动力学问题，机制比较复杂。以下从定性角度作简要分析。

数值模拟表明，各分离元件料腿下端的气流在公共灰斗中仍在旋转，将这些旋涡简化成点涡，四个相同分离元件并联后的旋涡等效看作点涡系。为此，考虑同旋向、等强度的点涡系在二维无界流场中运动情况。四个点涡组成的二维点涡系如图 13-26 所示。每个点涡的位置为 z_j（x_j，y_j），强度为 Γ_j，分别记作点涡 1、点涡 2、点涡 3 和点涡 4，四个点涡中心对称排列。无限空间四个点涡组成的点涡系的复位势为：

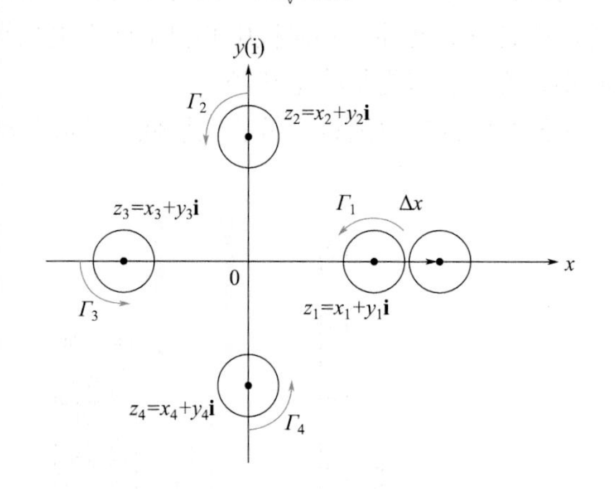

图 13-26　复平面上同旋向、等强度的四个点涡组成的二维点涡系

$$F(z)=\frac{\Gamma_j}{2\pi \mathrm{i}}\sum_{j=1}^{4}\ln(z-z_j) \tag{13-2}$$

在无黏不可压缩的条件下，该点涡系构成 Hamilton 系统，给定点涡系的初始位置 z_j 和点涡强度 Γ_j，由 Hamilton 正则方程可导出点涡系的两个守恒式：

质量矩守恒：

$$G = S+\mathrm{i}T=\Gamma_1 z_1+\Gamma_2 z_2+\Gamma_3 z_3+\Gamma_4 z_4= \text{常数} \tag{13-3}$$

惯性矩守恒：

$$M = \Gamma_1|z_1|^2+\Gamma_2|z_2|^2+\Gamma_3|z_3|^2+\Gamma_4|z_4|^2= \text{常数} \tag{13-4}$$

由于各点涡强度相等，有 $\Gamma_1=\Gamma_2=\Gamma_3=\Gamma_4=$ 常数 $=\Gamma$，故上两式可以写成分量形式：

$$S=\Gamma(x_1+x_2+x_3+x_4)=0 \tag{13-5}$$

$$T=\Gamma(y_1+y_2+y_3+y_4)=0 \tag{13-6}$$

$$M = \Gamma[(x_1^2+y_1^2)+(x_2^2+y_2^2)+(x_3^2+y_3^2)+(x_4^2+y_4^2)]= \text{常数} \tag{13-7}$$

考察一个最简单的情形。假设点涡 2 和点涡 4 保持初始位置不变，现点涡系中有某个扰动，使点涡 1 仅在 x 轴正向产生位移 $\Delta x> 0$，考察点涡 3 的相应变化。

扰动前，点涡 1 和点涡 3 满足 S 和 M 关系式，即：

$$x_1+x_3=0 \tag{13-8}$$

$$x_1^2+x_3^2=c_1\ (\text{常数}) \tag{13-9}$$

扰动后，x_1 沿 x 轴正向移动，为满足质量矩守恒，x_3 应沿 x 轴负向移动；但是为了满足惯性矩守恒，在 x_1^2 增大时，x_3^2 应减小，注意到 $x_3<0$，所以 x_3 又应该沿 x 轴正向移动。此时只有 $\Delta x \to 0$，即点涡 1 和点涡 3 均稳定在初始位置，才能同时满足质量矩和惯性矩都守恒。由此可推知，当点涡系中某一个点涡受到小扰动偏离初始位置时，在其他点涡的约束下，会迅速恢复到初始位置，点涡系整体表现出一种固有的“自稳定性”。

而单个点涡则缺少这种约束机制。单个点涡受小扰动时，理论上可以处于二维无界流场中的任意位置。故实际工作中，单分离器中的旋涡总是在器壁约束下周期性摆动。但分离元件并联时，除器壁外，每个旋涡还会受到其他旋涡的约束，旋涡系中心比单旋涡中心摆动幅度减小，稳定性更强。公共灰斗中旋涡系整体的稳定性增强了各分离元件中旋涡的稳定性。

可以推测，旋涡的稳定性对并联分离器整体性能起着至关重要的作用，并联总效率仍有提升的空间。另外，可以初步确定“大旋分式”三旋排布结构的一些基本特点：分离元件结构尺寸应尽量相同；所有分离元件以中心对称方式排列，保证各分离元件气流均匀分配；公共灰斗空间应足够大，且保持相对独立，便于各分离元件稳定顺畅排尘。

参考文献

[1] Wilson J G, Dygert J C. Separation and turbo-expander for erosive environments[C]. Proc of 7th World Petroleum Congress. Mexico City: World Petroleum Congress, 1967. 99-105.

[2] Shell Oil Company. Particulate separator device[P]. USP 4398932. 1983.

[3] Dries H, Patel M. New advances in third stage separators[J]. World Refining, 2000 (30).

[4] Pieper R. The tornado dust collector Fourteen years practical experience[J]. VDI-Berichte

(VDI-Rep), 1977, 93:294.
[5] 魏耀东，金有海．催化裂化第三级多管式旋风分离器设计、制造和安装中的一些问题 [J]. 石油化工设备，1995, 24 (4): 26-30.
[6] 刘隽人，田志鸿，时铭显．卧置式旋风管的结构及性能研究 [J]. 石油大学学报（自然科学版），1992, 16 (4): 46-50.
[7] 时铭显．催化裂化卧管式三旋的开发与应用 [J]. 石油化工设备技术，1993, 14 (5): 2-7.
[8] Yellot J I, Broadley P R. Fly ash separators for high pressure and temperature[J]. Ind Eng Chem, 1955, 47 (5): 944-952.
[9] JP 56-40636[P]. 1978.
[10] 张荣克，廖仲武．催化裂化装置第三级旋风分离器技术的现状、展望及设想 [J]. 石油化工设备技术，1985, 6: 1-7.
[11] 时铭显，金有海．新型高效多管旋风分离器的开发及应用 [J]. 炼油设计，1996, 26 (3): 28-31.
[12] Shell Oil Company.USP 1411136[P]. 1975.
[13] Fernandes J H, Daily W B, Walpole R H. Coal fired boiler emissions and their control by the twin cyclone[J]. Combustion, 1968, 39 (8): 24-29.
[14] 刘国荣，姬忠礼，金有海，时铭显．EPVC-Ⅱ型旋风管流场的实验研究 [J]. 化工机械，1995, 22 (5): 249-253.
[15] 金有海，时铭显．PDC 型高效旋风管的开发研究 [J]. 石油炼制与化工，1996, 27 (2): 47-52.
[16] 金有海，范超，时铭显．PSC-300 型大处理量高效旋风管的开发研究 [J]. 炼油设计，2002, 32 (2): 24-27.
[17] 毛羽，时铭显，刘隽人，金有海．用于旋风分离器中的分流型芯管 [P]. CN 86100947.6. 1986.
[18] Couch K A, Seibert K D, Van Opdorp P J. Improve FCC yields to meet changing environment-Part 1[J]. Hydrocarbon Processing, 2004, 83 (10): 85.
[19] 张翼飞，陈述卫，王兆斌．FCC 装置三旋的技术现状与发展趋势 [J]. 广东化工，2013, 40 (15): 159-161.
[20] 毕宏，张伟，王燮理，顾月章，孙正立．催化裂化装置三旋存在问题分析及改造措施 [J]. 石油化工设备，2017, 46 (6): 65-68.
[21] 黄荣臻，杨启业，闫涛等．一种大处理量第三级旋风分离器 [P]. CN 201006498Y. 2010.
[22] 谢凯云，阎涛．BSX 新型三级旋风分离器在催化裂化装置上的应用 [J]. 炼油技术与工程，2010, 40 (04): 30-32.
[23] Liu F, Jianyi Y Chen, Zhang A Q, et al. Performance and flow behavior of four identical parallel cyclones[J]. Separation and Purification Technology, 2014, 134: 147-157.
[24] 刘丰，陈建义，张爱琴，高锐．并联旋风分离器的旋流稳定性分析 [J]. 过程工程学报，2015, 15 (6): 923-928.
[25] 陈建义，高锐，刘秀林，李真发．差异旋风分离器并联性能测量及流场分析 [J]. 化工学报，2016, 67 (8): 3287-3296.

索　　引

M

P

Q

R

S

T

W

X

Y

Z

其他